Springer-Lehrbuch

Uwe Storch · Hartmut Wiebe

Analysis einer Veränderlichen

Analytische Funktionen, Differenziation und Integration

 Springer Spektrum

Uwe Storch
Ruhr-Universität Bochum
Bochum, Deutschland

Hartmut Wiebe
Ruhr-Universität Bochum
Bochum, Deutschland

ISSN 0937-7433
Springer-Lehrbuch
ISBN 978-3-662-56572-8   ISBN 978-3-662-56573-5 (eBook)
https://doi.org/10.1007/978-3-662-56573-5

Die Deutsche Nationalbibliothek verzeichnet diese Publikation in der Deutschen Nationalbibliografie; detaillier-
te bibliografische Daten sind im Internet über http://dnb.d-nb.de abrufbar.

Springer Spektrum

Gedruckt auf säurefreiem und chlorfrei gebleichtem Papier

Springer Spektrum ist ein Imprint der eingetragenen Gesellschaft Springer-Verlag GmbH, DE und ist ein Teil
von Springer Nature.
Die Anschrift der Gesellschaft ist: Heidelberger Platz 3, 14197 Berlin, Germany

Einleitung

Mit diesem Band setzen wir unsere Lehrbuchreihe zur Mathematik fort, die sich in Bd. 1 mit den Grundkonzepten von Mengenlehre, Algebra und Topologie beschäftigte und außerdem eine Einführung in die reellen und komplexen Zahlen beinhaltete. Hier wenden wir uns nun der Differenzial-und Integralrechnung von Funktionen einer reellen oder komplexen Veränderlichen zu. Dabei dürfen die Werte der Funktionen oft auch komplexe Zahlen sein oder sogar in einem Banach-Raum liegen. Aus Bd. 1, vgl. [14], werden die Grundtatsachen über Folgen und Reihen und über stetige Funktionen vorausgesetzt. Der Inhalt des Bandes fußt auf den entsprechenden Teilen von [10], geht an vielen Stellen aber auch darüber hinaus.

In Kap. 1 werden Konvergenzbegriffe für Funktionenfolgen wie gleichmäßige und kompakte Konvergenz behandelt. Wir leiten die Produktdarstellungen von Sinus und Kosinus her und geben verschiedene Beweise für den Weierstraßschen Approximationssatz. Als wichtige Beispiele von Funktionenreihen behandeln wir das Rechnen mit Potenzreihen und beweisen unter anderem den Abelschen Grenzwertsatz. Potenzreihen bilden dann die Grundlage für ein einführendes Studium reell-analytischer und holomorpher Funktionen. Für Letztere beweisen wir u.a. das Maximumprinzip und die Holomorphie der Grenzfunktion bei kompakter Konvergenz. Schließlich betrachten wir die Exponentialfunktion sowie Kreis- und Hyperbelfunktionen als wichtigste Beispiele analytischer Funktionen. Bereits dabei wird π über den Kern der komplexen Exponentialfunktion $\mathbb{C} \to \mathbb{C}^\times$ eingeführt.

Im Zentrum von Kap. 2 stehen differenzierbare Funktionen einer reellen Veränderlichen, wobei die Werte ebenfalls oft in $\mathbb{C}$ oder sogar in einem Banach-Raum liegen dürfen. Globale Aussagen über differenzierbare Funktionen werden durch Mittelwertsätze geliefert. Wir beweisen das Lemma von Hahn-Banach, um Mittelwertsätze auf Funktionen mit Werten in Banach-Räumen verallgemeinern zu können. Weitere Themen sind trigonometrische Funktionen und ihre Umkehrfunktionen, Methoden zur Nullstellenbestimmung wie das Newton-Verfahren und Kurvendiskussion. Die Sätze über das Differenzieren von Funktionenfolgen werden dargestellt und u.a. an den Weierstraßschen $\wp$-Funktionen demonstriert. Außerdem studieren wir Dirichlet-Reihen und beweisen als Anwendung den Dirichletschen Primzahlsatz. Am Ende des Kapitels behandeln wir die Taylor-Formel und ihre Verallgemeinerungen sowie die einschlägigen Algorithmen zur Interpolation.

In Kap. 3 werden Integrale von Funktionen einer reellen oder auch komplexen Variablen mit Hilfe von Stammfunktionen eingeführt. Wir leiten die zugehörigen Rechenregeln
her und zeigen, dass stetige Funktionen stets Stammfunktionen besitzen. Der Hauptsatz
der Differenzial- und Integralrechnung schafft die Verbindung zum Flächenbegiff und
ermöglicht es, Flächeninhalte und auch einfache Volumina sowie Kurvenlängen zu berechnen. Der Zusammenhang mit Riemannschen Summen und Riemann-Integrierbarkeit
wird kurz erläutert, der wichtigere Begriff der Lebesgue-Integrierbarkeit bleibt aber Bd.
6 über Maß- und Integrationstheorie vorbehalten. Breiten Raum nehmen uneigentliche
Integrale ein, insbesondere die Gamma-Funktion und damit verwandte Integrale sowie
die elliptischen Integrale. Außerdem behandeln wir die Eulersche Summenformel und
wenden sie auf Methoden zur numerischen Integration wie das Romberg-Verfahren an.
Weitere Themen des Kapitels sind die Riemannsche Zeta-Funktion, Doppelintegrale und
Windungszahlen.

Die einzelnen Abschnitte werden durch zahlreiche Aufgaben ergänzt, deren Ergebnisse gelegentlich im Text benutzt werden. Zu den etwas schwierigeren Aufgaben werden
Hinweise gegebenen. Außerdem findet man zu einigen Aufgaben Lösungen in unserem
Arbeitsbuch [12]. Die Beispiele dienen nicht nur zur Illustration der Theorie, sondern
führen sie oft auch weiter. Wir hoffen, dass sie die Darstellung stärker strukturieren und
die Übersicht erhöhen. Das Ende eines Beispiels oder einer Bemerkung wird mit $\diamond$ ge-
kennzeichnet und das Ende eines Beweises wie üblich durch $\square$.

Wie schon der erste Band gibt auch dieses Buch nicht den Inhalt einer einzelnen Vor-
lesung wieder und muss daher nicht Seite für Seite gelesen werden. Vielmehr kann der
Leser einzelne Themen herausgreifen und das Buch als Nachschlagewerk nutzen. Der
dritte und vierte Band der Reihe beschäftigen sich mit Linearer Algebra, erst im fünften
Band kommen wir auf Analysis, nämlich auf Funktionen mehrerer Veränderlicher zurück.

Herrn Dr. Andreas Rüdinger, Frau Iris Ruhmann und Frau Agnes Herrmann vom Verlag Springer Spektrum danken wir wieder herzlich für die Betreuung bei der Arbeit am
vorliegenden Band.

Der Erstgenannte der Autoren ist kurz nach Abfassung des Manuskripts unerwartet
verstorben. Diese Lehrbuchreihe soll in seinem Sinne fortgesetzt werden.

Bochum, Dezember 2017   Hartmut Wiebe

Inhaltsverzeichnis

1.1 Konvergenz von Funktionenfolgen

Wichtige Funktionen der Analysis sind nur durch Grenzprozesse zu gewinnen. Dies war schon bei der Einführung der reellen Exponential- und Logarithmusfunktionen in Abschnitt 3.10 des ersten Bandes [14] der Fall. Selbst für die Existenz der reellen Wurzelfunktionen, die dabei benutzt wurden, kommt man ohne Limesbildungen nicht aus. Dieses Kapitel beschäftigt sich hauptsächlich mit analytischen Funktionen einer Veränderlichen, deren Werte durch Potenzreihen in einer Unbestimmten gegeben werden und die lange Zeit die Funktionen schlechthin waren. Dabei bezieht sich die Angabe von einer Veränderlichen wie auch im Titel dieses Bandes stets auf den Definitionsbereich. Der Wertebereich kann durchaus höherdimensional sein, obwohl zu Beginn häufig den Fall vorliegen wird, dass der Bildbereich ebenfalls eindimensional ist. Auch in dieser allgemeineren Situation werden wir oft von Funktionen statt von Abbildungen sprechen.

Wir setzen das Rechnen in den (topologischen) Körpern $\mathbb{R}$ und $\mathbb{C}$ der reellen bzw. komplexen Zahlen voraus, für die wir wieder die gemeinsame Bezeichnung

$$\mathbb{K}$$

benutzen. Dazu verweisen wir auf Kapitel 3 von [14]. Wir verwenden auch die einschlägigen topologischen Begriffe. Insbesondere sei daran erinnert, dass ein topologischer Raum X kompakt ist, wenn er hausdorffsch ist und jede offene Überdeckung von X eine endliche Teilüberdeckung besitzt. Ein Hausdorff-Raum heißt lokal kompakt, wenn jeder seiner Punkte eine kompakte Umgebung besitzt. Dann besitzt jeder Punkt sogar eine Umgebungsbasis aus kompakten Mengen, vgl. die Bemerkung in [14] im Anschluss an Definition 4.4.21. In einem endlichdimensionalen $\mathbb{K}$-Vektorraum mit der natürlichen Topologie ist eine Teilmenge nach dem Satz von Heine-Borel, vgl. [14], Satz 4.4.11, genau dann kompakt, wenn sie abgeschlossen und beschränkt ist. Jede Teilmenge von $\mathbb{K}$ wird als eigenständiger topologischer Raum (mit der von der Standardtopologie von $\mathbb{K}$ induzierten Topologie) aufgefasst. Wir beginnen damit, die wichtigsten Konvergenzbegriffe für Funktionenfolgen zu wiederholen.

© Springer-Verlag GmbH Deutschland, ein Teil von Springer Nature 2018
U. Storch, H. Wiebe, *Analysis einer Veränderlichen*, Springer-Lehrbuch,
https://doi.org/10.1007/978-3-662-56573-5_1

Abb. 1.1 Gleichmäßige Konvergenz von (f_n) gegen f

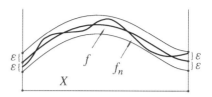

Definition 1.1.1 Seien X ein Hausdorff-Raum, $Y = (Y, d)$ ein metrischer Raum und f_n, $n \in \mathbb{N}$, eine Folge von Abbildungen $f_n \colon X \to Y$.

(1) Die Folge (f_n) heißt **punktweise konvergent** (auf X), wenn es eine Abbildung $f \colon X \to Y$ mit $\lim f_n(x) = f(x)$ für alle $x \in X$ gibt, d. h. wenn es zu jedem $x \in X$ und jedem $\varepsilon > 0$ ein (von x und ε abhängendes) $n_0 \in \mathbb{N}$ gibt mit $d(f_n(x), f(x)) \leq \varepsilon$ für alle $n \geq n_0$.

(2) Die Folge (f_n) heißt **gleichmäßig konvergent** (auf X), wenn es eine Abbildung $f \colon X \to Y$ gibt derart, dass zu jedem $\varepsilon > 0$ ein (nur von ε, aber nicht von x abhängendes) $n_0 \in \mathbb{N}$ existiert mit $d(f_n(x), f(x)) \leq \varepsilon$ für alle $x \in X$ und alle $n \geq n_0$, vgl. Abb. 1.1.

(3) Die Folge (f_n) heißt **lokal gleichmäßig konvergent**, wenn zu jedem Punkt $x \in X$ eine Umgebung U von x existiert derart, dass die Folge f_n, $n \in \mathbb{N}$, gleichmäßig auf U (d. h. die Folge $f_n|U$, $n \in \mathbb{N}$ gleichmäßig) konvergiert.

(4) Die Folge (f_n) heißt **kompakt konvergent**, wenn für jede kompakte Teilmenge $K \subseteq X$ die Folge f_n, $n \in \mathbb{N}$, gleichmäßig auf K konvergiert.

Die Konvergenz einer Folge $f_n \colon X \to Y$, $n \in \mathbb{N}$, gemäß (1), (2) und (4) ist die Konvergenz bzgl. spezieller Topologien auf dem Raum

$$Y^X = \mathrm{Abb}(X, Y)$$

aller Abbildungen von X in Y. Bei der punktweisen Konvergenz ist dies die Produkttopologie auf Y^X, die deshalb auch die Topologie der punktweisen Konvergenz heißt. Bei der gleichmäßigen Konvergenz handelt es sich um die Konvergenz bzgl. der durch die Tschebyschew- oder Supremumsmetrik $d = d_X = d_{X,\infty}$ auf Y^X mit

$$d_X(f, g) = \mathrm{Sup}\,\big(d\big(f(x), g(x)\big),\ x \in X\big) \in \overline{\mathbb{R}}_+ = \mathbb{R}_+ \uplus \{\infty\}, \quad f, g \in Y^X,$$

definierten Topologie, die deshalb auch die Topologie der gleichmäßigen Konvergenz heißt. Bei der kompakten Konvergenz handelt es sich um die Urbildtopologie bzgl. der kanonischen Projektionen $Y^X \to Y^K$, $f \mapsto f|K$, wobei K die Menge der kompakten Teilmengen von X durchläuft. und Y^K jeweils die Topologie der gleichmäßigen Konvergenz trägt. Offenbar ist die Topologie der gleichmäßigen Konvergenz die feinste und die

Topologie der punktweisen Konvergenz die gröbste unter den drei angegebenen Topologien, und die Topologie der kompakten Konvergenz liegt dazwischen. Es gilt also: *Jede gleichmäßig konvergente Folge ist kompakt konvergent, und jede kompakt konvergente Folge ist punktweise konvergent. Natürlich ist auch jede gleichmäßig konvergente Folge lokal gleichmäßig konvergent und jede lokal gleichmäßig konvergente Folge punktweise konvergent. Ist X σ-kompakt* (d. h. ist X lokal kompakt und Vereinigung von abzählbar vielen kompakten Teilmengen), *so ist die Topologie der kompakten Konvergenz auf* $C(X, Y)$ *metrisierbar*, vgl. die Bemerkungen in [14] im Anschluss an Satz 4.5.28. – Die lokal gleichmäßige Konvergenz lässt sich im Allgemeinen nicht mit einer einzigen Topologie auf Y^X beschreiben. Es gilt jedoch die wichtige, bereits in [14] im Anschluss an Satz 4.5.25 erwähnte Aussage:

Proposition 1.1.2 *Sei X ein lokal kompakter Raum und Y ein metrischer Raum. Dann ist eine Folge $f_n : X \to Y$, $n \in \mathbb{N}$, genau dann lokal gleichmäßig konvergent, wenn sie kompakt konvergent ist.*

Beweis Sei f_n, $n \in \mathbb{N}$, lokal gleichmäßig konvergent und $K \subseteq X$ kompakt. Zu jedem $x \in K$ gibt es dann eine Umgebung U_x von x derart, dass $(f_n|U_x)$ gleichmäßig auf U_x konvergiert. Da K kompakt ist, überdecken endlich viele $U_{x_1}, \dots, U_{x_n}$ die Menge K. Dann konvergiert (f_n) gleichmäßig auf $U_{x_1} \cup \cdots \cup U_{x_n}$ und damit auf K. – Sei (f_n) umgekehrt kompakt konvergent. Da voraussetzungsgemäß jeder Punkt von X eine kompakte Umgebung besitzt, konvergiert (f_n) auch lokal gleichmäßig. $\qquad\square$

Ist Y ein vollständiger metrischer Raum, d. h. ist jede Cauchy-Folge in Y konvergent in Y, so ist offenbar auch $(Y^X, d_{X,\infty})$ vollständig. Dies ist äquivalent mit dem folgenden Cauchy-Kriterium:

Proposition 1.1.3 (Cauchy-Kriterium für gleichmäßige Konvergenz) $f_n : X \to Y$, $n \in \mathbb{N}$, *sei eine Folge von Abbildungen des Hausdorff-Raums X in den vollständigen metrischen Raum Y. Genau dann konvergiert (f_n) gleichmäßig auf X, wenn es zu jedem $\varepsilon > 0$ ein $n_0 \in \mathbb{N}$ gibt mit $d_X(f_n, f_m) \leq \varepsilon$ für alle $n, m \geq n_0$.*

Sei weiterhin X ein Hausdorff-Raum und Y ein metrischer Raum. Die Menge der stetigen Abbildungen $X \to Y$ von Y^X wird mit

$$C(X, Y)$$

bezeichnet, bei $Y = \mathbb{K}$ auch mit $C_{\mathbb{K}}(X)$. Sie ist ein abgeschlossener Unterraum von Y^X bzgl. der Topologie der gleichmäßigen Konvergenz (vgl. [14], Satz 4.5.21) und insbesondere wie Y^X vollständig bzgl. der Tschebyschew-Metrik d_X, wenn Y vollständig ist. Es gilt also:

Abb. 1.2 Konvergenzverhalten
der Folge $f_n(x) := x^n$

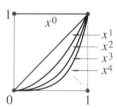

Satz 1.1.4 *Seien X ein Hausdorff-Raum, Y ein metrischer Raum und $f_n: X \to Y$, $n \in \mathbb{N}$, eine gleichmäßig konvergente Folge stetiger Abbildungen. Dann ist auch die Grenzabbildung $f = \lim f_n$ stetig.*

Da die Stetigkeit eine lokale Eigenschaft ist, ergibt sich:

Korollar 1.1.5 *Seien X und Y wie in* Satz 1.1.4. *Eine lokal gleichmäßig konvergente Folge stetiger Abbildungen $X \to Y$ besitzt eine stetige Grenzabbildung. Insbesondere hat eine kompakt konvergente Folge stetiger Abbildungen $X \to Y$ eine stetige Grenzabbildung, wenn X lokal kompakt ist.*

Beispiel 1.1.6 Ist X ein diskreter Raum, so ist $Y^X = \mathrm{C}(X,Y)$, und die Topologie der kompakten Konvergenz auf Y^X ist identisch mit der Topologie der punktweisen Konvergenz, d. h. der Produkttopologie auf Y^X.   ◇

Beispiel 1.1.7 Wir betrachten die Folge (f_n) der stetigen Funktionen $f_n: x \mapsto x^n$ auf dem Einheitsintervall $[0,1] \subseteq \mathbb{R}$ mit Werten in $\mathbb{R}$. Sie ist punktweise konvergent mit der Grenzfunktion

$$f(x) := \lim_{n \to \infty} f_n(x) = \begin{cases} 0, \text{ falls } x \in [0,1[, \\ 1, \text{ falls } x = 1, \end{cases}$$

vgl. Abb. 1.2. Auf jedem Intervall $[0,a]$, $0 \le a < 1$, konvergiert sie gleichmäßig, da dann a^n, $n \in \mathbb{N}$, eine Nullfolge ist. Da f im Punkt 1 nicht stetig ist, konvergiert sie in keiner Umgebung von 1 gleichmäßig, was man allerdings auch leicht direkt verifiziert. Der Raum $\mathrm{C}_{\mathbb{R}}([0,1]) = \mathrm{C}([0,1], \mathbb{R})$ ist also kein abgeschlossener Unterraum von $\mathbb{R}^{[0,1]}$ bzgl. der Topologie der punktweisen Konvergenz (wohl aber bzgl. der Topologie der gleichmäßigen Konvergenz).   ◇

Wir wählen nun für den Bildbereich Y den Körper $\mathbb{K}$, der auch ein vollständiger metrischer Raum ist, X sei weiterhin ein Hausdorff-Raum. Wie in jeder abelschen Gruppe lassen sich die Funktionenfolgen in $\mathbb{K}^X$ in äquivalenter Weise als **Reihen** interpretieren. Der Reihe $\sum_{n=0}^{\infty} f_n$ entspricht die Folge der Partialsummen $F_n = \sum_{k=0}^{n} f_k$, $n \in \mathbb{N}$, und der Folge F_n, $n \in \mathbb{N}$, in $\mathbb{K}^X$ die Reihe $\sum_{n=0}^{\infty}(F_n - F_{n-1})$ mit $F_{-1} := 0$. Die Tschebyschew-Metrik auf $\mathbb{K}^X$ wird durch die **Tschebyschew-Norm** oder **Supremumsnorm**

$$\|f\| = \|f\|_X = \|f\|_{X,\infty} = d_{X,\infty}(0,f) = \operatorname{Sup}\left(|f(x)|, \ x \in X\right) \in \overline{\mathbb{R}}_+$$

gegeben. Neben den Rechenregeln für eine Norm:

(1) $\|f\|_X = 0 \Longleftrightarrow f = 0$,   (2) $\|f + g\|_X \leq \|f\|_X + \|g\|_X$,   (3) $\|\lambda f\|_X = |\lambda| \, \|f\|_X$,

vgl. [14], Beispiel 4.1.7, gilt

(4) $\|fg\|_X \leq \|f\|_X \|g\|_X$ für alle $f, g \in \mathbb{K}^X$ und $\lambda \in \mathbb{K}$, sowie $\|1\|_X = 1$, falls $X \neq \emptyset$.

Bzgl. der Tschebyschew-Metrik ist $C_{\mathbb{K}}(X)$ eine abgeschlossene $\mathbb{K}$-Unteralgebra der vollständigen $\mathbb{K}$-Algebra $\mathbb{K}^X$ und daher ebenfalls vollständig. Die Eigenschaften (1) bis (4)
besagen ferner, dass $\mathbb{K}^X$ und damit auch $C_{\mathbb{K}}(X)$ eine normierte $\mathbb{K}$-Algebra ist im Sinne
der folgenden Definition.

Definition 1.1.8 Sei $A = (A, \|-\|)$ eine $\mathbb{K}$-Algebra, versehen mit einer $\mathbb{K}$-Vektorraum-
norm $\|-\|$. A heißt eine **normierte $\mathbb{K}$-Algebra**, wenn $\|xy\| \leq \|x\| \, \|y\|$ für alle $x, y \in A$
gilt und wenn überdies $\|1_A\| = 1$ ist, falls $A \neq 0$. – Ist A darüber hinaus als normierter
$\mathbb{K}$-Vektorraum ein $\mathbb{K}$-Banach-Raum, so heißt A eine $\mathbb{K}$-**Banach-Algebra**.

Wir erinnern daran, dass ein normierter $\mathbb{K}$-Vektorraum V ein normierter $\mathbb{K}$-Banach-
Raum ist, wenn V vollständig ist und die Norm nur endliche Werte annimmt, d. h. wenn
V vollständig und $V = V_{<\infty} = B_V(0; \infty)$ ist. Ist V ein beliebiger vollständiger normierter $\mathbb{K}$-Vektorraum, so ist $V_{<\infty}$ ein $\mathbb{K}$-Banach-Raum. In einer beliebigen normierten
$\mathbb{K}$-Algebra A mit $A = A_{<\infty}$ ist nicht nur die Addition, sondern auch die Multiplikation
stetig, A also insbesondere ein topologischer Ring. Zum *Beweis* seien $x_0, y_0 \in A$ und
$\varepsilon > 0$ vorgegeben. Dann ist

$$\|xy - x_0 y_0\| \leq \|x(y - y_0)\| + \|(x - x_0)y_0\| \leq \|x\| \, \|y - y_0\| + \|x - x_0\| \, \|y_0\| \leq \varepsilon$$

für alle $x, y \in A$ mit $\|x - x_0\|, \|y - y_0\| \leq \delta := \mathrm{Min}\left(1, \varepsilon/(1 + \|x_0\| + \|y_0\|)\right)$.

$\mathbb{K}^X$ und $C_{\mathbb{K}}(X)$ sind mit der Tschebyschew-Norm vollständige normierte $\mathbb{K}$-Algebren
mit zugehörigen $\mathbb{K}$-Banach-Algebren

$$(\mathbb{K}^X)_{<\infty} = \ell_{\mathbb{K}}^\infty(X) =: B_{\mathbb{K}}(X) \quad \text{bzw.} \quad C_{\mathbb{K}}(X)_{<\infty} =: C_{\mathbb{K}}^{\mathrm{b}}(X)$$

der beschränkten $\mathbb{K}$-wertigen Funktionen $X \to \mathbb{K}$ bzw. der beschränkten stetigen $\mathbb{K}$-werti-
gen Funktionen $X \to \mathbb{K}$. Man beachte, dass nach dem Satz von Weierstraß 4.4.13 aus [14]
$C_{\mathbb{K}}^{\mathrm{b}}(X) = C_{\mathbb{K}}(X)$ ist, falls X kompakt ist. Für einige algebraische Eigenschaften dieser
Banach-Algebren siehe [14], Aufg. 4.4.31. $\mathbb{K}^X$ ist bzgl. der Topologie der punktweisen,
der gleichmäßigen und der kompakten Konvergenz wie $\mathbb{K}$ eine vollständige topologische abelsche Gruppe. Letzteres, da $\mathbb{K}^X$ ein abgeschlossener Unterraum des Produkts
$\prod_{K \in \mathcal{K}} \mathbb{K}^K$ ist, wobei $\mathcal{K}$ die Menge der kompakten Teilmengen von X ist und $\mathbb{K}^K$ jeweils
mit der Topologie der kompakten Konvergenz versehen ist, vgl. [14], Satz 4.5.21. $C_{\mathbb{K}}(X)$

ist, wie schon gesagt, als abgeschlossener Unterraum von $\mathbb{K}^X$ bzgl. der Topologie der gleichmäßigen Konvergenz ebenfalls vollständig. Dies gilt auch bzgl. der Topologie der kompakten Konvergenz, wenn X lokal kompakt ist. Jede dieser Vollständigkeitsaussagen liefert definitionsgemäß ein Cauchy-Kriterium für Konvergenz, vgl. Proposition 1.1.3.

Als Beispiel betrachten wir die Summierbarkeit von Funktionenfamilien $f_i \in \mathbb{K}^X$, $i \in I$. Ist $f_i, i \in I$, summierbar bzgl. der Topologie der gleichmäßigen Konvergenz, so heißt $f_i, i \in I$, **gleichmäßig summierbar**. Das ist nach dem Cauchy-Kriterium genau dann der Fall, wenn es zu jedem $\varepsilon > 0$ eine endliche Teilmenge $H_0 \in \mathfrak{E}(I)$ gibt[1] mit $\|s_J\|_X \le \varepsilon$ für alle $J \in \mathfrak{E}(I)$ mit $J \cap H_0 = \emptyset$. Dabei ist s_J die Partialsumme $s_J = \sum_{i \in J} f_i$. Dieses Kriterium ist sicher dann erfüllt, wenn die Familie $f_i, i \in I$, **normal summierbar** ist, d. h. wenn die Familie $\|f_i\|_X, i \in I$, in $\mathbb{R}$ summierbar ist, vgl. [14], Proposition 4.5.44. Dies ist der sogenannte **Weierstraßsche M-Test** (nach K. Weierstraß (1815–1897)): *Es gelte $\|f_i\|_X \le M_i \in \mathbb{R}_+$ für alle $i \in I$ und $\sum_{i \in I} M_i < \infty$. Dann ist die Familie $f_i, i \in I$, summierbar in $\mathbb{K}^X$. Sind alle f_i stetig, so ist auch die Summe $f = \sum_{i \in I} f_i$ stetig.* Natürlich genügte es vorauszusetzen, dass $\|f_i\|_X \in \mathbb{R}_+$ ist für alle i außerhalb einer endlichen Teilmenge $I_0 \subseteq I$ und $\sum_{i \in I - I_0} \|f_i\|_X < \infty$ gilt. Die Formulierung entsprechender Kriterien für die **kompakte Summierbarkeit**, also die Summierbarkeit bzgl. der Topologie der kompakten Konvergenz, überlassen wir dem Leser. Gelegentlich benutzt man analog zur lokal gleichmäßigen Konvergenz auch die **lokal gleichmäßige Summierbarkeit**, deren Diskussion wir auch dem Leser überlassen.

Beispiel 1.1.9 (Doppelfolgensatz) Als erste Anwendung betrachten wir ein einfaches Beispiel. Sei $a_{mn}, m, n \in \mathbb{N}$, eine Doppelfolge reeller oder komplexer Zahlen mit folgenden Eigenschaften:

(1) Für jedes $n \in \mathbb{N}$ konvergiert die Folge $(a_{mn})_{m \in \mathbb{N}}$.
(2) Zu jedem $\varepsilon > 0$ gibt es ein $n_0 \in \mathbb{N}$ mit $|a_{mn} - a_{mp}| \le \varepsilon$ für alle $n, p \ge n_0$ und alle m.

Für jedes $m \in \mathbb{N}$ konvergiert dann auch die Folge $(a_{mn})_{n \in \mathbb{N}}$. Außerdem konvergieren die beiden Grenzwertfolgen $(\lim_{m \to \infty} a_{mn})_{n \in \mathbb{N}}$ und $(\lim_{n \to \infty} a_{mn})_{m \in \mathbb{N}}$, und es gilt

$$\lim_{n \to \infty} (\lim_{m \to \infty} a_{mn}) = \lim_{m \to \infty} (\lim_{n \to \infty} a_{mn}).$$

Dies lässt sich leicht unter Verwendung von Satz 1.1.4 beweisen. Man betrachtet dazu auf der Punktmenge $X := \{1/(m+1) \mid m \in \mathbb{N}\} \cup \{0\}$ die Funktionenfolge (f_n) mit

$$f_n(1/(m+1)) := a_{mn}, \quad f_n(0) := \lim_{m \to \infty} a_{mn}.$$

Wegen (1) ist jede der Funktionen f_n stetig, und wegen (2) konvergiert die Funktionenfolge (f_n) auf $X - \{0\}$ und damit auch auf X gleichmäßig, vgl. Aufg. 1.1.11. Die Stetigkeit der Grenzfunktion $\lim f_n$ liefert nun die Behauptung. $\diamond$

---

[1] Wir erinnern daran, dass $\mathfrak{E}(I)$ die Menge der endlichen Teilmengen von I bezeichnet.

Beispiel 1.1.10 (Produktdarstellungen von Sinus und Kosinus) Als Anwendung des Doppelfolgensatzes aus dem vorangegangenen Beispiel leiten wir die Produktdarstellungen von Sinus und Kosinus her: Wir benutzen dazu die asymptotische Beziehung $\sin x \sim x$ für $x \to 0$, die besagt, dass der Sinus im Nullpunkt differenzierbar ist mit der Ableitung 1 und die sich bereits aus der Darstellung $\sin x = \sum_{n=0}^{\infty} (-1)^n x^{2n+1}/(2n+1)!$ ergibt, vgl. Abschn. 1.4. Ferner verwenden wir die Tschebyschewschen Polynome zweiter Art $U_n = \prod_{k=1}^{n} (X - \cos k\pi/(n+1)) \in \mathbb{Q}[X]$, für die

$$2^n U_n(\cos \varphi) = \frac{\sin(n+1)\varphi}{\sin \varphi} \quad \text{und} \quad 2n+1 = 2^{2n} U_{2n}(1) = 2^{2n} \prod_{k=1}^{n} \sin^2 \frac{k\pi}{2n+1}, \quad n \in \mathbb{N},$$

gilt, vgl. [14], Aufg. 3.5.33. Dafür bekommt man die Identitäten

$$\frac{\sin x}{\sin(x/(2m+1))} = 2^{2m} U_{2m}\left(\cos \frac{x}{2m+1} \right) = 2^{2m} \prod_{k=1}^{m} \left(\cos^2 \frac{x}{2m+1} - \cos^2 \frac{k\pi}{2m+1} \right)$$

$$= 2^{2m} \prod_{k=1}^{m} \left(\sin^2 \frac{k\pi}{2m+1} - \sin^2 \frac{x}{2m+1} \right)$$

$$= 2^{2m} \prod_{k=1}^{m} \sin^2 \frac{k\pi}{2m+1} \cdot \prod_{k=1}^{m} \left(1 - \frac{\sin^2(x/(2m+1))}{\sin^2(k\pi/(2m+1))} \right)$$

$$= (2m+1) \prod_{k=1}^{m} \left(1 - \frac{\sin^2(x/(2m+1))}{\sin^2(k\pi/(2m+1))} \right),$$

die sogar für alle $x \in \mathbb{C}$ gelten. Wir definieren die Doppelfolge a_{mn}, $m, n \in \mathbb{N}$, durch

$$a_{mn} := \begin{cases} \prod_{k=1}^{n} \left(1 - \frac{\sin^2(x/(2m+1))}{\sin^2(k\pi/(2m+1))} \right), \text{ falls } n \leq m, \\ \\ a_{mm}, \text{ falls } n > m. \end{cases}$$

Dann gilt Bedingung (1) aus Beispiel 1.1.9: Wegen $\sin x \sim x$ für $x \to 0$ ist nämlich

$$\lim_{m \to \infty} a_{mn} = \prod_{k=1}^{n} \left(1 - \frac{x^2}{k^2 \pi^2} \right).$$

Bedingung (2) aus Beispiel 1.1.9 ergibt sich für $p \leq n$ wegen

$$|a_{mn} - a_{mp}| \leq |a_{mp}| \left(\prod_{k=p+1}^{m} \left(1 + \left| \frac{\sin^2(x/(2m+1))}{\sin^2(k\pi/(2m+1))} \right| \right) - 1 \right),$$

der Existenz einer Konstanten $C > 0$ mit

$$\left| \frac{\sin^2(x/(2m+1))}{\sin^2(k\pi/(2m+1))} \right| \leq C \frac{|x|^2}{k^2\pi^2}$$

für alle $k, m \in \mathbb{N}^* = \{n \in \mathbb{N} \mid n > 0\}$ mit $k \leq m$ (wiederum wegen $\sin x \sim x$) sowie der Konvergenz des Produktes $\prod_{k=1}^{\infty}(1 + C|x|^2/k^2\pi^2)$, die aus $\sum_{k=1}^{\infty} C|x|^2/k^2\pi^2 < \infty$ folgt, vgl. [14], Satz 3.6.25. Der Doppelfolgensatz aus Beispiel 1.1.9 lässt sich daher anwenden und liefert

$$\frac{\sin x}{x} = \frac{\sin x}{x} \lim_{m\to\infty} \frac{x/(2m+1)}{\sin(x/(2m+1))} = \lim_{m\to\infty} \frac{\sin x}{(2m+1)\sin(x/(2m+1))} = \lim_{m\to\infty} a_{mm}$$

$$= \lim_{m\to\infty} \left(\lim_{n\to\infty} a_{mn} \right) = \lim_{n\to\infty} \left(\lim_{m\to\infty} a_{mn} \right) = \prod_{k=1}^{\infty}\left(1 - \frac{x^2}{k^2\pi^2}\right), \quad \text{also:}$$

Satz 1.1.11 (Satz von Euler) *Für alle $x \in \mathbb{C}$ gelten die Produktdarstellungen*

$$\sin x = x \prod_{k=1}^{\infty}\left(1 - \frac{x^2}{k^2\pi^2}\right), \quad \cos x = \prod_{k=0}^{\infty}\left(1 - \frac{4x^2}{(2k+1)^2\pi^2}\right).$$

Die Produktdarstellung des Kosinus erhält man dabei wegen $\cos x = \sin 2x/2\sin x$ aus der des Sinus. Die Konvergenz dieser Produkte ist offenbar auf jeder beschränkten Teilmenge von $\mathbb{C}$ gleichmäßig, vgl. Aufg. 1.1.24. Für die häufig benutzte **Kardinalsinus-funktion** $\operatorname{sinc} x := (\sin \pi x)/\pi x$ gilt also die Darstellung

$$\operatorname{sinc} x = \frac{\sin \pi x}{\pi x} = \prod_{k=1}^{\infty}\left(1 - \frac{x^2}{k^2}\right).$$

Übrigens folgt aus der Produktdarstellung des Sinus die Gleichung

$$\frac{\sin x}{x} = 1 - \frac{x^2}{\pi^2}\left(\sum_{k=1}^{\infty}\frac{1}{k^2}\right) + O(x^4) \quad \text{für } x \to 0.$$

Da andererseits $(\sin x)/x = 1 - x^2/6 + O(x^4)$ gilt (O ist eines der Landau-Symbole[2], vgl. [14], Abschnitt 3.8, was sich beispielsweise aus obiger Potenzreihendarstellung von $\sin x$ ergibt, erhält man die berühmte Summenformel

$$\sum_{k=1}^{\infty}\frac{1}{k^2} = \frac{\pi^2}{6},$$

---

[2] Sind $f, g\colon D \to \mathbb{K}$ Funktionen, so gilt definitionsgemäß $f = O(g)$ für $x \to a$, wenn f/g in einer Umgebung von $a \in \overline{D}$ beschränkt ist.

die L. Euler (1707–1783)) bereits im Jahr 1735 bewiesen hat und die wir später noch mehrmals herleiten werden, vgl. die Beispiele 2.2.12 und 2.7.3. Für $x = \pi/2$ ergibt sich aus der Eulerschen Formel aus Satz 1.1.11 zusammen mit $\sin \pi/2 = 1$

$$\frac{2}{\pi} = \prod_{k=1}^{\infty} \left(1 - \frac{1}{(2k)^2}\right) = \lim_{m\to\infty} \frac{1\cdot 3}{2\cdot 2}\cdot\frac{3\cdot 5}{4\cdot 4}\cdots\frac{(2m-1)(2m+1)}{2m\cdot 2m}$$

$$= \lim_{m\to\infty} \left(\frac{1\cdot 3\cdots(2m-1)}{2\cdot 4\cdots(2m)}\right)^2\cdot(2m+1)$$

oder

$$\sqrt{\pi} = \lim_{m\to\infty}\frac{1}{\sqrt{m}}\frac{2\cdot 4\cdots(2m)}{1\cdot 3\cdots(2m-1)} = \lim_{m\to\infty}\frac{4^m}{\sqrt{m}}\frac{(m!)^2}{(2m)!} = \lim_{m\to\infty}\frac{4^m}{\sqrt{m}}\bigg/\binom{2m}{m}.$$

Dies ist die **Wallissche Produktdarstellung** von $\sqrt{\pi}$, die J. Wallis (1617–1703) bereits im Jahr 1656 angegeben hat, vgl. auch Beispiel 3.2.6 (4).

Wegen $\sinh x = (\mathrm{e}^x - \mathrm{e}^{-x})/2 = -\mathrm{i}\sin\mathrm{i}x$ liefert die Eulersche Produktdarstellung 1.1.11:

$$\sinh x = x\prod_{k=1}^{\infty}\left(1 + \frac{x^2}{k^2\pi^2}\right), \quad x\in\mathbb{C}. \qquad\qquad \diamond$$

Wir diskutieren noch die Banach-Algebren $\mathrm{C}_{\mathbb{K}}(X) = \mathrm{C}_{\mathbb{K}}(X, \|-\|_{X,\infty})$ mit der Topologie der gleichmäßigen Konvergenz für kompakte Räume X. Historischer Ausgangspunkt dafür war der Fall, dass X ein kompaktes Intervall in $\mathbb{R}$ ist.

Satz 1.1.12 (Weierstraßscher Approximationssatz) *Die $\mathbb{K}$-Algebra $\mathbb{K}[x]$ der $\mathbb{K}$-wertigen Polynomfunktionen auf dem Intervall $[a,b] \subseteq \mathbb{R}$, $a < b$, liegt dicht in der $\mathbb{K}$-Banach-Algebra $\mathrm{C}_{\mathbb{K}}([a,b])$, d. h. jede stetige $\mathbb{K}$-wertige Funktion $f : [a,b] \to \mathbb{K}$ ist Grenzfunktion einer gleichmäßig konvergenten Folge von Polynomfunktionen (mit Koeffizienten aus $\mathbb{K}$).*

Jede stetige Funktion auf einem abgeschlossenen beschränkten Intervall in $\mathbb{R}$ lässt sich also zu beliebig vorgegebenem $\varepsilon > 0$ bis auf einen globalen Fehler $\leq \varepsilon$ durch Polynome approximieren. Die stetige Abhängigkeit einer physikalischen Größe von einer anderen kann somit auf einem abgeschlossenen und beschränkten Intervall stets durch eine Polynomfunktion (genügend hohen Grades) beschrieben werden, falls man einen Fehler $\varepsilon > 0$ toleriert, der beliebig klein vorgegeben werden kann. Wir benutzen zum Beweis das sogenannte **schwache Gesetz der großen Zahlen**, auf das wir ausführlich in Bd. 9 über Stochastik eingehen werden. Hier geben wir dafür einen direkten Beweis.

Lemma 1.1.13 *Für* $x \in [0,1]$, $a > 0$ *und* $n \in \mathbb{N}^*$ *gilt*

$$\sum_{m \in \mathbb{N}, |x - \frac{m}{n}| \geq a} \binom{n}{m} x^m (1-x)^{n-m} \leq \frac{x(1-x)}{a^2 n} \leq \frac{1}{4a^2 n}.$$

Beweis Bei $n \geq 2$ erhält man mit dem binomischen Lehrsatz, vgl. etwa [14], Satz 1.6.15:

$$\sum_{m \in \mathbb{N}, |x - \frac{m}{n}| \geq a} a^2 \binom{n}{m} x^m (1-x)^{n-m} \leq \sum_{m \in \mathbb{N}} \left(x - \frac{m}{n} \right)^2 \binom{n}{m} x^m (1-x)^{n-m}$$

$$= \sum_{m \in \mathbb{N}} \left(x^2 - 2x \frac{m}{n} + \frac{m^2}{n^2} \right) \binom{n}{m} x^m (1-x)^{n-m}$$

$$= \sum_{m \in \mathbb{N}} \left(x^2 - \left(2x - \frac{1}{n} \right) \frac{m}{n} + \frac{n-1}{n} \cdot \frac{m(m-1)}{n(n-1)} \right) \binom{n}{m} x^m (1-x)^{n-m}$$

$$= x^2 \sum_{m \geq 0} \binom{n}{m} x^m (1-x)^{n-m} - \left(2x^2 - \frac{x}{n} \right) \sum_{m \geq 1} \binom{n-1}{m-1} x^{m-1} (1-x)^{(n-1)-(m-1)}$$

$$+ \frac{n-1}{n} x^2 \sum_{m \geq 2} \binom{n-2}{m-2} x^{m-2} (1-x)^{(n-2)-(m-2)}$$

$$= x^2 \big(x + (1-x) \big)^n - \left(2x^2 - \frac{x}{n} \right) \big(x + (1-x) \big)^{n-1} + \frac{n-1}{n} x^2 \big(x + (1-x) \big)^{n-2}$$

$$= x^2 - \left(2x^2 - \frac{x}{n} \right) + \frac{n-1}{n} x^2 = \frac{x(1-x)}{n} = \frac{1 - (2x-1)^2}{4n} \leq \frac{1}{4n}.$$

Division durch a^2 liefert die gesuchten Ungleichungen. Der Fall $n = 1$ ist trivial. $\square$

Zum *Beweis* von Satz 1.1.12 können wir natürlich $[a, b] = [0, 1]$ annehmen. Der folgende Beweis stammt von S. Bernstein (1880–1968) und gibt explizit eine Folge von Polynomfunktionen an, die gleichmäßig gegen f konvergiert. Wir zeigen, dass die zu f gehörenden sogenannten **Bernstein-Polynomfunktionen**

$$B_n(x) := \sum_{m=0}^{n} f\left(\frac{m}{n} \right) \binom{n}{m} x^m (1-x)^{n-m}, \quad n \in \mathbb{N}^*,$$

deren Grad $\leq n$ ist und die an den Intervallenden 0 und 1 dieselben Werte wie f annehmen, auf $[0, 1]$ gleichmäßig gegen f konvergieren. Sei $\varepsilon > 0$ vorgegeben. Wegen der gleichmäßigen Stetigkeit von f (vgl. [14], Satz 3.9.12) gibt es ein $\delta > 0$ mit der Eigenschaft $|f(x) - f(y)| \leq \varepsilon/2$ für $x, y \in [0, 1]$, $|x - y| \leq \delta$. Ferner gibt es nach [14], Satz 3.9.2 ein $M > 0$ mit $|f(x)| \leq M$ für alle $x \in [0, 1]$. Für alle $n \geq M/\delta^2 \varepsilon$ ergibt sich dann mit dem mit dem binomischen Lehrsatz und Lemma 1.1.13

$$|f(x) - B_n(x)| = \Bigg| \sum_{m=0}^{n} \Big(f(x) - f\Big(\frac{m}{n}\Big) \Big) \binom{n}{m} x^m (1-x)^{n-m} \Bigg|$$

$$\leq \sum_{m\in\mathbb{N}, |x-\frac{m}{n}|\leq\delta} \Big| f(x) - f\Big(\frac{m}{n}\Big) \Big| \binom{n}{m} x^m (1-x)^{n-m}$$

$$+ \sum_{m\in\mathbb{N}, |x-\frac{m}{n}|\geq\delta} \Big| f(x) - f\Big(\frac{m}{n}\Big) \Big| \binom{n}{m} x^m (1-x)^{n-m}$$

$$\leq \frac{\varepsilon}{2} \cdot 1 + \frac{2M}{4\delta^2 n} \leq \frac{\varepsilon}{2} + \frac{\varepsilon}{2} = \varepsilon. \qquad \square$$

Zu einem alternativen Beweis von Satz 1.1.12 siehe Aufg. 1.1.18.

Bemerkung 1.1.14 Mit demselben Beweis, den Betrag $|-|$ durch die Norm $\|-\|$ ersetzend, zeigt man: *Ist $f : [a,b] \to V$ eine stetige Funktion auf dem kompakten Intervall $[a,b] \subseteq \mathbb{R}$ mit Werten in dem $\mathbb{R}$-Banach-Raum V, so konvergieren die Bernstein-Polynomfunktionen*

$$B_n(x) := \sum_{m=0}^{n} f\Big(\frac{m}{n}\Big) \binom{n}{m} x^m (1-x)^{n-m} \in V[x], \quad n \in \mathbb{N}^*,$$

gleichmäßig gegen f. ◇

Bemerkung 1.1.15 Der Weierstraßsche Approximationssatz lässt sich ganz analog auch für stetige Funktionen in mehreren reellen Veränderlichen beweisen. Man benutzt dazu die folgende Verallgemeinerung des schwachen Gesetzes der großen Zahlen: Für Elemente $x_1, \ldots, x_r$ des kompakten Simplex

$$\triangle := \{(x_1, \ldots, x_r) \in \mathbb{R}_+^r \mid x_1 + \cdots + x_r \leq 1\} \subseteq \mathbb{R}^r,$$

sowie $a > 0, n \in \mathbb{N}^*$ und jedes $i = 1, \ldots, r$ gilt

$$\sum_{m\in\mathbb{N}^r, |m|\leq n, |x_i-\frac{m_i}{n}|\geq a} \binom{n}{m} x_1^{m_1} \cdots x_r^{m_r} \big(1 - (x_1 + \cdots + x_r)\big)^{n-|m|} \leq \frac{x_i(1-x_i)}{a^2 n} \leq \frac{1}{4a^2 n}.$$

(Für $m = (m_1, \ldots, m_r) \in \mathbb{N}^r$ ist $|m| = m_1 + \cdots + m_r$.) Ist dann $f : \triangle \to \mathbb{K}$ stetig, so konvergieren die Bernstein-Polynomfunktionen

$$B_n(x_1, \ldots, x_r) := \sum_{m\in\mathbb{N}^r, |m|\leq n} f\Big(\frac{m_1}{n}, \ldots, \frac{m_r}{n}\Big) \binom{n}{m} x_1^{m_1} \cdots x_r^{m_r} \big(1 - (x_1 + \cdots + x_r)\big)^{n-|m|},$$

$n \in \mathbb{N}^*$, *gleichmäßig auf* $\triangle$ *gegen* f. Mittels affiner Transformationen, vgl. [14], Aufg. 2.9.12, gewinnt man daraus die gleichmäßige Approximierbarkeit stetiger Funktionen durch Polynomfunktionen für beliebige kompakte Simplizes in $\mathbb{R}^r$. Da eine kompakte Menge $K \subseteq \mathbb{R}^r$ Teilmenge eines solchen Simplex $\triangle'$ ist und da sich jede stetige Funktion $f: K \to \mathbb{K}$ zu einer stetigen Funktion auf $\triangle'$ fortsetzen lässt, vgl. [14], Satz 4.2.36, gilt der Weierstraßsche Approximationssatz dann auch für K. Der zuletzt benutzte Fortsetzungssatz ist für geometrisch einfache Mengen K wie Quader oder Kugeln natürlich trivial.

Die oben im Beweis von Satz 1.1.12 benutzte Folge der Bernstein-Polynomfunktionen konvergiert im Allgemeinen nur sehr langsam gegen f. Wir werden bald Verfahren kennen lernen, die zumindest in Spezialfällen bessere Ergebnisse liefern.   ◇

Eine wesentliche, wenn auch abstrakte Verallgemeinerung des Weierstraßschen Approximationssatzes ist der sogenannte Approximationssatz von Stone-Weierstraß. Wir erinnern daran, dass eine Teilmenge $M \subseteq C_{\mathbb{K}}(X)$ von stetigen Funktionen definitionsgemäß genau dann dicht in $C_{\mathbb{K}}(X)$ ist, wenn $\overline{M} = C_{\mathbb{K}}(X)$ ist, d. h. wenn jede stetige Funktion $f: X \to \mathbb{K}$ der Limes einer Folge (f_n) von Funktionen $f_n \in M$ ist, die gleichmäßig gegen f konvergiert, oder anders gesagt, wenn zu jedem $f \in C_{\mathbb{K}}(X)$ und jedem $\varepsilon > 0$ ein $g \in M$ mit $\|g - f\| \leq \varepsilon$ existiert.

Satz 1.1.16 (Approximationssatz von Stone-Weierstraß) *Seien X ein kompakter Raum und A eine $\mathbb{R}$-Unteralgebra der Algebra $C_{\mathbb{R}}(X)$ aller stetigen reellwertigen Funktionen auf X. Die Algebra A trenne die Punkte von X, d. h. zu je zwei verschiedenen Punkten $x, y \in X$ gebe es eine Funktion $h \in A$ mit $h(x) \neq h(y)$. Dann ist A dicht in $C_{\mathbb{R}}(X)$.*

Beweis Nach dem folgenden Lemma 1.1.17 enthält die abgeschlossene $\mathbb{R}$-Algebra $\overline{A}$ mit jeder Funktion f auch $|f|$ und folglich mit endlich vielen Funktionen $f_1, \dots, f_n \in \overline{A}$ wegen $\mathrm{Max}\,(f, g) = (f + g + |g - f|)/2$ und $\mathrm{Min}\,(f, g) = (f + g - |g - f|)/2$ auch $\mathrm{Max}\,(f_1, \dots, f_n)$ und $\mathrm{Min}\,(f_1, \dots, f_n)$.

Sei nun $f: X \to \mathbb{R}$ stetig und $\varepsilon > 0$ vorgegeben. Zu $x, y \in X$ gibt es ein $g_{x,y} \in A$ mit $g_{x,y}(x) = f(x)$ und $g_{x,y}(y) = f(y)$, nämlich bei $x = y$ die konstante Funktion $f(x) = f(y) \in A$ und bei $x \neq y$ wählt man ein $h \in A$ mit $h(x) \neq h(y)$ und nimmt etwa $g_{x,y} \in A$ mit

$$g_{x,y}: t \mapsto \frac{f(y) - f(x)}{h(y) - h(x)}(h(t) - h(x)) + f(x), \quad t \in X.$$

Wegen der Stetigkeit von f und $g_{x,y}$ gibt es bei festem x zu jedem $y \in X$ eine Umgebung $U(y)$ von y mit $g_{x,y}(z) \leq f(z) + \varepsilon$ für alle $z \in U(y)$. Da X kompakt ist, existieren endlich viele Punkte $y_1, \dots, y_n$ mit $X = U(y_1) \cup \cdots \cup U(y_n)$. Für

$$h_x := \mathrm{Min}\,(g_{x,y_1}, \dots, g_{x,y_n}) \in \overline{A}$$

gilt $h_x(z) \leq f(z) + \varepsilon$, $z \in X$ beliebig, also $h_x \leq f + \varepsilon$. Nach Konstruktion ist $h_x(x) = f(x)$. Daher gibt es eine Umgebung $V(x)$ von x mit $f(z) - \varepsilon \leq h_x(z)$ für alle $z \in V(z)$. Endlich viele Umgebungen $V(x_1), \ldots, V(x_m)$ überdecken X. Für

$$g := \operatorname{Max}(h_{x_1}, \ldots, h_{x_m}) \in \overline{A}$$

ist $f(z) - \varepsilon \leq g(z) \leq f(z) + \varepsilon$, also $\|f - g\| = d(f, g) \leq \varepsilon$. Somit ist $\overline{A}$ und damit auch A dicht in $C_{\mathbb{R}}(X)$. $\qquad\square$

Lemma 1.1.17 *Sei A eine $\mathbb{R}$-Unteralgebra der Algebra $C_{\mathbb{R}}(X)$ der $\mathbb{R}$-wertigen stetigen Funktionen auf dem kompakten Raum X. Dann ist der topologische Abschluss $\overline{A}$ von A ebenfalls eine $\mathbb{R}$-Unteralgebra von $C_{\mathbb{R}}(X)$ und enthält mit jeder Funktion f auch $|f|$.*

Beweis Die Grenzwertrechenregeln zeigen, dass mit A auch $\overline{A}$ eine $\mathbb{R}$-Unteralgebra von $C_{\mathbb{R}}(X)$ ist. Wegen $|f| = \sqrt{f^2}$ genügt es, Folgendes zu zeigen: Ist $g \in A$ und $g \geq 0$, so ist $\sqrt{g} \in A$. Sei $m := \operatorname{Min}\{g(x) \mid x \in X\}$. Bei $m = 0$ betrachten wir die Funktionen $g_n := g + \varepsilon_n$, $n \in \mathbb{N}$, mit einer Nullfolge $\varepsilon_n > 0$. Dann konvergiert $\sqrt{g_n}$, $n \in \mathbb{N}$, gleichmäßig gegen $\sqrt{g}$ wegen

$$\sqrt{g_n} - \sqrt{g} = \frac{\varepsilon_n}{\sqrt{g_n} + \sqrt{g}} \leq \frac{\varepsilon_n}{\sqrt{\varepsilon_n}} = \sqrt{\varepsilon_n}.$$

Wir können also $m > 0$ annehmen. Zu jedem $a \in \,]0, 1[$ gibt es Polynomfunktionen F_n, $n \in \mathbb{N}$, die auf $[a, 1]$ gleichmäßig gegen die Wurzelfunktion $\sqrt{x}$ konvergieren, vgl. Aufg. 1.1.17. Alternativ kann man auch die Wurzelreihe $\sqrt{1 + x} = \sum_{k=0}^{\infty} \binom{1/2}{k} x^k$ benutzen, die auf jedem Intervall $[b, c]$ mit $-1 < b < c < 1$ (und sogar auf $[-1, 1]$) gleichmäßig konvergiert, vgl. Satz 2.2.7 sowie Beispiel 2.2.8. Dann leisten die Polynomfunktionen $F_n(x) = \sum_{k=0}^{n} \binom{1/2}{k}(x^2 - 1)^k$, $n \in \mathbb{N}$, das Gewünschte. Für $M := \|g\| = \operatorname{Max}\{g(x) \mid x \in X\}$ ist nun

$$\sqrt{g} = \sqrt{M} \cdot \sqrt{g/M} = \sqrt{M} \lim_{n \to \infty} F_n(g/M),$$

und die Folge $\sqrt{M}\, F_n(g/M) \in \mathbb{R}[g] \subseteq A$, $n \in \mathbb{N}$, konvergiert gleichmäßig auf X.[3] $\quad\square$

Die Voraussetzung in Satz 1.1.16, dass die $\mathbb{R}$-Unteralgebra $A \subseteq C_{\mathbb{R}}(X)$ die Punkte von X trennt, ist auch notwendig dafür, dass A dicht in $C_{\mathbb{R}}(X)$ ist. Dies folgt etwa aus dem Urysohnschen Trennungslemma, vgl. [14], Satz 4.2.37.

Ersetzt man in Satz 1.1.16 den Körper $\mathbb{R}$ durch $\mathbb{C}$, so bleibt der Satz im Allgemeinen nicht gültig. So ist zum Beispiel die Algebra $\mathbb{C}[z]$ der Polynomfunktionen auf der abgeschlossenen Einheitskreisscheibe $\overline{B}(0; 1) \subseteq \mathbb{C}$ punktetrennend, aber nicht dicht in $C_{\mathbb{C}}(\overline{B}(0; 1))$, da die Grenzfunktion einer auf $\overline{B}(0; 1)$ gleichmäßig konvergenten Folge von Polynomfunktionen auf $B(0; 1)$ notwendigerweise analytisch ist, vgl. Satz 1.3.10. Es gilt jedoch:

---

[3] Die Reduktion auf den Fall $m > 0$ ist offenbar überflüssig.

Satz 1.1.18 (Approximationssatz von Stone-Weierstraß für $\mathbb{C}$-wertige Funktionen)
Seien X ein kompakter Raum und A eine $\mathbb{C}$-Unteralgebra der Algebra $C_{\mathbb{C}}(X)$ aller stetigen komplexwertigen Funktionen auf X mit folgenden Eigenschaften:

(1) *A trennt die Punkte von X.*   (2) *Mit f liegen auch $\Re f$ und $\Im f$ in A.*

Dann ist A dicht in $C_{\mathbb{C}}(X)$.

Beweis Sei A_0 die $\mathbb{R}$-Unteralgebra der reellwertigen Funktionen in A. Wegen (1) und (2) trennt auch A_0 die Punkte von X und ist nach Satz 1.1.16 dicht in $C_{\mathbb{R}}(X)$. Ist nun $f \in C_{\mathbb{C}}(X)$ beliebig und $\varepsilon > 0$, so gibt es Funktionen $g_1, g_2 \in A_0$ mit $\|g_1 - \Re f\| \leq \varepsilon/2$ und $\|g_2 - \Im f\| \leq \varepsilon/2$. Für $g := g_1 + ig_2 \in A$ gilt nun

$$\|g - f\| \leq \|g_1 - \Re f\| + \|g_2 - \Im f\| \leq \varepsilon. \qquad \square$$

Der klassische Weierstraßsche Approximationssatz, vgl. Satz 1.1.12 und Bemerkung 1.1.15, ist nun eine direkte Konsequenz der allgemeinen Sätze 1.1.16 und 1.1.18:

Satz 1.1.19 *Sei $K \subseteq \mathbb{R}^n$ kompakt. Dann bilden die $\mathbb{K}$-wertigen Polynomfunktionen auf K eine in $C_{\mathbb{K}}(K)$ dichte $\mathbb{K}$-Unteralgebra.*

Aufgaben

Aufgabe 1.1.1 Man untersuche folgende Funktionenfolgen auf gleichmäßige und auf kompakte Konvergenz (die hier mit der lokal gleichmäßigen Konvergenz übereinstimmt).

a) $\sqrt[n]{x}, n \in \mathbb{N}$, auf $D := [a, \infty[$, wobei $a \in \mathbb{R}_+$ ist.
b) $1/(1 + x^2)^n, n \in \mathbb{N}$, auf $\mathbb{R}$.
c) $(1 - x^{2n})/(1 + x^{2n}), n \in \mathbb{N}$, auf $\mathbb{R}$.
d) $1/(1 + nx^2), n \in \mathbb{N}$, auf $\mathbb{R}$.
e) $xe^{-x/n}/n, n \in \mathbb{N}^*$, auf $\mathbb{R}_+$.
f) $nxe^{-nx^2}, n \in \mathbb{N}$, auf $\mathbb{R}$.
g) $[nx]/n, n \in \mathbb{N}^*$, auf $\mathbb{R}$.
h) $(1 - x)^k x^n, n \in \mathbb{N}$, auf $[0, 1]$ ($k \in \mathbb{N}$ fest).
i) $nx(1 - x^2)^n, n \in \mathbb{N}$, auf $[0, 1]$.
j) $nx/(1 + n^2x^2), n \in \mathbb{N}$, auf $\mathbb{R}$.

Aufgabe 1.1.2 Man untersuche folgende Funktionenreihen auf kompakte Konvergenz.

a) $\sum_{n=1}^{\infty} x/n^2(1 + |x|)$ auf $\mathbb{C}$.
b) $\sum_{n=1}^{\infty} 1/(x^2 + n^2)$ auf $\mathbb{R}$ bzw. auf $\mathbb{C} - \{ik | k \in \mathbb{Z}, k \neq 0\}$.
c) $\sum_{n=1}^{\infty} 1/n(x + n)$ auf $\mathbb{R} - \{-k \mid k \in \mathbb{N}^*\}$ bzw. auf $\mathbb{C} - \{-k \mid k \in \mathbb{N}^*\}$.
d) $\sum_{n=1}^{\infty} 1/n^{\alpha} \sin(nx)$ auf $\mathbb{R}$ (mit $\alpha > 1$ fest).

Aufgabe 1.1.3 Sei a_t, $t \in \mathbb{K}$, eine Familie komplexer Zahlen. Wir erinnern an die Definition der komplexen Exponentialfunktion durch $e^{x+iy} = e^x e^{iy} = e^x(\cos y + i \sin y)$, $x, y \in \mathbb{R}$, vgl. etwa [14], Beispiel 2.2.16 (2) oder Satz 1.4.4 im vorliegenden Band.

a) Ist die Familie $a_t e^{-st}$, $t \in \mathbb{K}$, summierbar für $s = s_1$ und $s = s_2$ mit $s_1, s_2 \in \mathbb{R}$ und $s_1 \leq s_2$, so ist diese Familie auf dem abgeschlossenen Intervall $[s_1, s_2]$ normal summierbar.

b) Ist $\mathbb{K} = \mathbb{R}$ und ist die Familie $a_t e^{-st}$, $t \in \mathbb{R}$, summierbar für $s = s_1$ und $s = s_2$ mit $\Re s_1 \leq \Re s_2$, so ist diese Familie auf dem abgeschlossenen Streifen $\{s \in \mathbb{C} \mid \Re s_1 \leq \Re s \leq \Re s_2\}$ normal summierbar.

c) Ist $a_t = 0$ für $\Re t < 0$ und ist die Familie $a_t e^{-st}$, $t \in \mathbb{K}$, summierbar für $s = s_1 \in \mathbb{R}$, so ist diese Familie normal summierbar auf $[s_1, \infty[$.

d) Ist $a_t = 0$ für $t \notin \mathbb{R}_+$ und ist die Familie $a_t e^{-st}$, $t \in \mathbb{R}_+$, summierbar für $s = s_1$, so ist diese Familie auf der abgeschlossenen Halbebene $\{s \in \mathbb{C} \mid \Re s \geq \Re s_1\}$ normal summierbar.

e) Ist $\mathbb{K} = \mathbb{R}$ und ist a_t, $t \in \mathbb{R}$, summierbar, so ist die Familie $a_t e^{ixt}$, $t \in \mathbb{R}$, normal summierbar auf dem abgeschlossenen oberen Halbraum $\{x \in \mathbb{C} \mid \Im x \geq 0\}$.

Bemerkung In den Fällen c) und d) heißt das Infimum der Zahlen $\Re s$, für die die Familie $a_t e^{-st}$, $t \in \mathbb{K}$, summierbar ist, die **Summierbarkeitsabszisse** der Familie. – Zu dieser Aufgabe siehe auch Beispiel 2.7.8 über Dirichlet-Reihen.

Aufgabe 1.1.4 Seien $f_1, \ldots, f_r$ beschränkte $\mathbb{K}$-wertige Funktionen auf dem Hausdorff-Raum X und $(a_{1n}), \ldots, (a_{rn})$ konvergente Folgen in $\mathbb{K}$. Dann ist die Funktionenfolge $g_n : X \to \mathbb{K}$, $n \in \mathbb{N}$, $g_n := \sum_{j=1}^r a_{jn} f_j$, gleichmäßig konvergent mit Grenzfunktion $g := \sum_{j=1}^r a_j f_j$, $a_j := \lim_n a_{jn}$, $j = 1, \ldots, r$.

Aufgabe 1.1.5 Seien V ein $\mathbb{K}$-Banach-Raum und $f : V \to V$ eine stetige Abbildung. Es gelte $\| f(x) \| \leq q \| x \|$ für alle $x \in V$ mit einem festen q, $0 < q < 1$. Dann ist die Folge $f_n = f \circ \cdots \circ f$, $n \in \mathbb{N}$, der Iterierten von f normal summierbar und insbesondere gleichmäßig summierbar auf jeder beschränkten Teilmenge von V.

Aufgabe 1.1.6 Sei $\Gamma := \{a + bi \mid a, b \in \mathbb{Z}\}$ das sogenannte Standardgitter in $\mathbb{C}$. Für $n \in \mathbb{N}$, $n \geq 3$, ist die Familie $z \mapsto (z - w)^{-n}$, $w \in \Gamma$, auf $\mathbb{C} - \Gamma$ kompakt summierbar. Die Familie $z \mapsto (z - w)^{-n}$, $w \in \mathbb{Z}$, ist für jedes $n \in \mathbb{N}$, $n \geq 2$, auf $\mathbb{C} - \mathbb{Z}$ kompakt summierbar.

Aufgabe 1.1.7 Seien

$$R_n = \sum_{k \geq 0} \binom{2^n}{2k} X^k, \quad S_n = \sum_{k \geq 0} \binom{2^n}{2k + 1} X^k \in \mathbb{Z}[X], \quad n \in \mathbb{N},$$

die Polynome aus [14], Aufg. 3.5.45, die auch durch die Rekursion

$$R_0 = S_0 = 1; \quad R_{n+1} = R_n^2 + X S_n^2, \quad S_{n+1} = 2 R_n S_n, \quad n \in \mathbb{N},$$

gewonnen werden können. Dann ist $R_n(z)/S_n(z)$ für $z \in \mathbb{C} - \mathbb{R}_-$, $\mathbb{R}_- = \{r \in \mathbb{R} \mid r \le 0\}$, die Folge des Babylonischen Wurzelziehens mit dem Anfangswert $R_0(z)/S_0(z) = 1$, die gegen den Hauptwert von $\sqrt{z}$ konvergiert. Man zeige, dass die Folge $R_n(z)/S_n(z)$, $n \in \mathbb{N}$, von rationalen Funktionen auf $\mathbb{C} - \mathbb{R}_-$ kompakt gegen $\sqrt{z}$ konvergiert.

Aufgabe 1.1.8 Sei $X = X_1 \cup \cdots \cup X_r$ ein Hausdorff-Raum und Y ein metrischer Raum. Die Folge $f_n \colon X \to Y$, $n \in \mathbb{N}$, konvergiert genau dann gleichmäßig, wenn die Folgen $f_n | X_j$, $n \in \mathbb{N}$, der Beschränkungen der f_n auf die einzelnen Teilmengen X_j von X alle gleichmäßig konvergieren.

Aufgabe 1.1.9 Seien $f_n, g_n \colon X \to \mathbb{K}$, $n \in \mathbb{N}$, gleichmäßig konvergente Folgen von Funktionen auf dem Hausdorff-Raum X. Dann ist die Folge $f_n g_n$, $n \in \mathbb{N}$, gleichmäßig konvergent, falls $\lim f_n$ und $\lim g_n$ beschränkt sind. Man zeige an Hand eines Beispiels, dass man auf diese Beschränktheitsbedingung nicht ohne weiteres verzichten kann.

Aufgabe 1.1.10 Sei $f_n \colon X \to Y$, $n \in \mathbb{N}$, eine gleichmäßig konvergente Folge von Abbildungen auf dem Hausdorff-Raum X mit Werten in dem metrischen Raum Y.

a) Für jede Abbildung $g \colon X' \to X$ des Hausdorff-Raums X' in den Raum X ist auch die Folge $f_n \circ g \colon X' \to Y$, $n \in \mathbb{N}$, gleichmäßig konvergent.
b) Ist $h \colon Y \to Z$ eine gleichmäßig stetige Abbildung von metrischen Räumen, so ist auch die Folge $h \circ f_n \colon X \to Z$, $n \in \mathbb{N}$, gleichmäßig konvergent.

Aufgabe 1.1.11 Sei X' eine dichte Teilmenge des Hausdorff-Raums X und Y ein vollständiger metrischer Raum. Eine Folge $f_n \colon X \to Y$, $n \in \mathbb{N}$, von stetigen Abbildungen ist genau dann gleichmäßig konvergent, wenn die Folge der Beschränkungen $f_n | X'$, $n \in \mathbb{N}$, gleichmäßig konvergent ist.

Aufgabe 1.1.12 Sei $f_n \colon X \to Y$, $n \in \mathbb{N}$, eine gleichmäßig konvergente Folge gleichmäßig stetiger Abbildungen metrischer Räume. Dann ist auch die Grenzabbildung gleichmäßig stetig.

Aufgabe 1.1.13 Sei a_{mn}, $(m,n) \in \mathbb{N} \times \mathbb{N}$, eine summierbare Familie komplexer Zahlen. Man beweise die Formel

$$\sum_{m=0}^{\infty} \left(\sum_{n=0}^{\infty} a_{mn} \right) = \sum_{n=0}^{\infty} \left(\sum_{m=0}^{\infty} a_{mn} \right)$$

mit dem Doppelfolgensatz aus Beispiel 1.1.9 (ohne den großen Umordnungssatz ([14], Satz 3.7.11), zu benutzen).

Aufgabe 1.1.14 Sei $f_n: X \to \mathbb{R}$, $n \in \mathbb{N}$, eine monoton fallende Folge stetiger reell-wertiger Funktionen auf dem Hausdorff-Raum X. Konvergiert die Folge (f_n) punktweise gegen eine stetige Funktion $f: X \to \mathbb{R}$, so konvergiert sie kompakt. (**Satz von Dini** – Sei X kompakt und $\varepsilon > 0$ vorgegeben. Dann ist $U_n := \{f_n - f < \varepsilon\}$, $n \in \mathbb{N}$, eine monoton wachsende Folge offener Mengen in X mit $\bigcup_{n \in \mathbb{N}} U_n = X$. Also ist $U_{n_0} = X$ für ein $n_0 \in \mathbb{N}$ und $0 \leq f_n - f < \varepsilon$ für alle $n \geq n_0$.)

Aufgabe 1.1.15 Die Funktionenfolge $\mathbb{R} \to \mathbb{R}$, $x \mapsto (1 + \frac{x}{n})^n$, $n \in \mathbb{N}^*$, konvergiert kompakt gegen e^x. (Man benutze [14], Aufg. 3.10.8 und den Satz von Dini aus der vorangehenden Aufgabe. – Vgl. auch Satz 1.4.3.)

Aufgabe 1.1.16 I sei ein kompaktes Intervall in $\mathbb{R}$ und $f_n: I \to \mathbb{R}$, $n \in \mathbb{N}$, sei eine Folge monotoner Funktionen, die punktweise gegen die *stetige* Funktion f konvergiert. Dann ist auch f monoton, und die Konvergenz ist gleichmäßig. (Diese Aussage gilt auch für ein nicht kompaktes Intervall $I \subseteq \mathbb{R}$, wenn für die Randpunkte $a, b \in \overline{\mathbb{R}}$ von I gilt: Die Grenzwerte $u_n := \lim_{x \to a} f_n(x)$, $v_n := \lim_{x \to b} f_n(x)$, $u := \lim_{x \to a} f(x)$, $v := \lim_{x \to b} f(x)$ sind endlich, und es ist $u = \lim u_n$, $v = \lim v_n$.)

Aufgabe 1.1.17 Sei $x \in [0, 1]$. Dann ist $\sqrt{x}$ der Fixpunkt der kontrahierenden Funktion $f: [0, 1] \to [0, 1]$, $t \mapsto t + \frac{1}{2}(x - t^2)$. Es ist also $\sqrt{x}$ Grenzwert der rekursiv definierten Folge $(F_n(x))$ mit

$$F_0 = 0, \quad F_{n+1}(x) = f(F_n(x)) = F_n(x) + \frac{1}{2}\left(x - F_n^2(x)\right),$$

vgl. [14], Aufg. 3.9.6. Man zeige: $F_n: [0, 1] \to [0, 1]$, $n \in \mathbb{N}$, ist eine monoton wachsende Folge von Polynomfunktionen, die gleichmäßig gegen $\sqrt{x}$ konvergiert. (Man kann den Satz von Dini aus Aufg. 1.1.14 verwenden.)

Aufgabe 1.1.18 Für $\alpha := (a_0, \ldots, a_n) \in \mathbb{R}^{n+1}$ mit $a_0 < \cdots < a_n$ und $\beta := (b_0, \ldots, b_n) \in \mathbb{K}^{n+1}$ sei $L_{\alpha,\beta}: [a_0, a_n] \to \mathbb{K}$ die Funktion, die auf jedem der Teilintervalle $[a_{k-1}, a_k]$, $k = 1, \ldots, n$, linear ist und für die $L_{\alpha,\beta}(a_k) = b_k$ ist, $k = 0, \ldots, n$. Eine Funktion von diesem Typ heißt **stückweise linear** oder eine **lineare Spline-Funktion** (mit Knickstellen höchstens in $a_1, \ldots, a_{n-1}$). Offenbar ist $cL_{\alpha,\beta} + c'L_{\alpha,\beta'} = L_{\alpha,c\beta+c'\beta'}$ für $c, c' \in \mathbb{K}$ und $\beta, \beta' \in \mathbb{K}^{n+1}$.

a) $L_{\alpha,\beta}$ lässt sich in der Form $L_{\alpha,\beta}(x) = \sum_{k=0}^n c_k|x - a_k|$ mit konstanten Koeffizienten $c_k \in \mathbb{K}$ schreiben. (Ist $n = 1$, so ist $L = (b_1|x - a_0| + b_0|x - a_1|)/(a_1 - a_0)$. Generell ist

$$L_{\alpha,\beta} - \frac{1}{2}\sum_{k=1}^{n-1}\left(\frac{b_{k+1} - b_k}{a_{k+1} - a_k} - \frac{b_k - b_{k-1}}{a_k - a_{k-1}}\right)|x - a_k|$$

eine lineare Spline-Funktion ohne Knickstellen in $[a_0, a_n]$ und folglich durch $|x - a_0|$ und $|x - a_n|$ darstellbar. Die Koeffizienten $c_0, \ldots, c_n$ sind eindeutig bestimmt, d. h. die Funktionen $|x - a_0|, \ldots, |x - a_n|$ bilden eine Basis des (trivialerweise) $(n + 1)$-dimensionalen $\mathbb{K}$-Vektorraums der linearen Spline-Funktionen $L_{\alpha,\beta}$, $\beta \in \mathbb{K}^{n+1}$, mit festen Knickstellen höchstens in $a_1, \ldots, a_{n-1}$. Am einfachsten beweist man die lineare Unabhängigkeit der Funktionen $|x - a_i|$, $i = 0, \ldots, n$. In einer Relation $\sum_i c_i |x - a_i| = 0$ diskutiert man zunächst $c_1, \ldots, c_{n-1}$ in folgender Weise zu 0 : $\sum_{i \neq j} c_i |x - a_i|$ ist auf $[a_{j-1}, a_{j+1}]$ linear, $c_j |x - a_j|$ bei $c_j \neq 0$ aber nicht.)

b) Jede stückweise lineare Funktion $L_{\alpha,\beta}: [a_0, a_n] \to \mathbb{K}$ ist Limes einer gleichmäßig konvergenten Folge von Polynomfunktionen. (Die Funktionen $|x - a_k| = \sqrt{(x - a_k)^2}$ lassen sich auf $[a_0, a_n]$ gleichmäßig durch Polynomfunktionen approximieren.)

c) Sei $f: [a, b] \to \mathbb{K}$ eine stetige Funktion. Für $n \in \mathbb{N}^*$ sei $L_n: [a, b] \to \mathbb{K}$ die stückweise lineare Funktion, die durch die Werte $L_n(a_k) = f(a_k)$ an den Stützstellen $a_k := a + \frac{k}{n}(b - a)$, $k = 0, \ldots, n$, bestimmt ist. Man zeige, dass die Folge L_n gleichmäßig gegen f konvergiert (f ist gleichmäßig stetig!), und folgere, dass f Limes einer gleichmäßig konvergenten Folge von Polynomfunktionen ist. (Dies ist ein weiterer Beweis für den Weierstraßschen Approximationssatz 1.1.12.)

Aufgabe 1.1.19 Seien X ein Hausdorff-Raum und $A \subseteq C_\mathbb{R}(X)$ eine die Punkte von X trennende $\mathbb{R}$-Unteralgebra von $C_\mathbb{R}(X)$. Dann ist A dicht in $C_\mathbb{R}(X)$ bzgl. der Topologie der kompakten Konvergenz. Ist X σ-kompakt (vgl. [14], Proposition 4.4.23), so gibt es zu jedem $f \in C_\mathbb{R}(X)$ eine Folge (f_n) in A, die kompakt gegen f konvergiert. Man gebe ein Beispiel, dass diese letzte Aussage nicht allgemein gilt, wenn X zwar lokal kompakt, aber nicht σ-kompakt ist. (Man betrachte etwa einen überabzählbaren diskreten Raum X und die Algebra A der fast konstanten Funktionen auf X.) – Man formuliere und beweise eine entsprechende Aussage für die Algebra $C_\mathbb{C}(X)$ der komplexwertigen stetigen Funktionen auf X.

Aufgabe 1.1.20 Sei $K \subseteq \mathbb{K}$ kompakt.

a) $\mathbb{K}[z, \overline{z}] = \mathbb{K}[\Re z, \Im z]$ ist dicht in $C_\mathbb{K}(K)$. Besitzt die stetige Funktion $g: K \to \mathbb{K}$ keine Nullstelle in K, so ist $g\mathbb{K}[z, \overline{z}]$ dicht in $C_\mathbb{K}(K)$. (Ist $\mathbb{K} = \mathbb{R}$, so ist $z = \overline{z}$.)

b) Die $\mathbb{C}$-Algebra $\sum_{n \in \mathbb{Z}} \mathbb{C}e^{2\pi i n z} = \mathbb{C}[e^{2\pi i z}, e^{-2\pi i z}]$ ist dicht in $C_\mathbb{C}(S^1)$, oder – äquivalent dazu – die Algebra $\sum_{n \in \mathbb{Z}} \mathbb{C}e^{2\pi i n t} = \mathbb{C}[e^{2\pi i t}, e^{-2\pi i t}]$ ist dicht in $C_\mathbb{C}(\mathbb{T})$, ($S^1 \subseteq \mathbb{C}$ ist der Einheitskreis $\{z \in \mathbb{C} \mid |z| = 1\}$, $\mathbb{T} = \mathbb{R}/\mathbb{Z}$ der 1-dimensionale Torus.)

c) Ist $h: K \to \mathbb{K}$ stetig und injektiv, so ist $\mathbb{K}[h, \overline{h}]$ dicht in $C_\mathbb{K}(K)$. (Bei $\mathbb{K} = \mathbb{R}$ ist $h = \overline{h}$.)

(Die Topologie der Funktionenräume ist immer die der gleichmäßigen Konvergenz.)

Aufgabe 1.1.21 Sei f eine beschränkte $\mathbb{K}$-wertige Funktion auf dem Intervall $[0, 1]$, die im Punkt $a \in [0, 1]$ stetig ist. Dann konvergiert die Folge (B_n) der Bernstein-Polynomfunktionen zu f im Punkt a gegen $f(a)$. (Vgl. dazu den Beweis von Satz 1.1.12.)

Aufgabe 1.1.22 Ist $f\colon [0,1] \to \mathbb{R}$ monoton, so ist auch jede Bernstein-Polynomfunktion zu f (vgl. den Beweis von Satz 1.1.12) monoton (vom selben Monotonietyp). Insbesondere ist jede monotone stetige Funktion $[a,b] \to \mathbb{R}$ Grenzfunktion einer gleichmäßig konvergenten Folge monotoner Polynomfunktionen. (Die Funktionen

$$S(k,n;x) := \sum_{m=0}^{k} \binom{n}{m} x^m (1-x)^{n-m} \quad \text{(bzw. } 1-S(k,n;x) = \sum_{m=k+1}^{n} \binom{n}{m} x^m (1-x)^{n-m})$$

sind für alle $k,n \in \mathbb{N}$ auf $[0,1]$ monoton fallend (bzw. monoton wachsend). Dies ergibt sich aus der Rekursion $S(k,0;x) = 1$, $S(k,n+1,x) = (1-x)S(k,n;x) + xS(k-1,n;x)$, $k \geq 1$. Dann ersetzt man im Bernstein-Polynom B_n den Faktor $f(m/n)$ durch den Faktor $f(0) + \sum_{k=1}^{m}(f(k/n) - f((k-1)/n))$.)

Aufgabe 1.1.23 Mit Hilfe der Abelschen partiellen Summation aus [14], Lemma 3.6.20 beweise man das folgende Abelsche Kriterium für gleichmäßige Konvergenz: Seien $\sum_{k=0}^{\infty} f_k$ eine gleichmäßig konvergente Reihe von Funktionen $f_k\colon X \to \mathbb{K}$ und $g_k\colon X \to \mathbb{R}$ eine monotone Folge von Funktionen auf dem Hausdorff-Raum X mit $\|g_k\|_X \leq M$ für alle $k \in \mathbb{N}$ und ein $M \in \mathbb{R}^+$. Dann konvergiert die Reihe $\sum_{k=0}^{\infty} f_k g_k$ auf X gleichmäßig. Insbesondere konvergiert $\sum_{k=0}^{\infty} a_k g_k$ gleichmäßig auf X für jede in $\mathbb{K}$ konvergente Reihe $\sum_{k=0}^{\infty} a_k$. Man formuliere und beweise auch die zum Dirichletschen Konvergenzkriterium 3.6.22 aus [14] bzw. zum Kriterium von Dubois-Reymond aus [14], Aufg. 3.6.16 analogen Kriterien für gleichmäßige Konvergenz.

Aufgabe 1.1.24 Sei $A = (A, \|-\|)$ eine $\mathbb{K}$-Banach-Algebra $\neq 0$.

a) Die Einheitengruppe $A^\times = \{x \in A \mid x \text{ invertierbar}\}$ ist offen in A und die Inversenbildung auf $A^\times$ ist stetig. $A^\times$ ist also insbesondere mit der von A induzierten Topologie eine topologische Gruppe. (Es ist $\mathrm{B}(1_A;1) \subseteq A^\times$ wegen $(1_A - x)^{-1} = \sum_{n \in \mathbb{N}} x^n$ für $x \in \mathrm{B}(0_A;1)$. Für $x \in A$ ist $\|x^n\| \leq \|x\|^n$. Somit ist $\sum_{n \in \mathbb{N}} \|x^n\| \leq \sum_{n \in \mathbb{N}} \|x\|^n = 1/(1 - \|x\|)$ und die Familie x^n, $n \in \mathbb{N}$, summierbar in A, falls $\|x\| < 1$.)

b) Sei A kommutativ und x_i, $i \in I$, eine Familie in A mit $\|x_i\| \leq M_i \in \mathbb{R}_+$, $i \in I$, sowie $\sum_i M_i < \infty$. Dann ist $1 + x_i$, $i \in I$, multiplizierbar in A. (**Weierstraßscher M-Test für Multiplizierbarkeit** – Eine Familie y_i, $i \in I$, in A heißt multiplizierbar, wenn es eine endliche Teilmenge $H_0 \subseteq I$ gibt derart, dass die Familie x_i, $i \in I - H_0$, eine multiplizierbare Familie in der topologischen Gruppe $A^\times$ ist. Das Produkt der x_i, $i \in I$, ist dann $\prod_{i \in H_0} x_i \cdot \prod_{i \in I - H_0} x_i$, vgl. in [14] die Definition 3.7.15 und das Ende von Abschnitt 4.5.)

Aufgabe 1.1.25 Häufig ist es nützlich, einen $\mathbb{R}$-Banach-Raum als Unterraum eines $\mathbb{C}$-Banach-Raums auffassen zu können. Sei zunächst V ein beliebiger $\mathbb{R}$-Vektorraum. Dann ist $V_{(\mathbb{C})} = V[\mathrm{i}] = V \oplus \mathrm{i}V$ mit der Skalarmultiplikation

$$(a + \mathrm{i}b)(x + \mathrm{i}y) := (ax - by) + \mathrm{i}(ay + bx), \quad a,b \in \mathbb{R},\ x,y \in V,$$

ein $\mathbb{C}$-Vektorraum, in den der $\mathbb{R}$-Vektorraum V vermöge der Identifikation $V = V \oplus \mathrm{i} \cdot 0$ eingebettet ist. Ist $\|-\|$ eine Norm auf V, so ist

$$\|x + \mathrm{i}y\| := \mathrm{Sup}\left(\|\alpha x + \beta y\| \mid \alpha, \beta \in \mathbb{R}, \alpha^2 + \beta^2 = 1\right), \quad x, y \in V,$$

eine $\mathbb{C}$-Vektorraumnorm auf $V_{(\mathbb{C})}$, die die gegebene Norm auf V fortsetzt und zur Supremumsnorm $\|(x, y)\| = \mathrm{Max}\left(\|x\|, \|y\|\right)$ äquivalent ist. (Man beachte $z\mathrm{S}_{\mathbb{C}}(0; 1) = \mathrm{S}_{\mathbb{C}}(0; |z|)$ für $z \in \mathbb{C}$.) Genau dann nimmt sie auf $V_{(\mathbb{C})}$ nur endliche Werte an, wenn dies für $\|-\|$ auf V gilt. Genau ist $V_{(\mathbb{C})}$ vollständig bzw. ein $\mathbb{C}$-Banach-Raum, wenn V vollständig bzw. ein $\mathbb{R}$-Banach-Raum ist. (Ist $V = A$ eine $\mathbb{R}$-Algebra, so ist $A_{(\mathbb{C})}$ mit der Multiplikation $(x + \mathrm{i}y)(u + \mathrm{i}v) := (xu - yv) + \mathrm{i}(xv + yu)$, $x, y, u, v \in A$, eine $\mathbb{C}$-Algebra, allerdings – wenn $\mathbb{R}$ eine normierte $\mathbb{R}$-Algebra ist – im Allgemeinen keine normierte $\mathbb{C}$-Algebra bzgl. der oben angegebenen Norm. Man betrachte etwa die normierte $\mathbb{R}$-Algebra $\mathbb{C}$. Wie man eine Norm auf $A_{(\mathbb{C})}$ definieren kann derart, dass $A_{(\mathbb{C})}$ eine normierte $\mathbb{C}$-Algebra ist, wird in Band 4 erläutert.)

1.2 Potenzreihen

In diesem Abschnitt behandeln wir spezielle Funktionenreihen, nämlich die Potenzreihen, und erinnern zunächst an den allgemeinen Begriff der Algebra der formalen Potenzreihen in einer Unbestimmten X

$$S[\![X]\!]$$

über einem kommutativen Ring S. Dies ist die formale Monoidalgebra $S[\![M]\!]$ über S bzgl. des freien Monoids $M = \{X^n \mid n \in \mathbb{N}\}$ mit der Unbestimmten X als Basis. $S[\![X]\!]$ ist als S-Modul das Produkt $\prod_{n \in \mathbb{N}} SX^n$. Die Multiplikation ist das sogenannte Cauchy-Produkt

$$(a_n X^n)_n \cdot (b_n X^n)_n = (c_n X^n)_n \quad \text{mit} \quad c_n = \sum_{\substack{(k,\ell) \in \mathbb{N}^2 \\ k+\ell=n}} a_k b_\ell = \sum_{k=0}^{n} a_k b_{n-k},$$

vgl. [14], Abschnitt 2.9 und Satz 3.7.14. $S[\![X]\!]$ enthält als S-Unteralgebra die Polynomalgebra $S[X]$. Der Bequemlichkeit halber versehen wir das Produkt $S[\![X]\!] = \prod_n SX^n$ mit der sogenannten (X)-**adischen Topologie**. Dies ist die Produkttopologie von $S[\![X]\!]$, wobei jeder Faktor SX^n, $n \in \mathbb{N}$, die diskrete Topologie trägt. Addition und Multiplikation in $S[\![X]\!]$ sind dann stetig, und die Potenzreihe $F = (a_n X^n)_n \in S[\![X]\!]$ ist offenbar die Summe $F = \sum_{n \in \mathbb{N}} a_n X^n$ und insbesondere gleich der Summe der Reihe $\sum_{n=0}^{\infty} a_n X^n$, d. h. der Grenzwert der Folge der Polynome $F_n := \sum_{k=0}^{n} a_k X^k \in S[X]$, $k \in \mathbb{N}$. Die Polynomalgebra $S[X]$ ist also dicht in $S[\![X]\!]$. Die topologische Gruppe $S[\![X]\!] = (S[\![X]\!], +)$ ist vollständig. Sie ist metrisierbar, z. B. durch die (translationsinvariante und vollständige) sogenannte **Krull-Metrik** $d(G, H) := 2^{-\nu(H-G)}$ für $G, H \in S[\![X]\!]$, wobei die

sogenannte **Ordnung** $v(F)$ von F für beliebiges $F = \sum_{n=0}^{\infty} a_n X^n \neq 0$ das kleinste $n_0 \in \mathbb{N}$ mit $a_{n_0} \neq 0$ ist und $v(0) = \infty$ ist, vgl. auch [14], Aufg. 4.2.15 a). Bei
$F \neq 0$ ist $a_{v(F)} = \text{AK}(F)$ der **Anfangskoeffizient** und $a_{v(F)} X^{v(F)} = \text{AF}(F)$ die **Anfangsform** von F. $a_0 = F(0) \in S$ heißt der **konstante Term** von F. Er ist das Bild
des S-Algebrahomomorphismus $S[\![X]\!] \to S$. Die Potenzreihe 0 hat die Ordnung ∞ sowie Anfangskoeffizient und Anfangsform 0. Die Potenzreihen der Ordnung $\geq n$ sind die
Elemente des Hauptideals $S[\![X]\!] X^n$, $n \in \mathbb{N}$. Diese Ideale bilden eine Umgebungsbasis
von $0 \in S[\![X]\!]$. Der von der Inklusion $S[X] \hookrightarrow S[\![X]\!]$ induzierte Homomorphismus
$S[X]/S[X]X^n \xrightarrow{\sim} S[\![X]\!]/S[\![X]\!]X^n = S \oplus Sx \oplus \cdots \oplus Sx^{n-1}$, $x := X \bmod (X^n)$, ist
ein S-Algebraisomorphismus. Zum Studium von Folgen $(a_n) \in S^{\mathbb{N}}$, insbesondere auch
bei kombinatorischen Problemen, ist es häufig nützlich, die zugehörigen sogenannten **erzeugenden Funktionen** $\sum_n a_n X^n \in S[\![X]\!]$ zu betrachten. Zu Beispielen und Varianten
verweisen wir auf die Aufgaben. – Die Summierbarkeit in $S[\![X]\!]$ ist sehr übersichtlich:

Proposition 1.2.1 *Für eine Familie $F_i = \sum_n a_{ni} X^n$, $i \in I$, von Potenzreihen in $S[\![X]\!]$
sind äquivalent:*

(i) *Die Familie F_i, $i \in I$, ist summierbar.*
(ii) *Ist $n \in \mathbb{N}$, so ist $v(F_i) \geq n$ für fast alle $i \in I$, d. h. es ist $\lim_{i \in I} F_i = 0$.*

Sind diese Bedingungen erfüllt, so ist $\sum_{i \in I} F_i = \sum_{n \in \mathbb{N}} a_n X^n$ mit $a_n := \sum_{i \in I} a_{ni}$, $n \in \mathbb{N}$.

    Ist $F \in S[\![X]\!]$ eine Einheit, so ist der konstante Term $a_0 = F(0)$ eine Einheit in S.
Davon gilt auch die Umkehrung;

Proposition 1.2.2 *Genau dann ist $F \in S[\![X]\!]$ eine Einheit, wenn der konstante Term a_0
von F eine Einheit in S ist. Das Inverse von $F = a_0(1 - XG)$ ist $a_0^{-1} \sum_{n \in \mathbb{N}} X^n G^n$,
$G \in S[\![X]\!]$.*

    Die Formel für das Inverse ergibt sich gemäß der Summenformel für die geometrische
Reihe aus [14], Beispiel 2.6.5. Es ist $(1 - XG) \sum_{k=0}^{n} X^k G^k = 1 - X^{n+1} G^{n+1}$, $n \in \mathbb{N}$.
Sie zeigt auch, dass die Inversenbildung stetig, $S[\![X]\!]^{\times}$ also eine topologische Gruppe ist.
    Potenzreihen lassen sich mit gewissen Einschränkungen ineinander einsetzen. Ist $F = \sum_{n \in \mathbb{N}^*} a_n X^n$ eine Potenzreihe der Ordnung ≥ 1 und $G = \sum_{n \in \mathbb{N}} b_n X^n$ eine beliebige
Potenzreihe, so ist

$$G(F) := \sum_{n \in \mathbb{N}} b_n F^n$$

nach Proposition 1.2.1 wohldefiniert und $G \mapsto G(F)$ offenbar ein S-Algebrahomomor-
phismus. Er heißt der **Einsetzungshomomorphismus** $\varphi_F \colon S[\![X]\!] \to S[\![X]\!]$ und ist die
stetige Fortsetzung des Einsetzungshomomorphismus $S[X] \to S[\![X]\!]$, $X \mapsto F$.

Wichtig ist auch das formale Differenzieren. Ist $F = \sum_{n \in \mathbb{N}} a_n X^n \in S[\![X]\!]$, so heißt

$$F' := D_X F := \frac{dF}{dX} := \sum_{n \in \mathbb{N}^*} n a_n X^{n-1}$$

die (formale) **Ableitung** von F. Die Abbildung $S[\![X]\!] \to S[\![X]\!]$, $F \mapsto F'$, ist offenbar S-linear und stetig. Da sie auf der Polynomalgebra $S[X]$ eine S-Derivation ist, ist sie auch eine S-Derivation auf $S[\![X]\!]$, d. h. neben der S-Linearität gilt die **Produktregel**

$$(FG)' = F'G + FG', \quad F, G \in S[\![X]\!],$$

vgl. [14], Abschnitt 2.9, insbesondere Aufg. 2.9.10. Ferner gilt wie für Polynome die **Taylor-Formel**: Für $F = \sum_{n \in \mathbb{N}} a_n X^n \in S[\![X]\!]$ ist

$$n! a_n = F^{(n)}(0), \quad n \in \mathbb{N},$$

wobei $F^{(n)}$ die n-te Ableitung von F ist. Vgl. loc. cit. Aufg. 2.9.4. Häufig benutzt wird auch die sogenannte **logarithmische Ableitung** $S[\![X]\!]^\times \to S[\![X]\!]$, $F \mapsto F'/F$. *Sie ist offenbar ein Homomorphismus der multiplikativen Gruppe $(S[\![X]\!]^\times, \cdot)$ in die additive Gruppe $(S[\![X]\!], +)$.*

Beispiel 1.2.3 Für die geometrische Reihe $F := \sum_n X^n = 1/(1 - X) \in \mathbb{Z}[\![X]\!]$ ergibt sich durch k-maliges Differenzieren $F^{(k)} = \sum_{n \geq k} (n)_k X^{n-k} = (-1)^k k!/(1 - X)^{k+1}$, $k \in \mathbb{N}$. Division durch $k!$ liefert

$$\frac{1}{(1 - X)^{k+1}} = \sum_{n=0}^{\infty} \binom{n + k}{k} X^n, \quad k \in \mathbb{N},$$

vgl. auch [14], Aufg. 3.7.1 b).   ◇

Ist $\delta \colon S[\![X]\!] \to S[\![X]\!]$ eine beliebige S-Derivation, so ist δ stetig wegen der Produktregel $\delta(X^n H) = n X^{n-1} \delta(X) H + X^n \delta(H)$. Aus $\delta(F) = F' \delta(X)$ für Polynome $F \in S[X]$ ergibt sich, dass diese Gleichung dann sogar für alle $F \in S[\![X]\!]$ gilt. Mit anderen Worten: *Die Abbildungen $S[\![X]\!] \to S[\![X]\!]$, $F \mapsto F'H$, wobei $H \in S[\![X]\!]$ fest ist, sind die einzigen S-Derivationen von $S[\![X]\!]$.* Ferner gilt die **Kettenregel**: Ist $\nu(F) \geq 1$, so ist für jedes $G = \sum_{n \in \mathbb{N}} b_n X^n \in S[\![X]\!]$

$$\bigl(G(F)\bigr)' = \sum_{n \in \mathbb{N}} b_n (F^n)' = \sum_{n \in \mathbb{N}^*} n b_n F^{n-1} F' = G'(F) F'.$$

Ist insbesondere der Einsetzungshomomorphismus φ_F ein Isomorphismus und ist $\varphi_F(G) = X$, so ist $1 = X' = G'(F)F'$ und F' eine Einheit in $S[\![X]\!]$, d. h. $\mathrm{AK}(F) = F'(0) \in S^\times$. Davon gilt wiederum die Umkehrung:

Proposition 1.2.4 *Sei $F \in S[\![X]\!]$ mit $v(F) \geq 1$. Genau dann ist der Einsetzungshomo-morphismus $\varphi_F \colon S[\![X]\!] \to S[\![X]\!]$, $H \mapsto H(F)$, ein Isomorphismus, wenn $v(F) = 1$ und $\mathrm{AK}(F) = F'(0) \in S^\times$ ist. In diesem Fall ist $(\varphi_F)^{-1}$ der Einsetzungshomomorphismus zu $G := (\varphi_F)^{-1}(X)$.*

Beweis Sei $F'(0) \in S^\times$. Offenbar können wir $F'(0) = 1$ annehmen, also $F = X + X^2 P$, $P \in S[\![X]\!]$. Wir suchen ein $G = X + X^2 Q \in S[\![X]\!]$ mit $X = \varphi_G(\varphi_F(X)) = F(G) = G + G^2 P(G)$. G ist also Fixpunkt der Abbildung $S[\![X]\!]X \to S[\![X]\!]X$ mit $E \mapsto X - E^2 P(E)$. Diese Abbildung ist offenbar stark kontrahierend bzgl. der oben eingeführten Krull-Metrik (mit Kontraktionsfaktor $1/2$. Das Verfahren der sukzessiven Approximation des Banachschen Fixpunktsatzes 4.5.12 aus [14] liefert einen Fixpunkt $G \in S[\![X]\!]$ als Grenzwert der rekursiv definierten Folge

$$G_0 = 0, \quad G_{n+1} = X - G_n^2 P(G_n), \quad n \in \mathbb{N}.$$

Es gilt $G_{n+1} \equiv G_n \bmod S[\![X]\!]X^n$, $n \in \mathbb{N}$, und $G = X - G^2 P(G)$, d.h. $X = G + G^2 P(G) = F(G)$. φ_G ist also linksinvers zu φ_F. Ebenso besitzt φ_G wegen $G = X + X^2 Q$ ein Linksinverses. Daher ist φ_G invertierbar und $\varphi_G = (\varphi_F)^{-1}$. – Man kann natürlich die Koeffizienten von $G = \sum_{n \in \mathbb{N}^*} b_n X^n$ auch direkt aus denen von $F = \sum_{n \in \mathbb{N}^*} a_n X^n$ mit Hilfe der Gleichung $F(G) = \sum_{n \in \mathbb{N}^*} a_n G^n = X$ bestimmen, die die Rekursionsgleichungen

$$
\begin{aligned}
a_1 b_1 &= 1 & b_1 &= a_1^{-1} \\
a_1 b_2 + a_2 b_1^2 &= 0 & \text{liefert, also} \qquad b_2 &= -a_1^{-1} a_2 b_1^2 \\
a_1 b_3 + 2 a_2 b_1 b_2 + a_3 b_1^3 &= 0 & b_3 &= -a_1^{-1}(2 a_2 b_1 b_2 + a_3 b_1^3) \\
&\;\;\vdots & &\;\;\vdots
\end{aligned}
$$

$\qquad\qquad\qquad\qquad\qquad\qquad\qquad\qquad\qquad\qquad\qquad\qquad\qquad\qquad\qquad\quad\Box$

Ist $S = K$ ein Körper, so ist $K[\![X]\!]$ ein diskreter Bewertungsring mit dem einzigen maximalen Ideal $K[\![X]\!]X$, neben 0 gibt es nur die Ideale $K[\![X]\!]X^n$, $n \in \mathbb{N}$, und die Ordnung $v \colon F \mapsto v(F)$ ist die Standardbewertung. Die Ortsuniformisierenden, d.h. die Primelemente $\neq 0$ in $\mathbb{K}[\![X]\!]$, sind genau die Potenzreihen F mit $v(F) = 1$, also diejenigen Potenzreihen, deren zugehörige Einsetzungshomomorphismen Automorphismen von $K[\![X]\!]$ sind, vgl. Proposition 1.2.4.

Sei S wieder ein beliebiger kommutativer Ring $\neq 0$. Die S-Algebra

$$S(\!(X)\!) := S[\![X]\!]_X$$

der Brüche von $S[\![X]\!]$ mit den Potenzen von X als Nennern heißt die S-Algebra der **Laurent-Reihen** über S (in der Unbestimmten X) (nach P. Laurent (1813–1854)). Ist $F =$

$\sum_{n \geq n_0} c_n X^n$ in $S[\![X]\!]$ mit $c_{n_0} \neq 0$, so ist $F/X^m = X^{n_0-m} \sum_{n \geq 0} c_{n-n_0} X^{n-n_0}$. Jede Laurent-Reihe $G \neq 0$ in $S(\!(X)\!)$ hat also eine eindeutige Darstellung

$$G = X^v G_0 = \sum_{n \geq v} a_n X^n = a_v X^v + a_{v+1} X^{v+1} + a_{v+2} X^{v+2} + \cdots, \quad a_v \neq 0,$$

mit der **Ordnung** $v = v(G) \in \mathbb{Z}$ von G und einer Potenzreihe $G_0 = \sum_{n \geq 0} a_{n+v} X^n \in S[\![X]\!]$ der Ordnung 0. Man schreibt auch $G = \sum_{n \in \mathbb{Z}} a_n X^n$, wobei $a_n = 0$ für $n < v$ gesetzt ist. Der Summand $\sum_{n < 0} a_n X^n$ heißt der **Hauptteil** und $\sum_{n \geq 0} a_n X^n$ der **Nebenteil** von G. $S(\!(X)\!)$ ist der Unterraum des Produkts $\prod_{n \in \mathbb{Z}} S X^n$, für dessen Elemente jeweils die Komponenten $a_n X^n$, n genügend klein ($n \ll 0$), verschwinden, womit sich auch die X-adische Topologie von $S[\![X]\!]$ auf $S(\!(X)\!)$ erweitert wird. $S(\!(X)\!)$ enthält die S-Algebra der **Laurent-Polynome** $S[X]_X = S[X, X^{-1}]$, deren Nebenteile Polynome sind. *Ist $S = K$ ein Körper, so ist $K(\!(X)\!)$ der Quotientenkörper des diskreten Bewertungsrings $K[\![X]\!]$ und $G \mapsto v(G)$ (mit $(v(0) = \infty)$) seine Standardbewertung.* $-v(G)$ heißt die **Polstellenordnung** von $G \in K(\!(X)\!)$.

Wir spezialisieren nun auf den Fall, dass $S = \mathbb{K}$ ist. Eine Potenzreihe $F = \sum a_n X^n \in \mathbb{K}[\![X]\!]$ interpretieren wir jetzt als die Reihe $\sum_{n=0}^{\infty} a_n x^n$, d. h. als Folge der Polynomfunktionen $F_n(x) = \sum_{k=0}^{n} a_k x^k$ auf $\mathbb{K}$, $n \in \mathbb{N}$, deren Konvergenzverhalten wir untersuchen wollen.

Lemma 1.2.5 *Sei a_n, $n \in \mathbb{N}$, eine Folge in $\mathbb{K}$ und $b \in \mathbb{K}$. Die Folge $a_n b^n$, $n \in \mathbb{N}$, sei beschränkt. Dann ist die Potenzreihe $F(x) = \sum_{n=0}^{\infty} a_n x^n$ auf dem Kreis $\mathrm{B}(0; |b|)$ kompakt konvergent, d. h. auf jeder abgeschlossenen Kreisscheibe $\overline{\mathrm{B}}(0; r)$ mit Radius $r < |b|$ gleichmäßig konvergent. Sie ist auf einer solchen Kreisscheibe $\overline{\mathrm{B}}(0; r)$ sogar normal konvergent, d. h. die Familie $a_n x^n$, $n \in \mathbb{N}$, normal summierbar. Insbesondere definiert die Potenzreihe F eine stetige Funktion $x \mapsto F(x)$ auf $\mathrm{B}(0; r)$.*

Beweis Es genügt, die normale Summierbarkeit von $a_n x^n$, $n \in \mathbb{N}$, zu zeigen, vgl. Abschn. 1.1. Sei $b \neq 0$ und $|a_n b|^n \leq M$ für alle $n \in \mathbb{N}$. Für $|x| \leq r < |b|$ gilt dann

$$|a_n x^n| \leq |a_n| r^n = |a_n b^n| (r/|b|)^n \leq M (r/|b|)^n$$

und $M \sum_{n \in \mathbb{N}} (r/|b|)^n < \infty$ wegen $r/|b| < 1$. $\square$

Satz 1.2.6 *Sei $F(x) = \sum_n a_n x^n$ eine Potenzreihe mit $a_n \in \mathbb{K}$. Dann gibt es ein $R \in \overline{\mathbb{R}}_+$ mit der folgenden Eigenschaft: Für jedes $x \in \mathbb{K}$ mit $|x| < R$ konvergiert die Potenzreihe und für jedes $x \in \mathbb{K}$ mit $|x| > R$ divergiert sie. Auf der offenen Kreisscheibe $\mathrm{B}(0; R)$ ist F kompakt konvergent und definiert dort eine stetige Funktion $x \mapsto F(x)$. Es gilt sogar: Auf jeder abgeschlossenen Kreisscheibe $\overline{\mathrm{B}}(0; r)$, $r < R$, ist die Familie $a_n x^n$, $n \in \mathbb{N}$, normal summierbar.*

Beweis Für $x = 0$ konvergiert die Potenzreihe. Sei $R \in \overline{\mathbb{R}}_+$ das Supremum der reellen Zahlen $|x|$ derart, dass die Potenzreihe an der Stelle $x \in \mathbb{K}$ konvergiert. Sei nun $r < R$. Dann gibt es eine Stelle $b \in \mathbb{K}$ mit $r < |b| \leq R$, an der die Potenzreihe konvergiert. Also ist $a_n x^n$, $n \in \mathbb{N}$, auf $\overline{B}(0; r)$ normal summierbar nach Lemma 1.2.5. Ist hingegen $|x| > R$, so divergiert die Potenzreihe an der Stelle x nach Definition von R. $\square$

Definition 1.2.7 Die Zahl R in Satz 1.2.6 heißt der **Konvergenzradius** der Potenzreihe $\sum a_n x^n$. Die Menge der $x \in \mathbb{K}$ mit $|x| < R$ heißt der **Konvergenzkreis** (bzw. im Fall $\mathbb{K} = \mathbb{R}$ auch das **Konvergenzintervall**) der Potenzreihe. Ist $R > 0$, so heißt die Potenzreihe **konvergent**, andernfalls **divergent**.

Beispiel 1.2.8 Das Konvergenzverhalten einer Potenzreihe auf dem Rand $S(0; R)$ ihres Konvergenzkreises $B(0; R)$ ist von Fall zu Fall verschieden. Die Potenzreihen $\sum_{n=0}^{\infty} x^n$, $\sum_{n=1}^{\infty} x^n/n$ und $\sum_{n=1}^{\infty} x^n/n^2$ haben alle den Konvergenzradius 1. Die erste Reihe konvergiert für kein x mit $|x| = 1$, die zweite Reihe konvergiert für alle $x \neq 1$ mit $|x| = 1$, vgl. Satz 1.2.12. Die dritte Reihe konvergiert, wie man durch Vergleich mit der Reihe $\sum 1/n^2$ feststellt, auf dem abgeschlossenen Einheitskreis $\overline{B}(0; 1)$ normal; insbesondere konvergiert sie für alle x mit $|x| = 1$. $\diamond$

Sei $F = \sum_n a_n X^n \in \mathbb{K}[[X]]$ eine konvergente Potenzreihe mit Konvergenzradius $R > 0$. Nach Satz 1.2.6 konvergiert die Reihe F auf dem Konvergenzkreis $B(0; R)$ kompakt und stellt dort eine stetige Funktion $F: B(0; R) \to \mathbb{K}$, $x \mapsto F(x) = \sum_n a_n x^n$, dar. Die Werte dieser Funktion liefern wichtige Abschätzungen für die Koeffizienten a_n:

Satz 1.2.9 (Cauchysche Ungleichungen) *Sei $F = \sum_n a_n X^n \in \mathbb{C}[[X]]$ eine konvergente Potenzreihe mit Konvergenzradius $R > 0$ und sei $0 < r < R$. Es gelte $|F(x)| \leq M \in \mathbb{R}_+$ für alle $x \in S(0; r) = \{x \in \mathbb{C} \mid |x| = r\}$. Dann ist $|a_n| \leq M/r^n$ für alle $n \in \mathbb{N}$.*

Beweis Ohne Einschränkung sei $r = 1$. Sonst betrachte man die Potenzreihe $\sum_n a_n r^n X^n$ mit Konvergenzradius $R/r > 1$. Ferner sei $\varepsilon > 0$. Wegen der gleichmäßigen Konvergenz der Reihe F auf $S(0; 1)$ gibt es ein $n_0 \in \mathbb{N}$ mit $|F_n(x)| \leq M + \varepsilon$ für die Polynome $F_n := a_0 + a_1 X + \cdots + a_{n-1} X^{n-1}$, $n \geq n_0$, und alle $x \in S(0; 1)$. Nach [14], Aufg. 3.5.8 gilt

$$a_\nu := \frac{1}{n} \sum_{k=0}^{n-1} F_n(\zeta_n^k) \zeta_n^{-\nu k}, \quad \nu = 0, \ldots n - 1,$$

mit den n-ten Einheitswurzeln $1, \zeta_n, \ldots, \zeta_n^{n-1}$. Für alle $n \geq n_0$ folgt also

$$|a_\nu| \leq \mathrm{Max}\left(|F_n(\zeta_n^k)|, k = 0, \ldots n - 1\right) \leq M + \varepsilon, \quad \nu = 0, \ldots, n - 1.$$

Da ε beliebig war, ist $|a_n| \leq M$ für alle $n \in \mathbb{N}$. $\square$

Abb. 1.3 Bereich gleich-
mäßiger Konvergenz beim
Abelschen Grenzwertsatz

Das Verhalten der durch eine Potenzreihe definierten Funktion in einem Randpunkt des Konvergenzkreises, in dem die Reihe noch konvergiert, wird durch den folgenden bedeutsamen Satz von N. Abel (1802–1829) beschrieben.

Satz 1.2.10 (Abelscher Grenzwertsatz) *Sei* $\sum a_n x^n \in \mathbb{K}[\![X]\!]$ *eine konvergente Potenzreihe mit dem Konvergenzradius* $R < \infty$. *In einem Punkt* b *auf dem Rand des Konvergenzkreises sei die Reihe konvergent. Dann konvergiert sie gleichmäßig auf jeder Teilmenge* D *von* $B(0; R)$, *auf der* $|b - x|/(R - |x|)$ *beschränkt bleibt. Insbesondere ist in dieser Situation die Grenzfunktion auf* $D \cup \{b\}$ *stetig. – Beispiele für solche Teilmengen* D *sind die radiale Strecke von* 0 *nach* b *(auf der* $|b - x|/(R - |x|)$ *konstant gleich* 1 *ist) oder allgemeiner jede Teilmenge von* $\overline{B}(0; R)$ *der in Abb. 1.3 dargestellten Form.*

Beweis Nach dem Cauchy-Kriterium für gleichmäßige Konvergenz ist zu gegebenem $\varepsilon > 0$ ein n_0 zu finden mit $|\sum_{k=m}^{n} a_k x^k| \leq \varepsilon$ für $n \geq m \geq n_0$ und alle $x \in D$. Mit Abelscher partieller Summation, vgl. [14], Satz 3.6.20, erhält man für $A_k := \sum_{j=m}^{k} a_j b^j$ und $q := x/b$

$$\sum_{k=m}^{n} a_k x^k = \sum_{k=m}^{n} a_k b^k q^k = \sum_{k=m}^{n-1} A_k (q^k - q^{k+1}) + A_n q^n.$$

Da die Potenzreihe im Punkt b konvergiert, können wir n_0 so groß wählen, dass stets $|A_k| \leq \varepsilon'$ ist, falls $\varepsilon' > 0$ vorgegeben ist. Für $x \in D$ folgt

$$\Big| \sum_{k=m}^{n} a_k x^k \Big| \leq \varepsilon'|1 - q| \sum_{k=m}^{\infty} |q|^k + \varepsilon' q^n \leq \varepsilon' \frac{|1 - q|}{1 - |q|} + \varepsilon'$$

$$= \varepsilon' \Big(\frac{|b - x|}{R - |x|} + 1 \Big) \leq \varepsilon'(M + 1) = \varepsilon,$$

wobei M eine obere Schranke für die Werte von $|b - x|/(R - |x|)$ auf D ist und $\varepsilon' := \varepsilon/(M + 1)$ gesetzt wurde.

Aus schreibtechnischen Gründen erläutern wir nur im Fall $b = 1$, dass die im Abelschen Konvergenzkriterium 1.2.10 angegebene Beschränktheitsbedingung für die in Abb. 1.3 skizzierten Mengen D erfüllt ist. In diesem Fall lässt sich die Menge $D \cap U$ in einer geeigneten Umgebung U von 1 bis auf den Punkt $b = 1$ in der Form

$$\{x \in \mathbb{C} \mid |\Im x| \leq C(1 - \Re x), \ 0 < 1 - \Re x \leq \varepsilon\}$$

Abb. 1.4 Konvergenzbereich
der Reihe $\sum x^n/n$

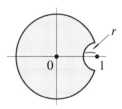

schreiben. Dabei sind ε und C positive Konstanten, wobei überdies $\varepsilon \le \operatorname{Min}\,(1, 1/2C^2)$
gewählt sei. Es genügt dann zu zeigen, dass

$$\frac{|1-x|}{1-|x|} = \frac{|1-x|(1+|x|)}{1-|x|^2} \le 2\frac{|1-x|}{1-|x|^2}$$

auf dieser Menge beschränkt bleibt. Setzen wir $x = \alpha + i\beta$, $\alpha, \beta \in \mathbb{R}$, so ist aber

$$\frac{|1-x|}{1-|x|^2} = \frac{\sqrt{(1-\alpha)^2+\beta^2}}{1-\alpha^2-\beta^2} = \frac{\sqrt{1+(\beta/(1-\alpha))^2}}{1+\alpha-\beta^2/(1-\alpha)} \le 2\sqrt{1+C^2}$$

wegen $\alpha \ge 0$ und $\beta^2/(1-\alpha) \le C^2(1-\alpha) \le C^2\varepsilon \le 1/2$. □

Beispiel 1.2.11 Die Potenzreihe $\sum_{n=1}^{\infty} x^n/n$ konvergiert, wie sofort mit dem Dirichletschen Konvergenzkriterium aus [14], Satz 3.6.22, folgt, für alle Punkte $x \ne 1$ auf dem
Rand $\{x \mid |x| = 1\}$ des Konvergenzkreises B(0; 1). Auf jeden dieser Punkte lässt sich
also der Abelsche Grenzwertsatz anwenden. Wir werden bald zeigen (vgl. Satz 2.2.4 und
Beispiel 2.2.5, dass für $|x| < 1$ gilt

$$\sum_{n=1}^{\infty} \frac{x^n}{n} = -\ln(1-x).$$

Diese Gleichung gilt dann auch noch für alle x mit $x \ne 1$ und $|x| = 1$ wegen der Stetigkeit
der Logarithmusfunktion. Für $x = -i$ ergeben sich wegen $\ln(1 + i) = \frac{1}{2}\ln 2 + \frac{1}{4}i\pi$ durch
Trennen von Real- und Imaginärteil die schon in Band 1 erwähnten Gleichungen

$$\sum_{n=1}^{\infty} \frac{(-1)^{n-1}}{n} = \ln 2 \quad \text{und} \quad \sum_{n=0}^{\infty} \frac{(-1)^n}{2n+1} = \frac{\pi}{4}.$$

Die erste Gleichung gewinnt man auch für $x = -1$. – Schärfer als der Abelsche Grenzwertsatz gilt für die Reihe $\sum x^n/n$ sogar:

Satz 1.2.12 *Die Reihe $\sum_{n=1}^{\infty} x^n/n$ konvergiert gleichmäßig auf jeder Menge der in
Abb. 1.4 dargestellten Form $\overline{\mathrm{B}}(0; 1) - \mathrm{B}(1; r)$, wobei $r > 0$ beliebig klein gewählt werden
kann.*

Beweis Wir verwenden wieder Abelsche partielle Summation. Sei $\varepsilon > 0$ vorgegeben. Für alle $n \geq m \geq 2/\varepsilon r$ und alle $x \in \overline{B}(0;1) - B(1;r)$ gilt

$$\left| \sum_{k=m}^{n} \frac{x^k}{k} \right| = \left| \sum_{k=m}^{n-1} \left(\sum_{j=m}^{k} x^j \right) \left(\frac{1}{k} - \frac{1}{k+1} \right) + \left(\sum_{j=m}^{n} x^j \right) \frac{1}{n} \right|$$

$$\leq \left| \sum_{k=m}^{n-1} \frac{x^{k+1} - x^m}{x-1} \left(\frac{1}{k} - \frac{1}{k+1} \right) \right| + \left| \frac{x^{n+1} - x^m}{x-1} \right| \frac{1}{n}$$

$$\leq \frac{2}{|x-1|} \left(\frac{1}{m} - \frac{1}{n} + \frac{1}{n} \right) = \frac{2}{m|x-1|} \leq \frac{2}{mr} \leq \varepsilon. \qquad \square$$

Zu einer Verallgemeinerung von Satz 1.2.12 siehe Satz 2.2.17. $\diamond$

Eine (konvergente) Potenzreihe $F = \sum_n a_n X^n \in \mathbb{K}[\![X]\!]$ mit Konvergenzradius $R > 0$ definiert nach Satz 1.2.6 eine stetige Funktion $F : x \mapsto F(x) = \sum_n a_n x^n$ auf dem Konvergenzkreis $B(a; R)$. Zunächst zeigen wir, dass eine Funktion die sie beschreibende Potenzreihe (d. h. ihre Koeffizienten) eindeutig bestimmt. Dies ergibt sich sofort aus dem folgenden schärferen Resultat:

Satz 1.2.13 (Identitätssatz für Potenzreihen) *Seien* $F = \sum a_n X^n$ *und* $G = \sum b_n X^n$ *konvergente Potenzreihen in* $\mathbb{K}[\![X]\!]$. *Gibt es dann eine Folge* (x_k) *in* $\mathbb{K}$ *mit* $x_k \neq 0$ *für alle* k *und* $\lim_k x_k = 0$ *derart, dass für jedes* $k \in \mathbb{N}$ *beide Potenzreihen in* x_k *konvergieren und* $F(x_k) = G(x_k)$ *ist, so ist* $F = G$, *d. h.* $a_n = b_n$ *für alle* $n \in \mathbb{N}$.

Beweis Wir können annehmen, dass alle x_k in den Konvergenzkreisen von F und G liegen. Angenommen, es gäbe ein n_0 mit $a_{n_0} \neq b_{n_0}$. Wir wählen n_0 minimal. Dann gilt

$$0 = (F - G)(x_k) = \sum_{n=n_0}^{\infty} (a_n - b_n) x_k^n = x_k^{n_0} \sum_{n=0}^{\infty} (a_{n_0+n} - b_{n_0+n}) x_k^n.$$

Wegen $x_k \neq 0$ verschwindet die konvergente Potenzreihe $H := \sum_{n=0}^{\infty} (a_{n_0+n} - b_{n_0+n}) X^n$ in jedem der Punkte x_k. Da H eine in 0 stetige Funktion beschreibt, ergibt sich der Widerspruch $0 \neq a_{n_0} - b_{n_0} = H(0) = \lim_{k \to \infty} H(x_k) = 0$. $\square$

Definiert z. B. die konvergente Potenzreihe $F = \sum_n a_n X^n$ in einer Umgebung von 0 eine gerade Funktion, so ist $\sum_n a_n x_k^n = F(x_k) = F(-x_k) = \sum_n (-1)^n a_n x_k^n$ für eine Nullfolge (x_k) in $\mathbb{K}^\times$. Nach dem Identitätssatz ist daher $a_n = (-1)^n a_n$ für alle $n \in \mathbb{N}$, d. h. es ist $a_n = 0$ für alle ungeraden $n \in \mathbb{N}$. Entsprechend gilt $a_n = 0$ für alle geraden n, wenn F in einer Umgebung von 0 eine ungerade Funktion definiert. (Vgl. auch Aufg. 1.3.4.)

Wegen des Identitätssatzes können wir also eine konvergente Potenzreihe wie schon oben geschehen mit der durch sie beschriebenen Funktion identifizieren. Interpretieren wir eine konvergente Potenzreihe als Funktion, so schreiben wir die Unbestimmten auch mit kleinen Buchstaben, also etwa $F = F(x) = \sum_n a_n x^n$. Die üblichen Operationen für Funktionen korrespondieren mit den am Anfang dieses Abschnitts definierten formalen Operationen für Potenzreihen. Um dies zu beschreiben, führen wir zunächst einige Bezeichnungen ein.

Die Menge der konvergenten Potenzreihen in $\mathbb{K}[\![X]\!]$ bezeichnen wir mit

$$\mathbb{K}\langle\!\langle X\rangle\!\rangle.$$

Nach Lemma 1.2.5 gehört eine Potenzreihe $F = \sum_n a_n X^n$ genau dann zu $\mathbb{K}\langle\!\langle X\rangle\!\rangle$, wenn es ein $t \in \mathbb{R}_+^\times$ gibt derart, dass die t-**Norm**

$$\|F\|_t := \sum_{\in\mathbb{N}} |a_n| t^n$$

von F endlich ist. Für festes $t \in \mathbb{R}_+^\times$ ist $\|-\|_t$ die Summennorm auf $\mathbb{K}[\![X]\!] = \prod_{n\in\mathbb{N}} \mathbb{K}X^n$, wobei der Faktor $\mathbb{K}X^n$ die Norm $\|a X^n\|_t = |a| t^n$ trägt. Da $\mathbb{K}X^n \cong \mathbb{K}$ mit dieser Norm vollständig ist, ist auch $(\mathbb{K}[\![X]\!], \|-\|_t)$ vollständig, vgl. [14], Beispiel 4.5.4 (2), und

$$B_t := \{F \in \mathbb{K}[\![X]\!] \mid \|F\|_t < \infty\}$$

ein $\mathbb{K}$-Banach-Raum. B_t *ist sogar eine* $\mathbb{K}$-*Banach-Algebra*, da $\|1\|_t = 1$ ist und für $F = \sum_n a_n X^n$ und $G = \sum_n b_n X^n$

$$\|FG\|_t = \sum_{n=0}^\infty \Big|\sum_{k=0}^n a_k b_{n-k}\Big| t^n \le \sum_{n=0}^\infty \Big(\sum_{k=0}^n |a_k| |b_{n-k}|\Big) t^n = \Big(\sum_{n=0}^\infty |a_n| t^n\Big)\Big(\sum_{n=0}^\infty |b_n| t^n\Big)$$
$$= \|F\|_t \|G\|_t$$

gilt. Wegen $\|-\|_s \le \|-\|_t$ ist $B_t \subseteq B_s$ für $0 < s \le t < \infty$ und

$$\mathbb{K}\langle\!\langle X\rangle\!\rangle = \bigcup_{t\in\mathbb{R}_+^\times} B_t = \bigcup_{n\in\mathbb{N}^*} B_{1/n}$$

eine $\mathbb{K}$-Unteralgebra von $\mathbb{K}[\![X]\!]$. Sie ist ebenfalls ein diskreter Bewertungsring mit den Hauptidealen $\mathbb{K}\langle\!\langle X\rangle\!\rangle X^n$, $n \in \mathbb{N}$, als einzigen Idealen $\ne 0$ und dem Quotientenkörper

$$\mathbb{K}\{\!\{X\}\!\} := \mathbb{K}\langle\!\langle X\rangle\!\rangle_X \subseteq \mathbb{K}(\!(X)\!)$$

derjenigen Laurent-Reihen über $\mathbb{K}$, deren Nebenteile konvergent sind, d. h. in $\mathbb{K}\langle\!\langle X\rangle\!\rangle$ liegen. Ist F eine solche Laurent-Reihe und $R > 0$ der Konvergenzradius des Nebenteils von F, so definiert F eine stetige Funktion $F: \mathrm{B}(0; R) - \{0\} \to \mathbb{K}$, $x \mapsto F(x)$, auf dem punktierten Kreis $\mathrm{B}(0; R) - \{0\}$. Es ist $\lim_{x\to 0} F(x) = \infty$, falls $v(F) < 0$, d. h. F kein Element von $\mathbb{K}\langle\!\langle X\rangle\!\rangle$ ist. Man sagt dann, F habe in 0 einen **Pol** der Ordnung $-v(F)$.

Eine konvergente Potenzreihe $F = \sum_n a_n X^n \in \mathbb{K}\langle\!\langle X\rangle\!\rangle$ mit Konvergenzradius $R > 0$ definiert für jedes $a \in \mathbb{K}$ auf dem Kreis $B(a; R)$ die ebenfalls stetige Funktion $x \mapsto F(x - a) = \sum_n a_n(x - a)^n$. Die Familie $a_n(x - a)^n$, $n \in \mathbb{N}$, ist auf jedem Kreis $\overline{B}(a; r)$, $0 \leq r < R$, normal summierbar. Wir nennen die Reihen $\sum_n a_n(X - a)^n$ **Potenzreihen mit Entwicklungspunkt** a und bezeichnen die $\mathbb{K}$-Algebra dieser Reihen mit

$$\mathbb{K}[\![X - a]\!] \quad \text{bzw. mit} \quad \mathbb{K}\langle\!\langle X - a\rangle\!\rangle,$$

sowie mit $\mathbb{K}(\!(X - a)\!)$ bzw. mit $\mathbb{K}\langle\!\langle X - a\rangle\!\rangle$ ihren Quotientenkörper. Bei der Untersuchung von Potenzreihen kann man sich natürlich in der Regel wie bisher auf den Fall $a = 0$ beschränken. Entsprechende Aussagen lassen sich dann sofort auf den allgemeinen Fall übertragen.

Wir besprechen nun die angekündigte Korrespondenz zwischen den Operationen für Funktionen und denen der sie beschreibenden Potenzreihen. Einfach zu behandeln sind Summe und Produkt von Potenzreihen.

Satz 1.2.14 *Seien $F = \sum_n a_n X^n$ und $g = \sum_n b_n X^n$ Potenzreihen in $\mathbb{K}\langle\!\langle X\rangle\!\rangle$ mit den Konvergenzradien R bzw. S. Dann gilt:*

(1) *Die Summe $F + G = \sum_n (a_n + b_n) X^n$ hat einen Konvergenzradius $\geq \mathrm{Min}\,(R, S)$ und stellt auf $B(0; \mathrm{Min}\,(R, S))$ die Funktion $F + G$ dar.*
(2) *Das (Cauchy-)Produkt $FG = \sum_n c_n X^n$ (mit $c_n = \sum_{k=0}^{n} a_k b_{n-k}$) hat einen Konvergenzradius $\geq \mathrm{Min}\,(R, S)$ und stellt auf $B(0; \mathrm{Min}\,(R, S))$ die Funktion FG dar.*

Beweis (1) ist selbstverständlich. (2) ergibt sich aus Satz 3.7.14 in [14], da die Potenzreihen F und G für $|x| < \mathrm{Min}\,(R, S)$ absolut konvergieren. $\qquad\qquad\square$

Die durch die konvergente Potenzreihe $F = \sum a_n X^n$ beschriebene Funktion lässt sich in einer Umgebung eines jeden Punktes b ihres Konvergenzkreises $B(0; R)$ durch eine Potenzreihe mit dem Entwicklungspunkt b darstellen. Genauer gilt:

Satz 1.2.15 (Entwickeln von Potenzreihen) *Sei $F = \sum_n a_n X^n$ eine konvergente Potenzreihe mit Konvergenzradius R. Ferner sei b ein Punkt mit $|b| < R$. Dann gibt es eine konvergente Potenzreihe $\sum_n b_n(X - b)^n$ mit dem Entwicklungspunkt b und einem Konvergenzradius $\geq R - |b|$ derart, dass $F(x) = \sum_n b_n(x - b)^n$ für alle $x \in B(b; R - |b|)$ gilt, vgl. Abb. 1.5. Für $k \in \mathbb{N}$ ist*

$$b_k = \sum_{n=k}^{\infty} \binom{n}{k} a_n b^{n-k}.$$

Abb. 1.5 Konvergenzkreis
beim Entwickeln um b

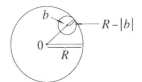

Beweis Sei $b \neq 0$. Wir betrachten ein $x \in \mathbb{K}$ mit $|x - b| < R - |b|$. Dafür ist $|x| < R$ und folglich

$$F(x) = \sum_{n=0}^{\infty} a_n x^n = \sum_{n=0}^{\infty} a_n \big((x - b) + b \big)^n = \sum_{n=0}^{\infty} a_n \Big(\sum_{k=0}^{\infty} \binom{n}{k} (x-b)^k b^{n-k} \Big).$$

Die Familie $a_n \binom{n}{k}(x-b)^k b^{n-k}$, $(n, k) \in \mathbb{N}^2$, ist (nach [14], Lemma 3.7.12) summierbar, da

$$\sum_{n=0}^{\infty} |a_n| \Big(\sum_{k=0}^{\infty} \binom{n}{k} |x-b|^k |b|^{n-k} \Big) = \sum_{n=0}^{\infty} |a_n| \big(|x-b| + |b| \big)^n < \infty$$

ist wegen $|x - b| + |b| < R$. Nach dem großen Umordnungssatz (vgl. [14], Satz 3.7.11) ist daher

$$F(x) = \sum_{k=0}^{\infty} \Big(\sum_{n=0}^{\infty} \binom{n}{k} a_n b^{n-k} \Big) (x - b)^k. \qquad \square$$

Dem formalen Einsetzen von Potenzreihen entspricht die Komposition der zugehörigen Funktionen. Genauer gilt:

Satz 1.2.16 (Einsetzen von Potenzreihen) *Seien $F = \sum_n a_n X^n$ und $G = \sum_n b_n X^n$ konvergente Potenzreihen mit $F(0) = 0$, d. h. $v(F) \geq 1$, und den (positiven) Konvergenz-radien R bzw. S. Gilt $\|F\|_t < S$ für ein $t \in \mathbb{R}_+^{\times}$, so ist $H := G(F)$ eine konvergente Potenzreihe mit Konvergenzradius $\geq t$ und es ist $H(x) = G(F(x))$ für alle $x \in \overline{B}(0; t)$. Dabei ist $\|H\|_t \leq \|G\|_{\|F\|_t}$.*

Beweis Man beachte, dass es wegen $F(0) = 0$ überhaupt Elemente $t > 0$ mit $\|F\|_t < S$ gibt. Sei nun $x \in \mathbb{K}$ mit $|x| \leq t$. Dann ist $|F(x)| \leq \sum |a_n| |x|^n = \|F\|_{|x|} \leq \|F\|_t < S$ und folglich existiert

$$G\big(F(x)\big) = \sum_{n=0}^{\infty} b_n \big(F(x) \big)^n.$$

Nach Satz 1.2.14 (2) gilt $\big(F(x) \big)^n = F^n(x)$, wobei $F^n = \sum_m c_{m,n} X^m$ die n-te Potenz der Potenzreihe F ist. Es ist $\|F^n\|_t \leq \|F\|_t^n$ (da $(B_t, \|-\|_t)$ eine normierte $\mathbb{K}$-Algebra ist), und wegen $v(F^n) \geq n$ ist $c_{m,n} = 0$ für $m < n$. Ferner ist die Familie $b_n c_{m,n} x^m$, $(n, m) \in \mathbb{N}^2$, summierbar, denn es ist

$$\sum_{n=0}^{\infty} |b_n| \sum_{m=0}^{\infty} |c_{m,n}| |x|^m \leq \sum_{n=0}^{\infty} |b_n| \|F\|_t^n = \|G\|_{\|F\|_t} < \infty,$$

vgl. [14], Lemma 3.7.12. Daher kann man umordnen, vgl. [14], Satz 3.7.11, und erhält

$$G(F(x)) = \sum_{m=0}^{\infty} \left(\sum_{n=0}^{\infty} b_n c_{m,n} \right) x^m = H(x).$$

Die Aussage über die t-Norm von H ist dabei mitbewiesen worden. $\qquad\square$

Der vorstehende Satz besagt insbesondere, dass der Konvergenzradius von $H = G(F)$ in der dort beschriebenen Situation mindestens R ist, wenn $S = \infty$ ist. Mit Satz 1.2.16 lässt sich auch sehr einfach beweisen, dass die Kehrwertbildung von Funktionen mit der von Potenzreihen korrespondiert.

Satz 1.2.17 (Invertieren von Potenzreihen) *Sei $F = \sum_n a_n X^n$ eine konvergente Potenzreihe mit $a_0 = F(0) \neq 0$. Dann ist der Kehrwert $H := 1/F$ ebenfalls eine konvergente Potenzreihe (d. h. es ist $\mathbb{K}\langle\!\langle X \rangle\!\rangle^\times = \mathbb{K}\langle\!\langle X \rangle\!\rangle \cap \mathbb{K}[\![X]\!]^\times$), und für alle x in einer genügend kleinen Umgebung von 0 gilt $1/F(x) = H(x)$.*

Beweis Wir können $a_0 = 1$ annehmen. Für alle x mit $|1 - F(x)| < 1$ ist dann

$$\frac{1}{F(x)} = \frac{1}{1 - (1 - F(x))} = G(1 - F(x)),$$

wobei $G := 1/(1 - X) = \sum_n X^n$ die geometrische Reihe ist. Nach Satz 1.2.16 gilt aber $G(1 - F(x)) = (G(1 - F))(x)$ für $|x|$ klein genug. $\qquad\square$

Zusammen mit Satz 1.2.14 (2) folgt aus Satz 1.2.17, dass auch Quotienten F/G von konvergenten Potenzreihen $F, G \in \mathbb{K}\langle\!\langle X \rangle\!\rangle$ mit $G(0) \neq 0$ konvergente Potenzreihen sind.

Sei $F \in \mathbb{K}\langle\!\langle X \rangle\!\rangle$ eine konvergente Potenzreihe mit $F(0) = 0$ und $F'(0) \neq 0$. Nach Proposition 1.2.4 gibt es eine Potenzreihe $G \in \mathbb{K}[\![X]\!]$ mit $G(0) = 0$, $G'(0) = 1/F'(0) \neq 0$ und $G(F) = F(G) = X$, d. h. die Einsetzungshomomorphismen φ_F und φ_G sind zueinander invers. Wir zeigen, dass mit F auch G konvergent ist. *Dann induzieren φ_F und φ_G nach Satz 1.2.16 auch zueinander inverse $\mathbb{K}$-Algebraautomorphismen von $\mathbb{K}\langle\!\langle X \rangle\!\rangle$.* Zum *Beweis* der Konvergenz von G können wir $F'(0) = 1$, d. h. $F = X + X^2 P$ mit einer Potenzreihe $P \in \mathbb{K}\langle\!\langle X \rangle\!\rangle$ annehmen und benutzen dann die Darstellung von G aus dem Beweis von Proposition 1.2.4 als Limes in $\mathbb{K}[\![X]\!]$ der rekursive definierten Folge

$$G_0 = 0, \quad G_{n+1} = X - G_n^2 P(G_n), \quad n \in \mathbb{N}.$$

Es sei $S := \|P\|_s < \infty$ für ein $s \in \mathbb{R}_+^\times$. Für alle $t \in \mathbb{R}_+^\times$ mit $t \le \frac{1}{2}T$, $T := \mathrm{Min}\,(s, 1/2S)$, hat man dann $\|G_n\|_t \le T$. Dies gilt nämlich für $n = 0$, und beim Schluss von n auf $n+1$ erhält man

$$\|G_{n+1}\|_t \le t + \|G_n\|_t^2 \cdot \|P\|_{\|G_n\|_t} \le \frac{1}{2}T + T^2 S \le T.$$

Dann gilt aber auch $\|G\|_t \le T$ für alle $t \le \frac{1}{2}T$, vgl. Aufg. 1.2.34. Jetzt können wir beweisen:

Satz 1.2.18 (Umkehren konvergenter Potenzreihen) *Sei $F \in \mathbb{K}\langle\!\langle X \rangle\!\rangle$ eine konvergente Potenzreihe mit $F(0) = 0$, $F'(0) \ne 0$ und $G \in \mathbb{K}\langle\!\langle X \rangle\!\rangle$ die konvergente Potenzreihe mit $G(0) = 0$, $G'(0) = 1/F'(0) \ne 0$ sowie $G(F) = F(G) = X$. Dann gibt es offene Umgebungen U und V von 0 in $\mathbb{K}$ derart, dass $F : U \to V$ eine bijektive Abbildung von U auf V definiert und G die zugehörige Umkehrabbildung[4].*

Beweis Seien $U_1, V_1 \subseteq \mathbb{K}$ die (offenen) Konvergenzkreise von F bzw. G. Dann definieren F und G stetige Funktionen $F : U_1 \to \mathbb{K}$ und $G : V_1 \to \mathbb{K}$ mit $F(0) = G(0) = 0$. Nach Satz 1.2.16 gibt es offene Umgebungen $U_2 \subseteq U_1$ und $V_2 \subseteq V_1$ von 0 derart, dass $G(F(x)) = x$ für alle $x \in U_2$ bzw. $F(G(x)) = x$ für alle $x \in V_2$ gilt. Die Behauptung ergibt sich dann aus folgendem allgemeinen Lemma. $\qquad\square$

Lemma 1.2.19 *Seien X, Y topologische Räume und $x_0 \in X$ sowie $y_0 \in Y$. Ferner seien $f : U_1 \to Y$ und $g : V_1 \to X$ stetige Abbildungen auf Umgebungen $U_1 \subseteq X$ von x_0 bzw. $V_1 \subseteq Y$ von y_0 mit $f(x_0) = y_0$ und $g(y_0) = x_0$. Es gelte $g(f(x)) = x$ für alle x in einer Umgebung $U_2 \subseteq U_1$ von x_0 und $f(g(y)) = y$ für alle y in einer Umgebung $V_2 \subseteq V_1$ von y_0. Dann gibt es offene Umgebungen $U \subseteq U_1$ von x_0 und $V \subseteq V_1$ von y_0 derart, dass f und g zueinander inverse Homöomorphismen $U \xrightarrow{\sim} V$ bzw. $V \xrightarrow{\sim} U$ induzieren. (Man sagt in diesem Fall, f sei ein **lokaler Homöomorphismus im Punkt** x_0.)*

Beweis Man kann $U := \overset{\circ}{U}_2 \cap f^{-1}(\overset{\circ}{V}_2)$ und $V := \overset{\circ}{V}_2 \cap g^{-1}(\overset{\circ}{U}_2)$ wählen, wobei $^\circ$ jeweils die Bildung des offenen Kerns in X bzw. Y bezeichnet. Man beachte dabei, dass für einen Teilraum Z eines topologischen Raumes X der Durchschnitt $A \cap B$ eine offene Menge in X ist, falls $A \subseteq Z$ offen in X ist und $B \subseteq Z$ offen in Z. $\qquad\square$

Wir werden Satz 1.2.18 in Bd. 5 mit dem Satz über implizite Funktionen (für den analytischen Fall) wesentlich verallgemeinern.

Sei $F = \sum_{n=0}^\infty a_n(X - a)^n$ eine Potenzreihe mit Entwicklungspunkt a. Für $m \in \mathbb{N}$ heißt das Polynom $\sum_{n=0}^m a_n(X - a)^n$ die **Entwicklung von F in a bis zur Ordnung** m. Ist F konvergent und $m \in \mathbb{N}$, so gilt

$$F(x) = \sum_{n=0}^m a_n(x - a)^n + O\big((x - a)^{m+1}\big)$$

---

[4] Man verwechsele die Umkehrabbildung F^{-1} nicht mit dem Kehrwert $1/F$.

und insbesondere $F(x) = \sum_{n=0}^{m} a_n (x-a)^n + o\big((x-a)^m\big)$ für $x \to a$, vgl. auch Aufg. 1.2.34. Um Summe und Produkt zweier Potenzreihen F und G bis zur Ordnung m zu berechnen, genügt es, die Reihen F und G bis zur Ordnung m zu kennen. Eine analoge Bemerkung gilt für das Einsetzen gemäß Satz 1.2.16, das Invertieren gemäß Satz 1.2.17 und auch für das Umkehren gemäß Satz 1.2.18.

Beispiel 1.2.20 (Berechnung des Kehrwerts einer Potenzreihe) Sei

$$F = 1 + \sum_{n=1}^{\infty} a_n X^n \in K[\![X]\!]$$

eine Potenzreihe mit konstantem Term $f(0) = a_0 = 1$. Dann ist der Kehrwert

$$1/F = 1 + \sum_{n=1}^{\infty} b_n X^n$$

ebenfalls eine Potenzreihe mit konstantem Term 1, deren n-ter Koeffizient b_n nur von den Koeffizienten $a_1, \dots, a_n$ abhängt. Mit Hilfe des Polynomialsatzes, vgl. [14], 1.6.16 oder 2.6.3, ergibt sich aus der Gleichung

$$\frac{1}{F} = \frac{1}{1-(1-F)} = \sum_{m=0}^{\infty} (1-F)^m = \sum_{m=0}^{\infty} \Big(\sum_{k=1}^{\infty} -a_k X^k \Big)^m$$

zwar die explizite Darstellung $b_n = L_n(a_1, \dots, a_n)$ mit den Polynomen

$$L_n(Z_1, \dots, Z_n) = \sum_{\substack{\nu=(\nu_1,\dots,\nu_n)\in\mathbb{N}^n \\ \nu_1+2\nu_2+\dots+n\nu_n=n}} (-1)^{|\nu|} \binom{|\nu|}{\nu} Z^\nu \in \mathbb{Z}[Z_1, \dots, Z_n], \quad n \in \mathbb{N},$$

$(|\nu| = \nu_1 + \dots + \nu_n)$, meist ist es aber vorteilhafter, die aus der Gleichung

$$1 = \Big(1 + \sum_{n=1}^{\infty} a_n X^n\Big)\Big(1 + \sum_{n=1}^{\infty} b_n x^n\Big) = 1 + \sum_{n=1}^{\infty} \Big(\sum_{\nu=0}^{n} a_\nu b_{n-\nu}\Big)x^n$$

resultierende Rekursion

$$b_n + \sum_{\nu=1}^{n} a_\nu b_{n-\nu} = 0, \quad n \in \mathbb{N}^*,$$

mit der Anfangsbedingung $b_0 = 1$ zu benutzen. Dieser Kalkül gilt für beliebige Potenzreihen $1 + F$, $F \in S[\![X]\!]X$, mit Koeffizienten in einem kommutativen Ring S. Für die Reihe

$$F := \sum_{n=0}^{\infty} \frac{X^n}{n+1} = 1 + \frac{X}{2} + \frac{X^2}{3} + \frac{X^3}{4} + \frac{X^4}{5} + \dots \in \mathbb{Q}[X]$$

mit $F(x) = -(\ln(1-x))/x$ für $x \in \overline{B}_{\mathbb{C}}(0; 1) - \{1\}$, vgl. Beispiel 1.2.11, ergibt sich so

$$\frac{1}{F} = \Big(\sum_{n=0}^{\infty} \frac{X^n}{n+1}\Big)^{-1} = 1 - \frac{X}{2} - \frac{X^2}{12} - \frac{X^3}{24} - \frac{19X^4}{720} - \frac{3X^5}{160} - \cdots \in \mathbb{Q}[X].$$

Man zeigt induktiv, dass für dieses F die Koeffizienten b_n der Potenzreihe von $1/F$ für $n > 0$ negativ sind. Z. B. gilt $c_n := -b_n \geq 1/n^2(n+1)$ für $n \geq 1$. Der Konvergenzradius von $1/F$ ist 1. Der Abelsche Grenzwertsatz 1.2.10 liefert $\sum_{n=1}^{\infty} c_n = 1$ und $\sum_{n=1}^{\infty}(-1)^{n-1}c_n = -1 + (1/\ln 2)$. $\diamond$

Beispiel 1.2.21 (Potenzreihendarstellung rationaler Funktionen) Sei F/G eine rationale Funktion mit Polynomen $F, G \in \mathbb{C}[X]$, wobei der Nenner G im Nullpunkt nicht verschwinde. Ohne Einschränkung der Allgemeinheit sei $G(0) = 1$. Division mit Rest liefert eine Darstellung $F/G = Q + R/G$ mit Polynomen Q und R und Grad $R < $ Grad G. Für die Potenzreihenentwicklung

$$\frac{F}{G} = \sum_{k=0}^{\infty} a_k X^k \in \mathbb{C}\langle\!\langle X \rangle\!\rangle$$

können wir also $F = R$, d. h. Grad $F < $ Grad G annehmen. Die Zerlegung des Nenners in Linearfaktoren gemäß dem Fundamentalsatz der Algebra, vgl. [14], Satz 3.9.7, schreiben wir in der Form

$$G = (1 - \beta_1 X)^{n_1} \cdots (1 - \beta_r X)^{n_r}$$

mit paarweise verschiedenen $\beta_1, \ldots, \beta_r \in \mathbb{C}^{\times}$ (die die Kehrwerte der Nullstellen von G sind). Ferner können wir annehmen, dass F und G keine gemeinsame Nullstelle haben. F/G besitzt die Partialbruchzerlegung

$$\frac{F}{G} = \frac{\beta_{11}}{(1 - \beta_1 X)} + \cdots + \frac{\beta_{1n_1}}{(1 - \beta_1 X)^{n_1}} + \cdots + \frac{\beta_{r1}}{(1 - \beta_r X)} + \cdots + \frac{\beta_{rn_r}}{(1 - \beta_r X)^{n_r}},$$

vgl. [14], Satz 2.10.26 und insbesondere die Bemerkung nach dem Beweis von Satz 2.10.28. Daraus gewinnt man sofort die Potenzreihe von F/G, da nach Beispiel 1.2.3 für beliebige $\beta \in \mathbb{C}^{\times}$ und $n \in \mathbb{N}^*$ die Gleichung

$$\frac{1}{(1 - \beta X)^n} = \sum_{k=0}^{\infty} \binom{k+n-1}{n-1} \beta^k X^k$$

gilt. Es ist also

$$a_k = P_1(k)\beta_1^k + \cdots + P_r(k)\beta_r^k,$$

wobei die $P_\rho \in \mathbb{C}[Z]$ Polynome vom Grade $n_\rho - 1$ sind, $\rho = 1, \ldots, r$. Der Leitkoeffizient von P_ρ ist $\beta_{\rho n_\rho}/(n_\rho - 1)!$ mit

$$\beta_{\rho n_\rho} = F(1/\beta_\rho)\Big/ \prod_{\sigma \neq \rho}\Big(1 - \frac{\beta_\sigma}{\beta_\rho}\Big)^{n_\sigma}.$$

Da die Potenzreihen $1/(1 - \beta X)^n$ für $\beta \in \mathbb{C}^*$ und $n \in \mathbb{N}^*$ den Konvergenzradius $1/\beta$ besitzen, ergibt sich überdies: *Die Potenzreihe $F/G \in \mathbb{C}\langle\!\langle X \rangle\!\rangle$ hat als Konvergenzradius das Minimum der Beträge der Nullstellen von G.*[5] Hat β_1 für alle $\rho > 1$ die Eigenschaft, dass $|\beta_\rho| \leq |\beta_1|$ ist und überdies $n_\rho < n_1$ gilt bei $|\beta_\rho| = |\beta_1|$, so ergibt sich für $k \to \infty$ die asymptotische Beziehung

$$a_k \sim \beta_{1n_1} k^{n_1-1} \beta_1^k / (n_1 - 1)!.$$

Insbesondere ist in diesem Fall

$$\lim_{k \to \infty} \frac{a_k}{a_{k+1}} = \frac{1}{\beta_1}$$

diejenige Nullstelle $1/\beta_1$ des Polynoms G, deren Betrag unter den Beträgen aller seiner Nullstellen $1/\beta_1, \ldots, 1/\beta_r$ minimal ist. Die Konvergenz ist besonders günstig, wenn $|\beta_\rho| < |\beta_1|$ ist für alle $\rho > 1$. Dieses Verfahren zur Bestimmung einer Nullstelle von Polynomen ist von D. Bernoulli (1700–1782) angegeben worden. Besitzt das normierte Polynom $H = d_0 + \cdots + d_{n-1}X^{n-1} + X^n$, $d_0 \neq 0$, eine betragsmäßig größte Nullstelle α derart, dass alle anderen Nullstellen vom Betrag $|\alpha|$ eine kleinere Ordnung als die Nullstelle α haben, so kann man zur Berechnung von α die vorstehende Methode auf das **reziproke Polynom** $X^n H(1/X) = 1 + d_{n-1}X + \cdots + d_0 X^n$ anwenden, dessen Nullstellen die Inversen der Nullstellen von H sind (jeweils mit derselben Vielfachheit). $\diamond$

Beispiel 1.2.22 Seien wieder $F, G \in \mathbb{C}[X]$, $G \neq 0$, mit Grad $F <$ Grad G, aber nicht notwendig ggT$(F, G) = 1$. Dann hat der Nenner der gekürzten Darstellung von F/G die Form $(1 - \beta_1 X)^{m_1} \cdots (1 - \beta_r X)^{m_r}$ mit $0 \leq m_\rho \leq n_\rho$, $\rho = 1, \ldots, r$. Die Potenzreihen $F/G = \sum a_k X^k$ sind bei $G = 1 + c_1 X + \cdots + c_n X^n$ wegen $F = (\sum a_k X^k)G$ die erzeugenden Funktionen der Folgen (a_k), die der Rekursionsgleichung

$$a_k + c_1 a_{k-1} + \cdots + c_n a_{k-n} = 0, \quad k \geq n,$$

genügen, wobei die Anfangswerte $a_0, \ldots, a_{n-1}$ mit den Koeffizienten von $F = \sum_{k=0}^{n-1} b_k X^k$ durch die Gleichungen

$$b_k = a_k + c_1 a_{k-1} + \cdots + c_k a_0, \quad k = 0, \ldots, n-1,$$

zusammenhängen ($c_0 = 1$). Da $\sum_{\nu=1}^m \mathbb{C}\binom{Z+\nu-1}{\nu-1}$ für jedes $m \in \mathbb{N}^*$ identisch ist mit dem Raum $\mathbb{C}[Z]_m$ aller komplexen Polynome vom Grad $< m$ in der Unbestimmten Z, folgt:

Satz 1.2.23 *Seien $c_1, \ldots, c_n \in \mathbb{C}$, $c_n \neq 0$, und gelte*

$$G := 1 + c_1 X + \cdots + c_n X^n = (1 - \beta_1 X)^{n_1} \cdots (1 - \beta_r X)^{n_r}$$

---

[5] Dies gilt natürlich auch, wenn Grad $F \geq$ Grad G ist.

mit paarweise verschiedenen $\beta_1, \ldots, \beta_r \in \mathbb{C}^\times$. Die Folgen $a_k \in \mathbb{C}$, $k \in \mathbb{N}$, die der Rekursionsgleichung

$$a_k + c_1 a_{k-1} + \cdots + c_n a_{k-n} = 0, \quad k \geq n,$$

genügen, sind genau die Folgen

$$P_1(k)\beta_1^k + \cdots + P_r(k)\beta_r^k, \quad k \in \mathbb{N},$$

mit Polynomfunktionen $P_\rho \in \mathbb{C}[X]$ vom Grade $< n_\rho$, $\rho = 1, \ldots, r$. Insbesondere bilden diese Folgen einen $\mathbb{C}$-Vektorraum der Dimension n.

Da der $\mathbb{C}$-Vektorraum der Folgen $(a_k) \in \mathbb{C}^{\mathbb{N}}$ in Satz 1.2.23 trivialerweise die Dimension n hat – die Folgen $(e_i) = (e_{ki})_k$, $k = 0, \ldots, n-1$, mit den Anfangswerten $e_{ki} = \delta_{ki}$, $0 \leq k < n$, bilden eine Basis –, ergibt sich, dass *die Folgen $k^{j_\rho}\beta_\rho^k$, $0 \leq j_\rho < n_\rho$, $\rho = 1, \ldots, r$, eine $\mathbb{C}$-Basis dieses Raums bilden und insbesondere linear unabhängig über $\mathbb{C}$ sind.* Die Folgen $(a_k) \in \mathbb{C}^{\mathbb{N}}$, die die Rekursionsgleichung aus Satz 1.2.23 nur für alle $k \geq n + n_0$ mit einem $n_0 \in \mathbb{N}$ erfüllen, gewinnt man aus den dort angegebenen aus Addition der Folgen (a_k) mit $a_k = 0$ für $k \geq n_0$. Ihre erzeugenden Funktionen sind die rationalen Funktionen F/G mit Grad $F < n + n_0$. Ist $F = \sum_k b_k X^k \in \mathbb{C}[\![X]\!]$ eine *beliebige* Potenzreihe, so sind die erzeugenden Funktionen der Folgen $(a_k) \in \mathbb{C}^{\mathbb{N}}$, die der Rekursionsgleichung

$$a_k + c_1 a_{k-1} + \cdots + c_n a_{k-n} = b_k, \quad k \geq n,$$

genügen, die Potenzreihen $\frac{F+F_1}{G} = \frac{F}{G} + \frac{F_1}{G}$, wobei F_1 ein Polynom vom Grade $< n = $ Grad G ist.

Die obigen Überlegungen gelten auch über einem beliebigen Körper K der Charakteristik 0 an Stelle von $\mathbb{C}$. Für einen Körper positiver Charakteristik p hat man für die Nullstellenordnungen $n_1, \ldots, n_r \in \mathbb{N}^*$ der Nullstellen $1/\beta_1, \ldots, 1/\beta_r$ von G vorauszusetzen, dass $n_\rho \leq p$ ist. Im allgemeinen Fall hat man die Folgen $P_\rho(k)$, $k \in \mathbb{N}$, $P_\rho \in K[Z]_{n_\rho}$, durch die Folgen $\sum_{\nu=1}^{n_\rho} d_\nu \binom{k+\nu-1}{\nu-1}$ mit $d_1, \ldots, d_{n_\rho} \in K$ zu ersetzen. (Man beachte, dass $k^p = k$ in K ist für alle $k \in \mathbb{N}$.) $\diamond$

Beispiel 1.2.24 Wir betrachten einige explizite Beispiele zu den Potenzreihenentwicklungen rationaler Funktionen.

(1) Die Fibonacci-Folge (F_k) mit $F_0 = 0$, $F_1 = 1$ und $F_k = F_{k-1} + F_{k-2}$, $k \geq 2$, hat als erzeugende Funktion die rationale Funktion

$$\frac{X}{1-X-X^2} = \frac{X}{(1-\Phi X)(1+X/\Phi)} = \frac{1}{\sqrt{5}}\Big(\frac{1}{1-\Phi X} - \frac{1}{1+X/\Phi}\Big), \quad \Phi := \frac{1}{2}(1+\sqrt{5}),$$

woraus die Binetschen Formeln

$$F_k = \frac{1}{\sqrt{5}}\left(\Phi^k - (-1)^k \Phi^{-k}\right), \quad k \in \mathbb{N},$$

und die asymptotische Gleichheit $F_k \sim \Phi^k/\sqrt{5}$ für $k \to \infty$ folgen, vgl. [14], Beispiel 1.5.6.

Ein ähnliches Beispiel bilden die Rekursionen

$$T_0(Z) = 2, \quad T_1(Z) = Z, \quad T_{n+2}(Z) = Z T_{n+1}(Z) - \frac{1}{4}T_n(Z)$$

und

$$U_0(Z) = 1, \quad U_1(Z) = Z, \quad U_{n+2}(Z) = Z U_{n+1}(Z) - \frac{1}{4}U_n(Z)$$

für die Tschebyschew-Polynome erster bzw. zweiter Art (vgl. Beispiel 3.5.8 und Aufg. 3.5.33 in [14]). Sie ergeben die folgenden Potenzreihen in $(\mathbb{Q}(Z))[\![X]\!]$:

$$\frac{2 - ZX}{1 - 2Z(X/2) + (X/2)^2} = \sum_{n=0}^{\infty} T_n(Z)X^n, \quad \frac{1}{1 - 2Z(X/2) + (X/2)^2} = \sum_{n=0}^{\infty} U_n(Z)X^n$$

oder

$$\frac{1 - ZX}{1 - 2ZX + X^2} = \sum_{n=0}^{\infty} 2^{n-1} T_n(Z)X^n, \quad \frac{1}{1 - 2ZX + X^2} = \sum_{n=0}^{\infty} 2^n U_n(Z)X^n.$$

Sei $z \in \mathbb{R}$, $|z| \leq 1$. Die Nullstellen des Nenners $1 - 2zX + X^2$ sind dann $z \pm i\sqrt{1 - z^2}$. Da diese den Betrag 1 haben, konvergieren die beiden Potenzreihen $\sum_n 2^{n-1}T_n(z)X^n$ und $\sum_n 2^n U_n(z)X^n$ für alle $x \in \mathbb{C}$ mit $|x| < 1$. Insbesondere ergeben sich für $z = \cos\varphi$, $\varphi \in \mathbb{R}$, wegen $2^{n-1}T_n(\cos\varphi) = \cos n\varphi$ und $2^n \sin\varphi\, U_n(\cos\varphi) = \sin(n+1)\varphi$ (vgl. loc. cit.) die „Fourier-Entwicklungen"

$$\frac{1 - x\cos\varphi}{1 - 2x\cos\varphi + x^2} = \sum_{n=0}^{\infty} x^n \cos n\varphi, \quad \frac{x\sin\varphi}{1 - 2x\cos\varphi + x^2} = \sum_{n=0}^{\infty} x^n \sin n\varphi$$

für alle $\varphi \in \mathbb{R}$ und alle $x \in \mathbb{C}$ mit $|x| < 1$. Man gewinnt diese freilich auch direkt aus der geometrischen Reihe $\sum_{n=0}^{\infty} x^n(\cos\varphi + i\sin\varphi)^n = \left(1 - x(\cos\varphi + i\sin\varphi)\right)^{-1}$ für $x \in \mathbb{R}$, $|x| < 1$, und $\varphi \in \mathbb{R}$ durch Trennen von Real- und Imaginärteil.

(2) Sei $a = (a_k)_{k\in\mathbb{N}}$ eine Folge komplexer Zahlen. Die **Differenzenfolge** zu a ist definitionsgemäß die Folge Δa mit $(\Delta a)_k := a_{k+1} - a_k$, $k \in \mathbb{N}$. Für die erzeugenden Funktionen $F = \sum a_k X^k$ und $\Delta F := \sum (\Delta a)_k X^k$ gilt $X(\Delta F) = F - XF - F(0)$, also

$$F = \frac{F(0)}{1 - X} + \frac{X\Delta F}{1 - X}.$$

Durch Iteration liefert dies für alle $k \in \mathbb{N}$

$$F = \sum_{n=0}^{k} \frac{(\Delta^n F)(0) X^n}{(1-X)^{n+1}} + \frac{X^{k+1} \Delta^{k+1} F}{(1-X)^{k+1}}.$$

Für $k \to \infty$ folgt

$$F = \frac{1}{1-X} H\left(\frac{X}{1-X}\right) \quad \text{mit} \quad H := \sum_{k=0}^{\infty} (\Delta^k a)_0 X^k.$$

Unter Verwendung der Gleichung $X^n (1-X)^{-(n+1)} = \sum_{k=0}^{\infty} \binom{k}{n} X^k$ aus Beispiel 1.2.3 erhält man überdies die Formeln

$$a_k = \sum_{n=0}^{k} (\Delta^n a)_0 \binom{k}{n}, \quad k \in \mathbb{N},$$

die F und die Folgenglieder a_k durch die Anfangsglieder $(\Delta^n a)_0$ der iterierten Differenzenfolgen $\Delta^n a, n \in \mathbb{N}$, beschreiben.

(a_k) heißt eine **arithmetische Folge der Ordnung** $\leq m \in \mathbb{N}$, wenn $\Delta^{m+1} a = 0$ ist. Dies ist genau dann der Fall, wenn $F = \sum a_k X^k$ eine rationale Funktion der Form $H(1-X)^{-(m+1)}$ mit einem Polynom H vom Grade $\leq m$ ist. Äquivalent dazu ist, dass sich die a_k in der Form

$$a_k = \sum_{n=0}^{m} (\Delta^n a)_0 \binom{k}{n} = P(k),$$

mit einem Polynom $P \in \mathbb{C}[Z]$ vom Grade $\leq m$ darstellen lassen, vgl. auch Satz 1.2.23. Genau dann ist (a_k) arithmetisch von der Ordnung genau m, wenn P den Grad m hat. Im Fall $a = (k^m)_{k \in \mathbb{N}}$, $m \in \mathbb{N}$, sind die Zahlen

$$\widetilde{S}(m,n) := \frac{(\Delta^n a)_0}{n!}, \quad 0 \leq n \leq m,$$

identisch mit den **Stirlingschen Zahlen zweiter Art** $S(m,n)$, die wir bereits in [14], Aufg. 1.6.14 als die Anzahl der Äquivalenzrelationen auf einer m-elementigen Menge mit genau n Äquivalenzklassen eingeführt haben. Einerseits gelten nämlich definitionsgemäß die Gleichungen

$$k^m = \sum_{n=0}^{m} (\Delta^n a)_0 \binom{k}{n} = \sum_{n=0}^{m} n! \widetilde{S}(m,n) \binom{k}{n}, \quad k, m \in \mathbb{N},$$

und andererseits ist k^m die Anzahl der Abbildungen einer m-elementigen Menge in eine k-elementige Menge, d. h. es ist

$$k^m = \sum_{n=0}^{m} n! \, S(m,n) \binom{k}{n}, \quad k, m \in \mathbb{N},$$

da $n!S(m,n)$ offenbar die Anzahl der *surjektiven* Abbildungen einer m-elementigen auf eine n-elementige Menge ist. Mit dem Identitätssatz für Polynome, vgl. [14], Satz 2.9.32, folgt die Gleicheit $S(m,n) = \widetilde{S}(m,n)$ für alle n, m mit $0 \leq n \leq m$. Mit den sogenannten **Binomialpolynomen** $\binom{X}{n} = X(X-1)\cdots(X-n+1)/n! \in \mathbb{Q}[X]$, $n \in \mathbb{N}$, gelten also die Polynomgleichungen

$$X^m = \sum_{n=0}^{m} n!\,S(m,n)\binom{X}{n}, \quad m \in \mathbb{N}.$$

Wegen der Gleichung $(n+1)\binom{X}{n+1} = X\binom{X}{n} - n\binom{X}{n}$ ist

$$X^{m+1} = \sum_{n=0}^{m} n!\,S(m,n)X\binom{X}{n} = \sum_{n=0}^{m+1} n!\big(nS(m,n) + S(m,n-1)\big)\binom{X}{n}.$$

Es ergibt sich die Rekursion $S(m,0) = \delta_{m,0}$, $S(0,n) = \delta_{0,n}$, $m,n \in \mathbb{N}$,

$$S(m+1,n) = nS(m,n) + S(m,n-1), \quad m \in \mathbb{N}, n \in \mathbb{N}^*,$$

die in [14] kombinatorisch begründet wurde und die ebenfalls die Gleichungen $S(m,n) = \widetilde{S}(m,n)$ liefert. Ferner gestattet sie, die Stirlingzahlen leicht zu berechnen. Die Zahlen $s(m,n) \in \mathbb{N}$, $0 \leq n \leq m$, in den Gleichungen

$$\binom{X}{m} = \frac{1}{m!}\sum_{n=0}^{m} (-1)^{m-n}s(m,n)X^n \quad, m \in \mathbb{N},$$

die umgekehrt die Binomialpolynome durch die Potenzen X^n, $n \in \mathbb{N}$, darstellen, heißen die **Stirlingschen Zahlen erster Art**.[6] Sie erfüllen offenbar die Rekursion

$$s(0,n) = \delta_{0,n}, \quad n \in \mathbb{N}; \quad s(m+1,n) = ms(m,n) + s(m,n-1), \quad m \in \mathbb{N}, n \in \mathbb{N}^*.$$

Da die Polynomfunktionen $x \mapsto \binom{x}{n}$, $n \in \mathbb{N}$, die ganzen Zahlen jeweils in sich abbilden, folgt noch:

Proposition 1.2.25 *Sei* $m \in \mathbb{N}$. *Für ein Polynom* $P = \sum_{n=0}^{m} c_n X^n = \sum_{n=0}^{m} d_n\binom{X}{n} \in \mathbb{C}[X]$ *vom Grad* $\leq m$ *sind äquivalent:*

(i) $P(k) \in \mathbb{Z}$ *für alle* $k \in \mathbb{Z}$.
(ii) $P(k) \in \mathbb{Z}$ *für* $k = 0,1,\ldots,m$.
(iii) $P(k) \in \mathbb{Z}$ *für* $m+1$ *aufeinanderfolgende ganze Zahlen* $k = k_0, k_0 + 1, \ldots, k_0 + m$.
(iv) $d_n \in \mathbb{Z}$ *für* $n = 0,\ldots,m$.

---

[6] Für alle $(m,n) \in \mathbb{Z}^2$, die nicht die Bedingung $0 \leq n \leq m$ erfüllen, setzt man $S(m,n) = s(m,n) = 0$.

Insbesondere bildet eine Polynomfunktion $Q \in \mathbb{C}[x]$ genau dann $\mathbb{Z}$ in sich ab, wenn Q sich in der Form $\sum_{n \in \mathbb{N}} d_n \binom{x}{n}$ mit ganzzahligen Koeffizienten d_n (von denen fast alle verschwinden) darstellen lässt.

Die erzeugenden Funktionen $\sum_{k=0}^{\infty} P(k)Z^k \in \mathbb{Z}[\![Z]\!]$ zu den Folgen $P(k)$, $k \in \mathbb{N}$, wobei P ein Polynom vom Grad $\leq m$ wie in Proposition 1.2.25 ist, sind nach Beispiel 1.2.3 genau die Potenzreihen $F/(1-Z)^{m+1}$ mit $F \in \mathbb{Z}[Z]$, Grad $F \leq m$. Die Polynomfunktionen $Q \in \mathbb{Q}[x]$, die $\mathbb{Z}$ in sich abbilden, bilden einen Unterring von $\mathbb{Q}[x]$. Es ist

$$\binom{X}{m}\binom{X}{n} = \sum_{\ell=0}^{m} \binom{\ell+n}{\ell, \ell+n-m, m-\ell}\binom{X}{\ell+n}, \quad 0 \leq m \leq n.$$

Die Polynome auf beiden Seiten stimmen an allen Stellen $x \in \mathbb{N}$ überein, was man etwa durch Betrachten der Identität $(1+S)^x(1+T)^x = \big(1 + (S+T+ST)\big)^x$ gewinnt. Ihre Gleichheit folgt dann wieder mit dem Identitätssatz für Polynome.

(3) Sei $a = (a_k)_{k \in \mathbb{N}}$ wieder eine beliebige Folge komplexer Zahlen mit erzeugender Funktion $F = \sum_k a_k X^k \in \mathbb{C}[\![X]\!]$. Dann heißt die Folge Σa mit $(\Sigma a)_k := \sum_{n=0}^{k-1} a_n$ die **Summenfolge** zu a. Wegen $(\Sigma a)_0 = 0$ und $\Delta(\Sigma a) = a$ gilt für die erzeugende Funktion ΣF von Σa nach (2) die Gleichung $\Sigma F = XF/(1-X)$, und man hat für alle $k \in \mathbb{N}$:

$$(\Sigma a)_k = \sum_{n=0}^{k-1} (\Delta^n a)_0 \binom{k}{n+1}.$$

Speziell für eine arithmetische Folge a der Ordnung $\leq m$ folgt die Summenformel

$$(\Sigma a)_k = \sum_{n=0}^{k-1} a_n = \sum_{n=0}^{m} (\Delta^n a)_0 \binom{k}{n+1}.$$

Bei $(a_k) = (k^m)$ ergibt sich mit den Stirlingschen Zahlen zweiter Art, vgl. (2),

$$\sum_{n=0}^{k} n^m = \sum_{i=0}^{m} i!\, S(m,i) \binom{k+1}{i+1}.$$

Man erhält dieses Ergebnis auch direkt mit Aufg. 1.6.4 c) in [14] durch Summation aus der bereits erwähnten Formel $n^m = \sum_{i=0}^{m} i!\, S(m,i)\binom{n}{i}$. Wegen $S(4,0) = 0$, $S(4,1) = 1$, $S(4,2) = 7$, $S(4,3) = 6$, $S(4,4) = 1$ ist beispielsweise

$$\sum_{n=0}^{k} n^4 = \binom{k+1}{2} + 14\binom{k+1}{3} + 36\binom{k+1}{4} + 24\binom{k+1}{5}.$$

Übrigens ergibt sich aus der Formel $n^m = \sum_{i=0}^{m} i!\, S(m,i)\binom{n}{i}$ mit Hilfe der binomischen Umkehrformeln, vgl. Aufg. 1.2.17 c), die folgende explizite Darstellung der Zahlen $S(m,n)$:

$$S(m,n) = \frac{1}{n!} \sum_{k=0}^{n} (-1)^{n-k} \binom{n}{k} k^m, \quad m,n \in \mathbb{N}. \qquad\qquad \diamond$$

Beispiel 1.2.26 Wir betrachten ein Beispiel, das die in diesem Abschnitt besprochenen Operationen für Potenzreihen in mehrfacher Weise benutzt. – Wir zeigen, dass *für vorgegebenes $y \in \mathbb{R}$, $y > \pi/2$, die Lösung der Gleichung*

$$x = y - \arctan x^{-1},$$

vgl. Aufg. 3.8.36 f) in [14], *eine Darstellung*

$$x = y - g(y^{-1}) = y - \frac{1}{y} - \frac{2}{3y^3} - \frac{13}{15y^5} - \frac{146}{105y^7} - \frac{781}{315y^9} - \frac{16.328}{3465y^{11}} - \cdots$$

mit einer konvergenten Potenzreihe $g(z) = \sum_n b_n z^n$ hat. Mit $z := y^{-1}$ und $w := x^{-1}$ ist die angegebene Gleichung nämlich äquivalent zu

$$z = \frac{1}{x(1 + x^{-1} \arctan x^{-1})} = w(1 + H(w)),$$

wobei $1 + H(w)$ die konvergente Potenzreihe mit Entwicklungspunkt 0 der Funktion $1/(1 + w \arctan w)$ ist. Daraus folgt nach Satz 1.2.18 die Darstellung $w = z(1 + G(z))$ mit einer Potenzreihe G und schließlich

$$x = w^{-1} = \frac{1}{z(1 + G(z))} = y(1 - y^{-1} g(y^{-1})),$$

wobei $1 - zg(z) = 1/(1 + G(z))$ der Kehrwert der Reihe $1 + G(z)$ ist. Nachdem die Existenz der behaupteten Potenzreihenentwicklung zumindest für große y gesichert ist, findet man ihre Koeffizienten am einfachsten durch Koeffizientenvergleich. Sei wieder $z = y^{-1}$. Es ist

$$\frac{1}{z} - g(z) = \frac{1}{z} - \arctan\left(\frac{z}{1 - zg(z)}\right),$$

$$g(z) = \arctan \frac{z}{1 - zg(z)} \quad \text{bzw.} \quad (1 - zg(z)) \tan g(z) = z.$$

H und dann auch G sind gerade Funktionen. Daher ist g ungerade, d. h. in der Potenzreihe von g verschwinden die Koeffizienten b_{2k}, $k \in \mathbb{N}$. Setzt man die bekannte Potenzreihenentwicklung von $\tan$ ein (vgl. Beispiel 1.4.14), so gewinnt man durch Koeffizientenvergleich rekursiv die Koeffizienten von $g(z)$. Die Rechnungen lassen sich aber vereinfachen, wenn wir die Ableitung $g' = \sum_{n \in \mathbb{N}^*} n b_n z^{n-1}$ von g benutzen[7]. Die erste der obigen Identitäten ergibt durch Differenziation unter Benutzung der Kettenregel

$$g' = \frac{1 + z^2 g'}{(1 - zg)^2} \cdot \frac{1}{1 + \frac{z^2}{(1-zg)^2}} = \frac{1 + z^2 g'}{(1 - zg)^2 + z^2}$$

und somit die „einfache" Differenzialgleichung $(1 - zg)^2 g' = 1$. Setzen wir $c_k := b_{2k+1}$, $k \in \mathbb{N}$, also $zg = \sum_{k \in \mathbb{N}} c_k z^{2(k+1)}$ und $g' = \sum_{k \in \mathbb{N}} (2k + 1) c_k z^{2k}$, so erhalten wir für die c_k die Rekursionsgleichung

$$0 = (2k + 1)c_k + (2k - 1)c_{k-1} d_1 + \cdots + c_0 d_k, \quad k > 0,$$

mit der Anfangsbedingung $c_0 = 1$, wobei die d_k die Koeffizienten von $(1 - zg)^2 = 1 + \sum_{k \in \mathbb{N}} d_k z^{2k}$ sind: $d_1 = -2c_0$, $d_2 = -2c_1 + c_0^2, \ldots$,

$$d_{2m+1} = 2(-c_{2m} + c_0 c_{2m-1} + \cdots + c_{m-1} c_m),$$
$$d_{2m+2} = 2(-c_{2m+1} + c_0 c_{2m} + \cdots + c_{m-1} c_{m+1}) + c_m^2, \ldots,$$

also wie behauptet $c_0 = 1$, $c_1 = 2/3$, $c_2 = 13/15$, $c_3 = 146/105$, $c_4 = 781/315$, $c_5 = 16.328/3465$ usw.

Wir begründen schließlich, dass der Konvergenzradius R von g gleich $2/\pi$ ist (und dass $g(2/\pi) = \pi/2$ ist).[8] Aus $g' = (1 - zg)^{-2} = (\sum_{n \in \mathbb{N}} z^n g^n)^2$ folgt durch Induktion sofort, dass alle Koeffizienten von g positiv sind. Insbesondere ist zg auf $[0, R[$ streng monoton wachsend. Wegen $zg < 1$ auf $[0, R[$ und $zg = z^2 + \frac{2}{3} z^4 + \cdots$ ist notwendigerweise $R < 1$. Sei $c := \lim_{t \to R-} g(t)$ $(< \infty)$. Aus $(1 - tg(t)) \tan g(t) = t$ folgt $c \leq \pi/2$. Wäre $c < \pi/2$, so folgte $(1 - Rc) \tan c = R$ und die Gleichung $(1 - zg) \tan g = z$ besäße nach dem Umkehrsatz 1.3.8 für analytische Funktionen (oder bereits nach Satz 1.2.18) in einer Umgebung von R eine analytische Auflösung g mit $g(R) = c$. Dies ist nach Aufg. 1.3.10 nicht möglich. Also ist $c = \pi/2$. Dann muss aber $1 - Rc = 0$ und $R = 2/\pi$ sein.

Ferner bemerken wir, dass *die Lösung $x > 0$ der Gleichung $x = a + \arctan x$ aus [14], Aufg. 3.8.36 f) für kleine positive a eine Darstellung $x = h(a^{1/3})$ mit einer konvergenten Potenzreihe $h(z) = \sum_{n \in \mathbb{N}} a_n z^n$ besitzt.* Für $x \in [0, 1[$ gilt ja nach Abschn. 2.4

$$x = a + \arctan x = a + x - x^3 \left(\frac{1}{3} - \frac{x^2}{5} + \frac{x^4}{7} - \frac{x^6}{9} + \cdots \right),$$

also gilt mit $z := a^{1/3}$

$$z = \frac{x}{\sqrt[3]{3}} \left(1 - \frac{3x^2}{5} + \frac{3x^4}{7} - \frac{x^6}{3} + \cdots \right)^{1/3}.$$

---

[7] Dies ist ein häufig angewandter Kunstgriff. Wir benutzen nur die formalen Differenziationsregeln.
[8] Wir benutzen dazu einige Ergebnisse, die wir erst später beweisen werden.

Auf der rechten Seite steht aber eine konvergente Potenzreihe, vgl. Beispiel 2.2.10. Die
gesuchte Reihe h ist die Umkehrreihe dazu, die nach Satz 1.2.18 existiert und konvergent
ist und die Umkehrfunktion $x = h(z)$ für kleine z als Funktion von z darstellt. Da z
eine ungerade Funktion von x ist, ist auch umgekehrt x eine ungerade Funktion von z.
Die Koeffizienten der Potenzreihe $h = a_1 z + a_3 z^3 + \cdots$ (deren Koeffizienten für gerade
Indizes verschwinden) gewinnt man etwa aus

$$z^3 = \frac{h^3}{3} - \frac{h^5}{5} + \frac{h^7}{7} - \frac{h^9}{9} + \cdots$$

rekursiv durch Koeffizientenvergleich. Man berechne auf diese Weise a_1, a_3 und a_5. ◇

Bemerkung 1.2.27 Sei S ein kommutativer Ring und V ein S-Modul. Wir setzen wie
üblich $va = av$ für alle $a \in S$ und $v \in V$. Wie im Fall $V = S$ lassen sich Potenzreihen

$$H = \sum_{n=0}^{\infty} u_n X^n, \quad u_n \in V,$$

mit Koeffizienten in V betrachten. Mit der Skalarmultiplikation

$$F \cdot H := \sum_{n=0}^{\infty} \left(\sum_{k=0}^{n} a_k u_{n-k} \right) X^n, \quad F = \sum_{n=0}^{\infty} a_n X^n \in S[\![X]\!],$$

ist die Menge $V[\![X]\!]$ dieser Potenzreihen offenbar ein $S[\![X]\!]$-Modul. Auf $V[\![X]\!]$ definiert
man die **Ableitung** $D = D_X \colon V[\![X]\!] \to V[\![X]\!]$, $H \mapsto H' := \sum_{n=1}^{\infty} n u_n X^{n-1}$. Sie erfüllt
die Produktregel $(F \cdot H)' = F' \cdot H + F \cdot H'$ für $F \in S[\![X]\!]$, $H \in V[\![X]\!]$.

Ist $S = \mathbb{K}$ und V ein $\mathbb{K}$-Banach-Raum, so gibt es wieder einen **Konvergenzradius** $R \in$
$\overline{\mathbb{R}}_+$ derart, dass die Reihe $H(x) = \sum_{n=0}^{\infty} u_n x^n$ für alle $x \in \mathbb{K}$ mit $|x| > R$ divergiert und
die Familie $u_n x^n$, $n \in \mathbb{N}$, auf jedem Kreis $\overline{\mathrm{B}}(0;r)$ mit $0 \le r < R$ normal summierbar ist.
Ist $R > 0$, so spricht man auch hier von einer **konvergenten Potenzreihe**. Diese Reihen
bilden den $\mathbb{K}\langle\!\langle X \rangle\!\rangle$-Modul $V\langle\!\langle X \rangle\!\rangle$. Es gelten der zu Satz 1.2.13 analoge Identitätssatz, die
Cauchyschen Ungleichungen 1.2.9, vgl. Aufg. 1.2.33, und auch der zu Satz 1.2.15 analoge
Entwicklungssatz. Nützlich ist folgendes Lemma:

Lemma 1.2.28 *Ist* $V = (V, \|-\|)$ *ein* $\mathbb{K}$-*Banach-Raum und* $H = \sum_n u_n X^n \in V[\![X]\!]$, *so*
haben H *und* $\sum_n \|u_n\| X^n \in \mathbb{R}[\![X]\!]$ *denselben Konvergenzradius.*

Beweis Sei $H(x)$ konvergent für $x \in \mathbb{K}$ und $r \in \mathbb{R}_+$ mit $r < |x|$. Dann ist die Folge
$\|u_n x^n\| = \|u_n\| |x|^n$, $n \in \mathbb{N}$, beschränkt und folglich $\sum_n \|u_n\| r^n = \sum_n \|u_n\| |x|^n (r/|x|)^n$
$< \infty$. Also ist der Konvergenzradius von $\sum_n \|u_n\| X^n$ mindestens so groß wie der von H.
Ist umgekehrt $\sum_n \|u_n\| r^n < \infty$ für ein $r \in \mathbb{R}_+^\times$, so konvergiert $\sum_n u_n x^n$ auf dem Ball
$\overline{\mathrm{B}}_V(0;r) \subseteq V$ normal und der Konvergenzradius von H ist mindestens so groß wie der
von $\sum_n \|u_n\| X^n$. □

Ist V endlichdimensional mit Basis v_i, $i \in I$, und gilt $u_n = \sum_{i \in I} a_{in} v_i$, $n \in \mathbb{N}$, so ist der Konvergenzradius von H offenbar das Minimum der Konvergenzradien der Potenzreihen $\sum_n a_{in} X^n \in \mathbb{K}[[X]]$, $i \in I$, und unabhängig von der gewählten Norm auf V. $\diamond$

Aufgaben

Aufgabe 1.2.1 Zu jedem $R \in \overline{\mathbb{R}}_+$ gebe man eine Potenzreihe in $\mathbb{R}[[X]]$ mit Konvergenzradius R an.

Aufgabe 1.2.2 Man berechne die Konvergenzradien folgender Potenzreihen aus $\mathbb{R}[[X]]$:

$$\sum_{n=0}^{\infty} \frac{X^n}{n^n}; \ \sum_{n=0}^{\infty} \binom{2n}{n} X^n; \ \sum_{n=1}^{\infty} \frac{X^n}{2^n n^2}; \ \sum_{n=1}^{\infty} \frac{2^n}{n} X^{3n}; \ \sum_{n=1}^{\infty} X^{n!}; \ \sum_{n=2}^{\infty} \frac{1}{\ln n} X^n; \ \sum_{n=0}^{\infty} \frac{n^3 X^n}{n!};$$

$$\sum_{n=0}^{\infty} \frac{n!}{n^n} (X-1)^n; \ \sum_{n=0}^{\infty} \frac{X^{n^2}}{3^n}; \ \sum_{n=0}^{\infty} \frac{X^{n^2}}{(n!)^2}; \ \sum_{n=1}^{\infty} (\sqrt{n})^{\sqrt{n}} X^n; \ \sum_{n=0}^{\infty} n! X^n; \ \sum_{n=2}^{\infty} \frac{1}{(\ln n)^n} (X+5)^n.$$

Aufgabe 1.2.3 Seien $P, Q \in \mathbb{C}[Z]$ Polynome $\neq 0$ vom Grade p bzw. q und sei $Q(n) \neq 0$ für $n \in \mathbb{N}$, $n \geq n_0 \in \mathbb{N}$. Dann hat die Potenzreihe $\sum_{n=n_0}^{\infty} (P(n)/Q(n)) X^n$ den Konvergenzradius 1. Ist $q \geq p+2$, so konvergiert die Reihe noch für alle x auf dem Rand des Konvergenzkreises. Ist $q \geq p+1$, so konvergiert sie noch für $x = -1$. Ist $q \leq p$, so konvergiert die Potenzreihe in keinem Punkt auf dem Rand des Einheitskreises. (Vgl. auch Beispiel 3.2.7.)

Aufgabe 1.2.4 Sei $\sum a_n X^n \in \mathbb{C}[[X]]$ eine Potenzreihe.

a) $\sum a_n X^n$ und $\sum |a_n| X^n$ haben denselben Konvergenzradius. (Vgl. auch die allgemeine Aussage in Lemma 1.2.28.)

b) Ist (b_n) eine beschränkte Folge in $\mathbb{C}$ mit $\liminf |b_n| > 0$, so haben $\sum a_n X^n$ und $\sum a_n b_n X^n$ denselben Konvergenzradius.

Aufgabe 1.2.5 Die Konvergenzradien der Potenzreihen $\sum a_n X^n$, $\sum b_n X^n \in \mathbb{C}[[X]]$ seien R_1 bzw. R_2. Dann ist der Konvergenzradius der Potenzreihe $\sum a_n b_n X^n$ sicher nicht kleiner als $R_1 R_2$.

Aufgabe 1.2.6

a) Die Reihe $\sum a_n \in \mathbb{C}[[X]]$ konvergiere absolut. Dann konvergiert die Potenzreihe $\sum a_n X^n$ normal und insbesondere gleichmäßig auf dem abgeschlossenen Einheitskreis $\overline{B}(0; 1)$.

b) Sei a_n, $n \in \mathbb{N}$, eine monotone Nullfolge in $\mathbb{R}_+$. Dann konvergiert $\sum a_n X^n$ gleichmäßig auf jeder Menge $\overline{B}(0; 1) - B(1; r)$, $r > 0$. (Vgl. Satz 1.2.12.)

Aufgabe 1.2.7 Die Potenzreihe $F = \sum a_n X^n \in \mathbb{C}[\![X]\!]$ habe einen Konvergenzradius $\geq r_0$. Zu jedem $k \in \mathbb{N}$ und jedem r mit $0 \leq r < r_0$ gibt es dann eine Konstante $M(k;r)$ mit

$$\left| F(x) - \sum_{n=0}^{k} a_n x^n \right| \leq M(k;r)|x|^{k+1} \quad \text{für alle} \quad x \in \overline{B}(0;r).$$

Insbesondere ist $F(x) = \sum_{n=0}^{k} a_n x^n + O(x^{k+1})$ für $x \to 0$.

Aufgabe 1.2.8 Die Koeffizienten a_n der Potenzreihe $\sum_n a_n X^n \in \mathbb{C}[\![X]\!]$ seien $\neq 0$ für $n \geq n_0$. Konvergiert die Folge $|a_n/a_{n+1}|$, $n \geq n_0$, so ist der Grenzwert dieser Folge der Konvergenzradius der Potenzreihe. Dies gilt auch dann, wenn die Folge $|a_n/a_{n+1}|$, $n \geq n_0$, (uneigentlich) gegen ∞ konvergiert.

Aufgabe 1.2.9 Der Konvergenzradius der Potenzreihe $\sum_n a_n X^n \in \mathbb{C}[\![X]\!]$ ist

$$R = \frac{1}{\limsup \sqrt[n]{|a_n|}},$$

wo für $\limsup \sqrt[n]{|a_n|} = 0$ die Formel als $R = 1/0 = \infty$ und bei unbeschränkter Folge $(\sqrt[n]{|a_n|})$ als $R = 1/\infty = 0$ zu lesen ist. (**Formel von Hadamard** – Man benutze das Wurzelkriterium aus [14], Aufg. 3.6.4.)

Aufgabe 1.2.10 Sei $F = \sum_n a_n X^n$ eine konvergente Potenzreihe mit Koeffizienten $a_n \in \mathbb{R}_+$ und endlichem Konvergenzradius $R \in \mathbb{R}_+^\times$. Dann gilt

$$F(R-) = \lim_{\substack{x \to R \\ 0 < x < R}} F(x) = \sum_{n=0}^{\infty} a_n R^n \quad (\in \overline{\mathbb{R}}_+).$$

Aufgabe 1.2.11 Seien $\sum a_n$ und $\sum b_n$ konvergente Reihen reeller oder komplexer Zahlen, für die das Cauchy-Produkt $\sum c_n$, $c_n = a_n b_0 + \cdots + a_0 b_n$, $n \in \mathbb{N}$, ebenfalls konvergent ist. Dann gilt

$$\left(\sum_{n=0}^{\infty} a_n \right)\left(\sum_{n=0}^{\infty} b_n \right) = \sum_{n=0}^{\infty} c_n.$$

Als Beispiel zeige man

$$\ln^2 2 = \left(\sum_{n=0}^{\infty} \frac{(-1)^n}{n+1} \right)^2 = \sum_{n=0}^{\infty} (-1)^n \sum_{k=0}^{n} \frac{1}{(k+1)(n-k+1)} = 2 \sum_{n=0}^{\infty} \frac{(-1)^n}{n+2} H_{n+1},$$

$$\sum_{n=1}^{\infty} (-1)^{n-1} \frac{H_n}{n} = \frac{1}{2}\big(\zeta(2) - \ln^2 2\big).$$

mit den harmonischen Zahlen $H_n = \sum_{k=1}^n 1/k$. (Man benutze den Abelschen Grenzwert-satz für die Potenzreihen $\sum a_n X^n$, $\sum b_n X^n$ und $\sum c_n X^n$ im Punkt 1. – Zwar konvergiert die Reihe $\sum_{n=0}^\infty (-1)^n (n+1)^{-1/2} = (1-\sqrt{2})\zeta(1/2)$, vgl. [14], Aufg. 3.6.11a), nicht jedoch ihr Cauchy-Produkt mit sich selbst. Beweis! – Für eine Ergänzung siehe [12], Bemerkung (2) zu 12.C, Aufg. 1.)

Aufgabe 1.2.12 Man bestimme die Koeffizienten der Potenzreihen $1/(1+X+\cdots+X^n)$ bzw. $1/(1-X+\cdots+(-1)^n X^n)$ aus $\mathbb{Z}[[X]]$, $n \in \mathbb{N}^*$. Welchen Konvergenzradius haben diese Reihen?

Aufgabe 1.2.13 Für die Stirlingschen Zahlen 2. Art, vgl. Beispiel 1.2.24(2), gilt

$$S(m+1,n) = \sum_{k=0}^m \binom{m}{k} S(k,n-1), \quad m,n \in \mathbb{N}.$$

Aufgabe 1.2.14 Man beweise die folgenden Summenformeln in $\mathbb{Z}$ bzw. $\mathbb{Z}[X]$:

$$\sum_{k=1}^n k\binom{n}{k} = n2^{n-1}, \quad \sum_{k=1}^n (-1)^{k-1} k\binom{n}{k} = 0 \quad (n>1),$$

$$\sum_{k=m}^n [k]_m \binom{n}{k} = [n]_m 2^{n-m}, \quad \sum_{k=1}^n kX^k = \frac{nX^{n+2}-(n+1)X^{n+1}+X}{(X-1)^2}.$$

(Es ist $[n]_m = n\cdot(n-1)\cdots(n-m+1)$, vgl. [14], Satz 1.6.4. – Für die ersten drei Formeln berechne man die Ableitungen von $(1+X)^n$ auf mehrfache Weise und bei der letzten $(1+X+\cdots+X^n)'$.)

Aufgabe 1.2.15 Sei K ein Körper.

a) Sei $G = (X-a_1)\cdots(X-a_n) \in K[X]$ mit $a_1,\dots,a_n \in K$, $n \in \mathbb{N}^*$. Die logarithmische Ableitung von G ist dann $G'/G = \sum_{j=1}^n 1/(X-a_j)$. (Als Beispiele berechne man im Fall $K=\mathbb{C}$ die Summen $\sum_{j=1}^{n-1} 1/(1-\zeta_n^j)$, wo ζ_n eine primitive n-te Einheitswurzel ist. – Ferner folgt für $K=\mathbb{C}$: Liegen alle Nullstellen von G in der oberen (oder in der unteren) Halbebene, so gilt dies auch für alle Nullstellen von G'. Daraus gewinnt man folgende hübsche Aussage: *Die Nullstellen von G' liegen immer in der konvexen Hülle der Menge der Nullstellen von G.* Im Fall, dass alle Nullstellen reell sind, siehe auch die Bemerkung zu Satz 2.8.2.)

b) Ist $G = (1-a_1 X)\cdots(1-a_n X) =: \sum_{j=0}^n (-1)^j s_j X^j$ mit $a_1,\dots,a_n, s_0,\dots,s_n \in K$, so gilt

$$\frac{G'}{G} = -\sum_{j=1}^n \frac{a_j}{1-a_j X} = -\sum_{k=0}^\infty p_{k+1} X^k, \quad p_k := a_1^k + \cdots + a_n^k,$$

woraus man die **Newtonschen Formeln**

$$p_{m+1} + \sum_{k=1}^{m} (-1)^k s_k p_{m+1-k} + (-1)^{m+1}(m+1)s_{m+1} = 0, \quad m \in \mathbb{N},$$

(mit $s_j := 0$ für $j > n$) bekommt. Insbesondere liefern die Newtonschen Formeln rekursiv Darstellungen der Potenzsummen $p_k = a_1^k + \cdots + a_n^k$, $k \in \mathbb{N}$, durch die sogenannten elementarsymmetrischen Funktionen $s_0, \ldots, s_n$ der $a_1, \ldots, a_n$ (es ist $p_0 = n$ und $s_0 = 1$). Ist Char $K = 0$ oder Char $K > n$, so gewinnt man umgekehrt die $s_1, \ldots, s_n$ aus den $p_1, \ldots, p_n$. (Für Verallgemeinerungen siehe Beispiel 2.2.12.)

Aufgabe 1.2.16 Das Cauchy-Produkt der Potenzreihen $F = \sum a_n X^n/n!$ und $G = \sum b_n X^n/n!$ aus $\mathbb{K}[\![X]\!]$ ist die Reihe $FG = \sum c_n X^n/n!$ mit

$$c_n = \sum_{k=0}^{n} \binom{n}{k} a_k b_{n-k}, \quad n \in \mathbb{N}.$$

Insbesondere sind alle c_n ganzzahlig, wenn alle a_n und b_n ganzzahlig sind. Ist $a_0 = 1$ und sind die a_n ganzzahlig, so hat $1/F$ die Gestalt

$$\frac{1}{F} = \sum d_n \frac{X^n}{n!}$$

mit ganzzahligen d_n. (Ist (a_n) eine Folge von Elementen in $\mathbb{K}$ oder allgemeiner in einer kommutativen $\mathbb{Q}$-Algebra S, so heißt die Potenzreihe $F = \sum a_n X^n/n! \in S[\![X]\!]$ die **exponentielle erzeugende Funktion** zu (a_n).)

Aufgabe 1.2.17 Sei S ein kommutative $\mathbb{Q}$-Algebra $\neq 0$. Die exponentielle erzeugende Funktion $e^X := \sum_{n \in \mathbb{N}} X^n/n!$ zur konstanten Folge $a_n = 1$, $n \in \mathbb{N}$, ist die **Exponentialreihe** schlechthin. Im Folgenden sei $F = \sum a_n X^n/n! \in S[\![X]\!]$ beliebig.

a) Bei $S = \mathbb{K}$ ist der Konvergenzradius von e^X gleich ∞.
b) Es ist $G := e^X F = \sum b_n X^n/n!$ mit $b_n := \sum_{k=0}^n \binom{n}{k} a_k$, $n \in \mathbb{N}$, speziell ist $e^X e^{-X} = 1$.
c) Für eine beliebige Folge $(a_n) \in S^{\mathbb{N}}$ gelten die **binomischen Umkehrformeln**

$$b_n = \sum_{k=0}^{n} \binom{n}{k} a_k \quad \text{und} \quad a_n = \sum_{k=0}^{n} (-1)^{n-k} \binom{n}{k} b_k, \quad n \in \mathbb{N}.$$

(Man benutze $F = e^{-X}(e^X F)$. – Die binomischen Umkehrformeln haben wir bereits in [14], Beispiel 2.5.30(1) verwendet.) **Bemerkung** Rechnen wir in der Potenzreihenalgebra $S[\![X,Y]\!]$ in zwei Unbestimmten X, Y, so ist dort die Familie $X^m Y^n/m!\,n!$,

$(m, n) \in \mathbb{N}^2$, summierbar, und es ist einerseits

$$\sum_{(m,n)\in\mathbb{N}^2} \frac{X^m}{m!} \frac{Y^n}{n!} = \Big(\sum_{m\in\mathbb{N}} \frac{X^m}{m!} \Big)\Big(\sum_{n\in\mathbb{N}} \frac{Y^n}{n!} \Big) = e^X e^Y$$

und andererseits

$$\sum_{(m,n)\in\mathbb{N}^2} \frac{X^m}{m!} \frac{Y^n}{n!} = \sum_{k\in\mathbb{N}} \Big(\sum_{m+n=k} \frac{X^m}{m!} \frac{Y^n}{n!} \Big) = \sum_{k\in\mathbb{N}} \frac{(X+Y)^k}{k!} = e^{X+Y}.$$

Es gilt also das allgemeine **Additionstheorem** $e^{X+Y} = e^X e^Y$ **für die Exponential-reihen**, woraus insbesondere $e^{nX} = (e^X)^n$ für alle $n \in \mathbb{Z}$ folgt. Vgl. auch Abschn. 1.4

Aufgabe 1.2.18 Sei S eine kommutative $\mathbb{Q}$-Algebra. Die Umkehrreihe der Reihe $e^X - 1 \in S[\![X]\!]$ ist die sogenannte **Logarithmusreihe**

$$\ln(1+X) := \sum_{n\in\mathbb{N}} \frac{(-1)^n}{n+1} X^{n+1}.$$

In $S[\![X]\!]$ gilt also $e^{\ln(1+X)} = 1 + X$ und $\ln(e^X) := \ln\big(1 + (e^X - 1)\big) = X$. (Aus der Kettenregel ergibt sich $1 = \big(\ln(1+X)\big)' e^{\ln(1+X)} = \big(\ln(1+X)\big)'(1+X)$ und folglich $\big(\ln(1+X)\big)^{(n+1)} = \big((1+X)^{-1}\big)^{(n)} = (-1)^n n! (1+X)^{-n-1}, n \in \mathbb{N}$. Mit der Taylor-Formel für formale Potenzreihen ergibt sich die Behauptung. Häufig heißt auch die Reihe

$$-\ln(1-X) = \sum_{n\in\mathbb{N}} X^{n+1}/(n+1),$$

deren Ableitung die geometrische Reihe $1/(1-X)$ ist, die Logarithmusreihe.)

Aufgabe 1.2.19 Sei $F = \sum_{k=0}^{\infty} a_k X^k \in \mathbb{K}[\![X]\!]$. Für $m \in \mathbb{N}$ sei $F_m := \sum_k a_k k^m X^k \in \mathbb{K}[\![X]\!]$. Hat F keinen konstanten Term, d.h. ist $F(0) = 0$, so definieren wir $F_s := \sum_k a_k k^s X^k \in \mathbb{K}[\![X]\!]$ für jedes $s \in \mathbb{K}$. Dann ist $F_0 = F$ und $F_{m+\ell} = (F_m)_\ell$ für $m, \ell \in \mathbb{N}$ bzw. $F_{s+t} = (F_s)_t$ für alle $s, t \in \mathbb{K}$.

a) Die Reihen F_m bzw. F_s haben alle denselben Konvergenzradius wie F.

b) Es gilt $F_1 = XF' = (XD_X)(F)$ bzw. $F' = X^{-1}F_1$, also $F_m = (XD_X)^m(F)$, $m \in \mathbb{N}$, $F \in \mathbb{K}[\![X]\!]$. $(XD_X \colon \mathbb{K}[\![X]\!] \to \mathbb{K}[\![X]\!]$ ist die sogenannte **Euler-Derivation** d_E von $\mathbb{K}[\![X]\!]$ mit $d_E(X^k) = kX^k$ für alle $k \in \mathbb{N}$. [9])

---

[9] Für jeden (auch nicht kommutativen) $\mathbb{Z}$-graduierten Ring $A = \sum_{k\in\mathbb{Z}}^{\oplus} A_k$ ist $d_E \colon \sum_k a_k \mapsto \sum_k k a_k$ eine Derivation, die **Euler-Derivation** von A.

c) Man zeige $(XD_X)^m = \sum_{n=0}^m S(m,n)X^n D_X^n$ mit den Stirlingschen Zahlen zweiter Art $S(m,n)$, $m,n \in \mathbb{N}$, und folgere

$$F_m = \sum_{n=0}^m S(m,n)X^n F^{(n)}, \quad F \in \mathbb{K}[\![X]\!].$$

(Induktion über m oder direkt mit der Gleichung $k^m = \sum_{n=0}^m n! S(m,n)\binom{k}{n}$, $k,m \in \mathbb{N}$, vgl. Beispiel 1.2.24(2). – **Bemerkung** Man rechnet hier in derjenigen $\mathbb{K}$-Unteralgebra $\mathbb{K}\langle X, D_X\rangle \subseteq \mathrm{End}_{\mathbb{K}}\mathbb{K}[\![X]\!]$ der $\mathbb{K}$-Endomorphismenalgebra von $\mathbb{K}[\![X]\!]$, die von X – d. h. der Multiplikation ϑ_X mit X – und D_X erzeugt wird. Wegen $[D_X, X] = D_X X - X D_X = 1 (= \mathrm{id})$ wird $\mathbb{K}\langle X, D_X\rangle$ als $\mathbb{K}$-Vektorraum von den Operatoren $X^k D_X^\ell$, $k, \ell \in \mathbb{N}$, erzeugt. Sie bilden sogar eine $\mathbb{K}$-Basis, d. h. *jeder* **Differenzialoperator** $\delta \in \mathbb{K}\langle X, D_X\rangle$ hat eine Darstellung $\delta = \sum_{\ell \in \mathbb{N}} P_\ell D_X^\ell$ mit eindeutig bestimmten Polynomen $P_\ell \in \mathbb{K}[X]$, $\ell \in \mathbb{N}$, von denen fast alle verschwinden, und $\mathbb{K}\langle X, D_X\rangle$ hat die $\mathbb{K}$-Algebradarstellung

$$\langle X, D_X; [D_X, X] = 1\rangle,$$

vgl. [14], Beispiel 2.9.12. $\mathbb{K}\langle X, D_X\rangle$ ist die sogenannte **Weyl-Algebra** über $\mathbb{K}$ (nach H. Weyl (1885–1955)). Sie ist nullteilerfrei und einfach. Beweis!)

d) Für die Exponentialreihe $F = e^X$ mit dem Konvergenzradius ∞ und der Ableitung $F' = F$ erhält man $\sum_{k \in \mathbb{N}} k^m X^k / k! = e^X \sum_{n=0}^m S(m,n)X^n$, also

$$\sum_{k=0}^\infty \frac{k^m x^k}{k!} = e^x \sum_{n=0}^m S(m,n)x^n, \quad x \in \mathbb{C};$$

$$\sum_{n=0}^\infty \frac{k^m}{k!} = e\beta_m, \quad \sum_{n=0}^\infty \frac{(-1)^k k^m}{k!} = \frac{1}{e} \sum_{n=0}^m (-1)^n S(m,n),$$

wobei $\beta_m = \sum_{n=0}^m S(m,n)$ die m-te Bellsche Zahl ist. (Die sogenannte **Formel von Dobiński** $\sum_{n=0}^\infty k^m / k! = e\beta_m$ wird in Aufg. 2.2.16 auf etwas andere Weise noch einmal hergeleitet. – Übrigens zeigt man durch Induktion über m leicht, dass die m-te Ableitung von $G_m := e^{-X} \sum_{k \in \mathbb{N}} k^m X^k / k!$ konstant gleich $m!$ ist, G_m also ein normiertes Polynom vom Grad m. Auf diese Weise kann man die Theorie der Stirlingschen Zahlen begründen, indem man $G_m = \sum_{n=0}^m S(m,n)X^n$ setzt. Insbesondere erhält man so die explizite Darstellung der $S(m,n)$ am Ende von Beispiel 1.2.24(3).)

e) Für die geometrische Reihe $F = 1/(1-X)$ ist $F^{(n)} = n!/(1-X)^{n+1}$. Daraus folgt

$$F_m(x) = \sum_{k=0}^\infty k^m x^k = \frac{1}{1-x} \sum_{n=0}^m S(m,n)n!\left(\frac{x}{1-x}\right)^n, \quad |x| < 1,$$

$$\sum_{k=0}^\infty \frac{k^m}{2^k} = 2 \sum_{n=0}^m S(m,n)n!.$$

Man berechne $\sum_{k=1}^{\infty} k^3/3^k$ und $\sum_{k=1}^{\infty} k^4/4^k$. (Startet man mit der Reihe $H :=$ $X/(1-X) = 1/(1-X) - 1$, so ist $\mathrm{Li}_1 := H_{-1}$ die modifizierte Logarithmusreihe $-\ln(1-X)$ und $H_m = F_m$ für $m \in \mathbb{N}^*$. Generell heißt die Reihe $\mathrm{Li}_s := H_{-s} = \sum_{k=1}^{\infty} k^{-s} X^k$, $s \in \mathbb{C}$, der s-**Logarithmus**, speziell Li_2 der (**Eulersche**) **Dilogarithmus**. Alle diese Reihe haben wie die geometrische Reihe den Konvergenzradius 1.) Man entwickle auch Summenformeln für die höheren endlichen geometrischen Reihen $\sum_{k=0}^{r} k^m x^k$. (Vgl. Aufg. 1.2.29 und für $m = 1$ bereits die letzte Formel in Aufg. 1.2.14.)

Aufgabe 1.2.20 Sei A eine $\mathbb{Q}$-Algebra. Dann ist die Abbildung exp: $\mathfrak{n}_A \to 1 + \mathfrak{n}_A$, $x \mapsto$ $e^x := \sum_{n \in \mathbb{N}} x^n/n!$ der Menge $\mathfrak{n}_A$ der nilpotenten Elemente von A in die Menge $1 + \mathfrak{n}_A$ der unipotenten Elemente von A bijektiv. Die Umkehrabbildung ist $1 + y \mapsto \ln(1+y) :=$ $\sum_{n \in \mathbb{N}} (-1)^n y^{n+1}/(n+1)$, $y \in \mathfrak{n}_A$. Ist A kommutativ, so sind die Abbildungen exp und $x \mapsto \ln(1+(x-1))$ zueinander inverse Gruppenisomorphismen der additiven Gruppe $\mathfrak{n}_A$ der nilpotenten Elemente von A und der multiplikativen Gruppe $1 + \mathfrak{n}_A$ der unipotenten Elemente von A. (Vgl. [14], Aufg. 2.6.3.)

Aufgabe 1.2.21 Die Partialsummen $G_k := \sum_{n=0}^{k} X^n/n! \in \mathbb{Q}[X]$, $k \in \mathbb{N}$, der Exponentialreihe $e^X = \sum_{n=0}^{\infty} X^N/n! \in \mathbb{Q}[\![X]\!]$ sind die sogenannten **gestutzten Exponentialreihen**. (Für eine Diskussion dieser Polynome siehe Aufg. 2.6.8.)

a) Für $m, n, k \in \mathbb{N}$ bezeichne $R(m, n; k)$ die Anzahl derjenigen Abbildungen einer m-elementigen Menge in eine n-elementige Menge, deren Fasern alle *höchstens* k Elemente enthalten. ($R(m, n; 1) = [n]_m = n(n-1) \cdots (n-m+1)$ ist also die absteigende Faktorielle.) Man zeige

$$R(m, n+1; k) = \sum_{i=0}^{k} \binom{m}{i} R(m-i, n; k)$$

und folgere für $n, k \in \mathbb{N}$

$$\sum_{m \in \mathbb{N}} R(m, n; k) \frac{X^m}{m!} = G_k^n.$$

b) Für $m, n, k \in \mathbb{N}$ sei $T(m, n; k)$ die Anzahl derjenigen Abbildungen einer m-elementigen in eine n-elementige Menge, deren Fasern alle *mindestens* k Elemente enthalten. (Es ist also $T(m, n; 1) = n! S(m, n)$ mit den Stirlingschen Zahlen 2. Art $S(m, n)$.) Man zeige

$$\sum_{m \in \mathbb{N}} T(m, n; k) \frac{X^m}{m!} = (e^X - G_{k-1})^n.$$

Im Fall $k = 1$ ergibt sich noch einmal die Darstellung der Stirlingschen Zahlen 2. Art wie am Ende von Beispiel 1.2.24 (3).

Aufgabe 1.2.22 Sei $F = \sum_{n \in \mathbb{N}} a_n X^n \in S[\![X]\!]$, S kommutativer Ring. Dann ist

$$\frac{F}{1 \mp X} = \sum_{n \in \mathbb{N}} b_n^{\pm} X^n \quad \text{mit} \quad b_n^{\pm} := \sum_{k=0}^{n} (\pm 1)^{n-k} a_k.$$

Aufgabe 1.2.23 Sei $(a_k) \in K^{\mathbb{N}}$ eine Folge im Körper K.

a) Die Folge (a_k) erfülle die Rekursionsgleichung $a_k = d_0 a_{k-2} + d_1 a_{k-1}$, $k \geq 2$. Es gelte $Z^2 - d_1 Z - d_0 = (Z - \alpha)(Z - \beta)$, $\alpha, \beta \in K$. Dann ist (vgl. Beispiel 1.2.22)

$$a_k = \begin{cases} \frac{1}{\beta - \alpha}\big((a_0\beta - a_1)\alpha^k + (-a_0\alpha + a_1)\beta^k\big), \text{ falls } \alpha \neq \beta, \\ a_0\alpha^k + (a_1 - a_0\alpha)k\alpha^{k-1}, \text{ falls } \alpha = \beta, \quad k \in \mathbb{N}. \end{cases}$$

b) Seien $q, r \in K$. Man bestimme alle Folgen $(a_k) \in K^{\mathbb{N}}$, die die inhomogene Rekursionsgleichung $a_k = q a_{k-1} + r$, $k \geq 1$, erfüllen.

Aufgabe 1.2.24 Sei K ein Körper und $(t, r) \in \mathbb{N} \times \mathbb{N}^*$.

a) Die erzeugenden Funktionen $\sum_{i \in \mathbb{N}} a_i T^i \in K[\![T]\!]$ der periodischen Folgen $(a_i) \in K^{\mathbb{N}}$ mit Periodenpaar (t, r) (d. h. es gelte $a_{i+r} = a_k$ für alle $i \geq t$, vgl. [14], Aufg. 1.7.38) sind genau die rationalen Funktionen $F/(1 - T^r)$ mit einem Polynom $F \in K[T]$ vom Grad $< t + r$. Jedes solche Polynom F hat eine eindeutige Darstellung $F = P \cdot T^t + Q \cdot (1 - T^r)$ mit Polynomen $P, Q \in K[T]$, Grad $P < r$, Grad $Q < t$, und zwar ist $Q = a_0 + a_1 T + \cdots + a_{t-1} T^{t-1}$ und $P = a_t + a_{t+1} T + \cdots + a_{t+r-1} T^{r-1}$ mit der Vorperiode $a_0, \ldots, a_{t-1}$ und der Periode $a_t, \ldots, a_{t+r-1}$ der Folge (a_i). Die stationären Folgen sind genau diejenigen mit einer erzeugenden Funktion der Form $F/(1 - T)$, $F \in K[X]$.

b) Man bestimme aus der erzeugenden Funktion $F/(1 - T^r)$, $F \in K[T]$, einer periodischen Folge $(a_i) \in K^{\mathbb{N}}$ ihren Periodizitätstyp $(m, k) \in \mathbb{N} \times \mathbb{N}^*$ (mit $m + k <$ Grad F und $k \mid r$), vgl. loc. cit. (Man beachte, dass $1 - T^d$, $d \in \mathbb{N}^*$, genau dann ein Teiler von $1 - T^r$ ist, wenn d ein Teiler von r ist.)

c) Sei $n \in \mathbb{N}^*$. Man bestimme die Koeffizienten der Potenzreihe $1/(1 + T + \cdots + T^n)$.

Aufgabe 1.2.25 Sei S ein kommutativer Ring $\neq 0$ und $F_i \in X S[\![X]\!]$, $i \in I$, eine Familie von Potenzreihen mit $v(F_i) \geq 1$ für alle $i \in I$. Genau dann ist die Familie $1 + F_i$, $i \in I$, multiplizierbar, wenn die Familie F_i, $i \in I$, summierbar ist (jeweils bzgl. der (X)-adischen Topologie).

Aufgabe 1.2.26 Sei $m_i \in \mathbb{N}^*$, $i \in I$, eine Familie teilerfremder positiver natürlicher Zahlen.[10] Sie erzeugt das numerische Monoid $M := \sum_{i \in I} \mathbb{N} m_i \subseteq \mathbb{N}$, und es gibt ein

---

[10] Ansonsten betrachte man bei $I \neq \emptyset$ die Familie m_i/d, $i \in I$, wo d der ggT der m_i ist.

kleinstes $f \in \mathbb{N}$, den **Führer** von M, mit $f + \mathbb{N} \subseteq M$, vgl. [14], Aufg. 1.7.27 und Aufg. 2.3.14 b). Zu jedem $n \in \mathbb{N}^*$ sei die Anzahl α_n der $i \in I$ mit $m_i = n$ endlich, d. h. die Familie T^{m_i}, $i \in I$, sei summierbar und damit die Familie $1 - T^{m_i}$ multiplizierbar mit

$$F := \prod_{i \in I}(1 - T^{m_i}) = \prod_{n \in \mathbb{N}^*}(1 - T^n)^{\alpha_n} \in \mathbb{Z}[\![T]\!]$$

als Produkt, vgl. Aufg. 1.2.25. Für $k \in \mathbb{N}$ sei $c_k \in \mathbb{N}$ die Anzahl der Lösungen $v = (v_i) \in \mathbb{N}^{(I)}$ von $\sum_{i \in I} v_i m_i = k$. Ist S ein kommutativer Ring $\neq 0$, so ist c_k der Rang über S der k-ten homogenen Komponente $S[X]_k$ der Polynomalgebra $S[X] := S[X_i, i \in I]$, wobei die Unbestimmten X_i die Gewichte m_i, $i \in I$, haben, d. h. es ist Grad $X_i = m_i$ und Grad $X^v = \sum_i v_i m_i$, $v \in \mathbb{N}^{(I)}$, vgl. [14], Abschnitt 2.9, und $\sum_{k \in \mathbb{N}} c_k T^k = \sum_{k \in \mathbb{N}}(\text{Rang}_S S[X]_k)T^k$. Mit $d_k = \text{Min}\,(1, c_k)$, $k \in \mathbb{N}$, bezeichnen wir die Indikatorfunktion von $M \subseteq \mathbb{N}$, d. h. es ist $d_k = 1$ bei $k \in M$ und $d_k = 0$ sonst, sowie $\sum_{k \in \mathbb{N}} d_k T^k = Q + T^f/(1 - T)$ mit einem Polynom $Q \in \mathbb{Z}[T]$ vom Grad $< f - 1$, vgl. auch Aufg. 1.2.24. Das Polynom $\sum_{k \in \mathbb{N}}(1 - d_k)T^k = -Q + (1 - T^f)/(1 - T)$ ist das Lückenpolynom $\sum_{k \in \mathbb{N} - M} T^k$. Sein Wert an der Stelle 1 ist die Anzahl $|\mathbb{N} - M|$ der sogenannten **Lücken** von M.

a) Es ist $\sum_{k=0}^{\infty} c_k T^k = 1/F$. Der Konvergenzradius von $1/F$ ist 1 z. B. dann, wenn die Folge (α_n) beschränkt ist. (Der Konvergenzradius von F selbst ist dann ebenfalls 1, wenn I überdies unendlich ist. Man gebe ein Beispiel dafür, dass die Potenzreihen $1/F$ und F den Konvergenzradius 0 haben.) Zerlegt man $1/F$ bei endlichem I in Partialbrüche, so erhält man explizite Formeln für die c_k. Man führe dies für $I = \{1, 2, 3\}$ und $m_1 = 1$, $m_2 = 2$, $m_3 = 5$ aus. Auf wie viele Weisen kann man einen Betrag von 1 Euro mit 1-, 2- und 5-Cent-Münzen begleichen?

b) Ist $|I| = t \in \mathbb{N}^*$, so gilt $c_k \sim k^{t-1}/(t-1)!\prod_{i \in I} m_i$ für $k \to \infty$. (Vgl. Beispiel 1.2.21.)

Aufgabe 1.2.27 Wir übernehmen die Bezeichnungen der vorangegangenen Aufgabe und diskutieren einige konkrete Beispiele dazu.

a) Sei $I = \{1, 2\}$, $m := m_1$, $n := m_2$ und $M = \mathbb{N}m + \mathbb{N}n$. Dann ist $c_k = d_k$ für alle $k < mn$ und $c_{mn} = 2$ (und $d_{mn} = 1$). Für $F = (1 - T^m)(1 - T^n)$ gilt

$$\frac{1}{F} = \frac{1 - T^{mn}}{F} + \frac{T^{mn}}{F} = \frac{G}{1 - T} + \frac{T^{mn}}{F} = \frac{G}{1 - T} \cdot \frac{1}{1 - T^{mn}}$$

mit dem selbstreziproken Polynom

$$G := (1 + \cdots + T^{mn-1})/(1 + \cdots + T^{m-1})(1 + \cdots + T^{n-1}) = [mn]/[m][n]$$

vom Grad $(m-1)(n-1)$ mit $G(1) = 1$, wobei wir generell

$$[i] = [i](T) := 1 + T + \cdots + T^{i-1} \in \mathbb{Z}[T], \quad i \in \mathbb{N},$$

setzen. Man folgere:
(1) Es ist

$$\sum_{k\in\mathbb{N}} d_k T^k = \frac{1-T^{mn}}{(1-T^m)(1-T^n)} = \frac{G}{1-T}.$$

(2) Nach J. Sylvester (1814–1897) ist der Führer von M gleich $f = (m-1)(n-1)$.
(Vgl. hierzu auch [14], Aufg. 1.7.27.)
(3) Das Lückenpolynom von M ist $H := (1-G)/(1-T)$. Die Anzahl der Lücken
von M ist also $H(1) = G'(1) = (m-1)(n-1)/2 = f/2$. (Für jedes numerische
Monoid M mit Führer f ist die Anzahl der Lücken $\geq f/2$. Warum? Gilt hier die
Gleichheit, so spricht man von einem **symmetrischen Monoid**.)
(4) Es ist $c_k = k$ DIV $mn + d_{k\,\mathrm{MOD}\,mn}$. (Vgl. auch Aufg. 1.2.26 b). – k DIV mn
ist der Quotient und k MOD mn der Rest bei der Division mit Rest von k durch
mn.)
b) Den Fall $I = \mathbb{N}^*_{\leq m} = \{1,\dots,m\}$, $m_i = i$, $i \in I$, haben wir bereits in [14],
Aufg. 3.7.16 erwähnt. Dann ist $c_k = p(k,m)$ auch die Anzahl der Partitionen von
$k \in \mathbb{N}$ *mit höchstens m Summanden*. Das Polynom $F = \prod_{i=1}^m (1-T^i)$ lässt sich in
der Form

$$F = (1-T)^m \prod_{i=1}^m [i] = (1-T)^m [m]!$$

schreiben, wobei wir $[m]! := [1]\cdot[2]\cdots[m]$ setzen.
c) Für die Familie i, $i \in \mathbb{N}^*$, *aller* positiven natürlichen Zahlen ist c_k die Anzahl der
Partitionen $P(k)$ von $k \in \mathbb{N}$. Dies ist auch die Klassenzahl der Permutationsgruppe
$\mathfrak{S}_k$, vgl. [14], Satz 2.5.14. Nach a) ist also $\sum_{k\in\mathbb{N}} P(k)T^k = 1/F$ mit dem Produkt
$F = \prod_{i\in\mathbb{N}^*}(1-T^i)$. (Vgl. hierzu auch [14], Aufg. 3.7.16.) Man beweise die Gleichung

$$F = 1 + \sum_{v=1}^{k-1}(-1)^v(T^{(3v^2-v)/2} + T^{(3v^2+v)/2}) + (-1)^k T^{(3k^2-k)/2}$$
$$+ (-1)^k \sum_{i=k}^{\infty} T^{k(i-k)+(3k^2+k)/2} \prod_{j=k}^i (1-T^j)$$

durch Induktion für alle $k \in \mathbb{N}^*$, wobei man beim Induktionsschluss die Gleichung

$$(-1)^k T^{(3k^2-k)/2} + (-1)^k \sum_{i=k}^{\infty} T^{k(i-k)+(3k^2+k)/2} \prod_{j=k}^i (1-T^j)$$
$$= (-1)^k(T^{(3k^2-k)/2} + T^{(3k^2+k)/2}) + (-1)^{k+1} T^{(3(k+1)^2-(k+1))/2}$$
$$+ (-1)^{k+1} \sum_{i=k+1}^{\infty} T^{(k+1)(i-(k+1))+(3(k+1)^2+(k+1))/2} \prod_{j=k+1}^i (1-T^j)$$

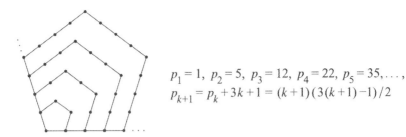

$$p_1 = 1, \ p_2 = 5, \ p_3 = 12, \ p_4 = 22, \ p_5 = 35, \ldots,$$
$$p_{k+1} = p_k + 3k + 1 = (k+1)(3(k+1)-1)/2$$

Abb. 1.6 Pentagonalzahlen $p_k, k \in \mathbb{N}^*$

durch direktes Ausrechnen bestätigt. Man folgere die **Formel von Euler**

$$F = \prod_{i \in \mathbb{N}^*} (1 - T^n) = 1 + \sum_{k \in \mathbb{N}^*} (-1)^k \left(T^{(3k^2-k)/2} + T^{(3k^2+k)/2} \right) = \sum_{k \in \mathbb{Z}} (-1)^k T^{(3k^2-k)/2}.$$

Durch Invertieren von F lässt sich also die Folge $P(k)$, $k \in \mathbb{N}$, bequem rekursiv berechnen (zumindest für nicht zu große k). Die Zahlen $p_k := (3k^2 - k)/2$, $k \in \mathbb{N}^*$, die in der obigen Formel vom Euler auftreten, heißen die **Pentagonalzahlen**, vgl. Abb. 1.6. Deshalb heißt diese Formel auch der **Pentagonalzahlensatz**.
Sei $F = \prod_{n \in \mathbb{N}^*} (1 - X^n) = \sum_{n=0}^{\infty} b_n X^n$. Die logarithmische Ableitung von F ist

$$\frac{F'}{F} = - \sum_{n \in \mathbb{N}^*} \frac{n X^{n-1}}{1 - X^n} = - \sum_{n \in \mathbb{N}^*} \sigma(n) X^{n-1}.$$

Dabei ist $\sigma(n)$ für $n \in \mathbb{N}^*$ die Summe der Teiler von n, vgl. [14], Aufg. 3.7.15 b). Man erhält also die Rekursionsgleichung $\sigma(n) = -n b_n - \sum_{k=1}^{n-1} \sigma(n-k) b_k$, $n \in \mathbb{N}^*$, für die $\sigma(n)$. (Euler, dem wir diese Bemerkung verdanken, war von dem Ergebnis überrascht, da die Koeffizienten b_n bekannt (und sehr einfach) sind, während die Folge der $\sigma(n)$, $n \in \mathbb{N}^*$, doch unübersichtlich zu sein scheint.) – Wir erwähnen noch die Formel

$$\prod_{i \in \mathbb{N}^*} (1 + T^i) = \prod_{i \in \mathbb{N}^*} \frac{1 - T^{2i}}{1 - T^i} = \frac{F(T^2)}{F(T)} = 1 \Big/ \prod_{i \in \mathbb{N}^*} (1 - T^{2i-1}) = \sum_{k \in \mathbb{N}} Q(k) T^k,$$

wobei $Q(k)$, $k \in \mathbb{N}$, die Anzahl der Partitionen von k mit *paarweise verschiedenen* Summanden ist oder auch, die Familie $2i + 1$, $i \in \mathbb{N}$, betrachtend, die Anzahl der Partitionen von k mit *ungeraden* Summmanden, vgl. [14], Aufg. 3.7.17.

Aufgabe 1.2.28 Sei $F = \sum a_k X^k \in \mathbb{K}[\![X]\!]$. Die Potenzreihe $H = \sum (\Delta^k a)_0 X^k$, vgl. Beispiel 1.2.24 (2), habe den Konvergenzradius $S > 0$. Dann gilt: Für alle $x \in \mathbb{K}$ mit $|x| < S/(1 + S) \ (= 1$ bei $S = \infty)$ ist $F(x) = (1 - x)^{-1} H\big(x/(1-x)\big)$. Insbesondere hat F einen Konvergenzradius $\geq S/(1 + S)$. (Man kann Satz 1.2.16 verwenden.)

Aufgabe 1.2.29 Seien $F = \sum a_k X^k \in \mathbb{K}[\![X]\!]$ und $H = \sum (\Delta^k a)_0 X^k$, vgl. Beispiel 1.2.24 (2). Aus der Identität $(1-X)F = H\big(X/(1-X)\big)$ folgere man

$$H = \frac{1}{1+X} F\Big(\frac{X}{1+X}\Big) = \sum_{k=0}^{\infty} a_k \frac{X^k}{(1+X)^{k+1}}, \quad \text{also}$$

$$(\Delta^k a)_0 = \sum_{n=0}^{k} (-1)^{k-n} a_k \binom{k}{n}, \quad k \in \mathbb{N}.$$

Hat F einen Konvergenzradius $R > 0$, so gilt $H(x) = (1+x)^{-1} F\big(x/(1+x)\big)$ für alle $x \in \mathbb{K}$ mit $|x| < R/(1+R)$. Insbesondere hat H einen Konvergenzradius $\geq R/(1+R)$.

Aufgabe 1.2.30 Sei $q \in \mathbb{C}^{\times}$. Ist $a = (a_k)$ eine Folge, so sei $\Delta_q a$ definiert als die Folge mit den Gliedern $(\Delta_q a)_k := a_{k+1} - q a_k$, $k \in \mathbb{N}$. Für die erzeugenden Funktionen $F = \sum a_k X^k$ und $(\Delta_q F) := \sum (\Delta_q a)_k X^k$ gilt dann

$$F = \frac{F(0)}{1-qX} + \frac{X\Delta_q F}{1-qX} = \sum_{n=0}^{k} \frac{(\Delta_q^n F)(0) X^n}{(1-qX)^{n+1}} + \frac{X^{k+1}\Delta_q^{k+1} F}{(1-qX)^{k+1}} = \frac{H_q\big(X/(1-qX)\big)}{1-qX}$$

mit $H_q := \sum_{k=0}^{\infty} (\Delta_q^k a)_0 X^k$. Die Folge a heißt eine **geometrische Folge der Ordnung** $\leq m$ **mit dem Quotienten** q, wenn $\Delta_q^{m+1} a = 0$ ist, $m \in \mathbb{N}$.[11] Dies ist genau dann der Fall, wenn F eine rationale Funktion der Form $F = H/(1-qX)^{m+1}$ mit einem Polynom H vom Grad $\leq m$ ist. Dann ist

$$a_k = \sum_{n=0}^{m} (\Delta_q^n a)_0 \binom{k}{n} q^{k-n} = P(k) q^k$$

mit einem Polynom P vom Grad $\leq m$. Man entwickle auch eine Formel für die Elemente der Summenfolge $\Sigma a = \big(\sum_{n=0}^{k-1} a_n\big)_{k \in \mathbb{N}}$, vgl. Beispiel 1.2.24 (3), speziell für den Fall $a = (a_k)$ mit $a_k := k^m q^k$, $m \in \mathbb{N}$.

Aufgabe 1.2.31 Sei $F = \sum a_k X^k \in \mathbb{C}[\![X]\!]$ und ζ_n eine primitive n-te Einheitswurzel, $n \in \mathbb{N}^*$. Für $m = 0, \dots, n-1$ gilt (vgl. [14], Aufg. 3.5.8.)

$$\frac{1}{n} \sum_{\nu=0}^{n-1} \zeta_n^{\nu m} F(\zeta_n^{\nu} X) = \sum_{k=0}^{\infty} a_{nk+m} X^{nk+m}.$$

Aufgabe 1.2.32 Sei $G = c_0 + c_1 X + \dots + c_n X^n \in \mathbb{R}[X]$ ein Polynom mit $c_0 < 0$ und $c_1, \dots, c_n \geq 0$. Ferner sei der ggT der Indizes i mit $c_i > 0$ gleich 1.

---

[11] Die Folge q^k, $k \in \mathbb{N}$, ist also geometrisch von 0-ter Ordnung.

a) G hat genau eine positive Nullstelle α. (Es ist $G'(\alpha) \neq 0$.)

b) Jede von α verschiedene Nullstelle von G in $\mathbb{C}$ hat einen Betrag, der größer ist als α. (Für eine Nullstelle β von G mit $|\beta| \leq \alpha$ gilt

$$-c_0 = c_1\beta + \cdots + c_n\beta^n \leq c_1|\beta| + \cdots + c_n|\beta|^n \leq c_1\alpha + \cdots + c_n\alpha^n = -c_0,$$

woraus $\alpha = \beta$ folgt, vgl. [14], Aufg. 3.5.15 oder [12], 5.A, Aufg. 8.) Man folgere: Jede reelle oder komplexe Nullstelle eines Polynoms $F = a_0 + \cdots + a_n X^n \in \mathbb{R}[X]$, für das $a_0 \geq \cdots \geq a_n > 0$ gilt und für das der ggT der Indizes $i \in \{1, \ldots, n+1\}$ mit $a_{i-1} \neq a_i$ gleich 1 ist ($a_{n+1} := 0$), hat einen Betrag > 1. (Man betrachte das Polynom $G := (X-1)F = -a_0 + \sum_{i=1}^{n+1}(a_{i-1} - a_i)X^i$.) Allgemeiner sei a_n, $n \in \mathbb{N}$, eine monoton fallende Folge nichtnegativer reeller Zahlen mit $a_0 > 0$. Dann hat die Potenzreihe $F = \sum_{n \in \mathbb{N}} a_n X^n$ einen Konvergenzradius ≥ 1, und es ist $F(x) \neq 0$ für alle $x \in \mathbb{C}$ mit $|x| < 1$. Ferner lässt sich die durch F auf $B_\mathbb{C}(0; 1)$ definierte Funktion zu einer stetigen Funktion auf $\overline{B}_\mathbb{C}(0; 1) - \{1\}$ fortsetzen, die dort ebenfalls nicht verschwindet, wenn für den Fall, dass $\lim a_n = 0$ ist, der ggT der $n \in \mathbb{N}^*$ mit $a_{n-1} \neq a_n$ gleich 1 ist.

Aufgabe 1.2.33 Man beweise die Cauchyschen Ungleichungen für konvergente Potenzreihen mit Koeffizienten in Banach-Räumen: Sei $F = \sum_n a_n X^n \in V[\![X]\!]$ eine konvergente Potenzreihe mit Koeffizienten im $\mathbb{C}$-Banach-Raum V und Konvergenzradius $R > 0$, ferner sei $0 < r < R$. Es gelte $\|F\|_S \leq M \in \mathbb{R}_+$, $S := S_\mathbb{C}(0; r) = \{x \in \mathbb{C} \mid |x| = r\}$. Dann ist $\|a_n\| \leq M/r^n$ für alle $n \in \mathbb{N}$. (Man schließe wie beim Beweis von Satz 1.2.9.)

Aufgabe 1.2.34 Seien $t, T \in \mathbb{R}_+^\times$. In der $\mathbb{K}$-Banach-Algebra $B_t \subseteq \mathbb{K}[\![X]\!] = \prod_{n \in \mathbb{N}} \mathbb{K}X^n$ ist die Kugel $\overline{B}_{\|\cdot\|_t}(0; T) = \{F \in B_t \mid \|F\|_t \leq T\}$ abgeschlossen bzgl. der Produkttopologie von $\mathbb{K}[\![X]\!]$, wobei jeder Faktor $\mathbb{K}X^n$ die natürliche Topologie trägt, und insbesondere auch abgeschlossen bzgl. der (X)-adischen Topologie von $\mathbb{K}[\![X]\!]$. (Ganz allgemein gilt: Für jede Familie (Z_i, d_i), $i \in I$, metrischer Räume mit dem Produkt $Z = \prod_{i \in I} Z_i$ und jedes $p \in [1, \infty]$ sind die abgeschlossenen Kugeln $\overline{B}_{d_p}(z; r)$, $z \in Z$, $r \in \overline{\mathbb{R}}_+$, auch abgeschlossen bzgl. der Produkttopologie von X. Man zeigt, dass ihre Komplemente offen in X sind. d_p ist dabei die p-Metrik auf X mit $d_p((y_i), (z_i))^p = \sum_{i \in I} d_i(y_i, z_i)^p$ für $p \in [1, \infty[$.)

1.3 Analytische Funktionen

Analytische Funktionen sind diejenigen $\mathbb{K}$-wertigen Funktionen auf Teilmengen von $\mathbb{K}$, die lokal durch Potenzreihen beschrieben werden. Sie gehören zu den wichtigsten Funktionen der Analysis. In diesem Abschnitt sei D stets eine Teilmenge von $\mathbb{K}$ ohne isolierte Punkte. Zu jedem Punkt $x \in D$ gibt es also eine Folge $(x_n)_{n \in \mathbb{N}}$ in D mit $x_n \neq x$ für alle $n \in \mathbb{N}$ und $\lim_n x_n = x$. In der Regel sind die Definitionsbereiche D im Fall $\mathbb{K} = \mathbb{C}$ offen in $\mathbb{C}$ und im Fall $\mathbb{K} = \mathbb{R}$ Intervalle in $\mathbb{R}$ mit mehr als einem Punkt. Wir definieren:

Definition 1.3.1 Sei $D \subseteq \mathbb{K}$ (ohne isolierte Punkte). Eine Funktion $f : D \to \mathbb{K}$ heißt **analytisch** im Punkt $a \in D$, wenn es eine Umgebung U von a in D gibt und eine konvergente Potenzreihe $\sum a_k (X - a)^k \in \mathbb{K} \langle\!\langle X - a \rangle\!\rangle$ mit Entwicklungspunkt a, für die

$$f(x) = \sum_{k=0}^{\infty} a_k (x - a)^k, \quad x \in U,$$

gilt. – f heißt **analytisch** in D, wenn f in jedem Punkt von D analytisch ist.

Ist $D \subseteq \mathbb{C}$, so heißen analytische Funktionen $D \to \mathbb{C}$ **komplex-analytisch**; ist $D \subseteq \mathbb{R}$, so sprechen wir von **reell-analytischen Funktionen** (auch dann, wenn die sie beschreibenden Potenzreihen Koeffizienten in $\mathbb{C}$ haben). Entscheidend ist immer der Definitionsbereich. Komplex-analytische Funktionen heißen auch **holomorphe Funktionen**.

Sei $f : D \to \mathbb{K}$ in $a \in D$ analytisch. Dann ist f nach Satz 1.2.6 in einer Umgebung von a stetig. Ferner ist nach dem Identitätssatz 1.2.13 die Potenzreihe $\sum a_k (X - a)^k$, die f in einer Umgebung von a beschreibt, eindeutig bestimmt. Sie heißt die **Potenzreihenentwicklung von f um a**. Verschwindet f in keiner Umgebung von a identisch, so sind nicht alle Koeffizienten a_k gleich 0. Der kleinste Index k mit $a_k \neq 0$, d. h. die Ordnung der Potenzreihenentwicklung von F um a, heißt die **Nullstellenordnung** $v(a) = v(a; f)$ von f in a. Es gilt dann

$$f(x) = (x - a)^{v(a)} g(x),$$

wobei $g : D \to \mathbb{K}$ eine in a analytische Funktion ist, die in a nicht verschwindet, und *es gibt eine Umgebung U von a in D derart, dass f in $U - \{a\}$ keine Nullstelle besitzt.* Allgemeiner sagt man, f habe in a eine b-**Stelle der Ordnung** k, wenn $f - b$ in a eine Nullstelle der Ordnung k hat. Aus dem Entwicklungssatz 1.2.15 folgt:

Satz 1.3.2 *Sei $F = \sum_n a_n X^n \in \mathbb{K} \langle\!\langle X \rangle\!\rangle$ eine konvergente Potenzreihe mit Konvergenzradius $R > 0$. Dann definiert F auf dem Konvergenzkreis $\mathrm{B}(0; R) \subseteq \mathbb{K}$ eine analytische Funktion $F : \mathrm{B}(0; R) \to \mathbb{K}$, $x \mapsto F(x) = \sum_n a_n x^n$, mit der Potenzreihenentwicklung*

$$\sum_{k=0}^{\infty} b_k (X - b)^k \quad mit \quad b_k = \sum_{n=k}^{\infty} \binom{n}{k} a_n b^{n-k}, \quad k \in \mathbb{N},$$

um $b \in \mathrm{B}(0; R)$, deren Konvergenzradius $\geq R - |b|$ ist.

Ist in Satz 1.3.2 der Konvergenzradius R von F gleich ∞, so definiert F eine analytische Funktion auf ganz $\mathbb{K}$. Ist $\mathbb{K} = \mathbb{C}$, so spricht man von einer **ganzen (analytischen) Funktion** auf $\mathbb{C}$. Übrigens ist jede analytische Funktion $\mathbb{C} \to \mathbb{C}$ eine ganze Funktion. Dies ergibt sich aus Satz 1.3.9. Eine analytische Funktion $\mathbb{R} \to \mathbb{R}$ ist nicht notwendigerweise ganz. Beispielsweise ist die Funktion $x \mapsto 1/(1+x^2)$ analytisch auf R, aber die Potenzreihendarstellung $1/(1+x^2) = \sum_k (-1)^k x^{2k}$ hat Konvergenzradius 1. Der Nenner hat schließlich die Nullstellen $\pm i$ vom Betrag 1. Daher kann der Konvergenzradius der Potenzreihenentwicklung von f um 0 a priori nicht größer als $|i| = |-i| = 1$ sein. Im Komplexen wird der Charakter der Funktion f also sehr viel deutlicher. Überhaupt ist die Theorie der reell-analytischen Funktionen in vielen Punkten wesentlich verschieden von der der holomorphen Funktionen.

Ist $f: D \to \mathbb{K}$ eine in $a \in D$ analytische Funktion mit der Potenzreihenentwicklung $F = \sum_{k \in \mathbb{N}} a_k (X-a)^k$, so bezeichnen wir den konstanten Term $a_1 = F'(a)$ der formalen Ableitung $F' = \sum_{k \in \mathbb{N}^*} k a_k (X - a)^{k-1}$ auch mit $f'(a)$ und nennen ihn die **Ableitung** von f in a. Dies ist auch die Ableitung von f im Punkt a im Sinne von Abschn. 2.1, vgl. Satz 2.1.13. Nach Satz 1.3.2 ist $f'(b) = F'(b)$ für alle b in einer Umgebung $U \subseteq D$ von a. Insbesondere ist f' analytisch auf D, wenn f analytisch auf D ist.

Summe und Produkt sowie Quotienten mit nirgends verschwindendem Nenner von in $a \in D$ analytischen Funktionen sind nach den Sätzen 1.2.14 bzw. 1.2.17 wieder in a analytisch. Ferner ist nach dem Entwicklungssatz 1.2.15 eine im Punkt $a \in D$ analytische Funktion bereits in einer ganzen Umgebung von a analytisch. Die Menge aller auf D analytischen $\mathbb{K}$-wertigen Funktionen ist also eine $\mathbb{K}$-Unteralgebra

$$C_{\mathbb{K}}^{\omega}(D) \subseteq C_{\mathbb{K}}(D)$$

der $\mathbb{K}$-Algebra $C_{\mathbb{K}}(D)$ der stetigen $\mathbb{K}$-wertigen Funktionen auf D. Es ist $C_{\mathbb{K}}^{\omega}(D)^{\times} = C_{\mathbb{K}}^{\omega}(D) \cap C_{\mathbb{K}}(D)^{\times}$. $C_{\mathbb{K}}^{\omega}(D)$ umfasst die $\mathbb{K}$-Algebra $\mathbb{K}[x]$ der Polynomfunktionen auf D. Ferner liefert die Komposition analytischer Funktionen nach Satz 1.2.16 wieder eine analytische Funktion. Der Identitätssatz 1.2.13 für Potenzreihen hat den folgenden wichtigen Identitätssatz für analytische Funktionen zur Folge:

Satz 1.3.3 (Identitätssatz für analytische Funktionen) *Seien $D \in \mathbb{K}$ eine zusammenhängende Teilmenge von $\mathbb{K}$ und $f, g: D \to \mathbb{K}$ analytische Funktionen auf D. f und g stimmen bereits dann auf ganz D überein, wenn sie auf einer Teilmenge von D übereinstimmen, die wenigstens einen Häufungspunkt $a \in D$ besitzt.*

Beweis Nach dem Identitätssatz 1.2.13 stimmen die Potenzreihenentwicklungen von f und g in a überein. Es genügt zu zeigen, das die Menge $A \subseteq D$ der Punkte $x \in D$, in denen die Potenzreihenentwicklungen von f und g übereinstimmen, offen und abgeschlossen in D ist. Nach dem Entwicklungssatz 1.2.15 ist sie offen. Sei nun x ein Häufungspunkt von A. Dann gibt es eine Folge (x_n) in A mit $x_n \neq x$ und $\lim_n x_n = x$. Dann stimmen die Potenzreihenentwicklungen von f und g in jedem Punkt x_n überein. Insbesondere ist also $f(x_n) = g(x_n)$ für alle $n \in \mathbb{N}$. Wiederum nach dem Identitätssatz sind dann auch die Potenzreihenentwicklungen von f und g in x identisch, und A ist folglich abgeschlossen. $\qquad\square$

Der Identitätssatz gilt insbesondere für **Gebiete** in $\mathbb{C}$. Dies sind die zusammenhängenden offenen Mengen in $\mathbb{C}$. Sie sind identisch mit den wegzusammenhängenden offenen Mengen in $\mathbb{C}$. Je zwei Punkte eines Gebietes D lassen sich sogar mit einem Streckenzug innerhalb von D verbinden, vgl. hierzu [14], Proposition 4.3.10 und den Kommentar dazu. In $\mathbb{R}$ sind die einzigen zusammenhängenden Mengen die nichtleeren Intervalle. Für sie gilt also der Identitätssatz 1.3.3.

Ist $f : D \to \mathbb{K}$ eine analytische Funktion auf der zusammenhängenden Menge $D \subseteq \mathbb{K}$, so ist sie nach dem Identitätssatz identisch 0 oder aber ihre Nullstellenmenge ist eine diskrete (abgeschlossene) Teilmenge von D und insbesondere abzählbar. Im Gegensatz zum Fall von Polynomfunktionen sind aber zwei analytische Funktionen $D \to \mathbb{K}$ auf einer zusammenhängenden Menge $D \subseteq \mathbb{K}$ noch nicht notwendigerweise identisch, wenn sie auf einer unendlichen Teilmenge von D übereinstimmen. Beispielsweise ist – wie wir bald sehen werden – die von der Nullfunktion verschiedene Sinusfunktion auf $\mathbb{K}$ analytisch, hat aber die unendliche Nullstellenmenge $\mathbb{Z}\pi$.

Im Beweis des Fundamentalsatzes der Algebra aus [14], 3.9.7 wird gezeigt, dass eine nicht konstante Polynomfunktion f, deren Betrag $|f|$ im Punkt $z_0 \in \mathbb{C}$ ein lokales Minimum hat, dort notwendigerweise verschwindet. Dies gilt mit einem völlig analogen Beweis auch für holomorphe Funktionen. Wir leiten dieses sogenannte Minimumprinzip hier aus dem folgenden Satz durch Übergang zum Kehrwert her:

Satz 1.3.4 (Maximumprinzip für holomorphe Funktionen) *Der Betrag der komplex-analytischen Funktion $f : D \to \mathbb{C}$ auf der offenen Menge $D \subseteq \mathbb{C}$ habe im Punkt $z_0 \in D$ ein lokales Maximum, d. h. es gebe eine Umgebung U von z_0 in D mit $|f(z)| \leq |f(z_0)|$ für alle $z \in U$. Dann ist f in einer Umgebung von z_0 konstant und konstant auf ganz D, wenn D sogar ein Gebiet ist.*

Beweis Sei f in keiner Umgebung von z_0 konstant. Dann ist $a_0 := f(z_0) \neq 0$, f besitzt um z_0 eine Potenzreihenentwicklung $f(z) = a_0 + a_s(z - z_0)^s + \cdots$ mit $s > 0$ und $a_s \neq 0$. Sei $x_0 \in \mathbb{C}$ mit $x_0^s = a_0/a_s$. Für $z - z_0 := r x_0, r \in \mathbb{R}_+^\times$ klein genug, ist $f(z) = a_0 + a_0 r^s + r^{s+1} g(r)$ mit der konvergenten Potenzreihendarstellung $g(r) := \sum_{n=0}^\infty a_{s+1+n} x_0^{s+1+n} r^n$ von g und folglich

$$|f(z)| \geq |a_0|(1 + r^s) - r^{s+1}|g(r)| = |a_0| + r^s(|a_0| - r|g(r)|) > |a_0| = |f(z_0)|,$$

falls überdies $r|g(r)| < |a_0|$ ist. Widerspruch! Der Zusatz ergibt sich aus dem Identitätssatz 1.3.3. $\qquad\square$

Bei dem vorstehenden Beweis haben wir die Tatsache benutzt, dass jede komplexe Zahl $\neq 0$ für jedes $n \in \mathbb{N}^*$ eine n-te Wurzel besitzt, dass also die multiplikative Gruppe $\mathbb{C}^\times$ divisibel ist. Dies haben wir in [14], Beispiel 3.5.6 mit Hilfe der Polarkoordinatendarstellung komplexer Zahlen bewiesen, die wir erst mit Satz 2.4.1 vollständig begründen werden. Zu einem (etwas) einfacheren Beweis siehe schon Satz 1.4.6.

Satz 1.3.5 (Minimumprinzip für holomorphe Funktionen) *Der Betrag der holomorphen Funktion* $f : D \to \mathbb{C}$ *auf der offenen Menge* $D \subseteq \mathbb{C}$ *habe im Punkt* $z_0 \in D$ *ein lokales Minimum, d. h. es gelte* $|f(z)| \geq |f(z_0)|$ *für alle Punkte* z *in einer Umgebung von* z_0. *Dann ist* $f(z_0) = 0$, *oder aber* f *ist in einer Umgebung von* z_0 *konstant (und dann konstant auf ganz* D, *wenn* D *sogar ein Gebiet ist).*

Beweis Bei $f(z_0) \neq 0$ ist der Kehrwert $1/f$ in einer Umgebung von z_0 definiert und dort nach Satz 1.2.17 analytisch. Nach Voraussetzung hat $|1/f| = 1/|f|$ in z_0 ein lokales Maximum und ist deshalb nach dem Maximumprinzip 1.3.4 in einer geeigneten Umgebung von z_0 konstant. $\qquad\square$

Wie bereits bemerkt, impliziert das Minimumprinzip 1.3.5 den Fundamentalsatz der Algebra. Weiter folgt:

Korollar 1.3.6 *Sei* $G \subseteq \mathbb{C}$ *ein beschränktes Gebiet und* $f : \overline{G} \to \mathbb{C}$ *eine stetige Funktion auf der abgeschlossenen Hülle* $\overline{G}$ *von* G, *die auf* G *analytisch ist. Dann nimmt* $|f|$ *das Maximum auf dem Rand* $\overline{G} - G$ *von* G *an. Hat* f *in* G *keine Nullstelle, so nimmt* $|f|$ *auch das Minimum auf dem Rand* $\overline{G} - G$ *von* G *an.*

Beweis Da $\overline{G}$ beschränkt und abgeschlossen, also kompakt ist, nimmt die stetige Funktion $|f|$ auf $\overline{G}$ Maximum und Minimum an, vgl. etwa Korollar 3.9.5 in [14]. Ist $|f|$ in $z_0 \in G$ maximal, so ist f nach dem Maximumprinzip 1.3.4 auf G und dann auch auf $\overline{G}$ konstant. Da $\overline{G} - G$ nicht leer ist, nimmt $|f|$ in jedem Fall das Maximum auf $\overline{G} - G$ an. Analog schließt man mit dem Minimumprinzip 1.3.5 für das Minimum. $\qquad\square$

Mit einem Kunstgriff von Carathéodory (1873–1950) gewinnt man aus Korollar 1.3.6 die folgende allgemeine Aussage:

Satz 1.3.7 (Satz von der Offenheit holomorpher Funktionen) *Sei* G *ein Gebiet in* $\mathbb{C}$ *und sei* $f : G \to \mathbb{C}$ *eine nicht konstante holomorphe Funktion auf* G. *Dann ist* f *eine offene Abbildung, d. h. das* f*-Bild einer jeden offenen Menge* $U \subseteq G$ *ist offen in* $\mathbb{C}$.

Beweis Sei $z_0 \in U$. Wir haben zu zeigen, dass $f(U)$ eine Kreisscheibe um $f(z_0)$ umfasst. Ohne Einschränkung der Allgemeinheit sei $f(z_0) = 0$. Es gibt eine Kreisscheibe $\overline{B}(z_0; \varepsilon) \subseteq U$ mit $\varepsilon > 0$ und $f(z) \neq 0$ für alle $z \in \overline{B}(z_0; \varepsilon) - \{z_0\}$. Sei $\delta > 0$ das Minimum von $|f|$ auf dem Rand $S(z_0; \varepsilon)$ der Kreisscheibe $\overline{B}(z_0; \varepsilon)$. Dann gehören alle $w \in \mathbb{C}$ mit $|w| < \delta/2$ zum f-Bild von $B(z_0; \varepsilon)$. Für solch ein w ist nämlich $|f(z) - w| > \delta/2$ auf $S(z_0; \varepsilon)$, aber $|f(z_0) - w| = |w| \leq \delta/2$. Nach Korollar 1.3.6 hat $f - w$ eine Nullstelle in $B(z_0; \varepsilon)$, d. h. f selbst dort eine w-Stelle. $\qquad\square$

Jede holomorphe Funktion $G \to \mathbb{C}$ auf einem Gebiet $G \subseteq \mathbb{C}$, deren Werte in einer Teilmenge von $\mathbb{C}$ ohne innere Punkte liegen, ist wegen Satz 1.3.7 konstant. Der Umkehrsatz 1.2.18 für Potenzreihen liefert sofort den folgenden wichtigen Satz:

Satz 1.3.8 (Umkehrsatz für analytische Funktionen) *Sei* $f: D \to \mathbb{K}$ *eine analytische Funktion auf der Menge* $D \subseteq \mathbb{K}$ *(ohne isolierte Punkte).*

(1) *Ist* $a \in D$ *und* $f'(a) \neq 0$, *so gibt es eine offene Umgebung* $U \subseteq D$ *von a derart, dass* $U' := f(U)$ *eine offene Umgebung von* $f(a)$ *in* $D' := f(D)$ *ist und* $f\,|\,U: U \to U'$ *ein Homöomorphismus, dessen Umkehrabbildung* $(f\,|\,U)^{-1}: U' \to U$ *analytisch ist. Ist a innerer Punkt von D bzgl.* $\mathbb{K}$, *d. h. gibt es eine Umgebung von a in* $\mathbb{K}$, *die ganz in U liegt, so können U und* U' *als offene Umgebungen von a bzw.* $f(a)$ *in* $\mathbb{K}$ *gewählt werden.*

(2) *Ist D offen in* $\mathbb{K}$ *und* f *injektiv mit* $f'(a) \neq 0$ *für alle* $a \in D$, *so ist* $D' = f(D)$ *offen in* $\mathbb{K}$ *und die Umkehrfunktion* $f^{-1}: D' \to D \subseteq \mathbb{K}$ *ist ebenfalls analytisch.*

Man beachte, dass in der Situation von (2) im Fall $\mathbb{K} = \mathbb{R}$ und einem nichtleeren offenen Intervall D die Funktion $f: D \to \mathbb{R}$ automatisch injektiv ist, vgl. Satz 2.3.20. Dies gilt nicht, wenn D ein Gebiet in $\mathbb{C}$ ist, wie die Potenzfunktionen $z \mapsto z^n$, $n \geq 2$, auf $\mathbb{C}^\times$ zeigen. In (2) ist die Bedingung $f' \neq 0$ auf D auch notwendig für die Analytizität der Umkehrabbildung. Im Komplexen folgt allerdings aus der lokalen Injektivität einer analytischen Funktion $D \to \mathbb{C}$ auf einer offenen Menge $D \subseteq D$ das Nichtverschwinden ihrer Ableitung auf D, vgl. Beispiel 2.2.10. Dies wiederum gilt nicht im Reellen, wie das Beispiel der bijektiven analytischen Funktion $x \mapsto x^3$ von $\mathbb{R}$ auf sich zeigt, deren Umkehrfunktion $x \mapsto \sqrt[3]{x}$ im Nullpunkt nicht analytisch ist.

Wir beweisen noch zwei wichtige Aussagen über holomorphe Funktionen auf offenen Teilmengen D von $\mathbb{C}$. Diese ergeben sich recht einfach, wenn die von A. Cauchy und B. Riemann entwickelte Methode der Kurvenintegrale benutzt werden kann, die wir erst in Bd. 5 über die Analysis mehrerer Veränderlicher zur Verfügung haben. Die hier benutzte Potenzreihenmethode wurde vor allem von K. Weierstraß gepflegt.[12]

Satz 1.3.9 *Ist* $f: D \to \mathbb{C}$ *eine holomorphe Funktion auf der offenen Menge* $D \subseteq \mathbb{C}$ *und ist* $\mathrm{B}(a; r)$ *ein Kreis, der ganz in D liegt, so konvergiert die Potenzreihenentwicklung von f um a auf diesem Kreis, d. h. ihr Konvergenzradius ist* $\geq r$. *Insbesondere wird jede holomorphe Funktion* $\mathbb{C} \to \mathbb{C}$ *durch eine Potenzreihe mit Entwicklungspunkt 0 und Konvergenzradius* ∞ *beschrieben und ist somit eine ganze analytische Funktion.*

Beweis Wir können $a = 0$ annehmen. Es genügt, Folgendes zu zeigen: Konvergiert die Potenzreihenentwicklung $\sum_n a_n X^n$ von f um 0 im Kreis $\mathrm{B}(0; \rho)$, $0 < \rho < \infty$, und liegt der abgeschlossene Kreis $\overline{\mathrm{B}}(0; \rho)$ ganz in D, so ist der Konvergenzradius dieser Reihe

---

[12] Vgl. Ullrich, P.: Wie man beim Weierstraßschen Aufbau der Funktionentheorie das Cauchysche Integral vermeidet, Jber. d. Dt. Math.-Verein. **92**, 89–110 (1990). Siehe auch Hurwitz, A.: Vorlesungen über Allgemeine Funktionentheorie und Elliptische Funktionen. Berlin ^{5}2000, dort insbesondere I,3,§5.

$> \rho$. Wir können ferner annehmen, dass für jeden Punkt $b \in D$ der Konvergenzradius $R(b)$ der Potenzreihenentwicklung von f in b endlich ist. Dann ist $b \mapsto R(b)$ nach dem Entwicklungssatz 1.2.15 auf D stetig und positiv. Es gibt ein $\rho_0 > 0$ mit $R(b) \geq \rho_0$ für alle b aus der kompakten Menge $\overline{B}(0; \rho)$. Sei ρ_0 überdies so klein gewählt, dass die Kreisscheibe $\overline{B}(0; \rho + \rho_0)$ noch ganz in D liegt. Nach den Cauchyschen Ungleichungen aus Satz 1.2.9 und dem Entwicklungssatz 1.2.15 ist

$$\left| \sum_{n=k}^{\infty} \binom{n}{k} a_n b^{n-k} \right| \leq \frac{M}{\rho_0^k}$$

für alle $b \in B(0; \rho)$ und alle $k \in \mathbb{N}$, wobei M das Maximum von $|f|$ auf $\overline{B}(0; \rho + \rho_0)$ ist. Sei $0 < \sigma < \rho_0$. Bei festem $m \in \mathbb{N}$ gilt für die in $B(0; \rho)$ konvergente Potenzreihe

$$G_m := \sum_{k=0}^{m} \left(\frac{\sigma}{\rho} \right)^k \sum_{n=k}^{\infty} \binom{n}{k} a_n X^n$$

und ein beliebiges $b \in B(0; \rho)$ folglich die Abschätzung

$$|G_m(b)| \leq \sum_{k=0}^{m} \sigma^k \left| \sum_{n=k}^{\infty} \binom{n}{k} a_n b^{n-k} \right| \leq \sum_{k=0}^{m} \sigma^k \frac{M}{\rho_0^k} \leq \frac{M}{1 - \frac{\sigma}{\rho_0}},$$

für ihren m-ten Koeffizienten

$$\sum_{k=0}^{m} \left(\frac{\sigma}{\rho} \right)^k \binom{m}{k} a_m = a_m \left(1 + \frac{\sigma}{\rho} \right)^m$$

also – wiederum nach Satz 1.2.9 –

$$|a_m| \left(1 + \frac{\sigma}{\rho} \right)^m \leq \frac{M}{1 - \frac{\sigma}{\rho_0}} \cdot \frac{1}{\rho^m}.$$

Es folgt

$$|a_m| \leq \frac{M}{1 - \frac{\sigma}{\rho_0}} \cdot \frac{1}{(\rho + \sigma)^m}, \quad m \in \mathbb{N},$$

und damit die Konvergenz von $\sum_n a_n X^n$ in $B(0; \rho + \sigma)$. □

Satz 1.3.10 *Sei $D \subseteq \mathbb{C}$ eine offene Menge in $\mathbb{C}$. Dann ist die $\mathbb{C}$-Algebra $C_{\mathbb{C}}^{\omega}(D)$ abgeschlossen in $C_{\mathbb{C}}(D)$ bzgl. der Topologie der kompakten Konvergenz, d. h. jede kompakt konvergente Folge f_n, $n \in \mathbb{N}$, komplex-analytischer Funktionen auf D hat eine auf D komplex-analytische Grenzfunktion $f = \lim_n f_n$.*

Beweis Da die Topologie der kompakten Konvergenz auf $C_{\mathbb{C}}(D)$ metrisierbar ist, genügt es die Behauptung über die Folgen (f_n) zu beweisen. Sei $a \in D$, $\overline{B}(a;R) \subseteq D$ eine kompakte Kreisscheibe in D mit $R > 0$ und $r \in \mathbb{R}_+^{\times}, r < R$. Nach dem vorangegangenen Satz 1.3.9 konvergieren die Potenzreihenentwicklungen $F_n = \sum_{k=0}^{\infty} a_{nk}(X-a)^k$ der Funktionen f_n für alle $n \in \mathbb{N}$ auf $\overline{B}(a;R)$. Es gilt also $f_n(x) = F_n(x)$ für alle $n \in \mathbb{N}$ und alle $x \in \overline{B}(a;R)$. Sei $\varepsilon > 0$ vorgegeben und $|f_m(x) - f_n(x)| = |F_m(x) - F_n(x)| \le \varepsilon$ für $m,n \ge n_0$ auf $\overline{B}(x_0;R)$. Nach den Cauchyschen Ungleichungen aus Satz 1.2.9 ist dann $|a_{mk} - a_{nk}| \le \varepsilon/R^k$ für alle $k \in \mathbb{N}$ und alle $m,n \ge n_0$. Insbesondere ist a_{nk}, $n \in \mathbb{N}$, für jedes $k \in \mathbb{N}$ eine Cauchy-Folge und daher konvergent. Sei $a_k := \lim_{n \to \infty} a_{nk}$. Wir behaupten, dass $f = \lim f_n$ die Potenzreihenentwicklung $F := \sum_{k=0}^{\infty} a_k (X-a)^k$ auf $\overline{B}(a;r)$ hat. Für $|x-a| \le r$ und $n \ge n_0$ gilt nämlich $\sum_{k=0}^{\infty} |a_k - a_{nk}| \, |x-a|^k \le \sum_{k=0}^{\infty} (\varepsilon/R^k) r^k = \varepsilon R/(R-r)$. $\qquad\square$

Satz 1.3.10 hat *kein* Analogon im Reellen. Als extremes Gegenbeispiel erwähnen wir den Weierstraßschen Approximationssatz 1.1.12: Jede *stetige* Funktion $[a,b] \to \mathbb{K}$ auf einem kompakten Intervall $[a,b] \subseteq \mathbb{R}$ ist Grenzfunktion einer auf $[a,b]$ gleichmäßig konvergenten Folge von Polynomfunktionen.

Sei $F = \sum_{n \in \mathbb{Z}} a_n X^n \in \mathbb{K}\langle\!\langle X \rangle\!\rangle$ eine konvergente Laurent-Reihe mit Konvergenzradius $R > 0$ und Polstellenordnung $-\nu(F) \in \mathbb{Z} \cup \{-\infty\}$. Dann ist $x \mapsto F(x)$ eine analytische Funktion auf $B(0;R) - \{0\}$. Setzen wir noch $F(0) := \lim_{x \to 0} F(x)$, so definiert F eine stetige Funktion $B(0;R) \to \overline{\mathbb{K}} = \mathbb{K} \uplus \{\infty\}$.[13] Wir sagen, $B(0;R) \to \overline{\mathbb{K}}$, $x \mapsto F(x)$, sei eine **meromorphe Funktion** auf $B(0;R)$ mit Polstellenordnung $-\nu(F)$ und Nullstellenordnung $\nu(F)$ in 0. Ist $D \subseteq \mathbb{K}$ wieder eine beliebige Menge ohne isolierte Punkte, so heißt eine Funktion $f: D \to \overline{\mathbb{K}}$ **meromorph**, wenn sie lokal durch die Werte konvergenter Laurent-Reihen $\sum_{n \in \mathbb{Z}} a_n (X-a)^n \in \mathbb{K}\langle\!\langle X-a \rangle\!\rangle$, $a \in D$, beschrieben wird. Dabei heißt der Koeffizient $\mathrm{Res}(a;f) := a_{-1}$ das **Residuum** von f in a. Wichtige meromorphe Funktionen sind Quotienten f/g, wobei $f,g: D \to \mathbb{K}$ holomorph sind und g auf keiner offenen Teilmenge von D identisch verschwindet. Die Polstellenordnung $-\nu(a;f/g)$ von f/g in $a \in D$ ist dann $\nu(a;g) - \nu(a;f)$.

Bemerkung 1.3.11 Sei $V = (V, \|-\|)$ ein $\mathbb{K}$-Banach-Raum und $V\langle\!\langle X \rangle\!\rangle$ der $\mathbb{K}\langle\!\langle X \rangle\!\rangle$-Modul der konvergenten Potenzreihen über V, vgl. Bemerkung 1.2.27. Wie im Fall $V = \mathbb{K}$ werden mit Hilfe solcher konvergenten Potenzreihen **analytische Funktionen** $D \to V$ auf Teilmengen $D \subseteq \mathbb{K}$ (ohne isolierte Punkte) mit Werten in V definiert. Im Fall $\mathbb{K} = \mathbb{C}$ spricht man wieder von **holomorphen Funktionen**. Dafür gelten der zu Satz 1.3.3 analoge Identitätssatz, der Satz 1.3.9 über den Konvergenzradius der Potenzreihenentwicklung holomorpher komplexwertiger Funktionen und der Satz 1.3.10 über die Analytizität der

---

[13] Man beachte, dass hier $\overline{\mathbb{R}}$ nicht der Raum $\mathbb{R} \uplus \{\pm\infty\}$ ist, sondern die zum Kreis S^1 homöomorphe Ein-Punkt-Kompaktifizierung $\mathbb{R} \uplus \{\infty\}$. In [14], Beispiel 4.4.22 haben wir den unendlich fernen Punkt ∞ mit ω bezeichnet.

Grenzfunktion lokal gleichmäßig konvergenter Folgen holomorpher Funktionen, jeweils mit ganz entsprechenden Beweisen.

Meromorphe Funktionen $D \rightarrow \overline{V} := V \uplus \{\infty\}$ werden lokal durch konvergente Laurent-Reihen $\sum_{n \in \mathbb{Z}} u_n (X - a)^n \in V\{\!\{X\}\!\}$ mit Koeffizienten in V beschrieben, deren Nebenteil $\sum_{n \in \mathbb{N}} u_n (X - a)^n$ konvergent ist, $a \in D$. (Der Hauptteil $\sum_{n<0} u_n (X - a)^n$ hat also nur endlich viele Summanden $\neq 0$ mit dem **Residuum** u_{-1} in a.) Ihr Wert in den Polstellen ist ∞, und sie sind dort auch noch stetig, wenn die Topologie auf $\overline{V}$ in der Weise definiert wird, dass sie auf V die gegebene Topologie induziert und die Mengen $(V - \overline{\mathrm{B}}_V(0; R)) \uplus \{\infty\}$, $R \in \mathbb{R}_+$, eine Umgebungsbasis von $\infty \in \overline{V}$ bilden. Beweis! Ist V endlichdimensional, so ist $\overline{V}$ die Ein-Punkt-Kompaktifizierung des lokal kompakten Raums V.   ◇

Aufgaben

Aufgabe 1.3.1 Sei $n \in \mathbb{N}^*$. Man gebe die Potenzreihenentwicklung von $1/x^n$ um einen Punkt $a \in \mathbb{C}^\times$ bzw. allgemeiner von $1/(x - b)^n$ um einen Punkt $a \in \mathbb{C}$, $a \neq b$, an. (Mit Hilfe der Partialbruchzerlegung lässt sich damit die Potenzreihenentwicklung einer beliebigen rationalen Funktion $F(x)/G(x)$, $F, G \in \mathbb{C}[X]$, $G \neq 0$, um jeden Punkt $a \in \mathbb{C}$ angeben, in dem der Nenner G nicht verschwindet.)

Aufgabe 1.3.2 Sei $f \colon D \rightarrow \mathbb{C}$ eine analytische Funktion auf der Menge $D \subseteq \mathbb{C}$ ohne isolierte Punkte.

a) Ist $D \subseteq \mathbb{R}$ ein Intervall (mit mehr als einem Punkt), so sind folgende Aussagen äquivalent: (i) f ist reellwertig. (ii) Es gibt ein $a \in D$ derart, dass die Potenzreihenentwicklung von f um a nur reelle Koeffizienten hat. (iii) f ist reellwertig auf einer Teilmenge von D, die einen Häufungspunkt in D besitzt.
b) Ist D ein Gebiet in $\mathbb{C}$ und f reellwertig, so ist f konstant.

Aufgabe 1.3.3 Sei $f \colon D \rightarrow \mathbb{C}$ eine analytische Funktion auf der Menge $D \subseteq \mathbb{C}$ ohne isolierte Punkte.

a) Ist D ein Intervall in $\mathbb{R}$ (mit mehr als einem Punkt), so sind auch die Funktionen $\Re f$ und $\Im f$ sowie die konjugiert-komplexe Funktion $\overline{f}$ analytisch.
b) Ist D ein Gebiet in $\mathbb{C}$ und ist auch $\overline{f}$ analytisch auf D, so ist f konstant.

Aufgabe 1.3.4 Die Funktion $f \colon D \rightarrow \mathbb{K}$ sei analytisch auf einer zu 0 punktsymmetrischen zusammenhängenden Menge $D \subseteq \mathbb{K}$ ohne isolierte Punkte (es ist also $x \in D$ genau dann, wenn $-x \in D$ ist) mit $0 \in D$ und der Potenzreihenentwicklung $\sum a_n X^n$ in 0. Ferner sei (x_n) eine Nullfolge in D mit $x_n \neq 0$ für alle $n \in \mathbb{N}$.

a) Folgende Bedingungen sind äquivalent: (i) Es ist $f(x_n) = f(-x_n)$ für alle $n \in \mathbb{N}$. (ii) Es ist $a_n = 0$ für alle ungeraden $n \in \mathbb{N}$. (iii) Die Funktion f ist **gerade**, d. h. es ist $f(x) = f(-x)$ für alle $x \in D$.
b) Folgende Bedingungen sind äquivalent: (i) Es ist $f(x_n) = -f(-x_n)$ für alle $n \in \mathbb{N}$. (ii) Es ist $a_n = 0$ für alle geraden $n \in \mathbb{N}$. (iii) Die Funktion f ist **ungerade**, d. h. es ist $f(x) = -f(-x)$ für alle $x \in D$.

Aufgabe 1.3.5 Sei $D \subseteq \mathbb{C}$ ein Gebiet und $E := \{x \in \mathbb{C} \mid \overline{x} \in D\} = \{\overline{x} \mid x \in D\}$.

a) Ist $f: D \to \mathbb{C}$ analytisch, so ist die Funktion $x \mapsto \overline{f(\overline{x})}$ auf E analytisch. Man gebe ihre Potenzreihenentwicklung um $a \in E$ mit Hilfe der Entwicklung von f um $\overline{a}$ an.
b) Ist $D = E$ und f auf $\mathbb{R} \cap D$ reellwertig oder allgemeiner auf einer Teilmenge von $\mathbb{R} \cap D$ mit einem Häufungspunkt in D, so ist $f(\overline{x}) = \overline{f(x)}$ für alle $x \in D$. (Man beachte $\mathbb{R} \cap D \neq \emptyset$. Warum?) Insbesondere ist $f(\overline{x}) = \overline{f(x)}$ für alle $x \in D = E$, wenn die Potenzreihenentwicklung von f um einen Punkt $a \in \mathbb{R} \cap D$ nur reelle Koeffizienten hat.

Aufgabe 1.3.6 Sei $f: I \to \mathbb{C}$ eine analytische Funktion auf dem Intervall $I \subseteq \mathbb{R}$ mit mehr als einem Punkt. Für $a \in I$ sei $R(a)$ der Konvergenzradius der Potenzreihenentwicklung von f um a. Dann ist $G := \bigcup_{a \in I} B_{\mathbb{C}}(a; R(a)) \subseteq \mathbb{C}$ ein Gebiet, und f lässt sich (eindeutig) zu einer holomorphen Funktion $G \to \mathbb{C}$ fortsetzen. (Eine entsprechende Aussage gilt nicht generell für Gebiete in $\mathbb{C}$. Ist $f: D \to \mathbb{C}$ holomorph auf dem Gebiet $D \subseteq \mathbb{C}$, so gibt es im Allgemeinen keine holomorphe Funktion auf dem Gebiet $G := \bigcup_{a \in D} B_{\mathbb{C}}(a; R(a)) \subseteq \mathbb{C}$, die auf $D \subseteq G$ mit f übereinstimmt. (Beispiel? Vgl. etwa Aufg. 2.2.13.) Dieses Problem wird ausführlicher in Bd. 7 diskutiert werden.)

Aufgabe 1.3.7 Sei $f: \mathbb{C} \to \mathbb{C}$ holomorph, d. h. eine ganze Funktion.

a) Existiert $a := \lim_{z \to \infty} f(z)$, so ist f konstant. Insbesondere ist f die Nullfunktion, wenn $\lim_{z \to \infty} f(z) = 0$ ist. (Es genügt, den Spezialfall $a = 0$ zu behandeln. Dieser ergibt sich sofort aus dem Maximumprinzip 1.3.4: Ist nämlich f nicht konstant, so ist die Funktion $\mathbb{R}_+ \to \mathbb{R}_+$ mit $r \mapsto \text{Max}\{|f(x)| \mid |x| = r\}$ monoton wachsend (sogar streng monoton wachsend). – Man erhält damit den folgenden eleganten *Beweis des Fundamentalsatzes der Algebra*: Sei $P = a_n X^n + \cdots + a_1 X + a_0$, $a_n \neq 0$, $n \geq 1$, ein nichtkonstantes Polynom ohne Nullstelle in $\mathbb{C}$. Dann ist der Kehrwert $f(x) := 1/P(x)$ analytisch auf $\mathbb{C}$, und wegen $f(x) \sim 1/a_n x^n$ für $x \to \infty$ ist $\lim_{x \to \infty} f(x) = 0$, also $f \equiv 0$. Widerspruch!)
b) Für ein $n \in \mathbb{N}$ gelte $|f(x)| = o(|x|^{n+1})$ für $x \to \infty$, d. h. $\lim_{x \to \infty} f(x)/x^{n+1} = 0$. Dann ist f eine Polynomfunktion vom Grade $\leq n$. Im Fall $n = 0$ ergibt sich insbesondere: Ist f beschränkt, so ist f konstant (**Satz von Liouville**). (Sei $\sum_{k=0}^{\infty} a_k X^k$

die Potenzreihenentwicklung von f in 0 und $P := \sum_{k=0}^{n} a_k X^k$. Dann ist $g(x) := (f(x) - P(x))/x^{n+1}$ analytisch auf ganz $\mathbb{C}$ und $\lim_{x \to \infty} g(x) = 0$ nach Voraussetzung, also $g \equiv 0$ nach a). – Man beachte, dass nicht verwandt wird, dass die Potenzreihenentwicklung von f in 0 den Konvergenzradius ∞ hat.)

Aufgabe 1.3.8 Sei $f : D \to \mathbb{C}$ eine holomorphe Funktion auf dem Gebiet $D \subseteq \mathbb{C}$. Besitzt $\Re f$ in einem Punkt $a \in D$ ein lokales Extremum, so ist f konstant.

Aufgabe 1.3.9 Sei $F = \sum_{n \in \mathbb{N}} a_n X^n$ eine konvergente Potenzreihe mit endlichem Konvergenzradius $R \in \mathbb{R}_+^\times$. Ferner sei a ein Punkt auf dem Kreis $S := S(0; R) \subseteq \mathbb{C}$. Wir sagen, F besitze im Punkt a eine **analytische Fortsetzung**, wenn es eine konvergente Potenzreihe $G = \sum_{n \in \mathbb{N}} b_n (X - a)^n$ gibt mit $G(x) = F(x)$ für alle $x \in U \cap B(0; R)$, wobei U eine geeignete Umgebung von a in $\mathbb{C}$ ist. Man zeige: Es gibt wenigstens einen Punkt auf S, in dem F *keine* analytische Fortsetzung besitzt. (Sei andernfalls $R(a) > 0$ für jeden Punkt $a \in S$ der Konvergenzradius der analytischen Fortsetzung. Dann ist auf dem Gebiet $G := B(0; R) \cup \bigcup_{a \in S} B(a; R(a)) \subseteq \mathbb{C}$ eine holomorphe Funktion f definiert, die die komlex-analytische Funktion $B(0; R) \to \mathbb{C}, x \mapsto F(x)$, fortsetzt. Da G einen Kreis $B(0; R + \rho)$ mit einem $\rho > 0$ umfasst, ist dies ein Widerspruch zu Satz 1.3.9.)

Aufgabe 1.3.10 Sei $F = \sum_{n \in \mathbb{N}} a_n X^n$ eine konvergente Potenzreihe mit nichtnegativen reellen Koeffizienten $a_n \in \mathbb{R}_+$ und endlichem Konvergenzradius $R \in \mathbb{R}_+^\times$. Dann besitzt F keine analytische Fortsetzung im Punkt R. (Vgl. Aufg. 1.3.9. – Besäße F in R eine analytische Fortsetzung, so gäbe es ein ε mit $0 < \varepsilon < R$ und ein $\eta > \varepsilon$ derart, dass die Potenzreihenentwicklung von F um $R - \varepsilon$, also

$$F(x) = \sum_{n=0}^{\infty} \left(\sum_{k=n}^{\infty} \binom{k}{n} a_k (R - \varepsilon)^{k-n} \right) \left(x - (R - \varepsilon) \right)^n$$

für $x := R - \varepsilon + \eta$ konvergiert, vgl. Satz 1.2.15, woraus

$$\sum_{k=0}^{\infty} a_k (R - \varepsilon + \eta)^k = \sum_{k=0}^{\infty} a_k \left(\sum_{n=0}^{k} \binom{k}{n} (R - \varepsilon)^{k-n} \eta^n \right)$$

$$= \sum_{n=0}^{\infty} \left(\sum_{k=n}^{\infty} \binom{k}{n} a_k (R - \varepsilon)^{k-n} \eta^n \right) < \infty$$

folgte, d. h. F konvergierte noch für $R - \varepsilon + \eta > R$. Widerspruch! – Man kann das Ergebnis auch folgendermaßen ausdrücken: *Die aus $\sum a_k X^k$ durch Entwickeln um einen Punkt $b \in [0, R[$ gewonnene Potenzreihe hat den Konvergenzradius $R - b$ und keinen größeren.*)

Aufgabe 1.3.11 $R \in \mathbb{C}(X)^{\times}$ sei eine rationale Funktion $\neq 0$ und $R = F/G$ mit Polynomen $F, G \in \mathbb{C}[X]^*$. Ferner sei Grad $R :=$ Grad $F -$ Grad G und $\mathrm{LK}(R) := \mathrm{LK}(F)/\mathrm{LK}(G)$ der Grad bzw. der Leitkoeffizient von R. Dann ist $x \mapsto R(x) = F(x)/G(x)$ eine meromorphe Funktion auf $\mathbb{C}$, und es gilt

$$\sum_{a \in \mathbb{C}} \nu(a; R(x)) = \text{Grad } R.$$

Bemerkung Wir erinnern an das asymptotische Verhalten

$$R(x) \sim \mathrm{LK}(R) x^{\text{Grad } R} = \mathrm{LK}(R)(x^{-1})^{-\text{Grad } R} \quad \text{für} \quad x \to \infty,$$

vgl. [14], Beispiel 3.8.14. Dies legt es nahe, R im Punkt ∞ als eine meromorphe Funktion mit Nullstellenordnung $\nu(\infty; R(x)) = -\text{Grad } R$ bzw. mit Polstellenordnung $-\nu(\infty; R(x)) = \text{Grad } R$ zu betrachten. Dann bekommt die obige Formel die elegante Gestalt

$$\sum_{a \in \overline{\mathbb{C}}} \nu(a; R(x)) = 0,$$

oder anders gesagt, *die Anzahl der Nullstellen von R auf $\overline{\mathbb{C}}$ ist gleich der Anzahl der Polstellen von R auf $\overline{\mathbb{C}}$* (jeweils mit Vielfachheiten gezählt).

1.4 Exponentialfunktion – Kreis- und Hyperbelfunktionen

Die Exponentialreihe $\sum_{n=0}^{\infty} z^n/n!$ konvergiert für alle $z \in \mathbb{C}$, ihr Konvergenzradius ist also ∞. Dies folgt etwa aus dem Quotientenkriterium, da (für $z \neq 0$) die Quotienten

$$\left| \frac{z^{n+1}}{(n+1)!} \Big/ \frac{z^n}{n!} \right| = \frac{|z|}{n+1}$$

gegen 0 konvergieren. Auf jeder Kreisscheibe $\overline{\mathrm{B}}(0; r)$ konvergiert sie normal und insbesondere gleichmäßig und absolut. Die Familie $z^n/n!$, $n \in \mathbb{N}$, ist daher kompakt summierbar auf $\mathbb{C}$, und $E: \mathbb{C} \to \mathbb{C}$ mit

$$E(z) := \sum_{n=0}^{\infty} \frac{z^n}{n!}, \quad z \in \mathbb{C},$$

ist eine ganze (analytische) Funktion. Es ist $E(0) = 1$ und $E(1) = \sum_{n \in \mathbb{N}} 1/n!$. Für $z \in \mathbb{R}$ ist natürlich auch $E(z) \in \mathbb{R}$. Ferner gilt das folgende Additionstheorem:

Satz 1.4.1 (Additionstheorem für $E(z)$) *Es ist* $E(z + w) = E(z)E(w)$, $z, w \in \mathbb{C}$.

Beweis Mit Hilfe von Satz 3.7.14 aus [14] über das Cauchy-Produkt erhält man

$$E(z)E(w) = \sum_{n \in \mathbb{N}} \left(\sum_{k=0}^{n} \frac{z^k}{k!} \frac{w^{n-k}}{(n-k)!} \right) = \sum_{n \in \mathbb{N}} \frac{(z+w)^n}{n!} = E(z+w). \qquad \square$$

Aus Satz 1.4.1 sowie Satz 3.10.4 in [14] folgt, dass $E(x) = e^x$ für alle $x \in \mathbb{R}$ gilt, wobei

$$e := E(1) = \sum_{n=0}^{\infty} \frac{1}{n!}$$

gesetzt wurde. Wie wir in Satz 1.4.3 sehen werden, stimmt die so definierte Zahl e mit der Eulerschen Zahl

$$e = \lim_{n \to \infty} \left(1 + \frac{1}{n} \right)^n$$

aus Beispiel 3.3.8 (1) in [14] überein. Allgemein setzen wir daher

$$\exp z := e^z := E(z) = \sum_{n=0}^{\infty} \frac{z^n}{n!}$$

für alle $z \in \mathbb{C}$ und nennen diese Funktion die **Exponentialfunktion** (auf $\mathbb{C}$). Entsprechend definieren wir für eine beliebige positive reelle Zahl a die **Exponentialfunktion zur Basis** a durch

$$a^z := e^{z \ln a}, \quad z \in \mathbb{C}.$$

Aus Satz 1.4.1 ergibt sich das **Additionstheorem**

$$a^{z+w} = a^z a^w, \quad z, w \in \mathbb{C},$$

Insbesondere ist $a^{-z} = 1/a^z$ für alle $z \in \mathbb{C}$. Wir werden bald sehen, dass die hier eingeführten Exponentialfunktionen mit den bereits früher auf $\mathbb{C}$ definierten Exponentialfunktionen übereinstimmen. Im Reellen wächst die Exponentialfunktion für $x \to \infty$ stärker als jede Polynomfunktion, vgl. auch [14], Aufg. 3.10.3.

Proposition 1.4.2 *Sei $f : \mathbb{R} \to \mathbb{R}$ eine Polynomfunktion mit reellen Koeffizienten und positivem Leitkoeffizienten. Dann gilt*

$$\lim_{\substack{x \to \infty \\ x \in \mathbb{R}}} \frac{e^x}{f(x)} = \infty.$$

Beweis Sei Grad $f = n \in \mathbb{N}$. Dann ist $\lim_{x \to \infty} x^{n+1}/f(x) = \infty$. Es genügt daher zu zeigen, dass $\lim_{x \to \infty, x \in \mathbb{R}} e^x/x^{n+1} = \infty$ ist. Für $x \in \mathbb{R}_+^\times$ gilt aber

$$\frac{e^x}{x^{n+1}} = \frac{1}{x^{n+1}} + \cdots + \frac{1}{n!} \frac{1}{x} + \frac{1}{(n+1)!} + \frac{1}{(n+2)!} x + \cdots \geq \frac{1}{(n+2)!} x. \qquad \square$$

Satz 1.4.3 *Die Folge* $\left(1 + \frac{z}{n}\right)^n$, $n \in \mathbb{N}^*$, *von Polynomfunktionen auf* $\mathbb{C}$ *konvergiert kompakt, d. h. auf jeder Kreisscheibe* $\overline{\mathrm{B}}(0;r)$, $r \in \mathbb{R}_+^\times$, *gleichmäßig, gegen die Exponentialfunktion. Insbesondere ist*

$$\mathrm{e}^z = \lim_{n \to \infty} \left(1 + \frac{z}{n}\right)^n, \quad z \in \mathbb{C}.$$

Beweis Es ist

$$\left(1 + \frac{z}{n}\right)^n = \sum_{k=0}^{n} \binom{n}{k} \frac{z^k}{n^k} = \sum_{k=0}^{n} \frac{n(n-1)\cdots(n-(k-1))}{n \cdot n \cdots n} \frac{z^k}{k!}$$

$$= \sum_{k=0}^{n} \left(1 - \frac{1}{n}\right) \cdots \left(1 - \frac{k-1}{n}\right) \frac{z^k}{k!}.$$

Zu $\varepsilon > 0$ gibt es ein $n_0 \in \mathbb{N}$ mit $\sum_{k=n_0+1}^{\infty} r^k/k! \leq \varepsilon/3$. Für $n \geq n_0$ und $z \in \mathbb{C}$ mit $|z| \leq r$ gilt dann

$$\left| \left(1 + \frac{z}{n}\right)^n - \sum_{k=0}^{\infty} \frac{z^k}{k!} \right| \leq \left| \sum_{k=0}^{n_0} \left(\left(1 - \frac{1}{n}\right) \cdots \left(1 - \frac{k-1}{n}\right) - 1 \right) \frac{z^k}{k!} \right|$$

$$+ \sum_{k=n_0+1}^{n} \left(1 - \frac{1}{n}\right) \cdots \left(1 - \frac{k-1}{n}\right) \frac{r^k}{k!} + \sum_{k=n_0+1}^{\infty} \frac{r^k}{k!}$$

$$\leq \left| \sum_{k=0}^{n_0} \left(\left(1 - \frac{1}{n}\right) \cdots \left(1 - \frac{k-1}{n}\right) - 1 \right) \frac{z^k}{k!} \right| + \frac{\varepsilon}{3} + \frac{\varepsilon}{3}.$$

Da die Koeffizienten der noch abzuschätzenden Summe für $n \to \infty$ gegen 0 konvergieren, gibt es ein $n_1 \geq n_0$ derart, dass für alle $n \geq n_1$ diese Summe dem Betrage nach $\leq \varepsilon/3$ ist. Für diese n ist

$$\left| \left(1 + \frac{z}{n}\right)^n - \sum_{k=0}^{\infty} \frac{z^k}{k!} \right| \leq \varepsilon. \qquad \square$$

Zur Berechnung von e^z schreiben wir $z = x + \mathrm{i}y$, $x, y \in \mathbb{R}$. Dann ist

$$\mathrm{e}^z = \mathrm{e}^{x+\mathrm{i}y} = \mathrm{e}^x \mathrm{e}^{\mathrm{i}y}.$$

Für beliebige $w \in \mathbb{C}$ ist aber

$$\mathrm{e}^{\mathrm{i}w} = \sum_{n=0}^{\infty} \frac{\mathrm{i}^n}{n!} w^n = \left(\sum_{k=0}^{\infty} (-1)^k \frac{w^{2k}}{(2k)!} \right) + \mathrm{i} \left(\sum_{k=0}^{\infty} (-1)^k \frac{w^{2k+1}}{(2k+1)!} \right).$$

Abb. 1.7 Kosinus und Sinus am Einheitskreis

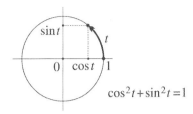

$$\cos^2 t + \sin^2 t = 1$$

Dies gibt Anlass zur Definition der folgenden ganzen (analytischen) Funktionen

$$\cos w := \sum_{k=0}^{\infty}(-1)^k \frac{w^{2k}}{(2k)!}, \quad \sin w := \sum_{k=0}^{\infty}(-1)^k \frac{w^{2k+1}}{(2k+1)!}$$

auf $\mathbb{C}$. Wie wir bald sehen werden, stimmen die so definierte **Kosinusfunktion** und **Sinusfunktion** auf $\mathbb{R}$ mit den bekannten und schon verwendeten **trigonometrische Funktionen** überein. Wir erhalten:

Satz 1.4.4 *Für $z = x + \mathrm{i}y \in \mathbb{C}$, $x, y \in \mathbb{R}$, gilt $\Re e^z = e^x \cos y$ und $\Im e^z = e^x \sin y$, also*

$$e^z = e^x(\cos y + \mathrm{i} \sin y).$$

Die Rechenregeln für Kosinus und Sinus erhält man leicht, indem man den Zusammenhang mit der Exponentialfunktion ausnützt:

Satz 1.4.5
(1) $\cos 0 = 1$, $\sin 0 = 0$.

Für alle $z, w \in \mathbb{C}$ gilt:

(2) $\cos(-z) = \cos z$, $\sin(-z) = -\sin z$.
(3) $e^{\mathrm{i}z} = \cos z + \mathrm{i} \sin z$, $e^{-\mathrm{i}z} = \cos z - \mathrm{i} \sin z$.
(4) $\cos z = (e^{\mathrm{i}z} + e^{-\mathrm{i}z})/2$, $\sin z = (e^{\mathrm{i}z} - e^{-\mathrm{i}z})/2\mathrm{i}$.
(5) $\cos(z + w) = \cos z \cos w - \sin z \sin w$,
       $\sin(z + w) = \sin z \cos w + \cos z \sin w$.
(6) $\cos^2 z + \sin^2 z = 1$.
(7) $|e^z| = e^{\Re z}$.

Die Gleichungen in (3) und (4) heißen **Eulersche Formeln**; die Formeln in (5) sind die **Additionstheoreme** für sin und cos. Da nach Beziehung (6) in Satz 1.4.5 für jedes $t \in \mathbb{R}$ der Punkt $(\cos t, \sin t) \in \mathbb{R}^2$ auf dem Einheitskreis $\{(x, y) \in \mathbb{R}^2 \mid x^2 + y^2 = 1\}$ liegt, vgl. Abb. 1.7, heißen die trigonometrischen Funktionen auch **Kreisfunktionen**. Wie wir gleich sehen werden, ist $e^z = e^x(\cos y + \mathrm{i} \sin y)$, $x = \Re z$, $y = \Im z$, mit der wohlbekannten und schon benutzten Polarkoordinatendarstellung von e^z identisch.

Beweis von Satz 1.4.5 Die Aussagen (1), (2) und (3) ergeben sich unmittelbar aus den Definitionen, (4) folgt direkt aus (3), (6) folgt aus (1) und der ersten Formel in (5), indem man dort $w = -z$ setzt. (7) folgt aus (6) und $e^{x+iy} = e^x(\cos y + i \sin y)$. Schließlich beweist man (5) mit (4) und dem Additionstheorem der Exponentialfunktion:

$$
\begin{aligned}
\cos(z + w) &= \frac{1}{2}\left(e^{i(z+w)} + e^{-i(z+w)}\right) = \frac{1}{2}\left(e^{iz}e^{iw} + e^{-iz}e^{-iw}\right) \\
&= \frac{1}{2}\left((\cos z + i \sin z)(\cos w + i \sin w) + (\cos z - i \sin z)(\cos w - i \sin w)\right) \\
&= \cos z \cos w - \sin z \sin w.
\end{aligned}
$$

Analog ergibt sich das Additionstheorem für den Sinus. $\square$

Die Eigenschaften der e-Funktion und der trigonometrischen Funktionen sollen noch etwas genauer beschrieben werden, womit sich insbesondere eine natürliche Definitionsmöglichkeit für die Kreiszahl π ergibt. Zunächst zeigen wir:

Satz 1.4.6 *Die Abbildung* $\exp\colon \mathbb{C} \to \mathbb{C}^\times$, $z \mapsto \exp z$, *ist ein surjektiver Homomorphismus topologischer Gruppen. Insbesondere ist* $\mathbb{C}^\times$ *wie* $\mathbb{C}$ *eine divisible abelsche Gruppe, d. h. jede komplexe Zahl* $\neq 0$ *besitzt für jedes* $n \in \mathbb{N}^*$ *eine n-te Wurzel.*

Beweis Nach Satz 1.4.1 ist exp ein analytischer Gruppenhomomorphismus und damit auch stetig. Wegen $\exp'(0) = 1$ enthält das Bild von exp nach Satz 1.3.8 (1) eine Umgebung von $\exp(0) = 1$.[14] Daher ist exp surjektiv auf Grund des folgenden einfachen Lemmas 1.4.7. $\square$

Lemma 1.4.7 *Sei* $H \subseteq G$ *eine Untergruppe der topologischen Gruppe* G *mit* $\overset{\circ}{H} \neq \emptyset$. *Dann ist* H *offen in* G *und insbesondere gleich* G, *wenn* G *zusammenhängend ist.*

Zum *Beweis* sei $h_0 \in \overset{\circ}{H}$. Dann ist $H = \bigcup_{h \in H} hh_0^{-1}\overset{\circ}{H}$ offen, also auch abgeschlossen in G (als Komplement der Vereinigung der von H verschiedenen Linksnebenklassen von H in G). Ist G zusammenhängend, so ist daher $H = G$. $\square$

Wegen $|e^z| = e^{\Re z}$ (nach Satz 1.4.5 (7)) ist e^z genau dann ein Element der Kreisgruppe $U = \{z \in \mathbb{C} \mid |z| = 1\}$, wenn z auf der imaginären Achse $\mathbb{R}i$ liegt. exp induziert also einen surjektiven analytischen Homomorphismus $\varphi\colon \mathbb{R} \to U$ mit $t \mapsto e^{it} = \cos t + i \sin t$, und der Kern $\{z \mid e^z = 1\}$ von exp ist eine abgeschlossene Untergruppe von

---

[14] Für betragsmäßig kleine $w \in \mathbb{C}$ liefert die Logarithmusreihe $\sum_{n \in \mathbb{N}}(-1)^n w^{n+1}/(n+1)$ explizit ein exp-Urbild von $1 + w$, vgl. Aufg. 1.2.18. – Man beachte, dass exp nach Satz 1.3.7 eine offene Abbildung ist. Dort wird aber zum Beweis die Existenz von n-ten Wurzeln komplexer Zahlen benutzt, was wir hier vermeiden wollen. Vgl. auch die Bemerkung im Anschluss an den Beweis von Satz 1.3.4.

$\mathbb{R}$i. Da es keine stetige bijektive Abbildung $\mathbb{R} \to U$ gibt – sie wäre notwendigerweise ein Homöomorphismus, vgl. [14], Aufg. 3.9.3b) –, hat Kern exp nach Lemma 1.4.8 die Gestalt $\mathbb{Z}$iω mit einem eindeutig bestimmten $\omega \in \mathbb{R}_+^\times$.

Lemma 1.4.8 *Jede abgeschlossene Untergruppe $H \neq \mathbb{R}$ der additiven Gruppe $\mathbb{R} = (\mathbb{R}, +)$ ist zyklisch und wird von einem eindeutig bestimmten Element $\omega \in \mathbb{R}_+$ erzeugt: $H = \mathbb{Z}\omega$.*

Beweis Man beweist dies wie den Satz über die Klassifikation der Untergruppen von $\mathbb{Z}$ (der übrigens ein Korollar des obigen Lemmas ist). Sei $H \subseteq \mathbb{R}$ eine Untergruppe $\neq 0$, $\neq \mathbb{R}$ und ω das Infimum von $H \cap \mathbb{R}_+^\times$. Es ist $\omega \neq 0$, da andernfalls H beliebig kleine positive Elemente enthielte und folglich dicht in $\mathbb{R}$, also gleich $\mathbb{R}$ wäre. Da H abgeschlossen ist, ist $\omega \in H$. Sei nun $h \in H$ und $n \in \mathbb{Z}$ mit $n\omega \leq h < (n+1)\omega$ (also $n = [\omega]$). Wäre $n\omega < h$, so wäre $0 < h - n\omega < \omega$ und $h - n\omega \in H$. Widerspruch! $\square$

Da die abgeschlossene Hülle einer beliebigen Untergruppe $H \subseteq \mathbb{R}$ wieder eine Untergruppe von $\mathbb{R}$ ist, ergibt sich aus Lemma 1.4.8: *H ist dicht in $\mathbb{R}$ oder zyklisch.*[15] Wir erwähnen folgende Anwendung: Für eine Abbildung $f: \mathbb{R} \to X$ von $\mathbb{R}$ in eine beliebige Menge X – man spricht auch von dem dynamischen System (X, f) – heißt $\alpha \in \mathbb{R}$ eine **Periode**, wenn $f(t + \alpha) = f(t)$ für alle $t \in \mathbb{R}$ ist. Die Perioden von f bilden offenbar eine Untergruppe H von $(\mathbb{R}, +)$, die sogenannte **Periodengruppe** von f. Ist z. B. $H \subseteq \mathbb{R}$ eine beliebige Untergruppe, so ist H die Periodengruppe der kanonischen Projektion $\mathbb{R} \to \mathbb{R}/H$. Die Abbildung $f: \mathbb{R} \to X$ heißt **periodisch**, wenn ihre Periodengruppe $H \neq 0$ ist. H ist abgeschlossen, wenn X ein Hausdorff-Raum und f stetig ist. Nach Lemma 1.4.8 gilt also: *Ist $f: \mathbb{R} \to X$ eine periodische stetige Abbildung von $\mathbb{R}$ in einen Hausdorff-Raum X, so ist f konstant oder aber es gibt ein eindeutig bestimmtes $\omega \in \mathbb{R}_+^\times$, die sogenannte **Grundperiode** von f, derart, dass $\mathbb{Z}\omega$ die Periodengruppe von f ist.*

Die Gleichung Kern exp $= \mathbb{Z}$iω mit einem $\omega \in \mathbb{R}_+^\times$ gibt Anlass zu folgender Definition:

Definition 1.4.9 Wir setzen $\pi := \omega/2$.[16]

Nach dieser Definition gilt also:

Proposition 1.4.10 *Der Kern des Exponentialhomomorphismus $\exp: \mathbb{C} \to \mathbb{C}^\times$ ist $\mathbb{Z}2\pi$i. exp induziert einen Isomorphismus $\mathbb{C}/\mathbb{Z}2\pi$i $\xrightarrow{\sim} \mathbb{C}^\times$ von topologischen Gruppen.*

[15] Dieser Satz besitzt eine wichtige Verallgemeinerung über die Struktur der Untergruppen der additiven Gruppen endlichdimensionaler $\mathbb{R}$-Vektorräume mit ihrer natürlichen Topologie. Vgl. dazu Bd. 4.

[16] Der Faktor 1/2 hat historische Gründe. π wurde von Euklid und Archimedes zunächst als Fläche des Einheitskreises oder genauer als Quotient des Flächeninhalts eines Kreises der euklidischen Ebene und des Quadrats seines Radius eingeführt, vgl. [14], Beispiel 3.3.9.

Dass der von exp induzierte stetige Gruppenisomorphismus $\mathbb{C}/\mathbb{Z}2\pi\mathrm{i} \xrightarrow{\sim} \mathbb{C}^\times$ auch ein Homöomorphismus ist, folgt daraus, dass exp eine offene Abbildung ist. Der surjektive Gruppenhomomorphismus $\varphi\colon \mathbb{R} \to U$, $t \mapsto \mathrm{e}^{\mathrm{i}t}$ mit Kern $\mathbb{Z}2\pi$ induziert den schon häufig benutzten Isomorphismus $\mathbb{R}/\mathbb{Z}2\pi \xrightarrow{\sim} U$, $[t] \mapsto \mathrm{e}^{\mathrm{i}t}$, topologischer Gruppen.

Die Funktionen $\cos z = \frac{1}{2}(\mathrm{e}^{\mathrm{i}z} + \mathrm{e}^{-\mathrm{i}z})$ und $\sin z = \frac{1}{2\mathrm{i}}(\mathrm{e}^{\mathrm{i}z} - \mathrm{e}^{-\mathrm{i}z})$ sind periodisch mit der Periode 2π. Die Zahl $\mathrm{e}^{\mathrm{i}\pi} = \cos\pi + \mathrm{i}\sin\pi \neq 1$ hat das Quadrat 1. Dies ergibt die berühmte Gleichung

$$\mathrm{e}^{\mathrm{i}\pi} + 1 = 0$$

und somit $\cos\pi = -1$, $\sin\pi = 0$. *Dabei ist π die kleinste positive Nullstelle von* sin. (Warum?) Im offenen Intervall $]0, \pi[$ ist sin wegen $\sin t \sim t$ für $t \to 0$ positiv. Ferner ist $\mathrm{e}^{\mathrm{i}\pi/2}$ eine primitive vierte Einheitswurzel, also i oder $-$i. Da $\sin\pi/2 > 0$ ist, erhält man $\mathrm{e}^{\mathrm{i}\pi/2} = \mathrm{i}$. Wir notieren einige der Formeln, die sich mit Satz 1.4.5 ergeben, explizit.

Proposition 1.4.11

(1) *Die Menge der (reellen und komplexen) Nullstellen von* sin *ist* $\mathbb{Z}\pi$, *die von* cos *ist* $\frac{1}{2} + \mathbb{Z}\pi$. *Alle diese Nullstellen sind einfach.*
(2) *Es ist* $\cos\pi = -1$, $\sin(\pi/2) = 1$.
(3) *Es ist* $\cos\big(z - (\pi/2)\big) = \sin z$, $\sin\big(z + (\pi/2)\big) = \cos z$ *für alle* $z \in \mathbb{C}$.
(4) *Es ist* $\cos(z + \pi) = -\cos z$, $\sin(z + \pi) = -\sin z$ *für alle* $z \in \mathbb{C}$.
(5) *Es ist* $\cos(z + 2\pi) = \cos z$, $\sin(z + 2\pi) = \sin z$ *für alle* $z \in \mathbb{C}$.

In jeder der Gleichungen in (3), (4) und (5) ist π jeweils die kleinste positive reelle Zahl, mit der sie für alle z gelten.

Die Einfachheit der Nullstellen in Proposition 1.4.11 (1) ergibt sich mit Hilfe der Additionstheoreme daraus, dass 0 wegen $\sin z = \sum_{n\in\mathbb{N}}(-1)^n z^{2n+1}/(2n+1)!$ eine einfache Nullstelle des Sinus ist. Aus den speziellen Werten von cos und sin ergeben sich mit den Additionstheoremen auch die angegebenen Funktionalgleichungen. Dass 2π die kleinste positive Periode sowohl von cos also auch von sin ist, d. h. dass $\mathbb{Z}2\pi$ die Periodengruppe von cos und von sin ist, folgt daraus, dass jede Periode von cos eine von sin ist und umgekehrt, und damit auch eine Periode von $\mathrm{e}^{\mathrm{i}z}$.

Wir fassen zusammen: Die Funktion $t \mapsto \mathrm{e}^{\mathrm{i}t}$ durchläuft auf dem halboffenen Intervall $[0, 2\pi[$ jeden Punkt des Einheitskreises U einmal und dabei zunächst die Punkte in der oberen Halbebene. Für $t = 2\pi$ wird der Weg im Punkt $1 \in U$ geschlossen. Die Schnelligkeit $|(\mathrm{e}^{\mathrm{i}t})'| = |\mathrm{i}\mathrm{e}^{\mathrm{i}t}| = 1$ ist konstant gleich 1, also gibt t auch die beim Durchlaufen zurückgelegte Weglänge an, vgl. Satz 3.3.5. Insbesondere ist 2π der Umfang des Einheitskreises. Seit dem Altertum teilt man den Umfang des Einheitskreises in 360 gleiche Teile und definiert ein Grad durch $1° := 2\pi/360$, also allgemein

$$\alpha° := 2\pi\alpha/360, \quad \alpha \in \mathbb{R}.$$

Ferner ergibt sich, wie bereits erwähnt, die **Polarkoordinatendarstellung**

$$e^z = e^{\Re z}(\cos \Im z + i \sin \Im z), \quad z \in \mathbb{C},$$

von e^z. Dabei kann bei gegebenem $w = e^z$ das Argument $\operatorname{Arg} w = \Im z$ eindeutig im Intervall $[0, 2\pi[$ (oder in jedem anderen halboffenen Intervall der Länge 2π) gewählt werden. Wir werden den Verlauf der trigonometrischen Funktionen im Reellen noch einmal in Abschn. 2.4 besprechen.

Bemerkung 1.4.12 Die Exponentialfunktion lässt sich für beliebige $\mathbb{K}$-Banach-Algebren definieren. Sei A solch eine Algebra. Dann ist die **Exponentialabbildung**

$$\exp = \exp_A \colon A \to A \quad \text{mit} \quad \exp x := \sum_{n=0}^{\infty} \frac{x^n}{n!}, \quad x \in A,$$

auf A wohldefiniert. Für jedes $r \in \mathbb{R}_+^{\times}$ ist die Familie $x^n/n!$, $n \in \mathbb{N}$, wegen $\|x^n/n!\| \leq \|x\|^n/n!$ auf dem Ball $\overline{B}_A(0; r) \subseteq A$ normal summierbar. Insbesondere ist $\exp_A$ stetig. Wie Satz 1.4.1 beweist man das folgende Additionstheorem: *Sind* $x, y \in A$ *kommutierende Elemente in A, so ist* $\exp(x + y) = (\exp x)(\exp y)$. *Insbesondere ist* $\exp(-x) = (\exp x)^{-1}$ *und* $\exp x \in A^{\times}$ *für jedes $x \in A$. Ist A kommutativ, so ist* $\exp \colon A \to A^{\times}$ *ein Gruppenhomomorphismus.* Wie Satz 1.4.3 beweist man auch, dass die Folge $(1 + \frac{x}{n})^n$, $n \in \mathbb{N}^*$, auf jedem Ball $\overline{B}_A(0; r) \subseteq A$, $r \in \mathbb{R}_+^{\times}$, gleichmäßig gegen $\exp x$ konvergiert. Die Logarithmusreihe aus Aufg. 1.2.18 liefert eine lokale Umkehrung

$$1 + y \mapsto \ln(1 + y) := \sum_{n=0}^{\infty} \frac{(-1)^n}{n+1} y^{n+1}$$

von $\exp$ in einer Umgebung von $1 \in A$. Daher enthält das Bild von $\exp$ eine Umgebung von $1 \in A$ und ist offen in $A^{\times}$, wenn A kommutativ ist, vgl. Lemma 1.4.7. Im Allgemeinen ist das Bild von $\exp$ aber *nicht* offen in $A^{\times}$. – Die Exponentialabbildung ist ein wesentliches Hilfsmittel zum Studium von Banach-Algebren. Für erste Beispiele dazu verweisen wir auf [13], §18, Aufg. 8 und die sich daran anschließenden Bemerkungen sowie auf Bd. 4 über Lineare Algebra II. $\diamond$

Beispiel 1.4.13 (Superposition harmonischer Schwingungen) Wie schon der Beweis für die Additionstheoreme von cos und sin in Satz 1.4.5 (5) zeigt, ist es grundsätzlich vorteilhaft, das Rechnen mit trigonometrischen Funktionen über die Eulerschen Formeln 1.4.5 (3) und (4) auf das Rechnen mit der Exponentialfunktion zurückzuführen.

Die sogenannten harmonischen Schwingungen

$$t \mapsto a \cos(\omega t + \varphi) \quad \text{oder} \quad t \mapsto a \sin(\omega t + \varphi)$$

mit der Kreisfrequenz $\omega \in \mathbb{R}^{\times}_+$, der Amplitude $a \in \mathbb{R}_+$ und der Phasenverschiebung $\varphi \in$ $\mathbb{R}$ etwa sind auf Grund der Additionstheoreme Linearkombinationen der Schwingungen $t \mapsto \cos \omega t$ und $t \mapsto \sin \omega t$, d. h. sie haben die Gestalt

$$b \cos \omega t + c \sin \omega t$$

mit konstanten reellen Koeffizienten b, c. Lassen wir auch komplexe Koeffizienten zu, so sind dies auf Grund der Eulerschen Formeln genau die komplexen Linearkombinationen der beiden Exponentialfunktionen $e^{i\omega t}$ und $e^{-i\omega t} = 1/e^{i\omega t}$.

Produkt- und Summenbildung solcher Linearkombinationen führen wegen $(e^{i\omega t})^n = e^{in\omega t}$ für $n \in \mathbb{Z}$ zu Funktionen der Gestalt

$$\sum_{n \in \mathbb{Z}} c_n e^{in\omega t}$$

(wobei nur endlich viele der konstanten Koeffizienten $c_n \in \mathbb{C}$ ungleich 0 sind). Endliche Summen und Produkte harmonischer Schwingungen mit der festen Kreisfrequenz ω ergeben also Linearkombinationen von harmonischen Schwingungen der Kreisfrequenzen $n\omega, n \in \mathbb{N}$. Man nennt sie auch die **trigonometrischen Polynome** zur Kreisfrequenz ω (bzw. zur Frequenz $\omega/2\pi$). Allgemeiner ergibt sich auf diese Weise: Summen und Produkte endlich vieler harmonischer Schwingungen der Kreisfrequenzen $\omega_1, \ldots, \omega_m$ sind Linearkombinationen von harmonischen Schwingungen. Die Kreisfrequenzen dieser Linearkombinationen sind $n_1\omega_1 + \cdots + n_m\omega_m, n_1, \ldots, n_m \in \mathbb{Z}$. Dies folgt aus

$$(e^{i\omega_1 t})^{n_1} \cdots (e^{i\omega_m t})^{n_m} = e^{i(n_1\omega_1 + \cdots + n_m\omega_m)t} \quad \text{für alle } n_1, \ldots, n_m \in \mathbb{Z}.$$

Sei $m > 0$, und die Kreisfrequenzen $\omega_1, \ldots, \omega_m$ seien weiterhin positiv. Wir betrachten noch einmal die Menge

$$F := \mathbb{Z}\omega_1 + \cdots + \mathbb{Z}\omega_m = \{n_1\omega_1 + \cdots + n_m\omega_m \mid (n_1, \ldots, n_m) \in \mathbb{Z}^m\}$$

aller sich daraus zusammensetzenden Kreisfrequenzen. F ist eine Untergruppe der additiven Gruppe von $\mathbb{R}$. Zwei wesentlich verschiedene Fälle sind zu unterscheiden:

(1) *Die $\omega_1, \ldots, \omega_m$ sind kommensurabel*, d. h. je zwei der $\omega_1, \ldots, \omega_m$ unterscheiden sich um einen rationalen Faktor. Dann gibt es ein $\omega \in \mathbb{R}^{\times}_+$ und $k_1, \ldots, k_m \in \mathbb{N}^*$ mit $\omega_j = k_j\omega$. Ersetzen wir noch ω durch $d\omega$, wobei d der größte gemeinsame Teiler der $k_1, \ldots, k_m$ ist, können wir überdies $\text{ggT}(k_1, \ldots, k_m) = 1$ annehmen. Nach dem Lemma von Bezout ist $1 = n_1 k_1 + \cdots + n_m k_m$ mit ganzen Zahlen n_j, d. h. $\omega = \sum_{j=1}^{m} n_j k_j \omega = \sum_{j=1}^{m} n_j \omega_j$ gehört selbst zu F. Also ist $F = \mathbb{Z}\omega$, *und alle Elemente von F sind ganzzahlige Vielfache der Grundkreisfrequenz ω.*

(2) *Die $\omega_1, \ldots, \omega_m$ sind nicht kommensurabel* (in dem in (1) beschriebenen Sinn). *Dann ist F dicht in $\mathbb{R}$*, d. h. jede Kreisfrequenz $\omega \in \mathbb{R}$ lässt sich mit Hilfe der Elemente aus F beliebig genau approximieren. Dies ergibt sich sofort aus Lemma 1.4.8.

Übrigens überträgt sich das Lemma 1.4.8 mit Hilfe der (stetigen) Exponentialfunktion $\mathbb{R} \to \mathbb{R}_+^\times$ und ihrer (stetigen) Umkehrfunktion, des Logarithmus $\mathbb{R}_+^\times \to \mathbb{R}$, sofort auf $(\mathbb{R}_+^\times, \cdot)$: *Eine Untergruppe der multiplikativen Gruppe $\mathbb{R}_+^\times$ ist dicht in $\mathbb{R}_+^\times$ oder aber zyklisch.* Als Illustration dazu noch zwei Beispiele:

Ausgehend von einem Grundton der Frequenz $\nu_0 > 0$ lässt sich allein mit Oktaven-sprüngen auf- oder abwärts (d. h. durch (eventuell mehrmaliges) Multiplizieren mit $2^{\pm 1}$) und Quintensprüngen auf- oder abwärts (d. h. durch (eventuell mehrmaliges) Multiplizieren mit $(3/2)^{\pm 1}$) jeder Ton einer Frequenz > 0 beliebig genau approximieren.[17]

Vorgegeben seien Zahnräder mit a bzw. b bzw. c Zähnen (a, b, c paarweise verschieden), von jedem Typ beliebig viele. Es gebe keine Darstellung $a^m b^n = c^{m+n}$ mit von 0 verschiedenen ganzen Zahlen m, n. Dann lässt sich zu jedem Übersetzungsverhältnis $d > 0$ und jedem $\varepsilon > 0$ mit den gegebenen Zahnrädern ein Getriebe konstruieren, dessen Übersetzungsverhältnis gleich d bis auf einen Fehler $\leq \varepsilon$ ist. Zu diesem Beispiel siehe auch [14], Aufg. 2.3.12. $\diamond$

Die Funktionen

$$\cosh z := \frac{1}{2}\left(e^z + e^{-z}\right) = \sum_{k=0}^\infty \frac{z^{2k}}{(2k)!}, \quad \sinh z := \frac{1}{2}\left(e^z - e^{-z}\right) = \sum_{k=0}^\infty \frac{z^{2k+1}}{(2k+1)!}$$

heißen die **Hyperbelfunktionen** und werden als **Kosinus hyperbolicus** bzw. **Sinus hyperbolicus** bezeichnet. Es ist $\cosh z + \sinh z = e^z$ und $\cosh z - \sinh z = e^{-z}$, also

$$\cosh^2 z - \sinh^2 z = 1.$$

Für $t \in \mathbb{R}$ sind natürlich auch $\cosh t, \sinh t \in \mathbb{R}$, und der Punkt $(\cosh t, \sinh t)$ liegt auf der Einheitshyperbel $\{(x, y) \in \mathbb{R}^2 \mid x^2 - y^2 = 1\} \subseteq \mathbb{R}^2$, was den Namen „Hyperbelfunktion" erklärt, vgl. Abb. 1.8 rechts. Die Graphen der reellen Hyperbelfunktion sind links in Abb. 1.8 dargestellt. Aus Satz 1.4.5 (4) ergibt sich der folgende Zusammenhang zwischen den Kreisfunktionen und den Hyperbelfunktionen:

$$\cos z = \cosh iz, \quad \sin z = \frac{1}{i} \sinh iz = -i \sinh iz.$$

---

[17] Darum ist es so schwierig, ein Klavier (harmonisch) zu stimmen. Der Quintenzirkel beruht auf dem Kompromiss $(3/2)^{12}$ „$=$" 2^7. Das Intervall $(3/2)^{12} : 2^7 = 3^{12}/2^{19} = 531.441/524.288$ bezeichnet man als das **pythagoreische Komma**. Seine Kettenbruchentwicklung ist $[1, 73, 3, 2, 1, 1, 1, 23, 2, 5] \approx [1, 73] = 74/73 = 1,\overline{01369863}$, vgl. Beispiel 3.3.11 in [14]. Das pythagoreische Komma ist also wesentlich kleiner als ein Halbton (d. h. $2^{1/12} = 1,059\ldots$ bei temperierter Stimmung). Vgl. auch Aufg. 3.10.9 b) in [14].

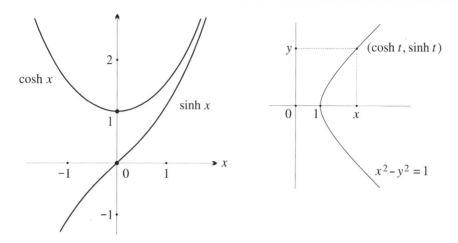

Abb. 1.8 Hyperbelfunktionen cosh und sinh

Die Funktionen **Tangens, Kotangens, Tangens hyperbolicus, Kotangens hyperbolicus**
definiert man als die Quotienten

$$\tan z := \frac{\sin z}{\cos z}, \quad \cot z := \frac{\cos z}{\sin z}, \quad \tanh z := \frac{\sinh z}{\cosh z}, \quad \coth z := \frac{\cosh z}{\sinh z}.$$

Diese Funktionen sind als Quotienten ganzer Funktionen meromorph auf $\mathbb{C}$. Da Zähler
und Nenner in keinem der vier Fälle eine gemeinsame Nullstelle haben, sind die Polstellen jeweils die Nullstellen der Nenner und die Nullstellenordnung der Nenner ist die
Polstellenordnung der meromorphen Funktionen. sin hat aber die einfachen Nullstellen
$k\pi, k \in \mathbb{Z}$, und cos die einfachen Nullstellen $(\frac{1}{2}+k)\pi, k \in \mathbb{Z}$, vgl. Proposition 1.4.11 (1).
Die Nullstellen von sinh und cosh sind daher $k\pi\mathrm{i}$ bzw. $(\frac{1}{2}+k)\pi\mathrm{i}$, $k \in \mathbb{Z}$, und ebenfalls
alle einfach. Es ist

$$\tan z = \frac{1}{\mathrm{i}} \tanh \mathrm{i}z = -\mathrm{i} \tanh \mathrm{i}z, \quad \cot z = \mathrm{i} \coth \mathrm{i}z,$$

ferner ist $\tan 0 = 0$, $\tan(-z) = -\tan z$, $\cot(-z) = -\cot z$, $\cot z = 1/\tan z$.

Beispiel 1.4.14 (Bernoullische Zahlen) Die ganze Funktion

$$\frac{\mathrm{e}^z - 1}{z} = \sum_{n=0}^{\infty} \frac{z^n}{(n+1)!}$$

hat im Nullpunkt den Wert 1. Ihr Kehrwert $z/(\mathrm{e}^z - 1)$ ist daher meromorph, und seine
Polstellen sind die von 0 verschiedenen Nullstellen von $\mathrm{e}^z - 1$, also die Zahlen $2k\pi\mathrm{i}$,

$k \in \mathbb{Z}^*$, vgl. Proposition 1.4.10. Da diese Nullstellen einfach sind, sind auch die Polstellen von $z/(e^z - 1)$ einfach. Nach Satz 1.3.9 hat die Potenzreihenentwicklung

$$\frac{z}{e^z - 1} = \sum_{n=0}^{\infty} B_n \frac{z^n}{n!}$$

den Konvergenzradius 2π. Die Zahlen B_n, $n \in \mathbb{N}$, heißen die **Bernoullischen Zahlen** (nach Jakob Bernoulli (1654–1705)).[18] Aus der Identität

$$\left(\sum_{n=0}^{\infty} \frac{B_n z^n}{n!} \right) \left(\sum_{n=0}^{\infty} \frac{z^n}{(n+1)!} \right) \equiv 1$$

ergibt sich durch Koeffizientenvergleich

$$B_0 = 1 \quad \text{und} \quad \frac{B_n}{n!} + \frac{B_{n-1}}{(n-1)!} \cdot \frac{1}{2!} + \cdots + \frac{B_0}{0!} \cdot \frac{1}{(n+1)!} = 0, \quad n \in \mathbb{N}^*,$$

womit sich die B_n leicht rekursiv berechnen lassen. Nach Multiplikation mit $(n+1)!$ erhält die Rekursionsgleichung die Form

$$\sum_{k=0}^{n} \binom{n+1}{k} B_k = 0, \quad n \in \mathbb{N}^*,$$

die man mnemotechnisch auch in der Form $(B+1)^{n+1} = B_{n+1}$, $n \in \mathbb{N}$, schreibt, wobei man in dem Ausdruck für das Binom $(B+1)^{n+1}$ gemäß der binomischen Formel die Potenz B^k jeweils durch B_k zu ersetzen hat. Es ist also

$$B_0 = 1, \ B_2 = \frac{1}{6}, \ B_4 = -\frac{1}{30}, \ B_6 = \frac{1}{42}, \ B_8 = -\frac{1}{30}, \ B_{10} = \frac{5}{66},$$

$$B_{12} = -\frac{691}{2730}, \ B_{14} = \frac{7}{6}, \ B_{16} = -\frac{3617}{510}, \ B_{18} = \frac{43.867}{798}, \ B_{20} = -\frac{174.611}{330},$$

$$B_{22} = \frac{854.513}{138}, \ B_{24} = -\frac{236.364.091}{2730}, \ B_{26} = \frac{8.553.103}{6},$$

$$B_{28} = -\frac{23.749.461.029}{870}, \ B_{30} = \frac{8.615.841.276.005}{14.322}$$

usw. *Die Bernoullischen Zahlen B_{2k+1} mit ungeradem Index $2k + 1 \geq 3$ verschwinden.* Zum Beweis betrachtet man die meromorphe Funktion

$$f(z) := \frac{z}{e^z - 1} + \frac{z}{2} = \frac{z}{2} \cdot \frac{e^z + 1}{e^z - 1} = \frac{z}{2} \cdot \frac{e^{z/2} + e^{-z/2}}{e^{z/2} - e^{-z/2}} = \frac{z}{2} \coth \frac{z}{2}.$$

---

[18] Es sei darauf hingewiesen, dass die Bernoullischen Zahlen gelegentlich mit anderen Vorzeichen versehen und/oder anders nummeriert werden.

mit der Potenzreihenentwicklung $\sum b_n z^n$ um 0. Es ist $B_n = n! b_n$ für $n \neq 1$. Wegen $f(-z) = f(z)$ ist f eine gerade Funktion, und für $k \in \mathbb{N}$ verschwinden die Koeffizienten b_{2k+1}, vgl. Aufg. 1.3.4. – Ferner haben wir die folgende Potenzreihenentwicklung gewonnen:

$$z \coth z = f(2z) = \sum_{n=0}^{\infty} B_{2n} \frac{(2z)^{2n}}{(2n)!}.$$

Aus $z \cot z = iz \coth iz$ erhält man wegen $i^{2n} = (-1)^n$

$$z \cot z = \sum_{n=0}^{\infty} (-1)^n B_{2n} \frac{(2z)^{2n}}{(2n)!} = 1 - \frac{z^2}{3} - \frac{z^4}{45} - \frac{2z^6}{945} - \frac{z^8}{4725} - \cdots.$$

Mit

$$\coth z + \tanh z = \frac{e^z + e^{-z}}{e^z - e^{-z}} + \frac{e^z - e^{-z}}{e^z + e^{-z}} = 2 \frac{e^{2z} + e^{-2z}}{e^{2z} - e^{-2z}} = 2 \coth 2z$$

ergibt sich

$$\tanh z = 2 \coth 2z - \coth z = \sum_{n=1}^{\infty} (2^{2n} - 1) \frac{B_{2n}}{n} \frac{(2z)^{2n-1}}{(2n-1)!}$$

und mit $\tan z = (\tanh iz)/i$ schließlich

$$\tan z = \sum_{n=1}^{\infty} (-1)^{n-1} (2^{2n} - 1) \frac{B_{2n}}{n} \frac{(2z)^{2n-1}}{(2n-1)!} = z + \frac{z^3}{3} + \frac{2z^5}{15} + \frac{17z^7}{315} + \frac{62z^9}{2835} + \cdots.$$

Die Gleichung

$$\frac{z}{\sinh z} = \frac{2z}{e^z - e^{-z}} = \frac{2z e^z}{e^{2z} - 1} = \frac{2z(e^z + 1)}{e^{2z} - 1} = \frac{2z(e^z + 1)}{e^{2z} - 1} - \frac{2z}{e^{2z} - 1} = 2 \frac{z}{e^z - 1} - \frac{2z}{e^{2z} - 1}$$

liefert noch

$$\frac{z}{\sinh z} = \sum_{n=0}^{\infty} (2 - 2^{2n}) B_{2n} \frac{z^{2n}}{(2n)!} \qquad \text{und}$$

$$\frac{z}{\sin z} = \frac{iz}{\sinh iz} = \sum_{n=0}^{\infty} (-1)^n (2 - 2^{2n}) B_{2n} \frac{z^{2n}}{(2n)!}$$

$$= 1 + \frac{z^2}{6} + \frac{7z^4}{360} + \frac{31z^6}{15.120} + \frac{127z^8}{604.800} + \cdots.$$

Die Funktion $\operatorname{cosec} z := 1/\sin z$ bezeichnet man auch als den **Kosecans** (und $\sec z := 1/\cos z$ als den **Secans**, vgl. das folgende Beispiel).

Mit den Bernoullischen Zahlen lassen sich im Anschluss an Euler leicht geschlossene Ausdrücke für die Potenzsummen $1^m + 2^m + \cdots + k^m$, $k, m \in \mathbb{N}$, angeben. Es ist nämlich

$$\sum_{m=0}^{\infty} \Big(\sum_{n=0}^{k} n^m \Big) \frac{z^m}{m!} = \sum_{n=0}^{k} (e^z)^n = \frac{e^{(k+1)z} - 1}{e^z - 1} = \frac{z}{e^z - 1} \frac{e^{(k+1)z} - 1}{z}$$

$$= \Big(\sum_{j=0}^{\infty} B_j \frac{z^j}{j!} \Big) \Big(\sum_{j=0}^{\infty} \frac{(k+1)^{j+1}}{j+1} \frac{z^j}{j!} \Big)$$

$$= \sum_{m=0}^{\infty} \Big(\sum_{j=0}^{m} \frac{B_j}{j!} \frac{(k+1)^{m+1-j}}{(m+1-j)!} \Big) z^m,$$

und Koeffizientenvergleich liefert die Formel

$$\sum_{n=0}^{k} n^m = m! \sum_{j=0}^{m} \frac{B_j}{j!} \cdot \frac{(k+1)^{m+1-j}}{(m+1-j)!} = \frac{1}{m+1} \sum_{j=0}^{m} \binom{m+1}{j} B_j \cdot (k+1)^{m+1-j}, \quad k, m \in \mathbb{N},$$

die bereits von dem Rechenmeister Johannes Faulhaber (1580–1635) aus Ulm im Jahre 1631 angegeben (und von Jacob Bernoulli in der „Ars conjectandi" zitiert) wurde. Durch Vergleich mit der am Ende von Beispiel 1.2.24 (3) angegebenen Formel für die Summe $\sum_{n=0}^{k} n^m$ gewinnt man durch Betrachten der Koeffizienten bei $k + 1$ den folgenden Zusammenhang zwischen den Bernoullischen Zahlen und den Stirlingschen Zahlen zweiter Art:

$$B_m = \sum_{n=0}^{m} \frac{(-1)^n n!}{n+1} S(m, n), \quad m \in \mathbb{N}. \qquad \diamond$$

Beispiel 1.4.15 (Eulersche Zahlen) Die Potenzreihenentwicklung des Secans $\sec z = 1/\cos z$ um den Nullpunkt setzt man in der Form

$$\sec z = \frac{1}{\cos z} = \sum_{n=0}^{\infty} E_n \frac{z^n}{n!}$$

als exponentielle erzeugende Funktion der sogenannten **Eulerschen Zahlen** E_n, $n \in \mathbb{N}$, an.[19] Wegen

$$\cos z = \sum_{n=0}^{\infty} (-1)^n \frac{z^{2n}}{(2n)!}$$

[19] Auch die Eulerschen Zahlen werden gelegentlich mit anderen Vorzeichen versehen oder anders nummeriert. Für eine kombinatorische Interpretation der Eulerschen Zahlen siehe Aufg. 2.2.31.

sind $\cos z$ und damit auch $1/\cos z$ gerade Funktionen. Daher verschwinden die Euler-schen Zahlen E_{2k+1}, $k \in \mathbb{N}$, mit ungeradem Index. Die mit geradem Index erfüllen die Rekursion

$$E_0 = 1, \qquad \sum_{k=0}^{n} (-1)^k \binom{2n}{2k} E_{2k} = 0, \quad n \in \mathbb{N}^*,$$

die sich aus $\cos z \cdot \sec z = 1$ ergibt. Insbesondere sind die E_n ganzzahlig (vgl. dazu auch Aufg. 1.2.16). Es ist $E_0 = 1$, $E_2 = 1$, $E_4 = 5$, $E_6 = 61$, $E_8 = 1385$, $E_{10} = 50.521$ usw.[20] Wegen $\cosh z = \cos iz$ ist

$$\frac{1}{\cosh z} = \sum_{n=0}^{\infty} (-1)^n E_{2n} \frac{z^{2n}}{(2n)!}$$

die Potenzreihenentwicklung von $1/\cosh z$ um 0. Aus den Gleichungen

$$\frac{1}{\cos z} = \frac{2}{e^{iz} + e^{-iz}} = \frac{2e^{iz}}{e^{2iz} + 1} = \frac{2e^{iz}(e^{2iz} - 1)}{e^{4iz} - 1} = \left(\frac{2iz}{e^{iz} - 1} - \frac{2iz}{e^{2iz} - 1} - \frac{4ize^{iz}}{e^{4iz} - 1} \right) \frac{1}{iz}$$

$$= \sum_{m=1}^{\infty} \left(2B_m - 2^m B_m - \sum_{k=0}^{m} \binom{m}{k} \right) 4^k B_k \frac{(iz)^{m-1}}{m!}$$

$$= \sum_{n=0}^{\infty} \frac{(-1)^{n+1}}{2n+1} \left(\sum_{k=0}^{2n+1} \binom{2n+1}{k} 4^k B_k \right) \frac{z^{2n}}{(2n)!}$$

ergibt sich durch Koeffizientenvergleich die folgende Darstellung der Eulerschen Zahlen E_{2n} mit Hilfe der Bernoullischen Zahlen:

$$E_{2n} = \frac{(-1)^{n+1}}{2n+1} \sum_{k=0}^{2n+1} \binom{2n+1}{k} 4^k B_k, \quad n \in \mathbb{N}.$$

Zu einer Anwendung verweisen wir auf Beispiel 3.7.7.   ◇

Aufgaben

Aufgabe 1.4.1 Man berechne e mit Hilfe der Potenzreihenentwicklung von e^z bis auf einen Fehler $\leq 10^{-10}$. Mit derselben Genauigkeit berechne man $\cos 1$ und $\sin 1$.

Aufgabe 1.4.2 Man gebe die Potenzreihenentwicklungen der Funktionen $\exp z$, $\sin z$, $\cos z$, $\sinh z$, $\cosh z$ um einen beliebigen Punkt $a \in \mathbb{C}$ an.

---

[20] Übrigens sind alle E_{2n}, $n \in \mathbb{N}$, positiv, vgl. Aufg. 2.2.31 oder Beispiel 3.7.7.

Aufgabe 1.4.3 Man gebe die Potenzreihenentwicklungen von $e^z \cos z$; $\cos^n z$ und $\sin^n z$, $n \in \mathbb{N}$, jeweils um 0 an.

Aufgabe 1.4.4 Für die folgenden analytischen Funktionen gebe man jeweils die Potenzreihenentwicklung bis zur Ordnung 5 um den Nullpunkt an:

$$e^{\sin z}; \qquad e^{\cos z}; \qquad \frac{\sin z}{2 + \cos z}; \qquad \frac{z^2 e^z}{(e^z - 1)^2}; \qquad \frac{\sin bz}{\sin cz}, \quad b, c \in \mathbb{C}^\times.$$

(Für die ersten beiden Funktionen siehe auch Aufg. 2.2.15.)

Aufgabe 1.4.5 Für $x, y \in \mathbb{C}$ gilt

$$\cos(x + \mathrm{i}y) = \cos x \cosh y - \mathrm{i} \sin x \sinh y, \quad \sin(x + \mathrm{i}y) = \sin x \cosh y + \mathrm{i} \cos x \sinh y.$$

Insbesondere sind damit für $z = x + \mathrm{i}y$, $x, y \in \mathbb{R}$, Real- und Imaginärteil von $\cos z$ und $\sin z$ beschrieben. Es folgt

$$|\cos(x + \mathrm{i}y)|^2 = \cos^2 x + \sinh^2 y, \quad |\sin(x + \mathrm{i}y)|^2 = \sin^2 x + \sinh^2 y.$$

Aufgabe 1.4.6 Für $z, w \in \mathbb{C}$ gilt

$$\cosh(z + w) = \cosh z \cosh w + \sinh z \sinh w,$$
$$\sinh(z + w) = \sinh z \cosh w + \cosh z \sinh w.$$

Aufgabe 1.4.7 Für $z \in \mathbb{C}$ und $n \in \mathbb{Z}$ gilt $(\cosh z + \sinh z)^n = \cosh nz + \sinh nz$.

Aufgabe 1.4.8 Für $z, w \in \mathbb{C}$ gilt

$$\tan(z + w) = \frac{\tan z + \tan w}{1 - \tan z \tan w}, \qquad \cot(z + w) = \frac{\cot z \cot w - 1}{\cot z + \cot w},$$
$$\tanh(z + w) = \frac{\tanh z + \tanh w}{1 + \tanh z \tanh w}, \qquad \coth(z + w) = \frac{\coth z \coth w + 1}{\coth z + \coth w},$$

falls jeweils beide Seiten der betrachteten Formeln definiert sind.

Aufgabe 1.4.9 Zu jedem $(x, y) \in \mathbb{R}^2$ mit $x^2 - y^2 = 1$ und $x > 0$ gibt es genau ein $t \in \mathbb{R}$ mit $x = \cosh t$, $y = \sinh t$. Die Abbildung $\mathbb{R} \to H_+$, $t \mapsto (\cosh t, \sinh t)$ ist also eine *bijektive* Parametrisierung des Hyperbelbogens

$$H_+ := \{(x, y) \in \mathbb{R}^2 \mid x^2 - y^2 = 1, \ x > 0\}.$$

Aufgabe 1.4.10 Für alle $z \in \mathbb{C}$ gilt

$$\mathrm{e}^{\bar{z}} = \overline{(\mathrm{e}^z)}, \quad \sin \bar{z} = \overline{\sin z}, \quad \cos \bar{z} = \overline{\cos z}, \quad \sinh \bar{z} = \overline{\sinh z}, \quad \cosh \bar{z} = \overline{\cosh z}.$$

(Vgl. auch Aufg. 1.3.5 b).)

Aufgabe 1.4.11 Für alle $z \in \mathbb{C}$ ist $|\mathrm{e}^z - 1| \leq \mathrm{e}^{|z|} - 1 \leq |z|\mathrm{e}^{|z|}$. Wann gilt in diesen Ungleichungen jeweils das Gleichheitszeichen?

Aufgabe 1.4.12 Für alle $x \in \mathbb{R}_+$ ist $\mathrm{e}^x - 1 \geq x\mathrm{e}^{x/2}$.

Aufgabe 1.4.13 Für alle $x \in \mathbb{R}$ ist $1 - \cos x \leq x^2/2$.

Aufgabe 1.4.14 Sei $z = x + \mathrm{i}y \in \mathbb{C}$ mit $x, y \in \mathbb{R}$, $x > 0$. Dann gilt:

a) Es ist $|\mathrm{e}^z - 1| \leq (|z|/x)(\mathrm{e}^x - 1)$. (Man kann diese Ungleichung aus Aufg. 1.4.12 und Aufg. 1.4.13 folgern. Wegen $(|z|/x)(\mathrm{e}^x - 1) \leq \mathrm{e}^{|z|} - 1$ verschärft sie die erste Abschätzung in Aufg. 1.4.11.)
b) Man folgere: Für $\alpha, \beta \in \mathbb{R}$ mit $\alpha < \beta$ ist $|\mathrm{e}^{-\alpha z} - \mathrm{e}^{-\beta z}| \leq (|z|/x)(\mathrm{e}^{-\alpha x} - \mathrm{e}^{-\beta x})$. (Einen anderen Beweis findet man in Aufg. 3.2.27.)

Aufgabe 1.4.15 Man berechne die Werte von Sinus, Kosinus und Tangens für $\pi/8 = 22{,}5°$, $\pi/6 = 30°$, $\pi/5 = 36°$, $\pi/4 = 45°$, $\pi/3 = 60°$, $3\pi/8 = 67{,}5°$, $2\pi/5 = 72°$, $5\pi/12 = 75°$. (Man beachte $\mathrm{e}^{2\pi \mathrm{p}i/q} = \cos(2\pi p/q) + \mathrm{i}\sin(2\pi p/q)$, $p, q \in \mathbb{N}^*$, ist eine komplexe q-te Einheitswurzel. Welche Ordnung hat die Einheitswurzel $\mathrm{e}^{\mathrm{i}m°}$ für $m \in \mathbb{Z}$? Vgl. auch [14], Aufg. 3.5.28.)

Aufgabe 1.4.16 Man zeige für alle $z \in \mathbb{C}$:

(1) $\tan(\pi/4) = 1 = \cot(\pi/4)$, $\cot(\pi/2) = 0$.
(2) $\tan(z + (\pi/2)) = -\cot z$.
(3) $\tan(z + \pi) = \tan z$, $\cot(z + \pi) = \cot z$.

Aufgabe 1.4.17 Die Funktionen $\sin: \mathbb{C} \to \mathbb{C}$ und $\cos: \mathbb{C} \to \mathbb{C}$ sind surjektiv. Jedes $z \in \mathbb{C}$ hat unendlich viele Urbilder. Man gebe alle $z \in \mathbb{C}$ mit $\sin z = 2$ an. (Vgl. hierzu auch die Joukowski-Funktion in [14], Beispiel 3.5.9.)

Aufgabe 1.4.18 Man skizziere die Niveaumenge $\{z \in \mathbb{C} \mid |\sin z| = c\}$ für $c = 1/2$, 1, $3/2$ und 2.

Differenziation

2

2.1 Differenzierbare Funktionen

Die Differenzialrechnung einer Veränderlichen beschäftigt sich mit Funktionen einer reellen oder komplexen Veränderlichen. Ihr Definitionsbereich D ist also eine Teilmenge von $\mathbb{R}$ oder $\mathbb{C}$, wofür wir wieder die gemeinsame Bezeichnung $\mathbb{K}$ verwenden. Als Wertebereich lassen wir von Anfang an einen beliebigen $\mathbb{K}$-Banach-Raum zu. Man beachte, dass im Fall eines reellen Definitionsbereichs auch komplexe Banach-Räume zugelassen sind, da diese ja in natürlicher Weise auch reelle Banach-Räume sind. Ein wichtiger Fall ist dabei, dass der Grundkörper $\mathbb{K}$ selbst der Wertebereich ist. Ferner ist jeder endlichdimensionale $\mathbb{K}$-Vektorraum V ein Banach-Raum. Je zwei Normen auf V mit endlichen Werten sind äquivalent und definieren die natürliche Topologie auf V, vgl. [14], Satz 4.4.12. Ist v_i, $i \in I$, eine endliche Basis von V, so wird eine Funktion $f \colon D \to V$ durch die endlich vielen Koordinatenfunktionen $f_i \colon D \to \mathbb{K}$, $i \in I$, mit $f(x) = \sum_{i \in I} f_i(x) v_i$ gegeben. Bei den Definitionsbereichen D beschränken wir uns in der Regel im reellen Fall auf Intervalle in $\mathbb{R}$ und im komplexen Fall auf offene Mengen in $\mathbb{C}$. Wichtig ist, dass jeder Punkt von D ein Häufungspunkt von D ist.

Im komplexen Fall können wir hier nur die elementaren Aspekte der Differenzierbarkeit beschreiben. Erst in späteren Bänden gehen wir auch ausführlich auf die komplex-differenzierbaren Funktionen ein. Dort wird sich auch die überraschende Tatsache ergeben, dass die komplex-differenzierbaren Funktionen mit den schon in Abschn. 1.3 behandelten komplex-analytischen (= holomorphen) Funktionen identisch sind. Sie bilden den Gegenstand der **Funktionentheorie** (einer komplexen Veränderlichen).

Sei also im Folgenden der Definitionsbereich $D \subseteq \mathbb{K}$ im Fall $\mathbb{K} = \mathbb{R}$ ein Intervall in $\mathbb{R}$ (mit mehr als einem Punkt) und im Fall $\mathbb{K} = \mathbb{C}$ eine offene Menge in $\mathbb{C}$ sowie $V = (V, \|-\|)$ ein $\mathbb{K}$-Banach-Raum. Wie bereits weiter oben sprechen wir auch bei Abbildungen $D \to V$ von Funktionen. Ferner schreiben wir für das skalare Produkt λx, $\lambda \in \mathbb{K}$, $x \in V$, auch $x\lambda$.

© Springer-Verlag GmbH Deutschland, ein Teil von Springer Nature 2018
U. Storch, H. Wiebe, *Analysis einer Veränderlichen*, Springer-Lehrbuch,
https://doi.org/10.1007/978-3-662-56573-5_2

Definition 2.1.1 Eine Funktion $f: D \to V$ heißt im Punkt $a \in D$ **differenzierbar**, wenn der Grenzwert

$$\lim_{\substack{x \to a \\ x \in D - \{a\}}} \frac{f(x) - f(a)}{x - a}$$

in V existiert. Existiert dieser Grenzwert, so heißt er der **Differenzialquotient** oder die **Ableitung** von f im Punkt a und wird mit

$$f'(a) \quad \text{oder} \quad \frac{df}{dx}(a)$$

bezeichnet. – f ist **differenzierbar** in ganz D, wenn f in jedem Punkt von D differenzierbar ist. Die Funktion $D \to V$, $x \mapsto f'(x)$, heißt dann die **Ableitung** f' von f. Ist $D \subseteq \mathbb{R}$ und interpretiert man x als Zeitvariable, so schreibt man häufig auch $\dot{f}(a)$ für die Ableitung $f'(a)$ und nennt sie die **Geschwindigkeit** von f in a. Ihre Norm $\| \dot{f}(a) \|$ heißt die **Schnelligkeit** von f in a.[1]

Die Funktion $D - \{a\} \to V$ mit

$$x \mapsto \frac{f(x) - f(a)}{x - a}$$

heißt der **Differenzenquotient von f im Punkt a**. Er beschreibt die Werteänderung $f(x) - f(a)$ relativ zur Argumentänderung $x - a$ und heißt bei einer Zeitvariablen auch die Durchschnittsgeschwindigkeit von f zwischen den Zeitpunkten a und x. Definitionsgemäß ist der Differentialquotient von f in a gleich dem Limes in a des Differenzenquotienten von f im Punkt a. Dies bedeutet, dass der Differenzenquotient sich zu einer Funktion $D \to V$ fortsetzen lässt, die in a stetig ist und dort den Wert $f'(a)$ hat. Dass die Ableitung der Funktion $f: D \to \mathbb{C}$ im Punkt $a \in D$ existiert und gleich $c \in V$ ist, ist nach [14], Satz 3.8.2 äquivalent mit jeder der folgenden Bedingungen:

(i)   Zu jedem $\varepsilon > 0$ gibt es ein $\delta > 0$ mit

$$\left\| \frac{f(x) - f(a)}{x - a} - c \right\| \leq \varepsilon \quad \text{für alle} \quad x \in D - \{a\}, \; |x - a| \leq \delta.$$

(ii)   Zu jeder Umgebung W von c gibt es eine Umgebung U von a mit

$$\frac{f(x) - f(a)}{x - a} \in W \quad \text{für alle} \quad x \in U \cap D, \; x \neq a.$$

---

[1] Man unterscheidet in den Bezeichnungen nicht immer deutlich zwischen der Geschwindigkeit und ihrer Norm, der Schnelligkeit. Aus dem Zusammenhang sollte das Gemeinte deutlich werden. Im Englischen hat man zur Unterscheidung die Vokabeln „velocity" und „speed".

(iii) Für jede Folge (x_n) in $D - \{a\}$ mit $\lim x_n = a$ ist

$$\lim_{n \to \infty} \frac{f(x_n) - f(a)}{x_n - a} = c.$$

Die Differenzierbarkeit einer Funktion ist (wie die Stetigkeit) eine lokale Eigenschaft dieser Funktion. Die Ableitung von f in a ist, wenn sie existiert, durch die Werte von f in einer (beliebig kleinen) Umgebung von a in D bestimmt.

Bemerkung 2.1.2 Ist $D \subseteq \mathbb{C} = \mathbb{R}^2$ eine offene Menge und $f: D \to V$ in $a \in D$ differenzierbar, so sagt man auch, f sei in a **komplex-differenzierbar**, um diese Differenzierbarkeit deutlich von der Differenzierbarkeit von f als Funktion zweier reeller Variablen zu unterscheiden, die erst in Bd. 5 behandelt wird. Ist $a \in D \cap \mathbb{R}$, so ist $f|(D \cap \mathbb{R}): D \cap \mathbb{R} \to V$ in a natürlich reell-differenzierbar mit derselben Ableitung wie f in a. $\diamond$

Ist V ein endlichdimensionaler $\mathbb{K}$-Vektorraum mit Basis v_i, $i \in I$, so ist $f: D \to V$ in $a \in D$ offenbar genau dann differenzierbar, wenn die **Koordinatenfunktionen** $f_i: D \to \mathbb{K}$, $i \in I$, mit $f(x) = \sum_i f_i(x)v_i$, $x \in D$, in a differenzierbar sind. In diesem Fall gilt

$$f'(a) = \sum_{i \in I} f_i'(a)v_i.$$

Bei $\mathbb{K} = \mathbb{R}$ und $V = \mathbb{C}$ sowie der Standardbasis $1, i$ von $\mathbb{C}$ sind die Koordinatenfunktionen von f der Realteil $\Re f$ und der Imaginärteil $\Im f$ von f.

Besonders wichtig ist die folgende Charakterisierung der Differenzierbarkeit in einem Punkt.

Satz 2.1.3 *Eine Funktion $f: D \to V$ ist in $a \in D$ genau dann differenzierbar, wenn f in a **linear approximierbar** ist, d. h. wenn es ein $c \in V$ und eine Funktion $r: D \to V$ gibt mit:*

(1) *r ist in a stetig, und es ist $r(a) = 0$.*
(2) *Für alle $x \in D$ ist $f(x) = f(a) + c(x - a) + r(x)(x - a)$.*

Dann ist c die Ableitung $f'(a)$ von f in a.

Beweis Sei zunächst f differenzierbar in a. Wir setzen $c := f'(a)$ und

$$r(x) := \begin{cases} \dfrac{f(x) - f(a)}{x - a} - c, \text{ falls } x \neq a, \\[2mm] 0, \text{ falls } x = a. \end{cases}$$

Abb. 2.1 h als lineare Approximation von f in a

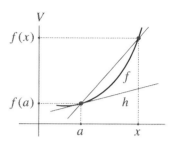

Dann ist r im Punkt a stetig, und es gilt nach Konstruktion von r die in (2) angegebene Darstellung von f.

Existieren umgekehrt r und c mit den angegebenen Eigenschaften, so ist für $x \neq a$

$$\frac{f(x) - f(a)}{x - a} - c = r(x),$$

woraus wegen Bedingung (1) die Behauptung folgt. $\square$

Für eine in $a \in D$ differenzierbare Funktion $f : D \to V$ gilt also die Darstellung

$$f(x) = f(a) + f'(a)(x - a) + o(x - a) \quad \text{für} \quad x \to a$$

mit dem Landau-Symbol o. Die Funktion $h \colon x \mapsto f(a) + f'(a)(x - a)$ heißt die **lineare Approximation** von f in a. Für $x \to a$ unterscheidet sie sich von f nur um eine Funktion $o(x - a)$, die definitionsgemäß sogar noch nach Division durch $x - a$ für $x \to a$ gegen 0 konvergiert. Der Graph von h ist die **Tangente** an den Graphen von f im Punkt $(a, f(a))$. Deren Steigung ist die Ableitung $f'(a)$. Ist speziell $f'(a) = 0$, so verhält sich die Funktion $f = f(a) + o(x - a)$ in einer Umgebung von a (fast) wie die konstante Funktion $f(a)$. Die Tangente ist horizontal. Der Punkt a heißt dann ein **stationärer Punkt** von f. Für den Verlauf von f sind die stationären Punkte von f von großer Bedeutung.[2] Bei $x \in D$, $x \neq a$, ist der Graph der affinen Funktion $\mathbb{K} \to V$, $t \mapsto f(a) + (f(x) - f(a))(t - a)/(x - a)$ die **Sekante** des Graphen von f durch die Punkte $(a, f(a)$ und $(x, f(x))$. Ihre Steigung ist der Differenzenquotient $(f(x) - f(a))/(x - a)$. Im Fall $D \subseteq \mathbb{R}$ liegt die Situation aus Abb. 2.1 vor. Die Idee der linearen Approximierbarkeit führt auch zum Differenzierbarkeitsbegriff bei mehreren Veränderlichen, vgl. Bd. 5.

Korollar 2.1.4 *Ist $f : D \to \mathbb{C}$ im Punkt $a \in D$ differenzierbar, so ist f in a auch stetig. – Insbesondere ist f auf D stetig, wenn f dort differenzierbar ist.*

Beweis Diese Behauptung ergibt sich (mit den Rechenregeln für stetige Funktionen) unmittelbar aus der Darstellung (2) von f in Satz 2.1.3. $\square$

---

[2] Die Natur ist bestrebt, stationäre Punkte zu erreichen.

Abb. 2.2 $|x|$ ist in 0 nicht differenzierbar, $x|x|$ ist in 0 nicht zweimal differenzierbar

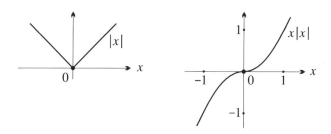

Man beachte, dass die Stetigkeit von f in a nur eine Darstellung $f(x) = f(a) + s(x)$ verlangt mit einer Funktion $s \colon D \to V$, für die $s \to 0$ bei $x \to a$ gilt.

Beispiel 2.1.5

(1) *Konstante Funktionen sind differenzierbar mit Ableitung* 0. Wie wir im nächsten Paragraphen mit Hilfe des Mittelwertsatzes sehen werden, ist umgekehrt eine differenzierbare Funktion auf einem Intervall in $\mathbb{R}$ oder einem Gebiet in $\mathbb{C}$ konstant, wenn ihre Ableitung überall verschwindet.

(2) *Die Identität* $\mathbb{K} \to \mathbb{K}$, $x \mapsto x$, *ist differenzierbar mit Ableitung* 1.

(3) Die Betragsfunktion $\mathbb{R} \to \mathbb{R}$, $x \mapsto |x|$, mit dem Graphen links in Abb. 2.2 ist auf $\mathbb{R}$ im Punkt 0 nicht differenzierbar (wohl aber stetig). Für den Differenzenquotienten $|x|/x$ in 0 gilt nämlich

$$\frac{|x|}{x} = \begin{cases} 1, \text{ falls } x > 0, \\ -1, \text{ falls } x < 0. \end{cases}$$

Es gibt sogar Funktionen $f \colon \mathbb{R} \to \mathbb{R}$, die in jedem Punkt von $\mathbb{R}$ stetig aber in keinem Punkt differenzierbar sind, vgl. Beispiel 2.1.11. Die komplexe Betragsfunktion $\mathbb{C} \to \mathbb{C}$, $z \mapsto |z|$, ist in *keinem* Punkt von $\mathbb{C}$ komplex-differenzierbar, vgl. Aufg. 2.1.2.

(4) Die Funktion $\mathbb{R} \to \mathbb{R}$, $x \mapsto x|x|$, mit dem Graphen rechts in Abb. 2.2 ist überall differenzierbar mit der Ableitung $x \mapsto 2|x|$, die ihrerseits, wie schon in (3) bemerkt, in 0 nicht differenzierbar ist. $\diamond$

Mit Hilfe der folgenden Rechenregeln erhält man ausgehend von differenzierbaren Funktionen wieder differenzierbare Funktionen. Zu ihrem Beweis benutzen wir Satz 2.1.3 (und die Rechenregeln für stetige Funktionen).

Satz 2.1.6 (Rechenregeln für differenzierbare Funktionen) *Im Punkt* $a \in D$ *seien die Funktionen* $f \colon D \to V$ *und* $g \colon D \to V$ *differenzierbar. Ferner sei die Funktion* $h \colon D \to \mathbb{K}$ *ebenfalls in* a *differenzierbar. Dann gilt:*

(1) *Die Summe* $f + g$ *ist differenzierbar in* a, *und es ist*

$$(f + g)'(a) = f'(a) + g'(a) \qquad \textbf{(Summenregel)}.$$

(2) *Das Produkt* hf *ist differenzierbar in* a, *und es ist*

$$(hf)'(a) = h'(a)f(a) + h(a)f'(a) \qquad \textbf{(Produktregel)}.$$

Insbesondere ist λf *für jede Konstante* $\lambda \in \mathbb{K}$ *differenzierbar in* a, *und es ist* $(\lambda f)'(a) = \lambda f'(a)$.

(3) *Ist* $h(x) \neq 0$ *für alle* $x \in D$, *so ist der Quotient* f/h *differenzierbar in* a *und es gilt*

$$\left(\frac{f}{h}\right)'(a) = \frac{h(a)f'(a) - h'(a)f(a)}{h^2(a)} \qquad \textbf{(Quotientenregel)}.$$

Beweis Nach Satz 2.1.3 gibt es in a stetige Funktionen $r, s: D \to V$ und $q: D \to \mathbb{K}$ mit $r(a) = s(a) = 0$ und $q(a) = 0$ sowie mit

$$f(x) = f(a) + f'(a)(x - a) + r(x)(x - a),$$
$$g(x) = g(a) + g'(a)(x - a) + s(x)(x - a),$$
$$h(x) = h(a) + h'(a)(x - a) + q(x)(x - a)$$

für alle $x \in D$. Dann folgt

$$(f + g)(x) = (f + g)(a) + \big(f'(a) + g'(a)\big)(x - a) + \big(r(x) + s(x)\big)(x - a).$$

Da auch $r + s$ in a stetig ist und dort den Wert 0 hat, ergeben sich die Differenzierbarkeit von $f + g$ und die Gleichung in (1). Weiter erhält man

$$(hf)(x) = h(x)f(x) = h(a)f(a) + \big(h'(a)f(a) + h(a)f'(a)\big)(x - a)$$
$$+ \big(h(x)r(x) + q(x)f(x) - q(x)r(x)(x - a) + h'(a)f'(a)(x - a)\big)(x - a).$$

Da auch die Funktion $x \mapsto h(x)r(x) + q(x)f(x) - q(x)r(x)(x-a) + h'(a)f'(a)(x-a)$ in a stetig ist und dort den Wert 0 hat, ergeben sich die Differenzierbarkeit von hf im Punkte a und die Formel (2).

Die Quotientenregel (3) beweisen wir direkt durch Betrachten des Differenzenquotienten. Wegen der bereits bewiesenen Produktregel genügt es zu zeigen, dass der Kehrwert $1/h: D \to \mathbb{K}$ in a differenzierbar ist mit Ableitung $(1/h)'(a) = -h'(a)/h^2(a)$. Es ist aber

$$\frac{\frac{1}{h(x)} - \frac{1}{h(a)}}{x - a} = \frac{-1}{h(a)h(x)} \cdot \frac{h(x) - h(a)}{x - a} \xrightarrow{x \to a} -\frac{h'(a)}{h^2(a)}. \qquad \square$$

Die Produktregel (2) ist ein Spezialfall der folgenden allgemeinen Produktregel:

Satz 2.1.7 (Allgemeine Produktregel) *Seien* $V_1, \ldots, V_k$ *und* W $\mathbb{K}$-*Banach-Räume sowie* $\Phi: V_1 \times \cdots \times V_k \to W$ *eine* $\mathbb{K}$-*multilineare Abbildung (d. h.* Φ *sei* $\mathbb{K}$-*linear in jeder der* k *Komponenten, wenn man die übrigen festhält), die zudem stetig ist. Sind dann die Funktionen* $f_i: D \to V_i$ *in* $a \in D$ *differenzierbar,* $i = 1, \ldots, k$, *so ist die Funktion*

$\Phi(f_1, \ldots, f_k): D \to W,\ x \mapsto \Phi\big(f_1(x), \ldots, f_k(x)\big)$, *ebenfalls in a differenzierbar und es gilt*

$$\Phi(f_1, \ldots, f_k)'(a) = \sum_{i=1}^{s} \Phi\big(f_1(a), \ldots, f_i'(a), \ldots, f_k(a)\big).$$

Beweis Für zwei k-Tupel $(x_1, \ldots, x_k)$, $(y_1, \ldots, y_k) \in V_1 \times \cdots \times V_k$ gilt offenbar die „Teleskopgleichung"

$$\Phi(x_1, \ldots, x_k) - \Phi(y_1, \ldots, y_k) = \sum_{i=1}^{k} \Phi(x_1, \ldots, x_{i-1}, x_i - y_i, y_{i+1}, \ldots, y_k).$$

Bei $x \neq a$ ergibt sich somit

$$\frac{\Phi\big(f_1(x), \ldots, f_k(x)\big) - \Phi\big(f_1(a), \ldots, f_k(a)\big)}{x - a}$$
$$= \sum_{i=1}^{k} \Phi\big(f_1(x), \ldots, f_{i-1}(x), \frac{f_i(x) - f_i(a)}{x - a}, f_{i+1}(a), \ldots, f_k(a)\big).$$

Es ist $\lim f_i(x) = f_i(a)$ und $\lim \big(f_i(x) - f_i(a)\big)/(x - a) = f_i'(a)$ für $x \to a$, $x \neq a$, $i = 1, \ldots, k$. Die Stetigkeit von Φ liefert die Behauptung. □

Wir bemerken, dass jede $\mathbb{K}$-multilineare Abbildung $\Phi: V_1 \times \cdots \times V_k \to W$ stetig ist, wenn die Räume $V_1, \ldots, V_k$ endlichdimensional sind. Dann liegt nämlich das Bild von Φ in einem endlichdimensionalen Unterraum W' von W und wir können W durch W' ersetzen. Wählen wir nun Basen in $V_1, \ldots, V_k$ und W, so werden die Komponentenfunktionen von Φ durch Polynomfunktionen in den Komponenten der Elemente von $V_1, \ldots, V_k$ beschrieben. Da Polynomfunktionen stetig sind, ergibt sich die Stetigkeit von Φ. Der Fall $k = 1$ von Satz 2.1.7 liefert die folgende einfache, aber häufig benutzte Rechenregel:

Korollar 2.1.8 *Ist $L: V \to W$ eine stetige lineare Abbildung von $\mathbb{K}$-Banach-Räumen und ist $f: D \to V$ im Punkt $a \in D$ differenzierbar, so ist auch $L \circ f: D \to W$ in a differenzierbar und es gilt $(L \circ f)'(a) = L(f'(a))$.*

Ferner liefert die allgemeine Produktregel die **Potenzregel**: Ist die Funktion $f: D \to \mathbb{C}$ in $a \in D \subseteq \mathbb{K}$ differenzierbar, so auch die Potenz f^k für jedes $k \in \mathbb{N}^*$ und es gilt

$$(f^k)'(a) = k f^{k-1}(a) f'(a).$$

Dabei kann man $\mathbb{C}$ durch eine beliebige kommutative $\mathbb{K}$-Banach-Algebra ersetzen. Falls $1/f$ definiert ist (d. h. die Werte von f Einheiten sind), gilt die Quotientenregel und als Folgerung die Potenzregel für alle $k \in \mathbb{Z}$, Insbesondere ist $(x^k)' = k x^{k-1}$. Allgemeiner ergibt sich, dass Polynomfunktionen überall differenzierbar sind. Die Ableitung von

$f(x) := a_k x^k + \cdots + a_1 x + a_0$ ist $f'(x) = k a_k x^{k-1} + \cdots + a_1$. Beim Ableiten einer nichtkonstanten Polynomfunktion verringert sich der Grad also genau um 1. Mit der Quotientenregel folgt, dass rationale Funktionen in ihrem ganzen Definitionsbereich differenzierbar sind.

Einsetzen differenzierbarer Funktionen in differenzierbare Funktionen liefert wieder differenzierbare Funktionen.

Satz 2.1.9 (Kettenregel) *Seien $D, D' \subseteq \mathbb{K}$ Intervalle in $\mathbb{R}$ bzw. offene Mengen in $\mathbb{C}$ und V ein $\mathbb{K}$-Banach-Raum. Ist dann $f : D \to \mathbb{K}$ mit $f(D) \subseteq D'$ differenzierbar in $a \in D$ und $g : D' \to V$ differenzierbar in $f(a)$, so ist auch die Komposition $g \circ f : D \to V$ in a differenzierbar und es gilt*

$$(g \circ f)'(a) = g'\big(f(a)\big) f'(a).$$

Dieselbe Aussage gilt im Fall $D \subseteq \mathbb{R}$, $D' \subseteq \mathbb{C}$ und einem $\mathbb{C}$-Banach-Raum V sowie Funktionen $f : D \to \mathbb{C}$ mit $f(D) \subseteq D'$ und $g : D' \to V$, die in $a \in D$ reell-differenzierbar bzw. in $f(a) \in D'$ komplex-differenzierbar sind.

Beweis Nach Satz 2.1.3 gibt es Funktionen $r : D \to \mathbb{K}$ und $s : D' \to V$, die in a bzw. $f(a)$ stetig sind, mit $r(a) = 0$ und $s(f(a)) = 0$ sowie mit

$$f(x) = f(a) + f'(a)(x - a) + r(x)(x - a) \quad \text{für } x \in D \text{ bzw.}$$
$$g(y) = g\big(f(a)\big) + g'\big(f(a)\big)\big(y - f(a)\big) + s(y)\big(y - f(a)\big) \quad \text{für } y \in D'.$$

Mit $y := f(x)$ ergibt sich

$$g\big(f(x)\big) = g\big(f(a)\big) + g'\big(f(a)\big) f'(a)(x - a) + t(x)(x - a),$$

$t(x) := g'\big(f(a)\big) r(x) + s\big(f(x)\big)\big(f'(a) + r(x)\big)$. Da $t : D \to V$ im Punkte a stetig ist mit $t(a) = 0$, folgt die Behauptung wiederum nach Satz 2.1.3. □

Als letzte wichtige Differenzierbarkeitsregel beweisen wir hier:

Satz 2.1.10 (Ableitung der Umkehrfunktion) *Es seien D und D' Intervalle in $\mathbb{R}$ oder offene Mengen in $\mathbb{C}$. Ferner sei $f : D \to D'$ eine stetige bijektive Funktion mit der Umkehrfunktion $f^{-1} : D' \to D$, die ebenfalls stetig sei. Im Punkt $a \in D$ sei f differenzierbar, und es sei $f'(a) \neq 0$. Dann ist f^{-1} im Punkt $b := f(a)$ differenzierbar, und es ist*

$$(f^{-1})'(b) = (f^{-1})'\big(f(a)\big) = \frac{1}{f'(a)} = \frac{1}{f'\big(f^{-1}(b)\big)}.$$

Beweis Sei (y_n) eine Folge in $D' - \{b\}$ mit $\lim y_n = b$. Die Folge (x_n) mit $x_n := f^{-1}(y_n)$ in $D - \{a\}$ konvergiert dann wegen der Stetigkeit von f^{-1} gegen $f^{-1}(b) = a$. Es folgt:

$$\lim_{n \to \infty} \frac{f^{-1}(y_n) - f^{-1}(b)}{y_n - b} = \lim_{n \to \infty} \frac{1}{\frac{f(x_n) - f(a)}{x_n - a}} = \frac{1}{f'(a)}. \qquad \square$$

Es sei bemerkt, dass in der Situation von Satz 2.1.10 die Stetigkeit von f^{-1} aus der von f folgt. Im Fall reeller Intervalle haben wir dies bereits in [14], Satz 3.8.31 bewiesen. Für den komplex-analytischen Fall siehe Satz 1.3.8 (2). Ferner ist die Voraussetzung $f'(a) \neq 0$ notwendig für die Differenzierbarkeit der Umkehrfunktion f^{-1} im Punkt $b = f(a)$, denn aus $f^{-1} \circ f = \mathrm{id}_D$ und der Differenzierbarkeit von f in a bzw. von f^{-1} in $b = f(a)$ folgt nach der Kettenregel $(f^{-1})'(f(a)) \cdot f'(a) = 1$. Beispielsweise ist die Funktion $x \mapsto x^3$ von $\mathbb{R}$ auf $\mathbb{R}$ bijektiv und differenzierbar, die Umkehrfunktion $x \mapsto \sqrt[3]{x}$ ist aber im Nullpunkt nicht differenzierbar.

Beispiel 2.1.11 Wir geben im Anschluss an T. Takagi (1875–1960) ein Beispiel einer stetigen Funktion $\mathbb{R} \to \mathbb{R}$, die an keiner Stelle differenzierbar ist. Das erste solche Beispiel stammt von K. Weierstraß, vgl. Aufg. 2.1.15.

Sei $h \colon \mathbb{R} \to \mathbb{R}$, $x \mapsto \mathrm{Min}\,(x - [x], [x] + 1 - x)$, der Abstand zur nächsten ganzen Zahl. Dann ist die Funktion $f \colon \mathbb{R} \to \mathbb{R}$ mit

$$f(x) := \sum_{k=0}^{\infty} \frac{h(2^k x)}{2^k}, \quad x \in \mathbb{R},$$

stetig, da die angegebene Reihe nach dem Weierstraßschen M-Test gleichmäßig konvergiert und h stetig ist. *In keinem Punkt $a \in \mathbb{R}$ ist f jedoch differenzierbar.*

Beweis Sei $a \in \mathbb{R}$ und $a = z_0 + (0, z_1 z_2 \ldots)_2$ mit $z_0 \in \mathbb{Z}$ eine Dualentwicklung von a. Für $n \geq 1$ entstehe daraus a_n, indem diese Entwicklung nach der n-ten Stelle abgebrochen wird, also $a_n := z_0 + (0, z_1 z_2 \ldots z_n)_2$. Ferner sei $b_n := a_n + 2^{-n}$. Dann gilt $a_n \leq a \leq b_n$ und $b_n - a_n = 2^{-n}$. Für $k \geq n$ sind $2^k a_n$ und $2^k b_n$ ganze Zahlen, somit ist $h(2^k a_n) = h(2^k b_n) = 0$. Bei $k < n$ hängt $\sigma_k := (h(2^k b_n) - h(2^k a_n))/2^{k-n}$ nicht von n ab, und zwar ist $\sigma_k = 1$ im Fall $z_{k+1} = 0$ und $\sigma_k = -1$ im Fall $z_{k+1} = 1$. Wäre f nun in a differenzierbar, so existierte nach Aufg. 2.1.8 der Grenzwert

$$\lim_{n \to \infty} \frac{f(b_n) - f(a_n)}{b_n - a_n} = \lim_{n \to \infty} \sum_{k=0}^{\infty} \frac{h(2^k b_n) - h(2^k a_n)}{2^{k-n}} = \lim_{n \to \infty} \sum_{k=0}^{n-1} \sigma_k = \sum_{k=0}^{\infty} \sigma_k.$$

Dies ist wegen $|\sigma_k| = 1$ ein Widerspruch. $\qquad\square$

Es gilt sogar:

Satz 2.1.12 *Die Menge der reellwertigen stetigen Funktionen auf dem Intervall $[0, 1] \subseteq \mathbb{R}$, die an keiner Stelle $a \in [0, 1]$ differenzierbar sind, ist dicht in der $\mathbb{R}$-Banach-Algebra $C_{\mathbb{R}}([0, 1])$ aller reellwertigen stetigen Funktionen auf $[0, 1]$ (versehen mit der Tschebyschew-Norm).*

Beweis Für $N, q \in \mathbb{N}^*$ sei $F_{N,q}$ die in $C_{\mathbb{R}}([0,1])$ offene Menge der $f \in C_{\mathbb{R}}([0,1])$ mit

$$\left| f\left(\frac{p+1}{q}\right) - f\left(\frac{p}{q}\right) \right| > \frac{N}{q}, \quad p = 0, 1, \ldots, q-1.$$

Dann ist $F_N := \bigcup_{q \geq 1} F_{N,q}$ dicht in $C_{\mathbb{R}}([0,1])$. Um dies einzusehen, betrachten wir ein $g \in X$ und wählen $\varepsilon > 0$. Dazu gibt es ein $\delta > 0$ mit $|g(x) - g(y)| \leq \varepsilon/3$ für alle $x, y \in [0,1]$ mit $|x - y| \leq \delta$, da g gleichmäßig stetig ist, sowie ein $q \in \mathbb{N}^*$ mit $1/q < \delta$ und $N/q < \varepsilon/3$. Die Zahlen $a_p \in \mathbb{R}$ seien rekursiv so gewählt, dass $|a_{p+1} - a_p| = \varepsilon/3$ und $|g(p/q) - a_p| \leq \varepsilon/3$ ist, $p = 0, \ldots, q$. Dazu setzt man etwa

$$a_0 := g(0), \quad a_{p+1} := \begin{cases} a_p - \varepsilon/3, \text{ falls } g((p+1)/q) < a_p, \\ a_p + \varepsilon/3, \text{ falls } g((p+1)/q) \geq a_p. \end{cases}$$

Sei f die stetige, stückweise lineare Funktion, deren Graph der Streckenzug ist, der die Punkte $(p/q, a_p)$ verbindet. Nach Konstruktion ist $f \in F_{N,q} \subseteq F_N$. Ferner gilt die Abschätzung $\|f - g\|_\infty \leq \varepsilon$. Für $x \in [0,1]$ mit $p/q \leq x < (p+1)/q$ ist nämlich

$$|f(x) - g(x)| \leq |f(x) - a_p| + \left| g\left(\frac{p}{q}\right) - a_p \right| + \left| g(x) - g\left(\frac{p}{q}\right) \right| \leq \frac{\varepsilon}{3} + \frac{\varepsilon}{3} + \frac{\varepsilon}{3} = \varepsilon.$$

Nach dem Baireschen Dichtesatz, vgl. Aufg. 3.8.31 oder Satz 4.5.18 in [14], ist auch $F := \bigcap_{N \geq 1} F_N$ dicht in $C_{\mathbb{R}}([0,1])$. Eine Funktion $f \in F$ ist aber in keinem Punkt $a \in [0,1]$ differenzierbar. Zu $N \in \mathbb{N}^*$ gibt es wegen $f \in F_N$ nämlich $p_N, q_N \in \mathbb{N}$ mit $1/q < \delta$ und $N/q < \varepsilon/3$, $0 \leq p_N < q_N$, sowie

$$\frac{p_N}{q_N} \leq t < \frac{p_N + 1}{q_N} \quad \text{und} \quad \left| f\left(\frac{p_N + 1}{q_N}\right) - f\left(\frac{p_N}{q_N}\right) \right| > \frac{N}{q_N}.$$

Aus der Differenzierbarkeit von f in a folgte aber $|f(y) - f(x)| \leq C|y - x|$ für alle $x, y \in [0,1]$ mit $x \leq a \leq y$, wobei C eine von a abhängende Konstante ist. $\qquad \square \diamond$

Im Folgenden ist D wieder eine offene Menge in $\mathbb{C}$ oder ein Intervall in $\mathbb{R}$. Wie bereits bemerkt, liefert die formale Ableitung der Potenzreihendarstellung einer analytischen Funktion auf D bereits die Ableitung im Sinn von Definition 2.1.1. Genauer gilt:

Satz 2.1.13 *Ist*

$$F := \sum_{n=0}^{\infty} a_n (X - a)^n \in \mathbb{K}[\![X - a]\!]$$

eine Potenzreihe mit Entwicklungspunkt $a \in \mathbb{K}$ und Konvergenzradius R, so hat auch die Potenzreihe

$$F' = \sum_{n=1}^{\infty} n a_n (X - a)^{n-1},$$

die aus F durch gliedweises Differenzieren gewonnen wird, den Konvergenzradius R und es gilt: Bei $R > 0$ ist die durch F im Konvergenzkreis $B(a; R)$ dargestellte Funktion dort differenzierbar, und ihre Ableitung wird durch F' beschrieben. – Insbesondere sind analytische Funktionen differenzierbar, und ihre Ableitungen sind wieder analytisch.

Beweis Zunächst zeigen wir, dass bei $R > 0$ die durch F beschriebene Funktion im Entwicklungspunkt a differenzierbar ist mit Ableitung a_1. Es ist $F(a) = a_0$ und daher $F(x) = F(a) + a_1(x-a) + r(x)(x-a)$ mit der in a stetigen (sogar analytischen) Funktion $r(x) := \sum_{n=2}^{\infty} a_n(x-a)^{n-1}$, die im Punkt a verschwindet. Folglich ist $a_1 = F'(a)$ nach Satz 2.1.3 die Ableitung von $F(x)$ im Punkt a im Sinn von Definition 2.1.1.

Sei nun $b \in B(a; R)$ beliebig. Dann lässt sich $F(x)$ nach Satz 1.2.15 um den Punkt b in eine konvergente Potenzreihe $\sum_{n=0}^{\infty} b_n(X - b)^n$ entwickeln mit

$$b_1 = \sum_{n=1}^{\infty} n a_n (b - a)^{n-1}.$$

Nach dem schon Bewiesenen existiert dann $F'(b)$, und es ist $F'(b) = b_1$. – Es bleibt noch zu zeigen, dass der Konvergenzradius von F' nicht größer als R sein kann. Konvergierte aber F' für ein x_0 mit $|x_0 - a| > R$ absolut, so wäre $\sum_{n=1}^{\infty} n|a_n||x_0 - a|^n$ eine konvergente Majorante zur Reihe $\sum a_n(x_0 - a)^n$ im Widerspruch dazu, dass R der Konvergenzradius von F ist. $\qquad\square$

Satz 2.1.13 gilt (mit demselben Beweis) für Potenzreihen mit Koeffizienten in einem $\mathbb{K}$-Banach-Raum völlig analog. Er zeigt auch, dass bis auf den konstanten Term $a_0 = f(a)$ die Potenzreihenentwicklung der analytischen Funktion f um a unmittelbar aus der Potenzreihenentwicklung der Ableitung f' um a gewonnen werden kann. Benutzen wir noch die Korollare 2.3.5 bzw. 2.3.6, dass sich zwei differenzierbare Funktionen auf einem Intervall in $\mathbb{R}$ oder einem Gebiet in $\mathbb{C}$, deren Ableitungen übereinstimmen, nur um eine Konstante unterscheiden können, so erhalten wir:

Korollar 2.1.14 *Sei V ein $\mathbb{K}$-Banach-Raum. Die Ableitung f' der differenzierbaren Funktion $f : D \to V$ sei analytisch. Dann ist auch f analytisch. Ist*

$$f'(x) = \sum_{n=0}^{\infty} u_n (x - a)^n$$

die Potenzreihenentwicklung von f' im Punkt a, so ist

$$f(x) = f(a) + \sum_{n=0}^{\infty} \frac{u_n}{n + 1} (x - a)^{n+1}$$

die Potenzreihenentwicklung von f im Punkt a.

Beweis Die Ableitung der Potenzreihe $f(a) + \sum u_n(X-a)^{n+1}/(n+1)$ ist $\sum a_n(X-a)^n$. Daher haben beide Potenzreihen nach Satz 2.1.13 denselben Konvergenzradius. Die durch $f(a) + \sum u_n(X-a)^{n+1}/(n+1)$ in einer Umgebung von a dargestellte Funktion g ist analytisch, und ihre Ableitung stimmt wiederum nach Satz 2.1.13 in einer Umgebung von a mit der von f überein. Somit unterscheiden sich f und g nach Korollar 2.3.6 in einer Umgebung von a nur um eine Konstante, die wegen $g(a) = f(a)$ gleich 0 ist.   □

Bemerkung 2.1.15 Wie in der Einleitung zu diesem Kapitel erwähnt, ist in Umkehrung von Satz 2.1.13 *jede komplex-differenzierbare Funktion* $f\colon D \to \mathbb{C}$ *auf einer offenen Menge* $D \subseteq \mathbb{C}$ *bereits analytisch.* Wir werden dieses Ergebnis, das den wesentlichen Unterschied zwischen der reellen und komplexen Theorie begründet, in Bd. 5 beweisen. Insbesondere gilt danach der Identitätssatz 1.3.3 für komplex-differenzierbare Funktionen in folgender Form: *Zwei komplex-differenzierbare Funktionen auf einem Gebiet* $G \subseteq \mathbb{C}$, *die auf einer Teilmenge von* G *mit einem Häufungspunkt in* G *übereinstimmen, sind identisch.* Für reell-differenzierbare Funktionen gibt es keine analoge Aussage, wie etwa die Funktion $x|x|$ auf $\mathbb{R}$ zeigt, die auf $\mathbb{R}_+$ mit x^2 und auf $\mathbb{R}_-$ mit $-x^2$ übereinstimmt; siehe dazu auch Beispiel 2.2.18.   ◇

Jede meromorphe Funktion $f\colon D \to \overline{V}$ ist außerhalb ihrer Polstellenmenge analytisch und insbesondere differenzierbar. Hat f um $a \in D$ die Laurent-Reihenentwicklung $f(x) = \sum_{n\in\mathbb{Z}} u_n(x-a)^n$, so gilt $f'(x) = \sum_{n\in\mathbb{Z}} n u_n(x-a)^{n-1}$ für alle $x \neq a$ in einer Umgebung von a. Da $\sum_{n\in\mathbb{Z}} n u_n(X-a)^{n-1}$ nach Satz 2.1.13 ebenfalls eine konvergente Laurent-Reihe ist, ist auch f' meromorph. Ist $f(a) = 0$ oder $f(a) = \infty$, d. h. ist $a \in D$ eine Nullstelle oder eine Polstelle von f, so ist die Nullstellenordnung von f' in a um 1 geringer bzw. die Polstellenordnung von f' um 1 größer als die von f in a. Man beachte, dass das Residuum $\operatorname{Res}(a;f)$ der Ableitung f' von f in jedem Punkt $a \in D$ verschwindet. Ist $u \in V - \{0\}$, so ist die meromorphe Funktion $\mathbb{K} \to \overline{V}$, $x \mapsto u/(x-a)$, nicht die Ableitung einer meromorphen Funktion auf $\mathbb{K}$.

Die Ableitung einer analytischen Funktion ist nach Satz 2.1.13 wieder analytisch und daher ebenfalls differenzierbar. Dies führt in natürlicher Weise zum Begriff der höheren Ableitungen. Im Folgenden sei wieder $D \subseteq \mathbb{K}$ im Fall $\mathbb{K} = \mathbb{R}$ ein Intervall und im Fall $\mathbb{K} = \mathbb{C}$ eine offene Menge in $\mathbb{C}$ sowie V ein $\mathbb{K}$-Banach-Raum.

Definition 2.1.16 Sei $f\colon D \to V$ differenzierbar. Ist die Ableitung $f'\colon D \to V$ ebenfalls differenzierbar, so heißt f **zweimal differenzierbar** und $f'' := (f')'$ die **zweite Ableitung** von f. In dieser Weise fortfahrend, definiert man rekursiv für $n \in \mathbb{N}^*$ die *n*-**malige Differenzierbarkeit** und die *n*-**te Ableitung** einer Funktion $f\colon D \to V$: Genau dann ist f *n*-mal differenzierbar, wenn f $(n-1)$-mal differenzierbar ist und die $(n-1)$-te Ableitung $f^{(n-1)}$ von f nochmals differenzierbar ist. Die *n*-te Ableitung von f ist dann $f^{(n)} := (f^{(n-1)})'$. Man setzt schließlich $f^{(0)} := f$.[3] Ist f *n*-mal differenzierbar und ist

---

[3] Die *n*-te Ableitung $f^{(n)}$ wird häufig auch mit $d^n f/dx^n$ oder ähnlich bezeichnet.

die n-te Ableitung $f^{(n)}$ von f noch stetig, so heißt f n-**mal stetig differenzierbar**. – Die zweite Ableitung heißt, insbesondere im Falle einer Zeitvariablen, auch die **Beschleunigung**.

Die Menge aller n-mal stetig differenzierbaren Funktionen $D \to V$ bezeichnen wir mit

$$\mathrm{C}_V^n(D) = \mathrm{C}^n(D).$$

$\mathrm{C}^0(D)$ ist der Raum $\mathrm{C}(D)$ der stetigen (V-wertigen) Funktionen auf D. Existieren alle Ableitungen $f^{(n)}, n \in \mathbb{N}$, so heißt f **unendlich oft differenzierbar**. Die Menge der unendlich oft differenzierbaren Funktionen $D \to V$ bezeichnen wir mit

$$\mathrm{C}_V^\infty(D) = \mathrm{C}^\infty(D).$$

Offenbar sind die Mengen $\mathrm{C}^n(D), n \in \overline{\mathbb{N}} = \mathbb{N} \uplus \{\infty\}$, $\mathbb{K}$-Untervektorräume von $\mathrm{C}(D)$. Es gilt $(f + g)^{(n)} = f^{(n)} + g^{(n)}$ für $f, g \in \mathrm{C}^n(D)$. Nach Satz 2.1.13 umfassen sie den Raum $\mathrm{C}^\omega(D)$ der V-wertigen analytischen Funktionen auf D. Es ist $\mathrm{C}^\infty(D) = \bigcap_n \mathrm{C}^n(D)$.

Sind $f\colon D \to V$ und $h\colon D \to \mathbb{K}$ n-mal differenzierbar, so ist auch $hf\colon D \to V$ n-mal differenzierbar, und es gilt die **Leibniz-Regel**

$$(hf)^{(n)} = \sum_{k=0}^{n} \binom{n}{k} h^{(k)} f^{(n-k)}.$$

Ihr einfacher Beweis durch Induktion über n erfolgt ganz analog zum Beweis des binomischen Lehrsatzes. Analog zum Polynomialsatz gilt die allgemeine Leibniz-Regel, deren Beweis wir ebenfalls dem Leser überlassen, vgl. Aufg. 2.1.17:

Proposition 2.1.17 (Allgemeine Leibniz-Regel) *Seien $V_1, \ldots, V_k$ und W $\mathbb{K}$-Banach-Räume sowie $\Phi\colon V_1 \times \cdots \times V_k \to W$ eine stetige $\mathbb{K}$-multilineare Abbildung. Sind dann die Funktionen $f_i\colon D \to V_i$ n-mal differenzierbar in D, $i = 1, \ldots, k$, so ist die Funktion $\Phi(f_1, \ldots, f_k)\colon D \to W$ ebenfalls in D n-mal differenzierbar und es gilt*

$$\Phi(f_1, \ldots, f_k)^{(n)} = \sum_{\substack{m = (m_1, \ldots, m_k) \in \mathbb{N}^k \\ |m| = m_1 + \cdots m_k = n}} \binom{n}{m} \Phi\big(f_1^{(m_1)}, \ldots, f_k^{(m_k)}\big).$$

Aus der Leibniz-Regel folgt, dass die Mengen $\mathrm{C}_\mathbb{K}^n(D)$ für alle $n \in \overline{\mathbb{N}}$ $\mathbb{K}$-Unteralgebren von $\mathrm{C}_\mathbb{K}(D)$ sind. Dabei kann man $\mathbb{K}$ durch eine beliebige $\mathbb{K}$-Banach-Algebra ersetzen.

Nach Bemerkung 2.1.15 ist der Differenzierbarkeitsgrad nur für (reell-)differenzierbare Funktionen auf Intervallen $D \subseteq \mathbb{R}$ von Bedeutung. Die Inklusionen in der Kette

$$\mathrm{C}_\mathbb{R}^0(D) \supseteq \mathrm{C}_\mathbb{R}^1(I) \supseteq \mathrm{C}_\mathbb{R}^2(I) \supseteq \cdots \supseteq \mathrm{C}_\mathbb{R}^\infty(I) \supseteq \mathrm{C}_\mathbb{R}^\omega(I),$$

sind alle echt. So gehört für $n \in \mathbb{N}$ die Funktion $|x|x^n$ zu $C^n_{\mathbb{R}}(\mathbb{R})$, aber nicht zu $C^{n+1}_{\mathbb{R}}(\mathbb{R})$. Für die echte Inklusion $C^\infty_{\mathbb{R}}(D) \supset C^\omega_{\mathbb{R}}(D)$ siehe Beispiel 2.2.18.

Sei wieder allgemein D ein Intervall in $\mathbb{R}$ oder eine offene Menge in C sowie V ein $\mathbb{K}$-Banach-Raum. Durch wiederholtes Anwenden von Satz 2.1.13 erhält man:

Korollar 2.1.18 *Ist* $f(x) = \sum_{m=0}^{\infty} u_m(x-a)^m$ *die Potenzreihenentwicklung der analytischen Funktion* $f : D \to V$ *im Punkt* $a \in D$, *so ist für jedes* $n \in \mathbb{N}$

$$f^{(n)}(x) = \sum_{m=n}^{\infty} [m]_n u_n (x-a)^{m-n}$$

die Potenzreihenentwicklung der n-ten Ableitung von f *im Punkt* $a \in D$. *Alle diese Potenzreihen haben denselben Konvergenzradius. Insbesondere ist*

$$u_m = \frac{f^{(m)}(a)}{m!}, \quad m \in \mathbb{N}.$$

Die letzte Aussage in Korollar 2.1.18 bezeichnet man auch als **Taylor-Formel für analytische Funktionen**, vgl. Satz 2.8.4.

Aufgaben

Aufgabe 2.1.1 Wo sind die Funktionen $|x| + |x-1| + |x-2|$ bzw. $|x-a| \cdot |x-b|$, $a, b \in \mathbb{R}$, von $\mathbb{R}$ in $\mathbb{R}$ differenzierbar?

Aufgabe 2.1.2 Wo sind die auf $\mathbb{C}$ definierten komplex-wertigen Funktionen $\overline{z}$, $z\overline{z}$, $|z|$, $z|z|$ (komplex-)differenzierbar?

Aufgabe 2.1.3 Ist die Funktion $f : \mathbb{R}_+ \to \mathbb{R}$ mit $f(x) = x^2/(\sqrt[3]{x} - \sqrt{x})$ für $x \neq 0$ und $f(0) = 0$ im Nullpunkt differenzierbar?

Aufgabe 2.1.4 Sei $U \subseteq \mathbb{K}$ eine Umgebung von $0 \in \mathbb{K}$ und $h : U \to \mathbb{K}$ beschränkt.

a) Die Funktion $x \mapsto xh(x)$ ist stetig in 0.
b) Die Funktion $x \mapsto x^2 h(x)$ ist differenzierbar in 0.
c) Ist h in 0 stetig, so ist die Funktion $x \mapsto xh(x)$ differenzierbar in 0.
d) Ist g ebenfalls in einer Umgebung von 0 definiert und differenzierbar in 0 und gilt $g(0) = g'(0) = 0$, so ist auch die Funktion $x \mapsto g(x)h(x)$ differenzierbar in 0.

Aufgabe 2.1.5 Sei $r \in \mathbb{R}^{\times}_+ = \{r \in \mathbb{R} \mid r > 0\}$, und V ein $\mathbb{K}$-Banach-Raum. Die Ableitung einer geraden (bzw. einer ungeraden) differenzierbaren Funktion $B_{\mathbb{K}}(0; r) \to V$ ist ungerade (bzw. gerade).

Aufgabe 2.1.6 Sei V ein $\mathbb{K}$-Banach-Raum und $U \subseteq \mathbb{K}$ eine Umgebung von $a \in \mathbb{K}$. Die Funktion $f\colon U \to V$ sei in a differenzierbar. Dann gilt:

$$\lim_{h \to 0,\ h \neq 0} \frac{f(a+h) - f(a)}{h} = f'(a), \qquad \lim_{h \to 0,\ h \neq 0} \frac{f(a+h^2) - f(a)}{h} = 0,$$

$$\lim_{h \to 0,\ h \neq 0} \frac{f(a+h) - f(a-h)}{2h} = f'(a), \qquad \lim_{x \to a, x \neq a} \frac{x f(a) - a f(x)}{x - a} = f(a) - a f'(a),$$

$$\lim_{h \to 0,\ h \neq 0} \frac{f(a+ch) - f(a-dh)}{h} = (c+d) f'(a), \quad c, d \in \mathbb{K} \text{ beliebige Konstanten.}$$

Aufgabe 2.1.7 Sei $U \subseteq \mathbb{K}$ eine Umgebung von $a \in \mathbb{K}$. Die Funktionen $f, g\colon U \to \mathbb{K}$ seien in a differenzierbar. Es gelte $f(a) = g(a) = 0$ und $g'(a) \neq 0$. Dann gibt es eine Umgebung von a, in der g nicht verschwindet, und der Grenzwert $\lim_{x \to a, x \neq a} f(x)/g(x)$ existiert und ist gleich $f'(a)/g'(a)$.

Aufgabe 2.1.8 Sei V ein $\mathbb{R}$-Banach-Raum. Die Funktion $f\colon I \to V$ sei im Punkt a des Intervalls $I \subseteq \mathbb{R}$ differenzierbar. (a_n) und (b_n) seien Folgen in I mit $a_n \leq a \leq b_n$ und $a_n < b_n$ für alle n sowie $\lim a_n = a = \lim b_n$. Dann gilt

$$\lim_{n \to \infty} \frac{f(b_n) - f(a_n)}{b_n - a_n} = f'(a).$$

(Im Allgemeinen kann man auf die Bedingung, dass a zwischen a_n und b_n liegt, nicht verzichten. Ist f jedoch differenzierbar in einer Umgebung von a mit einer in a stetigen Ableitung, so genügt es, wenn (a_n) und (b_n) gegen a konvergieren und $a_n \neq b_n$ ist, wie aus dem Mittelwertsatz 2.3.4. folgt.)

Aufgabe 2.1.9 Sei $D \subseteq \mathbb{K}$. Die Funktionen $f_1, \dots, f_n\colon D \to \mathbb{C}$ seien im Punkte $a \in D$ differenzierbar. Dann gilt:

a) Das Produkt $f_1 \cdots f_n$ ist ebenfalls in a differenzierbar, und es ist

$$(f_1 \cdots f_n)'(a) = \sum_{i=1}^{n} (f_1 \cdots f_{i-1} f_i' f_{i+1} \cdots f_n)(a).$$

b) Sind $f_1(a), \dots, f_n(a)$ ungleich 0 (bzw. sind $f_1, \dots, f_n$ in ganz D differenzierbar und dort überall $\neq 0$), so gilt

$$\frac{(f_1 \cdots f_n)'(a)}{(f_1 \cdots f_n)(a)} = \frac{f_1'(a)}{f_1(a)} + \cdots + \frac{f_n'(a)}{f_n(a)} \quad \left(\text{bzw.} \quad \frac{(f_1 \cdots f_n)'}{f_1 \cdots f_n} = \frac{f_1'}{f_1} + \cdots + \frac{f_n'}{f_n} \right).$$

Bemerkung Ist f differenzierbar und überall von 0 verschieden, so heißt f'/f die **logarithmische Ableitung** von f. *Die logarithmische Ableitung eines Produktes ist somit die Summe der logarithmischen Ableitungen der Faktoren.*

Aufgabe 2.1.10 Man berechne die Ableitungen $(f^{-1})'(b)$ der Umkehrfunktionen f^{-1} zu den folgenden (bijektiven) Polynomfunktionen $f\colon \mathbb{R} \to \mathbb{R}$ an den angegebenen Stellen b:

$$x^3 + x + 1, \ b = 3; \quad x^3 + 2x + 4, \ b = 1, \quad x^3 - 3x^2 + 6x + 3, \ b = 7;$$
$$x^5 + x^3 + 2x - 4, \ b = 0.$$

Aufgabe 2.1.11 Seien $f, g\colon U \to \mathbb{K}$ Funktionen in einer Umgebung U von $0 \in \mathbb{K}$.

a) Es sei $f(x)g(x) = x$ für alle $x \in U$ sowie $f(0) = g(0) = 0$. Man begründe, dass f und g in 0 nicht beide differenzierbar sind.
b) f sei in 0 differenzierbar mit $f(0) = f'(0) = 0$, und es sei $g(f(x)) = x$ für alle $x \in U$. Man begründe, dass g dann in 0 nicht differenzierbar ist.

Aufgabe 2.1.12 Sei V ein $\mathbb{K}$-Banach-Raum. Ist $f\colon D \to V$ in $a \in D$ differenzierbar, so ist f in a Lipschitz-stetig.

Aufgabe 2.1.13 Sei $0 \in D \subseteq \mathbb{K}$ und V ein $\mathbb{K}$-Banach-Raum. Die Funktion $f\colon D \to \mathbb{C}$ sei in 0 differenzierbar. Ferner sei x_i, $i \in I$, eine summierbare Familie in D.

a) Ist $f(0) = 0$, so ist $f(x_i)$, $i \in I$, normal summierbar in V.
b) Ist V eine kommutative $\mathbb{K}$-Banach-Algebra und ist $f(0) = 1$, so ist $f(x_i)$, $i \in I$, multiplizierbar in V.

Aufgabe 2.1.14 Seien A eine $\mathbb{K}$-Banach-Algebra und $f, g\colon D \to A$ in $a \in D$ differenzierbare Funktionen.

a) Die Produktabbildung $fg\colon D \to A$, $x \mapsto f(x)g(x)$, ist ebenfalls differenzierbar in a mit $(fg)'(a) = f'(a)g(a) + f(a)g'(a)$.
b) Ist $g(D) \subseteq A^{\times}$, so sind $g^{-1}f$ und fg^{-1} in a differenzierbar mit

$$(g^{-1}f)'(a) = g^{-1}(a)\big(f'(a) - g'(a)g^{-1}(a)f(a)\big),$$
$$(fg^{-1})'(a) = \big(f'(a) - f(a)g^{-1}(a)g'(a)\big)g^{-1}(a).$$

(Bei b) genügt es, den Fall $f \equiv 1$ zu betrachten.)

Aufgabe 2.1.15 Im Anschluss an K. Weierstraß zeige man: Die Funktion $f\colon \mathbb{R} \to \mathbb{R}$ mit

$$f(x) := \sum_{k=0}^{\infty} \frac{\sin(6^k \pi x)}{2^k}, \quad x \in \mathbb{R},$$

ist stetig, aber in keinem Punkt $a \in \mathbb{R}$ differenzierbar. (Vgl. Beispiel 2.1.11. – Für die Zahlen $m_n \in \mathbb{Z}$ mit $a_n := m_n/2 \cdot 6^n \le a \le (m_n + 1)/2 \cdot 6^n =: b_n$, $n \in \mathbb{N}$, gilt (wegen der einfachen Ungleichung $|\sin y - \sin x| \leq |y - x|$ für alle $x, y \in \mathbb{R}$, siehe etwa Aufg. 2.3.7 d))

$$\left| \frac{f(b_n) - f(a_n)}{b_n - a_n} \right|$$

$$= \left| 2 \cdot 6^n \sum_{k=0}^{n-1} \frac{\sin(6^k \pi b_n) - \sin(6^k \pi a_n)}{2^k} + 2 \cdot 3^n \left(\sin \frac{(m_n + 1)\pi}{2} - \sin \frac{m_n \pi}{2} \right) \right|$$

$$\geq 2 \cdot 3^n - \pi \sum_{k=0}^{n-1} 3^k = 2 \cdot 3^n - \frac{\pi(3^n - 1)}{2} > 3^n \cdot \frac{4 - \pi}{2} \xrightarrow{n \to \infty} \infty.$$

Nun verwende man Aufg. 2.1.8. – Die Konstanten 6 und 2 kann man offenbar variieren. An der Stelle von 6 sollte aber stets eine positive gerade Zahl stehen.)

Aufgabe 2.1.16 Man zeige, dass für $n \in \mathbb{N}$ die Funktion $x \mapsto |x|x^n$ in $C_{\mathbb{R}}^n(\mathbb{R})$, nicht aber in $C_{\mathbb{R}}^{n+1}(\mathbb{R})$ liegt.

Aufgabe 2.1.17 Man beweise Proposition 2.1.17.

Aufgabe 2.1.18 Seien $f, g : D \to \mathbb{C}$ n-mal differenzierbar. Dann gilt

$$fg^{(n)} = \sum_{k=0}^{n} (-1)^k \binom{n}{k} (f^{(k)} g)^{(n-k)}.$$

In dieser Formel kann man $\mathbb{C}$ durch eine beliebige $\mathbb{K}$-Banach-Algebra ersetzen.

Aufgabe 2.1.19 Es seien $f, g : \mathbb{K} \to \mathbb{K}$ Polynomfunktionen vom Grad $\leq n$. Dann ist die Polynomfunktion $\sum_{k=0}^{n} (-1)^k f^{(k)} g^{(n-k)}$ eine Konstante.

Aufgabe 2.1.20 Seien $D, D' \subseteq \mathbb{K}$ und V ein $\mathbb{K}$-Banach-Raum. Sind $f : D \to \mathbb{K}$ mit $f(D) \subseteq D'$ und $g : D' \to V$ n-mal differenzierbar (bzw. n-mal stetig differenzierbar), so gilt Entsprechendes auch für die Komposition $g \circ f : D \to V$. Man gebe die ersten vier Ableitungen von $g \circ f$ explizit an.

Aufgabe 2.1.21 In der Situation von Satz 2.1.10 sei f n-mal differenzierbar (bzw. n-mal stetig differenzierbar). Dann gilt dies auch für die Umkehrfunktion f^{-1}. Man gebe bei $n \geq 4$ die ersten vier Ableitungen von f^{-1} explizit an.

Aufgabe 2.1.22 Sei $f : D \to V$ analytisch. Genau dann hat f im Punkt $a \in D$ die Nullstellenordnung $v \in \mathbb{N}$, wenn $f^{(0)}(a) = \cdots = f^{(v-1)}(a) = 0$ und $f^{(v)}(a) \neq 0$ ist.

Aufgabe 2.1.23 Seien K ein Körper der Charakteristik 0, $F, G \in K[X]$ Polynome $\neq 0$ mit Grad $F < $ Grad G. Das Polynom G sei normiert und zerfalle über K in Linearfaktoren $G = (X - \alpha_1)^{n_1} \cdots (X - \alpha_r)^{n_r}$ mit $\alpha_i \neq \alpha_j$ für $i \neq j$ und $n_i \in \mathbb{N}^*$. Es sei

$$\frac{F}{G} = \frac{\alpha_{11}}{(X - \alpha_1)} + \frac{\alpha_{12}}{(X - \alpha_1)^2} + \cdots + \frac{\alpha_{1n_1}}{(X - \alpha_1)^{n_1}}$$
$$+ \cdots\cdots\cdots\cdots\cdots\cdots\cdots\cdots\cdots\cdots\cdots$$
$$+ \frac{\alpha_{r1}}{(X - \alpha_r)} + \frac{\alpha_{r2}}{(X - \alpha_r)^2} + \cdots + \frac{\alpha_{rn_r}}{(X - \alpha_r)^{n_r}}$$

die Partialbruchzerlegung von F/G mit $\alpha_{ik} \in K$, vgl. [14], Satz 2.10.26. Ferner sei $G_i := G/(X - \alpha_i)^{n_i}$, $i = 1, \ldots, r$.

a) α_{ik} ist der Koeffizient von $(X - \alpha_i)^{n_i - k}$ in der Potenzreihendarstellung von F/G_i mit Entwicklungspunkt α_i. Es folgt

$$\alpha_{ik} = \frac{1}{(n_i - k)!} \left(\frac{F}{G_i} \right)^{(n_i - k)} (\alpha_i).$$

Für $k = n_i$ hat man insbesondere $\alpha_{in_i} = F(\alpha_i)/G_i(\alpha_i) = (n_i)! F(\alpha_i)/G^{(n_i)}(\alpha_i)$.

b) Die Koeffizienten α_{ik}, $i = 1, \ldots, r$, $k = 1, \ldots, n_i$, in der Partialbruchzerlegung von F/G lassen sich folgendermaßen bestimmen: Man entwickelt F und G_i um a_i bis zur Ordnung $n_i - 1$ (etwa mit dem Horner-Schema aus [14], Beispiel 2.9.20):

$$F = b_0 + b_1(X - \alpha_i) + \cdots + b_{n_i - 1}(X - \alpha_i)^{n_i - 1} + \cdots,$$
$$G_i = c_0 + c_1(X - \alpha_i) + \cdots + c_{n_i - 1}(X - \alpha_i)^{n_i - 1} + \cdots.$$

Dann ergeben sich die $\alpha_{in_i}, \ldots, \alpha_{i1}$ rekursiv durch

$$\alpha_{in_i} = \frac{b_0}{c_0}, \qquad \alpha_{i,n_i - k - 1} = \frac{1}{c_0} \left(b_{k+1} - \sum_{j=0}^{k} \alpha_{i,n_i - j} c_{k+1-j} \right), \quad k < n_i - 1.$$

2.2 Beispiele

Wir behandeln die Differenziation einiger wichtiger spezieller Funktionen. Es handelt sich dabei im Wesentlichen um analytische Funktionen. Ferner gewinnen wir mit Hilfe der Taylor-Formel für analytische Funktionen aus Korollar 2.1.18 weitere Potenzreihenentwicklungen. In vielen Fällen spielen dabei nur die formalen Aspekte des Differenzierens eine Rolle. Ausgangspunkt ist der folgende Satz.

Satz 2.2.1 *Die Exponentialfunktion* $z \mapsto e^z = \exp z$ *auf* $\mathbb{C}$ *ist überall differenzierbar und stimmt mit ihrer Ableitung überein:*

$$\exp' z = \exp z, \quad z \in \mathbb{C}.$$

Beweis Nach Abschn. 1.4 ist

$$\exp z = e^z = \sum_{n=0}^{\infty} \frac{z^n}{n!}, \quad z \in \mathbb{C}.$$

Die Exponentialfunktion ist also analytisch und besitzt nach Satz 2.1.13 die Ableitung

$$\exp' z = \sum_{n=1}^{\infty} n \frac{z^{n-1}}{n!} = \sum_{n=0}^{\infty} \frac{z^n}{n!} = \exp z. \qquad \square$$

Mit der Exponentialfunktion stimmen natürlichen auch alle ihre konstanten Vielfachen jeweils mit ihren Ableitungen überein. Davon gilt die folgende Umkehrung:

Satz 2.2.2 *Ist* D *ein Intervall in* $\mathbb{R}$ *(mit mehr als einem Punkt) oder ein Gebiet in* $\mathbb{C}$ *und ist* $f \colon D \to \mathbb{C}$ *differenzierbar mit* $f' = f$, *so ist* $f(x) = \lambda e^x$, $x \in D$, *mit einer Konstanten* $\lambda \in \mathbb{C}$.

Beweis Die Funktion $g \colon D \to \mathbb{C}$ mit $g(x) = f(x)e^{-x}$, $x \in D$, hat die Ableitung $g'(x) = f'(x)e^{-x} - f(x)e^{-x} = 0$, $x \in D$. Da D zusammenhängend ist, ist also $g \equiv \lambda$ konstant, vgl. die Korollare 2.3.5 und 2.3.6. $\qquad \square$

Unterstellt man für eine differenzierbare Funktion $f \colon \mathbb{K} \to \mathbb{K}$ mit $f = f'$ ihre Analytizität, so ergibt sich $f^{(n)}(a) = f(a)$ für alle $n \in \mathbb{N}$ und alle $a \in \mathbb{K}$. Mit der Taylor-Formel 2.1.18 erhält man sofort die Potenzreihenentwicklung $f(x) = f(a) \sum_n (x-a)^n / n!$. Solch ein Potenzreihenansatz wird auch zur Lösung vieler anderer Differenzialgleichungen benutzt.

Satz 2.2.3 *Die trigonometrischen Funktionen* $\cos z$ *und* $\sin z$ *auf* $\mathbb{C}$ *sind überall differenzierbar. Für ihre Ableitungen gilt*

$$\cos' z = -\sin z, \quad \sin' z = \cos z, \quad z \in \mathbb{C}.$$

Beweis Mit den Potenzreihenentwicklungen von $\cos$ und $\sin$ gemäß Abschn. 1.4 ergibt sich nach Satz 2.1.13

$$\cos' z = \sum_{k=1}^{\infty} (-1)^k 2k \frac{z^{2k-1}}{(2k)!} = -\sum_{k=0}^{\infty} (-1)^k \frac{z^{2k+1}}{(2k+1)!} = -\sin z,$$

$$\sin' z = \sum_{k=0}^{\infty} (-1)^k (2k+1) \frac{z^{2k}}{(2k+1)!} = \sum_{k=0}^{\infty} (-1)^k \frac{z^{2k}}{(2k)!} = \cos z. \qquad \square$$

Die Formeln in Satz 2.2.3 gewinnt man auch direkt aus den Darstellungen

$$\cos z = \frac{1}{2}(\mathrm{e}^{\mathrm{i}z} + \mathrm{e}^{-\mathrm{i}z}), \quad \sin z = \frac{1}{2\mathrm{i}}(\mathrm{e}^{\mathrm{i}z} - \mathrm{e}^{-\mathrm{i}z})$$

und Satz 2.2.1. Für die Hyperbelfunktionen erhält man dazu analog

$$\cosh' z = \frac{1}{2}(\mathrm{e}^{z} + \mathrm{e}^{-z})' = \frac{1}{2}(\mathrm{e}^{z} - \mathrm{e}^{-z}) = \sinh z,$$

$$\sinh' z = \frac{1}{2}(\mathrm{e}^{z} - \mathrm{e}^{-z})' = \frac{1}{2}(\mathrm{e}^{z} + \mathrm{e}^{-z}) = \cosh z.$$

Mit der Quotientenregel ergibt sich für die Ableitung der Tangensfunktion

$$\tan' z = \left(\frac{\sin z}{\cos z}\right)' = \frac{\cos z \cos z + \sin z \sin z}{\cos^2 z} = \frac{1}{\cos^2 z} = 1 + \tan^2 z$$

und für die Ableitung des Kotangens

$$\cot' z = \left(\frac{\cos z}{\sin z}\right)' = \frac{-\sin z \sin z - \cos z \cos z}{\sin^2 z} = -\frac{1}{\sin^2 z} = -(1 + \cot^2 z).$$

Diese Ableitungen sind also meromorph mit Polstellen der Ordnung 2 in den Polstellen $(k + \frac{1}{2})\pi, k \in \mathbb{Z}$, von tan bzw. den Polstellen $k\pi, k \in \mathbb{Z}$, von cot. Für die entsprechenden Hyperbelfunktionen gilt

$$\tanh' z = \left(\frac{\sinh z}{\cosh z}\right)' = \frac{\cosh^2 z - \sinh^2 z}{\cosh^2 z} = \frac{1}{\cosh^2 z} = 1 - \tanh^2 z,$$

$$\coth' z = \left(\frac{\cosh z}{\sinh z}\right)' = \frac{\sinh^2 z - \cosh^2 z}{\sinh^2 z} = -\frac{1}{\sinh^2 z} = 1 - \coth^2 z.$$

Die reelle Exponentialfunktion $x \mapsto \mathrm{e}^x, x \in \mathbb{R}$, besitzt nach [14], Abschnitt 3.10 den natürlichen Logarithmus $x \mapsto \ln x, x \in \mathbb{R}_+^\times$, als Umkehrfunktion. Diese Logarithmusfunktion lässt sich in naheliegender Weise ins Komplexe ausdehnen: Aus Kern $\exp = \mathbb{Z}2\pi\mathrm{i}$, vgl. Proposition 1.4.10, folgt zunächst, dass die Exponentialfunktion auf dem Streifen

$$E := \{z \in \mathbb{C} \mid -\pi < \Im z < \pi\}$$

injektiv ist. Das Bild dieses Streifens ist wegen $\mathrm{e}^{x+\mathrm{i}y} = \mathrm{e}^x \mathrm{e}^{\mathrm{i}y} = \mathrm{e}^x(\cos y + \mathrm{i}\sin y)$ offenbar die längs der negativen reellen Achse geschlitzte Ebene

$$D := \mathbb{C} - \mathbb{R}_- = \{z \in \mathbb{C}^\times \mid -\pi < \operatorname{Arg} z < \pi\}.$$

Wir nennen wie bisher die Umkehrfunktion $D \to E$ der auf E beschränkten Exponentialfunktion $\exp\colon E \to D$ die **Logarithmusfunktion** schlechthin oder den **natürlichen Logarithmus** und bezeichnen sie mit

$$\ln\colon D \to E.$$

Es ist also

$$\ln z = \ln |z| + i \operatorname{Arg} z,$$

wobei hier das Argument $\operatorname{Arg} z$ der komplexen Zahl $z \in D$ in $]-\pi, \pi[$ zu wählen ist. Nach dem Umkehrsatz 1.3.8 (2) *ist* $\ln z$ *eine analytische (und insbesondere eine stetige) Funktion auf der geschlitzten Ebene* $\mathbb{C} - \mathbb{R}_-$. Die Rechenregel 2.1.10 für die Ableitung einer Umkehrfunktion ergibt, dass ln wie exp differenzierbar ist mit der Ableitung

$$\ln' z = \frac{1}{\exp'(\ln z)} = \frac{1}{\exp(\ln z)} = \frac{1}{z}, \quad z \in \mathbb{C} - \mathbb{R}_-.$$

Ferner erhält man nach Satz 2.1.10 aus der Potenzreihenentwicklung von $1/z$ die Potenzreihenentwicklung von $\ln z$. Für den Entwicklungspunkt $a = 1$ etwa ist

$$\frac{1}{z} = \frac{1}{1 + (z - 1)} = \sum_{n=0}^{\infty} (-1)^n (z - 1)^n$$

für alle z mit $|z - 1| < 1$ und folglich wegen $\ln 1 = 0$

$$\ln z = \sum_{n=0}^{\infty} \frac{(-1)^n}{n + 1} (z - 1)^{n+1}, \quad |z - 1| < 1.$$

Beide Reihen haben den Konvergenzradius 1. Wir fassen zusammen, wobei wir $z - 1 = w$ setzen:

Satz 2.2.4 *Die Logarithmusfunktion* ln *auf der geschlitzten Ebene* $\mathbb{C} - \mathbb{R}_-$ *ist analytisch mit der Ableitung* $\ln' z = 1/z$. *Für* $|w| < 1$ *wird* $\ln(1 + w)$ *durch die* **Logarithmusreihe** *dargestellt:*

$$\ln(1 + w) = \sum_{n=0}^{\infty} \frac{(-1)^n}{n + 1} w^{n+1}.$$

Es gelten also für die Exponentialreihe $e^X = \exp X = \sum_{n=0}^{\infty} X^n / n! \in \mathbb{Q}[\![X]\!]$ und die Logarithmusreihe $\ln(1 + X) = \sum_{n=1}^{\infty} (-1)^n X^n / (n + 1) \in \mathbb{Q}[X]$ die Potenzreihenidentitäten

$$\exp\big(\ln(1 + X)\big) = 1 + X \quad \text{und} \quad \ln(\exp X) = \ln\big(1 + (\exp X - 1)\big) = X,$$

die bereits in Aufg. 1.2.20 hergeleitet wurden.

Aus dem Additionstheorem $\exp(z_1 + z_2) = (\exp z_1)(\exp z_2)$ der Exponentialfunktion folgt die Funktionalgleichung der Logarithmusfunktion: Es ist

$$\ln(z_1 z_2) = \ln z_1 + \ln z_2$$

für alle die $z_1, z_2 \in \mathbb{C} - \mathbb{R}_-$, *die die Bedingung* $|\operatorname{Arg} z_1 + \operatorname{Arg} z_2| < \pi$ *erfüllen* (falls $\operatorname{Arg} z_1, \operatorname{Arg} z_2 \in \,]-\pi, \pi[$ gewählt sind). Wie schon mehrfach erwähnt, gilt diese Funktionalgleichung nicht allgemein: Beispielsweise ist

$$2\ln\left(e^{3\pi i/4}\right) = 3\pi i/2, \quad \text{aber} \quad \ln\left(\left(e^{3\pi i/4}\right)^2\right) = \ln\left(e^{-\pi i/2}\right) = -\pi i/2.$$

Satz 2.2.4 liefert

$$\ln(1-w) = -\sum_{n=0}^{\infty} \frac{w^{n+1}}{n+1}, \quad |w| < 1.$$

Mit der obigen Funktionalgleichung erhält man daraus die Darstellung

$$\frac{1}{2}\ln\frac{1+w}{1-w} = \frac{1}{2}\big(\ln(1+w) - \ln(1-w)\big) = \sum_{n=0}^{\infty} \frac{w^{2n+1}}{2n+1}, \quad |w| < 1,$$

etwa

$$\ln 2 = \ln\frac{1+\frac{1}{3}}{1-\frac{1}{3}} = 2\sum_{n=0}^{\infty} \frac{1}{(2n+1)\cdot 3^{2n+1}} = 0{,}69314718055\ldots.$$

Nach Aufg. 2.4.3 d) ist $\frac{1}{2}\ln\big((1+w)/(1-w)\big) = \operatorname{Artanh} w$.

Beispiel 2.2.5 Die Reihe $-\ln(1-w) = \sum_{n=1}^{\infty} w^n/n$ konvergiert nach Satz 1.2.12 gleichmäßig auf jeder Menge $B(0;1) - B(1;\varepsilon)$, $\varepsilon > 0$. Da der Logarithmus stetig ist, *gilt insbesondere die Gleichung*

$$-\ln(1-w) = \sum_{n=1}^{\infty} \frac{w^n}{n}$$

sogar für alle $w \in \mathbb{C}$ *mit* $|w| \leq 1$, $w \neq 1$. Schreiben wir ein w mit $|w| = 1$, $w \neq 1$, in der Form $w = e^{it} = \cos t + i\sin t$ mit $t \in \,]0, 2\pi[$, so erhalten wir einerseits

$$-\ln(1-e^{it}) = \sum_{n=1}^{\infty} \frac{e^{int}}{n} = \sum_{n=1}^{\infty} \frac{\cos nt}{n} + i\sum_{n=1}^{\infty} \frac{\sin nt}{n}.$$

Andererseits gilt

$$1 - e^{it} = 1 + e^{i(t-\pi)} = \left(e^{-i\frac{t-\pi}{2}} + e^{i\frac{t-\pi}{2}}\right)e^{i\frac{t-\pi}{2}} = 2\cos\frac{t-\pi}{2}\,e^{i\frac{t-\pi}{2}} = 2\sin\frac{t}{2}\,e^{i\frac{t-\pi}{2}}, \quad \text{also}$$

$$-\ln(1-e^{-it}) = -\ln\left(2\sin\frac{t}{2}\right) + i\frac{\pi-t}{2}$$

nach Definition der Logarithmusfunktion. Durch Vergleich ergibt sich:

Satz 2.2.6 *Für alle* $t \in \,]0, 2\pi[$ *ist*

$$\sum_{n=1}^{\infty} \frac{\cos nt}{n} = -\ln\left(2\sin\frac{t}{2}\right), \quad \sum_{n=1}^{\infty} \frac{\sin nt}{n} = \frac{\pi - t}{2}.$$

Beide Reihen konvergieren gleichmäßig auf jedem Intervall $]\varepsilon, 2\pi - \varepsilon[, \, 0 < \varepsilon < \pi.$

Die Reihen in Satz 2.2.6 sind spezielle Fourier-Reihen. Zu Verallgemeinerungen siehe Beispiel 3.7.7. Für $t = \pi$ liefert die erste Reihe und für $t = \pi/2$ die zweite Reihe die Summenformeln $\sum_{n=1}^{\infty}(-1)^{n-1}/n = \ln 2$ bzw. $\sum_{n=0}^{\infty}(-1)^n/(2n+1) = \pi/4$, die wir bereits in Beispiel 1.2.11 auf dieselbe Weise gewonnen haben. $\qquad \diamond$

Mit dem Logarithmus definieren wir die **Exponentialfunktionen**[4]

$$a^z := \exp(z \ln a)$$

für beliebige Basen $a \in \mathbb{C} - \mathbb{R}_-$. Ihre Ableitungen sind

$$(a^z)' = \ln a \cdot \exp(z \ln a) = (\ln a)a^z.$$

Sei $a \in \mathbb{R}_-^{\times}$, d. h. $a \in \mathbb{R}, a < 0$. Dann ist $a = -|a| = e^{\ln|a| + i\pi}$, und wir definieren

$$\ln a := \ln|a| + i\pi$$

als den natürlichen Logarithmus von a sowie

$$a^z := \exp(z \ln a) = \exp\big(z(\ln|a| + i\pi)\big), \quad z \in \mathbb{C}.$$

Dann gilt ebenfalls $(a^z)' = (\ln a)a^z$.[5]

Ferner lässt sich jetzt für ein beliebiges $\alpha \in \mathbb{C}$ auf der geschlitzten Ebene $\mathbb{C} - \mathbb{R}_-$ die **Potenzfunktion**[6]

$$z^\alpha := \exp(\alpha \ln z)$$

definieren. Diese Funktionen sind als Kompositionen analytischer Funktionen analytisch und stimmen für $z \in \mathbb{R}_+^{\times}$ und $\alpha \in \mathbb{R}$ mit den bereits definierten reellen Potenzfunktionen überein. Es ist

$$z^{\alpha+\beta} = z^\alpha z^\beta$$

---

[4] Es handelt sich um die sogenannten **Hauptzweige** dieser Funktionen, vgl. Bemerkung 2.2.9.

[5] Wegen $a = e^{\ln|a| - i\pi}$ für $a < 0$ hätten wir a^z auch durch $\exp\big(z(\ln|a| - i\pi)\big)$ erklären können. Solche Willkür lässt sich grundsätzlich nicht vermeiden, siehe auch die Bemerkung 2.2.9 weiter unten.

[6] Es handelt sich wieder um die Hauptzweige dieser Funktionen, vgl. Bemerkung 2.2.9.

für alle $z \in \mathbb{C} - \mathbb{R}_-$ und alle $\alpha, \beta \in \mathbb{C}$. Die Ableitung von z^α ist nach der Kettenregel 2.1.9 (und nach Satz 2.2.1 bzw. Satz 2.2.4) gleich

$$(z^\alpha)' = \big(\exp(\alpha \ln z) \big)' = \frac{\alpha}{z} z^\alpha = \alpha z^{\alpha - 1}.$$

Die Potenzregel für Exponenten $n \in \mathbb{N}$ überträgt sich also auf beliebige Exponenten $\alpha \in \mathbb{C}$. Nach der Taylor-Formel 2.1.18 lautet die Potenzreihenentwicklung von z^α um 1

$$z^\alpha = \sum_{n=0}^{\infty} \frac{[\alpha]_n}{n!} (z - 1)^n$$

oder mit $w := z - 1$

$$(1 + w)^\alpha = \sum_{n=0}^{\infty} \binom{\alpha}{n} w^n.$$

Für $\alpha \in \mathbb{N}$ ist das einfach der binomische Lehrsatz. Man nennt diese Reihen daher auch **Binomialreihen**. Für $\alpha \notin \mathbb{N}$ ist der Konvergenzradius dieser Reihen genau gleich 1,[7] denn für $w \neq 0$ ist $\binom{\alpha}{n+1} w^{n+1} / \binom{\alpha}{n} w^n = (\alpha - n)w/(n + 1)$, und diese Folge konvergiert für $n \to \infty$ gegen $-w$. Wir fassen zusammen:

Satz 2.2.7 *Die Potenzfunktion $z \mapsto z^\alpha$ auf $\mathbb{C} - \mathbb{R}_-$, $\alpha \in \mathbb{C}$, ist analytisch mit der Ableitung $\alpha z^{\alpha - 1}$. Für $|w| < 1$ wird $(1 + w)^\alpha$ durch die Binomialreihe dargestellt:*

$$(1 + w)^\alpha = \sum_{n=0}^{\infty} \binom{\alpha}{n} w^n.$$

Beispiel 2.2.8

(1) Als Spezialfälle von Satz 2.2.7 notieren wir die Reihen

$$\frac{1}{\sqrt{1 + w}} = \sum_{n=0}^{\infty} (-1)^n \frac{1 \cdot 3 \cdots (2n - 1)}{2 \cdot 4 \cdots 2n} w^n = \sum_{n=0}^{\infty} (-1)^n \binom{2n}{n} \Big(\frac{w}{4} \Big)^n,$$

$$\sqrt{1 + w} = 1 + \sum_{n=1}^{\infty} (-1)^{n-1} \frac{1}{2n} \cdot \frac{1 \cdot 3 \cdots (2n - 3)}{2 \cdot 4 \cdots (2n - 2)} w^n = \sum_{n=0}^{\infty} \frac{(-1)^{n+1}}{2n - 1} \binom{2n}{n} \Big(\frac{w}{4} \Big)^n,$$

die für $|w| < 1$ konvergieren. Die erste konvergiert noch für $w = 1$, die zweite für $w = \pm 1$. (Man benutze im ersten Fall das Leibniz-Kriterium 3.6.8 aus [14] und im zweiten Fall Aufg. 1.2.10 und beachte auch die allgemeine Aussage im Anschluss an den Beweis von Satz 2.2.17.) Nach dem Abelschen Grenzwertsatz 1.2.10 konvergiert insbesondere die Potenzreihe von $\sqrt{1 + w}$ um 0 auf $[-1, 1]$ gleichmäßig

---

[7] Dass der Konvergenzradius ≥ 1 ist, folgt bereits aus der allgemeinen Abschätzung in Satz 1.2.16.

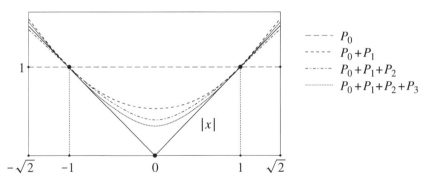

Abb. 2.3 Konvergenz der Reihe $\sum P_n(x)$ mit $P_n := \binom{1/2}{n}(x^2-1)^n$ gegen $|x|$

gegen $\sqrt{1+w}$. Es folgt, dass die Reihe von Polynomen $\sum_{n=0}^{\infty} P_n(x)$ mit $P_n(x) := \binom{1/2}{n}(x^2-1)^n$ für $x \in \mathbb{R}$, $|x| \le \sqrt{2}$, gleichmäßig gegen $\sqrt{1+(x^2-1)} = |x|$ konvergiert, vgl. Abb. 2.3. Eine solche Polynomreihe wird beim Beweis des Approximationssatzes 1.1.16 von Stone-Weierstraß benutzt, vgl. Lemma 1.1.17 und auch Aufg. 1.1.18. Man beachte, dass sie keine Potenzreihe ist; schließlich ist $|x|$ im Nullpunkt nicht analytisch.[8]

Wir erwähnen ferner die für $|w| < 1$ gültige Darstellung

$$\sqrt{\frac{1+w}{1-w}} = \frac{1+w}{\sqrt{1-w^2}} = \sum_{n=0}^{\infty} \binom{2n}{n}\left(\left(\frac{w}{2}\right)^{2n} + 2\left(\frac{w}{2}\right)^{2n+1}\right).$$

(2) Die Reihenentwicklung

$$\frac{1}{(1+w)^m} = (1+w)^{-m} = \sum_{n=0}^{\infty} \binom{-m}{n} w^n = \sum_{n=0}^{\infty} (-1)^n \binom{n+m-1}{m-1} w^n,$$

$$m \in \mathbb{N}^*, \ |w| < 1,$$

haben wir schon in [14], Aufg. 3.7.1 auf kombinatorischem Wege erhalten. Man kann sie auch durch $(m-1)$-faches formales Differenzieren der geometrischen Reihe $1/(1+w) = \sum_{n=0}^{\infty}(-1)^n w^n$ gewinnen, vgl. Beispiel 1.2.3. – Aus $(1-w^2)^{-m} = (1+w)^{-m} \cdot (1-w)^{-m}$ folgere man für $m \in \mathbb{N}^*$ und $n \in \mathbb{N}$

$$(-1)^n \binom{n+m-1}{m-1} = \sum_{i=-n}^{n} (-1)^i \binom{n+i+m-1}{m-1}\binom{n-i+m-1}{m-1}.$$

---

[8] Man kann den Abelschen Grenzwertsatz vermeiden: Sei dazu ε_m, $m \in \mathbb{N}$, eine Nullfolge in $\mathbb{R}_+$. Dann konvergiert die Reihe $\sqrt{x^2 + \varepsilon_m^2}$, $m \in \mathbb{N}$, gleichmäßig (auf $\mathbb{R}$) gegen $|x|$, und bei $0 < \varepsilon < 1$ konvergiert $\sum_{n=0}^{\infty} \binom{1/2}{n}(x^2+\varepsilon^2-1)^n$ für $|x| \le \sqrt{2(1-\varepsilon^2)}$, d. h. $|x^2+\varepsilon^2-1| \le 1-\varepsilon^2$, gleichmäßig gegen $\sqrt{x^2 + \varepsilon^2}$.

(3) Für $\alpha, \beta \in \mathbb{C}$ und $|w| < 1$ ist

$$\sum_{n=0}^{\infty} \binom{\alpha + \beta}{n} w^n = (1 + w)^{\alpha + \beta} = (1 + w)^{\alpha}(1 + w)^{\beta} = \sum_{n=0}^{\infty} \binom{\alpha}{n} w^n \sum_{n=0}^{\infty} \binom{\beta}{n} w^n,$$

woraus nach Ausmultiplizieren die sogenannte **Vandermondesche Identität**

$$\binom{\alpha + \beta}{n} = \sum_{j=0}^{n} \binom{\alpha}{j} \binom{\beta}{n - j}, \quad n \in \mathbb{N},$$

folgt, die für $\alpha, \beta \in \mathbb{N}$ bereits in [14], Aufg. 1.6.9a) behandelt wurde und daraus mit dem Identitätssatz für Polynome allgemein folgt. $\diamond$

Bemerkung 2.2.9 Bei der Definition der Logarithmusfunktion liegt eine gewisse Willkür in der Wahl des Definitionsbereiches D. Der von uns definierte Hauptzweig ist nicht für die negative reelle Achse definiert. Wählt man den Logarithmus als Umkehrfunktion zur Beschränkung der Exponentialfunktion auf den Streifen $E' := \{w \in \mathbb{C} \mid 0 < \Im w < 2\pi\}$, so erhält man als Definitionsbereich die an der $\mathbb{R}_+$-Achse geschlitzte Ebene $D' := \mathbb{C} - \mathbb{R}_+ = \{z \in \mathbb{C}^{\times} \mid 0 < \operatorname{Arg} z < 2\pi\}$. Dann stimmen die beiden Logarithmusfunktionen in der oberen Halbebene $H := \{z \in \mathbb{C} \mid \Im z > 0\}$ überein, während sie sich in der unteren Halbebene $\overline{H} := \{z \in \mathbb{C} \mid \Im z < 0\}$ um den Summanden 2π unterscheiden. Analoge Mehrdeutigkeiten ergeben sich für die Potenzfunktionen. Wir verstehen unter der Logarithmusfunktion bzw. unter den Potenzfunktionen stets die oben definierten **Hauptzweige**, falls nicht ausdrücklich etwas anderes gesagt wird. Dies gilt insbesondere auch für die **Wurzelfunktionen** $\sqrt[m]{z} = z^{1/m}$, $m \in \mathbb{N}^*$, die wir bereits in [14], Beispiel 3.5.6 eingeführt haben. Wenn wir den Logarithmus ln kommentarlos für negative reelle Zahlen benutzen, so ist (wie oben bereits eingeführt) $\ln x = \ln |x| + \pi\mathrm{i}$, $x \in \mathbb{R}_-^{\times}$. Dann ist ln auf $\mathbb{C}^{\times}$ definiert, aber in den Punkten $x \in \mathbb{R}_-^{\times}$ *nicht* stetig. Ist $D \subseteq \mathbb{C}^{\times}$ ein Gebiet, so nennt man *jede* analytische Funktion Log$: D \to \mathbb{C}$ mit $\exp(\operatorname{Log} z) = z$, $z \in D$, einen **Logarithmus** auf D. Die Analytizität von Log folgt dabei schon aus der Stetigkeit. So liefert für $b \in \mathbb{R}$ die Umkehrung von exp$: E_b := \{z \in \mathbb{C} \mid b < \Im z < b + 2\pi\} \xrightarrow{\sim} \mathbb{C} - \mathbb{R}_+(\cos b + \mathrm{i} \sin b)$ einen Logarithmus auf der am Strahl $\mathbb{R}_+(\cos b + \mathrm{i} \sin b)$ geschlitzten Ebene $\mathbb{C} - \mathbb{R}_+(\cos b + \mathrm{i} \sin b)$. $\diamond$

Beispiel 2.2.10 (Wurzeln aus Potenzreihen und lokale Struktur holomorpher Funktionen) Seien $F = \sum_n a_n X^n \in \mathbb{K}[\![X]\!]$ eine Potenzreihe mit $a_0 = F(0) = 0$ und $\alpha \in \mathbb{K}$. Für die Koeffizienten b_n der Potenzreihe $(1 + F)^{\alpha} = \sum_n \binom{\alpha}{n} F^n = \sum_n b_n X^n$ gilt dann die Rekursion

$$b_{n+1} = \frac{1}{n + 1} \sum_{k=1}^{n+1} \big((\alpha + 1)k - (n + 1)\big) a_k b_{n+1-k}, \quad n \in \mathbb{N},$$

mit der Anfangsbedingung $b_0 = 1$, die sich durch Koeffizientenvergleich aus

$$\alpha (1 + F)^\alpha F' = \big((1 + F)^\alpha\big)' (1 + F)$$

ergibt und mit deren Hilfe die b_n, $n \in \mathbb{N}$, bequem berechnet werden können. Ist F konvergent, so ist auch $(1 + F)^\alpha$ eine konvergente Potenzreihe.

Sei $m \in \mathbb{N}^*$. Dann ist die Reihe $G := (1 + F)^{1/m}$ eine m-te Wurzel aus $1 + F$, d. h. es gilt $G^m = 1 + F$. Sie ist die einzige m-te Wurzel aus $1 + F$ mit konstantem Term 1. Ist nämlich H eine weitere solche Wurzel, so gilt $0 = G^m - H^m = (G - H)(G^{m-1} + \cdots + H^{m-1})$, und der Faktor $\sum_{j=1}^m G^{m-j} H^{j-1}$ ist eine Potenzreihe mit konstantem Term $m \neq 0$.

Eine Potenzreihe aus $\mathbb{K}[\![X]\!]$ mit konstantem Term $a_0 \neq 0$ besitzt also ebenso viele m-te Wurzeln, wie a_0 m-te Wurzeln in $\mathbb{K}$ besitzt.[9] Dies sind bei $\mathbb{K} = \mathbb{C}$ stets m Wurzeln. Bei $\mathbb{K} = \mathbb{R}$ und ungeradem m ist es genau eine, bei $\mathbb{K} = \mathbb{R}$ und geradem m sind es keine oder zwei, je nachdem ob a_0 negativ oder positiv ist.

Die gerade beschriebene Möglichkeit, aus Potenzreihen Wurzeln zu ziehen, gestattet es, die lokale Struktur holomorpher Funktionen vollständig zu beschreiben. Sei dazu f eine holomorphe Funktion in einer offenen Umgebung des Nullpunktes in $\mathbb{C}$ mit der Potenzreihenentwicklung

$$f(z) = a_0 + a_k z^k + a_{k+1} z^{k+1} + \cdots = a_0 + z^k (a_k + a_{k+1} z + \cdots) = a_0 + \big(z g(z)\big)^k,$$

$a_k \neq 0$, $k \geq 1$, wobei g eine k-te Wurzel aus $a_k + a_{k+1} z + \cdots$ ist. Die Funktion f ist also in einer Umgebung von 0 die Komposition der analytischen Funktionen $h\colon z \mapsto z g(z)$ und $z \mapsto a_0 + z^k$. Da h nach Satz 1.2.4 eine offene Umgebung von 0 in $\mathbb{C}$ bijektiv auf eine offene Umgebung von 0 derart abbildet, dass die Umkehrfunktion h^{-1} ebenfalls analytisch ist, *haben f und die Potenzfunktion z^k (wo k die Ordnung der $f(0)$-Stelle von f in 0 ist) in einer Umgebung von 0 dasselbe Abbildungsverhalten.* Insbesondere ergeben sich noch einmal der Satz 1.3.7 über die Offenheit nichtkonstanter holomorpher Funktionen (wenn wir dies für die komplexen Potenzfunktionen z^k, $k \in \mathbb{N}^*$, voraussetzen). Ferner erhält man die folgende, bereits im Zusammenhang mit dem Umkehrsatz 1.3.8 (2) erwähnte Aussage: *Genau dann ist f in einer Umgebung von 0 injektiv, wenn $f'(0) \neq 0$ ist.* Wir überlassen es dem Leser, in ähnlicher Weise reell-analytische Abbildungen lokal zu klassifizieren. $\diamond$

Beispiel 2.2.11 (Logarithmische Ableitung) Sei $f\colon D \to \mathbb{C}$ im Punkt $a \in D$ differenzierbar mit $f(a) \notin \mathbb{R}_-$. Dann ist $g := \ln f$ in einer Umgebung von a definiert und im Punkt a differenzierbar mit $g'(a) = f'(a)/f(a)$. Man nennt daher f'/f für eine beliebige differenzierbare Funktion $f\colon D \to \mathbb{C}^\times$ die **logarithmische Ableitung** von f (auch dann, wenn $\ln f$ nicht definiert ist). Dies motiviert die bereits eingeführte generelle

---

[9] Man kann hier $\mathbb{K}$ durch einen beliebigen Körper der Charakteristik 0 ersetzen.

Bezeichnung „logarithmische Ableitung" für das Element $(\delta f)/f$, wobei $\delta\colon S \to S$ eine Derivation eines kommutativen Rings S ist und $f \in S^{\times}$. Diese logarithmische Ableitung ist ein Gruppenhomomorphismus $(S^{\times}, \cdot) \to (S, +)$. Vgl. auch die Bemerkung vor Beispiel 1.2.3 und Aufg. 2.1.9. $\diamond$

Beispiel 2.2.12 (Elementarsymmetrische Funktionen – Newtonsche Formeln) Sei a_i, $i \in I$, eine summierbare Familie komplexer Zahlen. Dann ist auch die Familie $a_i z$, $i \in I$, summierbar für $z \in \mathbb{C}$ und folglich $1 + a_i z$, $i \in I$, multiplizierbar nach [14], Satz 3.7.17. Ferner ist nach [14], Aufg. 3.7.6 (und dem großen Umordnungssatz 3.7.11 dort)

$$f(z) := \prod_{i \in I}(1 + a_i z) = \sum_{n=0}^{\infty} S_n z^n,$$

wobei die Koeffizienten

$$S_n := S_n(a_i, i \in I) := \sum_{H \in \mathfrak{S}_n(I)} a^H, \quad n \in \mathbb{N},$$

die sogenannten **elementarsymmetrischen Funktionen** in den $a_i, i \in I$, sind (**Vietascher Wurzelsatz**). Wir erinnern dabei an die Definition $a^H = \prod_{i \in H} a_i$ für eine endliche Teilmenge $H \subseteq I$ und setzen $\mathfrak{S}_n(I)$ für die Menge der n-elementigen Teilmengen von I. Insbesondere ist $f\colon \mathbb{C} \to \mathbb{C}$ *eine ganze Funktion mit* $f(0) = S_0 = 1$ *und* $f'(0) = S_1 = \sum_{i \in I} a_i$. Ist die Menge I_0 der $i \in I$ mit $a_i \neq 0$ endlich und $|I_0| = m$, so ist $S_m = \prod_{i \in I_0} a_i \neq 0$, $S_n = 0$ für $n > m$ und f die Polynomfunktion $\prod_{i \in I_0}(1 + a_i z)$ vom Grad m.

Für jedes $a \in \mathbb{C}^{\times}$ hat die Funktion f die Nullstellenordnung $v(a)$, wobei $v(a)$ die Anzahl der Indizes $i \in I$ mit $a = -1/a_i$ ist. Daraus folgt, dass f und damit die elementarsymmetrischen Funktionen S_n die Familie $a_i, i \in I$, im Wesentlichen bestimmen. Um dies zu präzisieren, nennen wir zwei summierbare Familien $a_i, i \in I$, und $b_j, j \in J$, **im Wesentlichen gleich**, wenn für jedes $c \neq 0$ die Anzahl der Indizes $i \in I$ mit $a_i = c$ und die Anzahl der Indizes $j \in J$ mit $b_j = c$ übereinstimmen. Dann gilt also: Zwei summierbare Familien $a_i, i \in I$, und $b_j, j \in J$, sind genau dann im Wesentlichen gleich, wenn ihre elementarsymmetrischen Funktionen $S_n(a_i, i \in I)$ und $S_n(b_j, j \in J), n \in \mathbb{N}$, jeweils übereinstimmen.

Für (absolut) kleine $z \in \mathbb{C}$ ist nach Satz 2.2.4 (und dem großen Umordnungssatz 3.7.11 aus [14])

$$-\ln f(z) = -\sum_{i \in I}\ln(1 + a_i z) = \sum_{i \in I}\left(\sum_{n=1}^{\infty}\frac{(-1)^n}{n}a_i^n z^n\right) = \sum_{n=1}^{\infty}\frac{(-1)^n}{n}P_n z^n,$$

wobei die P_n, $n \in \mathbb{N}^*$, die sogenannten **Potenzsummen**

$$P_n = P_n(a_i, i \in I) = \sum_{i \in I} a_i^n$$

in den a_i, $i \in I$, sind. Für die logarithmische Ableitung f'/f von f folgt mit Satz 2.1.13

$$\frac{f'(z)}{f(z)} = \big(\ln f(z) \big)' = \sum_{n=0}^{\infty} (-1)^n P_{n+1} z^n.$$

Nach Multiplikation mit $f(z)$ ergeben sich durch Koeffizientenvergleich die folgenden **Newtonschen Formeln**:

$$(n+1)S_{n+1} = (-1)^n P_{n+1} + \sum_{k=1}^{n} (-1)^{n-k} S_k P_{n+1-k}, \quad n \in \mathbb{N}.$$

Sie gestatten es, die S_n, $n \in \mathbb{N}^*$, und die P_n, $n \in \mathbb{N}^*$, wechselseitig auseinander zu berechnen. Genauer liefern die $S_1, \ldots, S_m$ die $P_1, \ldots, P_m$ und umgekehrt. Insbesondere erhält man:

Lemma 2.2.13 *Für zwei summierbare Familien a_i, $i \in I$, und b_j, $j \in J$, komplexer Zahlen sind folgende Aussagen äquivalent:*

(i) *Die beiden Familien sind im Wesentlichen gleich.*
(i') *Die ganzen Funktionen $\prod_{i \in I}(1 + a_i z)$ und $\prod_{j \in J}(1 + b_j z)$ stimmen überein.*
(ii) *Für alle $n \in \mathbb{N}$ gilt $S_n(a_i, i \in I) = S_n(b_j, j \in J)$.*
(iii) *Für alle $n \in \mathbb{N}^*$ gilt $P_n(a_i, i \in I) = P_n(b_j, j \in J)$.*

Die Implikation (iii) $\Rightarrow$ (i) ist selbst für endliche Familien nicht ganz selbstverständlich. Vgl. dazu auch Aufg. 1.2.15 b).

Wir illustrieren die Newtonschen Formeln an einem Beispiel: Dazu betrachten wir die Eulersche Produktdarstellung aus Beispiel 1.1.10:

$$g(x) := \sum_{n=0}^{\infty} (-1)^n \frac{(x^2)^n}{(2n+1)!} = \frac{\sin x}{x} = \prod_{k=1}^{\infty} \Big(1 - \frac{x^2}{k^2 \pi^2} \Big).$$

Sie zeigt, dass die elementarsymmetrischen Funktionen in den $1/k^2$, $k \in \mathbb{N}^*$, die Werte $S_n = \pi^{2n}/(2n+1)!$ haben, $n \in \mathbb{N}$. Daraus ergeben sich mit den Newtonschen Formeln der Reihe nach die Potenzsummen

$$P_n = \sum_{k=1}^{\infty} \frac{1}{k^{2n}} = \zeta(2n), \quad \text{und zwar}$$

$$P_1 = \zeta(2) = S_1 = \pi^2/6,$$

$$P_2 = \zeta(4) = -2S_2 + S_1 P_1 = \pi^4/90,$$

$$P_3 = \zeta(6) = 3S_3 - S_2 P_1 + S_1 P_2 = \pi^6/945$$

usw. Die Werte $P_n = \zeta(2n)$ lassen sich aber auch leicht explizit mit den Bernoullischen
Zahlen angeben. Dazu betrachten wir direkt die logarithmische Ableitung von $g(x) =$
$(\sin x)/x$. Sie ist unter Verwendung von Beispiel 1.4.14 einerseits gleich

$$\frac{g'(x)}{g(x)} = \frac{1}{x}(x\cot x - 1) = \sum_{n=1}^{\infty}(-1)^n\frac{B_{2n}}{(2n)!}2^{2n}x^{2n-1}.$$

Andererseits erhält man aus der Eulerschen Produktdarstellung von $g(x)$

$$\frac{g'(x)}{g(x)} = \sum_{k=1}^{\infty}\frac{-2x}{k^2\pi^2 - x^2} = -\sum_{n=1}^{\infty}\left(\sum_{k=1}^{\infty}\frac{2}{(k^2\pi^2)^n}\right)x^{2n-1}.$$

Also ergibt sich durch Koeffizientenvergleich

$$\zeta(2n) = (-1)^{n-1}\pi^{2n}\frac{B_{2n}}{(2n)!}2^{2n-1}. \qquad \diamond$$

Beispiel 2.2.14 (Hypergeometrische Reihen) Für $a,b,c \in \mathbb{C}$ mit $-c \notin \mathbb{N}$ definiert
man die **hypergeometrische Reihe** durch

$$F(a,b;c;z) := \sum_{k=0}^{\infty}(-1)^k\frac{\binom{-a}{k}\binom{-b}{k}}{\binom{-c}{k}}z^k = \sum_{k=0}^{\infty}\frac{(a)_k(b)_k}{(c)_k(1)_k}z^k$$

$$= \sum_{k=0}^{\infty}\frac{a(a+1)\cdots(a+k-1)b(b+1)\cdots(b+k-1)}{c(c+1)\cdots(c+k-1)}\frac{z^k}{k!}$$

$$= 1 + \frac{ab}{c}z + \frac{a(a+1)b(b+1)}{2c(c+1)}z^2 + \cdots.$$

$((a)_k = a(a+1)\cdots(a+k-1)$ ist das Pochhammer-Symbol.) Offenbar ist $F(a,b;c;z) =$
$F(b,a;c;z)$. Bei $-a \in \mathbb{N}$ oder $-b \in \mathbb{N}$ handelt es sich um ein Polynom vom Grad
$-a$ bzw. $-b$ (bzw. Min$(-a,-b)$, falls $-a$ und $-b$ beide in $\mathbb{N}$ liegen). Andernfalls
ist $F(a,b;c;z)$ eine konvergente Potenzreihe $\sum a_k z^k$ mit dem Konvergenzradius 1.
Dies folgt aus dem Quotientenkriterium, für $z \neq 0$ und $k \to \infty$ hat man nämlich
$|a_{k+1}z^{k+1}/a_k z^k| = |(a+k)(b+k)z/(k+1)(c+k)| \to |z|$. Es gilt

$$\frac{dF(a,b;c;z)}{dz} = \sum_{k=0}^{\infty}\frac{a\cdots(a+k)b\cdots(b+k)}{c\cdots(c+k)}\frac{z^k}{k!} = \frac{ab}{c}F(a+1,b+1;c+1;z),$$

$$\frac{d^2F(a,b;c;z)}{dz^2} = \frac{a(a+1)b(b+1)}{c(c+1)}F(a+2,b+2;c+2;z).$$

Durch Einsetzen dieser Reihen und Vergleich der Koeffizienten von z^k bestätigt man
direkt, dass $F = F(a,b;c;z)$ Lösung der sogenannten **hypergeometrischen Differenzi-**
algleichung

$$z(1-z)\frac{d^2F}{dz^2} + \left(c - (a+b+1)z\right)\frac{dF}{dz} - abF = 0$$

ist. Ihr Studium führt also zu diesen Reihen. Weiterhin gibt es zahlreiche (u. a. von Gauß gefundene) Rekursionsformeln, die $F(a, b; c; z)$ in Verbindung bringen mit weiteren hypergeometrischen Reihen, für die einer oder mehrere der Parameter a, b, c um die Summanden ± 1 (oder ± 2) verändert sind. Auch sie werden leicht durch Koeffizientenvergleich bei den zugehörigen Reihen bewiesen. Wir erwähnen hier exemplarisch (vgl. auch Aufg. 2.2.26)

$$(b - a) F(a, b; c; z) + a F(a + 1, b; c; z) - b F(a, b + 1; c; z) = 0,$$
$$c(c + 1) F(a, b; c; z) - c(c + 1) F(a, b; c + 1; z) - abz F(a + 1, b + 1; c + 2; z) = 0.$$

Für $a = 1$ und $b = c \notin -\mathbb{N}$ beliebig ist die hypergeometrische Reihe die geometrische Reihe

$$F(1, c; c; z) = \sum_{k=0}^{\infty} z^k = \frac{1}{1 - z}.$$

Auch andere Funktionen lassen sich durch hypergeometrische Reihen darstellen. Beispielsweise gilt (vgl. auch Aufg. 2.2.25)

$$(1 - z)^{-\alpha} = \frac{1}{(1 - z)^{\alpha}} = \sum_{k=0}^{\infty} \binom{\alpha}{k} z^k = F(\alpha, c; c; z), \quad \alpha \in \mathbb{C},$$

$$\ln(1 - z) = -\sum_{k=1}^{\infty} \frac{z^k}{k} = -z F(1, 1; 2; z).$$

Das (normierte) n-te Tschebyschew-Polynom erster Art T_n lässt sich ebenfalls als eine hypergeometrische Reihe schreiben:

$$T_n(z) = \frac{1}{2^{n-1}} F\left(n, -n; \frac{1}{2}; \frac{1}{2}(1 - z)\right), \quad n \in \mathbb{N}.$$

Um dies einzusehen, prüft man, dass die Polynome $F(n, -n; 1/2; (1 - z)/2)$ die Rekursion $\widetilde{T}_0 = 1, \widetilde{T}_1 = z, \widetilde{T}_{n+2} = 2z\widetilde{T}_{n+1} - \widetilde{T}_n$ der Polynome $\widetilde{T}_n := 2^{n-1} T_n$ erfüllen. Dazu verwendet man die folgende Relation, die man leicht durch Koeffizientenvergleich bestätigt:

$$F\left(n + 2, -n - 2; \frac{1}{2}; z\right) = 2\left(1 - 2z\right) F\left(n + 1, -n - 1; \frac{1}{2}; z\right) - F\left(n, -n; \frac{1}{2}; z\right).$$

Die verallgemeinerten hypergeometrischen Reihen

$$_r F_s(b_1, \ldots, b_r; c_1, \ldots, c_s; z) = \sum_{k=0}^{\infty} \frac{(b_1)_k \cdots (b_r)_k}{(c_1)_k \cdots (c_s)_k} \frac{z^k}{k!},$$

wobei $r, s \in \mathbb{N}$ und $b_1, \ldots, b_r, c_1, \ldots, c_s \in \mathbb{C}$, aber $-c_1, \ldots, -c_s \notin \mathbb{N}$ sei, generalisieren die hypergeometrischen Reihen. Es ist $F(a, b; c; z) = {}_2F_1(a, b; c; z)$. Bei $s < r - 1$ sind die Potenzreihen $_rF_s$ Polynome oder divergent, bei $s \geq r$ ist der Konvergenzradius ∞, bei $s = r - 1$ ist $_rF_{r-1}$ ein Polynom oder hat den Konvergenzradius 1. All dies erkennt man mit dem Quotientenkriterium. Das Konvergenzverhalten von $_rF_{r-1}$ auf dem Rand des Einheitskreises wird in Beispiel 2.2.16 beschrieben. $\qquad\qquad\diamond$

Beispiel 2.2.15 (Konfluente hypergeometrische Reihen) Die **konfluenten hypergeometrischen** oder **Kummerschen Reihen**

$$\Phi(a;c;z) := {}_1F_1(a;c;z) = \sum_{k=0}^{\infty} \frac{(a)_k}{(c)_k} \frac{z^k}{k!} = 1 + \frac{a}{c}z + \frac{a(a+1)}{2c(c+1)}z^2 + \cdots.$$

mit $a, c \in \mathbb{C}$, $-c \notin \mathbb{N}$, sind weitere Spezialfälle der verallgemeinerten hypergeometrischen Reihen. Bei $-a \in \mathbb{N}$ handelt es sich um ein Polynom vom Grad $-a$, bei $-a \notin \mathbb{N}$ ist $\Phi(a;c;z)$ eine für alle $z \in \mathbb{C}$ konvergente Potenzreihe. Differenzieren liefert für $\nu \in \mathbb{N}$

$$\frac{d^\nu \Phi(a;c;z)}{dz^\nu} = \sum_{k=0}^{\infty} \frac{a \cdots (a+k+\nu-1)}{c \cdots (c+k+\nu-1)} \frac{z^k}{k!} = \frac{(a)_\nu}{(c)_\nu} \Phi(a+\nu;c+\nu;z).$$

Durch Koeffizientenvergleich bestätigt man, dass $\Phi := \Phi(a;c;z)$ Lösung der sogenannten **Kummerschen Differenzialgleichung**

$$z\frac{d^2\Phi}{dz^2} + (c-z)\frac{d\Phi}{dz} - a\Phi = 0$$

ist. Ebenso beweist man die folgenden Rekursionsgleichungen:

$$a\Phi(a+1;c+1;z) + (c-a)\Phi(a;c+1;z) - c\Phi(a;c;z) = 0,$$
$$a\Phi(a+1;c;z) - (2a-c+z)\Phi(a;c;z) + (a-c)\Phi(a-1;c;z) = 0.$$

Bei $a = c$ erhält man einfach $\Phi(c;c;z) = e^z$. $\qquad\qquad\diamond$

Beispiel 2.2.16 Sind $-b_1, \ldots, -b_r, -c_1, \ldots, -c_{r-1} \notin \mathbb{N}$, so gilt für die Koeffizienten a_k der verallgemeinerten hypergeometrischen Reihe $_rF_{r-1}(b_1, \ldots, b_r; c_1, \ldots, c_{r-1}; z) = \sum a_k z^k$

$$\frac{a_{k+1}}{a_k} = \frac{(b_1+k)\cdots(b_r+k)}{(c_1+k)\cdots(c_{r-1}+k)(1+k)} = 1 - \frac{s}{k} + O(1/k^2),$$

für $k \to \infty$, $s := (c_1 + \cdots + c_{r-1} + 1) - (b_1 + \cdots + b_r)$, vgl. das Ende von Beispiel 2.2.14. Das Konvergenzverhalten dieser Potenzreihe auf dem Rand des Einheitskreises wird daher durch den folgenden Satz beschrieben, der für Spezialfälle auf Gauß und Weierstraß zurückgeht und Satz 1.2.12 verallgemeinert.

Satz 2.2.17 *Sei* a_k, $k \in \mathbb{N}$, *eine Folge in* $\mathbb{C}$ *mit* $a_k \neq 0$ *für genügend große* k *und*

$$\frac{a_{k+1}}{a_k} = 1 - \frac{s}{k} + d_k,$$

wobei $s \in \mathbb{C}$ *eine feste Zahl ist und* $\sum_k |d_k| < \infty$. *Ferner sei* F *die Potenzreihe* $\sum_{k=0}^{\infty} a_k z^k$. *Dann gilt:*

(1) *Der Konvergenzradius von* F *ist* 1.
(2) *Bei* $1 < \Re s$ *konvergiert* F *im abgeschlossenen Einheitskreis* $\overline{B}(0; 1)$ *absolut und gleichmäßig.*
(3) *Bei* $0 < \Re s \leq 1$ *konvergiert* F *auf jeder Menge* $\overline{B}(0; 1) - B(1; r)$, $r > 0$, *gleichmäßig und divergiert für* $z = 1$.
(4) *Bei* $\Re s \leq 0$ *konvergiert* F *für kein* z *mit* $|z| = 1$.

Beweis Wegen $\lim_{k \to \infty} |a_{k+1} z^{k+1} / a_k z^k| = |z|$ für $z \neq 0$ ist der Konvergenzradius von F nach dem Quotientenkriterium gleich 1. Mit der Logarithmusreihe $\ln(1 - x) = -\sum_{n=1}^{\infty} x^n/n$ ergibt sich

$$\ln \frac{a_{k+1}}{a_k} = -\frac{s}{k} + r_k$$

für genügend große k, wobei $\sum_k |r_k|$ ebenfalls endlich ist. Es folgt für genügend große k_0 und $k \geq k_0$

$$a_{k+1} = a_{k_0} \prod_{\nu=k_0}^{k} \frac{a_{\nu+1}}{a_\nu} = a_{k_0} \exp\left(\sum_{\nu=k_0}^{k} \ln \frac{a_{\nu+1}}{a_\nu} \right)$$

$$= a_{k_0} \exp\left(\sum_{\nu=k_0}^{k} r_\nu + \sum_{\nu=1}^{k_0-1} \frac{s}{\nu} \right) \exp\left(-s \sum_{\nu=1}^{k} \frac{1}{\nu} \right).$$

Man erhält: Bei $\Re s \leq 0$ ist (a_k) keine Nullfolge und F für kein z mit $|z| = 1$ konvergent; bei $\Re s = 0$ konvergieren $(|a_k|)$ und bei $s = 0$ sogar (a_k) gegen eine von 0 verschiedene Zahl; bei $0 < \Re s$ ist (a_k) eine Nullfolge.

Sei zunächst $1 < \Re s$. Wegen der Ungleichung $H_k = \sum_{\nu=1}^{k} 1/\nu \geq \ln k$ (vgl. etwa [14], Beispiel 3.3.8 (2)) ist $|\exp(-sH_k)| \leq \exp(-(\Re s) \ln k) = 1/k^{\Re s}$. Da $\sum_k 1/k^{\Re s}$ konvergiert, konvergiert in diesem Fall $\sum_k a_k$ absolut und F folglich absolut und gleichmäßig auf $\overline{B}(0; 1)$.

Sei jetzt $0 < \Re s \leq 1$. Wegen $1 < \Re(s + 1)$ und

$$\frac{a_{k+1}}{k+1} \bigg/ \frac{a_k}{k} = \frac{a_{k+1}}{a_k}\left(1 - \frac{1}{k+1} \right) = 1 - \frac{s+1}{k} + \left(d_k \frac{k}{k+1} + \frac{s+1}{k(k+1)} \right) = 1 - \frac{s+1}{k} + \widetilde{d}_k$$

mit $\sum_k |\widetilde{d}_k| < \infty$ konvergiert nach dem bereits Bewiesenen die Reihe $\sum_k a_k/k$ absolut. Aus

$$|a_{k+1} - a_k| = \left| -\frac{sa_k}{k} + d_k a_k \right| \leq |s| \left| \frac{a_k}{k} \right| + |d_k| \, |a_k|$$

und der Beschränktheit der a_k, $k \in \mathbb{N}$, folgt die Konvergenz von $\sum_k |a_{k+1} - a_k|$. Für $r > 0$ und $|z| \leq 1$, $|z - 1| \geq r$ ergibt sich mit Abelscher Summation für $k_0 \leq m \leq n$ (ganz analog wie beim Beweis von Satz 1.2.12) zu vorgegebenem $\varepsilon > 0$

$$\left| \sum_{k=m}^{n} a_k z^k \right| = \left| \sum_{k=m}^{n-1} \left(\sum_{j=m}^{k} z^j \right)(a_k - a_{k+1}) + \left(\sum_{j=m}^{n} z^j \right) a_n \right|$$

$$\leq \sum_{k=m}^{n-1} \left| \frac{z^{k+1} - z^m}{z - 1} \right| |a_k - a_{k+1}| + \left| \frac{z^{n+1} - z^m}{z - 1} \right| |a_n| \leq \varepsilon,$$

falls $\sum_{k=m}^{n-1} |a_k - a_{k+1}| \leq r\varepsilon/4$ und $|a_n| \leq r\varepsilon/4$ ist. Also konvergiert F auf $\overline{B}(0;1) - B(1;r)$ gleichmäßig.

Um die Divergenz für $z = 1$ zu gewinnen, vergleichen wir $\sum_k a_k$ mit der nach [14], Aufg. 3.6.11 c) divergenten Reihe $\sum_{k=1}^{\infty} 1/k^s$.[10] Es ist

$$\left(1 + \frac{1}{k} \right)^s = \sum_{n=0}^{\infty} \binom{s}{n} \frac{1}{k^n} = 1 + \frac{s}{k} + e_k$$

mit $\sum_k |e_k| < \infty$ und folglich für große k

$$\frac{a_{k+1}(k+1)^s}{a_k k^s} = \left(1 - \frac{s}{k} + d_k \right)\left(1 + \frac{s}{k} + e_k \right) = 1 + f_k,$$

$$\frac{1}{a_k k^s} - \frac{1}{a_{k+1}(k+1)^s} = \frac{f_k}{a_{k+1}(k+1)^s}$$

mit $\sum_k |f_k| < \infty$. Für genügend großes k_0 und $k \geq k_0$ gilt $a_k k^s = a_{k_0} k_0^s \prod_{j=k_0}^{k-1}(1 + f_j)$. Also konvergiert die Folge $(a_k k^s)$ gegen einen von 0 verschiedenen Wert. Daher ist auch $\sum_k |1/a_k k^s - 1/a_{k+1}(k+1)^s|$ endlich. Wäre nun $\sum_k a_k$ konvergent, so nach dem Kriterium von Dubois-Reymond, vgl. Aufg. 3.6.16 in [14], auch $\sum_k a_k/a_k k^s = \sum_k 1/k^s$, was, wie schon erwähnt, nicht der Fall ist. Widerspruch! $\qquad\square$

Für die Binomialreihe

$$B_\alpha := (1 + z)^\alpha = \sum_{k=0}^{\infty} \binom{\alpha}{k} z^k = F(-\alpha, 1; 1; -z)$$

---

[10] Auf diese Weise ließe sich Satz 2.2.17 vollständig auf das Studium der Potenzreihen der Form $\sum_{k=1}^{\infty} z^k/k^s$ zurückführen.

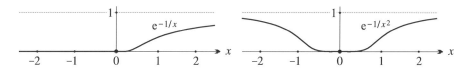

Abb. 2.4 Beispiele platter Funktionen

ergibt sich beispielsweise: *Bei* $0 < \Re\alpha$ *konvergiert die Reihe* B_α *absolut und gleichmäßig auf* $\overline{B}(0; 1)$*; bei* $-1 < \Re\alpha \leq 0$ *konvergiert die Reihe* B_α *gleichmäßig auf jeder Menge* $\overline{B}(0; 1) - B(-1; r)$*,* $r > 0$*, und divergiert für* $z = -1$*; bei* $\Re\alpha \leq -1$ *divergiert sie für alle* z *mit* $|z| = 1$. ◇

Beispiel 2.2.18 (Platte Funktionen) Sei $f : D \to \mathbb{C}$ eine analytische Funktion auf einem Intervall $D \subseteq \mathbb{R}$ oder einem Gebiet $D \subseteq \mathbb{C}$. Verschwinden sämtliche Ableitungen $f^{(n)}(a)$ von f in einem Punkt $a \in D$, so ist nach der Taylor-Formel aus Korollar 2.1.18 die Funktion f in einer Umgebung von a die Nullfunktion und damit nach dem Identitätssatz 1.3.3 identisch 0 auf ganz D. Ein analoges Resultat gilt *nicht* für Funktionen auf einem Intervall $I \subseteq \mathbb{R}$, die beliebig oft differenzierbar sind.[11] Man nennt eine unendlich oft differenzierbare Funktion $f : I \to \mathbb{C}$ **platt in einem Punkt** $a \in I$, wenn $f^{(n)}(a) = 0$ ist für alle $n \in \mathbb{N}$. Es gibt nun Funktionen, die in einem Punkt platt sind, aber in keiner Umgebung dieses Punktes identisch verschwinden. Solche Funktionen können daher nicht analytisch sein. Ein Beispiel ist etwa die links in Abb. 2.4 dargestellte Funktion $f : \mathbb{R} \to \mathbb{R}$ mit

$$f(x) := \begin{cases} e^{-1/x}, \text{ falls } x > 0, \\ \quad\; 0, \text{ falls } x \leq 0. \end{cases}$$

Diese Funktion ist unendlich oft differenzierbar und im Nullpunkt platt. Es genügt zu zeigen, dass $f|\mathbb{R}_+$ in 0 platt ist. Für $x > 0$ gilt aber $f^{(n)}(x) = h_n(1/x)\exp(-1/x)$ mit einer (normierten) Polynomfunktion h_n vom Grad $2n$, wie man sofort durch Induktion über n bestätigt. Wegen $\lim_{x\to 0+} h(1/x)\exp(-1/x) = 0$ für *jede* Polynomfunktion h (vgl. Satz 1.4.2) folgt die Behauptung.

Ein ähnliches Beispiel ist die ebenfalls in 0 platte Funktion $g : \mathbb{R} \to \mathbb{R}$ mit $g(x) := e^{-1/x^2}$ für $x \neq 0$ und $g(0) := 0$, vgl. Abb. 2.4 und Aufg. 2.2.23 a). Die analytische Fortsetzung e^{-1/z^2} von $g|\mathbb{R}^\times$ nach $\mathbb{C}^\times$ ist wegen $e^{-1/(iy)^2} = e^{1/y^2}$, $y \in \mathbb{R}^\times$, in keiner Umgebung von 0 beschränkt. Schon dies verhindert, dass g dort in eine Potenzreihe entwickelt werden kann. Man sieht daran erneut, wie erhellend der Übergang zum Komplexen sein kann. Die Funktion $\mathbb{C}^\times \to \mathbb{C}$, $z \mapsto e^{-1/z^2}$, lässt sich nicht nach 0 meromorph fortsetzen. Ihre „Laurent-Entwicklung" $e^{-1/z^2} = \sum_{n=0}^\infty (-1)^n z^{-2n}/n!$ hat dort einen unendlichen Hauptteil. ◇

---

[11] Für komplex-differenzierbare Funktionen stellt sich dieses Problem nach Bemerkung 2.1.15 nicht.

Abb. 2.5 Mögliche Trajektorie einer C^∞-Funktion f

Aufgaben

Aufgabe 2.2.1 Man zeige, dass es eine C^∞-Funktion $f : [a,b] \to \mathbb{R}^2$ mit der Trajektorie
aus Abb. 2.5 gibt. Es gibt keine C^ω-Funktion $[a,b] \to \mathbb{R}^2$ mit dieser Trajektorie.

Aufgabe 2.2.2 Man berechne die Ableitungen der folgenden Funktionen (wobei die Definitionsbereiche jeweils geeignet zu wählen sind).

$$\operatorname{cosec} x = 1/\sin x, \quad \sec x = 1/\cos x, \quad 1/\sqrt{\cos(\sin x)},$$

$$\sqrt{1 + e^x} \ln\left(x + \cos^2(1/x^2)\right), \quad (\sin x)/\sqrt[3]{1 + e^{x^2}}, \quad (1 + \sin^2 x)/e^x, \quad x^{(x^x)}, \quad (x^x)^x,$$

$$\sqrt{1 + \sqrt{1 + \cdots + \sqrt{1 + x}}} \quad (n \text{ Wurzelzeichen}, \ n \in \mathbb{N}^*).$$

Aufgabe 2.2.3

a) Für welche $\alpha \in \mathbb{C}$ mit $\Re\alpha > 0$ ist die Funktion $\mathbb{R}_+ \to \mathbb{C}$ mit $x \mapsto x^\alpha$ für $x > 0$ und
   $0 \mapsto 0$ im Nullpunkt differenzierbar? (Man betrachte auch die Fortsetzung $\mathbb{C} - \mathbb{R}_-^\times \to$
   $\mathbb{C}$ mit $x \mapsto x^\alpha$ für $x \in \mathbb{C} - \mathbb{R}_-$ und $0 \mapsto 0$.)

b) Die Funktionen $f, g : \mathbb{R} \to \mathbb{R}$ mit $f(x) := x^2 \sin(1/x)$ bzw. $g(x) := x^2 \sin(1/x^2)$ für
   $x \neq 0$ und $f(0) = g(0) = 0$ sind auf ganz $\mathbb{R}$ differenzierbar, aber f' und g' sind in 0
   nicht stetig; g' hat dort sogar die Schwankung ∞.

c) Für $n \in \mathbb{N}^*$ ist die Funktion $f_n : \mathbb{R} \to \mathbb{R}$ mit $f_n(x) = x^{2n} \sin(1/x)$ für $x \neq 0$ und
   $f_n(0) = 0$ n-mal differenzierbar, aber nicht n-mal stetig differenzierbar.

Aufgabe 2.2.4 Man berechne $\ln z$ für folgende $z \in \mathbb{C}$: i, $2 + 3i$, $-1 - i$, $(5 - 7i)/10$.

Aufgabe 2.2.5 Man berechne i^i, $(i^i)^i$, $(2 + 3i)^{1/3}$, $(-1 + 2i)^{1+i}$. (**Bemerkung** Aus $i^i =$
$e^{-\pi/2}$ ergibt sich mit dem folgenden **Satz von Gelfond-Schneider**, dass $e^{-\pi/2}$ und auch
$i^{-2i} = e^\pi = 23,140069\,2\ldots$ transzendente Zahlen sind: *Seien* $\alpha, \beta \in \mathbb{C}$ *algebraische*
Zahlen mit $\alpha \notin \{0, 1\}$ *und* $\beta \notin \mathbb{Q}$. *Dann ist* α^β *transzendent.* (Dabei ist es gleichgültig,
welcher der Logarithmen $\ln\alpha + 2k\pi i$, $k \in \mathbb{Z}$, zur Definition von α^β benutzt wird. α
darf sogar gleich 1 sein, wenn man für $\ln 1$ einen der Werte $2k\pi i$, $k \in \mathbb{Z} - \{0\}$, wählt. –
Über $\pi^e = 22,459157\ldots$ oder πe sowie $\pi + e$ weiß man dazu nichts. Wenigstens eine
der Zahlen πe und π/e bzw. eine der Zahlen $\pi + e$ und $\pi - e$ ist natürlich transzendent,
da e (oder da π) transzendent ist, vgl. etwa [12], Bemerkung zu 16.A, Aufg. 4 bzw. den
Anhang in [7].)

Aufgabe 2.2.6 Für $z, w \in \mathbb{C} - \mathbb{R}_-$ und $\alpha \in \mathbb{C}$ ist $(zw)^\alpha = z^\alpha w^\alpha$, falls $|\operatorname{Arg} z + \operatorname{Arg} w| < \pi$ ist (wobei natürlich $\operatorname{Arg} z$ und $\operatorname{Arg} w$ ebenfalls in $]-\pi, \pi[$ zu wählen sind). (In der Formel $(z^\alpha)^\beta = z^{\alpha\beta}$, $z \in \mathbb{C} - \mathbb{R}_-$, $\alpha, \beta \in \mathbb{C}$, ist die linke Seite nicht immer definiert, und selbst wenn beide Seiten definiert sind, ist die Formel im Allgemeinen falsch. Beispielsweise ist $((-1 + i)^2)^i \neq (-1 + i)^{2i}$.)

Aufgabe 2.2.7

a) Für $a \in \mathbb{R}_+^\times$ und $n \in \mathbb{N}^*$ ist

$$\sqrt[n]{a} = \sum_{k=0}^{\infty} \frac{(\ln a)^k}{n^k k!} = \sum_{k=0}^{m} \frac{(\ln a)^k}{n^k k!} + O(1/n^{m+1}) \quad \text{für} \quad n \to \infty \quad \text{und jedes} \quad m \in \mathbb{N}.$$

Sind $a_1, \dots, a_p \in \mathbb{R}_+^\times$ beliebig ($p \in \mathbb{N}^*$), so ist

$$\lim_{n\to\infty} \left(\frac{\sqrt[n]{a_1} + \cdots + \sqrt[n]{a_p}}{p} \right)^n = \sqrt[p]{a_1 \cdots a_p}.$$

(Man logarithmiere beide Seiten der Gleichung.)

b) Für $z \in \mathbb{C}$ und $n \in \mathbb{N}^*$ mit $|z| < n$ gilt

$$\left(1 + \frac{z}{n}\right)^n = \exp\left(n \ln\left(1 + \frac{z}{n}\right)\right) = e^z \exp\left(-\sum_{k=1}^{\infty} \frac{(-z)^{k+1}}{k+1} \cdot \frac{1}{n^k}\right)$$

$$= e^z \left(1 - \frac{z^2}{2n} + \left(\frac{1}{3} + \frac{z}{8}\right)\frac{z^3}{n^2} - \left(\frac{1}{4} + \frac{z}{6} + \frac{z^2}{48}\right)\frac{z^4}{n^3} + O\left(\frac{1}{n^4}\right)\right),$$

wobei die letzte Gleichung für $n \to \infty$ bei beschränktem z gilt. Man bestimme auch das nächste Glied dieser Entwicklung.

Aufgabe 2.2.8 Für $a \in \mathbb{C} - \mathbb{R}_-$ ist $\lim_{n\to\infty} n(\sqrt[n]{a} - 1) = \ln a = \lim_{n\to\infty} \frac{1}{2}n(\sqrt[n]{a} - \sqrt[n]{a^{-1}})$.

Aufgabe 2.2.9 Für $a \in \mathbb{C} - \mathbb{R}_-$ seien die Folgen (c_k) und (d_k) rekursiv definiert durch

$$c_0 = a + a^{-1}, \ d_0 = (a - a^{-1})/2, \quad c_k = \sqrt{2 + c_{k-1}}, \quad d_k = \frac{2d_{k-1}}{c_k}, \ k \in \mathbb{N}^*,$$

also $d_k = d_0 \prod_{j=1}^{k}(2/c_j)$, $k \in \mathbb{N}$. Dann gilt $\Re c_k > 0$ und $c_k = a_{2^k}$ mit $a_n := \sqrt[n]{a} + \sqrt[n]{a^{-1}}$, $k \in \mathbb{N}$. Ferner gilt $d_k = b_{2^k}$ mit $b_n := n(\sqrt[n]{a} - \sqrt[n]{a^{-1}})/2$, $k \in \mathbb{N}$, und die Folge (d_k) konvergiert gegen $\ln a$. Für $a \in \mathbb{R}_+^\times$ ist (d_k) eine monotone Folge. (Zu einer Konvergenzverbesserung siehe Aufg. 3.9.4.) Im Fall $a = i$ ist $c_0 = 0$, $d_0 = i$ und $c_k = \sqrt{2 + \sqrt{2 + \cdots + \sqrt{2}}}$ (mit k Wurzelzeichen), $k \in \mathbb{N}^*$. Also ist

$$\frac{i\pi}{2} = \ln i = i \prod_{k=1}^{\infty} \frac{2}{c_k}.$$

Dies ist die Vietasche Produktdarstellung für π, die wir bereits in [14], Beispiel 3.3.9 gewonnen haben. (Man beachte die Verschiebung des Index n von c_n um 1 gegenüber [14].) Damit wird bestätigt, dass die über die trigonometrischen Funktionen definierte Zahl π, vgl. Definition 1.4.9, mit der Fläche des Einheitskreises identisch ist.

Aufgabe 2.2.10 Für $x \in]0, 1[$ ist

$$\sum_{n=1}^{\infty} \frac{x^n}{n^2} + \sum_{n=1}^{\infty} \frac{(1-x)^n}{n^2} = \frac{\pi^2}{6} - \ln x \ln(1-x). \quad \text{(N. Abel)}$$

Die Funktion $\text{Li}_2(x) := \sum_n x^n/n^2$ auf $\overline{\text{B}}_{\mathbb{C}}(0; 1)$ ist der Eulersche Dilogarithmus. Vgl. auch Aufg. 1.2.19 e) und 2.2.21.

Aufgabe 2.2.11 Man bestimme die Potenzreihenentwicklungen folgender Funktionen um 0, indem man zunächst die Potenzreihenentwicklungen der Ableitungen betrachtet:

$$\ln \cos x, \quad \ln \cosh x, \quad \ln\big((\sin x)/x\big), \quad \ln\big((\sinh x)/x\big), \quad \ln\big((\tan x)/x\big),$$

$$\ln\big((\tanh x)/x\big), \quad \ln^2(1+x) \left(= 2\sum_{n=2}^{\infty}(-1)^n H_{n-1}x^n/n; \text{ dies gilt auch für } x = 1\right).$$

Aufgabe 2.2.12 Man gebe die Potenzreihenentwicklungen von $\tan^2 x$ (und $\tanh^2 x$) um 0 an mit Hilfe der Formeln $\tan' x = 1 + \tan^2 x = 1/\cos^2 x$ (bzw. $\tanh' x = 1 - \tanh^2 x = 1/\cosh^2 x$).

Aufgabe 2.2.13 Man gebe die Potenzreihenentwicklungen von $z \mapsto z^{\alpha}$, $\alpha \in \mathbb{C}$, und $z \mapsto \ln z$ um einen beliebigen Punkt $a \in \mathbb{C} - \mathbb{R}_-$ an und bestätige die Aussage in Satz 1.3.9 über den Konvergenzradius dieser Entwicklungen. Ferner überlege man, für welche $z \in \mathbb{C}$ die gefundenen Potenzreihenentwicklungen jeweils die Funktion darstellen. (Man achte auf den Fall $\Re a < 0$.)

Aufgabe 2.2.14 Man bestimme die Potenzreihenentwicklungen der folgenden analytischen Funktionen um den Nullpunkt bis zur Ordnung 5:

$$\sqrt{1 + \ln(1+x)}, \quad \sqrt{(1+x)/(1-x)}, \quad \sqrt{1 + \tan x}, \quad (1+x)^{1+x},$$
$$\sqrt[3]{\cos x}, \quad \sin x/\sqrt[3]{\cos x}.$$

Aufgabe 2.2.15 Sei $F = \sum a_n X^n = \sum c_n X^n/n! \in \mathbb{K}[\![X]\!]$ mit $c_n := n!a_n$ eine Potenzreihe mit $a_0 = c_0 = 0$. Dann ist der Konvergenzradius der Potenzreihe $\sum b_n X^n = \sum d_n X^n/n!$ von e^F mindestens so groß wie der von F, und die b_n und d_n erfüllen die

Rekursionen

$$b_0 = 1, \ (n+1)b_{n+1} = \sum_{k=0}^{n}(n-k+1)a_{n-k+1}b_k \quad \text{bzw.}$$

$$d_0 = 1, \ d_{n+1} = \sum_{k=0}^{n}\binom{n}{k}c_{n-k+1}d_k$$

für $n \in \mathbb{N}$. (Man beachte die Identität $(\mathrm{e}^F)' = F'\mathrm{e}^F$ und Aufg. 1.2.16.)

Aufgabe 2.2.16 Es ist $\exp(\mathrm{e}^X - 1) = \sum \beta_n X^n/n!$, wo die β_n die Bellschen Zahlen aus [14], Aufg. 1.6.14 sind, die durch $\beta_0 = 1$, $\beta_{n+1} = \sum_{k=0}^{n}\binom{n}{k}\beta_k$, $n \in \mathbb{N}$, gegeben sind. Man folgere noch einmal Dobińskis Formel $\beta_n = \mathrm{e}^{-1}\sum_{k=0}^{\infty}k^n/k!$ aus Aufg. 1.2.19 d), indem man in $\sum_n \mathrm{e}^{nx}/n! = \exp(\mathrm{e}^x) = \mathrm{e} \cdot \exp(\mathrm{e}^x - 1)$ die Reihenentwicklung von e^{nX} einsetzt und umordnet.

Aufgabe 2.2.17
a) Sei (a_n) eine Folge komplexer Zahlen. Das Produkt $\prod(1+a_n)$ konvergiert genau dann, wenn die Reihe $\sum \ln(1+a_n)$ konvergiert.
b) Sei a_i, $i \in I$, eine Familie komplexer Zahlen. Genau dann ist die Familie $1+a_i$, $i \in I$, multiplizierbar, wenn die Familie $\ln(1+a_i)$, $i \in I$, summierbar ist.

Aufgabe 2.2.18 Sei (a_n) eine Folge komplexer Zahlen, für die $\sum_{n=0}^{\infty}|a_n|^2 < \infty$ ist. Genau dann konvergiert das Produkt $\prod_{n=0}^{\infty}(1+a_n)$, wenn die Reihe $\sum_{n=0}^{\infty}a_n$ konvergiert. (Für große n ist $\ln(1+a_n) = a_n + b_n a_n^2$ mit einer beschränkten Folge (b_n). – Zur Voraussetzung $\sum_n |a_n|^2 < \infty$ vgl. auch [14], Aufg. 3.6.23.)

Aufgabe 2.2.19 Man bestimme $\zeta(8)/\pi^8$ und $\zeta(10)/\pi^{10} \in \mathbb{Q}$. (Vgl. Beispiel 2.2.12.)

Aufgabe 2.2.20 Seien a_i, $i \in I$, eine summierbare Familie komplexer Zahlen und $I = I' \uplus I''$ eine Zerlegung der Indexmenge I. S_n, S_n' und S_n'', $n \in \mathbb{N}$, seien die elementarsymmetrischen Funktionen der Familien a_i, $i \in I$ bzw. a_i, $i \in I'$ bzw. a_i, $i \in I''$. Dann gilt

$$S_n = \sum_{k=0}^{n} S_k' S_{n-k}''.$$

Man formuliere explizit den Fall $|I''| = 1$.

Aufgabe 2.2.21 Sei $q \in \mathbb{C}$, $|q| < 1$. Die geometrische Folge q^k, $k \in \mathbb{N}$, hat die Potenzsummen $P_n = 1/(1-q^n)$, $n \in \mathbb{N}^*$, und die elementarsymmetrischen Funktionen

$S_n = q^{\binom{n}{2}}/(1-q)\cdots(1-q^n)$, $n \in \mathbb{N}$. Es ist also

$$\prod_{k \in \mathbb{N}}(1+q^k z) = \sum_{n \in \mathbb{N}} \frac{q^{\binom{n}{2}} z^n}{(1-q)\cdots(1-q^n)}$$

für alle $z \in \mathbb{C}$, vgl. Beispiel 2.2.12 und auch die folgende Aufg. 2.2.22. Für $|z| < 1$ gilt

$$F_q(z) := \prod_{k \in \mathbb{N}} \frac{1}{(1-q^k z)} = \sum_{n \in \mathbb{N}} \frac{z^n}{(1-q)\cdots(1-q^n)} \quad \text{und} \quad \ln F_q(z) = \sum_{m \in \mathbb{N}^*} \frac{z^m}{m(1-q^m)}.$$

Man folgere

$$\lim_{\substack{q \to 1 \\ q \in]-1.1[}} (1-q)\ln F_q(z) = \sum_{n \in \mathbb{N}^*} \frac{z^m}{m^2} = \mathrm{Li}_2(z), \quad |z| < 1.$$

Aufgabe 2.2.22 Sei $m \in \mathbb{N}$ und $q \in \mathbb{C}$. Die elementarsymmetrischen Funktionen der *endlichen* Folge $1, q, \ldots, q^{m-1}$ der Länge m haben die Gestalt

$$S_n = q^{\binom{n}{2}} \sum_{k=0}^{n\ell} p(k;n,\ell)q^k = q^{\binom{n}{2}} G_n^{[m]}(q), \quad \ell := m-n, \quad 0 \leq n \leq m,$$

mit Polynomen $G_n^{[m]} \in \mathbb{Z}[T]$ vom Grade $n\ell = n(m-n)$, die normiert und selbstreziprok sind. Ihre Koeffizienten haben die folgende kombinatorische Bedeutung: $p(k;n,\ell)$ ist die Anzahl der n-elementigen Teilmengen $\{i_0, \ldots, i_{n-1}\}$, $0 \leq i_0 < \cdots < i_{n-1} \leq m-1$, der m-elementigen Menge $\{0, \ldots, m-1\}$ mit Summe $\sum_\nu i_\nu = \binom{n}{2} + k$ und auch die Anzahl der Folgen $0 \leq \lambda_0 \leq \cdots \leq \lambda_{n-1} \leq \ell$ der Länge n mit $\lambda_\nu \in \mathbb{N}$ und $\sum_\nu \lambda_\nu = k$. Zum Beweis ersetze man $(i_0, \ldots, i_{n-1})$ durch $(\lambda_0, \lambda_1, \ldots, \lambda_{n-1}) := (i_0, i_1 - 1, \ldots, i_{n-1} - (n-1))$. $p(k;n,\ell)$ *ist somit die Anzahl der Partitionen* $1^{\nu_1} 2^{\nu_2} \ldots \ell^{\nu_\ell}$, $(\nu_1, \ldots, \nu_\ell) \in \mathbb{N}^\ell$, *von* $k = \nu_1 \cdot 1 + \cdots + \nu_\ell \cdot \ell$ *mit* $\nu_1 + \cdots + \nu_\ell \leq n$ *positiven natürlichen Zahlen* $\leq \ell$. Es handelt sich also um diejenigen Partitionen von k, deren Young-Tableaus in das Rechteck aus $n \cdot \ell$ quadratischen Kästchen mit n Zeilen und ℓ Spalten passen. (Zu diesen Sprechweisen siehe auch [14], Beispiel 2.5.13. Es ist $p(n,m) = \sum_{\ell \geq 0} p(n;m,\ell)$, wobei die Zahlen $p(n,m)$ die erzeugenden Funktionen $\sum_{n \in \mathbb{N}} p(n,m)T^n = 1/(1-T)\cdots(1-T^m)$ haben, $m, n \in \mathbb{N}$, vgl. Aufg. 1.2.27 b). – Für eine Interpretation der Zahlen $p(k;n,\ell)$ selbst siehe auch die Beschreibung der Grassmann-Mannigfaltigkeiten in Bd. 3 bzw. bereits in [13], §7, Aufg. 10.) Es ist

$$\prod_{k=0}^{m-1}(1+q^k z) = \sum_{n=0}^{m} q^{\binom{n}{2}} G_n^{[m]}(q)z^n.$$

Die Polynome

$$G_n^{[m]} = \sum_{k=0}^{n\ell} p(k;n,\ell)T^k$$

sind von Gauß im Zusammenhang mit seiner Theorie der Kreisteilung eingehend studiert worden und heißen **Gaußsche Polynome**. Für die primitive m-te Einheitswurzel ζ_m ist $\prod_{k=0}^{m-1}(1 - \zeta_m^k T) = 1 - T^m$ und folglich $G_n^{[m]}(\zeta_m) = 0$ bei $0 < n < m$. Ferner gilt $G_n^{[m]} = G_{m-n}^{[m]}$, d. h. es ist $p(k;n,\ell) = p(k;\ell,n)$. Die $G_n^{[m]}$ erfüllen die Rekursionsgleichungen

$$G_n^{[m+1]} = T^n G_n^{[m]} + G_{n-1}^{[m]} = G_n^{[m]} + T^{m-n+1} G_{n-1}^{[m]}.$$

(Man setze $G_n^{[m]} := 0$, falls $n < 0$ oder $n > m$.) Sie haben die expliziten Darstellungen

$$G_n^{[m]} = \frac{(1-T^m)\cdots(1-T^{m-n+1})}{(1-T)\cdots(1-T^n)} = \frac{(1-T)\cdots(1-T^m)}{(1-T)\cdots(1-T^n)(1-T)\cdots(1-T^{m-n})},$$

die an die Binomialkoeffizienten erinnern. Es ist $G_n^{[m]}(1) = \binom{m}{n}$. Benutzt man (im Anschluss an R. Stanley) die Abkürzungen $(\mathbf{k}) := 1 + T + \cdots + T^{k-1} \in \mathbb{Z}[T]$ und $(\mathbf{n})! := (\mathbf{1})\cdot(\mathbf{2})\cdots(\mathbf{n}) \in \mathbb{Z}[T]$, so erhält man

$$G_n^{[m]} = \frac{(\mathbf{m})!}{(\mathbf{n})!(\mathbf{m}-\mathbf{n})!} =: \binom{\mathbf{m}}{\mathbf{n}}, \quad 0 \le n \le m.$$

Man zeige

$$\prod_{k=0}^{m-1} \frac{1}{1-T^k X} = \sum_{n=0}^{\infty} G_{m-1}^{[n+m-1]} X^n$$

($G_{-1}^{[-1]} := 1$). (Vgl. auch [8], Teil 2, § 63, Aufg. 30, wo das Polynom $G_n^{[m]}$ mit $\begin{bmatrix} m \\ n \end{bmatrix}$ bezeichnet wird. Generell sei bemerkt, dass die Symbole $(\mathbf{k})$, $(\mathbf{n})!$ und $\binom{\mathbf{m}}{\mathbf{n}}$ in der Literatur gelegentlich andere (wenn auch verwandte) rationale Funktionen bezeichnen.)

Aufgabe 2.2.23

a) Für jedes $\alpha > 0$ ist die Funktion $f\colon \mathbb{R} \to \mathbb{R}$ mit $f(x) = \exp(-1/|x|^\alpha)$ für $x \ne 0$ und $f(0) = 0$ unendlich oft differenzierbar und platt in 0.

b) Die Funktion $f\colon \mathbb{R} \to \mathbb{R}$ mit $f(x) = e^{1/x}/(1 + e^{1/x})^2$ für $x \ne 0$ und $f(0) = 0$ ist unendlich oft differenzierbar und platt in 0.

Aufgabe 2.2.24 Die Funktionen f und g seien in einer Umgebung des Nullpunkts $0 \in \mathbb{R}$ definiert und unendlich oft differenzierbar. f sei platt in 0. Dann ist auch fg platt in 0. Ist überdies $g(0) = 0$, so sind die Kompositionen $f \circ g$ und $g \circ f$ (in einer Umgebung von $0 \in \mathbb{R}$ definiert und) platt in 0.

Aufgabe 2.2.25 Man bestätige die folgenden Gleichungen:

$$zF(1/2, 1; 3/2; z^2) = \sum_{k=0}^{\infty} \frac{z^{2k+1}}{2k+1} \left(= \frac{1}{2} \ln \frac{1+z}{1-z} = \text{Artanh } z, \text{ vgl. Aufg. 2.4.3} \right),$$

$$zF(1/2, 1; 3/2; -z^2) = \sum_{k=0}^{\infty} \frac{(-1)^k z^{2k+1}}{2k+1} \quad (= \arctan z, \text{ vgl. Abschn. 2.4}),$$

$$zF(1/2, 1/2; 3/2; z^2) = \sum_{k=0}^{\infty} \frac{1 \cdot 3 \cdots (2k-1)}{2 \cdot 4 \cdots (2k)} \cdot \frac{z^{2k+1}}{2k+1} \quad (= \arcsin z, \text{ vgl. Abschn. 2.4}).$$

Aufgabe 2.2.26 Man zeige folgende Rekursionsformeln für hypergeometrische Reihen:

$$c(a-b)F(a,b;c;z) - a(c-b)F(a+1,b;c+1;z)$$
$$+ b(c-a)F(a,b+1;c+1;z) = 0,$$
$$c(c+1)F(a,b;c;z) - c(c+1)F(a,b+1;c+1;z)$$
$$+ a(c-b)zF(a+1,b+1;c+2;z) = 0,$$
$$c(c-a-bz)F(a,b;c;z) - c(c-a)F(a-1,b;c;z)$$
$$+ abz(1-z)F(a+1,b+1;c+1;z) = 0.$$

Aufgabe 2.2.27 Seien $-c_1, \ldots, -c_{r-1} \notin \mathbb{N}$ und F die verallgemeinerte hypergeometrische Reihe $_r F_{r-1}(b_1, \ldots, b_r; c_1, \ldots, c_{r-1}; z)$, vgl. Beispiel 2.2.14. Für $\nu \in \mathbb{N}$ zeige man

$$\frac{d^\nu F}{dz^\nu} = \frac{(b_1)_\nu \cdots (b_r)_\nu}{(c_1)_\nu \cdots (c_{r-1})_\nu} {}_r F_{r-1}(b_1 + \nu, \ldots, b_r + \nu; c_1 + \nu, \ldots, c_{r-1} + \nu; z),$$

$$F = \sum_{k=0}^{\nu-1} \frac{(b_1)_k \cdots (b_r)_k}{(c_1)_k \cdots (c_{r-1})_k} \cdot \frac{z^k}{k!} + \frac{(b_1)_\nu \cdots (b_r)_\nu}{(c_1)_\nu \cdots (c_{r-1})_\nu} \cdot \frac{z^\nu}{\nu!} \cdot \widetilde{F}$$

mit $\widetilde{F} := {}_{r+1} F_r(b_1 + \nu, \ldots, b_r + \nu, 1; c_1 + \nu, \ldots, c_{r-1} + \nu, 1 + \nu; z)$.

Aufgabe 2.2.28 Man beweise die folgenden Formeln für $a, c, z \in \mathbb{C}, -c \notin \mathbb{N}$:

$$\lim_{b \to \infty} F(a, b; c; z/b) = \Phi(a; c; z), \qquad \lim_{b \to \infty} F(b, b; 1/2; -z^2/4b^2) = \cos z,$$
$$\lim_{b \to \infty} F(b, b; 3/2; -z^2/4b^2) = (\sin z)/z.$$

Aufgabe 2.2.29

a) Die Funktionen $e^{\alpha z}$ auf $\mathbb{C}, \alpha \in \mathbb{C}$, sind linear unabhängig über $\mathbb{C}$. Man folgere mit dem Identitätssatz 1.3.3: Seien $\alpha_1, \ldots, \alpha_r, a_1, \ldots, a_r \in \mathbb{C}$, wobei die $\alpha_1, \ldots, \alpha_r$ paarweise verschieden seien. Verschwindet die Funktion $\sum_{\rho=1}^{r} a_\rho e^{\alpha_\rho z}$ auf einer Teilmenge von $\mathbb{C}$, die einen Häufungspunkt in $\mathbb{C}$ hat, so ist $a_1 = \cdots = a_r = 0$.

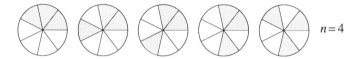

Abb. 2.6 Wesentlich verschiedene Färbungen eines 7-Ecks mit 4 weißen und 3 schwarzen Sektoren

b) Die Funktionen z^α auf $\mathbb{C} - \mathbb{R}_-$, $\alpha \in \mathbb{C}$, sind linear unabhängig über $\mathbb{C}$. Man folgere: Seien $\alpha_1, \ldots, \alpha_r, a_1, \ldots, a_r \in \mathbb{C}$, wobei die $\alpha_1, \ldots, \alpha_r$ paarweise verschieden seien. Verschwindet die Funktion $\sum_{\rho=1}^{r} a_\rho z^{\alpha_\rho}$ auf einer Teilmenge von $\mathbb{C} - \mathbb{R}_-$, die einen Häufungspunkt in $\mathbb{C} - \mathbb{R}_-$ hat, so ist $a_1 = \cdots = a_r = 0$.

Aufgabe 2.2.30 Für $n \in \mathbb{N}^*$ sei c_n die Anzahl der Klammerungen, mit denen sich in einer Menge mit Verknüpfung ein Produkt mit n Faktoren $x_1, \ldots, x_n$ (in dieser Reihenfolge) berechnen lässt, also $c_1 = 1, c_2 = 1, c_3 = 2, c_4 = 5, \ldots$[12] Für die erzeugende Funktion $F = \sum_{n \in \mathbb{N}^*} c_n X^n \in \mathbb{R}[\![X]\!]$ gilt $F = F^2 + X$, woraus $F = \left(1 - \sqrt{1 - 4X}\right)/2$ und

$$c_n = \frac{1}{n}\binom{2n-2}{n-1} = \frac{(2n-2)!}{(n-1)!\,n!} = \frac{1}{2n-1}\binom{2n-1}{n-1}, \quad n \in \mathbb{N}^*,$$

folgt. (Vgl. Beispiel 2.2.10.)

Bemerkungen Die Folge c_n, $n \in \mathbb{N}^*$, heißt die Folge der **Catalanschen Zahlen**. Sie tritt bei kombinatorischen Problemen häufiger auf. Wir erwähnen einige weitere Beispiele:

(1) Die Anzahl der Vorzeichentupel $(\varepsilon_1, \varepsilon_2, \ldots, \varepsilon_{2n-1}, \varepsilon_{2n}) \in \{\pm 1\}^{2n}$ mit $\sum_{i=1}^{2n} \varepsilon_i = 0$ und $\sum_{i=1}^{k} \varepsilon_i \geq 0$ für alle $k \leq 2n$ ist c_{n+1}, $n \in \mathbb{N}$. (Für $m \in \mathbb{N}$ ist die Anzahl b_m der Vorzeichentupel $(\varepsilon_1, \ldots, \varepsilon_m)$ mit $\sum_{i=1}^{k} \varepsilon_i \geq 0$ für alle $k \leq m$ gleich $\binom{2n}{n}$, falls $m = 2n$ gerade ist, und gleich $\frac{1}{2}\binom{2n}{n}$, falls $m = 2n-1$ ungerade ist. Offenbar erfüllen nämlich die b_m die Rekursion $b_{m+1} = 2b_m - d_m$ mit $d_m := c_{n+1}$ bei geradem $m = 2n$ und $d_m := 0$ sonst.)

(2) Ein konvexes ebenes n-Eck ($n \geq 3$) lässt sich auf genau c_{n-1} Weisen mit Hilfe von Diagonalen, die sich im Innern des n-Ecks nicht schneiden, in Dreiecke zerlegen. (In dieser Weise traten die Catalanschen Zahlen erstmals bei Euler auf.)

(3) Es gibt c_n wesentlich verschiedene Färbungen[13] der $2n - 1$ Sektoren eines regelmäßigen $(2n - 1)$-Ecks mit 2 Farben, wobei die erste Farbe für n und die zweite für $n - 1$ Sektoren benutzt wird, $n \in \mathbb{N}^*$. (Die Möglichkeiten bei $n = 4$ zeigt Abb. 2.6. – Generell ist für *teilerfremde* natürliche Zahlen k, m mit $0 < k \leq m$ der nach [14],

---

[12] Bei vielen Autoren bezeichnet der Index n der Catalanschen Zahl c_n die Anzahl der im Produkt auftretenden Verknüpfungen statt die Anzahl der Faktoren. Dann verringert sich dieser Index um 1.

[13] „Wesentlich verschieden" bedeutet, dass zwei Färbungen identifiziert werden, die durch Drehung des $(2n - 1)$-Ecks auseinander hervorgehen.

Aufg. 1.7.18 ganzzahlige Quotient $\binom{m}{k}/m$ die Anzahl der wesentlich verschiedenen Färbungen der m Sektoren eines regelmäßigen m-Ecks mit zwei Farben, wobei die eine Farbe für k und die andere für $m-k$ Sektoren benutzt wird. Dies folgt direkt daraus, dass die natürliche Operation der zyklischen Gruppe $\mathbf{Z}_m$ der Ordnung m vermöge Drehungen auf der Menge dieser Färbungen offenbar frei ist, vgl. [14], Abschnitt 2.4 und Beispiel 2.5.30(1).)

Aufgabe 2.2.31 Eine Permutation $\sigma \in \mathfrak{S}_n$ heißt **alternierend** bzw. **umgekehrt alternierend**, wenn $\sigma(1) > \sigma(2) < \sigma(3) > \cdots$ bzw. wenn $\sigma(1) < \sigma(2) > \sigma(3) < \cdots$ gilt.[14] Die Anzahl der alternierenden Permutationen stimmt mit der Anzahl der umgekehrt alternierenden Permutationen in $\mathfrak{S}_n$ überein. Wir bezeichnen diese Anzahl mit a_n. Die a_n erfüllen die Rekursion $a_0 = a_1 = 1$ und

$$2a_{n+1} = \sum_{\nu=0}^{n} \binom{n}{\nu} a_\nu a_{n-\nu}, \quad n \geq 1.$$

(Man fixiere für eine alternierende oder umgekehrt alternierende Permutation $\sigma \in \mathfrak{S}_{n+1}$ die Stelle $\nu_0 + 1$ mit $\sigma(\nu_0 + 1) = 1$ und die Menge $\{\sigma(1), \ldots, \sigma(\nu_0)\} \subseteq \{2, \ldots, n+1\}$.) Für die exponentielle erzeugende Funktion $G = \sum_{n \in \mathbb{N}} a_n X^n/n!$ gilt $2G' = 1 + G^2$ (vgl. Aufg. 1.3.2), $G(0) = 1$ und damit $G = \sec X + \tan X$. Mit den Eulerschen Zahlen E_n und den Bernoullischen Zahlen B_{n+1}, vgl. die Beispiele 1.4.15 und 1.4.14, erhält man

$$a_n = \begin{cases} E_n, & \text{falls } n \text{ gerade,} \\ (-1)^{\frac{n-1}{2}} 2^{n+1}(2^{n+1}-1)B_{n+1}/(n+1), & \text{falls } n \text{ ungerade.} \end{cases}$$

Insbesondere sind die Zahlen E_{2m} und $(-1)^m B_{2(m+1)}$, $m \in \mathbb{N}$, positiv. (Gelegentlich werden auch die hier definierten Zahlen $a_n, n \in \mathbb{N}$, als **Eulersche Zahlen** bezeichnet.)

Aufgabe 2.2.32 Die komplexwertige Funktion f sei auf dem Strahl $a + \mathbb{R}_+^\times e^{i\varphi}$ ($\varphi \in \mathbb{R}$ und $a \in \mathbb{C}$ fest) der komplexen Zahlenebene für genügend kleine $r \in \mathbb{R}_+^\times$ definiert. Es gebe ein $\nu \in \mathbb{R}$ mit $f(z) = (z-a)^\nu g(z)$ für alle $z = a + re^{i\varphi}$ mit genügend kleinem $r \in \mathbb{R}_+^\times$. Überdies existiere der Grenzwert $g(a) := \lim_{r \to 0+} g(a + re^{i\varphi})$ und sei von 0 verschieden. Dann ist in natürlicher Weise ein Logarithmus

$$\operatorname{Log} f(z) = \operatorname{Log}\left(r^\nu e^{i\varphi} g(z)\right) = \nu \ln r + i\varphi + \operatorname{Log} g(z)$$

für genügend kleine $r \in \mathbb{R}_+^\times$ definiert, wobei Log ganz rechts in der Gleichungskette ein Logarithmus auf einer Umgebung von $g(a) \neq 0$ ist. Man zeige

$$\nu = \lim_{r \to 0+} \frac{\operatorname{Log} f(a + re^{i\varphi})}{\ln r} = \Re \lim_{r \to 0+} \frac{\operatorname{Log} f(a + re^{i\varphi})}{\ln r}.$$

---

[14] Solche Permutationen heißen auch **Zick-Zack-Permutationen**.

Insbesondere gilt: *Ist $f(z)$ in einer Umgebung von $a \in \mathbb{C}$ analytisch, aber in keiner Umgebung von a identisch 0, so ist für jedes $\varphi \in \mathbb{R}$ die Nullstellenordnung v von f in a gleich*

$$\lim_{r \to 0+} \frac{\operatorname{Log} f(a + re^{i\varphi})}{\ln r}.$$

2.3   Der Mittelwertsatz

Die Ableitung einer Funktion benutzt für jeden Punkt nur die Werte dieser Funktion in einer (beliebig kleinen) Umgebung dieses Punktes. Trotzdem erlaubt sie in vielen Fällen globale Aussagen über diese Funktion. In der Theorie der Differenzialgleichungen spielt dieser Gesichtspunkt eine entscheidende Rolle. Hier beschreiben wir den für die gesamte Analysis fundamentalen Mittelwertsatz und seine unmittelbaren Folgerungen.

Im vorliegenden Abschnitt betrachten wir im Wesentlichen nur differenzierbare Funktionen auf Intervallen I in $\mathbb{R}$. Zunächst ist auch der Wertebereich reell.

Definition 2.3.1 Seien $f : I \to \mathbb{R}$ eine reellwertige Funktion auf dem Intervall $I \subseteq \mathbb{R}$ und $c \in I$. Dann hat f im Punkt c ein **lokales Maximum** (bzw. ein **lokales Minimum**), wenn es eine Umgebung U von c in I gibt mit $f(x) \leq f(c)$ (bzw. $f(x) \geq f(c)$) für alle $x \in U$. In beiden Fällen sagen wir, f habe in c ein **lokales Extremum**. Das lokale Maximum (bzw. Minimum) in c heißt **isoliert**, wenn $f(x) < f(c)$ (bzw. $f(x) > f(c)$) für alle $x \in U$, $x \neq c$, ist.

Der Begriff des lokalen Extremums sollte nicht mit dem des globalen Extremums verwechselt werden. Natürlich ist jedes globale Extremum auch ein lokales Extremum. Die Funktion mit dem in Abb. 2.7 dargestellten Graphen beispielsweise hat in c_1 und c_3 lokale (sogar isolierte) Maxima und in a, c_2, b (isolierte) lokale Minima. Die globalen Extrema werden an den Stellen c_1 bzw. b angenommen. – Für differenzierbare Funktionen hat man ein einfaches *notwendiges* Kriterium für ein lokales Extremum im *Inneren* eines Intervalls:

Satz 2.3.2 *Es sei $c \in I$ ein Punkt im Inneren des Intervalls $I \subseteq \mathbb{R}$ (d.h. c sei kein Randpunkt von I). Die Funktion $f : I \to \mathbb{R}$ besitze in c ein lokales Extremum und sei in c differenzierbar. Dann gilt $f'(c) = 0$.*

Abb. 2.7 Funktion mit lokalen Maxima in c_1, c_3 und lokalen Minima in a, b, c_2

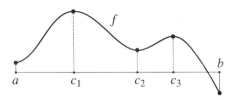

Abb. 2.8 Situation des Satzes von Rolle

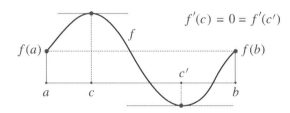

Beweis Wir beschränken uns auf den Fall, dass f in c ein lokales Maximum hat. Dann gibt es eine Umgebung $U \subseteq I$ von c mit $f(x) \leq f(c)$ für alle $x \in U$. Der Differenzenquotient $(f(x) - f(c))/(x - c)$ ist für $x \in U, x > c$, kleiner oder gleich 0 und für $x \in U, x < c$, größer oder gleich 0. Daher ist

$$\lim_{\substack{x \to c \\ x > c}} \frac{f(x) - f(c)}{x - c} \leq 0 \quad \text{und} \quad \lim_{\substack{x \to c \\ x < c}} \frac{f(x) - f(c)}{x - c} \geq 0.$$

Also ist $f'(c) \leq 0$ und $f'(c) \geq 0$, d. h. $f'(c) = 0$.   □

Eine wichtige Folgerung aus Satz 2.3.2 ist der folgende Satz, der nach M. Rolle (1652–1719) benannt ist:

Satz 2.3.3 (Satz von Rolle) *Die stetige Funktion $f : [a, b] \to \mathbb{R}$ auf dem kompakten Intervall $[a, b] \subseteq \mathbb{R}$, $a < b$, sei differenzierbar im offenen Intervall $]a, b[$. Ist $f(a) = f(b)$, so gibt es ein $c \in]a, b[$ mit $f'(c) = 0$.*

Beweis Die Funktion f nimmt ihr globales Maximum und ihr globales Minimum in $[a, b]$ an. Werden beide jeweils in einem Randpunkt a bzw. b angenommen, so ist f wegen $f(a) = f(b)$ konstant und damit $f'(x) = 0$ für alle $x \in]a, b[$. Andernfalls wird wenigstens einer der beiden globalen Extremwerte in einem $c \in]a, b[$ angenommen. Nach Satz 2.3.2 ist dann $f'(c) = 0$.   □

Aus dem Satz von Rolle ergibt sich sofort:

Satz 2.3.4 (Mittelwertsatz) *Die stetige Funktion $f : [a, b] \to \mathbb{R}$, $a < b$, sei differenzierbar im offenen Intervall $]a, b[$. Dann gibt es ein $c \in]a, b[$ mit*

$$d := \frac{f(b) - f(a)}{b - a} = f'(c).$$

Beweis Wir führen die Behauptung durch Scherung auf den Spezialfall des Satzes von Rolle zurück, vgl. Abb. 2.9 und Abb. 2.8. Die Sekante $h : x \mapsto dx + e$ durch $(a, f(a))$ und $(b, f(b))$ hat den Differenzenquotienten d als konstante Ableitung, und $g := f - h : [a, b] \to \mathbb{R}$ erfüllt die Voraussetzungen des Satzes von Rolle mit $g(a) = g(b) = 0$. Es gibt daher ein $c \in]a, b[$ mit $g'(c) = f'(c) - h'(c) = 0$, also mit $f'(c) = h'(c) = d$.   □

Abb. 2.9 Situation des Mittelwertsatzes

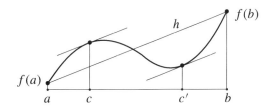

Eine unmittelbare Folgerung aus dem Mittelwertsatz ist die folgende Aussage: Ist die
Funktion $f: I \rightarrow \mathbb{R}$ differenzierbar und sind $x, y \in I$, so gilt

$$f(x) = f(y) + f'(c)(x - y)$$

mit einem Punkt $c \in I$, der bei $x \neq y$ echt zwischen x und y liegt. Es folgt:

Korollar 2.3.5 *Es sei $f: I \rightarrow V$ eine differenzierbare Funktion auf dem Intervall $I \subseteq \mathbb{R}$
mit Werten in dem endlichdimensionalen $\mathbb{R}$-Vektorraum V (versehen mit der natürlichen
Topologie). Genau dann ist f konstant, wenn $f' \equiv 0$ auf D ist.*

Beweis Ist f konstant, so ist natürlich $f' = 0$. Sei umgekehrt $f' = 0$. Ist v_j, $j \in
J$, eine (endliche) Basis von V, so ist $f(x) = \sum_{j \in J} f_j(x) v_j$ mit den differenzierbaren
Koeffizientenfunktionen $f_j: I \rightarrow \mathbb{R}$. Es ist $f' = \sum_{j \in I} f'_j v_j$, also $f'_j = 0$ für alle $j \in J$.
Nach der Vorbemerkung sind daher alle f_j und damit auch f konstant.   □

Die vorstehende Aussage überträgt sich sofort auf komplex-differenzierbare Funktionen:

Korollar 2.3.6 *Sei $f: D \rightarrow V$ eine differenzierbare Funktion auf dem Gebiet $D \subseteq \mathbb{C}$
mit Werten in dem endlichdimensionalen $\mathbb{C}$-Vektorraum V. Genau dann ist f konstant,
wenn $f' \equiv 0$ auf D ist.*

Beweis Sei $f' = 0$ auf ganz D. Es genügt zu zeigen, dass für jedes $v_0 \in V$ die Faser
$f^{-1}(v_0)$ offen in D ist. Sei dazu $a \in f^{-1}(v_0)$ und $\mathrm{B}_{\mathbb{C}}(a; r) \subseteq D$ für ein $r > 0$. Ist dann
$x \in \mathrm{B}_{\mathbb{C}}(a; r)$ beliebig, so ist die Funktion $h: [0, 1] \rightarrow V$ mit $h(t) = f(a + t(x - a))$
differenzierbar mit Ableitung $h'(t) = (x - a) f'(a + t(x - a)) \equiv 0$. Daher ist h nach
Korollar 2.3.5 konstant und $f(x) = h(1) = h(0) = f(a) = v_0$, also $\mathrm{B}_{\mathbb{C}}(a; r) \subseteq
f^{-1}(v_0)$.   □

Nach den vorstehenden Korollaren *unterscheiden sich zwei differenzierbare Funktio-
nen auf einem Intervall in $\mathbb{R}$ oder einem Gebiet in $\mathbb{C}$ mit Werten in einem endlichdimensionalen $\mathbb{R}$- bzw. $\mathbb{C}$-Vektorraum V nur um eine additive Konstante, wenn ihre Ableitungen
übereinstimmen.* In dieser Aussage kann man V durch einen beliebigen $\mathbb{K}$-Banach-Raum
ersetzen. Dies ergibt sich aus der folgenden allgemeinen Version des Mittelwertsatzes:

Satz 2.3.7 (Mittelwertsatz für Funktionen mit Werten in einem Banach-Raum) *Sei*
$V = (V, \|-\|)$ *ein $\mathbb{R}$-Banach-Raum und $f: [a, b] \to V$, $a < b$, eine stetige Funktion auf*
dem kompakten Intervall $[a, b]$, die im offenen Intervall $]a, b[$ differenzierbar ist. Dann
gibt es ein $c \in \,]a, b[$ mit

$$\left\| \frac{f(b) - f(a)}{b - a} \right\| \leq \|f'(c)\|, \quad d.h. \text{ mit } \quad \|f(b) - f(a)\| \leq \|f'(c)\|(b - a).$$

Beweis Sei $w := (f(b) - f(a))/(b - a) \in V$. Nach dem folgenden Lemma von Hahn-
Banach gibt es eine Linearform $L: V \to \mathbb{R}$ mit $L(w) = \|w\|$ und $\|L(v)\| \leq \|v\|$
für alle $v \in V$. Dann ist L wegen $\|L(v) - L(v')\| = \|L(v - v')\| \leq \|v - v'\|$ für
$v, v' \in V$ stetig und $L \circ f: [a, b] \to \mathbb{R}$ nach Korollar 2.1.8 stetig und differenzierbar
in $]a, b[$ mit Ableitung $L \circ f'$. Nach dem Mittelwertsatz 2.3.4 gibt es nun ein $c \in \,]a, b[$
mit $L(f'(c)) = (L(f(a)) - L(f(b)))/(b - a) = L(w) = \|w\|$. Folglich ist $\|w\| =$
$L(f'(c)) = |L(f'(c))| \leq \|f'(c)\|$. □

Das folgende bereits angekündigte Lemma von Hahn-Banach (nach H. Hahn (1879–
1934) und S. Banach (1892–1945)) ist ein Korollar eines allgemeinen Trennungslemmas,
auf das erst in Band 4 eingegangen und das dort ganz ähnlich bewiesen wird.

Lemma 2.3.8 (Lemma von Hahn-Banach) *Seien V ein normierter $\mathbb{R}$-Vektorraum, des-*
sen Norm $\|-\|$ nur endliche Werte annimmt, und $w \in V$. Dann gibt es eine Linearform
$L: V \to \mathbb{R}$ *mit $L(w) = \|w\|$ und $|L(v)| \leq \|v\|$ für alle $v \in V$.*

Beweis Ist $w = 0$, so wählen wir für L die Nullform. Sei also $w \neq 0$. Indem wir w durch
$w/\|w\|$ ersetzen, können wir $\|w\| = 1$ annehmen. Sei $L: V \to \mathbb{R}$ eine Linearform der
gewünschten Art. Dann ist $U := \mathrm{Kern}\, L$ eine Hyperebene in V und die affine Hyperebene
$L^{-1}(1) = w + U$ ist disjunkt zur offenen Einheitskugel $B := \mathrm{B}_V(0; 1)$. Für $u \in U$ gilt
nämlich $\|w + u\| \geq |L(w + u)| = |L(w)| = \|w\| = 1$. Ist umgekehrt $U \subseteq V$ eine
Hyperebene mit $(w + U) \cap B = \emptyset$, so wird durch $L(aw + u) = a$, $a \in \mathbb{R}$, $u \in U$,
eine solche Linearform definiert. Wir haben also eine Hyperebene U dieser Art zu finden.
(Die affine Hyperebene $w + U$ heißt dann eine **Stützhyperebene** durch w an B.) Zunächst bemerken wir, dass B eine offene und konvexe Teilmenge von V ist. Sind nämlich
$u, v \in B$ und $r, s \in \mathbb{R}_+$ mit $r + s = 1$, so ist $\|ru + sv\| \leq r\|u\| + s\|v\| < r + s = 1$.

Wir betrachten als Erstes den Fall $\mathrm{Dim}_{\mathbb{R}} V = 2$ und suchen dann ein $v \in V^{\times} :=$
$V - \{0\}$ derart, dass $w + \mathbb{R}v$ eine Stützgerade durch w an B, d.h. $(w + \mathbb{R}v) \cap B = \emptyset$
ist. Nehmen wir an, dass für jedes $v \in V^{\times}$ die Gerade $w + \mathbb{R}v$ den Ball B trifft. Da B
konvex ist, trifft dann für jedes $v \in V^{\times}$ genau einer der beiden offenen Strahlen $w + \mathbb{R}_+^{\times}v$
und $w - \mathbb{R}_+^{\times}v$ den Ball B. Es gilt also $V^{\times} = V_+^{\times} \uplus V_-^{\times}$ mit

$$V_{\pm}^{\times} := \{v \in V^{\times} \mid (w \pm \mathbb{R}_+^{\times}v) \cap B \neq \emptyset\}.$$

Da $V_+^{\times} = -V_-^{\times}$ und $V_-^{\times} = -V_+^{\times}$ beide wie B offen und überdies beide $\neq \emptyset$ sind, wider-
spricht dies dem Zusammenhang von $V^{\times}$, vgl. Abb. 2.10. Insbesondere ist damit der Fall

Abb. 2.10 Zur Existenz einer
Stützgeraden an $B_V(0; 1)$ in w
bei $\text{Dim}_{\mathbb{R}} V = 2$

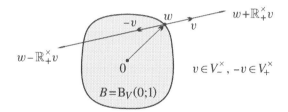

$V = \mathbb{C}$ mit dem komplexen Betrag als Norm erledigt. In diesem Fall lässt sich allerdings direkt ein $v \in \mathbb{C}$ angeben mit $(w + \mathbb{R}v) \cap B = \emptyset$, nämlich $v = iw$.

Sei nun V beliebig und $\text{Dim}_{\mathbb{R}} V > 2$. Offenbar ist die Menge $\mathcal{U}$ der Unterräume $U \subseteq V$ mit $(w + U) \cap B = \emptyset$ bzgl. der Inklusion induktiv geordnet. (Man beachte $0 \in \mathcal{U}$.) Nach dem Zornschen Lemma 1.4.15 aus [14] enthält $\mathcal{U}$ ein maximales Element U_0[15] Wir zeigen, dass U_0 eine Hyperebene ist. Wegen $\overline{w + U_0} = w + \overline{U}_0$ und da B offen ist, ist U_0 abgeschlossen in V. Wir betrachten den Faktorraum V/U_0 mit der induzierten Norm $\|v + U_0\| = d(v, U_0) = d(0, v + U_0)$ (wobei d die von $\|-\|$ induzierte Metrik auf V ist) und der kanonischen Projektion $\pi: V \to V/U_0$. Es ist $\|w + U_0\| = 1$ wegen $\|w\| = 1$ und $(w + U_0) \cap B = \emptyset$. Wäre U_0 keine Hyperebene, so enthielte V/U_0 einen Unterraum V' der Dimension 2 mit $w + U_0 \in V'$. Nach dem bereits Bewiesenen gäbe es in V' einen Unterraum U' der Dimension 1 mit $\big((w + U_0) + U'\big) \cap B_{V'}(0; 1) = \emptyset$. Dann ist $\pi^{-1}(U') \in \mathcal{U}$ echt größer als U_0. Widerspruch!   □

Das Lemma von Hahn-Banach gilt ganz analog auch für komplexe normierte Vektorräume V. Man führt dies auf den reellen Fall zurück. Im Allgemeinen kann man kein $c \in \,]a, b[$ finden derart, dass in der Ungleichung des allgemeinen Mittelwertsatzes 2.3.7 das Gleichheitszeichen gilt. Beispielsweise hat man für $f: [0, 2\pi] \to \mathbb{C}$ mit $f(x) := e^{ix}$ einerseits $f(2\pi) - f(0) = 1 - 1 = 0$ und andererseits $|f'(x)| = |ie^{ix}| = 1$ für alle $x \in [0, 2\pi]$. Ferner notieren wir die bereits erwähnten Folgerungen des allgemeinen Mittelwertsatzes 2.3.7:

Korollar 2.3.9 *Sei V ein $\mathbb{R}$- bzw. $\mathbb{C}$-Banach-Raum und $f: D \to V$ eine differenzierbare Funktion auf dem Intervall $D \subseteq \mathbb{R}$ bzw. dem Gebiet $D \subseteq \mathbb{C}$ mit Werten in V. Genau dann ist f konstant, wenn $f' \equiv 0$ auf D ist. Zwei differenzierbare Funktionen $D \to V$ mit der gleichen Ableitung unterscheiden sich nur um eine Konstante aus V.*

Eine weitere Konsequenz von Satz 2.3.7 ist:

Korollar 2.3.10 *Sei V ein $\mathbb{C}$-Banach-Raum, $f: D \to V$ eine differenzierbare Funktion auf der offenen Menge $D \subseteq \mathbb{C}$ und $a, b \in D$. Liegt die Verbindungsstrecke $[a, b]$ von a und b ganz in D, so gibt es auf ihr einen Punkt c mit $\|f(b) - f(a)\| \leq \|f'(c)\| \, |b - a|$.*

---

[15] Man beachte, dass die Existenz von U_0 trivial ist, wenn V endlichdimensional ist. Man wählt dann für U_0 einfach einen Unterraum maximaler Dimension in $\mathcal{U}$.

Beweis Man wendet den Mittelwertsatz 2.3.7 auf $t \mapsto f\big(a + t(b-a)\big), t \in [0,1]$, an. $\square$

Aus dem Mittelwertsatz 2.3.7 bzw. dem Korollar 2.3.10 ergibt sich:

Satz 2.3.11 *Sei V ein $\mathbb{R}$- bzw. $\mathbb{C}$-Banach-Raum. Die Funktin $f\colon D \to V$ sei auf dem Intervall $D \subseteq \mathbb{R}$ bzw. dem konvexen Gebiet $D \subseteq \mathbb{C}$ differenzierbar mit $\|f'(t)\| \le L$ für alle $t \in D$ und ein $L \in \mathbb{R}_+$. Dann gilt für alle $x, y \in D$*

$$\|f(y) - f(x)\| \le L|y - x|,$$

d. h. f ist auf D Lipschitz-stetig mit der Lipschitz-Konstanten L.

Aus Satz 2.3.11 zusammen mit der Beschränktheit stetiger Funktionen auf kompakten Intervallen folgt, vgl. [14], Korollar 3.9.4, dass stetig differenzierbare Funktionen auf kompakten Intervallen $D \subseteq \mathbb{R}$ Lipschitz-stetig sind. Ferner ist Satz 2.3.11 häufig die bequemste Methode zur expliziten Bestimmung einer Lipschitz-Konstanten. Insbesondere ist die differenzierbare Funktion $f\colon D \to D$ auf dem Intervall $D \subseteq \mathbb{R}$ oder dem konvexen Gebiet $D \subseteq \mathbb{C}$ stark kontrahierend mit dem Kontraktionsfaktor L, wenn $|f'|$ auf D durch $L < 1$ beschränkt ist.

Beispiel 2.3.12 (Riemannsche Summen) Sei V ein $\mathbb{R}$-Banach-Raum und $f\colon [a,b] \to V$ eine Funktion auf dem kompakten reellen Intervall $[a,b] \subseteq \mathbb{R}$, $a < b$. Außerdem sei $a = t_0 \le t_1 \le \cdots \le t_m = b$ eine sogenannte **Unterteilung** des Intervalls $[a,b]$. Das Maximum der Längen $t_{i+1} - t_i$ der Teilintervalle $[t_i, t_{i+1}]$, $i = 0, \ldots, m-1$, heißt die **Feinheit** der Unterteilung. Sind dann $\tau_i \in [t_i, t_{i+1}]$, $i = 0, \ldots, m-1$, beliebig, so nennt man

$$\sum_{i=0}^{m-1} f(\tau_i)(t_{i+1} - t_i)$$

eine **Riemannsche Summe** von f zur Unterteilung $(t_0, \ldots, t_m)$ von $[a,b]$. Offenbar sind die Normen aller dieser Summen $\le \|f\|(b-a)$, wobei $\|f\| = \|f\|_{[a,b]}$ die Tschebyschew-Norm von f ist, und insbesondere beschränkt, wenn f beschränkt ist, speziell, wenn f stetig ist.

Sei nun $F\colon [a,b] \to V$ eine sogenannte **Stammfunktion** von f, d. h. eine differenzierbare Funktion, deren Ableitung $F' = f$ ist. Nach dem Mittelwertsatz 2.3.7, angewandt auf die Funktionen $t \mapsto F(t) - f(\tau_i)(t - t_i)$ im Intervall $[t_i, t_{i+1}]$, $i = 1, \ldots, m-1$, ist dann

$$\left\| F(b) - F(a) - \sum_{i=0}^{m-1} f(\tau_i)(t_{i+1} - t_i) \right\| = \left\| \sum_{i=0}^{m-1} \big(F(t_{i+1}) - F(t_i) - f(\tau_i)(t_{i+1} - t_i)\big) \right\|$$

$$\le \sum_{i=0}^{m-1} \|f(\sigma_i) - f(\tau_i)\|(t_{i+1} - t_i),$$

wobei $\sigma_i \in [t_i, t_{i+1}]$ weitere Zwischenpunkte sind. *Insbesondere konvergieren die Riemannschen Summen von f zu einer Folge von Unterteilungen, deren Feinheiten gegen 0 konvergieren, gegen $F(b) - F(a)$, falls $f = F'$ stetig ist* (da dann f sogar gleichmäßig stetig ist, vgl. [14], Satz 4.4.20). Der Fehlerterm $\sum_{i=0}^{m-1} \| f(\sigma_i) - f(\tau_i) \| (t_{i+1} - t_i)$ lässt sich genauer abschätzen, wenn über f mehr bekannt ist. Ist z. B. f selbst differenzierbar, so ist wiederum nach dem Mittelwertsatz $\| f(\sigma_i) - f(\tau_i) \| \leq \| f'(\rho_i) \| \, | \sigma_i - \tau_i | \leq \| f' \| (t_{i+1} - t_i) \leq \| f' \| \varepsilon$, wobei ρ_i eine Stelle zwischen σ_i und τ_i ist und ferner $\varepsilon := \mathrm{Max}\,(t_{i+1} - t_i, 0 \leq i < m)$ die Feinheit der Zerlegung $(t_0, \ldots, t_n)$ bezeichnet. *Insbesondere gilt bei diesen Voraussetzungen*

$$\left\| F(b) - F(a) - \sum_{i=0}^{m-1} f(\tau_i)(t_{i+1} - t_i) \right\| \leq \| f' \|_{[a,b]} (b-a)\varepsilon.$$

Wir kommen auf die Riemannschen Summen noch einmal im Zusammenhang mit der Diskussion des Riemann-Integrals in Abschn. 3.2 zurück.   ◇

Eine leichte Verallgemeinerung des Mittelwertsatzes 2.3.4 ist:

Satz 2.3.13 (Zweiter Mittelwertsatz) *Die stetigen Funktionen $f, g: [a, b] \to \mathbb{R}$ auf dem kompakten Intervall $[a, b] \subseteq \mathbb{R}$, $a < b$, seien im offenen Intervall $]a, b[$ differenzierbar. Es gelte $g'(x) \neq 0$ für alle $x \in]a, b[$. Dann ist $g(a) \neq g(b)$ (nach dem Satz 2.3.3 von Rolle), und es gibt ein $c \in]a, b[$ mit*

$$\frac{f(b) - f(a)}{g(b) - g(a)} = \frac{f'(c)}{g'(c)}.$$

Beweis Die Funktion $h: [a, b] \to \mathbb{R}$ mit $h := f - \lambda g$, $\lambda := \big(f(b) - f(a)\big)/\big(g(b) - g(a)\big)$, erfüllt wegen $h(a) = h(b)$ die Voraussetzungen des Satzes von Rolle. Daher gibt es ein $c \in]a, b[$ mit $0 = h'(c) = f'(c) - \lambda g'(c)$, woraus die Behauptung folgt.   □

Man beachte, dass der Spezialfall $g = \mathrm{id}$ von Satz 2.3.13 der gewöhnliche Mittelwertsatz 2.3.4 ist. Analog zu Satz 2.3.7 gilt folgende partielle Verallgemeinerung von Satz 2.3.13:

Satz 2.3.14 *Sei V ein $\mathbb{R}$-Banach-Raum. Die stetigen Funktionen $f: [a, b] \to V$ und $g: [a, b] \to \mathbb{R}$ auf dem kompakten Intervall $[a, b] \subseteq \mathbb{R}$, $a < b$, seien im offenen Intervall $]a, b[$ differenzierbar. Es gelte $g'(x) \neq 0$ für alle $x \in]a, b[$. Dann gibt es ein $c \in]a, b[$ mit*

$$\frac{\| f(b) - f(a) \|}{| g(b) - g(a) |} \leq \frac{\| f'(c) \|}{| g'(c) |}.$$

Beweis Gemäß dem Lemma von Hahn-Banach wählen wir eine Linearform $L: V \to \mathbb{R}$ mit $L(f(b) - f(a)) = \|f(b) - f(a)\|$ und $|L(v)| \leq \|v\|$ für alle $v \in V$, wenden den zweiten Mittelwertsatz auf die Funktionen $L \circ f, g: [a, b] \to \mathbb{R}$ an und erhalten ein $c \in {]a, b[}$ mit

$$\frac{\|f(b) - f(a)\|}{g(b) - g(a)} = \frac{L(f(b)) - L(f(a))}{g(b) - g(a)} = \frac{(L \circ f)'(c)}{g'(c)} = \frac{L(f'(c))}{g'(c)},$$

woraus wegen $|L(f'(c))| \leq \|f'(c)\|$ die Behauptung folgt. □

Als Anwendung von Satz 2.3.13 beweisen wir eine der sogenannten Regeln von de l'Hôpital.

Satz 2.3.15 (Regel von de l'Hôpital für 0/0) *Seien V ein $\mathbb{R}$-Banach-Raum, $I \subseteq \mathbb{R}$ ein Intervall und $a \in I$. Die stetigen Funktionen $f: I \to V$ und $g: I \to \mathbb{R}$ seien differenzierbar in $I - \{a\}$. Es gelte $f(a) = 0$, $g(a) = 0$ und $g'(x) \neq 0$ für alle $x \in I - \{a\}$. Existiert dann der Grenzwert*

$$w_0 := \lim_{\substack{x \to a \\ x \neq a}} \frac{f'(x)}{g'(x)} \in V, \quad \text{so existiert auch der Grenzwert} \quad \lim_{\substack{x \to a \\ x \neq a}} \frac{f(x)}{g(x)}$$

und beide Grenzwerte sind gleich.

Beweis Wir wenden den 2. Mittelwertsatz 2.3.14 auf die Funktionen $f - gw_0: I \to V$ und $g: I \to \mathbb{R}$ an. Zu jedem $x \in I - \{a\}$ gibt es ein $c \in I - \{a\}$ zwischen x und a mit

$$\left\| \frac{f(x) - g(x)w_0}{g(x)} \right\| = \left\| \frac{f(x) - g(x)w_0 - (f(a) - g(a)w_0)}{g(x) - g(a)} \right\| \leq \left\| \frac{f'(c) - g'(c)w_0}{g'(c)} \right\|.$$

Ist (x_n) eine Folge in $I - \{a\}$ mit $\lim x_n = a$, so konvergiert die Folge (c_n) entsprechender Werte c_n zwischen x_n und a gegen a und es folgt $\lim_{n \to \infty} \|f'(c_n)/g'(c_n) - w_0\| = 0$. Daraus ergibt sich die Behauptung $\lim_{n \to \infty} \|f(x_n)/g(x_n) - w_0\| = 0$. □

Für weitere Regeln von de l'Hôpital, die analoge Aussagen über das Verhalten von f/g im Unendlichen machen, verweisen wir auf Aufg. 2.3.16 und Satz 2.3.22. Im Übrigen sei bemerkt, dass de l'Hôpital (1661–1704) die obige Regel zwar als Erster in seinem Buch „Analyse des infiniments petits" (1696) veröffentlicht hat, diese aber auf Johann Bernoulli (1667–1748) zurückgeht, der sie dem Marquis de l'Hôpital als dessen Lehrer mitgeteilt hatte.

Beispiel 2.3.16 Mit Hilfe der Regel 2.3.15 erhält man

$$\lim_{\substack{x \to 0 \\ x \neq 0}} \frac{x - \sin x}{x^3} = \lim_{\substack{x \to 0 \\ x \neq 0}} \frac{1 - \cos x}{3x^2} = \lim_{\substack{x \to 0 \\ x \neq 0}} \frac{\sin x}{6x} = \lim_{\substack{x \to 0 \\ x \neq 0}} \frac{\cos x}{6} = \frac{\cos 0}{6} = \frac{1}{6}.$$

Dieses Ergebnis gewinnt man auch aus der Potenzreihenentwicklung

$$\frac{x - \sin x}{x^3} = \frac{1}{x^3}\left(x - \left(x - \frac{x^3}{3!} + \frac{x^5}{5!} - + \cdots\right)\right) = \frac{1}{3!} - \frac{x^2}{5!} + - \cdots.$$

Dabei darf x sogar in $\mathbb{C}$ variieren. – Sind in 14.A.11 die Funktionen f und g in a differenzierbar mit $g'(a) \neq 0$, so folgt direkt (vgl. Aufg. 2.1.7)

$$\lim_{\substack{x \to a \\ x \neq a}} \frac{f(x)}{g(x)} = \lim_{\substack{x \to a \\ x \neq a}} \frac{f(x) - f(a)}{g(x) - g(a)} = \lim_{\substack{x \to a \\ x \neq a}} \left(\frac{f(x) - f(a)}{x - a} \middle/ \frac{g(x) - g(a)}{x - a}\right) = \frac{f'(a)}{g'(a)}. \quad \diamond$$

Beispiel 2.3.17 (Charakterisierung der höheren Differenzierbarkeit – Asymptotische Entwicklungen) Die Funktion $f \colon I \to V$, V $\mathbb{R}$-Banach-Raum, sei auf dem Intervall $I \subseteq \mathbb{R}$ in einer Umgebung des Punktes $a \in I$ $(n-1)$-mal differenzierbar, und die n-te Ableitung von f existiere noch in a. Es sei $f(a) = f'(a) = \cdots = f^{(n)}(a) = 0$. Dann gilt $f = o((x-a)^n)$ für $x \to a$. Durch mehrfaches Anwenden von Satz 2.3.14 erhält man nämlich für $x = x_0 \in I$, $x \neq a$,

$$\left\|\frac{f(x_0)}{(x_0 - a)^n}\right\| \leq \left\|\frac{f'(x_1)}{n(x_1 - a)^{n-1}}\right\| \leq \cdots \leq \left\|\frac{f^{(n-1)}(x_{n-1})}{n!(x_{n-1} - a)}\right\|,$$

wobei x_i jeweils echt zwischen x_{i-1} und a liegt, $i = 1, \ldots, n-1$. Die Behauptung folgt nun aus $\lim_{x \to a, x \neq a} f^{(n-1)}(x)/(x-a) = f^{(n)}(a) = 0$. *Sind in der angegebenen Situation die Werte von* $f(a), \ldots, f^{(n)}(a) \in V$ *beliebig, so erhält man die Darstellung*

$$f(x) = \sum_{k=0}^{n} \frac{f^{(k)}(a)}{k!}(x - a)^k + o((x-a)^n) \quad \text{für} \quad x \to a,$$

indem man die obige Überlegung auf die Funktion $f(x) - \sum_{k=0}^{n} f^{(k)}(a)(x-a)^k/k!$ anwendet. Unter etwas stärkeren Voraussetzungen lässt sich das Restglied $o((x-a)^n)$ genauer abschätzen, vgl. die Taylor-Formel 2.8.4. Die bewiesene Formel erlaubt es, die n-malige Differenzierbarkeit einer Funktion $f \colon I \to V$ im Punkte $a \in I$ zu definieren, ohne die $(n-1)$-malige Differenzierbarkeit von f in einer ganzen Umgebung von a zu fordern. Man könnte sagen, f sei n-**mal differenzierbar in** a, wenn es eine Polynomfunktion T_{n+1} vom Grad $\leq n$ mit $f = T_{n+1} + o((x-a)^n)$ für $x \to a$ gibt. Allerdings folgt dann aus der n-maligen Differenzierbarkeit von f, $n > 1$, nicht notwendigerweise die $(n-1)$-malige Differenzierbarkeit von f', auch wenn f' auf ganz I existiert. Beispiel! Wir wollen daher (unter Beibehaltung der ursprünglichen Sprechweise) f in a n-mal differenzierbar nennen, wenn f in einer Umgebung von a überall $(n-1)$-mal differenzierbar ist und wenn $f^{(n-1)}$ zusätzlich noch in a differenzierbar ist.

Generell heißt für eine Funktion $f \colon D \to V$ auf einer Menge $D \subseteq \mathbb{K}$, die den Punkt a als Häufungspunkt hat, eine Polynomfunktion $T_{n+1} \in V[X]$ vom Grad $\leq n$ eine **asymptotische Entwicklung von** f **in** a **der Ordnung** n, wenn $f(x) = T_{n+1}(x) + o((x-a)^n)$

für $x \to a$ gilt. Offenbar ist T_{n+1} durch diese Bedingung eindeutig bestimmt. Eine (nicht notwendig konvergente) Potenzreihe $T = \sum_{k=0}^{\infty} u_k (X - a)^k \in V[\![X - a]\!]$ heißt eine **asymptotische Entwicklung von** f **in** a schlechthin, wenn für jedes $n \in \mathbb{N}$ die gestutzte Reihe $T_{n+1} = \sum_{k=0}^{n} u_k (X - a)^k$ eine asymptotische Entwicklung von f in a der Ordnung n ist. Ist D unbeschränkt, so heißen $T_{n+1} = \sum_{k=0}^{n} u_k / X^k$ bzw. $T = \sum_{k=0}^{\infty} u_k / X^k$ eine **asymptotische Entwicklung der Ordnung** n bzw. **eine asymptotische Entwicklung** schlechthin **von** f **im Unendlichen**, wenn das Polynom $T_{n+1}(1/X)$ bzw. die Potenzreihe $T(1/X)$ asymptotische Entwicklungen von $f(1/x)$ in 0 sind. Die zuletzt genannten Sprechweisen sind damit insbesondere für Folgen c_n, $n \in \mathbb{N}$, erklärt, wofür wir schon häufiger Beispiele angegeben haben. Als Anwendung der obigen Überlegungen erhält man ein *hinreichendes* Kriterium für lokale Extrema.

Satz 2.3.18 *Sei* $n \in \mathbb{N}^*$*. Die Funktion* $f: I \to \mathbb{R}$ *sei im Punkt* a *des Intervalls* $I \subseteq \mathbb{R}$ n*-mal differenzierbar mit* $f'(a) = \cdots = f^{(n-1)}(a) = 0$ *und* $f^{(n)}(a) \neq 0$*. Ist* n *gerade und* $f^{(n)}(a) < 0$ *(bzw.* $f^{(n)}(a) > 0$*), so hat* f *in* a *ein isoliertes lokales Maximum (bzw. isoliertes lokales Minimum). Ist* n *ungerade und* a *ein innerer Punkt von* I*, so hat* f *in* a *sicher kein lokales Extremum.*

Beweis Dies folgt aus $f(x) = f(a) + (x - a)^n \big(f^{(n)}(a)/n! + o(1) \big)$ für $x \to a$.   □

Um zu entscheiden, ob f an einer Stelle a mit $f'(a) = 0$ tatsächlich ein lokales Maximum oder Minimum besitzt, ist es häufig vorteilhaft, anstelle von Satz 2.3.18 einfache Monotonieüberlegungen zu benutzen, beispielsweise mit Hilfe des Vorzeichens von f' in einer Umgebung von a unter Verwendung des folgenden Satzes 2.3.19.   ◇

Der Mittelwertsatz liefert einfache Kriterien für die Monotonie differenzierbarer Funktionen $I \to \mathbb{R}$ auf einem Intervall $I \subseteq \mathbb{R}$:

Satz 2.3.19 *Es sei* $f: I \to \mathbb{R}$ *eine differenzierbare Funktion auf dem Intervall* $I \subseteq \mathbb{R}$*.*

(1) *Genau dann ist* f *monoton wachsend (bzw. monoton fallend), wenn* $f' \geq 0$ *(bzw.* $f' \leq 0$*) auf* I *ist.*

(2) *Genau dann ist* f *streng monoton wachsend (bzw. streng monoton fallend), wenn* $f' \geq 0$ *(bzw.* $f' \leq 0$*) ist auf* I *und wenn die Menge der Nullstellen von* f' *total unzusammenhängend ist, d. h. kein Intervall* $I' \subseteq I$ *mit mehr als einem Punkt existiert, auf dem* f' *verschwindet. – Insbesondere ist* f *streng monoton wachsend (bzw. streng monoton fallend), wenn* $f'(x) > 0$ *(bzw.* $f'(x) < 0$*) ist für alle* $x \in I$ *mit höchstens abzählbar vielen Ausnahmen.*

Beweis Wir beschränken uns auf den Fall monoton wachsender Funktionen. Sei zunächst f monoton wachsend. Seien $a \in I$ und $x \in I - \{a\}$ beliebig. Wegen $f(x) - f(a) \geq 0$ bei

$x - a > 0$ und $f(x) - f(a) \le 0$ bei $x - a < 0$ erfüllt der zugehörige Differenzenquotient die Ungleichung

$$\frac{f(x) - f(a)}{x - a} \ge 0.$$

Dann gilt $f'(a) \ge 0$ auch für den Grenzwert $f'(a)$. – Sei umgekehrt $f' \ge 0$. Für $x, y \in I$ mit $x < y$ gilt dann nach dem Mittelwertsatz 2.3.4 $f(y) - f(x) = f'(c)(y - x) \ge 0$ mit einem $c \in \;]x, y[$.

Sei nun f streng monoton wachsend. Dann ist nach dem schon Bewiesenen $f' \ge 0$. Wäre $f' = 0$ auf einem Intervall $I' \subseteq I$, so wäre f dort nach Korollar 2.3.5 konstant, was der strengen Monotonie von f widerspräche.

Schließlich sei $f' \ge 0$ und f' auf keinem Intervall $I' \subseteq I$ identisch 0. Dann ist f natürlich wieder monoton wachsend. Wäre $f(x) = f(y)$ für $x < y$, so wäre f auf dem Intervall $[x, y]$ konstant und deshalb f' dort 0 im Widerspruch zur Voraussetzung. – Der Zusatz folgt daraus, dass die Ableitung f' überall ≥ 0 bzw. überall ≤ 0 ist, wenn dies bis auf abzählbar viele Ausnahmen gilt, etwa wegen Satz 2.3.21 weiter unten.   □

Es sei ausdrücklich darauf hingewiesen, dass die Ableitung einer streng monotonen Funktion Nullstellen besitzen kann, wie das triviale Beispiel der Funktion $x \mapsto x^3$ auf $\mathbb{R}$ zeigt. Es gibt sogar streng monotone Funktionen $I \to \mathbb{R}$, deren Ableitung an überabzählbar vielen Stellen verschwindet. Sei z. B. $g \colon [0, 1] \to \mathbb{R}_+$ eine C^∞-Funktion, deren Nullstellenmenge das (überabzählbare) Cantorsche Diskontinuum C aus [14], Aufg. 3.4.18) ist, vgl. Satz 3.2.12. Jede Stammfunktion $[0, 1] \to \mathbb{R}$ zu g, wie sie nach Satz 3.1.6 existiert, ist dann eine solche Funktion.

Satz 2.3.20 *Für eine differenzierbare Funktion $f \colon I \to \mathbb{R}$ auf dem Intervall $I \subseteq \mathbb{R}$ mit mehr als einem Punkt sind folgende Aussagen äquivalent:*

(i) *f ist injektiv, und die Umkehrabbildung $f^{-1} \colon f(I) \to I$ ist ebenfalls differenzierbar.*
(ii) *Es ist $f'(x) \ne 0$ für alle $x \in I$.*

Beweis Nach [14], Lemma 3.8.29 ist die stetige Funktion f genau dann injektiv, wenn sie streng monoton ist. In diesem Fall ist das Bild $f(I)$ nach dem Umkehrsatz 3.8.31 in [14] wieder ein Intervall und die Umkehrabbildung f^{-1} ebenfalls stetig. – Aus (i) folgt nun (ii) nach der Bemerkung im Anschluss an den Beweis des Umkehrsatzes 2.1.10. Ist umgekehrt (ii) erfüllt, so ist f nach dem Satz von Rolle injektiv und wir können den Umkehrsatz 2.1.10 anwenden.   □

Die Ableitung einer differenzierbaren Funktion ist nicht immer stetig, vgl. Aufg. 2.2.3 b). G. Darboux (1842–1917) bemerkte jedoch:

Satz 2.3.21 *Die Ableitung einer differenzierbaren Funktion $f \colon I \to \mathbb{R}$ genügt dem Zwischenwertsatz.*

Beweis Seien $a, b \in I, a < b$, und c ein Wert zwischen $f'(a)$ und $f'(b)$. Es genügt zu zeigen, dass die Ableitung der Funktion $g: x \mapsto f(x) - cx$ eine Nullstelle im Intervall $[a, b]$ hat. Wir können annehmen, dass $g'(a) = f'(a) - c < 0$ und $g'(b) = f'(b) - c > 0$ ist. Wäre aber $g'(x) \neq 0$ für alle $x \in [a, b]$, so wäre $g|[a, b]$ nach Satz 2.3.20 umkehrbar und daher nach [14], Lemma 3.8.29 streng monoton. Dann wäre $g'(x) \geq 0$ oder $g'(x) \leq 0$ jeweils für alle $x \in [a, b]$. Widerspruch!   □

Zu einem alternativen Beweis von Satz 2.3.21 siehe [12], 14.A, Aufg. 17. – Schließlich beweisen wir noch die Regel von de l'Hôpital für Grenzwerte vom Typ ∞/∞, die nicht ganz so einfach ist wie die schon behandelte Regel für Grenzwerte vom Typ $0/0$.

Satz 2.3.22 (Regel von de l'Hôpital für ∞/∞) *Sei $I \subseteq \mathbb{R}$ ein Intervall und $a \in I$. Die Funktionen $f: I - \{a\} \to \mathbb{R}$ und $g: I - \{a\} \to \mathbb{R}$ seien differenzierbar, und es sei $g(x) \neq 0$ und $g'(x) \neq 0$ für alle $x \in I - \{a\}$. Ferner sei $\lim_{x \to a} f(x) = \lim_{x \to a} g(x) = \infty$. Existiert dann der Grenzwert*

$$\lim_{\substack{x \to a \\ x \neq a}} \frac{f'(x)}{g'(x)}, \quad \text{so gilt dies auch für den Grenzwert} \quad \lim_{\substack{x \to a \\ x \neq a}} \frac{f(x)}{g(x)}$$

und beide Grenzwerte sind gleich.

Beweis Es genügt den Fall zu behandeln, dass a rechtsseitiger Randpunkt von I ist. In einem Intervall $]a', a[$, $a' < a$, hat g' nach 2.3.21 immer dasselbe Vorzeichen, das wegen $\lim_{x \to a} g(x) = \infty$ notwendigerweise $+1$ ist. Daher ist g in diesem Intervall streng monoton wachsend. Wir können ferner annehmen, dass g dort positiv ist.

Sei $C := \lim_{x \to a} f'(x)/g'(x)$. Zu vorgegebenem $\varepsilon > 0$ gibt es ein $\delta > 0$ mit $\delta \leq a - a'$ und $|(f'(x)/g'(x)) - C| \leq \varepsilon$ für $a - \delta \leq x < a$. Für diese x gilt dann $(C - \varepsilon)g'(x) \leq f'(x) \leq (C + \varepsilon)g'(x)$. Setzt man $x_0 := a - \delta$, so erhält man daraus mit Aufg. 2.3.8:

$$(C - \varepsilon)\big(g(x) - g(x_0)\big) \leq f(x) - f(x_0) \leq (C + \varepsilon)\big(g(x) - g(x_0)\big),$$

$$C - \varepsilon - (C - \varepsilon)\frac{g(x_0)}{g(x)} \leq \frac{f(x)}{g(x)} - \frac{f(x_0)}{g(x)} \leq C + \varepsilon - (C + \varepsilon)\frac{g(x_0)}{g(x)}.$$

Wegen $\lim_{x \to a} g(x_0)/g(x) = \lim_{x \to a} f(x_0)/g(x) = 0$ bekommt man so die Abschätzungen $C - 2\varepsilon \leq f(x)/g(x) \leq C + 2\varepsilon$ für alle x mit $a - \delta' \leq x < a$, wobei $\delta' \leq \delta$ geeignet gewählt ist. Daraus ergibt sich die Behauptung.   □

Die Aussage von Satz 2.3.22 gilt analog auch für den Grenzübergang $x \to \infty$ bzw. $x \to -\infty$. Man führt dies auf Satz 2.3.22 zurück, indem man die Funktionen $f(1/x)$ und $g(1/x)$ im Punkt $a = 0$ betrachtet, vgl. auch Aufg. 2.3.16.

Aufgaben

Aufgabe 2.3.1 Sei V ein $\mathbb{R}$- bzw. $\mathbb{C}$-Banach-Raum und $f: D \to V$ eine n-mal differenzierbare Funktion auf einem Intervall $D \subseteq \mathbb{R}$ bzw. einem Gebiet $D \subseteq \mathbb{C}$. Genau dann ist f eine Polynomfunktion vom Grade $< n$, wenn $f^{(n)} \equiv 0$ auf D ist. Zwei n-mal differenzierbare Funktionen $D \to V$ mit gleicher n-ter Ableitung unterscheiden sich nur um eine Polynomfunktion vom Grade $< n$.

Aufgabe 2.3.2 Sei V ein $\mathbb{R}$-Banach-Raum. Die Funktion $f: I \to V$ sei im Punkt a des Intervalls $I \subseteq \mathbb{R}$ Hölder-stetig mit dem Exponenten $\alpha > 1$, d. h. es gebe ein $L \in \mathbb{R}_+$ mit $\|f(x) - f(x')\| \leq L|x - x'|^{\alpha}$ für x, x' in einer geeigneten Umgebung von a. Dann ist f in a differenzierbar mit $f'(a) = 0$. Ist f in jedem Punkt von I Hölder-stetig mit dem Exponenten $\alpha > 1$, so ist f konstant. Analoge Aussagen gelten für Funktionen auf Gebieten in $\mathbb{C}$ mit Werten in $\mathbb{C}$-Banach-Räumen.

Aufgabe 2.3.3 Die Funktion $f: I \to \mathbb{R}$ auf dem Intervall I sei differenzierbar. Für alle $x \in I$ sei $f'(x) \neq 1$. Dann besitzt f höchstens einen Fixpunkt.

Aufgabe 2.3.4 Sei $a \in \mathbb{R}$. Die Funktion $f: [a, \infty[\to \mathbb{R}$ sei differenzierbar, und der Grenzwert $\lim_{x \to \infty} f'(x)$ existiere.

a) Der Grenzwert $\lim_{x \to \infty} (f(x + 1) - f(x))$ existiert und ist gleich $\lim_{x \to \infty} f'(x)$.
b) Ist f beschränkt, so ist $\lim_{x \to \infty} f'(x) = 0$.

Aufgabe 2.3.5 Die Funktion $f: [0, 1] \to \mathbb{R}$ sei differenzierbar mit $f(0) = 0$, $f(1) = \frac{1}{2}$. Dann gibt es ein $x_0 \in]0, 1[$ mit $f'(x_0) = x_0$. (Man betrachte die Hilfsfunktion $g: [0, 1] \to \mathbb{R}$ mit $g(x) := f(x) - \frac{1}{2}x^2$.)

Aufgabe 2.3.6 Die Funktionen $f, g: [a, b] \to \mathbb{R}$ seien stetig und in $]a, b[$ differenzierbar, und es sei $f(a) = f(b) = 0$. Für eine geeignete Stelle $c \in]a, b[$ gilt dann $f'(c) = g'(c)f(c)$. (Man betrachte die Hilfsfunktion $x \mapsto f(x)\mathrm{e}^{-g(x)}$.)

Aufgabe 2.3.7 Die folgenden Aufgaben sind Beispiele für das Gewinnen von Ungleichungen durch Betrachten von Ableitungen.

a) Es gilt $nx^{n-1}(y - x) < y^n - x^n < ny^{n-1}(y - x)$ für alle $x, y \in \mathbb{R}$ mit $0 \leq x < y$ und alle $n \in \mathbb{N}$, $n \geq 2$.
b) Für alle $x \in \mathbb{R}$ mit $0 < x$ gilt $1/(x + 1) < \ln(1 + (1/x)) < 1/x$.
c) Für alle $x \in \mathbb{R}$ gilt $1 + x \leq \mathrm{e}^x \leq x\mathrm{e}^x + 1$.

d) Für alle $x, y \in \mathbb{R}$ gilt $|\sin y - \sin x| \le |y - x|$. Insbesondere ist $|\sin x| \le |x|$ für alle $x \in \mathbb{R}$.

e) Für alle $x, y \in \mathbb{R}$ mit $0 < x \le y$ gilt $\left(1 - (x/y)\right)^y < \mathrm{e}^{-x}$.

f) Seien $a, b, r, s \in \mathbb{R}_+^\times$ und $r + s = 1$. Dann gilt $a^r b^s \le ra + sb$. (Die Funktion $\mathbb{R}_+ \to \mathbb{R}, t \mapsto s + rt - t^r$, hat im Punkt $t = 1$ ihr globales Minimum 0. – Vgl. auch Beipiel 2.5.6. Für einen elementaren Beweis siehe [14], Lemma 3.10.7.)

g) Seien $x, y \in \mathbb{R}$, $x < y$. Für $c \in \mathbb{R}_+^\times - \{1\}$ gilt

$$\left(1 + c^{x+1}\right)/\left(1 + c^x\right) < \left(1 + c^{y+1}\right)/\left(1 + c^y\right).$$

Man folgere $(a^{x+1}+b^{x+1})/(a^x+b^x) < (a^{y+1}+b^{y+1})/(a^y+b^y)$ für $a, b \in \mathbb{R}_+^\times, a \neq b$. (Für $x = 0, -\frac{1}{2}, -1$ ist $(a^{x+1}+b^{x+1})/(a^x+b^x)$ das arithmetische, geometrische bzw. harmonische Mittel von a, b. Auch das Mittel für $x = 1$ wurde bereits in der Antike betrachtet.)

h) Für $c > 1$ ist die Funktion $h\colon\mathbb{R} \to \mathbb{R}_+^\times$, $h(0) := \sqrt{c}$, $h(x) := \left(\frac{1}{2}(1 + c^x)\right)^{1/x}$, $x \neq 0$, (auch im Nullpunkt) analytisch und streng monoton wachsend mit $h(-\infty) := \lim_{h \to -\infty} h(x) = 1$, $h(\infty) := \lim_{h \to \infty} h(x) = c$. Man folgere: Für $a, b \in \mathbb{R}_+^\times$, $a < b$, ist $f\colon\mathbb{R} \to \mathbb{R}_+^\times$ mit $f(0) = \sqrt{ab}$ und $f(x) = \left(\frac{1}{2}(a^x + b^x)\right)^{1/x}$, $x \neq 0$, analytisch und streng monoton wachsend mit $f(-\infty) = \mathrm{Min}\,(a, b)$, $f(\infty) = \mathrm{Max}\,(a, b)$. Insbesondere ist $\sqrt{ab} < f(x) < \frac{1}{2}(a + b)$ für alle $x \in\;]0, 1[$. (Zu dieser Aufgabe siehe auch [12], 14.A, Aufg. 7 und den dortigen Kommentar.)

Aufgabe 2.3.8 Die stetigen Funktionen $f, g\colon[a, b] \to \mathbb{R}$ seien auf dem kompakten Intervall $[a, b] \subseteq \mathbb{R}$, $a < b$, stetig und in $]a, b[$ differenzierbar. Es sei $f(a) \le g(a)$ und $f'(x) \le g'(x)$ für alle $x \in\;]a, b[$. Dann ist $f(b) \le g(b)$. Gibt es zusätzlich ein $x_0 \in\;]a, b[$ mit $f'(x_0) < g'(x_0)$, so ist sogar $f(b) < g(b)$.

Aufgabe 2.3.9 Die Funktion $f_p\colon\mathbb{R}_+^\times \to \mathbb{R}$ mit $f_p(x) := \left(1 + (1/x)\right)^{x+p}$ ist für $p \ge 1/2$ streng monoton fallend und für $p \le 0$ streng monoton wachsend, und es ist $\lim_{x \to \infty} f_p(x) = e$ für alle $p \in \mathbb{R}$. (Man betrachte die Funktion $\ln f_p(1/x)$ und benutze Aufg. 2.3.8.)

Aufgabe 2.3.10 Man zeige folgende Ungleichungen:

a) $(1 + x)^\alpha > 1 + \alpha x$ für alle $x > -1$, $x \neq 0$, $\alpha > 1$. (Man betrachte $(1 + x)^\alpha - 1 - \alpha x$.)

b) $(1 - x^2)/2x \ln(1/x) > 1$ für alle x mit $0 < x < 1$. (Man betrachte $(1 - x^2)/2x - \ln(1/x)$.)

Aufgabe 2.3.11 Die Funktion $f\colon[a, b] \to \mathbb{R}$ sei differenzierbar. Es sei $f(a) = 0$, und für alle $x \in [a, b]$ gelte $f'(x) \le \lambda f(x)$ mit einem festen $\lambda \in \mathbb{R}_+$. Dann ist $f(x) \le 0$ für alle $x \in [a, b]$. (Man betrachte die Funktion $f(x)\mathrm{e}^{-\lambda x}$.)

Aufgabe 2.3.12 Die Funktion $f\colon[a, b] \to \mathbb{R}$ sei differenzierbar, und es gelte $|f'| \le \lambda|f|$ auf $[a, b]$ mit einem festen $\lambda \in \mathbb{R}_+$. Für jedes $x_0 \in [a, b]$ gilt dann $|f(x)| \le$

$|f(x_0)|e^{\lambda|x-x_0|}$. Insbesondere ist $f \equiv 0$, wenn f eine Nullstelle in $[a,b]$ hat. (**Lemma von Grönwall** (nach H. Grönwall (1877–1932))) – Man kann annehmen, dass $x_0 = a = 0$ ist und wendet dann Aufg. 2.3.11 mit der Funktion $f^2 - f^2(0)e^{2\lambda x}$ auf $[0,b]$ an. – Mit demselben Beweis ergibt sich $\|f(x)\| \leq \|f(x_0)\|e^{\lambda|x-x_0|}$ für $x \in [a,b]$, wenn die Werte von f in einem $\mathbb{R}$-Hilbert-Raum liegen und $\|f'\| \leq \lambda\|f\|$ ist. Für Funktionen mit Werten in einem beliebigen $\mathbb{R}$-Banach-Raum siehe Aufg. 3.2.15. Ist $f' = \lambda f$, so gilt $f(x) = f(x_0)e^{\lambda(x-x_0)}$, vgl. Satz 2.2.2.)

Aufgabe 2.3.13 Man bestimme die folgenden Grenzwerte mit Hilfe der Regel von de l'Hôpital:

$$\lim_{x\to0}\frac{x-\sin x}{x(1-\cos x)}; \quad \lim_{x\to0}\frac{\sin x - x\cos x}{\sin^3 x}; \quad \lim_{x\to0}\frac{\cos 2x - \cos x}{(\sin x)^2}; \quad \lim_{x\to0}\frac{\sin^2(2x)}{1-\cos x};$$

$$\lim_{x\to0}\frac{\sin^2 x}{xe^x - x}; \quad \lim_{x\to0}\frac{e^x - e^{-x} - 2x}{x - \sin x}; \quad \lim_{x\to0}\frac{e^x - x - 1}{(1-\cos x)^2}; \quad \lim_{x\to\frac{\pi}{2}}\frac{\sin 2x}{\cos^2 x};$$

$$\lim_{x\to0}\left(\frac{1}{\sin x} - \frac{1}{x}\right); \quad \lim_{x\to0}\left(\frac{1}{\sin x} - \frac{1}{\tan x}\right); \quad \lim_{x\to0}\frac{\cosh x - 1}{\cos x - 1}; \quad \lim_{\substack{x\to0\\x>0}}\frac{\sin x}{\ln(1+x^2)};$$

$$\lim_{x\to1}\frac{x^\alpha - 1}{\ln x}, \; \alpha\in\mathbb{R}; \quad \lim_{\substack{x\to a\\x>a}}\frac{\sqrt{x}-\sqrt{a}}{\sqrt{x-a}}, \; a>0; \quad \lim_{x\to1}\frac{x^x - x}{1 - x + \ln x}.$$

(Wenn möglich, rechne man auch mit Potenzreihenentwicklungen, vgl. Beispiel 2.3.16.)

Aufgabe 2.3.14 Die Funktion $f:I \to \mathbb{R}$ sei zweimal differenzierbar. Man zeige für $a \in I$:

$$\lim_{x\to a}\frac{\frac{f(x)-f(a)}{x-a} - f'(a)}{x-a} = \frac{1}{2}f''(a), \quad \lim_{h\to0}\frac{f(a+h) - 2f(a) + f(a-h)}{h^2} = f''(a),$$

$$\lim_{x\to a}\left(\frac{1}{f(x)-f(a)} - \frac{1}{(x-a)f'(a)}\right) = -\frac{f''(a)}{2(f'(a))^2}.$$

(Bei dem zweiten Grenzwert sei a kein Randpunkt von I; bei dem dritten Grenzwert sei zusätzlich vorausgesetzt, dass $f'(a) \neq 0$ und f'' in a stetig ist.)

Aufgabe 2.3.15 Sei V ein $\mathbb{R}$-Banach-Raum und $f:U \to V$ eine in einer Umgebung $U \subseteq \mathbb{R}$ des Nullpunkts $(n+1)$-mal differenzierbare Funktion mit $f(0) = 0$, $n \in \mathbb{N}$. Dann ist die Funktion $g:U \to V$ mit $g(x) := f(x)/x$, $x \neq 0$, und $g(0) := f'(0)$ dort n-mal stetig differenzierbar mit $g^{(k)}(0) = f^{(k+1)}(0)/(k+1)$, $k = 0, \ldots, n$. (Man benutze Beispiel 2.3.17. – Die Stetigkeit von $g^{(n)}$ beweise man durch Induktion über n.) Ist f analytisch im Nullpunkt, so auch g.

Aufgabe 2.3.16 (Regel von de l'Hôpital für $x \to \infty$) Sei V ein $\mathbb{R}$-Banach-Raum und $b \in \mathbb{R}$. Die Funktionen $f:[b,\infty[\to V$ und $g:[b,\infty[\to \mathbb{R}$ seien differenzierbar, und es sei $g'(x) \neq 0$ für alle $x \in [b, \infty[$. Ferner gelte $\lim_{x\to\infty} f(x) = 0$ und $\lim_{x\to\infty} g(x) = 0$. Existiert dann $\lim_{x\to\infty} f'(x)/g'(x)$, so auch $\lim_{x\to\infty} f(x)/g(x)$ und beide Grenzwerte sind gleich. Im Fall $V = \mathbb{R}$ beweise man die Regel auch, wenn $\lim_{x\to\infty} f(x) = \lim_{x\to\infty} g(x) = \infty$ ist. (Man betrachte $f(1/x)$ und $g(1/x)$ für $x \to 0+$. – Auf die Voraussetzung über g' kann nicht ohne Weiteres verzichtet werden: Im Beispiel $f(x) := x + \sin x \cos x$ und $g(x) := f(x) \exp(\sin x)$ ist $\lim_{x\to\infty} f(x) = \lim_{x\to\infty} g(x) = \infty$ und $\lim_{x\to\infty} f'(x)/g'(x) = 0$, $\lim_{x\to\infty} f(x)/g(x)$ existiert aber nicht.)

Aufgabe 2.3.17 Man berechne die folgenden Grenzwerte:

$$\lim_{x\to 0+} x^\alpha \ln x, \quad \lim_{x\to\infty} (\ln x)/x^\alpha, \ \alpha > 0 \quad \text{(vgl. [14], Aufg. 3.10.4);} \quad \lim_{x\to 0+} x^x;$$

$$\lim_{x\to\infty} x^{1/x}; \quad \lim_{x\to\pi/2} (\sin x)^{\tan x}; \quad \lim_{x\to\infty} \left(x - \sqrt{(x-a)(x-b)}\right), \ a,b \in \mathbb{R}; \quad \lim_{x\to\infty} \frac{x \ln x}{x^2 - 1};$$

$$\lim_{x\to 0+} (e^x - 1)^x; \quad \lim_{x\to 1-} (\ln x) \ln(1 - x); \quad \lim_{x\to\infty} x \ln\left(1 + \frac{1}{x}\right);$$

$$\lim_{x\to\infty} x^2\left(\ln\left(1 + \frac{1}{x}\right) - \frac{1}{x}\right); \quad \lim_{x\to\infty} \frac{2x + \sin x}{2x + \cos x}.$$

Aufgabe 2.3.18 Sei $a \in \mathbb{R}$. Die Funktion $f:[a, \infty[\to \mathbb{R}$ sei differenzierbar, und es gelte $\lim_{x\to\infty} f'(x) = 0$ sowie $\lim_{x\to\infty}\bigl(f(x) - xf'(x)\bigr) = 0$. Dann ist auch $\lim_{x\to\infty} f(x) = 0$. (Man betrachte $g(x) := f(x)/x$ und beweise der Reihe nach

$$\lim_{x\to\infty} x^2 g'(x) = 0, \quad \lim_{x\to\infty} g(x) = 0, \quad \lim_{x\to\infty} f(x) = \lim_{x\to\infty} g(x)/(1/x) = 0,$$

wobei zum Schluss Aufg. 2.3.16 anwendbar ist.)

Aufgabe 2.3.19 Seien $I \subseteq \mathbb{R}$ ein Intervall, $x_0 \in I$ und V ein $\mathbb{R}$-Banach-Raum. Die Funktion $f:I \to V$ sei stetig und in $I - \{x_0\}$ differenzierbar. Außerdem existiere der Grenzwert $v_0 := \lim_{x\to x_0,\ x\neq x_0} f'(x)$. Dann ist f auch in x_0 differenzierbar mit v_0 als Ableitung. (Man betrachte die Hilfsfunktion $f(x) - f(x_0) - v_0(x - x_0)$.)

Aufgabe 2.3.20 Sei V ein $\mathbb{R}$-Banach-Raum. Die Funktion $f:[-a, a] \to V$, $a > 0$, sei differenzierbar, und f sei gerade (d. h. es sei $f(x) = f(-x)$ für alle x). Dann ist $f'(0) = 0$. Ist f' in 0 noch differenzierbar, so gibt es eine differenzierbare Funktion $g:[0, \sqrt{a}] \to V$ mit $f(x) = g(x^2)$ für alle $x \in [-a, a]$. (Man wende Aufg. 2.3.19 auf $g(t) := f(\sqrt{t})$, $t \in [0, \sqrt{a}]$, an.) Ist f analytisch in 0, so gilt dies auch für g.

Aufgabe 2.3.21 Seien $I \subseteq \mathbb{R}$ ein Intervall und $a \in I$. Die Funktion $f:I \to \mathbb{R}$ heißt **im Punkte a monoton wachsend** (bzw. **monoton fallend**), falls es eine Umgebung U von a in I gibt, so dass $(x - a)\bigl(f(x) - f(a)\bigr)$ für alle $x \in U$ nichtnegativ (bzw. nichtpositiv) ist. Sie heißt **streng monoton** in a, wenn dieser Ausdruck positiv bzw. negativ ist für alle $x \in U$, $x \neq a$.

a) f ist genau dann in I monoton wachsend (bzw. monoton fallend), wenn f in jedem Punkt von I monoton wachsend (bzw. monoton fallend) ist. (Ist f in jedem Punkt von I monoton wachsend, so betrachte man zu gegebenen Punkten $a, b \in I$ mit $a < b$ das Supremum der $x \in [a, b]$ mit $f(a) \leq f(x)$.)

b) Ist f in a differenzierbar und monoton wachsend (bzw. fallend), so ist $f'(a) \geq 0$ (bzw. $f'(a) \leq 0$).

c) Ist f in a differenzierbar und $f'(a) > 0$ (bzw. $f'(a) < 0$), so ist f in a streng monoton wachsend (bzw. fallend).

Aufgabe 2.3.22 Die Funktion $f:[a, b] \to \mathbb{R}$ sei auf dem kompakten Intervall $[a, b] \subseteq \mathbb{R}$, $a < b$, differenzierbar. Die Ableitung f' besitze in $[a, b]$ genau die endlich vielen Nullstellen $a_1, \ldots, a_r$ mit $a < a_1 < a_2 < \cdots < a_r < b$. Ferner sei $a_0 := a$ und $a_{r+1} := b$.

a) Das globale Maximum und das globale Minimum von f in $[a, b]$ werden jeweils in einem der Punkte $a_0, \ldots, a_{r+1}$ angenommen.

b) f hat genau dann ein lokales Maximum (bzw. ein lokales Minimum) in a_i, $i = 1, \ldots, r$, wenn $f(a_i) > \mathrm{Max}\left(f(a_{i-1}), f(a_{i+1})\right)$ (bzw. wenn $f(a_i) < \mathrm{Min}\left(f(a_{i-1}), f(a_{i+1})\right)$) ist.

Aufgabe 2.3.23 Für $x_1, \ldots, x_n \in \mathbb{R}_+$ und jedes $N \in \mathbb{N}$ mit $0 \leq N \leq n$ gilt

$$\binom{n}{m}(x_1 \cdots x_n)^{N/n} \leq S_N(x_1, \ldots, x_n) = \sum_{1 \leq i_1 < \cdots < i_N \leq n} x_{i_1} \cdots x_{i_N} \leq \binom{n}{N}\left(\frac{x_1 + \cdots + x_n}{n}\right)^N.$$

Jeder Koeffizient des Polynoms $F = \prod_{i=1}^{n}(1 + x_i T)$ ist also höchstens so groß wie der entsprechende Koeffizient von $(1 + aT)^n$, $a := (x_1 + \cdots + x_n)/n$, und mindestens so groß wie der entsprechende Koeffizient von $(1 + gT)^n$, $g := (x_1 \cdots x_n)^{1/n}$. Dabei gilt in der rechten Ungleichung das Gleichheitszeichen bei $N \geq 2$ nur dann, wenn $x_1 = \cdots = x_n$ ist. (Die linke Ungleichung folgt direkt aus der Ungleichung vom arithmetischen und geometrischen Mittel. Beim Induktionsschluss von $n - 1$ auf n für die rechte Ungleichung liefert die Induktionsvoraussetzung im Fall $n, N \geq 2$ zunächst die Ungleichung

$$\sum x_{i_1} \cdots x_{i_N} \leq x_n \binom{n-1}{N-1}\left(\frac{s - x_n}{n-1}\right)^{N-1} + \binom{n-1}{N}\left(\frac{s - x_n}{n-1}\right)^N,$$

wobei $s := x_1 + \cdots + x_n$ gesetzt wurde. (Man kann übrigens $s = 1$ oder auch $s - x_n = x_1 + \cdots + x_{n-1} = 1$ annehmen.) Als Funktion von x_n hat die rechte Seite (bei festem s) aber auf dem Intervall $[0, s]$ an der Stelle s/n ihr globales Maximum $\binom{n}{N}(s/n)^N$.)

Aufgabe 2.3.24 Sei V ein $\mathbb{C}$-Banach-Raum, D ein Intervall in $\mathbb{R}$ oder eine offene Menge in $\mathbb{C}$ und $f: D \to V$ eine differenzierbare Funktion. Für die Punkte $a, b \in D$, $a \neq b$, liege die Verbindungstrecke $[a, b]$ ganz in D. Dann gibt es zu jedem $v \in V$ ein $c \in [a, b]$ mit

$$\left\| \frac{f(b) - f(a)}{b - a} - v \right\| \leq \| f'(c) - v \|.$$

(Man betrachte die Funktion $f(x) - f(a) - (x - a)v$ auf D.)

Aufgabe 2.3.25 Sei $a \in \mathbb{R}_+^\times$. Die durch $x_0 = a$, $x_{n+1} = a^{x_n}$, rekursiv definierte Folge (x_n) konvergiert genau dann, wenn $1/e^e \leq a \leq e^{1/e}$ ist. (Aufgabe von Euler. – Man unterscheide die Fälle $a \geq 1$ und $a < 1$.) Ist $x = \lim x_n$, so gilt $a^x = x$ oder $\ln a = (\ln x)/x$. Folglich ist $x = g(\ln a)$, wo $g:]-\infty, 1/e] \to]0, e]$ die Umkehrfunktion zur Funktion $x \mapsto (\ln x)/x$ von $]0, e]$ auf $]-\infty, 1/e]$ ist. Insbesondere hängt x auf $[1/e^e, e^{1/e}[$ analytisch von a ab. Wie lauten die ersten vier Glieder der Potenzreihenentwicklung von x um $a_0 = 1$? Ferner ist dort die Konvergenz von x_n gegen x gleichmäßig (Satz von Dini, Aufg. 1.1.14. – Für die Funktion $(\ln x)/x$ vgl. auch [14], Aufg. 1.7.33.)

Aufgabe 2.3.26
a) Die von Riemann angegebene Funktion $f: \mathbb{R} \to \mathbb{R}$ mit

$$f(x) := \begin{cases} 0, \text{ falls } x \notin \mathbb{Q}, \\ 1/b, \text{ falls } x = a/b, \ a, b \in \mathbb{Z}, \ b > 0, \ \mathrm{ggT}(a, b) = 1, \end{cases}$$

hat in jedem Punkt $x \in \mathbb{Q}$ ein isoliertes lokales Maximum und ist in keinem Punkt differenzierbar (vgl. auch [14], Aufg. 3.8.15).
b) Eine beliebige Funktion $\mathbb{R} \to \mathbb{R}$ hat stets nur abzählbar viele isolierte lokale Extrema.
c) Man konstruiere zu jeder abzählbaren Teilmenge $A \subseteq \mathbb{R}$ eine *stetige* Funktion $\mathbb{R} \to \mathbb{R}$, die genau in den Punkten $x \in A$ ein isoliertes lokales Extremum hat. (Verzichtet man auf die Stetigkeit, so ist dies ganz leicht: Sei a_i, $i \in I$, mit $I \subseteq \mathbb{N}$ und $a_i \neq a_j$ für $i \neq j$ eine Abzählung der Elemente von A. Dann hat die Funktion $\mathbb{R} \to \mathbb{R}$ mit $x \mapsto 0$, falls $x \notin A$, und $x \mapsto 1/(i + 1)$, falls $x = a_i \in A$, genau in den Punkten aus A ein isoliertes lokales Extremum.)

Aufgabe 2.3.27 Man zeige mit Beispiel 2.3.12:

a) Für alle $x \in \mathbb{R}$, $x \geq 1$, gilt: $\lim_{m \to \infty} \sum_{k=m+1}^{[mx]} 1/k = \ln x$. (Vgl. [14], Aufg. 3.3.27.)
b) Für alle $\alpha \in \mathbb{C}$ mit $\Re\alpha > 0$ ist

$$\lim_{m \to \infty} \frac{1}{m^{\alpha+1}} \sum_{k=1}^m k^\alpha = \frac{1}{\alpha + 1}.$$

(Diese Formel gilt sogar für $\Re\alpha > -1$, vgl. Beispiel 3.4.2.)
c) Es ist

$$\lim_{m \to \infty} \frac{1}{m} \sum_{k=1}^m \sin \frac{k\pi}{m} = \frac{2}{\pi} \quad \text{und} \quad \lim_{m \to \infty} m \sum_{k=1}^m \frac{1}{m^2 + k^2} = \frac{\pi}{4}.$$

(Beim zweiten Grenzwert benutze man $\arctan'(x) = 1/(1 + x^2)$, vgl. Abschn. 2.4.)

2.4   Kreisfunktionen und ihre Umkehrfunktionen

Dieser Abschnitt soll den Leser näher vertraut machen mit den trigonometrischen Funktionen. Dazu diskutieren wir zunächst ihren Funktionsverlauf im Reellen etwas ausführlicher und verwenden dabei die Ergebnisse von Proposition 1.4.11. $\pi/2$ ist die kleinste positive Nullstelle von cos und π die kleinste positive Nullstelle von sin. Da sin im Intervall $]0, \pi[$ positiv ist, ist cos wegen $\cos' x = -\sin x$ nach Satz 2.3.19 im Intervall $[0, \pi]$ streng monoton fallend von $1 = \cos 0$ nach $-1 = \cos \pi$ und sin wegen $\sin' x = \cos x = \cos(-x)$ im Intervall $[-\frac{1}{2}\pi, \frac{1}{2}\pi]$ streng monoton wachsend von $-1 = \sin(-\frac{1}{2}\pi)$ nach $1 = \sin \frac{1}{2}\pi$.

Aus $\cos 0 = 1$ und der einfachen Abschätzung

$$\cos 2 = 1 - \frac{2^2}{2!} + \frac{2^4}{4!} - \frac{2^6}{6!} + \frac{2^8}{8!} - + \cdots$$
$$= 1 - \frac{2^2}{2!}\left(1 - \frac{2^2}{3\cdot 4}\right) - \frac{2^6}{6!}\left(1 - \frac{2^2}{7\cdot 8}\right) - \cdots < 1 - \frac{4}{3} = -\frac{1}{3} < 0$$

erhält man für π die grobe Abschätzung $0 < \pi < 4$. Wir haben bereits im Anschluss an Proposition 1.4.11 bzw. in Aufg. 2.2.9 bemerkt, dass 2π der Umfang des Einheitskreises in der euklidischen Ebene ist und π seine Fläche. Wir erinnern daran, dass 2π die kleinste positive Periode von cos und sin ist. Für Sinus und Kosinus ergeben sich die bekannten und in Abb. 2.11 dargestellten Verläufe ihrer Graphen.

Die stetige Funktion $\sin: [-\pi/2, \pi/2] \to [-1, 1]$ ist bijektiv und streng monoton wachsend. Ihre Umkehrung heißt **Arkussinus**

$$\arcsin: [-1, 1] \to [-\pi/2, \pi/2].$$

Der Arkussinus ist im abgeschlossenen Intervall $[-1, 1]$ ebenfalls stetig und streng monoton wachsend, vgl. [14], Satz 3.8.31; im offenen Intervall $]-1, 1[$ ist er nach Satz 2.1.10 differenzierbar. Dort gilt

$$\arcsin' x = 1/\cos(\arcsin x) = 1/\sqrt{1 - \sin^2(\arcsin x)} = 1/\sqrt{1 - x^2}.$$

Diese Ableitung ist gemäß Beispiel 2.2.8 (1) analytisch mit der Potenzreihenentwicklung

$$1/\sqrt{1 - x^2} = (1 - x^2)^{-\frac{1}{2}} = \sum_{n=0}^{\infty} \frac{1 \cdot 3 \cdots (2n - 1)}{2 \cdot 4 \cdots 2n} x^{2n}.$$

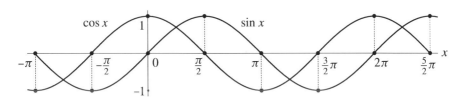

Abb. 2.11 Graphen von Sinus und Kosinus

Nach Korollar 2.1.14 ist daher auch arcsin analytisch in $]-1, 1[$ und besitzt dort wegen arcsin $0 = 0$ die Potenzreihenentwicklung

$$\arcsin x = \sum_{n=0}^{\infty} \frac{1 \cdot 3 \cdots (2n-1)}{2 \cdot 4 \cdots 2n} \cdot \frac{x^{2n+1}}{2n+1}, \quad |x| < 1.$$

Da die Arkussinusreihe keine negativen Koeffizienten hat, gilt für ihre Partialsummen $s_n(x)$, $n \in \mathbb{N}$, an der Stelle $x \in]0, 1[$ die Abschätzung $s_n(x) < \arcsin x < \arcsin 1 = \pi/2$. Bei festem n folgt $s_n(1) = \lim_{x \to 1} s_n(x) \leq \pi/2$ wegen der Stetigkeit der Polynomfunktionen s_n. Als Reihe mit positiven Gliedern und beschränkten Partialsummen konvergiert daher die Arkussinusreihe auch noch für $x = 1$ und zwar gegen arcsin $1 = \pi/2$, wie Satz 1.2.10 zeigt, vgl. auch Aufg. 1.2.10. Dies sieht man auch elementar (also ohne Benutzung des Abelschen Grenzwertsatzes) ein: Ist nämlich $y \in \mathbb{R}$ mit $x < y < 1$, so gibt es wegen arcsin $x < \arcsin y = \lim_{n \to \infty} s_n(y)$ ein $n_0 \in \mathbb{N}$ mit arcsin $x < s_n(y) < s_n(1) < \pi/2$ für $n \geq n_0$. Lässt man nun x gegen 1 gehen, so sieht man $\lim_{n \to \infty} s_n(1) = \pi/2$. Daher konvergiert die Arcussinusreihe auch in -1 gegen $-\pi/2$, insgesamt also für alle $x \in [-1, 1]$, es ist

$$\frac{\pi}{2} = \arcsin 1 = \sum_{n=0}^{\infty} \binom{2n}{n} \frac{1}{4^n(2n+1)}.$$

Die Umkehrung der streng monoton fallenden, bijektiven Funktion $\cos: [0, \pi] \to [-1, 1]$ heißt **Arkuskosinus**

$$\arccos: [-1, 1] \to [0, \pi].$$

Er spielt für die Winkelberechnung in der euklidischen Geometrie eine fundamentale Rolle, vgl. Bd. 4. Es ist

$$\arccos x = \frac{\pi}{2} - \arcsin x$$

und somit gilt $\arccos' x = -1/\sqrt{1-x^2}$ sowie

$$\arccos x = \frac{\pi}{2} - \sum_{n=0}^{\infty} \frac{1 \cdot 3 \cdots (2n-1)}{2 \cdot 4 \cdots 2n} \cdot \frac{x^{2n+1}}{2n+1}, \quad x \in [-1, 1].$$

Die Graphen von Arkussinus und Arkuskosinus sind in Abb. 2.12 dargestellt.

Die Tangensfunktion $\tan:]-\pi/2, \pi/2[\to \mathbb{R}$ ist auf dem Intervall $]-\pi/2, \pi/2[$ wegen $\tan' x = 1/\cos^2 x = 1 + \tan^2 x > 0$ streng monoton wachsend. Sie ist sogar bijektiv wegen

$$\lim_{x \to \frac{\pi}{2}-} \tan x = \lim_{x \to \frac{\pi}{2}-} \frac{\sin x}{\cos x} = \infty, \qquad \lim_{x \to -\frac{\pi}{2}+} \tan x = \lim_{x \to -\frac{\pi}{2}+} \frac{\sin x}{\cos x} = -\infty.$$

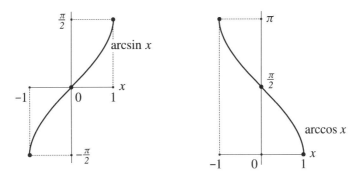

Abb. 2.12 Arkussinus und Arkuskosinus

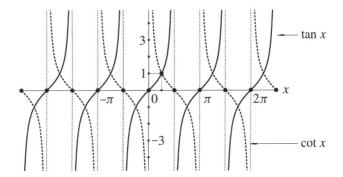

Abb. 2.13 Tangens und Kotangens

Die Funktion $\cot:]0, \pi[\to \mathbb{R}$ ist wegen $\cot x = -\tan\big(x - (\pi/2)\big)$ streng monoton fallend und bijektiv. Ausschnittsweise zeigt Abb. 2.13 die Graphen von Tangens und Kotangens. Die Umkehrfunktion von $\tan:]-\pi/2, \pi/2[\to \mathbb{R}$ ist der **Arkustangens**

$$\arctan: \mathbb{R} \xrightarrow{\sim}]-\pi/2, \pi/2], \quad \text{vgl. Abb. 2.14.}$$

Er ist differenzierbar mit der Ableitung

$$\arctan' x = 1\big/\big(1 + \tan^2(\arctan x)\big) = 1/(1 + x^2).$$

Da diese Ableitung analytisch ist, ist auch $\arctan$ analytisch. Aus der Potenzreihenentwicklung $1/(1 + x^2) = \sum_{n=0}^{\infty}(-1)^n x^{2n}$ im Intervall $]-1, 1[$ und aus $\arctan 0 = 0$ erhalten wir nach Korollar 2.1.14

$$\arctan x = \sum_{n=0}^{\infty} \frac{(-1)^n}{2n + 1} x^{2n+1}, \quad |x| < 1.$$

Abb. 2.14 Arkustangens und
Arkuskotangens

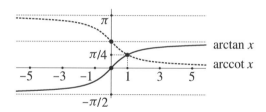

Die Leibniz-Reihe $\sum_n (-1)^n/(2n+1)$ konvergiert. Nach dem Abelschen Grenzwertsatz gilt daher diese Gleichung auch noch für $x = \pm 1$. Dies ergibt die schon bekannte Formel

$$\frac{\pi}{4} = \arctan 1 = \sum_{n=0}^{\infty} \frac{(-1)^n}{2n+1}.$$

Die Umkehrfunktion von $\cot : \,]0, \pi[\;\xrightarrow{\sim}\; \mathbb{R}$ ist der **Arkuskotangens** $\operatorname{arccot} : \mathbb{R} \xrightarrow{\sim} \,]0, \pi[$, vgl. Abb. 2.14. Es ist

$$\operatorname{arccot} x = \frac{\pi}{2} - \arctan x = \frac{\pi}{2} - \sum_{n=0}^{\infty} \frac{(-1)^n}{2n+1} x^{2n+1}, \quad |x| \le 1.$$

Für eine komplexe Zahl $z = x + \mathrm{i}y$ in der rechten Halbebene, d. h. mit $x = \Re z > 0$, hat das Argument $\operatorname{Arg} z \in \,]{-\tfrac{1}{2}\pi}, \tfrac{1}{2}\pi[$ die Darstellung

$$\operatorname{Arg} z = \arctan(y/x), \quad \text{also} \quad z = \sqrt{x^2 + y^2}\big(\cos(\arctan(y/x)) + \mathrm{i}\sin(\arctan(y/x))\big).$$

Die Arkusfunktionen im Komplexen und die Umkehrfunktionen der Hyperbelfunktionen, das sind die sogenannten **Areafunktionen**, werden in den Aufgaben 2.4.1 bis 2.4.4 besprochen. Dabei ergibt sich auch der enge Zusammenhang von Area- und Arkusfunktionen, der auf der Verwandtschaft von Kreis- und Hyperbelfunktionen beruht.

Wir erwähnen hier noch eine Anwendung der Exponentialfunktion bzw. ihrer Umkehrfunktionen, die die Beschreibung ebener Wege betrifft. Eine stetige Abbildung $f : I \to \mathbb{C}$ auf einem Intervall $I \subseteq \mathbb{R}$ nennen wir einfach einen **ebenen Weg**. Ebene Wege, die nicht durch den Nullpunkt gehen, besitzen die folgende Darstellung:

Satz 2.4.1 (Polarkoordinatendarstellung ebener Wege) *Sei* $f : [a, b] \to \mathbb{C}^{\times}$, $a < b$, *ein ebener Weg, der nicht durch den Nullpunkt geht, und* $f(a) = \mathrm{e}^{z_0}$ *mit einem* $z_0 \in \mathbb{C}$. *Dann gibt es genau einen ebenen Weg* $\log f : [a, b] \to \mathbb{C}$ *mit* $(\log f)(a) = z_0$ *und* $f = \exp \circ \log f$, *d. h. mit* $f(t) = \mathrm{e}^{\log f(t)}$ *für alle* $t \in [a, b]$. *– Genau dann ist* $\log f$ n-*mal stetig differenzierbar,* $n \in \mathbb{N} \cup \{\infty\}$, *bzw. analytisch, wenn Entsprechendes für* f *gilt. Die Funktion* $\log f$ *heißt (der durch die Bedingung* $\log f(a) = z_0$ *bestimmte)* **Logarithmus von** f.

Beweis Wir bezeichnen die gesuchte Funktion $\log f$ mit g. Zum Beweis ihrer Eindeutigkeit sei h eine weitere Funktion der gewünschten Art. Dann ist $\mathrm{e}^{g-h} = \mathrm{e}^g/\mathrm{e}^h = f/f = 1$ auf ganz $[a,b]$ und folglich $g(t) - h(t) \in \mathbb{Z}2\pi\mathrm{i}$ für alle $t \in [a,b]$. Da $g-h$ stetig ist und $g(a) - h(a) = 0$, folgt $g-h = 0$ auf ganz $[a,b]$.

Wir beweisen nun die Existenz von g. Liegt das Bild von f ganz in der geschlitzten Ebene $\mathbb{C} - \mathbb{R}_-$, so ist $g: t \longmapsto \ln f(t) - \ln f(a) + z_0$ eine Funktion der gewünschten Art. Im allgemeinen Fall unterteilen wir das Intervall $[a,b]$ durch Teilpunkte $t_0, t_1, \ldots, t_m$ mit $a = t_0 < \cdots < t_m = b$ so, dass das f-Bild eines jeden der m Teilintervalle $[t_j, t_{j+1}]$ ganz in einer durch einen Strahl vom Nullpunkt aus geschlitzten Ebene D_j liegt. Dies ist sicherlich möglich.[16] Die gesuchte Funktion g definieren wir sukzessive, indem wir für $j = 0, \ldots, m-1$ einen Logarithmus $L_j: D_j \to \mathbb{C}$ mit $\mathrm{e}^{L_j(z)} = z$ wählen, vgl. das Ende von Bemerkung 2.2.9, und g auf $[t_j, t_{j+1}]$ durch $t \to L_j(f(t)) - L_j(f(t_j)) + g(t_j)$ festlegen, wobei $g(t_0)$ durch die Anfangsbedingung $g(t_0) = g(a) = z_0$ und $g(t_j)$ für $j > 0$ durch den Wert im Endpunkt des vorangehenden Intervalls $[t_{j-1}, t_j]$ gegeben wird. – Da die Exponentialfunktion und die Logarithmen L_j komplex-analytisch sind, folgt der Zusatz über die Differenzierbarkeitsgrade von f und g. $\qquad\square$

Mit $u := \Re \log f$ und $v := \Im \log f$ hat die Funktion $f: [a,b] \to \mathbb{C}^\times$ in Satz 2.4.1 die Gestalt

$$f(t) = \mathrm{e}^{\log f(t)} = \mathrm{e}^{u(t)+\mathrm{i}v(t)} = \mathrm{e}^{u(t)}\big(\cos v(t) + \mathrm{i}\sin v(t)\big).$$

Dann ist $r(t) := |f(t)| = \mathrm{e}^{u(t)}$ und $u(t) = \ln r(t)$. Setzen wir noch $\varphi(t) := v(t)$, so können wir Satz 2.4.1 auch folgendermaßen formulieren:

Korollar 2.4.2 *Sei $f: [a,b] \to \mathbb{C}^\times$ ein ebener Weg, der nicht durch den Nullpunkt geht, und dessen Anfangspunkt $f(a)$ eine Darstellung $f(a) = r_0(\cos\varphi_0 + \mathrm{i}\sin\varphi_0)$ mit $r_0 \in \mathbb{R}_+^\times$, $\varphi_0 \in \mathbb{R}$, hat. Dann gibt es eindeutig bestimmte Wege $r: [a,b] \to \mathbb{R}_+^\times$ und $\varphi: [a,b] \to \mathbb{R}$ mit $r(a) = r_0$, $\varphi(a) = \varphi_0$ und*

$$f(t) = r(t)\big(\cos\varphi(t) + \mathrm{i}\sin\varphi(t)\big) = r(t)\mathrm{e}^{\mathrm{i}\varphi(t)}.$$

r und φ haben denselben Differenzierbarkeitsgrad wie f.

*Die Aussagen 2.4.1 und 2.4.2 gelten analog für Wege $f: I \to \mathbb{C}^\times$ auf beliebigen (auch nicht beschränkten) Intervallen $I \subseteq \mathbb{R}$. Dabei wird die Eindeutigkeit einer stetigen **Liftung** $\log f: I \to \mathbb{C}$ von f mit $f = \exp \circ \log f$ durch die Vorgabe eines Anfangswerts $\log f(a)$ mit $\mathrm{e}^{\log f(a)} = f(a)$ für nur einen Punkt $a \in I$ erzwungen. Zum Beweis schöpfe man I mit kompakten Intervallen $I_k = [a_k, b_k]$, $k \in \mathbb{N}$, aus, die alle den Punkt a enthalten, und wende dann Satz 2.4.1 bzw. Korollar 2.4.2 jeweils auf die I_k an. Stetige*

---

[16] Ist etwa $|f(t)| \geq \varepsilon > 0$ für alle $t \in [a,b]$ und ist $|f(t) - f(s)| \leq \varepsilon$ für alle $s,t \in [a,b]$ mit $|t - s| \leq \delta$ (f ist nach [14], Satz 3.9.12 gleichmäßig stetig), so brauchen $t_0, \ldots, t_m$ nur so gewählt zu werden, dass $|t_{j+1} - t_j| \leq \delta$ ist, $j = 0, \ldots, m-1$.

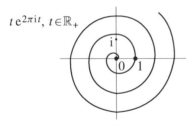

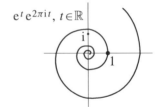

Archimedische Spirale   Bernoullische Spirale

Abb. 2.15 Spiralen

Liftungen $\log f_k \colon I_k \to \mathbb{C}$ von $f_k := f | I_k$ mit $\log f_k(a) := \log f(a)$ setzen sich zu einer stetigen Liftung $\log f$ von f zusammen. *Ist f differenzierbar, so ist die Ableitung von $\log f$ die logarithmische Ableitung f / f' von f*; denn aus $f = \mathrm{e}^{\log f}$ folgt mit der Kettenregel $f' = (\log f)' \mathrm{e}^{\log f} = (\log f)' f$.

In Bd. 5 wird Satz 2.4.1 in folgender Weise wesentlich verallgemeinert: *Zu jeder stetigen Funktion $f \colon X \to \mathbb{C}^\times$ auf einem einfach zusammenhängenden topologischen Raum X und Punkten $a \in X$, $z_0 \in \mathbb{C}$ mit $f(a) = \mathrm{e}^{z_0}$ gibt es einen eindeutig bestimmten stetigen Logarithmus $\log f \colon X \to \mathbb{C}$ mit*

$$\log f(a) = z_0 \quad \text{und} \quad \mathrm{e}^{\log f(x)} = f(x) \quad \text{für alle } x \in X.$$

Man interpretiere diesen **Logarithmus** $\log f$ **von** f nicht als Komposition $\log \circ f$ von f mit einer geeignet gewählten Logarithmusfunktion $\log$. Zum Beispiel ist $2 \ln z$ ein Logarithmus der Quadratfunktion $z \mapsto z^2$ auf der geschlitzten Ebene $\mathbb{C} - \mathbb{R}_-$. Die Komposition der Quadratfunktion mit einer Logarithmusfunktion hat auf $\mathbb{C} - \mathbb{R}_-$ jedoch keinen Sinn (denn das Bild der Quadratfunktion auf $\mathbb{C} - \mathbb{R}_-$ ist die punktierte Ebene $\mathbb{C}^\times$, auf der kein Logarithmus der Identität existiert). In diesem Band werden wir aber schon mehrere Beispiele für Logarithmen von Funktionen kennenlernen.

Die Polarkoordinatendarstellung in Korollar 2.4.2 definiert übrigens auch dann einen ebenen Weg, wenn die Werte von r in $\mathbb{R}$, aber nicht notwendig in $\mathbb{R}_+^\times$ liegen. Wechselt dabei r das Vorzeichen, so hat r notwendigerweise auch den Wert 0 (wegen der Stetigkeit von r) und der zugehörige Weg f geht durch den Nullpunkt.

Beispiel 2.4.3 (Spiralen) Die Wege $f \colon I \to \mathbb{C}^\times$ mit einer Polarkoordinatendarstellung $t \longmapsto r(t)(\cos(\omega t + \varphi_0) + \mathrm{i} \sin(\omega t + \varphi_0)) = r(t) \mathrm{e}^{\mathrm{i}(\omega t + \varphi_0)}$, $\omega \in \mathbb{R}^\times$ und $\varphi_0 \in \mathbb{R}$ konstant, heißen **Spiralen** (um 0), vgl. Abb. 2.15. Die Spiralen $f \colon \mathbb{R}_+^\times \to \mathbb{C}^\times$ der Form $f(t) = a t \mathrm{e}^{\mathrm{i}(\omega t + \varphi_0)}$ mit $a > 0$ heißen **Archimedische Spiralen**, die Spiralen $f \colon \mathbb{R} \to \mathbb{C}^\times$ der Form $f(t) = a \mathrm{e}^{bt} \mathrm{e}^{\mathrm{i}(\omega t + \varphi_0)} = \mathrm{e}^{\alpha t + \beta}$, $\alpha := b + \mathrm{i}\omega$, $\beta := \ln a + \mathrm{i}\varphi_0$, $a, b \in \mathbb{R}$, $a > 0$, heißen **logarithmische** oder **Bernoullische Spiralen**, gelegentlich auch **Exponentialspiralen**.   ◇

Abb. 2.16 Ellipse

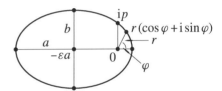

Beispiel 2.4.4 (Ellipsen) Wir betrachten eine Ellipse, deren große Halbachse die Länge a hat und auf der reellen Achse liegt und deren kleine Halbachse die Länge $b \leq a$ hat. Der Ursprung sei derjenige Brennpunkt, für den der nächstgelegene Scheitel auf der positiven reellen Achse liegt, vgl. Abb. 2.16.

Dann ist $\varepsilon = \sqrt{1 - (b^2/a^2)}$, $0 \leq \varepsilon < 1$, die **Exzentrizität** der Ellipse und $b^2 = a^2(1-\varepsilon^2)$. Sei $p := a(1 - \varepsilon^2) = b^2/a$. Ein Punkt auf der Ellipse mit den Polarkoordinaten r und φ erfüllt die Gleichung

$$\frac{(\varepsilon a + r \cos \varphi)^2}{a^2} + \frac{r^2 \sin^2 \varphi}{a^2(1 - \varepsilon^2)} = 1,$$

was mit $(r - p + \varepsilon r \cos \varphi)(r + p - \varepsilon r \cos \varphi) = 0$ äquivalent ist. Wegen $r + p - \varepsilon r \cos \varphi = r(1 - \varepsilon \cos \varphi) + p > 0$ ergibt sich die Polarkoordinatendarstellung

$$r = r(\varphi) = \frac{p}{1 + \varepsilon \cos \varphi}, \quad 0 \leq \varphi \leq 2\pi,$$

der Ellipse. In astronomischem Zusammenhang ist φ die wahre Anomalie des Planeten auf seiner Ellipsenbahn, vgl. [14], Abb. 3.24. Bei $\varepsilon = 0$ ergibt sich der Kreis um 0 mit Radius $p = a = b$. Für Hyperbel und Parabel siehe Aufg. 2.4.18. $\diamond$

Beispiel 2.4.5 (Windungszahlen) Der Weg $f : [a, b] \to \mathbb{C}^\times$ heißt **geschlossen**, wenn $f(a) = f(b)$ ist. Ist dann $\log f : [a, b] \to \mathbb{C}$ ein Logarithmus von f, so ist $e^{(\log f)(a)} = f(a) = f(b) = e^{(\log f)(b)}$ und folglich $\log f(b) - \log f(a) = 2k\pi i$ mit einer ganzen Zahl k, die offenbar nicht von der Wahl von $\log f$ abhängt. Sie heißt die **Windungs-** oder **Umlaufszahl von f bzgl.** 0. Man bezeichnet sie mit $W(f; 0)$. Ist $g : [a, b] \to \mathbb{C}^\times$ ein weiterer geschlossener Weg mit dem Logarithmus $\log g$, so ist $\log f + \log g$ ein Logarithmus des Produktweges fg. Es folgt

$$W(fg; 0) = W(f; 0) + W(g; 0).$$

Da z. B. $|f|$ und $1/|f|$ als Wege in $\mathbb{R}_+^\times$ die Windungszahl 0 haben, haben insbesondere f und $f/|f|$ dieselbe Windungszahl bzgl. 0, und die Trajektorie von $f/|f|$ liegt überdies auf dem Einheitskreises. Musterbeispiel eines solchen Weges ist für $m \in \mathbb{Z}$ der m-mal durchlaufene Einheitskreis $[0, 1] \to \mathbb{C}^\times$, $t \mapsto e^{2\pi i m t} = \cos 2\pi m t + i \sin 2\pi m t$, dessen Windungszahl m ist. Die Windungszahl k eines geschlossenen Weges bzgl. 0 in $\mathbb{C}^\times$ gibt

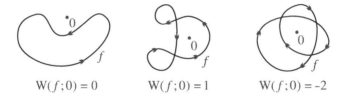

Abb. 2.17 Windungszahlen

Abb. 2.18 Beispiel eines geschlossenen Weges

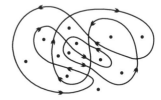

also generell an, wie oft sich der Weg f um den Nullpunkt windet. Ist $z_0 \in \mathbb{C}$ ein beliebiger Punkt, der nicht zum Bild des geschlossenen Weges $f : [a, b] \to \mathbb{C}$ gehört, so heißt
entsprechend

$$W(f; z_0) := W(f - z_0; 0)$$

die **Windungs-** oder **Umlaufszahl von** f **bzgl.** z_0. Die Windungszahlen der Wege in
Abb. 2.17 bzgl. 0 sind 0,1 bzw. -2. Welche Windungszahlen hat der Weg in Abb. 2.18
bzgl. der eingezeichneten Punkte? Windungszahlen ebener geschlossener Wege spielen
eine fundamentale Rolle beim Studium der Topologie ebener Gebiete. Siehe dazu auch
Beispiel 3.2.20 und Bd. 5, wo weitere Methoden zur Bestimmung von Windungszahlen
besprochen werden. Hier begnüge sich der Leser mit der Intuition.   ◇

Beispiel 2.4.6 Der Weg $\gamma : [0, 2\pi] \to \mathbb{C}^\times$, $\varphi \mapsto e^{i\varphi}$, durchläuft bis auf den Anfangspunkt
$\gamma(0) = 1$ und den Endpunkt $\gamma(2\pi) = 1$, die zusammenfallen, jeden Punkt der Peripherie
$U = \{z \in \mathbb{C} \mid |z| = 1\}$ des Einheitskreises genau einmal. Da seine Schnelligkeit $|\dot\gamma(\varphi)| =$
$|ie^{i\varphi}| = 1$ konstant gleich 1 ist, ist φ zu gegebenem Parameter $\varphi \in [0, 2\pi]$ auch die Länge
des Kreisbogens, der bis dahin durchlaufen wurde, vgl. Satz 3.3.5. Hier geben wir einen
expliziten Beweis dieser Aussage und sogar ein wenig mehr.

Proposition 2.4.7 *Sei $0 \le \varphi \le 2\pi$. Ferner sei ε mit $0 < \varepsilon \le \pi$ vorgegeben. Zu jeder
Unterteilung $0 = \varphi_0 < \varphi_1 < \cdots < \varphi_n = \varphi$ des Intervalls $[0, \varphi]$ mit $\varphi_{k+1} - \varphi_k \le \varepsilon$ für
$k = 0, \ldots, n - 1$ sei*

$$L := L(\varphi_0, \varphi_1, \ldots, \varphi_n) := \sum_{k=0}^{n-1} \left| e^{i\varphi_{k+1}} - e^{i\varphi_k} \right|$$

Abb. 2.19 Approximation
eines Kreisbogens durch einen
Polygonzug

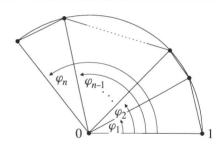

die Länge des Polygonzugs $[\mathrm{e}^{\mathrm{i}\varphi_0}, \dots, \mathrm{e}^{\mathrm{i}\varphi_n}]$ *mit den Eckpunkten* $1 = \mathrm{e}^{\mathrm{i}\varphi_0}, \mathrm{e}^{\mathrm{i}\varphi_1}, \dots, \mathrm{e}^{\mathrm{i}\varphi_n} = \mathrm{e}^{\mathrm{i}\varphi}$, *vgl. Abb. 2.19. Dann gelten die Abschätzungen*

$$0 \leq \varphi - L(\varphi_0, \varphi_1, \dots, \varphi_n) \leq \varepsilon^2 \varphi / 24.$$

Insbesondere konvergiert L gegen φ *für* $\varepsilon \to 0$.

Beweis Für $0 \leq t \leq \pi$ ist $|\mathrm{e}^{\mathrm{i}t} - 1| = |\mathrm{e}^{\mathrm{i}t/2}| \cdot |\mathrm{e}^{\mathrm{i}t/2} - \mathrm{e}^{-\mathrm{i}t/2}| = 2 \sin \frac{1}{2} t$. Mit Aufg. 2.3.8 folgt aus $\sin' t = \cos t \leq 1$ für $t \geq 0$ der Reihe nach $\sin t \leq t$, $1 - \cos t \leq t^2/2$, $t - \sin t \leq t^3/6$,[17] somit $0 \leq t - 2 \sin \frac{1}{2} t = 2\left(\frac{1}{2} t - \sin \frac{1}{2} t\right) \leq t^3/24$. Es ergibt sich

$$L = \sum_{k=0}^{n-1} \left| \mathrm{e}^{\mathrm{i}\varphi_{k+1}} - \mathrm{e}^{\mathrm{i}\varphi_k} \right| = \sum_{k=0}^{n-1} \left| \mathrm{e}^{\mathrm{i}\varphi_k} \right| \cdot \left| \mathrm{e}^{\mathrm{i}(\varphi_{k+1} - \varphi_k)} - 1 \right| = \sum_{k=0}^{n-1} 2 \sin \frac{\varphi_{k+1} - \varphi_k}{2} \quad \text{und}$$

$$0 \leq \sum_{k=0}^{n-1} \left((\varphi_{k+1} - \varphi_k) - 2 \sin \frac{\varphi_{k+1} - \varphi_k}{2} \right) \leq \sum_{k=0}^{n-1} \frac{(\varphi_{k+1} - \varphi_k)^3}{24} \leq \frac{\varepsilon^2}{24} \sum_{k=0}^{n-1} (\varphi_{k+1} - \varphi_k)$$

also $0 \leq \varphi - L \leq \varepsilon^2 \varphi / 24$, wie behauptet. $\square$

Der Parameter φ *lässt sich auch als das Doppelte des Inhalts der von den Radien* $[0, \mathrm{e}^{\mathrm{i}t}], 0 \leq t \leq \varphi$, *überstrichenen Fläche deuten.* Dies kann man folgendermaßen präzisieren: In der Situation von Proposition 2.4.7 gelten für die Summe

$$F = F(\varphi_0, \varphi_1, \dots, \varphi_n) = \sum_{k=0}^{n-1} \frac{1}{2} \sin(\varphi_{k+1} - \varphi_k)$$

der Flächeninhalte der Dreiecke mit den Ecken $0, \mathrm{e}^{\mathrm{i}\varphi_k}, \mathrm{e}^{\mathrm{i}\varphi_{k+1}}$, $k = 0, \dots, n-1$, die Abschätzungen

$$0 \leq \varphi/2 - F(\varphi_0, \varphi_1, \dots, \varphi_n) \leq \varepsilon^2 \varphi / 12.$$

---

[17] So fortfahrend (Induktion über n) gewinnt man auf einfache Weise für alle $n \in \mathbb{N}$ und alle $t \in \mathbb{R}_+$ die folgenden Ungleichungen für die gestutzten Potenzreihenentwicklungen von Kosinus und Sinus:

$$\sum_{\nu=0}^{2n+1} \frac{(-1)^\nu}{(2\nu)!} t^{2\nu} \leq \cos t \leq \sum_{\nu=0}^{2n} \frac{(-1)^\nu}{(2\nu)!} t^{2\nu}, \quad \sum_{\nu=0}^{2n+1} \frac{(-1)^\nu}{(2\nu+1)!} t^{2\nu+1} \leq \sin t \leq \sum_{\nu=0}^{2n} \frac{(-1)^\nu}{(2\nu+1)!} t^{2\nu+1}.$$

Insbesondere konvergiert F mit $\varepsilon \to 0$ gegen $\varphi/2$. (Vgl. auch Aufg. 3.3.3 a).) Es ist ja

$$0 \le \sum_{k=0}^{n-1} \left(\frac{\varphi_{k+1} - \varphi_k}{2} - \frac{1}{2}\sin(\varphi_{k+1} - \varphi_k) \right) \le \frac{1}{2}\sum_{k=0}^{n-1} \frac{(\varphi_{k+1} - \varphi_k)^3}{6} \le \frac{\varepsilon^2 \varphi}{12}.$$

Für $\varphi = 2\pi$ erhalten wir wieder die schon bekannten Resultate: *Der Umfang des Kreises mit dem Radius* 1 *ist* 2π, *und sein Flächeninhalt ist* π. Dies haben wir bereits in [14], Beispiel 3.3.9 mit elementargeometrischen Mitteln diskutiert. Man gebe die hier gewonnenen Abschätzungen der Fehler $\pi - f_n$ für die in [14], Beispiel 3.3.9 definierten Approximationen f_n von π an. Man versuche auch, in ähnlicher Weise die Fehler $F_n - \pi$ für die dort angegebenen Approximationen F_n abzuschätzen. Siehe auch Aufg. 3.9.4.   ◇

Aufgaben

Aufgabe 2.4.1 (Areasinus hyperbolicus)
a) Die Funktion sinh: $\mathbb{R} \to \mathbb{R}$ ist bijektiv. Ihre Umkehrfunktion heißt **Areasinus hyperbolicus** und wird mit Arsinh bezeichnet.
b) Arsinh ist differenzierbar, und es gilt Arsinh$'\, x = 1/\sqrt{1 + x^2}$.
c) Arsinh ist analytisch, und es gilt

$$\text{Arsinh}\, x = \sum_{n=0}^{\infty} (-1)^n \frac{1 \cdot 3 \cdots (2n - 1)}{2 \cdot 4 \cdots 2n} \cdot \frac{x^{2n+1}}{2n + 1}, \quad |x| < 1.$$

d) Es ist Arsinh $x = \ln(x + \sqrt{x^2 + 1})$. Die rechte Seite dieser Gleichung ist auf der doppelt geschlitzten Ebene $\mathbb{C} - \{ri \mid r \in \mathbb{R}, |r| \ge 1\}$ definiert und dort analytisch. Man nennt auch diese Funktion den **Areasinus hyperbolicus**. Es ist $\sinh(\text{Arsinh}\, x) = x$ für alle x aus dem angegebenen Gebiet und Arsinh$(\sinh x) = x$ für alle x aus dem Streifen $\{x \in \mathbb{C} \mid |\Im x| < \pi/2\}$, der das Bild von Arsinh ist.

Aufgabe 2.4.2 (Areakosinus hyperbolicus)
a) Die Funktion cosh: $\mathbb{R}_+ \to [1, \infty[$ ist bijektiv, ihre Umkehrfunktion heißt **Areakosinus hyperbolicus** und wird mit Arcosh bezeichnet.
b) Arcosh ist auf $]1, \infty[$ differenzierbar, und es gilt dort Arcosh$'\, x = 1/\sqrt{x^2 - 1}$.
c) Arcosh ist analytisch in $]1, \infty[$.
d) Es ist Arcosh $x = \ln(x + \sqrt{x^2 - 1})$. Die rechte Seite dieser Gleichung ist auf der geschlitzten Ebene $\mathbb{C} - \{x \in \mathbb{R} \mid x \le 1\}$ definiert und dort analytisch, falls $\sqrt{x^2 - 1}$ als $\sqrt{x - 1}\sqrt{x + 1}$ interpretiert wird und für die Wurzeln jeweils die Hauptwerte gewählt werden. Man nennt auch diese Funktion den **Areakosinus hyperbolicus**. Es ist $\cosh(\text{Arcosh}\, x) = x$ für alle x aus dem angegebenen Gebiet und Arcosh$(\cosh x) = x$ für alle $x \in \mathbb{C}$ aus dem Halbstreifen $\{x \in \mathbb{C} \mid \Re x > 0, |\Im x| < \pi\}$, der das Bild von Arcosh ist.

Aufgabe 2.4.3 (Areatangens hyperbolicus)

a) Die Funktion $\tanh\colon \mathbb{R} \longrightarrow\,]-1, 1[$ ist bijektiv, ihre Umkehrfunktion heißt **Areatangens hyperbolicus** und wird mit Artanh bezeichnet.

b) Artanh ist differenzierbar, und es gilt $\operatorname{Artanh}' x = 1/(1-x^2)$.

c) Artanh ist analytisch, und für $|x| < 1$ gilt

$$\operatorname{Artanh} x = \sum_{n=0}^{\infty} \frac{x^{2n+1}}{2n+1}.$$

d) Es ist

$$\operatorname{Artanh} x = \frac{1}{2}\ln\frac{1+x}{1-x}.$$

Die rechte Seite ist auf der doppelt geschlitzten Ebene $\mathbb{C} - \{x \in \mathbb{R} \mid |x| \geq 1\}$ definiert und dort analytisch. Man nennt auch diese Funktion den **Areatangens hyperbolicus**.

Aufgabe 2.4.4 (Zusammenhang zwischen Arkus- und Areafunktionen)

a) Es ist

$$\arcsin z = -\mathrm{i}\operatorname{Arsinh}\mathrm{i}z = -\mathrm{i}\ln(\mathrm{i}z + \sqrt{1 - z^2}),$$
$$\arctan z = -\mathrm{i}\operatorname{Artanh}\mathrm{i}z = -\frac{\mathrm{i}}{2}\ln\frac{1+\mathrm{i}z}{1-\mathrm{i}z}.$$

Dies gilt zunächst für die reellen z, für die die linken Seiten definiert sind. Man benutzt diese Gleichungen, um die Arkusfunktionen auch im Komplexen zu definieren. Der Definitionsbereich von $\arcsin$ ist also $\mathbb{C} - \{r \in \mathbb{R} \mid |r| \geq 1\}$ und der Definitionsbereich von $\arctan$ ist $\mathbb{C} - \{r\mathrm{i} \mid r \in \mathbb{R}, |r| \geq 1\}$. Die Bildmenge ist in beiden Fällen der Streifen $\{z \in \mathbb{C} \mid |\Re z| < \pi/2\}$.

b) Es ist

$$\arccos z = -\mathrm{i}\ln\left(z + \mathrm{i}\sqrt{1 - z^2}\right) = \frac{\pi}{2} - \arcsin z.$$

Dies gilt zunächst auf dem Intervall $]-1, 1[\, \subseteq \mathbb{R}$. Die rechten Seiten sind aber für alle z aus $\mathbb{C} - \{r \in \mathbb{R} \mid |r| \geq 1\}$ definiert. Man benutzt diese Gleichung, um den Arkuskosinus auch für diese z zu definieren.

c) Der Durchschnitt der Definitionsbereiche von $\arccos$ und Arcosh ist der offene Bereich $\mathbb{C} - \mathbb{R}$ (der kein Gebiet ist). Man zeige $\arccos z = -\mathrm{i}\operatorname{Arcosh} z$ für $\Im z > 0$ und $\arccos z = \mathrm{i}\operatorname{Arcosh} z$ für $\Im z < 0$.

Aufgabe 2.4.5

a) Es ist $\arctan z + \arctan w = \arctan\big((z + w)/(1 - zw)\big)$ für alle z, w, für die beide Seiten definiert sind und für die $|\Re \arctan z + \Re \arctan w| < \pi/2$ gilt. (Man wende $\tan$ auf beide Seiten an.)

b) Es ist $\arctan z + \arctan\big((1 - z)/(1 + z)\big) = \pi/4$ für alle $z \in \mathbb{C}$, die in Abb. 2.20 im geschummerten Bereich liegen; im nicht geschummerten Bereich ist der Wert $-3\pi/4$, wobei der Rand der Bereiche jeweils auszuschließen ist. (Man betrachte etwa die Ableitung der linken Seite.)

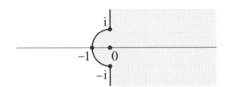

Abb. 2.20 Gültigkeitsbereich
von $\arctan z + \arctan((1 -$
$z)/(1 + z)) = \pi/4$

c) Es gelten die Formeln $\pi/4 = \arctan(1/2) + \arctan(1/3)$, $3\pi/4 = \arctan 2 + \arctan 3$
und $\pi/4 = 4\arctan(1/5) - \arctan(1/239)$. (Mit der letzten Formel und der Arkustan-
gensreihe lässt sich π sehr schnell berechnen.) Allgemeiner als die erste Formel gilt
$\arctan(1/\mathsf{F}_{2k}) = \arctan(1/\mathsf{F}_{2k+1}) + \arctan(1/\mathsf{F}_{2k+2})$ für alle $k \in \mathbb{N}^*$, wo $\mathsf{F}_0 = 0$,
$\mathsf{F}_1 = 1, \mathsf{F}_2 = 1\ldots, \mathsf{F}_n = \mathsf{F}_{n-2} + \mathsf{F}_{n-1}, \ldots$ die Folge der Fibonacci-Zahlen ist. (Man
benutze $\mathsf{F}_n^2 = \mathsf{F}_{n-1}\mathsf{F}_{n+1} + (-1)^{n+1}$.) Man folgere

$$\frac{\pi}{2} = \sum_{k=0}^{\infty} \arctan \frac{1}{\mathsf{F}_{2k+1}}.$$

Aufgabe 2.4.6 Für alle $z \in \mathbb{C} - \mathbb{R}\mathrm{i}$ gilt $\arctan z + \arctan(1/z) = (\operatorname{Sign} \Re z)\pi/2$.

Aufgabe 2.4.7 Für $|x| < 1$ gilt

$$(\arctan x)^2 = \sum_{n=1}^{\infty} (-1)^{n-1} \Big(\sum_{k=1}^{n} \frac{1}{2k-1} \Big) \cdot \frac{x^{2n}}{n}.$$

(Man bestimme zunächst die Potenzreihenentwicklung der Ableitung der linken Seite.)
Man zeige, dass die Gleichung auch noch für $x = 1$ gilt.

Aufgabe 2.4.8 Man zeige für $|x| < 1$ (oder sogar für $|x| \leq 1$)

$$(\arcsin x)^2 = \sum_{n=0}^{\infty} \frac{2 \cdot 4 \cdots 2n}{3 \cdot 5 \cdots (2n+1)} \cdot \frac{x^{2n+2}}{n+1}.$$

(Für $f(x) := (\arcsin x)^2$ gilt $(1 - x^2)f'' = 2 + xf'$, woraus sich für die Koeffizienten
der Entwicklung $f = \sum a_{2n+2}x^{2n+2}$ die Rekursion $(2n+2)(2n+1)a_{2n+2} = 4n^2 a_{2n}$
ergibt.) Man folgere beispielsweise

$$\frac{\pi^2}{9} = \sum_{n=0}^{\infty} \frac{1}{(n+1)(2n+1)} \binom{2n}{n}^{-1} \quad \text{und} \quad \frac{36 + 2\pi\sqrt{3}}{27} = \sum_{n=0}^{\infty} \binom{2n}{n}^{-1}.$$

Aufgabe 2.4.9 Für $t \in \mathbb{R}$ und $|x| < 1$ gilt

$$\sum_{n=1}^{\infty} \frac{\cos nt}{n} x^n = -\ln\sqrt{1 - 2x\cos t + x^2}, \quad \sum_{n=1}^{\infty} \frac{\sin nt}{n} x^n = \arcsin \frac{x\sin t}{\sqrt{1 - 2x\cos t + x^2}}.$$

(Man entwickle $-\ln(1 - \mathrm{e}^{\pm \mathrm{i} t} x)$ um 0. – Vgl. auch das Ende von Beispiel 1.2.24 (1) und
Satz 2.2.6.)

Abb. 2.21 Sichtweite auf der Erdoberfläche

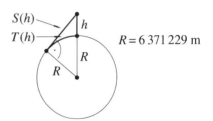

$S(h)$
$T(h)$
h
$R = 6\,371\,229$ m
R
R

Aufgabe 2.4.10 Es gilt $\arcsin x = \arctan(x/\sqrt{1-x^2})$ auf dem gesamten Definitionsbereich von $\arcsin$ mit Ausnahme der Stellen $x = \pm 1$. (Den Arkuskosinus berechnet man mit $\arccos x = \frac{1}{2}\pi - \arcsin x = \frac{1}{2}\pi - \arctan(x/\sqrt{1-x^2})$. Diese Formeln sind nützlich, da in manchen Computersprachen nur Arkustangens als Grundfunktion für Arkusfunktionen zur Verfügung steht.)

Aufgabe 2.4.11 Man beweise die folgenden Summenformeln:

$$\sum_{n=0}^{\infty} \frac{x^{4n+1}}{4n+1} = \frac{1}{2}\arctan x + \frac{1}{4}\ln\frac{1+x}{1-x}, \quad |x| < 1;$$

$$\sum_{n=0}^{\infty} \frac{x^{4n+1}}{(4n+1)!} = \frac{1}{2}(\cosh x + \cos x), \quad x \in \mathbb{C}.$$

Aufgabe 2.4.12 Man gebe die Glieder bis zur Ordnung 5 an in der Potenzreihenentwicklung der Funktion $f(x) = \exp(-x \operatorname{arccot} x)$ um 0. (Für den Kalkül siehe Aufg. 2.2.15.)

Aufgabe 2.4.13 Die Funktion $f\colon \mathbb{R}_+ \to \mathbb{R}$ mit $f(x) := \arccos\bigl(1/(1+x^2)\bigr)$ ist im Nullpunkt noch analytisch (obwohl $\arccos$ im Punkt 1 nicht analytisch ist). (Man zeige: f' ist in 0 analytisch.) Man gebe die Potenzreihenentwicklung von f um 0 an, berechne explizit die Glieder bis zur Ordnung 7 und zeige, dass der Konvergenzradius gleich 1 ist.

Aufgabe 2.4.14 $S(h)$ und $T(h)$ seien die Sichtweiten auf dem Meer bei einer Augenhöhe $h \geq 0$, in der Luftlinie bzw. auf der Erdoberfläche gerechnet, vgl. Abb. 2.21. Für $h \geq 0$ gilt dann $S(h) = \sqrt{2Rh}\, s(h/R)$ und $T(h) = \sqrt{2Rh}\, t(h/R)$ mit Funktionen $s = s(z) = 1 + z/4 - z^2/32 + z^3/128 - + \cdots$ und $t = t(z) = 1 - 5z/12 + 43z^2/160 - 177z^3/896 + - \cdots$, die in einer Umgebung von 0 noch analytisch sind. (Zur Bestimmung von t setze man $h/R = x^2$ und wende die vorstehende Aufgabe an.) Die Konvergenzradien der Entwicklungen von von s und t um 0 sind 2 bzw. 1; man zeige, dass bei Ersetzen von s und t durch die Potenzreihenentwicklung der Ordnung 1 der Fehler bei S und T für $h \leq 10\,\mathrm{km}$ jeweils $\leq \frac{1}{4}\mathrm{m}$ ist. Für die Differenz $U := S - T$ gilt $U(h)/R = \frac{2}{3}\sqrt{2}(h/R)^{3/2} u(h/R)$, wobei die Funktion $u = u(z) = 1 - 9z/20 + 69z^2/224 \mp \cdots$ in 0 noch analytisch ist. – Die einfache Näherung $S \approx T \approx \sqrt{2Rh}$ liefert $R \approx S^2/2h$. Schätzt man an einer Meeresküste bei einer Augenhöhe von $h = 2\,\mathrm{m}$ die Sichtweite S zu $\approx 5\,\mathrm{km}$, so erhält man für den Erdradius die gute Näherung $R \approx 6{,}25 \cdot 10^3\,\mathrm{km}$. Die einfache Näherung $U \approx 2\sqrt{2}\,h^{3/2}/3R^{1/2}$ liefert $h \approx \frac{1}{2}\sqrt[3]{9U^2 R}$, bei $U = 0{,}5\,\mathrm{m}$ ist also $h \approx 121{,}5\,\mathrm{m}$.

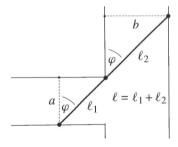 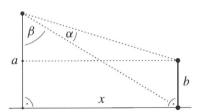

Abb. 2.22 Situation von Aufg. 2.4.15 (*links*) und Aufg. 2.4.16 (*rechts*)

Abb. 2.23 Streuung eines Lichtstrahls an einem Wassertropfen

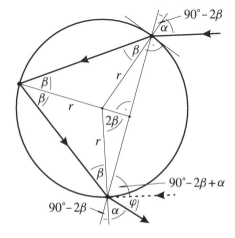

Aufgabe 2.4.15 Ein Seitenkanal der Breite a münde rechtwinklig in den Hauptkanal der Breite b gemäß der Skizze in Abb. 2.22 links. Man zeige, dass Baumstämme (vernachlässigbarer Dicke) höchstens die Länge $\left(a^{2/3} + b^{2/3}\right)^{3/2}$ haben, wenn sie ohne Verkanten um die Ecke flößbar sind. (Man skizziere die Menge der Punkte $(a, b) \in \mathbb{R}^2$ mit $|a|^{2/3} + |b|^{2/3} = 1$ – man nennt sie eine **Astroide**, vgl. auch Aufg. 3.3.9 – und vergleiche diese mit den Einheitssphären in [14], Abb. 4.3. – Man betrachte auch den Fall, dass die Einmündung nicht rechtwinklig ist.)

Aufgabe 2.4.16 Ein Beobachter schaut aus der Augenhöhe a auf ein senkrecht auf dem Boden stehendes Objekt der Höhe b mit $0 < b < a$, vgl. Abb 2.22 rechts. In welchem senkrechten Abstand x von dem Objekt ist der Blickwinkel α, unter dem der Beobachter das Objekt sieht, am größten?

Aufgabe 2.4.17 Ein Lichtstrahl werde in einem Wassertröpfchen mit kreisförmigem Querschnitt gemäß der Skizze in Abb. 2.23 gestreut. Der Brechungsindex von Luft zu Wasser sei $n(> 1)$, d. h. für Einfallswinkel α und Ausfallswinkel β gilt $\sin\alpha / \sin\beta = n$. Man bestimme den Einfallswinkel α im Intervall $[0, \pi/2]$, für den der Winkel $\varphi = \varphi(\alpha)$,

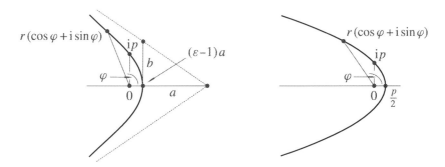

Abb. 2.24 Hyperbelast und Parabel in Polarkoordinaten

den der gestreute mit dem einfallenden Lichtstrahl bildet, maximal wird. Bei $n = 4/3$ ist $\varphi \approx 42°$. Dies ist die Höhe eines Regenbogens, wenn die Sonne am Horizont steht. Man betrachte auch den Fall, dass der Strahl im Wassertropfen zweimal oder dreimal reflektiert wird. (Zu dieser Aufgabe siehe auch [12], 14.B, Aufg. 10.)

Aufgabe 2.4.18

a) Die Polarkoordinatendarstellung eines Hyperbelastes mit $\mathbb{R}$ als Achse und 0 als Brennpunkt, vgl. die linke Figur in Abb. 2.24, ist

$$r = r(\varphi) = \frac{p}{1 + \varepsilon \cos \varphi}, \quad |\varphi| < \arccos(-1/\varepsilon),$$

falls der Scheitelpunkt in $\mathbb{R}_+^{\times}$ liegt. Dabei ist $\varepsilon := \sqrt{1 + (b^2/a^2)} > 1$ die **Exzentrizität** der Hyperbel mit den „Achsenlängen" a, b und $p := a(\varepsilon^2 - 1)$.

b) Die Polarkoordinatendarstellung einer Parabel mit $\mathbb{R}$ als Achse und 0 als Brennpunkt, vgl. die rechte Figur in Abb. 2.24, ist

$$r = r(\varphi) = \frac{p}{1 + \cos \varphi}, \quad |\varphi| < \pi,$$

falls der Scheitelpunkt in $\mathbb{R}_+^{\times}$ liegt. Dabei ist p das Doppelte des Abstands von Brennpunkt und Scheitelpunkt.

2.5   Konvexe und konkave Funktionen

Während die erste Ableitung einer reellwertigen differenzierbaren Funktion ihr Monotonieverhalten bestimmt, lässt sich mit der zweiten Ableitung das Krümmungsverhalten ihres Graphen beschreiben. In diesem Abschnitt sind die betrachteten Funktionen in der Regel reellwertig.

Zunächst erinnern wir an den Begriff einer konvexen Menge in einem $\mathbb{R}$-Vektorraum V. Mit $[x, y] = \{rx + sy \mid r, s \in \mathbb{R}_+, r + s = 1\} = \{x + t(y - x) \mid t \in [0, 1]\}$, $x, y \in V$, bezeichnet man die (**Verbindungs-**)**Strecke** von x nach y. Sie ist identisch mit der Strecke $[y, x]$. Ist $z \in [x, y]$, so sagt man auch z liege **zwischen** x **und** y. Ist $x_i, i \in I$, eine Familie von Elementen aus V, so heißt jede Linearkombination der Form

$$\sum_{i \in I} a_i x_i, \quad (a_i)_{i \in I} \in \mathbb{R}_+^{(I)}, \quad \sum_{i \in I} a_i = 1,$$

eine **konvexe (Linear-)Kombination** der $x_i, i \in I$. Die Strecke $[x, y]$ enthält also genau die konvexen Kombinationen der Punkte $x_i, i \in I$. Eine Teilmenge $A \subseteq V$ von V heißt **konvex**, wenn sie mit je zwei Punkten x, y auch ihre Verbindungsstrecke $[x, y]$ umfasst. Der Durchschnitt beliebiger konvexer Teilmengen von V ist wieder konvex. Insbesondere umfasst jede Teilmenge $A \subseteq V$ eine kleinste konvexe Menge $\widehat{A}$ (nämlich den Durchschnitt aller A umfassenden konvexen Teilmengen von V). $\widehat{A}$ heißt die **konvexe Hülle** von A.

Lemma 2.5.1 *Sei V ein $\mathbb{R}$-Vektorraum und $A \subseteq V$.*

(1) *A ist genau dann konvex, wenn A mit jeder Familie $x_i, i \in I$, auch alle konvexen Linearkombinationen dieser Familie enthält.*

(2) *Die konvexe Hülle $\widehat{A}$ von A ist die Menge der konvexen Linearkombinationen der Elemente von A.*

Beweis (1) Enthält die Menge A alle konvexen Kombinationen ihrer Elemente, so ist A natürlich konvex. Sei umgekehrt A konvex, $n \in \mathbb{N}$ und $x_1, \ldots, x_n \in A$ sowie $(a_i) \in \mathbb{R}_+^n$ mit $a_1 + \cdots + a_n = 1$. Wir zeigen durch Induktion über n, dass dann $a_1 x_1 + \cdots + a_n x_n$ ebenfalls in A liegt. Für $n \le 2$ ist dies nach Voraussetzung richtig. Beim Schluss von $n \ge 2$ auf $n + 1$ können wir nach Induktionsvoraussetzung annehmen, dass $0 < a_{n+1} < 1$ ist. Dann setzen wir $a_i' := a_i/(1 - a_{n+1}), i = 1, \ldots, n$. Es folgt $a_1' + \cdots + a_n' = 1$ und nach Induktionsvoraussetzung ist $a_1' x_1 + \cdots + a_n' x_n \in X$. Der Fall $n = 2$ liefert nun

$$a_1 x_1 + \cdots + a_n x_n + a_{n+1} x_{n+1} = (1 - a_{n+1})(a_1' x_1 + \cdots + a_n' x_n) + a_{n+1} x_{n+1} \in A.$$

(2) Nach (1) genügt es zu zeigen, dass die Menge der konvexen Linearkombinationen der Elemente von A konvex ist. Seien $\sum_{x \in A} a_x x, \sum_{x \in A} b_x x$ konvexe Linearkombinationen und $r, s \in \mathbb{R}_+$ mit $r + s = 1$. Dann ist

$$r \sum_{x \in A} a_x x + s \sum_{x \in A} b_x x = \sum_{x \in A} (r a_x + s b_x) x$$

wegen $\sum_x (r a_x + s b_x) = r \sum_x a_x + s \sum_x b_x = r + s = 1$ ebenfalls eine konvexe Kombination der Elemente $x \in A$. $\square$

Die konvexe Hülle einer endlichen Menge $\{x_0, \ldots, x_m\} \subseteq V$ ist also die Menge der Punkte $a_0 x_0 + \cdots + a_m x_m$ mit $a_0, \ldots, a_m \ge 0$ und $a_0 + \cdots + a_m = 1$. Solch eine

Abb. 2.25 Epigraph Γ_f^+ und Subgraph Γ_f^- von f

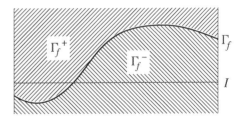

konvexe Menge heißt ein (**konvexes**) **Polytop**. Sind die $x_0, \ldots, x_m$ linear unabhängig, so spricht man von einem m-dimensionalen **Simplex**. Die konvexe Hülle der Standardbasis $e_0, \ldots, e_n$ des $\mathbb{R}^{n+1}$ ist das sogenannte n-dimensionale **Standardsimplex** $\triangle_n$. $\triangle_{-1}$ ist das leere Simplex, $\triangle_0$ ist ein Punkt, $\triangle_1$ eine Strecke, $\triangle_2$ ein Dreieck, $\triangle_3$ ein Tetraeder usw.

Für den endlichdimensionalen Fall erwähnen wir folgende wichtige Verschärfung von Lemma 2.5.1, die auf C. Carathéodory zurückgeht: *Ist A eine Teilmenge des n-dimensionalen $\mathbb{R}$-Vektorraums V, $n \in \mathbb{N}$, so ist die Menge aller konvexen Linearkombinationen von $(n+1)$-Tupeln $(x_0, \ldots, x_n) \in A^{n+1}$ bereits die konvexe Hülle $\widehat{A}$ von A. Es ist also $\widehat{A}$ das Bild der Abbildung*

$$\triangle_n \times A^{n+1} \longrightarrow V, \quad \big((a_0, \ldots, a_n), (x_0, \ldots, x_n)\big) \longmapsto a_0 x_0 + \cdots + a_n x_n,$$

vgl. [14], Aufg. 4.4.4.

Sei nun $f : I \to \mathbb{R}$ eine reellwertige Funktion auf einem Intervall $I \subseteq \mathbb{R}$. Dann heißt

$$\Gamma^+(f) = \Gamma_f^+ := \{(x, y) \in I \times \mathbb{R} \mid y \geq f(x)\}$$

der **Epigraph** von f und

$$\Gamma^-(f) = \Gamma_f^- := \{(x, y) \in I \times \mathbb{R} \mid y \leq f(x)\}$$

der **Subgraph** von f, vgl. Abb. 2.25. Der Durchschnitt $\Gamma^+(f) \cap \Gamma^-(f)$ ist also der Graph $\Gamma(f)$ von f.

Definition 2.5.2 Eine Funktion $f : I \to \mathbb{R}$ auf einem Intervall $I \subseteq \mathbb{R}$ heißt **konvex**, wenn der Epigraph $\Gamma^+(f)$ von f eine konvexe Teilmenge von $\mathbb{R} \times \mathbb{R}$ ist. Sie heißt **konkav**, wenn der Subgraph $\Gamma^-(f)$ von f eine konvexe Teilmenge von $\mathbb{R} \times \mathbb{R}$ ist, vgl. Abb. 2.26.

Offenbar ist die Funktion $f : I \to \mathbb{R}$ bereits dann konvex (bzw. konkav), wenn zu je zwei Punkten $a, b \in I$, $a \neq b$, die Verbindungsstrecke von $(a, f(a))$ und $(b, f(b))$ im Epigraphen (bzw. Subgraphen) von f liegt, d. h. wenn für die Gleichung $h = h_{a,b} : t \mapsto f(a) + \big((f(b) - f(a))/(b - a)\big)(t - a)$ der Sekante von f durch die Punkte $\big(a, f(a)\big)$, $\big(b, f(b)\big) \in \Gamma_f$ gilt: $f(x) \leq h_{a,b}(x)$ (bzw. $f(x) \geq h_{a,b}(x)$) für alle $x \in [a, b]$. Gilt

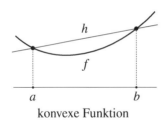
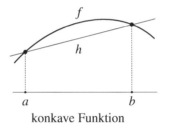

konvexe Funktion   konkave Funktion

Abb. 2.26 konvexe und konkave Funktion

dabei das Gleichheitszeichen jeweils nur in den Endpunkten des Intervalls $[a, b]$, so heißt f **streng konvex** (bzw. **streng konkav**). Genau dann ist f konvex (bzw. streng konvex), wenn $-f$ konkav (bzw. streng konkav) ist. Diese einfache Bemerkung erlaubt es in der Regel, den konkaven Fall unmittelbar auf den konvexen Fall zurückzuführen. Die Bezeichnung $h_{a,b}$ für die Sekantengleichung werden wir in diesem Abschnitt beibehalten und nicht immer wieder ausdrücklich erklären.

Konvexe bzw. konkave Funktionen führen oft zu bedeutenden Ungleichungen. Aus Lemma 2.5.1 (1) folgt zunächst:

Satz 2.5.3 (Jensensche Ungleichung) *Sei $f : I \to \mathbb{R}$ eine konvexe (bzw. konkave) Funktion auf dem Intervall $I \subseteq \mathbb{R}$. Für beliebige Punkte $a_1, \ldots, a_n \in I$ und $t_1, \ldots, t_n \in \mathbb{R}_+$ mit $t_1 + \cdots + t_n = 1$ gilt dann*

$$f(t_1 a_1 + \cdots + t_n a_n) \leq t_1 f(a_1) + \cdots + t_n f(a_n)$$
$$(bzw. \quad f(t_1 a_1 + \cdots + t_n a_n) \geq t_1 f(a_1) + \cdots + t_n f(a_n)).$$

Ist f streng konvex (bzw. streng konkav) und sind die t_i alle von 0 verschieden, so gilt in diesen Ungleichungen das Gleichheitszeichen nur dann, wenn alle a_i übereinstimmen.

Der Zusatz über streng konvexe (bzw. konkave) Funktionen wird nach dem Muster des Beweises von Lemma 2.5.1 durch Induktion über n bewiesen. Im Fall differenzierbarer Funktionen hat man das folgende bequeme Kriterium für Konvexität bzw. Konkavität:

Satz 2.5.4 *Sei $f : I \to \mathbb{R}$ eine differenzierbare Funktion auf dem Intervall $I \subseteq \mathbb{R}$. Genau dann ist f konvex (bzw. konkav), wenn die Ableitung f' auf I monoton steigend (bzw. monoton fallend) ist. – Die strenge Konvexität bzw. strenge Konkavität von f ist dabei äquivalent zur jeweiligen strengen Monotonie von f'.*

Aus Satz 2.5.4 und Satz 2.3.19 folgt sofort:

Korollar 2.5.5 *Sei $f : I \to \mathbb{R}$ eine zweimal differenzierbare Funktion auf dem Intervall $I \subseteq \mathbb{R}$. Genau dann ist f konvex (bzw. konkav), wenn $f'' \geq 0$ (bzw. $f'' \leq 0$) auf I ist.*

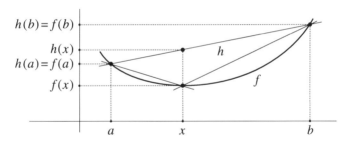

Abb. 2.27 Illustration zum Beweis von Satz 2.5.4

– *Genau dann ist f streng konvex (bzw. streng konkav), wenn $f'' \geq 0$ (bzw. $f'' \leq 0$) auf I ist und die Nullstellenmenge von f'' kein Intervall mit mehr als einem Punkt enthält.*

Beweis von Satz 2.5.4 Es genügt, den konvexen Fall zu betrachten. Sei also f zunächst konvex. Ferner seien $a, b \in I$, $a < b$. Für beliebiges $x \in {]a, b[}$ gilt dann wegen $f(x) \leq h_{a,b}(x) =: h(x)$, vgl. Abb. 2.27,

$$\frac{f(x) - f(a)}{x - a} \leq \frac{h(x) - h(a)}{x - a} = \frac{h(b) - h(a)}{b - a} = \frac{h(b) - h(x)}{b - x} \leq \frac{f(b) - f(x)}{b - x}.$$

Daraus folgt

$$f'(a) = \lim_{\substack{x \to a \\ x > a}} \frac{f(x) - f(a)}{x - a} \leq \frac{h(b) - h(a)}{b - a} \leq \lim_{\substack{x \to b \\ x < b}} \frac{f(b) - f(x)}{b - x} = f'(b).$$

Bei strikter Konvexität ist $f(x) < h(x)$ für $x \in {]a, b[}$. Die obigen Ungleichungen sind dann sogar echt. Für ein festes $c \in {]a, b[}$ und beliebige $x \in {]a, c[}$ bzw. beliebige $y \in {]c, b[}$ gilt daher

$$\frac{f(x) - f(a)}{x - a} < \frac{f(c) - f(a)}{c - a} < \frac{f(c) - f(b)}{c - b} < \frac{f(y) - f(b)}{y - b}.$$

Es folgt

$$f'(a) \leq \frac{f(c) - f(a)}{c - a} < \frac{f(c) - f(b)}{c - b} \leq f'(b).$$

Sei umgekehrt f' monoton wachsend. Ferner seien $a, b \in I$, $a < b$. Nach dem Mittelwertsatz gibt es dann ein $c \in {]a, b[}$ mit

$$f'(c) = \frac{f(b) - f(a)}{b - a} = h'_{a,b}.$$

Die Ableitung der Funktion $h_{a,b} - f$ verschwindet also im Punkt c. Da $h'_{a,b}$ konstant und f' monoton wachsend ist, ist diese Ableitung in $[a, c]$ stets ≥ 0 und in $[c, b]$ stets ≤ 0.

Abb. 2.28 Wendepunkt von f
mit Wendetangente

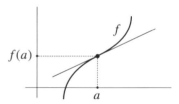

Nach Satz 2.3.19 ist daher $h_{a,b} - f$ in $[a,c]$ monoton wachsend und in $[c,b]$ monoton fallend. Da $h_{a,b} - f$ in a und in b verschwindet, folgt $(h_{a,b} - f)(x) \geq 0$ in ganz $[a,b]$. Dies liefert die Behauptung.

Ist f' sogar streng monoton wachsend, so ist $(h_{a,b} - f)'$ in $[a,c[$ überall positiv und in $]c,b]$ überall negativ. Wieder nach Satz 2.3.19 ist $h_{a,b} - f$ in $[a,c]$ streng monoton wachsend und in $[c,b]$ streng monoton fallend, woraus die Ungleichung $(h_{a,b} - f)(x) > 0$ in ganz $]a,b[$ folgt. $\qquad\square$

Beispiel 2.5.6 Die Exponentialfunktion $x \mapsto \mathrm{e}^x$ auf $\mathbb{R}$ ist wegen $(\mathrm{e}^x)'' = \mathrm{e}^x > 0$ nach Satz 2.5.5 streng konvex. Mit der Jensenschen Ungleichung 2.5.3 folgt: Sind $t_1, \ldots, t_n$ positive reelle Zahlen mit $t_1 + \cdots + t_n = 1$, so gilt für beliebige $x_1, \ldots, x_n \in \mathbb{R}$

$$(\mathrm{e}^{x_1})^{t_1} \cdots (\mathrm{e}^{x_n})^{t_n} = \mathrm{e}^{t_1 x_1 + \cdots + t_n x_n} \leq t_1 \mathrm{e}^{x_1} + \cdots + t_n \mathrm{e}^{x_n},$$

wobei das Gleichheitszeichen genau dann gilt, wenn $x_1 = \cdots = x_n$ ist. Da sich jedes $y \in \mathbb{R}_+^\times$ eindeutig in der Form $y = \mathrm{e}^x$ schreiben lässt, *erhält man für beliebige positive reelle Zahlen $y_1, \ldots, y_n$ und beliebige positive reelle Zahlen $t_1, \ldots, t_n$ mit $t_1 + \cdots + t_n = 1$ die* **allgemeine Ungleichung vom arithmetischen und geometrischen Mittel**

$$y_1^{t_1} \cdots y_n^{t_n} \leq t_1 y_1 + \cdots + t_n y_n,$$

wobei das Gleichheitszeichen genau dann gilt, wenn $y_1 = \cdots = y_n$ ist. Der Spezialfall $t_1 = \cdots = t_n = 1/n$ liefert noch einmal die gewöhnliche Ungleichung

$$\sqrt[n]{y_1 \cdots y_n} \leq \frac{y_1 + \cdots + y_n}{n}$$

vom arithmetischen und geometrischen Mittel. $\qquad\Diamond$

Beispiel 2.5.7 (Wendepunkte) Seien $f : I \to \mathbb{R}$ eine Funktion und a ein Punkt des Intervalls I. Dann heißt a ein **Wendepunkt** von f, wenn a ein innerer Punkt von I ist und ein $\delta > 0$ existiert derart, dass f auf $[a - \delta, a]$ konvex und auf $[a, a + \delta]$ konkav ist oder umgekehrt. Ist f in dem Wendepunkt a differenzierbar, so heißt die Tangente $x \mapsto f(a) + f'(a)(x - a)$ an den Graphen von f in $\big(a, f(a)\big)$ **Wendetangente** von f in a, vgl. Abb. 2.28.

Ist a ein innerer Punkt von I und ist f in einer Umgebung von a differenzierbar und im Punkt a zweimal differenzierbar, so ist $f''(a) = 0$ eine notwendige Bedingung für das Vorliegen eines Wendepunktes von f in a, da f' im Wendepunkt a nach Satz 2.5.4 ein lokales Extremum hat. Ein hinreichendes Kriterium für einen Wendepunkt ergibt sich aus Korollar 2.5.5:

Satz 2.5.8 *Seien $f : I \to \mathbb{R}$ eine $(n-1)$-mal differenzierbare Funktion und a ein innerer Punkt des Intervalls I. Ferner sei n ungerade und ≥ 3. Ist dann $f^{(n-1)}$ in a differenzierbar und gilt*

$$f^{(2)}(a) = \cdots = f^{(n-1)}(a) = 0, \quad f^{(n)}(a) \neq 0,$$

so besitzt f in a einen Wendepunkt.

Beweis Nach Beispiel 2.3.17 ist

$$f''(x) = \frac{f^{(n)}(a)}{(n-2)!}(x-a)^{n-2} + o\big((x-a)^{n-2}\big) \quad \text{für} \quad x \to a;$$

also wechselt f'' in a das Vorzeichen. $\square$ $\diamond$

Beispiel 2.5.9 (Kurvendiskussion) Über den Verlauf differenzierbarer $\mathbb{R}$-wertiger Funktionen $f : I \to \mathbb{R}$ auf einem Intervall $I \subseteq \mathbb{R}$ verschafft man sich in der Regel einen guten Überblick, wenn man wie folgt vorgeht. (Beispiele finden sich u. a. in Aufg. 2.5.1 a).)

(1) Man bestimmt die Nullstellen der Funktion f.
(2) Man betrachtet das Verhalten der Funktion f in den Randpunkten von I, wozu gegebenenfalls auch ∞ bzw. $-\infty$ gehören, falls I nicht beschränkt ist. Häufig lässt sich eine (einfache) **Asymptote** g angeben für das Verhalten in einem Randpunkt a von I. Dies ist eine Funktion g, für die es eine Umgebung U von a in I gibt derart, dass g in U definiert ist und $\lim_{x \to a}(f(x) - g(x)) = 0$ gilt, wobei man bestrebt ist, g möglichst einfach zu wählen. (Genauer spricht man hier von einer additiven Asymptote. Für eine multiplikative Asymptote g gilt definitionsgemäß $\lim_{x \to a} f(x)/g(x) = 1$, wobei noch $g(x) \neq 0$ für $x \in U$ vorauszusetzen ist.)
(3) Man untersucht das Wachstumsverhalten von f und insbesondere die lokalen Extrema bzw. allgemeiner die stationären Punkte, d. h. die Punkte, in denen f' verschwindet.
(4) Man bestimmt Teilintervalle von I, in denen f konvex bzw. konkav ist, und insbesondere die Wendepunkte von f. Hierfür ist das Vorzeichen der zweiten Ableitung f'' von f entscheidend. In den Wendepunkten bestimmt man jeweils die Wendetangenten. $\diamond$

Abb. 2.29 Wahl der Vergleichspunkte beim Goldenen Schnitt

Beispiel 2.5.10 (Verfahren des Goldenen Schnitts) Besitzt die streng konvexe Funktion $f : [a, b] \to \mathbb{R}$ im Punkt $x_0 \in [a, b]$ ein lokales Minimum, so ist dies sogar ein globales Minimum von f und f in $[a, x_0]$ streng monoton fallend und in $[x_0, b]$ streng monoton wachsend, vgl. Aufg. 2.5.11. Zur Approximation der Extremstelle x_0 benutzt man häufig das folgende Verfahren, das dem Intervallhalbierungsverfahren zur Bestimmung einer Nullstelle ähnlich ist.

Wir betrachten allgemeiner eine Funktion $f : [a, b] \to \mathbb{R}$, die nicht notwendig konvex sein muss, aber in $x_0 \in [a, b]$ ein (globales) Minimum besitzt mit der Eigenschaft, dass f in $[a, x_0]$ streng monoton fallend und in $[x_0, b]$ streng monoton wachsend ist. Sind dann $c, d \in\,]a, b[$ zwei Punkte mit $c < d$, so gilt offenbar:

(1) Ist $f(c) \le f(d)$, so ist $x_0 \in [a, d]$.   (2) Ist $f(c) \ge f(d)$, so ist $x_0 \in [c, b]$.

Wählt man also c und $d := a + b - c$ nahe der Intervallmitte $(a + b)/2$, so hat sich die Länge $d - a = b - c$ des Intervalls, das die gesuchte Stelle x_0 enthält, nahezu halbiert. Dies erfordert aber bei jedem Schritt die Bestimmung zweier neuer Werte von f. Man versucht daher, beim nächsten Schritt (mit den Intervallgrenzen a', b' und den Vergleichspunkten c', d') den Punkt $c \in\,]a, d[$ im Fall (1) bzw. den Punkt $d \in\,]c, b[$ im Fall (2) wieder als einen der Vergleichspunkte zu benutzen, vgl. Abb. 2.29. Soll dann eine ähnliche Situation vorliegen wie zuvor, muss

$$\frac{d - a}{b - a} = \frac{c - a}{d - a} = \frac{b - d}{d - a}$$

gelten. Dies ergibt bei $[a, b] = [0, 1]$ für d die Zahl

$$\delta := \Phi - 1 = \Phi^{-1} = \frac{\sqrt{5} - 1}{2} = \frac{\sqrt{5} + 1}{2} - 1 = 0{,}61803\ 39887\ 49894\ 8\ldots$$

mit $\delta^2 + \delta = 1$ (wobei $\Phi = \delta + 1 = \delta^{-1}$ die Zahl des Goldenen Schnitts mit $\Phi^2 - \Phi = 1$ ist) und allgemein die Teilpunkte

$$c = \delta a + (1 - \delta) b, \quad d = (1 - \delta) a + \delta b.$$

Insbesondere erhält man folgenden Algorithmus zur Approximation von x_0: Man setzt

$$a_0 = a, \quad b_0 = b, \quad c_0 = b - \delta(b - a), \quad d_0 = a + b - c_0, \quad g_0 = f(c_0), \quad h_0 = f(d_0);$$

$$a_{n+1} = a_n,\ b_{n+1} = d_n,\ d_{n+1} = c_n,\ c_{n+1} = a_{n+1} + b_{n+1} - d_{n+1},$$

$$g_{n+1} = f(c_{n+1}),\ h_{n+1} = g_n,\ \text{falls } g_n \le h_n;\ \text{bzw.}$$

$$a_{n+1} = c_n,\ b_{n+1} = b_n,\ c_{n+1} = d_n,\ d_{n+1} = a_{n+1} + b_{n+1} - c_{n+1},$$

$$g_{n+1} = h_n,\ h_{n+1} = f(d_{n+1})\ \text{sonst.}$$

Dann definiert $[a_n, b_n]$, $n \in \mathbb{N}$, eine Intervallschachtelung für die Stelle x_0 mit $b_n - a_n = (b_0 - a_0)\delta^n$. Die Berechnung zweier neuer Funktionswerte reduziert die Intervalllänge also auf das δ^2-fache, $\delta^2 = 1 - \delta \approx 0{,}3820$, statt auf die Hälfte wie beim naiven Vorgehen.

Beim Implementieren ist zu beachten, dass δ als irrationale Zahl nicht direkt eingegeben werden kann. Wählt man als Approximation für δ den Quotienten $\mathsf{F}_m / \mathsf{F}_{m+1}$ der beiden Fibonacci-Zahlen F_m und F_{m+1} (vgl. [14], Aufg. 3.3.13), so ist im angegebenen Algorithmus

$$b_n - a_n = \frac{\mathsf{F}_{m+1-n}(b_0 - a_0)}{\mathsf{F}_{m+1}} \quad \text{und} \quad d_n - a_n = \frac{\mathsf{F}_{m-n}(b_0 - a_0)}{\mathsf{F}_{m+1}}$$

für alle $n \le m - 2$ (Induktion) und damit $b_{m-2} - a_{m-2} = 2(b_0 - a_0)/\mathsf{F}_{m+1}$. Will man diesen Algorithmus bis zur Bestimmung von a_n und b_n ausführen (wofür $n + 1$ Funktionswerte von f berechnet werden müssen, falls $n > 0$ ist), so wählt man $m = n + 2$ und ersetzt δ durch $\mathsf{F}_{n+2}/\mathsf{F}_{n+3}$. Dann liegt x_0 im Intervall $[a_n, b_n]$ der Länge

$$\frac{2(b_0 - a_0)}{\mathsf{F}_{n+3}} \sim (b_0 - a_0)\delta^n 2(5 - 2\sqrt{5}) = (b_0 - a_0)\delta^n \cdot 1{,}0557\ldots,$$

was wenig schlechter ist als der obige Wert $(b_0 - a_0)\delta^n$.

Beispielsweise soll die Geschwindigkeit eines Autos bestimmt werden, für die der Treibstoffverbrauch am geringsten ist.[18] Der vorgegebene Geschwindigkeitsbereich erstrecke sich von 50 bis 150 km/h, und für die gesuchte Geschwindigkeit sei ein Intervall der Länge ≤ 5 km/h zugelassen. Dann ist n so zu wählen, dass $\mathsf{F}_{n+3} \ge 200/5 = 40$ ist. Wegen $\mathsf{F}_9 = 34$ und $\mathsf{F}_{10} = 55$ ergibt sich $n = 7$ als minimaler Wert. Nach dem Messen des Treibstoffverbrauchs für $c_0 = (150 - \frac{34}{55} \cdot 100)$ km/h $\approx 88{,}2$ km/h und $d_0 = (200 - c_0)$ km/h $\approx 111{,}8$ km/h hat man noch 6 weitere Messungen auszuführen und erhält dann die optimale Geschwindigkeit in einem Intervall $[a_7, b_7]$ der Länge $(200/55)$ km/h $\approx 3{,}64$ km/h. $\diamond$

Aufgaben

Aufgabe 2.5.1

a) Man diskutiere die folgenden reellen Funktionen im Sinne von Beispiel 2.5.9, wobei man zunächst einen natürlichen Definitionsbereich zu bestimmen hat:

$$\frac{1}{1 + x^2}; \quad \frac{x}{1 + x^2}; \quad \frac{3x - 4}{x + 2} - \frac{x^2 - 2x - 15}{(x - 5)^2}; \quad ax + \frac{b}{x};$$

$$\sqrt{\frac{x - 1}{x + 1}}; \quad \sqrt[3]{(x + 1)^2} - \sqrt[3]{(x - 1)^2}; \quad (x - c)^a (d - x)^b \text{ auf }]c, d[, \ c < d;$$

$$\mathrm{e}^{-x^2}; \quad \mathrm{e}^{-1/x^2}; \quad x^a \mathrm{e}^{bx}; \quad nx\mathrm{e}^{-nx^2}; \quad (x^2 - 1)\mathrm{e}^{-ax}; \quad 1/\big(x^5(\mathrm{e}^{a/x} - 1)\big);$$

$$x^x; \quad x^{1/x}; \quad x^{1/x^2}; \quad x^n(\ln x)^m; \quad (\sin ax)/x; \quad \mathrm{e}^{ax}\sin x; \quad \mathrm{e}^{-x^2}\cos x.$$

Dabei seien $a, b \in \mathbb{R}^\times$ und $n, m \in \mathbb{Z}$ Konstanten.

---

[18] Wir nehmen an, dass der Verbrauch eine konvexe Funktion der Geschwindigkeit ist.

b) Für $a, b \in \mathbb{R}_+^\times$ ist die Funktion $f(x) := (a^x + b^x)^{1/x}$ auf $\mathbb{R}_+^\times$ streng monoton fallend und streng konvex.

c) Man skizziere die Graphen der Funktionen $2x, 3x, 2^x, 3^x$ in ein und dasselbe Koordinatensystem. (Insbesondere achte man auf den Verlauf in der Nähe von $x_0 = 1$.)

Aufgabe 2.5.2 Man beweise folgende Ungleichungen.

a) Für $p, q > 1$ mit $1/p + 1/q = 1$ und alle $x, y > 0$ gilt

$$\ln\left(\frac{x}{p} + \frac{y}{q}\right) \geq \frac{1}{p}\ln x + \frac{1}{q}\ln y, \quad x^{1/p} y^{1/q} \leq \frac{x}{p} + \frac{y}{q}.$$

(ln ist konkav! Man vgl. auch Beispiel 2.5.6.)

b) Für positive Zahlen x, y, a, b zeige man (durch Betrachten der Funktion $x \ln x$):

$$x \ln \frac{x}{a} + y \ln \frac{y}{b} \geq (x + y) \ln \frac{x + y}{a + b}.$$

c) Für $0 \leq t \leq \frac{1}{2}\pi$ gilt $t \leq \frac{1}{2}\pi \sin t$.

Aufgabe 2.5.3 Für positive Zahlen $x_1, \dots, x_n$, die nicht alle gleich sind, und $m \in \mathbb{R}$, $m > 1$, gilt

$$\frac{x_1 + \cdots + x_n}{n} < \sqrt[m]{\frac{x_1^m + \cdots + x_n^m}{n}}.$$

Aufgabe 2.5.4 Die Funktion $f : [0, b] \to \mathbb{R}$ sei konvex mit $f(0) = 0$. Dann ist die Funktion $x \mapsto f(x)/x$ auf $]0, b]$ monoton wachsend.

Aufgabe 2.5.5 (Logarithmische Konvexität)

a) Sei $f : I \to \mathbb{R}_+^\times$ eine Funktion auf dem Intervall I mit Werten in $\mathbb{R}_+^\times$. Ist $\ln f$ konvex, so auch f. (Ist $\ln f$ konvex, so heißt f **logarithmisch konvex**.)

b) Für $a, b \in \mathbb{R}_+^\times$ ist die Funktion $f(x) := (a^x + b^x)^{1/x}$ auf $\mathbb{R}_+^\times$ (streng) monoton fallend und (streng) logarithmisch konvex.

Aufgabe 2.5.6

a) Jede nach oben beschränkte konvexe Funktion $f : [a, \infty[\to \mathbb{R}$ ist monoton fallend, jede nach unten beschränkte konkave Funktion $f : [a, \infty[\to \mathbb{R}$ ist monoton wachsend.

b) Die Funktion $f : \mathbb{R} \to \mathbb{R}$ sei konvex (bzw. konkav), aber nicht konstant. Dann ist f nicht nach oben (bzw. nicht nach unten) beschränkt.

Aufgabe 2.5.7 Jede konvexe oder konkave Funktion auf einem offenen Intervall ist stetig, vgl. Abb. 2.30.

Abb. 2.30 Stetigkeit konvexer
Funktionen

Aufgabe 2.5.8 Jede differenzierbare konvexe oder konkave Funktion ist stetig differenzierbar.

Aufgabe 2.5.9 Sei $f : I \to \mathbb{R}$ eine differenzierbare Funktion auf dem Intervall I. Für $a \in I$ bezeichne $t_a : I \to \mathbb{R}$ die Funktion der Tangente an den Graphen von f im Punkte $\bigl(a, f(a)\bigr)$. Es ist also $t_a(x) = f(a) + f'(a)(x - a)$. Genau dann ist f konvex (bzw. konkav), wenn für alle $a \in I$ gilt $t_a \leq f$, d. h. $t_a(x) \leq f(x)$ für alle $x \in I$ (bzw. $f \leq t_a$, d. h. $f(x) \leq t_a(x)$ für alle $x \in I$). Genau dann ist f strikt konvex (bzw. strikt konkav), wenn dabei das Gleichheitszeichen jeweils nur für $x = a$ gilt. (Im konvexen und konkaven Fall sind die Tangenten also Stützgeraden an den Graphen von f, vgl. Abb. 2.31 und die folgende Aufgabe.)

Aufgabe 2.5.10 Sei $f : I \to \mathbb{R}$ eine konvexe Funktion auf dem Intervall $I = \,]c, d[\, \subseteq \mathbb{R}$.

a) Für jedes $a \in I$ sind die Beschränkungen $f \,|\,]c, a]$ und $f \,|\, [a, d[$ in a differenzierbar. Wir bezeichnen die beiden Ableitungen in a mit $f'(a-)$ bzw. $f'(a+)$ und nennen sie die **linksseitige** bzw. **rechtsseitige Ableitung** von f in a.

b) Für $a, b \in I$, $a < b$, gilt $f'(a-) \leq f'(a+) \leq f'(b-) \leq f'(b+)$. Die Funktion f ist in allen Punkten von I mit höchstens abzählbar vielen Ausnahmen differenzierbar.

c) Eine lineare Funktion $h : x \mapsto \beta + \alpha x$, $\alpha, \beta \in \mathbb{R}$, definiert eine **Stützgerade** an den Graphen einer Funktion $g : I \to \mathbb{R}$ im Punkt $\bigl(a, g(a)\bigr) \in \Gamma(g)$, wenn $h(a) = g(a)$ ist und der Graph von g ganz oberhalb oder ganz unterhalb des Graphen von h liegt, vgl. Abb. 2.32. Man zeige für die konvexe Funktion f: Die Stützgeraden für f in $\bigl(a, f(a)\bigr)$, $a \in I$, werden genau durch die Funktionen $h_\alpha : x \mapsto f(a) + \alpha(x - a)$ mit $f'(a-) \leq \alpha \leq f'(a+)$ definiert.

d) Man formuliere entsprechende Aussagen für konkave Funktionen $I \to \mathbb{R}$.

Abb. 2.31 Stützgeraden an $\Gamma(f)$

Abb. 2.32 Stützgeraden im
Punkt $(a, f(a))$

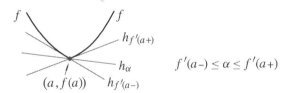

$f'(a-) \leq \alpha \leq f'(a+)$

Aufgabe 2.5.11 Eine konvexe Funktion $f : I \to \mathbb{R}$ auf dem offenen Intervall I besitzt kein isoliertes lokales Maximum und höchstens ein isoliertes lokales Minimum. Existiert ein lokales Minimum, so ist es bereits ein globales Minimum von f. Man formuliere eine entsprechende Aussage für konkave Funktionen.

Aufgabe 2.5.12 Sei V ein normierter $\mathbb{R}$-Vektorraum, dessen Norm nur endliche Werte annimmt (so dass die Skalarmultiplikation $\mathbb{R} \times V \to V$ stetig ist).

a) Sei B eine konvexe Teilmenge von V und $A \subseteq B$ abgeschlossen in B. Genau dann ist A konvex, wenn A mit je zwei Punkten x, y auch den Mittelpunkt $\frac{1}{2}(x + y)$ der Strecke $[x, y]$ enthält. (Erfüllt A die Mittelpunktsbedingung, so liegen mit x, y alle Punkte $rx + (1 - r)y$ mit $r = k/2^\nu$, $0 \leq k \leq 2^\nu$, $\nu \in \mathbb{N}$, in A.)

b) Ist $f : I \to \mathbb{R}$ eine stetige Funktion auf dem Intervall $I \subseteq \mathbb{R}$, so ist f genau dann konvex (bzw. konkav), wenn für alle $a, b \in I$ gilt:

$$f\big((a + b)/2\big) \leq \big(f(a) + f(b)\big)/2 \quad \text{(bzw.} \quad f\big((a + b)/2\big) \geq \big(f(a) + f(b)\big)/2\text{)}.$$

Sind diese Ungleichungen bei $a \neq b$ stets echt, so ist f streng konvex (bzw. streng konkav). (Beispielsweise folgt so die strenge Konvexität der Exponentialfunktion e^x bereits aus der Ungleichung $\sqrt{cd} < \frac{1}{2}(c + d)$ für $c, d \in \mathbb{R}_+^\times$, $c \neq d$. Dieselbe Idee liegt dem Beweis der allgemeinen Ungleichung vom arithmetischen und geometrischen Mittel in [14], Lemma 3.10.7 zu Grunde. – Wir erwähnen ferner den folgenden **Satz von Jensen**: *Ist $f : I \to \mathbb{R}$ auf dem offenen Intervall I lokal nach oben (bzw. lokal nach unten) beschränkt und gilt $f\left(\frac{1}{2}(a + b)\right) \leq \frac{1}{2}\big(f(a) + f(b)\big)$ (bzw. $f\left(\frac{1}{2}(a + b)\right) \geq \frac{1}{2}\big(f(a) + f(b)\big)$) für alle $a, b \in I$, so ist f stetig und damit konvex (bzw. konkav).* Hierzu und zu weiteren Kommentaren siehe [12], 14.C, Aufg. 13 und die sich daran anschließenden Bemerkungen.)

Aufgabe 2.5.13 Der Sicherheitsabstand zweier Autos sei eine monoton wachsende und streng konvexe differenzierbare Funktion $f(v)$ ihrer gemeinsamen Geschwindigkeit v mit $f(0) > 0$.

a) Die Verkehrsdichte, d. h. die Anzahl der Autos in einer Kolonne mit der Geschwindigkeit v, die einen bestimmten Straßenabschnitt in der Zeiteinheit passieren, ist $D(v) := v/f(v)$. Sie ist stets beschränkt.

Abb. 2.33 Geschwindigkeit v_0
mit maximaler Verkehrsdichte

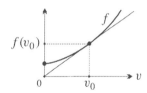

b) Entweder ist $D(v)$ streng monoton wachsend oder aber es gibt genau eine Geschwindigkeit v_0, für die $D(v)$ maximal ist. Im letzteren Fall ist v_0 durch die Gleichung
   $f'(v_0) = f(v_0)/v_0 = 1/D(v_0)$ charakterisiert, vgl. Abb. 2.33. Er tritt sicher dann
   ein, wenn f' unbeschränkt ist.
c) Bei einer Bremsverzögerung b, einer Geschwindigkeit v und der Reaktionszeit t_r ist
   der Bremsweg $vt_r + v^2/2b$. Rechnet man als Sicherheitsabstand den Ruheabstand a,
   vermehrt um das q-fache des Bremsweges, so ergibt sich $f(v) = a + q(vt_r + v^2/2b)$.
   Dann wird $D(v)$ maximal für $v_0 = \sqrt{2ab/q}$ mit $D(v_0) = 1/(\sqrt{2aq/b} + qt_r)$.
   (Realistisch sind etwa folgende Werte: $b = 6\,\text{m/sec}^2$, $a = 10\,\text{m}$, $t_r = 1\,\text{sec}$, $q =$
   $0{,}3\ldots0{,}5(?)$. Bei $q = 1$, womit man – zumindest im Stadtverkehr – vernünftigerweise
   rechnen sollte, ist $v_0 = 3{,}6\sqrt{120}\,\text{km/h} \approx 40\,\text{km/h}$; bei $a = 6\,\text{m}$ (kürzere Fahrzeuge)
   und $q = 1$ ist $v_0 = 21{,}6\sqrt{2}\,\text{km/h} \approx 30\,\text{km/h}$.) Für $f(v) := a\cosh bv$ mit positiven
   Konstanten a, b ist v_0 durch die Gleichung $bv_0 = \coth bv_0$ bestimmt, also $v_0 = x_0/b$,
   wo $x_0 = 1{,}199678\ldots$ die positive Lösung von $x = \coth x$ ist, vgl. Aufg. 2.6.2 b).

2.6 Das Newton-Verfahren

Ein besonders schnelles Verfahren zur Bestimmung von Nullstellen reellwertiger differenzierbarer Funktionen auf Intervallen in $\mathbb{R}$ ist das sogenannte Newton-Verfahren. Im
folgenden Satz beschränken wir uns auf eine von vier typischen Situationen, bei denen
das Newton-Verfahren anwendbar ist, vgl. die Bemerkungen im Anschluss an den Beweis.

Satz 2.6.1 (Newton-Verfahren) *Die Funktion $f:[a,b] \to \mathbb{R}$ sei differenzierbar und
konvex mit $f(a) < 0 < f(b)$. Ferner sei $x_0 \in [a,b]$ und $f(x_0) \geq 0$. Dann wird durch*

$$x_{n+1} = x_n - \frac{f(x_n)}{f'(x_n)}, \quad n \in \mathbb{N},$$

*rekursiv eine monoton fallende Folge in $[a,b]$ definiert, die gegen die einzige Nullstelle c
von f in $[a,b]$ konvergiert, vgl. Abb. 2.34. Dabei gelten folgende Fehlerabschätzungen:*

(1) *Ist $f'(a) > 0$, so gilt*

$$0 \leq x_n - c \leq \frac{f(x_n)}{f'(c)} \leq \frac{f(x_n)}{f'(a)}, \quad n \in \mathbb{N}.$$

Abb. 2.34 Konstruktion
der Folge (x_n) des Newton-
Verfahrens

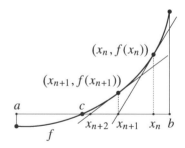

(2) *Ist f zweimal differenzierbar und ist $f'(a) > 0$, so gilt*

$$0 \leq x_n - c \leq \frac{\|f''\|}{2f'(a)}(x_{n-1} - x_n)^2 \leq \frac{\|f''\|}{2f'(a)}(x_{n-1} - c)^2, \quad n \in \mathbb{N}^*.$$

*Falls die Tschebyschew-Norm $\|f''\| = \|f''\|_{[a,b]} = \mathrm{Sup}\,\bigl\{ f''(x) \mid x \in [a,b] \bigr\} < \infty$
ist, herrscht also quadratische Konvergenz.*

Beweis Nach dem Zwischenwertsatz hat f eine Nullstelle c in $]a,b[$, und nach dem Mittelwertsatz 2.3.4 existiert eine Stelle $d \in]a,c[$ mit $f'(d) = (f(c) - f(a))/(c - a) = -f(a)/(c - a) > 0$. Da f' wegen der Konvexität von f monoton wächst, ist somit
$f'(x) \geq s := f'(d) > 0$ für alle $x \in [d,b]$. Es folgt, dass f in $[d,b]$ streng monoton
wachsend ist. Insbesondere kann f dort außer c keine weitere Nullstelle besitzen. Hätte
f in $[a,d]$ eine weitere Nullstelle c', so lieferten die vorstehenden Überlegungen mit c'
statt c einen Widerspruch zur Existenz der weiteren Nullstelle $c > c'$. Insbesondere ist
$f(x) > 0$ für $x > c$ und $f(x) < 0$ für $x < c$.

Durch Induktion über n zeigen wir nun $c \leq x_{n+1} \leq x_n$ für alle $n \in \mathbb{N}$, wobei der
Induktionsanfang $n = 0$ gleich mitbehandelt wird. Nach Definition ist x_{n+1} die Nullstelle
der Tangente $x \mapsto f(x_n) + f'(x_n)(x - x_n)$ an den Graphen von f im Punkte $\bigl(x_n, f(x_n)\bigr)$,
und nach Induktionsvoraussetzung über x_n bzw. nach Wahl von x_0 ist $c \leq x_n$ und somit
$f(x_n) \geq 0$ und $f'(x_n) \geq s$. Zunächst folgt

$$x_{n+1} = x_n - \frac{f(x_n)}{f'(x_n)} \leq x_n.$$

Da die Tangente an Γ_f im Punkt $\bigl(x_n, f(x_n)\bigr)$ wegen der Konvexität von f unterhalb von
Γ_f verläuft (vgl. Aufg. 2.5.9), ist ferner $f(x_{n+1}) \geq 0$, also $x_{n+1} \geq c$. Die beschränkte
monoton fallende Folge (x_n) ist konvergent mit einem Grenzwert $\widetilde{c} \geq c$. Da f' monoton
wachsend ist, ist auch die Folge $(f'(x_n))$ monoton fallend und daher konvergent mit einem
Grenzwert $\geq s > 0$. Nun folgt aus $x_{n+1} = x_n - f(x_n)/f'(x_n)$ durch Übergang zu den
Limiten $\widetilde{c} = \widetilde{c} - f(\widetilde{c})/\lim f'(x_n)$, woraus sich $f(\widetilde{c}) = 0$, also $\widetilde{c} = c$ ergibt.[19]

---

[19] Übrigens ist $\lim f'(x_n) = f'(\widetilde{c})$, da f' stetig ist, vgl. Aufg. 2.5.8.

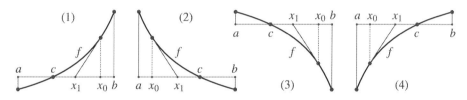

Abb. 2.35 Situationen, in denen das Newton-Verfahren anwendbar ist

Die erste Fehlerabschätzung erhält man aus dem Mittelwertsatz wegen

$$f(x_n) = f(x_n) - f(c) = f'(c_n)(x_n - c) \geq f'(c)(x_n - c) \geq f'(a)(x_n - c)$$

mit einem $c_n \in [c, x_n]$. Zum Beweis der zweiten Fehlerabschätzung verwenden wir die Taylor-Formel 2.8.4. Danach gibt es ein $\eta_n \in [x_n, x_{n-1}]$ mit

$$\begin{aligned} f(x_n) &= f(x_{n-1}) + f'(x_{n-1})(x_n - x_{n-1}) + f''(\eta_n)(x_n - x_{n-1})^2/2 \\ &= f''(\eta_n)(x_n - x_{n-1})^2/2, \end{aligned}$$

da $f(x_{n-1}) + f'(x_{n-1})(x_n - x_{n-1})$ nach Definition der Folge (x_n) gleich 0 ist. Setzt man dieses Ergebnis in der Fehlerabschätzung (1) ein, so erhält man (2).   □

Außer in der in Satz 2.6.1 beschriebenen Situation:

(1) f ist konvex mit $f(a) < 0 < f(b)$, und für den Startwert x_0 gilt $f(x_0) \geq 0$;

gilt eine dazu analoge Aussage in folgenden Situationen, vgl. Abb. 2.35:

(2) f ist konvex mit $f(a) > 0 > f(b)$, und für den Startwert x_0 gilt $f(x_0) \geq 0$;
(3) f ist konkav mit $f(a) > 0 > f(b)$, und für den Startwert x_0 gilt $f(x_0) \leq 0$;
(4) f ist konkav mit $f(a) < 0 < f(b)$, und für den Startwert x_0 gilt $f(x_0) \leq 0$.

Man führt (3) auf (1) und (4) auf (2) zurück, indem man $-f$ statt f betrachtet; in der Situation (2) schließlich ergibt sich die Aussage, indem man am Mittelpunkt des Intervalls $[a, b]$ spiegelt, d. h. statt f die Funktion $f\left(\frac{1}{2}(a + b) - x\right)$ auf $[a, b]$ betrachtet. Ist f zweimal in $[a, b]$ differenzierbar, hat die zweite Ableitung f'' dort keine Nullstelle und ist $f(a)f(b) < 0$, so liegt eine der vier angegebenen Situationen vor. Den Startwert x_0 hat man dann so zu wählen, dass $f(x_0)f''(x_0) \geq 0$ ist. Ist also f'' in einer Umgebung der gesuchten Nullstelle c von f ungleich 0, so lässt sich c stets mit dem Newton-Verfahren bestimmen, falls der Startwert x_0 genügend nahe an c gewählt wird. Liegt dabei x_0 noch nicht auf der richtigen Seite von c, so gilt dies jedoch für x_1, wie der Leser unmittelbar bestätigt. Ferner sei noch bemerkt, dass sich das Newton-Verfahren ohne Konvexitätsbedingungen stets in einer hinreichend kleinen Umgebung der gesuchten

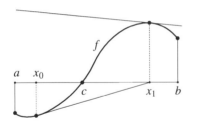
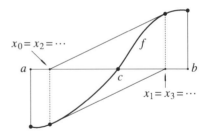

Abb. 2.36 Situationen, in denen das Newton-Verfahren nicht anwendbar ist

Nullstelle c zu deren Bestimmung verwenden lässt, wenn dort die Ableitung f' von f nirgends verschwindet und f'' existiert und beschränkt ist. Es ist nämlich c Fixpunkt der Funktion $g: x \mapsto x - f(x)/f'(x)$. Wegen $g'(x) = f(x)f''(x)/(f'(x))^2$, also $g'(c) = 0$, gibt es ein $L < 1$ und ein Intervall $J = [c - \delta, c + \delta]$, $\delta > 0$, mit $|g'(x)| \leq L$ für alle $x \in J$. Dann wird J von g in sich abgebildet, da

$$|g(x) - c| = |g(x) - g(c)| = |g'(\eta)|\,|x - c| \leq L|x - c|$$

ist. Ferner ist g kontrahierend, so dass die Newton-Folge $x_{n+1} = g(x_n)$, $n \in \mathbb{N}$, nach dem Banachschen Fixpunktsatz, vgl. [14], Satz 3.8.20, gegen einen Fixpunkt von g konvergiert. Diese Argumentation gilt analog auch im Komplexen (etwa) für einen Kreis $\overline{B}(c; \delta)$ um eine Nullstelle $c \in \mathbb{C}$ von f und zeigt, *dass das Newton-Verfahren auch für komplex-differenzierbare (d. h. komplex-analytische) Funktionen benutzt werden kann.* Zu weiteren Verallgemeinerungen des Newton-Verfahrens, insbesondere auf Abbildungen mehrerer Veränderlicher, verweisen wir auf Bd. 5 (über Analysis mehrerer Veränderlicher).

Man geht zur Bestimmung einer Nullstelle c von f häufig so vor, dass man sich c zunächst mit einer naiven Methode, etwa der Intervallhalbierungsmethode oder der Regula falsi (vgl. [14], Beispiel 3.8.26 und Aufg. 2.6.12 zum vorliegenden Abschnitt), grob nähert und dann die Approximation mit dem Newton-Verfahren fortsetzt. Da man jeden Wert in der Nähe von x_n als neuen Startwert auffassen kann, spielen Rundungsfehler im Allgemeinen beim Newton-Verfahren keine entscheidende Rolle. Man sagt, das Verfahren sei **selbstkorrigierend**. Natürlich gibt es Situationen, in denen die Newton-Folge (x_n) nicht definiert ist oder nicht konvergiert, wie die Beispiele in Abb. 2.36 zeigen.

Beispiel 2.6.2 Wendet man das Newton-Verfahren auf die Funktion $f: x \mapsto x^k - a$ mit einer natürlichen Zahl $k \geq 2$ und $a > 0$ an, so erhält man das Verfahren des **Babylonischen Wurzelziehens** aus Beispiel 3.3.7 in [14]. Die Funktion f ist nämlich konvex wegen $f''(x) = k(k-1)x^{k-2} \geq 0$, und es ist $f(0) = -a < 0$, $f(b) > 0$ für hinreichend große b. Mit einem beliebigen Startwert $x_0 > 0$ wird dann die Newton-Folge durch

$$x_{n+1} = x_n - \frac{f(x_n)}{f'(x_n)} = x_n - \frac{x_n^k - a}{k\,x_n^{k-1}} = \frac{1}{k}\left((k-1)x_n + \frac{a}{x_n^{k-1}}\right)$$

gegeben. Es liegt die Situation von Satz 2.6.1 vor, wobei jedenfalls x_1 größer-gleich der Nullstelle $\sqrt[k]{a}$ von f ist. Die Fehlerabschätzung (1) ergibt für $n \geq 1$

$$0 \leq x_n - \sqrt[k]{a} \leq (x_n^k - a)/k(\sqrt[k]{a})^{k-1},$$

und die Fehlerabschätzung (2) liefert für $n \geq 2$

$$0 \leq x_n - \sqrt[k]{a} \leq (k-1)x_1^{k-2}(x_{n-1} - x_n)^2/2(\sqrt[k]{a})^{k-1}. \qquad \diamondsuit$$

Aufgaben

Aufgabe 2.6.1 Ein Leser mit Programmierkenntnissen schreibe ein Computer-Programm, das die Nullstelle einer Funktion mit Hilfe des Newton-Verfahrens bestimmt. Die Werte der Funktion bzw. ihrer Ableitung sollen jeweils durch ein Unterprogramm berechnet werden. Das Ende der Rechnung bestimme man zu vorgegebenem $\varepsilon > 0$ durch die Bedingung $|x_{n+1} - x_n| \leq \varepsilon$ oder besser durch die relative Bedingung $|x_{n+1} - x_n| \leq \varepsilon |x_n|$.

Aufgabe 2.6.2
a) Man untersuche das Konvexitätsverhalten der Funktionen $x^3 - 3x + 1$, $x^2 - 2x - 5$ und $e^x + x - 2$ auf $\mathbb{R}$ sowie der Funktionen $\ln x - (x-2)^2$ auf $\mathbb{R}_+^{\times}$ und $x - \tan x$ auf $](2k-1)\pi/2, (2k+1)\pi/2[$, $k = 1, 2, 3 \dots$ Dann berechne man ihre Nullstellen mit Hilfe des Newton-Verfahrens.
b) Man bestimme mit dem Newton-Verfahren die Nullstellen $x = x(\alpha)$ der Funktionen $t \mapsto \coth t - \alpha t$ auf $\mathbb{R}_+^{\times}$ bzw. $t \mapsto \cot t - \alpha t$ auf $]0, \pi[$ für einige exemplarische Werte von $\alpha \in \mathbb{R}_+^{\times}$ bzw. $\alpha \in \mathbb{R}$, insbesondere für $\alpha = 1$. Die beiden Funktionen $\alpha \mapsto x(\alpha)$ sind auf $\mathbb{R}_+^{\times}$ bzw. $\mathbb{R}$ analytisch und besitzen für große α jeweils Darstellungen der Form $f(1/\sqrt{\alpha})$ mit konvergenten Potenzreihen f. Im zweiten Fall besitzt die Funktion $x(\alpha)$ für kleine α (d. h. für $\alpha \to -\infty$) eine Darstellung $x(\alpha) = g(1/\alpha)$ mit einer konvergenten Potenzreihe g. Man bestimme diese drei Potenzreihen bis zur Ordnung 5 einschließlich. Wie verhält sich $x(\alpha)$ im ersten Fall für $\alpha \to 0+$?

Aufgabe 2.6.3 Die Bezeichnungen und Voraussetzungen seien wie in Satz 2.6.1. Man beweise für $n \in \mathbb{N}^*$ die Fehlerabschätzung

$$0 \leq x_n - c \leq \frac{\|f''\|_{[c,x_{n-1}]}}{2f'(x_{n-1})}(x_{n-1} - c)^2,$$

die die Abschätzung in Satz 2.6.1 (2) verbessert. (Die Taylor-Formel liefert ein ξ in $[c, x_{n-1}]$ mit $0 = f(c) = f(x_{n-1}) + f'(x_{n-1})(c - x_{n-1}) + \frac{1}{2}f''(\xi)(c - x_{n-1})^2$.)

Aufgabe 2.6.4 Sei $a \in \mathbb{R}_+^\times$. Den natürlichen Logarithmus $\ln a$ berechne man mit Hilfe des Newton-Verfahrens als Nullstelle der konvexen Funktion $x \mapsto e^x - a$ mit dem Startwert $x_0 = 0$. Für $n \geq 2$ gelten die Fehlerabschätzungen

$$0 \leq x_n - \ln a \leq \frac{e^{a-1}}{2a}(x_n - x_{n-1})^2, \quad 0 \leq x_n - \ln a \leq \frac{1}{2}(x_{n-1} - \ln a)^2.$$

(Für die zweite Abschätzung benutze man Aufg. 2.6.3.)

Aufgabe 2.6.5 Der jährliche Zinssatz einer Bank betrage $p > 0$. Bei einem Kredit vom Betrag $K_0 > 0$ sei die jährliche Rückzahlung $R = rK_0$, $r > 0$.

a) Nach m Jahren, $m \in \mathbb{N}$, betragen die Schulden noch $K_0\big((1 + p)^m(p - r) + r\big)/p$.
b) Sei $m \in \mathbb{N}^*$ mit $mr > 1$. Die Funktion $f : x \mapsto (1 + x)^m(x - r) + r$ auf $[-1, \infty[$ besitzt genau zwei Nullstellen, nämlich 0 und p_0 mit $0 < p_0 < r$. Ferner gibt es Stellen $x_1 > 0$ und $x_2 > -1$ mit $x_2 < x_1 < p_0$ derart, dass f in $[-1, x_1]$ monoton fällt und in $[x_1, \infty[$ monoton steigt sowie in $[-1, x_2]$ konkav und in $[x_2, \infty[$ konvex ist.
c) Man verwende das Newton-Verfahren mit dem Startwert $x_0 = r$, um den Zinssatz p_0 bis auf einen Fehler $\leq 10^{-6}$ zu berechnen, wenn der Kredit $K_0 = 15.000$ bei einer jährlichen Rate $R = 2000$ nach genau 10 Jahren getilgt ist.
d) Man behandle das vorstehende Kreditproblem unter der Voraussetzung, dass Verzinsung und Tilgung kontinuierlich erfolgen. Die Schuldenfunktion $K(t)$ erfüllt dann die (lineare) Differenzialgleichung $\dot{K} = pK - R = pK - rK_0$ mit der Anfangsbedingung $K(0) = K_0$ und der leicht zu findenden Lösung $K(t) = K_0\big(e^{pt}(p-r)+r\big)/p$. Ferner betrachte man die Fälle, dass die Tilgung (im diskreten Fall) erst nach $m_0 > 1$ Jahren bzw. (im kontinuierlichen Fall) erst zum Zeitpunkt $t_0 > 0$ beginnt.

Aufgabe 2.6.6 Sei $p \in \,]0, \frac{1}{2}[$. Die Funktion $f : \mathbb{R}_+^\times \to \mathbb{R}$ mit $f(x) := \big(1 + (1/x)\big)^{x+p}$ hat genau eine lokale Extremstelle x_p, und zwar nimmt sie dort ihr globales Minimum an. Die Funktion $p \mapsto x_p$ ist eine bijektive streng monoton wachsende und beliebig oft differenzierbare Funktion $]0, \frac{1}{2}[\longrightarrow]0, \infty[$. Dazu betrachte man die Umkehrfunktion $p = g(x_p) = x_p(x_p + 1)\ln\big(1 + (1/x_p)\big) - x_p$. Ferner zeige man, dass g streng konkav ist, und berechne x_p mit dem Newton-Verfahren bis auf einen Fehler $\leq 10^{-6}$ als Nullstelle von $g(x) - p$ für $p = 0{,}05 \cdot k$, $k = 1, \ldots, 9$.

Aufgabe 2.6.7 Für $n \in \mathbb{N}^*$ sei $g_n : \mathbb{R} \to \mathbb{R}$ die Funktion

$$g_n(x) := 1 + x + \frac{x^2}{2} + \cdots + \frac{x^n}{n},$$

die durch Stutzen der Potenzreihenentwicklung von $1 + \ln(1 - x)$ um 0 gewonnen wird. Es ist $g_n'(x) = (x^n - 1)/(x - 1)$.

a) Sei n ungerade. Dann ist die Funktion g_n streng monoton wachsend und besitzt genau eine Nullstelle x_n. Dafür gilt $-2 < x_n \leq -1$ und $x_n < x_{n+2}$ bei $n \geq 5$. (Es ist dann nämlich $g_n(-(n+2)/(n+1)) > 0$, also $x_n < -(n+2)/(n+1)$, woraus $g_{n+2}(x_n) = x_n^{n+1}(1/(n+1) + x_n/(n+2)) < 0$ folgt.) Die Folge (x_{2m+1}) konvergiert also. Man zeige: $\lim x_{2m+1} = -1$. (Es ist $0 < g_{2m+1}(x) < 1/2$ für alle $x \in \,]x_{2m+1}, -1[$ und alle $m \geq 1$. Wäre $x_{2m+1} \leq -(1+\varepsilon)$ für alle m mit einem $\varepsilon > 0$, so wäre nach dem Mittelwertsatz $g_{2m+1}(x_{2m+1} + (\varepsilon/2))$ unbeschränkt.)
b) Bei geradem n besitzt g_n genau eine lokale Extremstelle, und zwar im Punkt $x = -1$. Dabei handelt es sich um ein globales Minimum; g_n besitzt bei geradem n keine Nullstelle.
c) Bei geradem n ist g_n konvex.
d) Bei ungeradem $n \geq 3$ gibt es ein w_n mit $-1 < w_n < 0$, so dass g_n in $]-\infty, w_n]$ konkav und in $[w_n, \infty[$ konvex ist.
e) Für $n = 3, 5, 7, 9$ berechne man x_n aus Teil a) (bzw. w_n aus Teil d)) mit dem Newton-Verfahren bis auf einen Fehler $\leq 10^{-6}$.

Aufgabe 2.6.8 Für $n \in \mathbb{N}^*$ sei $g_n \colon \mathbb{R} \to \mathbb{R}$ die gestutzte Exponentialreihe

$$g_n(x) := 1 + \frac{x}{1!} + \frac{x^2}{2!} + \cdots + \frac{x^n}{n!}.$$

a) Bei geradem n hat g_n keine Nullstelle. (Man diskutiere die Funktion $g_n(x)e^{-x}$ oder beachte einfach, dass $g_n' = g_{n-1}$ in jeder Nullstelle negativ wäre.)
b) Bei ungeradem n ist g_n streng monoton wachsend und besitzt genau eine Nullstelle x_n. Es ist $-n \leq x_n \leq -1$ und $x_{n+2} < x_n$. Außerdem ist $\lim x_{2m+1} = -\infty$. (Man beachte $\lim_{n\to\infty} g_n(x) = e^x$.)
c) Bei geradem n ist g_n konvex.
d) Bei ungeradem $n \geq 3$ ist g_n in $]-\infty, x_{n-2}]$ konkav und in $[x_{n-2}, \infty[$ konvex.
e) Man berechne die x_n aus Teil b) mit dem Newton-Verfahren (Startwert z. B. gleich $-n$) bis auf einen Fehler $\leq 10^{-6}$ für $n = 3, 5, 7, 9$.

Aufgabe 2.6.9 Sei $\alpha \in \mathbb{R}$, $0 < \alpha < 1$, fest. Für jedes $n \in \mathbb{N}$ sei $g_n \colon \mathbb{R} \to \mathbb{R}$ die Funktion

$$g_n(x) := 1 + \frac{x}{1!} + \frac{x^2}{2!} + \cdots + \frac{x^n}{n!} - \alpha e^x.$$

a) Für jedes n hat g_n genau eine positive Nullstelle x_n. (In jeder positiven Nullstelle von g_n ist die Ableitung $g_n' = g_{n-1} = g_n - x^n/n!$ negativ. Dabei sei $g_{-1} := -\alpha e^x$.) Es ist $x_n < x_{n+1}$ und $\lim x_n = \infty$.
b) Bei geradem n hat g_n keine negative Nullstelle. (Man schließe im Intervall $]-\infty, 0]$ wie bei Aufg. 2.6.8 a).) Für jedes ungerade n ist g_n in $]-\infty, 0]$ streng monoton steigend und besitzt genau eine negative Nullstelle y_n. Es ist $y_{n+2} < y_n$ und $\lim y_{2m+1} = -\infty$.

Abb. 2.37 Kombination von
Regula falsi und Newton-
Verfahren

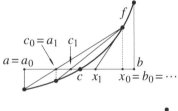

Abb. 2.38 Vereinfachtes
Newton-Verfahren

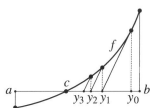

c) Bei ungeradem n besitzt g_n genau ein lokales Extremum, und zwar in x_{n-1}. Dabei handelt es sich um das globale Maximum von g_n.

d) Bei geradem $n \geq 2$ besitzt g_n genau zwei lokale Extrema, und zwar ein lokales Minimum in y_{n-1} und ein lokales Maximum in x_{n-1}.

e) Bei ungeradem $n \geq 3$ ist g_n in $]-\infty, y_{n-2}]$ konkav, in $[y_{n-2}, x_{n-2}]$ konvex und in $[x_{n-2}, \infty[$ konkav. Für gerades $n \geq 2$ ist g_n in $]-\infty, x_{n-2}]$ konvex und in $[x_{n-2}, \infty[$ konkav.

f) Man berechne mit dem Newton-Verfahren die Werte x_n aus Teil a) und bei ungeradem n die Werte y_n aus Teil b) für $0 \leq n \leq 9$ und $\alpha = 0{,}01; 0{,}05; 0{,}1; 0{,}5$.

Aufgabe 2.6.10 In jeder der im Anschluss an den Beweis von Satz 2.6.1 besprochenen Situationen (1) bis (4) liefert die Folge (c_n), die gemäß der Regula falsi aus Beispiel 3.8.26 in [14] konstruiert wird, zusammen mit der Newton-Folge (x_n) eine Intervallschachtelung für die Nullstelle c von f. Dabei wähle man den Startwert x_0 des Newton-Verfahrens als einen der Randpunkte des Ausgangsintervalls für die Regula falsi, vgl. Abb. 2.37. (Um sichere Abschätzungen für die Nullstellen zu bekommen, kombiniert man gern die Regula falsi mit dem Newton-Verfahren.)

Aufgabe 2.6.11 (Vereinfachtes Newton-Verfahren) In jeder der Situationen (1) bis (4), die im Anschluss an den Beweis von Satz 2.6.1 beschrieben wurden, konvergiert auch die rekursiv definierte Folge (y_n) mit $y_0 = x_0$ und $y_{n+1} = y_n - f(y_n)/f'(y_0)$ monoton gegen die Nullstelle c von f in $[a, b]$, vgl. Abb. 2.38. (Dabei ist die Konvergenz im Allgemeinen nur linear. Der Vorteil dieses sogenannten **vereinfachten Newton-Verfahrens** ist, dass die Ableitung von f nur an der Stelle $y_0 = x_0$ berechnet zu werden braucht.)

Aufgabe 2.6.12 (Unkonditionierte Regula falsi) Sei $f : [a, b] \to \mathbb{R}$ eine zweimal differenzierbare Funktion mit $f(a)f(b) < 0$. f' habe keine Nullstelle in $[a, b]$, und f'' sei dort beschränkt. Ferner sei c die (einzige) Nullstelle von f in $]a, b[$. Das Newton-

Verfahren wählt zu einer Approximation $x_0 \in [a, b]$ der Nullstelle c die Nullstelle der Tangente an den Graphen von f in $(x_0, f(x_0))$ als Verbesserung. Hier sei ähnlich wie bei der Regula falsi die Nullstelle x_2 der Sekante durch zwei verschiedene Punkte $(x_0, f(x_0))$ und $(x_1, f(x_1))$ des Graphen als Verbesserung gewählt, $x_0, x_1 \in [a, b]$. Die Vorzeichen der beiden Werte $f(x_0)$ und $f(x_1)$ brauchen *nicht* verschieden zu sein.[20] Dann gilt $x_2 = (x_0 f(x_1) - x_1 f(x_0))/(f(x_1) - f(x_0))$ und (bei $x_0, x_1 \neq c$)

$$x_2 - c = \frac{f(x_1)/(x_1 - c) - f(x_0)/(x_0 - c)}{f(x_1) - f(x_0)} \cdot (x_1 - c)(x_0 - c) = \frac{f''(\xi)}{2 f'(\xi)}(x_1 - c)(x_0 - c)$$

mit einem $\xi \in [a, b]$. (Man benutze z. B. den Zweiten Mittelwertsatz 2.3.13 und die Taylor-Formel 2.8.4 für $n = 2$.) Es ist also $|x_2 - c| \leq C |x_1 - c||x_0 - c|$ mit einer Konstanten C. Ist somit $\delta := \text{Max} \left(|x_1 - c|, |x_0 - c|\right)$ klein genug und insbesondere $C\delta < 1$, d. h. liegen die Anfangswerte x_0, x_1 nahe genug an der gesuchten Nullstelle c, so ist die Rekursion

$$x_{n+1} = \frac{x_{n-1} f(x_n) - x_n f(x_{n-1})}{f(x_n) - f(x_{n-1})}, \quad n \geq 1,$$

wohldefiniert (Man stoppt, wenn $f(x_n) = 0$ ist.) und liefert eine Folge $(x_n)_{n \in \mathbb{N}}$ in $[a, b]$ mit

$$|x_n - c| \leq C^{\mathsf{F}_{n+1} - 1} \delta^{\mathsf{F}_{n+1}} \sim C^{-1} \varepsilon^{\Phi^{n+1}}, \quad n \in \mathbb{N}, \quad \varepsilon := (C\delta)^{1/\sqrt{5}},$$

die gegen die Nullstelle c konvergiert. (Induktion über n. Die F_n sind die durch $\mathsf{F}_0 = \mathsf{F}_1 = 1$ und $\mathsf{F}_{n+2} = \mathsf{F}_{n+1} + \mathsf{F}_n$, $n \in \mathbb{N}$, definierten Fibonacci-Zahlen.) Man spricht auch hier von $\Phi = (1 + \sqrt{5})/2$ als der Konvergenzordnung, obschon die Bedingung hierfür nicht ganz erfüllt ist. Man verfolge die Vorzeichen der Fehler $x_n - c$ bei dieser unkonditionierten Regula falsi in Abhängigkeit von der Lage der Ausgangsnäherungen x_0, x_1 etwa in den im Anschluss an den Beweis von Satz 2.6.1 angegebenen Fällen (1) bis (4).

2.7 Differenzieren von Funktionenfolgen

Sei $I \subseteq \mathbb{R}$ ein Intervall und V ein $\mathbb{R}$-Banach-Raum. Eine (punktweise) konvergente Folge differenzierbarer Funktionen $f_n : I \to V$, $n \in \mathbb{N}$, hat im Allgemeinen nicht wieder eine differenzierbare Grenzfunktion. Diese braucht nicht einmal stetig zu sein. Liegt gleichmäßige Konvergenz vor, so ist die Grenzfunktion nach Satz 1.1.4 zwar stetig, aber in der Regel nicht differenzierbar. Selbst wenn die Grenzfunktion differenzierbar ist, besteht im Allgemeinen noch kein Zusammenhang zwischen der Ableitung der Grenzfunktion und der Folge $f_n' : I \to V$, $n \in \mathbb{N}$, der Ableitungen. So hat die wegen $|(\sin n^2 x)/n| \leq 1/n$ auf $\mathbb{R}$ gleichmäßig gegen die Nullfunktion konvergierende Funktionenfolge $(\sin n^2 x)/n$, $n \geq 1$, die Folge $n \cos n^2 x$, $n \geq 1$, als Folge der Ableitungen, die beispielsweise nicht in 0 (ja sogar in keinem Punkt von $\mathbb{R}$) konvergiert. Es gilt aber:

---

[20] Daher spricht man von der **unkonditionierten Regula falsi**.

Satz 2.7.1 *Sei V ein $\mathbb{R}$- bzw. $\mathbb{C}$-Banach-Raum und $D \subseteq \mathbb{R}$ ein Intervall in $\mathbb{R}$ bzw. ein Gebiet in $\mathbb{C}$. Die Folge $f_n : D \to V$, $n \in \mathbb{N}$, differenzierbarer Funktionen und der fest gewählte Punkt $x_0 \in D$ mögen folgende Bedingungen erfüllen:*

(1) *Die Folge $f_n(x_0)$, $n \in \mathbb{N}$, konvergiert.*
(2) *Die Folge f_n', $n \in \mathbb{N}$, der Ableitungen konvergiert lokal gleichmäßig auf D.*

Dann konvergiert die Folge f_n, $n \in \mathbb{N}$, ebenfalls lokal gleichmäßig auf D, und die Grenzfunktion $f = \lim_{n \to \infty} f_n : D \to V$ ist differenzierbar mit Ableitung $f' = \lim_{n \to \infty} f_n'$.

Beweis Wir können zum Beweis annehmen, dass D beschränkt und konvex ist und dass die Folge f_n', $n \in \mathbb{N}$, auf D gleichmäßig konvergiert. Im reellen Fall ist das klar. Im komplexen Fall ergibt sich dies aus folgender Überlegung: Sei $x \in D$ beliebig. Dann existieren endliche Folgen $x_0, \ldots, x_m \in D$ und $r_0, \ldots, r_m \in \mathbb{R}_+^\times$ derart, dass $\overline{B}(x_i; r_i) \subseteq D$, $i = 0, \ldots, m$, ist und $B(x_i; r_i) \cap B(x_{i+1}; r_{i+1}) \neq \emptyset$, $i = 0, \ldots m - 1$, sowie $x \in B(x_m; r_m)$ gilt.

Sei also D konvex und beschränkt, und f_n', $n \in \mathbb{N}$, auf D gleichmäßig konvergent. Indem wir zur Folge $\big(f_n - f_n(x_0)\big)$ übergehen, können wir außerdem annehmen, dass $f_n(x_0) = 0$ ist für alle $n \in \mathbb{N}$. Ferner sei $L \in \mathbb{R}_+^\times$ so gewählt, dass $|x - y| \leq L$ ist für alle $x, y \in D$. Wir zeigen zunächst, dass die Folge (f_n) gleichmäßig auf D konvergiert. Sei dazu $\varepsilon > 0$ vorgegeben. Es gibt ein $n_0 \in \mathbb{N}$ mit $\| f_n' - f_m' \|_D \leq \varepsilon / L$ für alle $n, m \geq n_0$. Dann gilt für ein beliebiges $x \in D$ und diese n, m nach dem allgemeinen Mittelwertsatz 2.3.7

$$\| f_n(x) - f_m(x) \| = \| (f_n - f_m)(x) - (f_n - f_m)(x_0) \| \leq \| (f_n' - f_m')(c) \| \, |x - x_0|$$
$$\leq \frac{\varepsilon}{L} L = \varepsilon,$$

wobei c ein Punkt auf der Strecke $[x_0, x]$ ist. Nach dem Cauchy-Kriterium folgt die gleichmäßige Konvergenz von (f_n) gegen eine Grenzfunktion f.

Sei jetzt $a \in D$ beliebig. Dann gibt es stetige Funktionen r_n auf D mit $r_n(a) = 0$ und

$$f_n(x) = f_n(a) + f_n'(a)(x - a) + r_n(x)(x - a).$$

Die $r_n(x) = (f_n(x) - f_n(a))/(x - a) - f_n'(a)$, $x \neq a$, konvergieren auf $D - \{a\}$ gleichmäßig gegen eine Funktion r. Nach dem Mittelwertsatz gilt nämlich für ein vorgegebenes $\varepsilon > 0$

$$\| r_n(x) - r_m(x) \| \leq \| (f_n' - f_m')(\widetilde{c}) \| + \| f_n'(a) - f_m'(a) \| \leq \varepsilon,$$

falls n, m hinreichend groß sind. Dabei ist $\widetilde{c}$ ein Punkt auf der Strecke $[a, x]$. Nach Satz 1.1.4 ist auch $r := \lim_{n \to \infty} r_n$ stetig mit $r(a) = 0$, und es gilt

$$f(x) = f(a) + \Big(\lim_{n \to \infty} f_n'(a) \Big)(x - a) + r(x)(x - a),$$

d. h. f ist in a differenzierbar mit der Ableitung $f'(a) = \lim f_n'(a)$. $\qquad \square$

Als Spezialfall erhält man aus Satz 2.7.1 noch einmal die Aussage 2.1.13 über das gliedweise Differenzieren einer konvergenten Potenzreihe, da die Reihen $\sum a_n(x-a)^n$ und $\sum n a_n(x-a)^{n-1}$ denselben Konvergenzradius haben und eine Potenzreihe in ihrem Konvergenzkreis lokal gleichmäßig konvergiert.

Wir erinnern daran, dass komplex-differenzierbare Funktionen komplex-analytisch sind, vgl. Bd. 5. In diesem Fall gilt der folgende Satz, der – wie die Beispiele am Anfang dieses Abschnitts zeigen – kein Analogon im Reellen hat:

Satz 2.7.2 *Sei V ein $\mathbb{C}$-Banach-Raum und $D \subseteq \mathbb{C}$ eine offene Menge in $\mathbb{C}$. Konvergiert die Folge $f_n \colon D \to V$, $n \in \mathbb{N}$, holomorpher Funktionen lokal gleichmäßig auf D, so gilt dies auch für die Folge f_n', $n \in \mathbb{N}$, der Ableitungen. Die Grenzfunktion $f = \lim f_n$ ist ebenfalls komplex-analytisch, und es gilt $f' = \lim f_n'$.*

Beweis Dass f holomorph ist, wissen wir bereits aus Satz 1.3.10, vgl. auch Bemerkung 1.3.11. Die Gleichung $\lim f_n' = f'$ folgt dann aus Satz 2.7.1. Wir haben also nur zu zeigen, dass die Folge (f_n') lokal gleichmäßig konvergiert.

Sei $x_0 \in D$, $\overline{\mathrm{B}}(x_0; R) \subseteq D$ eine kompakte Kreisscheibe in D mit $R > 0$ und $0 < r < R$. Nach Satz 1.3.9 (und Bemerkung 1.3.11) konvergieren die Potenzreihenentwicklungen $f_n(x) = \sum a_{nk}(x-x_0)^k$ auf $\overline{\mathrm{B}}(x_0; R)$. Sei $\varepsilon > 0$ vorgegeben und $\|f_m(x) - f_n(x)\| \le \varepsilon$ für $m, n \ge n_0$ auf $\overline{\mathrm{B}}(x_0; R)$. Die Cauchyschen Ungleichungen 1.2.9 liefern dann die Abschätzungen $\|a_{mk} - a_{nk}\| \le \varepsilon/R^k$. Für $m, n \ge n_0$ und $|x - x_0| \le r$ folgt wegen $\sum_{k>0} k t^{k-1} = 1/(t-1)^2$, $|t| < 1$,

$$\|f_m'(x) - f_n'(x)\| \le \sum_{k>0} k \|a_{mk} - a_{nk}\| \, |x - x_0|^{k-1} \le \sum_{k>0} \frac{k\varepsilon}{R^k} r^{k-1} = \frac{\varepsilon R}{(R-r)^2}.$$

Dies ergibt die gleichmäßige Konvergenz von (f_n') auf $\overline{\mathrm{B}}(x_0; r)$. $\qquad\square$

Beispiel 2.7.3 Wir betrachten als Beispiel zu Satz 2.7.1 die Reihe

$$\sum_{n=1}^{\infty} \frac{\cos nt}{n^2},$$

die auf dem Intervall $[0, 2\pi]$ wegen $\|(\cos nt)/n^2\|_{[0,2\pi]} = 1/n^2$ gleichmäßig konvergiert und deshalb eine stetige Summe f hat, die wir bestimmen wollen. Die gliedweise differenzierte Reihe $-\sum_{n=1}^{\infty} (\sin nt)/n$ konvergiert nach Satz 2.2.6 in jedem Intervall $[\varepsilon, 2\pi - \varepsilon]$, $0 < \varepsilon < \pi$, gleichmäßig gegen $\frac{1}{2}(t - \pi)$. Gemäß Satz 2.7.1 ist f daher im offenen Intervall $]0, 2\pi[$ differenzierbar mit der Ableitung $f'(t) = \frac{1}{2}(t - \pi)$. Da dies auch die Ableitung von $\frac{1}{4}(t - \pi)^2$ ist, gibt es eine Konstante c mit $f(t) = \frac{1}{4}(t - \pi)^2 + c$ für alle $t \in {}]0, 2\pi[$. Aus Stetigkeitsgründen gilt diese Gleichung auch noch in den Randpunkten 0 und 2π des Intervalls. Man erhält

$$\sum_{n=1}^{\infty}\frac{1}{n^2}=f(0)=\frac{\pi^2}{4}+c,\quad \sum_{n=1}^{\infty}\frac{(-1)^n}{n^2}=f(\pi)=c$$

und daraus durch Addition

$$2c+\frac{\pi^2}{4}=\sum_{n=1}^{\infty}\frac{2}{(2n)^2}=\frac{1}{2}\sum_{n=1}^{\infty}\frac{1}{n^2}=\frac{\pi^2}{8}+\frac{c}{2},$$

also $c=-\pi^2/12$ und somit

$$\sum_{n=1}^{\infty}\frac{\cos nt}{n^2}=\frac{1}{4}(t-\pi)^2-\frac{\pi^2}{12},\quad t\in[0,2\pi].$$

Setzt man in dieser Formel $t=0$, so bekommt man die Eulersche Formel

$$\zeta(2)=\sum_{n=1}^{\infty}\frac{1}{n^2}=\frac{\pi^2}{6},$$

die wir auch schon als Folgerung aus der Produktdarstellung des Sinus in Beispiel 1.1.10 erhalten haben. Zu Verallgemeinerungen siehe Aufg. 2.7.3 b) oder Beispiel 3.7.7.   ◇

Die Sätze 2.7.1 und 2.7.2 lassen sich natürlich auf summierbare Familien von Funktionen übertragen:

Satz 2.7.4 *Sei V ein $\mathbb{R}$- bzw. $\mathbb{C}$-Banach-Raum und $D\subseteq\mathbb{R}$ ein Intervall in $\mathbb{R}$ bzw. ein Gebiet in $\mathbb{C}$. Die Familie $f_i\colon D\to V$, $i\in I$, differenzierbarer Funktionen und der Punkt $x_0\in D$ mögen folgende Voraussetzungen erfüllen:*

(1) *Die Summe $\sum_{i\in I}f_i(x_0)$ existiert auf D.*
(2) *Die Familie f_i', $i\in I$, der Ableitungen ist lokal gleichmäßig summierbar auf D.*

Dann ist die Familie f_i, $i\in I$, ebenfalls lokal gleichmäßig summierbar, und die Summe $f:=\sum_{i\in I}f_i$ ist differenzierbar mit Ableitung $f'=\sum_{i\in I}f_i'$.

Satz 2.7.5 *Sei V ein $\mathbb{C}$-Banach-Raum und $D\subseteq\mathbb{C}$ eine offene Menge in $\mathbb{C}$. Die Familie $f_i\colon D\to V$ holomorpher Funktionen sei lokal gleichmäßig summierbar. Dann ist auch die Familie f_i', $i\in I$, der Ableitungen lokal gleichmäßig summierbar auf D, und es gilt*

$$\Big(\sum_{i\in I}f_i\Big)'=\sum_{i\in I}f_i'.$$

Beispiel 2.7.6 (Weierstraßsche $\wp$-Funktionen) Sei $\Gamma := \{a + bi \mid a, b \in \mathbb{Z}\}$ das sogenannte **Standardgitter** in $\mathbb{C}$. Auf dem Gebiet $G := \mathbb{C} - \Gamma \subseteq \mathbb{C}$ sind die Familien $z \mapsto (z - w)^{-n}$, $w \in \Gamma$, holomorpher Funktionen bei $n \in \mathbb{N}$, $n \geq 3$, lokal gleichmäßig summierbar (vgl. Aufg. 1.2.6). Für $n \geq 3$ sei

$$F_n(z) := \sum_{w \in \Gamma} \frac{1}{(z-w)^n} = \frac{1}{z^n} + G_n(z) \quad \text{mit} \quad G_n(z) := \sum_{w \in \Gamma^*} \frac{1}{(z-w)^n}, \ \Gamma^* := \Gamma - \{0\}.$$

Nach Satz 2.7.4 und wegen $\left((z-w)^{-n}\right)' = -n(z-w)^{-(n+1)}$ ist dann F_n auf G komplex-analytisch mit Ableitung $F_n' = -nF_{n+1}$, $n \geq 3$. Da ferner

$$G_2(z) := \sum_{w \in \Gamma^*} \left(\frac{1}{(z-w)^2} - \frac{1}{w^2}\right)$$

für $z = 0$ die Summe 0 hat, gilt für die ebenfalls holomorphe Funktion

$$\wp(z) := F_2(z) := \frac{1}{z^2} + \sum_{w \in \Gamma^*} \left(\frac{1}{(z-w)^2} - \frac{1}{w^2}\right) = \frac{1}{z^2} + G_2(z)$$

auf G – wiederum nach Satz 2.7.4 – analog $\wp' = F_2' = -2F_3$.

Jedes $w \in \Gamma$ ist trivialerweise eine Periode der Funktionen F_n, $n \geq 3$: *Dies gilt auch noch* – was nicht ganz selbstverständlich ist – *für die Funktion* $\wp$:

$$\wp(z + w) = \wp(z) \quad \text{für alle } z \in G \text{ und } w \in \Gamma.$$

Beweis Es genügt, die Behauptung für die $w \in \Gamma$ mit $w/2 \notin \Gamma$ zu zeigen. Sei w solch ein Gitterpunkt. Wegen

$$\frac{d}{dz}\big(\wp(z+w) - \wp(z)\big) = -2\big(F_3(z+w) - F_3(z)\big) = 0$$

ist $\wp(z+w) - \wp(z)$ nach Korollar 2.3.6 auf G konstant. Für $z_0 := -w/2 \in G$ ist aber

$$\wp(z_0 + w) - \wp(z_0) = \wp(+w/2) - \wp(-w/2) = 0,$$

da $\wp$ trivialerweise eine gerade Funktion ist: $\wp(z) = \wp(-z)$ für alle $z \in G$. $\qquad\square$

Zwischen der Funktion $\wp = F_2$ und ihrer Ableitung $\wp' = -2F_3$ besteht ein einfacher algebraischer Zusammenhang: In einer Umgebung von 0 ist

$$\wp(z) = \frac{1}{z^2} + G_2(z) = \frac{1}{z^2} + \sum_{k=1}^{\infty} c_k z^{2k} = \frac{1}{z^2} + c_1 z^2 + c_2 z^4 + \cdots,$$

da $G_2(z)$ eine gerade analytische Funktion ist, die im Nullpunkt verschwindet. *Insbeson- dere ist $\wp$ in 0 und damit in allen Gitterpunkten aus Γ meromorph mit Polstellenordnung 2 und F_n, $n \geq 3$, in allen Punkten $w \in \Gamma$ meromorph mit Polstellenordnung n.* Der Konvergenzradius der Potenzreihenentwicklung von $G_2(z)$ um 0 ist nach Satz 1.3.9 das Minimum Min $(|\omega|, \omega \in \Gamma^*)$. Wegen $G_2^{(2k)}(z) = (2k + 1)! G_{2k+2}(z)$ ist nach der Taylor- Formel 2.1.18

$$c_k = \frac{G_2^{(2k)}(0)}{(2k)!} = (2k+1)G_{2k+2}(0) = (2k+1) \sum_{w \in \Gamma^*} \frac{1}{w^{2k+2}}, \quad k \in \mathbb{N}^*.$$

Diese Darstellungen der Koeffizienten c_k, heißen **Eisenstein-Reihen** (nach G. Eisenstein (1823–1852)). Aus

$$\wp'^2 = \frac{1}{z^6}(-2 + 2c_1 z^4 + 4c_2 z^6 + \cdots)^2 = \frac{1}{z^6}(4 - 8c_1 z^4 - 16c_2 z^6 + \cdots),$$

$$\wp^3 = \frac{1}{z^6}(\ 1 + \ c_1 z^4 + \ c_2 z^6 + \cdots)^3 = \frac{1}{z^6}(1 + 3c_1 z^4 + \ 3c_2 z^6 + \cdots),$$

$$\wp \ = \qquad\qquad\qquad\qquad = \frac{1}{z^6}(\qquad z^4 + \ 0 \cdot z^6 + \cdots)$$

folgt direkt, dass die Funktion $H := \wp'^2 - 4\wp^3 + 20c_1\wp + 28c_2$ in einer Umgebung des Nullpunktes durch eine Potenzreihe ohne konstanten Term dargestellt wird, sich also in den Nullpunkt hinein holomorph fortsetzen lässt. Da die Funktion H überdies wie $\wp$ und $\wp'$ alle $w \in \Gamma$ als Perioden besitzt, ist H einerseits auf ganz $\mathbb{C}$ komplex-ana- lytisch fortsetzbar und nimmt andererseits bereits auf dem kompakten Einheitsquadrat $\{a + bi \mid 0 \leq a \leq 1, 0 \leq b \leq 1\}$ alle Werte an. Insbesondere hat die Funktion $|H|$ dort ein absolutes Maximum. Nach dem Maximumprinzip 1.3.4 ist H dann konstant, und zwar identisch 0 wegen $H(0) = 0$. Wir haben bewiesen:

Satz 2.7.7 *Die Funktion*

$$\wp(z) = \frac{1}{z^2} + \sum_{w \in \Gamma^*} \left(\frac{1}{(z-w)^2} - \frac{1}{w^2} \right)$$

erfüllt die Differenzialgleichung

$$\wp'^2 - 4\wp^3 + 20c_1\wp + 28c_2 = 0 \quad mit \quad c_1 := 3 \sum_{w \in \Gamma^*} \frac{1}{w^4}, \ c_2 := 5 \sum_{w \in \Gamma^*} \frac{1}{w^6}.$$

Satz 2.7.7 gilt offenbar ganz analog für die Funktion

$$\wp_\Gamma(z) = \frac{1}{z^2} + \sum_{w \in \Gamma^*} \left(\frac{1}{(z-w)^2} - \frac{1}{w^2} \right),$$

wobei $\Gamma := \{aw_1 + bw_2 \mid a, b \in \mathbb{Z}\} = \mathbb{Z}w_1 + \mathbb{Z}w_2$ ein beliebiges Gitter vom Rang 2 in $\mathbb{C}$ ist, das von zwei Zahlen $w_1, w_2 \in \mathbb{C}^\times$ erzeugt wird, deren Quotient nicht reell

Abb. 2.39 Gitter Γ in $\mathbb{C}$, das von w_1, w_2 erzeugt wird

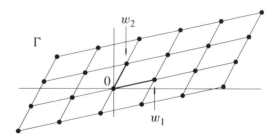

ist, die also linear unabhängig über $\mathbb{R}$ *sind,* vgl. Abb. 2.39. $\wp_\Gamma$ heißt die **Weierstraßsche $\wp$-Funktion** zum Gitter Γ.

Beim zu Beginn betrachteten Standardgitter $\Gamma = \mathbb{Z} + \mathbb{Z}\mathrm{i}$ *ist* $c_2 = 0$. Für dieses Gitter Γ durchlaufen nämlich mit w auch die Zahlen $\mathrm{i}w$ ganz $\Gamma^* = \Gamma - \{0\}$, und somit ist

$$c_2 = 5 \sum_{w \in \Gamma^*} \frac{1}{w^6} = 5 \sum_{w \in \Gamma^*} \frac{1}{(\mathrm{i}w)^6} = -c_2.$$

Überdies ist

$$c_1 = 3 \sum_{w \in \Gamma^*} \frac{1}{w^4} = 3 \sum_{w \in \Gamma^*} \frac{1}{\overline{w}^4} = \overline{c}_1$$

reell, da mit w auch die konjugierten Zahlen $\overline{w}$ ganz Γ^* durchlaufen. Die Weierstraßsche Funktion $\wp$ für das Standardgitter erfüllt also die Differenzialgleichung

$$\wp'^2 - 4\wp^3 + 20 c_1 \wp = 0, \quad c_1 = 3 \sum_{\substack{w \in \mathbb{Z} + \mathbb{Z}\mathrm{i} \\ w \neq 0}} w^{-4} \in \mathbb{R}.$$

Die Koeffizienten c_1 *und* c_2 *sind offenbar reell für alle sogenannten* **Rechteckgitter**

$$\Gamma_{\alpha,\beta} := \{a\alpha + b\beta\mathrm{i} \mid a,b \in \mathbb{Z}\} = \mathbb{Z}\alpha + \mathbb{Z}\mathrm{i}\beta, \quad \alpha, \beta \in \mathbb{R}_+^\times.$$

Beim **hexagonalen Gitter** $\Gamma := \mathbb{Z} + \mathbb{Z}\zeta_3 = \mathbb{Z} + \mathbb{Z}\zeta_6$, das von 1 und der dritten (oder auch sechsten) primitiven Einheitswurzel $\zeta_3 = \frac{1}{2}(-1 + \sqrt{3})$ (bzw. $\zeta_6 = \zeta_3 + 1$) erzeugt wird, ist $c_1 = 0$ und c_2 reell wegen

$$c_1 = 3 \sum_{w \in \Gamma^*} \frac{1}{w^4} = 3 \sum_{w \in \Gamma^*} \frac{1}{(\zeta_3 w)^4} = \frac{3}{\zeta_3} \sum_{w \in \Gamma^*} \frac{1}{w^4} = \frac{c_1}{\zeta_3}$$

und $c_2 = 5 \sum_{w \in \Gamma^*} w^{-6} = 5 \sum_{w \in \Gamma^*} \overline{w}^{-6} = \overline{c}_2$. (Man beachte $\Gamma = \zeta_3 \Gamma = \overline{\Gamma}$.)

Wegen $\wp_{\lambda\Gamma}(z) = \lambda^{-2} \wp_\Gamma(z/\lambda)$ für jede komplexe Zahl $\lambda \neq 0$ genügt es übrigens, von zwei Gittern Γ und $\lambda\Gamma = \{\lambda w \mid w \in \Gamma\}$, die durch eine Drehstreckung auseinander hervorgehen, nur eines zu betrachten. So kann man etwa annehmen, dass von den beiden erzeugenden Elementen w_1 und w_2 von $\Gamma = \mathbb{Z}w_1 + \mathbb{Z}w_2$ eines das Einselement ist und

Abb. 2.40 Fundamentalbereich für Gitteräquivalenzklassen

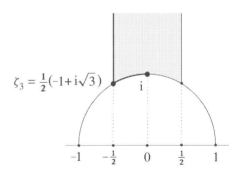

$$\zeta_3 = \tfrac{1}{2}(-1+i\sqrt{3})$$

alle Elemente $\neq 0$ aus Γ einen Betrag ≥ 1 haben. Ist dann $w_1 = 1$, so kann man w_2 in dem in Abb. 2.40 geschummerten Bereich einschließlich des fett markierten Teiles seines Randes wählen. w_2 ist dadurch eindeutig bestimmt. (Beweis?)

Die Weierstraßschen $\wp$-Funktionen hängen eng mit den elliptischen Integralen und Funktionen aus Abschn. 3.6 zusammen. Die Verwandtschaft zwischen der Differenzialgleichung $u'^2 = 1/(1 - x^2)(1 - k^2x^2)$ für das elliptische Integral u in Definition 3.6.1 und derjenigen der $\wp$-Funktion aus Satz 2.7.7 weist zum Beispiel darauf hin. (Man betrachte die Umkehrfunktion $x = x(u)$ mit $(dx/du)^2 = (1 - x^2)(1 - k^2x^2)$. Sie ist eine elliptische Funktion!) Wir kommen im Bd. 11 über Funktionentheorie auf diesen Zusammenhang ausführlich zu sprechen.

Für die einfacheren Summen $\sum_{k\in\mathbb{Z}}(z-k)^{-n}, n \geq 2$, und $z^{-1} + \sum_{k\in\mathbb{Z}^*}\left((z-k)^{-1} + k^{-1}\right)$ auf dem Gebiet $\mathbb{C} - \mathbb{Z}$ zum Gitter $\mathbb{Z} \subseteq \mathbb{C}$ vom Rang 1 verweisen wir auf Aufg. 2.7.3. $\diamond$

Beispiel 2.7.8 (Dirichlet-Reihen) Eine Reihe der Form

$$f(s) = \sum_{n=1}^{\infty} a_n n^{-s}$$

mit komplexen Koeffizienten $a_n \in \mathbb{C}$ heißt eine **(formale) Dirichlet-Reihe**. $f(s)$ heißt auch die Dirichlet-Reihe zur **zahlentheoretischen Funktion** $\mathbb{N}^* \to \mathbb{C}, n \mapsto a_n$. Um die unendliche Summe zu rechtfertigen, fassen wir die formale Dirichlet-Reihe f (ähnlich wie eine formale Potenzreihe) als Element des direkten Produkts $\prod_{n\in\mathbb{N}^*}\mathbb{C}n^{-s}$, versehen mit der Produkttopologie, auf, wobei jeder Faktor $\mathbb{C}n^{-s} \cong \mathbb{C}$ die diskrete Topologie trägt. Dirichlet-Reihen, bei denen fast alle Koeffizienten verschwinden, heißen **Dirichlet-Polynome**. Die Dirichlet-Polynome $n^{-s} = e^{-s\ln n}, n \in \mathbb{N}^*$, bilden eine $\mathbb{C}$-Basis des Raumes aller Dirichlet-Polynome (vgl. Aufg. 2.2.29 a)). Musterbeispiel einer Dirichlet-Reihe ist die Riemannsche Zeta-Funktion

$$\zeta(s) = \sum_{n=1}^{\infty} n^{-s}$$

zur konstanten zahlentheoretischen Funktion 1. Im Anschluss an B. Riemann (1826–1866) schreiben wir die komplexe Variable s in der Form $s = \sigma + it, \sigma = \Re s, t = \Im s$. Dann ist $n^{-s} = n^{-\sigma}n^{-it}$ und insbesondere $|n^{-s}| = n^{-\sigma}$. In diesem Beispiel bezeichnet σ immer

Abb. 2.41 Konvergenzgebiet
$s_0 + W_\varphi$ einer Dirichlet-Reihe

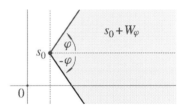

eine reelle Zahl. Dirichlet-Reihen spielen eine fundamentale Rolle in der Analytischen Zahlentheorie. Ihre Theorie weist viele Parallelen zur Theorie der Potenzreihen auf. Wie schon bei Potenzreihen besteht auch bei Dirichlet-Reihen die kaum zu vermeidende Zweideutigkeit in der Bezeichnung $f(s)$, die einmal die Funktionenreihe bezeichnet und das andere Mal auch ihren Wert $f(s) \in \mathbb{C}$, wenn $s \in \mathbb{C}$ zum Konvergenzbereich dieser Reihe gehört. Entscheidend für das Konvergenzverhalten einer Dirichlet-Reihe ist folgendes Lemma:

Lemma 2.7.9 *Konvergiert die Dirichlet-Reihe $f(s) = \sum a_n n^{-s}$ für $s = s_0 \in \mathbb{C}$, so konvergiert sie auf jedem Winkelbereich $s_0 + W_\varphi$, $W_\varphi := \{s \in \mathbb{C} \mid \sigma \geq 0, \,|\operatorname{Arg} s| \leq \varphi\}$, $0 < \varphi < \pi/2$, gleichmäßig, vgl. Abb. 2.41.*

Beweis Wegen $f(s) = \sum \widetilde{a}_n n^{-(s-s_0)}$, $\widetilde{a}_n := a_n n^{-s_0}$, können wir $s_0 = 0$ annehmen. Für $s \in W_\varphi - \{0\}$, $s = |s| e^{i\psi}$, $|\psi| \leq \varphi$, gilt $|s|/\sigma = |s|/|s| \cos\psi \leq 1/\cos\varphi$. Wir verwenden nun Abelsche partielle Summation, vgl. [14], Lemma 3.6.20, und erhalten für $n \geq m \geq 1$ mit $A_k := \sum_{j=m}^{k} a_j$, $k \geq m$,

$$\left| \sum_{k=m}^{n} a_k k^{-s} \right| = \left| \sum_{k=m}^{n-1} A_k \left(k^{-s} - (k+1)^{-s} \right) + A_n n^{-s} \right| \leq \sum_{k=m}^{n-1} |A_k| \, |(k^{-s} - (k+1)^{-s}| + |A_n| \, |n^{-s}|.$$

Es ist $|k^{-s} - (k+1)^{-s}| \leq (|s|/\sigma)(k^{-\sigma} - (k+1)^{-\sigma}) \leq (k^{-\sigma} - (k+1)^{-\sigma})/\cos\varphi$ nach Aufg. 1.4.14 b). Wegen der vorausgesetzten Konvergenz der Reihe $\sum a_n$ gibt es zu vorgegebenem $\varepsilon > 0$ ein n_0 mit $|A_k| \leq \varepsilon$ für alle $k \geq m$, falls $m \geq n_0$ ist. Für $m \geq n_0$ ergibt sich somit

$$\left| \sum_{k=m}^{n} a_k k^{-s} \right| \leq \frac{\varepsilon}{\cos\varphi} \sum_{k=m}^{n-1} (k^{-\sigma} - (k+1)^{-\sigma}) + \varepsilon n^{-\sigma} \leq \frac{\varepsilon}{\cos\varphi} m^{-\sigma} \leq \frac{\varepsilon}{\cos\varphi},$$

und das Cauchy-Kriterium liefert die behauptete gleichmäßige Konvergenz auf W_φ. $\square$

Wir können nun beweisen:

Satz 2.7.10 *Sei $f(s) = \sum_{n=1}^{\infty} a_n n^{-s}$ eine Dirichlet-Reihe. Dann gibt es ein $\alpha \in \overline{\mathbb{R}} = \mathbb{R} \uplus \{\pm\infty\}$ mit folgender Eigenschaft: Für jedes $s \in \mathbb{C}$ mit $\sigma > \alpha$ ist die Reihe $f(s)$ konvergent und für jedes $s \in \mathbb{C}$ mit $\sigma < \alpha$ ist $f(s)$ divergent. Auf der Halbebene $\{s \in \mathbb{C} \mid \sigma > \alpha\}$ konvergiert die Reihe $f(s)$ lokal gleichmäßig.*

Beweis Nach Lemma 2.7.9 hat das Infimum $\alpha \in \overline{\mathbb{R}}$ der σ_0, $\sigma_0 = \mathfrak{R}s_0$, $s_0 \in \mathbb{C}$, für die die Reihe $\sum_n a_n n^{-s_0}$ konvergiert, die im Satz geforderten Eigenschaften. $\qquad\square$

Die Zahl α in Satz 2.7.10 heißt die **Konvergenzabszisse** der Dirichlet-Reihe $\sum_{n=1}^{\infty} a_n n^{-s}$. Ist $\alpha < \infty$, so heißt die Reihe **konvergent**. Eine formale Dirichlet-Reihe, die nicht konvergent ist, heißt **divergent**. Die Konvergenzabszisse der Reihe $\sum_{n=1}^{\infty} |a_n|/n^s$ ist definitionsgemäß die **absolute Konvergenzabszisse** oder auch die **Summierbarkeits-abszisse** β von $\sum_{n=1}^{\infty} a_n/n^s$. Die Summierbarkeitsabszisse β ist das Infimum der $r \in \mathbb{R}$, für die die Familie $a_n n^{-s}$ in der Halbebene $\sigma \geq r$ normal summierbar ist, vgl. Aufg. 1.1.3. *Es ist*

$$\alpha \leq \beta \leq \alpha + 1.$$

Zum *Beweis* der zweiten Ungleichung sei $s \in \mathbb{C}$, $\sigma > \alpha+1$, und $s = s_0+r$ mit $\sigma_0 > \alpha$ und $r \in \mathbb{R}$, $r > 1$. Dann ist die Folge $|a_n n^{-s_0}| = |a_n|n^{-\sigma_0}$, $n \in \mathbb{N}^*$, beschränkt und die Reihe $\sum_{n=1}^{\infty} n^{-r}$ konvergent (mit Summe $\zeta(r)$). Folglich ist $\sum_n |a_n n^{-s}| = \sum_n |a_n n^{-s_0}|n^{-r}$ konvergent. $\qquad\square$

Beispielsweise hat die Dirichlet-Reihe $\sum_n (-1)^{n-1}n^{-s}$ die Konvergenzabszisse 0 und die Summierbarkeitsabszisse 1. (Es ist $\sum_n (-1)^{n-1}n^{-s} = (1 - 2^{1-s})\zeta(s)$ für $\sigma > 0$, vgl. [14], Aufg. 3.6.11 a).) Ist die Folge der Partialsummen von $\sum_n a_n n^{-\sigma_0}$ für ein $\sigma_0 \in \mathbb{R}$ beschränkt, so ist $\alpha \leq \sigma_0$ nach dem Dirichletschen Konvergenzkriterium 3.6.22 aus [14]. Allgemeiner folgt aus $\sum_{n=1}^{m} a_n n^{-\sigma_0} = O(m^{\tau_0})$ für ein $\sigma_0 \in \mathbb{R}$ und ein $\tau_0 \in \mathbb{R}_+$, dass $\alpha \leq \sigma_0 + \tau_0$ ist.

Sei $\alpha \in \mathbb{R}$ die Konvergenzabszissen der konvergenten Dirichlet-Reihe $f(s) = \sum_n a_n n^{-s}$. *Dann ist* $f(s)$ *nach Satz 2.7.2 holomorph auf der Halbebene* $\sigma > \alpha$ *mit der Ableitung*

$$f'(s) = -\sum_{n=1}^{\infty} (\ln n)a_n n^{-s},$$

die ebenfalls eine Dirichlet-Reihe ist. Insbesondere ist ihre Konvergenzabszisse gleich α, da sie aus trivialen Gründen nicht kleiner als α sein kann. Man beweist dies aber auch leicht direkt und kann dann mit Satz 2.7.1 schließen, dass f zumindest komplex-differenzierbar ist mit der angegebenen Ableitung.

Seien $f(s) = \sum_n a_n n^{-s}$ und $g(s) = \sum_n b_n n^{-s}$ Dirichlet-Reihen mit den absoluten Konvergenzabszissen β und γ. Für $s \in \mathbb{C}$ mit $\sigma > \text{Max}\,(\beta, \gamma)$ gilt dann mit dem großen Distributivgesetz 3.7.13 und dem großen Umordnungssatz 3.7.11 aus [14]

$$f(s)g(s) = \Big(\sum_{m\in\mathbb{N}^*} \frac{a_m}{m^s} \Big)\Big(\sum_{n\in\mathbb{N}^*} \frac{b_n}{n^s} \Big) = \sum_{m,n\in\mathbb{N}^*} \frac{a_m b_n}{(mn)^s} = \sum_{n\in\mathbb{N}^*} \frac{c_n}{n^s},$$

$$c_n := \sum_{d\,|\,n} a_d b_{n/d}, \; n \in \mathbb{N}^*.$$

Es ist also

$$f(s)g(s) = (fg)(s), \quad \sigma > \text{Max}\,(\beta, \gamma),$$

wobei die Dirichlet-Reihe fg die Faltung von f und g gemäß folgender Definition ist.

Definition 2.7.11 Seien $f(s) = \sum_n a_n n^{-s}$ und $g(s) = \sum_n b_n n^{-s}$ beliebige Dirichlet-Reihen. Dann heißt die Dirichlet-Reihe fg mit

$$(fg)(s) := \sum_{n \in \mathbb{N}^*} c_n n^{-s}, \quad c_n := \sum_{d \mid n} a_d b_{n/d}, \quad n \in \mathbb{N}^*,$$

die **(Dirichletsche) Faltung** oder auch einfach das **Produkt** von f und g.[21]

Wenn im Folgenden vom Produkt von Dirichlet-Reihen gesprochen wird, ist immer dieses formale Faltungsprodukt gemeint, das nach Obigem zusammenhängt mit dem Produkt der eventuell durch diese Reihen definierten holomorphen Funktionen. *Die Dirichlet-Reihen bilden mit der Addition und der Faltung eine kommutative $\mathbb{C}$-Algebra. Sie ist offenbar isomorph zur formalen Potenzreihenalgebra $\mathbb{C}[\![X_p, p \in \mathbb{P}]\!] = \prod_{\nu \in \mathbb{N}^{(\mathbb{P})}} \mathbb{C} X^\nu$ in dem durch die Menge $\mathbb{P}$ der Primzahlen indizierten, abzählbar unendlichen Unbestimmtentupel $X = (X_p)_{p \in \mathbb{P}}$*, vgl. [14], Abschnitt 2.9. Ein natürlicher Isomorphismus wird durch $\sum_{n \in \mathbb{N}^*} a_n n^{-s} \mapsto \sum_{n \in \mathbb{N}^*} a_n X^{\nu(n)}$ gegeben, wobei $\nu(n) = (\nu_p(n)) \in \mathbb{N}^{(\mathbb{P})}$ das Tupel der p-Exponenten von $n \in \mathbb{N}^*$ ist. Das Einselement ist das Dirichlet-Polynom $\varepsilon = 1$, das $a_1 = 1$ als einzigen von 0 verschiedenen Term hat. Der Unbestimmten X_p entspricht das Dirichlet-Polynom p^{-s}. *Die Algebra der (formalen) Dirichlet-Reihen lässt sich also auch über einem beliebigen kommutativen Grundring definieren. Die konvergenten Dirichlet-Reihen bilden eine $\mathbb{C}$-Unteralgebra der Algebra aller Dirichlet-Reihen über $\mathbb{C}$*; denn nach dem Bewiesenen ist die absolute Konvergenzabszisse von fg kleiner-gleich dem Maximum der absoluten Konvergenzabszissen von f und g. Die Ableitung $f'(s) = -\sum_n (\ln n) a_n n^{-s}$ definieren wir auch für eine formale Dirichlet-Reihe $\sum_n a_n n^{-s}$. Sie definiert eine Derivation der $\mathbb{C}$-Algebra der formalen Dirichlet-Reihen. (Ihr Negatives ist die Euler-Derivation zur Graduierung $\text{Grad}(n^{-s}) := \ln n$, $n \in \mathbb{N}^*$, der Algebra $\sum_{n \in \mathbb{N}^*}^{\oplus} \mathbb{C} n^{-s}$ der Dirichlet-Polynome.)

Proposition 2.7.12 *Für die konvergente Dirichlet-Reihe $f(s) = \sum_n a_n n^{-s}$ sei $a_n = 0$ für $n < m$ und $a_m \neq 0$. Dann gilt die asymptotische Darstellung*

$$f(s) \sim a_m m^{-s} \quad \text{für} \quad \sigma \to \infty.$$

Insbesondere gibt es ein $\sigma_0 \in \mathbb{R}$ mit $f(s) \neq 0$ für $\sigma \geq \sigma_0$.

---

[21] Für die zugehörigen zahlentheoretischen Funktionen $(a_n)_{n \in \mathbb{N}^*}$ und $(b_n)_{n \in \mathbb{N}^*}$ schreibt man das Faltungsprodukt $(c_n)_{n \in \mathbb{N}^*}$ meist in der Form $(a_n)_n * (b_n)_n$, um es von dem gewöhnlichen Produkt $(a_n b_n)_n$ zu unterscheiden.

Beweis Wir betrachten die Funktion $a_m^{-1} m^s f(s)$ und können annehmen, dass $m = 1$ und $a_1 = 1$ ist, und haben dann zu zeigen, dass $\lim_{\sigma \to \infty} f(s) = 1$ ist. Sei $\beta \in \mathbb{R}$ die absolute Konvergenzabszisse von f und $\varepsilon > 0$. Es gibt ein $n_0 \in \mathbb{N}^*$ mit $|\sum_{n \geq n_0} a_n n^{-s}| \leq \varepsilon$ für $\sigma \geq \beta + 1$ und dazu ein $\sigma_0 \in \mathbb{R}$ mit $|\sum_{n=2}^{n_0-1} a_n n^{-\sigma}| \leq \varepsilon$ für $\sigma \geq \sigma_0$. Ist $\sigma \geq$ Max $(\beta + 1, \sigma_0)$, so folgt nun $|f(s) - 1| \leq 2\varepsilon$. $\square$

Korollar 2.7.13 (Identitätssatz für Dirichlet-Reihen) *Sind die Dirichlet-Reihen* $f(s) = \sum_n a_n n^{-s}$ *und* $g(s) = \sum_n b_n n^{-s}$ *konvergent und gilt* $f(s_i) = g(s_i)$ *für eine Folge* s_i, $i \in \mathbb{N}$, *in* $\mathbb{C}$ *mit* $\lim_i \sigma_i = \infty$, *so ist* $a_n = b_n$ *für alle* $n \in \mathbb{N}^*$.

Eine formale Dirichlet-Reihe f ist eine Einheit bzgl der Faltung, wenn ihr konstanter Term a_1 eine Einheit, d. h. $\neq 0$ ist. Ist $a_1 = 1$, so ist nämlich ihr Inverses die geometrische Reihe $\sum_k (1 - f)^k$. Dass die Bedingung $a_1 \neq 0$ auch die Einheiten in der Algebra der konvergenten Dirichlet-Reihen charakterisiert, besagt der folgende Satz:

Satz 2.7.14 *Sei* f *eine konvergente Dirichlet-Reihe mit konstantem Term* $a_1 \neq 0$. *Dann ist auch die inverse Dirichlet-Reihe* f^{-1} *konvergent.*

Beweis Ohne Einschränkung sei $a_1 = 1$. Wegen $\psi(\sigma) := \sum_{n \geq 2} |a_n| n^{-\sigma} \xrightarrow{\sigma \to \infty} 0$, vgl. Proposition 2.7.12, gibt es ein $\sigma_0 \in \mathbb{R}$ mit $\psi(\sigma) \leq \psi(\sigma_0) < 1$ für $\sigma \geq \sigma_0$. Für $k \in \mathbb{N}^*$ ist $\left(\sum_{n \geq 2} a_n n^{-s} \right)^k = \sum_{n \geq 2} b_{n,k} n^{-s}$ mit $b_{n,k} = 0$ für $2k > n$. Wegen $\sum_{n \geq 2} |b_{n,k}| n^{-\sigma} \leq (\psi(\sigma))^k$ sind die Familien $b_{n,k} n^{-s}$, $(n, k) \in (\mathbb{N}^* - \{1\}) \times \mathbb{N}^*$, für $\sigma \geq \sigma_0$ summierbar, und wir erhalten dafür mit dem großen Umordnungssatz 3.7.11 aus [14] und $b_n := \sum_{k=1}^{[n/2]} (-1)^k b_{n,k}$, $n \geq 2$,

$$
\frac{1}{f(s)} = \frac{1}{1 - (1 - f(s))} = \sum_{k=0}^{\infty} (1 - f(s))^k = 1 + \sum_{k=1}^{\infty} (-1)^k \left(\sum_{n=2}^{\infty} a_n n^{-s} \right)^k
$$

$$
= 1 + \sum_{k=1}^{\infty} \sum_{n=2}^{\infty} (-1)^k b_{n,k} n^{-s} = 1 + \sum_{n=2}^{\infty} \sum_{k=1}^{\infty} (-1)^k b_{n,k} n^{-s} = 1 + \sum_{n=2}^{\infty} b_n n^{-s}. \quad \square
$$

Es sei darauf hingewiesen, dass der Kehrwert $1/f$ einer nirgends verschwindenden holomorphen Funktion f auf einer Halbebene $\sigma > \sigma_0$, $\sigma_0 \in \mathbb{R}$, die dort durch eine konvergente Dirichlet-Reihe beschrieben wird, auf keiner Halbebene $\sigma > \sigma_1 \geq \sigma_0$ durch eine Dirichlet-Reihe beschrieben zu werden braucht. Triviale Beispiele sind die Funktionen n^{-s} mit $n \in \mathbb{N}^*$, $n \geq 2$. Nach Satz 2.7.14 ist dies vielmehr genau dann der Fall, wenn die beschreibende Dirichlet-Reihe von f einen konstanten Term $a_1 \neq 0$ hat.

Das Produkt $S(f) := \zeta f$ der ζ-Funktion mit einer beliebigen Dirichlet-Reihe $f(s) = \sum_n a_n n^{-s}$ ist die sogenannte **Summatorreihe**

$$
S(f)(s) = \sum_{n=1}^{\infty} A_n n^{-s}, \quad \text{mit} \quad A_n := \sum_{d \mid n} a_d, \, n \in \mathbb{N}^*.
$$

Das Inverse der ζ-Reihe ist die Reihe

$$\frac{1}{\zeta(s)} = \mathrm{M}(s) := \sum_{n=1}^{\infty} \mu(n) n^{-s},$$

wobei $\mu \colon \mathbb{N}^* \to \mathbb{C}$ die **Möbius-Funktion** ist mit $\mu(n) = (-1)^{\omega(n)}$, falls n quadratfrei ist (und $\omega(n)$ die Anzahl der Primteiler von n), und $\mu(n) = 0$ sonst. Dass $\varepsilon = 1$ die Summatorreihe $\mathrm{S}(\mathrm{M}) = \zeta \mathrm{M}$ von M ist, haben wir schon in [14], Aufg. 2.1.23 a) bewiesen. Aus der Summatorreihe gewinnt man f zurück mittels $f = \mathrm{M}\zeta f = \mathrm{MS}(f)$, also

$$a_n = \sum_{d \mid n} \mu(d) A_{n/d} = \sum_{H \subseteq \mathbb{P}_n} (-1)^{|H|} A_{n/p^H}, \quad n \in \mathbb{N}^*,$$

wobei $\mathbb{P}_n$ die Menge der Primteiler von n ist und $p^H = \prod_{p \in H} p$ für $H \subseteq \mathbb{P}_n$. Auch diese sogenannte **Möbiussche Umkehrformel** wurde bereits in [14], Aufg. 2.1.23 b) erwähnt.

Die Riemannsche ζ-Funktion, die zunächst nur für $\sigma > 1$ definiert ist, werden wir ausführlicher in Beispiel 3.8.6 diskutieren. Dort wird unter anderem gezeigt, dass sie sich zu einer meromorphen Funktion auf ganz $\mathbb{C}$ fortsetzen lässt mit einem einzigen Pol, und zwar in 1 mit der Ordnung 1, vgl. Beispiel 3.8.6. Die in Aufg. 3.6.11 a) in [14] bewiesene Gleichung $(1 - 2^{1-s})\zeta(s) = \sum_n (-1)^{n-1} n^{-s}$ liefert, da $\sum_n (-1)^{n-1} n^{-s}$ die Konvergenzabszisse 0 hat, bereits eine meromorphe Fortsetzung von ζ auf die rechte Halbebene $\sigma > 0$ mit einem einzigen Pol auf $\mathbb{R}_+^\times$, und zwar im Punkt 1. Wegen

$$\lim_{s \to 1} \zeta(s)(s-1) = \sum_{n=1}^{\infty} \frac{(-1)^{n-1}}{n} \cdot \lim_{s \to 1} \frac{s-1}{1 - 2^{1-s}} = \ln 2 \cdot \frac{1}{\ln 2} = 1$$

ist die Ordnung dieses Pols 1 und das Residuum dort ebenfalls 1. Benutzen wir die Eulersche Produktdarstellung $\zeta(s) = \prod_{p \in \mathbb{P}} (1 - p^{-s})^{-1}$, $\sigma > 1$, aus [14], Aufg. 3.7.8 b), so erhalten wir für $\sigma > 1$

$$\ln(\sigma - 1) + \ln \zeta(\sigma) = \ln(\sigma - 1) - \sum_{p \in \mathbb{P}} \ln(1 - p^{-\sigma}) \xrightarrow{\sigma \to 1+} 0 \quad \text{und}$$

$$\ln(\sigma - 1) + \sum_{p \in \mathbb{P}} p^{-\sigma} \xrightarrow{\sigma \to 1+} \sum_{p \in \mathbb{P}} \left(\ln(1 - p^{-1}) + p^{-1} \right),$$

also $\sum_{p \in \mathbb{P}} p^{-\sigma} \sim -\ln(\sigma - 1)$ für $\sigma \to 1+$, was schärfer ist als die Divergenzaussage $\sum_{p \in \mathbb{P}} p^{-1} = \infty$. Man beachte für $\sigma \geq 1$ die generelle Abschätzung

$$\left| \sum_{p \in \mathbb{P}} \left(\ln(1 - p^{-s}) + p^{-s} \right) \right| = \left| \sum_{p \in \mathbb{P}} \sum_{n \geq 2} \frac{1}{n p^{sn}} \right| \leq \sum_{p \in \mathbb{P}} \sum_{n \geq 2} \frac{1}{n p^n} \leq \frac{1}{2} \sum_{p \in \mathbb{P}} \sum_{n \geq 2} \frac{1}{p^n}$$

$$< \frac{1}{2} \sum_{p \in \mathbb{P}} \frac{1}{(p-1)p} < \frac{1}{2}.$$

Es ist $-\sum_{p\in\mathbb{P}}\left(\ln(1-p^{-1})+p^{-1}\right)=\sum_{p\in\mathbb{P}}\sum_{n\geq 2}1/np^n=\gamma-\beta=0{,}315718\ldots$, wo $\beta=\lim_{n\to\infty}(\sum_{p\leq n}p^{-1}-\ln\ln n)$ die Mertenssche Konstante aus dem Satz von Mertens ist, vgl. [14], Aufg. 3.7.8 b), (und γ die Eulersche Konstante).

Die Möbius-Reihe $M(s)=\sum_n\mu(n)n^{-s}$ *hat die absolute Konvergenzabszisse* 1. Sie ist höchstens 1, da für $\sigma>1$ die Reihe $\sum_n|\mu(n)|n^{-\sigma}<\zeta(\sigma)$ konvergiert. Die Reihe $\sum_n|\mu(n)|n^{-1}$ divergiert aber, da bereits $\sum_{p\in\mathbb{P}}p^{-1}=\infty$ ist. Wegen $\zeta(s)M(s)=1$ gilt

$$M(s)=\prod_{p\in\mathbb{P}}(1-p^{-s})\quad\text{für}\quad\sigma>1.$$

Insbesondere haben die Funktionen ζ und M keine Nullstellen in der Halbebene $\sigma>1$. Wegen $M=1/\zeta$ besitzt M wie ζ eine meromorphe Fortsetzung auf ganz $\mathbb{C}$. Für $\sigma>0$ ist dies $(1-2^{1-s})\big/\sum_{n\geq 1}(-1)^{n-1}n^{-s}$. Da ζ in 1 einen einfachen Pol mit Residuum 1 hat, besitzt M in 1 eine einfache Nullstelle und dort die Ableitung 1. Insbesondere gilt $\lim_{s\to 1,\sigma>1}M(s)=0$ und $\lim_{\sigma\to 1+}M(\sigma)=0=\lim_{n\to\infty}\prod_m(1-p_m^{-1})$ (wegen $\sum_m p_m^{-1}=\infty$), wo $p_1,p_2,\ldots$ die Folge der Primzahlen ist. Man ist versucht (und Euler hat dies auch getan), diese Produkte auszumultiplizieren und ihre Glieder dem Absolutbetrag nach zu ordnen. Man erhält auf diese Weise die Reihe

$$\sum_{n=0}^{\infty}\frac{\mu(n)}{n}=1-\frac{1}{2}-\frac{1}{3}-\frac{1}{5}+\frac{1}{6}-\frac{1}{7}+\frac{1}{10}-+\cdots$$

und hofft, dass ihre Summe gleich $M(1)=0$ ist. *Dies ist in der Tat der Fall.* Nach Lemma 2.7.9 konvergiert also die Möbius-Reihe M auf jedem Winkelbereich $1+W_\varphi$, $0\leq\varphi<\frac{1}{2}\pi$, gleichmäßig. Diese Aussage ist mit dem Primzahlsatz äquivalent. Sie (und damit der Primzahlsatz) folgt aber auch aus einem Satz von A. Ingham (1900–1967), den wir in Bd. 5 beweisen werden.

Da die Zeta-Funktion $\zeta(s)$ – wie ebenfalls in Beispiel 3.8.6 diskutiert wird – auf der Geraden $\sigma=1/2$ Nullstellen besitzt, kann die Konvergenzabszisse α von $M=1/\zeta$ nicht $<1/2$ sein. Es ist also $1/2\leq\alpha\leq 1$. Eine bessere Abschätzung für α ist bis heute nicht bekannt. Eine Vermutung von Mertens besagt, dass $|\sum_{n=1}^m\mu(n)|\leq\sqrt{m}$ für alle $m\in\mathbb{N}^*$ ist. Daraus folgte $\alpha=1/2$ und insbesondere die Aussage der Riemannschen Vermutung, dass $\zeta(s)$ für $\sigma>1/2$ keine Nullstelle besitzt. Die Mertenssche Vermutung wurde aber 1983 von A. Odlyzko und H. te Riele widerlegt.[22] Zum Beweis von $\alpha=1/2$ und damit zur Bestätigung der Riemannschen Vermutung genügen schwächere Aussagen als die der Mertensschen Vermutung, z. B. $\sum_{n=1}^m\mu(n)=O(m^{\varepsilon+1/2})$ für alle $\varepsilon>0$, siehe oben. Nach einem Satz von Littlewood folgt umgekehrt diese Abschätzung für die Partialsummen $\sum_{n=1}^m\mu(n)$ aus der Riemannschen Vermutung. *Die Vermutung $\alpha=1/2$ ist somit äquivalent zur Riemannschen Vermutung.*

---

[22] Vgl. Odlyzko, A. M., te Riele, H. J. J.: Disproof of the Mertens conjecture. Journal f. d. reine u. angew. Math. **357**, 138–160 (1985).

Die Eulersche Produktdarstellung der ζ-Funktion lässt sich wesentlich verallgemeinern. Zunächst definieren wir:

Definition 2.7.15 Eine zahlentheoretische Funktion $\mathbb{N}^* \to \mathbb{C}$, $n \mapsto a_n$, heißt **multiplikativ** (bzw. **streng multiplikativ**,) wenn $a_1 = 1$ ist und $a_{nm} = a_n \cdot a_m$ gilt für alle $n, m \in \mathbb{N}^*$ mit $\mathrm{ggT}(n, m) = 1$) (bzw. für alle $n, m \in \mathbb{N}^*$). Man sagt dann auch, die Dirichlet-Reihe $\sum_{n=1}^{\infty} a_n n^{-s}$ sei **multiplikativ** (bzw. **streng multiplikativ**).

Eine streng multiplikative zahlentheoretische Funktion ist also nichts anderes als ein Monoidhomomorphismus $(\mathbb{N}^*, \cdot) \to (\mathbb{C}, \cdot)$. Sie ist eindeutig bestimmt durch die Werte $a_p \in \mathbb{C}$, $p \in \mathbb{P}$, die frei vorgegeben werden können. Die Bedingung $a_1 = 1$ in Definition 2.7.15 kann ersetzt werden durch $(a_n) \neq 0$. Eine multiplikative Dirichlet-Reihe ist eine Einheit in der Algebra aller Dirichlet-Reihen.

Für eine (formale) Dirichlet-Reihe $f(s) = \sum_n a_n n^{-s}$ und eine Primzahl $p \in \mathbb{P}$ setzen wir

$$f_p(s) := \sum_{k=0}^{\infty} a_{p^k} p^{-ks}.$$

f_p ist eine Potenzreihe in der Variablen p^{-s}: Es ist $f_p(s) = F_p(p^{-s})$ mit $F_p := \sum_{k \in \mathbb{N}} a_{p^k} X^k$. Allgemeiner, für eine Teilmenge $A \subseteq \mathbb{P}$ von $\mathbb{P}$ sei f_A die Dirichlet-Reihe

$$f_A(s) := \sum_{n \in N(A)} a_n n^{-s},$$

wobei $N(A)$ die Menge der positiven natürlichen Zahlen ist, deren Primteiler alle zu A gehören, d. h. das von A erzeugte Untermonoid von $\mathbb{N}^*$. Es ist $f_{\mathbb{P}} = f$ und $f_\emptyset = a_1$. *Für alle Dirichlet-Reihen f, g und alle $A \subseteq \mathbb{P}$ gilt offenbar* $(fg)_A = f_A g_A$. Insbesondere ist $(f^{-1})_A = f_A^{-1}$. Ist $A_0 \subseteq A_1 \subseteq A_2 \subseteq \cdots$ eine Ausschöpfung von $\mathbb{P} = \bigcup_{r \in \mathbb{N}} A_r$, so gilt $f = \lim_{r \to \infty} f_{A_r}$.

Man bestätigt leicht, dass *f genau dann multiplikativ ist, wenn $a_1 = 1$ ist und wenn gilt*

$$f = \prod_{p \in \mathbb{P}} f_p.$$

In diesem Fall ist $f_A = \prod_{p \in A} f_p$ für alle $A \subseteq \mathbb{P}$. Es folgt: *Die multiplikativen Dirichlet-Reihen bilden eine Untergruppe der Einheitengruppe der Algebra aller Dirichlet-Reihen.* Insbesondere ist eine Dirichlet-Reihe $f = \sum_n a_n n^{-s}$ genau dann multiplikativ, wenn ihre Summatorreihe $\mathrm{S}(f) = \zeta f$ multiplikativ ist. Ist f sogar streng multiplikativ, so ist

$$f_p(s) = \sum_{k=0}^{\infty} a_{p^k} p^{-ks} = \sum_{k=0}^{\infty} a_p^k (p^{-s})^k = (1 - a_p p^{-s})^{-1},$$

und man erhält die Produktdarstellung

$$f(s) = \prod_{p \in \mathbb{P}} (1 - a_p p^{-s})^{-1}.$$

Dann ist $f^{-1} = \prod_{p \in \mathbb{P}} (f_p)^{-1} = \prod_{p \in \mathbb{P}} (f^{-1})_p$. Damit und mit dem großen Umordnungs-satz, vgl. 3.7.11 in [14], beweist man die folgenden Produktdarstellungen im konvergenten Fall:

Satz 2.7.16 (Euler) *Sei $f = \sum_n a_n n^{-s}$ eine konvergente und multiplikative Dirichlet-Reihe mit absoluter Konvergenzabszisse $\beta \in \mathbb{R}$. Dann haben alle f_p, $p \in \mathbb{P}$, eine absolute Konvergenzabszisse $\leq \beta$, und es gilt*

$$f(s) = \prod_{p \in \mathbb{P}} f_p(s) \quad \text{für} \quad \sigma > \beta.$$

Ist f sogar streng multiplikativ, so gilt

$$f(s) = \prod_{p \in \mathbb{P}} (1 - a_p p^{-s})^{-1} \quad \text{für} \quad \sigma > \beta.$$

Insbesondere erhält man für die Zeta-Funktion die schon erwähnte und in [14], Aufg. 3.7.8 b) bewiesene Darstellung

$$\zeta(s) = \prod_{p \in \mathbb{P}} (1 - p^{-s})^{-1}, \quad \sigma > 1.$$

Logarithmen von konvergenten invertierbaren Dirichlet-Reihen lassen sich wieder als Dirichlet-Reihen angeben. Sei also $f(s) = \sum_n a_n n^{-s}$ eine konvergente Dirichlet-Reihe mit $a_1 = 1$ und Ableitung $f'(s) = -\sum_{n \geq 2} (\ln n) a_n n^{-s}$. Dann ist $\lim_{\sigma \to \infty} f(s) = 1$, vgl. Proposition 2.7.12, und $f(s) \neq 0$ für genügend große σ. Der Logarithmus $\log f(s)$ von $f(s)$ mit $\lim_{\sigma \to \infty} \log f(s) = 0$ lässt sich in folgender Weise als Dirichlet-Reihe darstel-len: Die logarithmische Ableitung f'/f besitzt als Faltung von f' und $1/f$ für genügend große σ eine Darstellung als konvergente Dirichlet-Reihe $(f'/f)(s) = \sum_n b_n n^{-s}$ mit $b_1 = 0$. Somit ist

$$\log f(s) := -\sum_{n=2}^{\infty} \frac{b_n}{\ln n} n^{-s}$$

der gesuchte Logarithmus von f. Dies ist nämlich eine konvergente Dirichlet-Reihe mit denselben Konvergenzabszissen wie f'/f, ihre Ableitung ist f'/f, und überdies ist $\lim_{\sigma \to \infty} \log f(s) = 0$, also $\lim_{\sigma \to \infty} e^{\log f(s)} = 1$. Daher ist $e^{\log f(s)} = f(s)$ für genü-gend große σ, da beide Seiten die Ableitung $f'(s)$ haben. Im Fall der Riemannschen ζ-Funktion beispielsweise ist $-(\zeta'/\zeta)(s) = -\mathrm{M}(s)\zeta'(s) = \sum_{n=1}^{\infty} \Lambda(n) n^{-s}$ mit der soge-nannten **von Mangoldtschen** (zahlentheoretischen) **Funktion** $n \mapsto \Lambda(n)$, $n \in \mathbb{N}^*$ (nach

H. von Mangoldt (1854–1925)). Ihre Summatorfunktion $S(\Lambda)$ ist also $n \mapsto \ln n, n \in \mathbb{N}^*$. Mit der Möbiusschen Umkehrformel ergibt sich

$$\Lambda(n) = \sum_{H \subseteq \mathbb{P}_n} (-1)^{|H|} \ln(n/p_H) = \sum_{H \subseteq \mathbb{P}_n} (-1)^{|H|} \ln n - \sum_{H \subseteq \mathbb{P}_n} (-1)^{|H|} \ln p_H.$$

Da $\mathbb{P}_n$ gleich viele Teilmengen mit gerader wie mit ungerader Elementezahl besitzt, vgl. [14], Aufg. 1.6.5 a), gilt $\sum_{H \subseteq \mathbb{P}_n} (-1)^{|H|} = 0$. Bei $|\mathbb{P}_n| \neq 1$ und festem $p \in \mathbb{P}_n$ gilt Entsprechendes für $\mathbb{P}_n - \{p\}$, d.h. $\mathbb{P}_n$ enthält gleich viele Teilmengen der Form $H = H' \uplus \{p\}, H' \subseteq \mathbb{P}_n - \{p\}$, mit ungerade wie mit gerade vielen Elementen, und es folgt

$$\Lambda(n) = -\sum_{H \subseteq \mathbb{P}_n} (-1)^{|H|} \ln p_H = -\sum_{H \subseteq \mathbb{P}_n} (-1)^{|H|} \sum_{p \in H} \ln p = \sum_{p \in \mathbb{P}_n} \ln p \sum_{H' \subseteq \mathbb{P}_n - \{p\}} (-1)^{|H'|}$$

$$= 0.$$

Für $\mathbb{P}_n = \{p\}, n = p^\alpha, \alpha \geq 1$, ist $\Lambda(n) = \ln p$. Insgesamt gilt

$$\Lambda(n) = \begin{cases} \ln p, \text{ falls } n > 1 \text{ eine Potenz der Primzahl } p \text{ ist,} \\ 0, \text{ sonst.} \end{cases}$$

Somit ist für $\sigma > 1$

$$\log \zeta(s) = \sum_{n>1} \frac{\Lambda(n)}{\ln n} \cdot \frac{1}{n^s} = \sum_{p \in P} \sum_{m \in \mathbb{N}^*} \frac{1}{m p^{ms}}$$

der Logarithmus von $\zeta(s)$ mit $\lim_{\sigma \to \infty} \log \zeta(s) = 0$. Man gewinnt ihn auch aus der Eulerschen Produktdarstellung $\zeta(s) = \prod_{p \in \mathbb{P}} (1 - p^{-s})^{-1}$ für $\sigma > 1$. Für reelle $s = \sigma$ haben wir ihn bereits weiter oben benutzt. $\diamond$

Beispiel 2.7.17 (Dirichletscher Primzahlsatz) Wir übernehmen die Bezeichnungen des vorangehenden Beispiels. Die Eulersche Produktdarstellung $\zeta(s) = \prod_{p \in \mathbb{P}} (1 - p^{-s})^{-1}$, $\sigma(= \Re s) > 1$, führt sofort zu $\sum_{p \in \mathbb{P}} p^{-1} = \infty$ (vgl. [14], Satz 3.6.25) und damit insbesondere zu Euklids Ergebnis, dass es unendlich viele Primzahlen gibt (siehe auch [14], Satz 1.7.2). Dirichlet hat diese Grundidee benutzt, um den folgenden Primzahlsatz zu beweisen: *Sind $m, a \in \mathbb{N}^*$ mit ggT$(a, m) = 1$, so ist die Menge $\mathbb{P} \cap [a]_m, [a]_m = a + \mathbb{Z}m$, unendlich.* Es gibt also unendlich viele Primzahlen $p \in \mathbb{P}$ mit $p \equiv a \bmod m$. Der Fall $m = a = 1$ ist die oben erwähnte Euklidische Aussage. Auch Dirichlets Beweis beruht wie der von Euler darauf zu zeigen, dass $\sum_{p \in [a]_m} p^{-1} = \infty$ ist und benutzt dazu die Dirichlet-Reihe $\sum_{n \in [a]_m} n^{-s}$. Der Trick von Dirichlet besteht darin, diese Dirichlet-Reihe in geschickter Weise darzustellen, wozu er gewisse Charaktere benutzt. Wir wollen vereinbaren, dass in diesem Beispiel p generell eine Primzahl in $\mathbb{P}$ und n eine positive natürliche Zahl bezeichnen.

Ein **Charakter** χ ist ein Monoidhomomorphismus $M \to K = (K, \cdot)$ eines Monoids M in das multiplikative Monoid eines Divisionsbereichs K. Den **trivialen Charakter** (mit $\chi(m) = 1$ für alle $m \in M$) bezeichnen wir mit χ_1. Ist M eine Gruppe, so ist der Charakter χ ein Gruppenhomomorphismus $M \to K^\times$. Einen Charakter $\chi \colon M^\times \to K^\times$ auf der Einheitengruppe $M^\times$ von M setzt man in der Regel (häufig stillschweigend) durch $\chi(m) := 0$ für alle $m \in M - M^\times$ zu einem Charakter auf ganz M fort. Ist K ein Körper, so induziert jeder Charakter auf M einen Charakter auf der Abelisierung M_{ab} von M,[23] so dass man in diesem Fall meist nur Charaktere auf kommutativen Monoiden betrachtet. Ist G eine Gruppe und K ein Körper, so ist die Menge der Charaktere mit Werten in K die **Charaktergruppe** $\widehat{G}_K = \mathrm{Hom}(G, K^\times) = \mathrm{Hom}(G_{ab}, K^\times)\ (= \widehat{G}$, wenn über den Körper K kein Zweifel besteht). Ein Charakter schlechthin ist ein Charakter mit Werten in $\mathbb{C}$. Dafür ist

$$\widehat{G} = \widehat{G}_{\mathbb{C}} = \mathrm{Hom}(G, \mathbb{C}^\times), \quad G \text{ Gruppe.}$$

Ist G endlich mit der Ordnung n, so ist der Wert eines Charakters auf G stets eine n-te Einheitswurzel. Zu einer exakten Sequenz $F \to G \to H \to 1$ und einem Körper K gehört die Sequenz $1 \to \widehat{H}_K \to \widehat{G}_K \to \widehat{F}_K$ von Charaktergruppen, *die offenbar ebenfalls exakt ist*.[24] Ist die Sequenz $1 \to F \to G$ exakt, d. h. der Gruppenhomomorphismus $F \to G$ injektiv, so braucht $\widehat{G}_K \to \widehat{F}_K$ nicht surjektiv, d. h. die Sequenz $\widehat{G}_K \to \widehat{F}_K \to 1$ nicht exakt zu sein, vgl. aber Lemma 2.7.19. Grundlegende Aussagen über Charaktere sind:

Lemma 2.7.18 *Seien G eine Gruppe und K ein Divisionsbereich.*

(1) *Ist G endlich und $\chi \colon G \to K^\times$ ein Charakter, so ist*

$$\sum_{g \in G} \chi(g) = \begin{cases} 0, \text{falls } \chi \neq \chi_1, \\ |G| \in K, \text{falls } \chi = \chi_1. \end{cases}$$

(2) *Sei K ein Körper und $H \subseteq \widehat{G}_K$ eine endliche Untergruppe. Für $g \in G$ gilt dann*

$$\sum_{\chi \in H} \chi(g) = \begin{cases} 0, \text{falls } \chi(g) \neq 1 \text{ für wenigstens ein } \chi \in H, \\ |H| \in K, \text{falls } \chi(g) = 1 \text{ für alle } \chi \in H. \end{cases}$$

Beweis (1) Sei $\chi \neq \chi_1$ und $\chi(g_0) \neq 1$. Dann ist $\sum_g \chi(g) = \sum_g \chi(g_0 g) = \sum_g \chi(g_0)\chi(g) = \chi(g_0)\sum_g \chi(g)$, also $\sum_g \chi(g) = 0$ wegen $\chi(g_0) \neq 1$.

(2) Sei $\chi_0(g) \neq 1$ für ein $\chi_0 \in H$. Dann ist $\sum_{\chi \in H} \chi(g) = \sum_\chi (\chi_0 \chi)(g) = \sum_\chi \chi_0(g)\chi(g) = \chi_0(g)\sum_\chi \chi(g)$, also $\sum_\chi \chi(g) = 0$ wegen $\chi_0(g) \neq 1$. $\qquad\square$

---

[23] M_{ab}, ist das Quotientenmonoid M/R bzgl. der kleinsten kompatiblen Äquivalenzrelation R auf M, die die Paare $(mm', m'm)$, $m, m' \in M$, enthält. Ist M eine Gruppe, so ist M_{ab} die Restklassengruppe $M/[M, M]$ von M nach der Kommutatorgruppe $\mathrm{D}(M) = [M, M]$ von M, vgl. [14], Beispiel 2.3.10.

[24] Zum Begriff der exakten Sequenz siehe [14], Beispiel 2.4.16.

Lemma 2.7.19 *Seien G eine endliche abelsche Gruppe mit m := Exp G und K ein Körper.*

(1) $|\widehat{G}_K|$ *ist ein Teiler von* $|G|$. *Genau dann ist* $|\widehat{G}_K| = |G|$, *wenn K eine primitive m-te Einheitswurzel enthält.*

(2) *Sei* $1 \to F \to G \to H \to 1$ *eine exakte Sequenz von (abelschen) Gruppen. Enthält K eine primitive m-te Einheitswurzel, so gilt* $|\widehat{F}_K| = |F|$, $|\widehat{G}_K| = |G|$, $|\widehat{H}_K| = |H|$ *und auch die Sequenz* $1 \to \widehat{H}_K \to \widehat{G}_K \to \widehat{F}_K \to 1$ *ist exakt. Insbesondere gibt es dann zu jedem Element* $g \in G$ *der Ordnung* $\mathrm{Ord}\, g$ *und jeder* $(\mathrm{Ord}\, g)$-*ten Einheitswurzel* ζ *genau* $|G|/\mathrm{Ord}(g)$ *Charaktere* $\chi \in \widehat{G}_K$ *von G mit* $\chi(g) = \zeta$.

(3) *Enthält K eine primitive m-te Einheitswurzel, so gilt für* $g \in G$

$$\sum_{\chi \in \widehat{G}_K} \chi(g) = \begin{cases} 0, \textit{falls } g \neq 1, \\ |G| \in K, \textit{falls } g = 1. \end{cases}$$

Beweis Sei E die Gruppe der m-ten Einheitswurzeln in K. Sie ist eine endliche zyklische Gruppe, deren Ordnung ein Teiler von m ist. Genau dann ist also $|E| = m$, wenn K eine primitive m-te Einheitswurzel enthält. Für die Gruppen F, G, H gilt $\widehat{G} = \mathrm{Hom}(G, E)$ und entsprechend für F und H.

(1) Wir schließen durch Induktion über $|G|$. Ist G zyklisch, so ist $|\widehat{G}| = |E|$ ein Teiler von $m = |G|$. Sei nun $F \subseteq G$ eine nichttriviale zyklische Untergruppe von G. Dann ist die Sequenz $1 \to F \to G \to G/F \to 1$ exakt und folglich auch $1 \to \widehat{G/F} \to \widehat{G} \to \widehat{F}$. Nach Induktionsvoraussetzung ist $\widehat{G/F}$ ein Teiler von $|G/F|$ und nach dem gerade Bewiesenen $|\widehat{F}|$ ein Teiler von $|F|$. Wegen der Exaktheit von $1 \to \widehat{G/F} \to \widehat{G} \to \widehat{F}$ ist $|\widehat{G}|$ ein Teiler von $|\widehat{G/F}| \cdot |\widehat{F}|$ und damit auch ein Teiler von $|G/F| \cdot |F| = |G|$.

Sei nun zunächst $|\widehat{G}| = |G|$. G enthält ein Element a der Ordnung m, vgl. [14], Beispiel 2.2.23. Für die von a erzeugte Untergruppe F ist dann die Sequenz $1 \to \widehat{G/F} \to \widehat{G} \to \widehat{F}$ exakt und $|\widehat{G}|$ ein Teiler von $\widehat{G/F} \cdot |\widehat{F}| = |\widehat{G/F}| \cdot |E|$. Wegen $|G| = |\widehat{G}|$ ist notwendigerweise $|E| = m = |F|$. – Sei umgekehrt $|E| = m$. Nach dem Hauptsatz über endliche abelsche Gruppen ist $G \cong F_1 \times \cdots \times F_r$ ein Produkt von zyklischen Gruppen $F_1, \ldots, F_r$, vgl. etwa [14], Aufg. 2.2.25. Wegen $|F_\rho| \mid m$ ist $|\widehat{F}_\rho| = |F_\rho|$, $\rho = 1, \ldots, r$, und folglich $|\widehat{G}| = |\widehat{F_1 \times \cdots \times F_r}| = |\widehat{F}_1| \cdots |\widehat{F}_r| = |F_1| \cdots |F_r| = |G|$. Wir können aber auch noch einmal durch Induktion über $|G|$ schließen. Es genügt dann zu zeigen, dass für eine Untergruppe $F \subseteq G$ der kanonische Homomorphismus $\widehat{G} \to \widehat{F}$, $\chi \mapsto \chi|F$, surjektiv ist. Dies ist aber die Aussage (2).

(2) Zum Beweis von (2) genügt es, die Surjektivität von $\widehat{G} \to \widehat{F}$ für Untergruppen F von G zu zeigen. Sei dazu $\varphi\colon F \to E$ ein Charakter auf F und F' maximal unter den F umfassenden Untergruppen von G, auf die sich φ fortsetzen lässt. Da G endlich ist, ist die Existenz von F' trivial.[25] Bei $F' \neq G$ sei $a \in G - F'$ und $\mathrm{H}(a)$ die von

---

[25] Sonst arbeitet man mit dem Zornschen Lemma.

a erzeugte Untergruppe von G. Der Homomorphismus $\varphi|(F' \cap \mathrm{H}(a))\colon F' \cap \mathrm{H}(a) \to E$ lässt sich zu einem Homomorphismus $\psi\colon \mathrm{H}(a) \to E$ fortsetzen. Dann definiert $\chi(xy) := \varphi(x)\psi(y)$, $x \in F'$, $y \in \mathrm{H}(a)$, eine Fortsetzung χ von φ nach $F'\mathrm{H}(a)$. Widerspruch! Also ist $F' = G$. Der Zusatz in (2) ergibt sich aus der exakten Sequenz $1 \to \widehat{G/\mathrm{H}(g)} \to \widehat{G} \to \widehat{\mathrm{H}(g)} \to 1$.

(3) folgt sofort aus (2) und Teil (2) von Lemma 2.7.18. $\square$

Wir betrachten nun – und das ist die entscheidende Idee Dirichlets – für ein $m \in \mathbb{N}^*$ die Gruppe $\widehat{\mathbf{A}_m^\times}$ der komplexen Charaktere $\chi\colon \mathbf{A}_m^\times \to \mathbb{C}^\times$ auf der primen Restklassengruppe $\mathbf{A}_m^\times$, die wir, wie anfangs angegeben, trivial zu Charakteren $\mathbf{A}_m \to \mathbb{C}$ fortsetzen. $\mathbf{A}_m^\times$ hat die Ordnung

$$\varphi(m) = m \prod_{p|m}(1 - p^{-1})$$

und enthält genau die Nebenklassen $[a]_m$ mit $\mathrm{ggT}(a,m) = 1$, vgl. [14], Beispiel 2.6.12. Nach Lemma 2.7.19 hat $\widehat{\mathbf{A}_m^\times}$ ebenfalls die Ordnung $\varphi(m)$.[26] Ist $\ell \in \mathbb{N}^*$ eine Vielfaches von m und ist $\pi\colon \mathbf{A}_\ell \to \mathbf{A}_m$ die kanonische Projektion mit dem induzierten (ebenfalls surjektiven) Gruppenhomomorphismus $\pi^\times\colon \mathbf{A}_\ell^\times \to \mathbf{A}_m^\times$, so bezeichnet man für jeden Charakter $\chi\colon \mathbf{A}_m^\times \to \mathbb{C}^\times$ auch den induzierten Charakter $\chi \circ \pi^\times\colon \mathbf{A}_\ell^\times \to \mathbb{C}^\times$ ebenfalls kurz mit χ. Wir erinnern ferner daran, dass $\mathrm{Ord}_m a$ für eine zu m teilerfremde ganze Zahl a die Ordnung von $[a]_m$ in der Gruppe $\mathbf{A}_m^\times$ bezeichnet. $\mathrm{Ord}_m a$ ist also ein Teiler von $\varphi(m)$. Für einen Charakter $\chi\colon \mathbf{A}_m \to \mathbb{C}$ bezeichnen wir die Komposition von χ mit der kanonischen Projektion $\mathbb{N}^* \to \mathbf{A}_m$, $n \mapsto [n]_m$, wieder mit χ. Dann ist χ ein komplexer Charakter auf $\mathbb{N}^*$, d. h. eine streng multiplikative zahlentheoretische Funktion. Man bezeichnet diese Charaktere als die (komplexen) **Charaktere mod** m. Jeder Charakter mod m induziert für jedes Vielfache $\ell \in \mathbb{N}^*$ von m einen Charakter mod ℓ.

Die Dirichlet-Reihen zu den Charakteren mod m sind die sogenannten (**Dirichletschen**) L**-Reihen**

$$L(s, \chi) = L_\chi(s) := \sum_{n=1}^\infty \chi(n)n^{-s} = \prod_{p \nmid m}(1 - \chi(p)p^{-s})^{-1}, \quad \chi \in \widehat{\mathbf{A}_m^\times}.$$

Die Produktdarstellung ergibt sich daraus, dass χ streng multiplikativ ist, vgl. Beispiel 2.7.8. Für den trivialen Charakter χ_1 erhält man

$$L(s, \chi_1) = \sum_{\mathrm{ggT}(m,n)=1} n^{-s} = \prod_{p \nmid m}(1 - p^{-s})^{-1} = \zeta(s)\prod_{p|m}(1 - p^{-s}).$$

Insbesondere lässt sich $L(s, \chi_1)$ zu einer meromorphen Funktion auf ganz $\mathbb{C}$ fortsetzen mit einem einfachen Pol in 1, dessen Residuum $\prod_{p|m}(1 - p^{-1}) = \varphi(m)/m$ ist, speziell

---

[26] In [14], Beispiel 2.7.10 haben wir eine Zerlegung von $\mathbf{A}_m^\times$ als direktes Produkt von zyklischen Gruppen explizit angegeben, womit sich die Charaktere von $\mathbf{A}_m^\times$ gut überblicken lassen und sich insbesondere die Gleichung $|\widehat{\mathbf{A}_m^\times}| = \varphi(m)$ ergibt. Man erhält sogar die Isomorphie $\widehat{\mathbf{A}_m^\times} \cong \mathbf{A}_m^\times$.

ist $L(1, \chi_1) = \infty$. Alle L-Reihen haben wie $L(s, \chi_1)$ die absolute Konvergenzabszisse 1. Die angegebenen Summen- und Produktdarstellungen von $L(s, \chi)$ konvergieren also lokal gleichmäßig auf der Halbebene $\sigma > 1$. Aus der Produktdarstellung der L-Reihen folgt, dass $L(s, \chi)$ für jeden Charakter χ mod m keine Nullstelle in der Halbebene $\sigma > 1$ besitzt. Überdies ist $\lim_{\sigma \to \infty} L(s, \chi) = 1$ nach Proposition 2.7.12. Für die L-Leihen der nichttrivialen Charaktere gilt:

Lemma 2.7.20 *Ist* $\chi \in \widehat{\mathbf{A}_m^\times}$, $\chi \neq \chi_1$, *so ist die Konvergenzabszisse von* $L(s, \chi)$ *gleich* 0. *Insbesondere definiert* $L(s, \chi)$ *eine holomorphe Funktion auf der Halbebene* $\sigma > 0$.

Beweis Da die Koeffizienten $\chi(n)$ von L für $\mathrm{ggT}(m, n) = 1$ alle den Betrag 1 haben, kann die Konvergenzabszisse nicht < 0 sein. Dass sie 0 ist, folgt daraus, dass die Partialsummen von $\sum_{n=1}^\infty \chi(n)$ beschränkt sind, vgl. die Bemerkung im Anschluss an den Beweis von Satz 2.7.10. Dies wiederum folgt aus $\sum_{n=1}^m \chi(n) = \sum_{[a]_m \in \mathbf{A}_m^\times} \chi([a]_m) = 0$, siehe Lemma 2.7.18 (1). $\qquad\square$

Entscheidend für den Beweis des Dirichletschen Primzahlsatzes ist das folgende Lemma.

Lemma 2.7.21 *Ist* $\chi \in \widehat{\mathbf{A}_m^\times}$, $\chi \neq \chi_1$, *so ist* $L(1, \chi) \neq 0$.

Beweis Es gibt verschiedene Beweise für diese Aussage. Wir folgen dem Beweis von J. P. Serre in seinem empfehlenswerten Buch „Cours d'Arithmétique", Paris 1970. Wir betrachten das Produkt

$$L_m(s) := \prod_{\chi \in \widehat{\mathbf{A}_m^\times}} L(s, \chi) = \prod_{p \nmid m} \prod_\chi (1 - \chi(p) p^{-s})^{-1} = \prod_{p \nmid m} \left(1 - p^{-s\, \mathrm{Ord}_m\, p}\right)^{-\varphi(m)/\mathrm{Ord}_m\, p}.$$

Hierbei gilt die letzte Gleichung, weil es nach Lemma 2.7.19 (2) genau $\varphi(m)/d$, $d := \mathrm{Ord}_m\, p$, Charaktere χ gibt, für die $\chi(p)$ eine vorgegebene d-te Einheitswurzel ζ_d^k, $k = 0, \ldots, d - 1$, ist und da $\prod_{k=0}^{d-1}(1 - \zeta_d^k T) = 1 - T^d$ ist. Wäre nun $L(1, \chi) = 0$ für einen Charakter $\chi \neq \chi_1$, so wäre $L_m(s)$ holomorph auf der Halbebene $\sigma > 0$, da $L(s, \chi_1)$ in 1 nur einen einfachen Pol hat. Dies ist aber nach dem Ergebnis von Aufgabe 2.7.8 nicht möglich, da die Dirichlet-Reihe von $L_m(s)$ nur Koeffizienten ≥ 0 hat und etwa für $s = 1/\varphi(m)$ offenbar divergiert. $\qquad\square$

Analog zur Studium der Riemannsche ζ-Funktion betrachten wir jetzt die Logarithmen $\ln L(\sigma, \chi)$. Vgl. dazu auch das Ende von Beispiel 2.7.8, wo die Logarithmen einer Dirichlet-Reihe $f(s)$ (soweit sie existieren) generell mit $\log f(s)$ bezeichnet wurden. Da $L(\sigma, \chi)$ auf $]1, \infty[$ und für $\chi \neq \chi_1$ nach Lemma 2.7.21 sogar auf $[1, \infty[$ nicht verschwindet und $\lim_{\sigma \to \infty} L(\sigma, \chi) = 1$ ist für alle χ, existieren nach Satz 2.4.1 die Funktionen

$\ln L(\sigma, \chi)$ mit $\lim_{\sigma \to \infty} \ln L(\sigma, \chi) = 0$ auf $]1, \infty[$ für $\chi = \chi_1$ und auf $[1, \infty[$ für alle χ. Für $\sigma > 1$ gilt

$$\ln L(\sigma, \chi) = -\sum_{p \nmid m} \ln(1 - \chi(p)p^{-\sigma}) = \sum_{p \nmid m} \chi(p)p^{-\sigma} + \sum_{p \nmid m, n \geq 2} \frac{\chi(p)^n p^{-\sigma n}}{n}.$$

Wir fixieren nun ein $a \in \mathbb{N}^*$ mit $\mathrm{ggT}(a, m) = 1$. Wegen Lemma 2.7.19 (3) gilt dann $\sum_{\chi} \chi(a)^{-1} \chi(n) = 0$ bzw. $= \varphi(m)$, falls $n \notin [a]_m$ bzw. falls $n \in [a]_m$, und wir erhalten

$$\ln(\sigma - 1) + \varphi(m) \sum_{p \in [a]_m} p^{-\sigma}$$

$$= \ln(\sigma - 1) + \sum_{\chi} \chi(a)^{-1} \ln L(\sigma, \chi) - \sum_{\chi, p \nmid m, n \geq 2} \frac{\chi(a)^{-1} \chi(p)^n p^{-\sigma n}}{n}, \quad \sigma > 1.$$

Da $\lim_{\sigma \to 1+} \left(\ln(\sigma - 1) + \ln L(\sigma, \chi_1) \right) = \lim_{\sigma \to 1+} \left(\ln(\sigma - 1) L(\sigma, \chi_1) \right) = \ln(\varphi(m)/m)$ ist, ergibt sich insgesamt die folgende Verallgemeinerung des im Fall $m = 1$ bereits in Beispiel 2.7.8 abgeleiteten Ergebnisses:

$$\ln(\sigma - 1) + \varphi(m) \sum_{p \in [a]_m} p^{-\sigma} \quad \xrightarrow{\sigma \to 1+} \quad \ln \frac{\varphi(m)}{m} + \sum_{\chi \neq \chi_1} \chi(a)^{-1} \ln L(1, \chi)$$

$$+ \sum_{\chi, p \nmid m} \chi(a)^{-1} \left(\ln(1 - \chi(p)p^{-1}) + \chi(p)p^{-1} \right).$$

Man beachte, dass der letzte Summand auf der rechten Seite (der reell ist) dem Betrage nach $\leq \varphi(m) \sum_{p \in \mathbb{P}} \left(\ln(1 - p^{-1}) + p^{-1} \right) = \varphi(m) \cdot 0{,}315718 \ldots$ ist. Speziell erhalten wir:

Satz 2.7.22 (Dirichletscher Primzahlsatz) *Für alle $a, m \in \mathbb{N}^*$ mit $\mathrm{ggT}(a, m) = 1$ gilt*

$$\sum_{p \in [a]_m} p^{-\sigma} \sim \frac{-1}{\varphi(m)} \ln(\sigma - 1) \quad \textit{für} \quad \sigma \to 1 + .$$

Insbesondere liegen in der primen Restklasse $[a]_m \in \mathbf{A}_m^{\times}$ unendlich viele Primzahlen.

Die Primzahlen in den einzelnen Restklassen $[a]_m \in \mathbf{A}_m^{\times}$ sind also in gewissem Sinne gleichmäßig verteilt. Häufig betrachtet man nämlich die Menge $\mathbb{N}^*$ der positiven natürlichen Zahlen mit der Wahrscheinlichkeitsverteilung $P_\sigma(n) := n^{-\sigma}/\zeta(\sigma)$, $n \in \mathbb{N}^*$, wobei $\sigma > 1$ fest ist, als Menge von Zufallszahlen. Dann ist $P_\sigma(N) = \sum_{n \in N} P_\sigma(n)$ die $(\sigma$-) Wahrscheinlichkeit von N, und

$$P_{a,\sigma} = P_\sigma([a]_m \cap \mathbb{N}^* \mid \mathbb{P}) := \frac{P_\sigma([a]_m \cap \mathbb{P})}{P_\sigma(\mathbb{P})} = \left(\sum_{p \in [a]_m \cap \mathbb{P}} p^{-\sigma} \right) \Big/ \left(\sum_{p \in \mathbb{P}} p^{-\sigma} \right)$$

ist die (bedingte) Wahrscheinlichkeit dafür, dass eine Primzahl kongruent $a \bmod m$ ist. Nach Satz 2.7.22 ist $\lim_{\sigma \to 1+} P_{a,\sigma} = 1/\varphi(m)$. In diesem Sinne sind also die Primzahlen in den Restklassen von $\mathbf{A}_m^\times$ gleichverteilt. – Häufig nennt man für $N \subseteq \mathbb{N}^*$ den Grenzwert $P_1(N) := \lim_{\sigma \to 1+} P_\sigma(N)$, falls er existiert, die „Wahrscheinlichkeit" von N schlechthin. Wegen $\sigma - 1 \sim 1/\zeta(\sigma)$ für $\sigma \to 1+$ ist $P_1(N) = \lim_{\sigma \to 1+}(\sigma - 1)\sum_{n \in N} n^{-\sigma}$.[27]

Um ein Beispiel zu geben, sei $r \geq 2$ und $N_r \subseteq \mathbb{N}^*$ die Menge der r-potenzfreien Zahlen $n \in \mathbb{N}^*$, für die also $\mathsf{v}_p(n) < r$ ist für alle $p \in \mathbb{P}$. Dann ist

$$P_\sigma(N_r) = \frac{1}{\zeta(\sigma)} \sum_{n \in N_r} n^{-\sigma} = \prod_{p \in \mathbb{P}}(1 - p^{-\sigma})(1 + \cdots + p^{-(r-1)\sigma}) = \prod_{p \in \mathbb{P}}(1 - p^{-r\sigma}) = \frac{1}{\zeta(r\sigma)},$$

und folglich ist die „Wahrscheinlichkeit" von N_r gleich $1/\zeta(r)$. – Sei weiterhin $r \geq 2$. Mit V_r bezeichnen wir die Menge der teilerfremden r-Tupel $n = (n_1, \ldots, n_r) \in (\mathbb{N}^*)^r$. Dann gilt

$$1 = \frac{1}{\zeta(\sigma)^r} \sum_{n \in (\mathbb{N}^*)^r} n_1^{-\sigma} \cdots n_r^{-\sigma} = \frac{1}{\zeta(\sigma)^r}\Big(\sum_{d \in \mathbb{N}^*} d^{-r\sigma}\Big)\Big(\sum_{n \in V_r} n_1^{-\sigma} \cdots n_r^{-\sigma}\Big).$$

Daher ist $P_\sigma(V_r) = \sum_{n \in V} n_1^{-\sigma} \cdots n_n^{-\sigma}/\varphi(\sigma)^r = 1/\zeta(r\sigma)$, und die „Wahrscheinlichkeit" $P_1(V_r)$ von V_r ist wie die von N_r gleich $1/\zeta(r)$. In den Aufgaben 7 und 6 von Abschnitt 6.B in [12] wurde

$$|N_r \cap \mathbb{N}_{\leq n}^*|/n \xrightarrow{n \to \infty} 1/\zeta(r) \quad \text{und} \quad |V_r \cap (\mathbb{N}_{\leq n}^*)^r|/n^r \xrightarrow{n \to \infty} 1/\zeta(r)$$

bemerkt bzw. gezeigt. Dies legt es nahe, für eine beliebige Teilmenge $N \subseteq \mathbb{N}^*$ den Grenzwert $\lim_{n \to \infty} |N \cap \mathbb{N}_{\leq n}^*|/n$, falls er existiert, als **natürliche Dichte** von N zu bezeichnen (und analog für Teilmengen $N \subseteq (\mathbb{N}^*)^r$). *Für jede Teilmenge $N \subseteq \mathbb{N}^*$, die eine natürliche Dichte besitzt, existiert auch die „Wahrscheinlichkeit" $P_1(N)$, und beide sind gleich*, vgl. das Ende von Beispiel 3.4.17. Für die Menge $\mathbb{P}$ aller Primzahlen gilt $P_1(\mathbb{P}) = 0$, nach Beispiel 2.7.8 gilt ja sogar $P_\sigma(\mathbb{P}) \sim -\ln(\sigma - 1)/\zeta(\sigma) \sim -(\sigma - 1)\ln(\sigma - 1)$ für $\sigma \to 1+$. Auch die natürliche Dichte von $\mathbb{P}$ ist 0. Nach dem Primzahlsatz gilt nämlich $\pi(n)/n \sim 1/\ln n$ für $n \to \infty$ (wo $\pi(n) = |\mathbb{P} \cap \mathbb{N}_{\leq n}^*|$ ist).[28] Es gibt aber Teilmengen $N \subseteq \mathbb{N}^*$, die keine natürliche Dichte besitzen, für die jedoch $P_1(N)$ existiert. Als Beispiel betrachten wir die Menge D_r der $n \in \mathbb{N}^*$, in deren Dezimalentwicklung die erste Ziffer

---

[27] P_1 ist *keine* Wahrscheinlichkeitsverteilung auf $\mathbb{N}^*$. Für jede endliche Teilmenge $N \subseteq \mathbb{N}^*$ ist $P_1(N) = 0$. Es gibt Teilmengen $N \subseteq \mathbb{N}^*$, für die $P_1(N)$ nicht existiert, vgl. das Ende von Beispiel 3.4.17.

[28] Die Gleichung $\lim_{n \to \infty} \pi(n)/n = 0$ lässt sich aber elementar beweisen. Einen schönen Beweis, der nur benutzt, dass $\sum_{p \in \mathbb{P}} 1/p = \infty$ ist, oder (äquivalent dazu, dass $\lim_{k \to \infty} \prod_{j=1}^{k}(1 - p_j^{-1}) = 0$ ist für die Folge $p_1, p_2, \ldots$ der Primzahlen), findet man in Abschnitt 2.7 von Hardy, G. H.; Wright, E. M.: An Introduction to the Theory of Numbers, Oxford.

gleich r ist, $r \in \{1, \ldots, 9\}$. Offenbar hat D_r keine natürliche Dichte, $P_1(D_r)$ existiert aber. Es gilt nämlich das **Gesetz von Benford**: *Für* $r \in \{1, 2, \ldots, 9\}$ *ist*[29]

$$P_1(D_r) = \log_{10}(1 + r^{-1}), \quad r \in \{1, \ldots, 9\}.$$

Die Werte von $P_1(D_r)$ schwanken also von $P_1(D_1) = \log_{10} 2 = 0{,}3010\ldots$ bis $P_1(D_9) = \log_{10}(10/9) = 0{,}0457\ldots$

Beweis Es gilt

$$\sum_{n \in D_r} \frac{1}{n^\sigma} = \sum_{k=0}^{\infty} \sum_{n=r \cdot 10^k}^{(r+1) \cdot 10^k - 1} \frac{1}{n^\sigma} = \sum_{k=0}^{\infty} \sum_{i=1}^{10^k} \frac{1}{((r+1) \cdot 10^k - i)^\sigma} = \sum_{k=0}^{\infty} \frac{A_k(\sigma)}{10^{k(\sigma-1)}} \quad \text{mit}$$

$$A_k(\sigma) := \sum_{i=1}^{10^k} \frac{10^{k(\sigma-1)}}{((r+1) \cdot 10^k - i)^\sigma} = \frac{1}{10^k} \sum_{i=1}^{10^k} \left((r+1) - \frac{i}{10^k} \right)^{-\sigma}, \quad k \in \mathbb{N}.$$

$A_k(\sigma)$ ist eine Riemannsche Summe zur Funktion $f(x) := (r+1-x)^{-\sigma}$ auf dem Intervall $[0, 1]$ mit Ableitung $f'(x) = \sigma(r + 1 - x)^{-\sigma-1}$. $A_k(\sigma)$ selbst ist die Ableitung von $F(x) := (r + 1 - x)^{-\sigma+1}/(\sigma - 1)$. Die Formel am Ende von Beispiel 2.3.12 liefert bei $1 < \sigma \leq 2$

$$A_k(\sigma) = F(1) - F(0) + \varepsilon_k = \frac{r^{-\sigma+1}}{\sigma - 1}\left(1 - \left(1 + r^{-1}\right)^{-\sigma+1}\right) + \varepsilon_k,$$

wobei für das Restglied $|\varepsilon_k| \leq \sigma r^{-\sigma-1}/10^k \leq 2/10^k r^2$ gilt. Damit ergibt sich

$$(\sigma - 1) \sum_{n \in D_r} \frac{1}{n^\sigma} = \frac{\sigma - 1}{1 - 10^{-\sigma+1}} \cdot \frac{r^{-\sigma+1}}{\sigma - 1}\left(1 - (1 + r^{-1})^{-\sigma+1}\right) + (\sigma - 1)\varepsilon$$

mit $|\varepsilon| = \left| \sum_{k=0}^{\infty} \varepsilon_k / 10^{k(\sigma-1)} \right| \leq \sum_{k=0}^{\infty} 2/(r^2 10^{k\sigma}) = 2/(r^2(1 - 10^{-\sigma}))$. Für $\sigma \to 1+$ ist ε also beschränkt, d. h. $\lim_{\sigma \to 1+}(\sigma - 1)\varepsilon = 0$. Die Regel von de l'Hôpital liefert

$$\lim_{\sigma \to 1+} \frac{1 - (1 + r^{-1})^{-\sigma+1}}{1 - 10^{-\sigma+1}} = \frac{\ln(1 + r^{-1})}{\ln 10}.$$

Es folgt, wie behauptet,

$$P_1(D_r) = \lim_{\sigma \to 1+} (\sigma - 1) \sum_{n \in D_r} \frac{1}{n^\sigma} = \frac{1}{\ln 10} \cdot 1 \cdot \ln(1 + r^{-1}) + 0 = \log_{10}(1 + r^{-1}). \quad \square$$

Ebenso zeigt man für $g \geq 2$ und die Menge $D_{g,r}$ der Zahlen $n \in \mathbb{N}^*$, deren erste Ziffer im g-al-System r ist, die Gleichung $P_1(D_{g,r}) = \log_g(1 + r^{-1})$, $r = 1, \ldots, g - 1$. $\quad \Diamond$

---

[29] F. Benford fand dieses Gesetz empirisch, vgl. die Arbeit „The law of anomalous numbers" in Proc. Am. Phil. Soc. **78**, 551–572 (1938).

Aufgaben

Aufgabe 2.7.1 (Weierstraßscher Approximationssatz für differenzierbare Funktionen) Für die vorliegende Aufgabe verweisen wir auf Satz 1.1.12 und Bemerkung 1.1.14. Sei V ein $\mathbb{R}$-Banach-Raum.

a) Sei $f : [a, b] \to V$ eine n-mal stetig differenzierbare Funktion. Dann gibt es eine Folge von Polynomfunktionen in $V[X]$, deren k-te Ableitungen für $k = 0, \ldots, n$ gleichmäßig gegen die k-te Ableitung von f konvergieren. (Man wende den Weierstraßschen Approximationssatz 1.1.12 bzw. die Version aus Bemerkung 1.1.14 auf $f^{(n)}$ an und schließe dann mit Satz 2.7.1.)

b) Sei $f : [a, b] \to V$ eine unendlich oft differenzierbare Funktion. Dann gibt es eine Folge von Polynomfunktionen, deren k-te Ableitungen für jedes $k \in \mathbb{N}$ gleichmäßig gegen die k-te Ableitung von f konvergieren.

c) Die Aussagen a) und b) gelten für beliebige Intervalle in $\mathbb{R}$, wenn die gleichmäßige Konvergenz durch die lokal gleichmäßige Konvergenz ersetzt wird.

Aufgabe 2.7.2 D sei ein Gebiet in $\mathbb{C}$ oder ein Intervall in $\mathbb{R}$, und $f_i : D \to \mathbb{C}, i \in I$, sei eine Familie differenzierbarer Funktionen, die die beiden Bedingungen (1) und (2) aus Satz 2.7.4 erfüllt. Dann ist die Familie $1 + f_i$, $i \in I$, auf D lokal gleichmäßig multiplizierbar mit differenzierbarem Produkt $f := \prod_{i \in I}(1 + f_i)$. Hat überdies keine der Funktionen $1 + f_i$, $i \in I$, eine Nullstelle in D, so ist die Familie $(1 + f_i)'/(1 + f_i)$, $i \in I$, der logarithmischen Ableitungen lokal gleichmäßig summierbar und es gilt die folgende Verallgemeinerung von Aufg. 2.1.9 b):

$$\frac{f'}{f} = \sum_{i \in I} \frac{(1 + f_i)'}{1 + f_i} = \sum_{i \in I} \frac{f_i'}{1 + f_i}.$$

Aufgabe 2.7.3

a) Aus der lokal gleichmäßigen Summierbarkeit von $(z - k)^{-n}$, $k \in \mathbb{Z}^* = \mathbb{Z} - \{0\}$, für $n \in \mathbb{N}$, $n \geq 2$, auf dem Gebiet $\mathbb{C} - \mathbb{Z}^*$ (vgl. Aufg. 1.1.6) folgere man dort die lokal gleichmäßige Summierbarkeit von $(z - k)^{-1} + k^{-1}$, $k \in \mathbb{Z}^*$, und für die Funktionen

$$H_n(z) := \sum_{k \in \mathbb{Z}} \frac{1}{(z - k)^n}, \; n \geq 2, \quad \text{bzw.}$$

$$H_1(z) := \frac{1}{z} + \sum_{k \in \mathbb{Z}^*} \left(\frac{1}{z - k} + \frac{1}{k} \right) = \frac{1}{z} + \sum_{k \in \mathbb{N}^*} \frac{2z}{z^2 - k^2}$$

auf $\mathbb{C} - \mathbb{Z}$ die Gleichungen $H_n' = -n H_{n+1}, n \in \mathbb{N}^*$. (Vgl. Beispiel 2.7.6.)

b) Aus der Produktdarstellung des Sinus in Beispiel 1.1.10 folgere man durch Übergang zu logarithmischen Ableitungen (vgl. Aufg. 2.7.2) $H_1(z) = \pi \cot \pi z$ und $H_2(z) =$

$-H_1'(z) = \pi^2 / \sin^2 \pi z$. Für die Koeffizienten d_ν, $\nu \in \mathbb{N}^*$, der Potenzreihenentwicklung

$$H_1(z) - \frac{1}{z} = \pi \cot \pi z - \frac{1}{z} = \sum_{k \in \mathbb{Z}^*} \left(\frac{1}{z - k} + \frac{1}{k} \right) = \sum_{\nu=1}^\infty d_\nu z^{2\nu-1}$$

ergibt sich aus a) (oder auch direkt) $d_\nu = -\sum_{k \in \mathbb{Z}^*} 1/k^{2\nu} = -2\zeta(2\nu)$. Vergleicht man dies mit der Potenzreihenentwicklung von $z \cot z$ aus Beispiel 1.4.14, so erhält man (siehe auch Beispiel 3.7.7)

$$\zeta(2\nu) = (-1)^{\nu-1} \frac{(2\pi)^{2\nu} B_{2\nu}}{2(2\nu)!}, \quad \nu \in \mathbb{N}^*.$$

c) Man leite die Gleichung

$$H_2(z) = \sum_{k \in \mathbb{Z}} \frac{1}{(z - k)^2} = \frac{\pi^2}{\sin^2 \pi z}$$

und damit auch die Gleichung $H_1(z) = \pi \cot \pi z$ *unabhängig von der Produktdarstellung des Sinus* in Beispiel 1.1.10 auf folgende Weise her (womit eine weitere Möglichkeit gegeben ist, diese zu gewinnen): Die Funktionen H_2 und $E(z) := \pi^2 / \sin^2 \pi z$ sind holomorph auf $\mathbb{C} - \mathbb{Z}$ mit Periode 1. In einer Umgebung von 0 ist $H_2(z) = 1/z^2 + \widetilde{H}_2(z)$ und $E(z) = \pi^2 / \sin^2 \pi z = 1/z^2 + \widetilde{E}(z)$ mit holomorphen Funktionen $\widetilde{H}_2$ und $\widetilde{E}$. Die Differenz $H_2 - E$ ist dann in einer Umgebung von 0 und auf $\mathbb{C} - \mathbb{Z}$, also wegen der Periodizität auf ganz $\mathbb{C}$ holomorph. Zu jedem $\varepsilon > 0$ gibt es ein $R > 0$ mit $|H_2(z)| \le \varepsilon$ und $|E(z)| \le \varepsilon$ für alle $z \in \mathbb{C}$ mit $0 \le \Re z \le 1$ und $|\Im z| \ge R$. (Für E vgl. Aufg. 1.4.5.) Daher nimmt die Funktion $|H_2 - E|$ ihr Supremum in einem Punkt aus $\mathbb{C}$ an, und $H_2 - E$ ist nach dem Maximumprinzip 1.3.4 konstant.

(Zur vorliegenden Aufgabe siehe auch [12], 14.E, Aufg. 4 und die sich daran anschließenden Bemerkungen.)

Aufgabe 2.7.4 Für die Weierstraßsche $\wp$-Funktion $\wp = \wp_\Gamma = z^{-2} + \sum_{k=1}^\infty c_k z^{2k}$ zum Gitter $\Gamma = \mathbb{Z}w_1 + \mathbb{Z}w_2$ vom Rang 2 gilt $\wp'' = 6\wp^2 - 10c_1$. (Vgl. Beispiel 2.7.6 und insbesondere Satz 2.7.7.) Man folgere: Die Summen

$$c_k = (2k + 1) \sum_{w \in \Gamma^*} w^{-(2k+2)}, \quad \Gamma^* = \Gamma - \{0\},$$

der Eisenstein-Reihen erfüllen die Rekursion

$$c_k = 3 \frac{c_1 c_{k-2} + c_2 c_{k-3} + \cdots + c_{k-2} c_1}{(2k + 3)(k - 2)}, \quad k > 2.$$

Beispielsweise gilt

$$\sum_{w \in \Gamma^*} \frac{1}{w^8} = \frac{c_3}{7} = \frac{c_1^2}{21} = \frac{3}{7} \Big(\sum_{w \in \Gamma^*} \frac{1}{w^4} \Big)^2,$$

$$\sum_{w \in \Gamma^*} \frac{1}{w^{10}} = \frac{c_4}{9} = \frac{c_1 c_2}{33} = \frac{5}{11} \Big(\sum_{w \in \Gamma^*} \frac{1}{w^4} \Big)\Big(\sum_{w \in \Gamma^*} \frac{1}{w^6} \Big),$$

also $c_3 = c_1^2/3$, $c_4 = 3c_1 c_2/11$ usw. (Ein Analogon dazu für die Funktion H_1 aus Aufg. 2.7.3 ist die Differenzialgleichung $H_1' + H_1^2 - 3d_1 = 0$, die man übrigens ähnlich wie Satz 2.7.7 beweisen kann, indem man die Anfangsbedingung $H_1(-1/2) = H_1(1/2) = 0$ und dann die Periodizität $H_1(z) = H_1(z + 1)$ zeigt (vgl. den Hinweis zu Aufg. 2.7.3 c)), und die die Rekursionsformel

$$d_\nu = -\frac{d_1 d_{\nu-1} + \cdots + d_{\nu-1} d_1}{2\nu + 1}, \quad \nu > 1, \quad \text{d. h.}$$

$$\zeta(2\nu) = 2\frac{\zeta(2)\zeta(2\nu - 2) + \cdots + \zeta(2\nu - 2)\zeta(2)}{2\nu + 1}, \quad \nu > 1,$$

zur Folge hat, z. B. $\zeta(4) = 2\zeta^2(2)/5$. Siehe auch Aigner, M., Ziegler, G. M.: Proofs from THE BOOK, [4]2010, Chapter 8.)

Aufgabe 2.7.5 Sei $\Gamma = \mathbb{Z}w_1 + \mathbb{Z}w_2 \subseteq \mathbb{C}$ ein Gitter vom Rang 2. Man zeige mit Satz 2.7.4, dass die Summe

$$\zeta_\Gamma(z) := \frac{1}{z} + \sum_{\omega \in \Gamma^*} \Big(\frac{1}{z - \omega} + \frac{1}{\omega} + \frac{z}{\omega^2} \Big)$$

lokal gleichmäßig auf $\mathbb{C} - \Gamma$ konvergiert und dass $\zeta_\Gamma(z)$ analytisch ist mit der Ableitung $-\wp_\Gamma(z)$. ($\zeta_\Gamma(z)$ heißt die **Weierstraßsche ζ-Funktion** zum Gitter $\Gamma(z)$.)

Aufgabe 2.7.6 Man gebe zu jedem $\alpha \in \mathbb{R} \uplus \{\pm\infty\}$ eine Dirchlet-Reihe mit Konvergenzabszisse α bzw eine Dirchlet-Reihe mit absoluter Konvergenzabszisse α an.

Aufgabe 2.7.7

a) Ist $f(s) = \sum_n a_n n^{-s}$ die Dirichlet-Reihe zur zahlentheoretischen Funktion $n \mapsto a_n$ und ist $s_0 \in \mathbb{C}$, so ist $f(s - s_0)$ die Dirichlet-Reihe zur zahlentheoretischen Funktion $n \mapsto n^{s_0} a_n$. Genau dann ist $f(s)$ multiplikativ bzw. streng multiplikativ, wenn Entsprechendes für $f(s - s_0)$ gilt. Sind α bzw. β die Konvergenzabszisse bzw. die absolute Konvergenzabszisse von $f(s)$, so ist $\alpha + \sigma_0$ bzw. $\beta + \sigma_0$, $\sigma_0 = \Re s_0$, die Konvergenzabszisse bzw. die absolute Konvergenzabszisse von $f(s - s_0)$. Für jedes $s_0 \in \mathbb{C}$ ist $f(s) \mapsto f(s - s_0)$ ein Automorphismus der $\mathbb{C}$-Algebra der Dirichlet-Reihen, der einen Automorphismus der Algebra der konvergenten Dirichlet-Reihen induziert (jeweils mit der Faltung als Multiplikation).

b) Ist $n \mapsto a(n)$, $n \in \mathbb{N}^*$, eine multiplikative zahlentheoretische Funktion mit Summatorfunktion $n \mapsto A(n)$, $n \in \mathbb{N}^*$, so ist

$$a(n) = \prod_{p|n} \left(A(p^{v_p(n)}) - A(p^{v_p(n)-1}) \right), \quad n \in \mathbb{N}^*.$$

c) Man bestimme die zahlentheoretischen Funktionen zu folgenden Dirichlet-Reihen: $\sigma_{s_0}(s) := \zeta(s)\zeta(s - s_0) = \mathrm{S}\big(\zeta(s - s_0)\big)$, $s_0 \in \mathbb{C}$, insbesondere für $s_0 = k \in \mathbb{N}$, sowie $\mathrm{M}(s)\zeta(s - 1)$. Man gebe explizite Formeln für diese zahlentheoretischen Funktionen an, indem man ausnutzt, dass sie multiplikativ sind.

d) Ist $f(s) = \sum_{n=1}^{\infty} a_n n^{-s}$ eine (formale) Dirichlet-Reihe zu einer streng multiplikativen zahlentheoretischen Funktion $n \mapsto a_n$, so ist $(1/f)(s) = \sum_{n=1}^{\infty} \mu(n) a_n n^{-s}$. (Man benutze die Eulersche Produktdarstellung von f.)

Aufgabe 2.7.8 Man beweise die zu Aufg. 1.3.10 analoge Aussage für Dirichlet-Reihen: Ist $f(s) = \sum_{n=1}^{\infty} a_n n^{-s}$ eine konvergente Dirichlet-Reihe mit $a_n \in \mathbb{R}_+$ und Konvergenzabszisse $\alpha \in \mathbb{R}$, so besitzt f keine analytische Fortsetzung in den Punkt α. Insbesondere lässt sich die durch f auf der Halbebene $\sigma > \alpha$ definierte holomorphe Funktion nicht in eine Halbebene $\sigma > \alpha'$ mit $\alpha' < \alpha$ holomorph fortsetzen, (Man kann $\alpha = 0$ annehmen. Gäbe es eine analytische Fortsetzung von f in $\alpha = 0$, so gäbe es ε, η mit $0 < \varepsilon < \eta$ derart, dass die Potenzreihenentwicklung $f(s) = \sum_{k=0}^{\infty} f^{(k)}(\varepsilon)(s - \varepsilon)^k / k!$ von f um ε für $s = \varepsilon - \eta < 0$ absolut konvergiert. Mit Satz 1.3.9 erhält man dann sogar: Der Konvergenz­radius der Potenzreihenentwicklung von f um ε ist ε für *jedes* $\varepsilon > 0$. – Man beachte, dass $\sum_{n=1}^{\infty} a_n n^{-\alpha} < \infty$ sein kann, so dass die Reihe $\sum_{n=1}^{\infty} a_n n^{-s}$ in der abgeschlossenen Halbebene $\sigma \geq \alpha$ normal konvergent ist. – Die durch die Dirichlet-Reihe $\sum_{n=1}^{\infty} (-1)^{n-1} n^{-s}$ mit Konvergenzabszisse 0 definierte holomorphe Funktion $(1 - 2^{1-s})\zeta(s)$ auf der Halbebene $\sigma > 0$ lässt sich holomorph auf die ganze Ebene $\mathbb{C}$ fortsetzen. Es gilt also für Dirichlet-Reihen keine zu Satz 1.3.9 über die Potenzreihenentwicklung holomorpher Funktionen analoge Aussage.)

Aufgabe 2.7.9 Sei G eine endlich erzeugte Gruppe. Für $n \in \mathbb{N}^*$ bezeichnet dann $Z_G(n)$ die Anzahl der Untergruppen vom Index n.

a) $Z_G(n)$ ist endlich für alle $n \in \mathbb{N}^*$. (Da für jede Untergruppe H von G vom Index n der Normalteiler $\bigcap_{g \in G} gHg^{-1}$ einen Index hat, der $n!$ teilt, genügt es zu zeigen, dass die Anzahl der Normalteiler von einem festen Index in G endlich ist. Es gibt aber nur endlich viele Isomorphieklassen von Gruppen einer festen endlichen Ordnung, und für jede endliche Gruppe H ist die Menge $\mathrm{Hom}(G, H)$ endlich.) – Die Dirichlet-Reihe

$$\zeta_G(s) = \sum_{n=1}^{\infty} Z_G(n) n^{-s}$$

heißt die ζ-**Funktion der Gruppe** G. Die ζ-Funktion $\zeta_{\mathbb{Z}}(s)$ der Gruppe $\mathbb{Z}$ ist die Riemannsche ζ-Funktion $\zeta(s)$.

b) Sei G überdies kommutativ. Dann ist die zahlentheoretische Funktion $n \mapsto Z_G(n)$ multiplikativ. (Sind $m, n \in \mathbb{N}^*$ teilerfremd, so ist die Abbildung $(F, H) \mapsto FH$ eine Bijektion der Menge der Paare (F, H) von Untergruppen mit Index m bzw. n auf die Menge der Untergruppen von G vom Index mn.) Es gilt

$$\zeta_G(s) = \prod_{p \in \mathbb{P}} \zeta_{G,p}(s), \quad \zeta_{G,p}(s) = \sum_{k=0}^{\infty} Z_G(p^k) p^{-ks}, \quad p \in \mathbb{P}.$$

Diese Produktdarstellung spiegelt die Primärzerlegung endlicher abelscher Gruppen wieder, vgl. [14], Satz 2.2.22.

c) Sei $p \in \mathbb{P}$. Dann ist

$$Z_{\mathbf{Z}_p^{m+1}}(p^n) = p^{n-1} Z_{\mathbf{Z}_p^m}(p^{n-1}) + Z_{\mathbf{Z}_p^m}(p^n), \quad m \in \mathbb{N}, \ n \in \mathbb{N}^*.$$

(Zum Beweis betrachte man die kanonische exakte Sequenz $0 \to \mathbf{Z}_p^m \to \mathbf{Z}_p^{m+1} \to \mathbf{Z}_p \to 0$, wobei die Abbildung $\mathbf{Z}_p^{m+1} \to \mathbf{Z}_p$ die Projektion π auf die letzte Komponente ist. Ist $U \subseteq \mathbf{Z}_p^{m+1}$ eine Untergruppe vom Index p^n, $n \in \mathbb{N}^*$, so ist $\pi(U) = \mathbf{Z}_p$ oder $\pi(U) = 0$ und $U \cap \mathbf{Z}_p^m \subseteq \mathbf{Z}_p^m$ eine Untergruppe vom Index p^{n-1} bzw. vom Index p^n.) Man folgere mit den Rekursionsgleichungen aus Aufg. 2.2.22

$$Z_{\mathbf{Z}_p^m}(p^n) = G_n^{[m]}(p), \quad \zeta_{\mathbf{Z}_p^m}(s) = \sum_{n=0}^{m} G_n^{[m]}(p) p^{-ns}, \ m, n \in \mathbb{N}.$$

(Für eine endliche elementare abelsche Torsionsgruppe $\mathbf{E}_k$ der Ordnung $k \in \mathbb{N}^*$ ergibt sich

$$Z_{\mathbf{E}_k}(n) = \prod_{p|k} G_{v_p(n)}^{[v_p(k)]}(p), \quad n \in \mathbb{N}^*.$$

Dabei heißt eine abelsche Torsionsgruppe G eine **elementare abelsche Torsionsgruppe**, wenn für jedes $p \in \mathbb{P}$ die Primärkomponente $G(p)$ von G eine elementare abelsche p-Gruppe ist. Für jedes $k \in \mathbb{N}^*$ gibt es bis auf Isomorphie genau eine elementare abelsche Gruppe der Ordnung k, nämlich $\mathbf{E}_k = \prod_{p \in \mathbb{P}} \mathbf{Z}_p^{v_p(k)}$. – Mit demselben Beweis zeigt man, dass für einen Vektorraum $V \cong \mathbf{F}_q^m$ der Dimension m über dem endlichen Körper $\mathbf{F}_q$ mit q Elementen die Anzahl der Unterräume der Kodimension $n \in \mathbb{N}, 0 \leq n \leq m$, gleich $G_n^{[m]}(q)$ ist, vgl. auch [13], § 7, Aufg. 10 b). Sie ist auch die Anzahl der Unterräume der Dimension n von V.)

d) Für $m \in \mathbb{N}$ ist $\zeta_{\mathbb{Z}^{m+1}}(s) = \zeta(s) \zeta_{\mathbb{Z}^m}(s - 1)$. (Zum Beweis betrachte man ähnlich wie in c) die kanonische exakte Sequenz $0 \to \mathbb{Z}^m \to \mathbb{Z}^{m+1} \to \mathbb{Z} \to 0$, wobei die Abbildung $\mathbb{Z}^{m+1} \to \mathbb{Z}$ die Projektion π auf die letzte Komponente ist. Ist $U \subseteq \mathbb{Z}^{m+1}$ eine Untergruppe vom Index $n \in \mathbb{N}^*$, so sind $U \cap \mathbb{Z}^m \subseteq \mathbb{Z}^m$ bzw. $\pi(U) \subseteq \mathbb{Z}$ Untergruppen vom Index d bzw e mit $de = n$. Man folgere

$$\zeta_{\mathbb{Z}^m}(s) = \prod_{\ell=0}^{m-1} \zeta(s - \ell), \quad m \in \mathbb{N}.$$

Mit Aufg. 2.2.22 ergibt sich

$$\zeta_{\mathbb{Z}^m,p} = \prod_{\ell=0}^{m-1}(1 - p^{\ell} p^{-s})^{-1} = \sum_{k=0}^{\infty} G_k^{[k+m-1]}(p)p^{-ks}, \quad p \in \mathbb{P},$$

und schließlich

$$Z_{\mathbb{Z}^m}(n) = \prod_{p|n} G_{v_p}^{[v_p(n)+m-1]}(p).$$

(Man bemerke, dass $Z_{\mathbb{Z}^m}(n)$ nach Teil c) auch die Anzahl der Untergruppen vom Index n in der elementaren abelschen Gruppe $\mathbf{E}_{\ell}$ der Ordnung $\ell := (n/\operatorname{rad} n)\cdot(\operatorname{rad} n)^m$ ist.[30] Für quadratfreie Zahlen n, d. h. für $n = \operatorname{rad} n$ ist das trivial.)

e) Sei A eine endliche $\mathbb{Z}$-Algebra (d. h. A sei als abelsche Gruppe endlich erzeugt). Dann bezeichnet $Z_{D,A}(n)$ die Anzahl der zweiseitigen Ideale in A vom Index n. Auch diese Funktion ist multiplikativ. Die zugehörige Dirichlet-Reihe

$$\zeta_{D,A}(s) = \sum_{n=1}^{\infty} Z_{D,A}(n)n^{-s}$$

heißt die **Dedekindsche ζ-Funktion** der Algebra A (nach R. Dedekind (1831–1916)). (Analoge ζ-Funktionen lassen sich auch für die Links- bzw. Rechtsideale von A definieren.) Die Dedekindsche ζ-Funktion $\zeta_{D,\mathbb{Z}}(s)$ des Rings $\mathbb{Z}$ stimmt wieder mit der Riemannschen ζ-Funktion $\zeta(s)$ überein. Ist $A = B \times C$ ein Produkt zweier $\mathbb{Z}$-Algebren, so ist

$$\zeta_{D,A}(s) = \zeta_{D,B}(s)\zeta_{D,C}(s),$$

vgl. [14], Aufg. 2.7.13 a). Die Produktalgebra $\mathbb{Z}^m$ hat also die Dedekindsche ζ-Funktion $\zeta_{D,\mathbb{Z}^m}(s) = \zeta^m(s)$, $m \in \mathbb{N}$. Die Anzahl der Ideale vom Index n in $\mathbb{Z}^m$ ist $\prod_{p|n}\binom{v_p(n)+m-1}{m-1}$, vgl. [14], Beispiel 1.6.13. Für $m = 2$ ergibt sich natürlich die Teileranzahl $\tau(n)$. Mit Hilfe von Satz 2.10.40 bzw. Aufg. 2.10.25 in [14] bestimme man die Dedekindschen ζ-Funktionen von $\mathbb{Z}[i] = \mathbb{Z}[\sqrt{-1}]$ bzw. $\mathbb{Z}[\sqrt{-2}]$ und betrachte auch weitere Beispiele. (**Bemerkung** Das Studium der Dedekindschen ζ-Funktionen endlicher $\mathbb{Z}$-Algebren ist eine wesentliche und interessante Aufgabe der Zahlentheorie. – Dedekindsche ζ-Funktionen lassen sich nach einem Ergebnis von P. Samuel (1921–2009) in analoger Weise für endliche Algebren über beliebigen noetherschen kommutativen Ringen definieren, vgl. [8], Teil 2, § 54, Aufg. 8. Man bestimme die Dedekindsche ζ-Funktion der Polynomalgebra $\mathbf{F}_q[X]$ in einer Variablen X über einem endlichen Körper $\mathbf{F}_q$ mit q Elementen. Die analoge Aufgabe etwa für den Polynomring $\mathbb{Z}[X]$ ist schon (sehr viel) schwieriger.)

---

[30] Für $n \in \mathbb{N}^*$ ist $\operatorname{rad} n = \prod_{p|n} p$ das sogenannte **Radikal** von n.

Aufgabe 2.7.10 Man beweise (mit dem Zornschen Lemma) analog zu Lemma 2.7.19 (2): Ist $1 \to F \to G \to H \to 1$ eine exakte Sequenz von beliebigen abelschen Gruppen, so ist auch die Sequenz $1 \to \widehat{H}_{\mathbb{C}} \to \widehat{G}_{\mathbb{C}} \to \widehat{F}_{\mathbb{C}} \to 1$ der zugehörigen komplexen Charaktergruppen exakt. (Nur die Surjektivität von $\widehat{G}_{\mathbb{C}} \to \widehat{F}_{\mathbb{C}}$ ist noch zu zeigen.)

Aufgabe 2.7.11 Für komplexe Chartaktere χ, ψ einer endlichen abelschen Gruppe G gelten die sogenannten **Orthogonalitätsrelationen**

$$\sum_{g \in G} \chi(g)\overline{\psi(g)} = \begin{cases} 0, \text{ falls } \chi \neq \psi, \\ |G|, \text{ falls } \chi = \psi. \end{cases}$$

(Lemma 2.7.18 – Man beachte $\overline{\psi} = \psi^{-1}$, und das Produkt $\chi\overline{\psi}$ ist ebenfalls ein Charakter.)

Aufgabe 2.7.12 Sei G eine endliche abelsche Gruppe.

a) Die reellen Charaktere von G sind die sogenannten quadratischen komplexen Charaktere χ mit $\chi^2 = \chi_1$. Wieviele quadratische komplexe Charaktere hat G? (Ihre Anzahl ist die Ordnung $|_2G|$ des 2-Sockels $_2G$ von G. Ein wichtiger quadratischer Charakter mod m ist für ungerades m das Jacobi-Symbol (a/m), vgl. [14], Definition 2.5.23. Genau dann sind alle komplexen Charaktere von G reell, wenn G eine elementare abelsche 2-Gruppe ist.

b) Sei $m \in \mathbb{N}^*$ und $p_1, \dots, p_r$ die paarweise verschiedenen ungeraden Primfaktoren von m. Die Anzahl der quadratischen Charaktere modulo m ist 2^r, wenn m ungerade ist, und gleich $2^{r+\mathrm{Min}\,(\mathsf{v}_2(m)-1,\,2)}$, falls m gerade ist. (Eine Basis der elementaren 2-Gruppe der quadratischen Charaktere modulo m bilden, falls $\mathsf{v}_2(m) \leq 1$ ist, die Legendre-Symbole $(a/p_1), \dots, (a/p_r)$, ggT$(a, m) = 1$. Ist $\mathsf{v}_2(m) = 2$, so gewinnt man durch Hinzunahme des Legendre-Charakters modulo 4

$$\left(\frac{a}{4}\right) := (-1)^{(a-1)/2}, \quad a \text{ ungerade},$$

eine Basis. Ist schließlich $\mathsf{v}_2(n) \geq 3$, so gewinnt man eine Basis durch weitere Hinzunahme des Legendre-Charakters modulo 8

$$\left(\frac{a}{8}\right) := (-1)^{(a^2-1)/8}, \quad a \text{ ungerade}.$$

Man stelle in dieser Basis das Jacobi-Symbol (a/m), m ungerade, dar bzw. den quadratischen Charakter (a/m) von Frobenius-Zolotarev, falls m gerade ist, a jeweils teilerfremd zu m, vgl. [14], Definition 2.5.23.

Aufgabe 2.7.13 Sei $a \in \mathbb{N}^*$ keine Quadratzahl. P_a sei die Menge derjenigen Primzahlen $p \in \mathbb{P}$, für die $[a]_p$ ein Quadrat in $\mathbf{F}_p$ ist, für die also der Wert des Legendre-Symbols (a/p) gleich 1 ist. Dann ist

$$\sum_{p \in P_a} p^{-\sigma} \sim \frac{1}{2} \ln(\sigma - 1) \quad \text{für } \sigma \to 1+.$$

(Man benutze das quadratische Reziprozitätsgestz, vgl. [14], Satz 2.5.27 und den Satz 2.7.22.) Insbesondere gibt es unendlich viele Primzahlen p, für die a kein quadratischer Rest modulo p ist.

2.8 Die Taylor-Formel

In diesem Paragraphen beschäftigen wir uns vor allem mit Funktionen mit Werten in reellen Banach-Räumen V, die auf reellen Intervallen I definiert sind. Der Weierstraßsche Approximationssatz, vgl. Satz 1.1.12 und die Bemerkung 1.1.14 dazu, zeigt, dass jede V-wertige stetige Funktion auf einem kompakten Intervall $I \subseteq \mathbb{R}$ gleichmäßig durch Polynomfunktionen approximiert werden kann. Im Allgemeinen ist es aber sehr schwierig, einfache Polynome zu finden, die die gegebene Funktion gut annähern. Für analytische Funktionen f freilich kann man die Partialsummen

$$\sum_{k=0}^{n} a_k (x-a)^k = \sum_{k=0}^{n} \frac{f^{(k)}(a)}{k!} (x-a)^k, \quad n \in \mathbb{N},$$

der Potenzreihenentwicklung von f um $a \in I$ nehmen, falls I ganz im Konvergenzkreis dieser Reihe liegt. Diese n-te Partialsumme ist die einzige Polynomfunktion vom Grad $\leq n$, die mit f an der Stelle a bis zur n-ten Ableitung übereinstimmt. Die angegebenen Polynome sind nun bereits dann definiert und zur Approximation von f geeignet, wenn f nur genügend oft differenzierbar ist. Allgemeiner werden wir die nahe liegende Idee verfolgen, solche Polynome zur Approximation von f zu benutzen, die mit f einschließlich gewisser Ableitungen an genügend vielen Stellen übereinstimmen. Zur Vorbereitung beweisen wir eine Verallgemeinerung des Satzes von Rolle und definieren zunächst:

Definition 2.8.1 Sei V ein $\mathbb{R}$-Banach-Raum und $n \in \mathbb{N}^*$. Eine Funktion $f: I \to V$ auf einem Intervall $I \subseteq \mathbb{R}$ hat in $a \in I$ eine **Nullstelle der Ordnung** (oder **der Vielfachheit**) $\geq n$, wenn f n-mal differenzierbar ist und wenn $f(a) = f'(a) = \cdots = f^{(n-1)}(a) = 0$ ist. Ist darüber hinaus $f^{(n)}(a) \neq 0$, so sagen wir, die Ordnung (oder Vielfachheit) der Nullstelle a von f sei genau gleich n. – Die Funktion $f: I \to V$ hat in I die **Nullstellenordnung** $\geq n$, wenn es paarweise verschiedene Punkte $a_i \in I$, $i = 1, \ldots, r$, gibt, in denen die Nullstellenordnung von f mindestens $n_i \in \mathbb{N}^*$ ist, und wenn $n_1 + \cdots + n_r \geq n$

gilt. – Wir sagen noch, dass die Funktion $f : I \to V$ in $a \in I$ eine Nullstelle der Ordnung 0 hat, wenn f stetig und $f(a) \neq 0$ ist.

Bei $n \in \mathbb{N}^*$ ist nach Beispiel 2.3.17 die Nullstellenordnung einer n-mal differenzierbaren Funktion f in a mindestens n, wenn $f(x) = o\big((x-a)^{n-1}\big)$ für $x \to a$ gilt. Für $x \to a$ gilt dann sogar $f(x) = f^{(n)}(a)(x-a)^n/n! + o\big((x-a)^n\big)$.[31] Hat f in a eine Nullstelle der Ordnung $\geq n > 1$, so hat f' in a eine Nullstelle der Ordnung $\geq n-1$. Ist f beliebig oft differenzierbar in I, so sagt man, f habe in a die Nullstellenordnung ∞, wenn alle Ableitungen von f in a verschwinden, d. h. wenn f in a platt ist. Im Fall einer analytischen Funktion f ist die Nullstellenordnung von f in a gleich dem Infimum der $k \in \mathbb{N}$, für die der Koeffizient a_k in der Potenzreihenentwicklung $f(x) = \sum_k a_k(x-a)^k$ von 0 verschieden ist, vgl. Abschn. 1.3. Ein Polynom $\neq 0$ vom Grad $n \in \mathbb{N}$ hat in einem Intervall I eine Gesamtnullstellenordnung $\leq n$. (Dies gilt auch für V-wertige Polynome.)

Satz 2.8.2 (Verallgemeinerter Satz von Rolle) *Die Funktion $f : I \to \mathbb{R}$ sei in I m-mal differenzierbar mit einer Gesamtnullstellenordnung $\geq n$ in I. Für jedes $k \in \mathbb{N}$ mit $k \leq \mathrm{Min}\,(m-1, n-1)$ hat die k-te Ableitung von f in I eine Gesamtnullstellenordnung $\geq n-k$. Bei $m \geq n-1 \geq 0$ hat die $(n-1)$-te Ableitung $f^{(n-1)}$ noch eine Nullstelle in I.*

Beweis Wir verwenden Induktion über k, der Fall $k = 0$ ist trivial. Beim Schluss von $k-1$ auf k hat $f^{(k-1)}$ nach Induktionsvoraussetzung eine Nullstellenordnung $\geq n-k+1$ in I. Es gibt also Nullstellen $a_1 < \cdots < a_r$ von $f^{(k-1)}$ mit Ordnungen $\geq n_i \geq 1$ (und $n_i + k - 1 \leq m$), für die $n_1 + \cdots + n_r \geq n-k+1$ ist. Dann hat $f^{(k)} = (f^{(k-1)})'$ in den Punkten a_i Nullstellen der Ordnungen $\geq n_i - 1$, und nach dem gewöhnlichen Satz von Rolle 2.3.3 gibt es Zwischenwerte $b_1, \ldots, b_{r-1}$ mit $b_i \in\,]a_i, a_{i+1}[$ und $f^{(k)}(b_i) = 0$, $i = 1, \ldots, r-1$. Insgesamt hat daher (die differenzierbare Funktion) $f^{(k)}$ in I eine Nullstellenordnung $\geq (n_1 + \cdots + n_r - r) + r - 1 \geq n-k$. Zum Beweis des Zusatzes können wir $n \geq 2$ annehmen. Dann hat $f^{(n-2)}$ in I nach dem Bewiesenen eine Nullstellenordnung ≥ 2 und $f^{(n-1)} = (f^{(n-2)})'$ dort sicherlich wenigstens eine Nullstelle. $\square$

Bevor wir die allgemeine Taylor-Formel behandeln, führen wir einige Bezeichnungen ein. I sei im Folgenden stets ein Intervall in $\mathbb{R}$, $a = (a_1, \ldots, a_r)$ sei ein r-Tupel paarweise verschiedener Stellen $a_i \in I$ und $n = (n_1, \ldots, n_r)$ sei ein r-Tupel positiver natürlicher Zahlen. Ferner sei $f : I \to V$ eine Funktion, die mindestens $\mathrm{Max}\,(n_1 - 1, \ldots, n_r - 1)$-mal differenzierbar ist.

$$T_{a,n}(f\,|\,X) = T(a; n; f\,|\,X) = T(X) \in V[X]$$

---

[31] Ohne Differenzierbarkeitsvoraussetzungen definiert man die Nullstellenordnung in a einer in a stetigen Funktion f als das Supremum der $\alpha \in \mathbb{R}_+$ mit $f(x) = O\big(|x-a|^\alpha\big)$ für $x \to a$, vgl. auch das Ende von Beispiel 3.8.13 in [14]. Welche Nullstellenordnung hat nach dieser Definition die Funktion $f : [0, 1[\to \mathbb{R}$ mit $f(0) = 0$ und $f(x) = 1/\ln x$ für $x > 0$ im Punkt $a = 0$?

bezeichne das Polynom T vom Grad $< |n| := n_1 + \cdots + n_r$, für das

$$T^{(v_i)}(a_i) = f^{(v_i)}(a_i), \quad 0 \le v_i < n_i, \ i = 1, \ldots, r,$$

gilt. Das Polynom T ist durch die angegebenen Bedingungen eindeutig bestimmt, da ein Polynom vom Grad $< |n|$ keine Gesamtnullstellenordnung $\ge |n|$ besitzen kann. Die Existenz von T zeigen wir im nächsten Abschnitt, wo wir auch ein Berechnungsverfahren für T beschreiben. Für den Fall $V = \mathbb{R}$ (auf den der allgemeine Fall grundsätzlich zurückgeführt werden kann) siehe bereits [14], Aufg. 2.10.11. Man nennt $T(X) = T_{a,n}(f|X)$ das **interpolierende Polynom** zu f für die **Stützstellen** (bzw. **Interpolationsknoten**) $a_1, \ldots, a_r$ mit den Vielfachheiten $n_1, \ldots, n_r$. In zwei wichtigen Spezialfällen lässt sich T leicht explizit angeben:

(1) Es sei $r = 1$, also $a = a_1, n = n_1$. Dann ist das Taylor-Polynom

$$T = T_{a,n}(f|X) = \sum_{k=0}^{n-1} \frac{f^{(k)}(a)}{k!}(X - a)^k \in V[X]$$

die Lösung, vgl. Aufg. 2.9.4 in [14].

(2) Es sei $n_i = 1$ für alle $i = 1, \ldots, r$. Dann liefert die **Lagrangesche Interpolationsformel**, vgl. [14], Aufg. 2.10.11,

$$T = \sum_{i=1}^{r} f(a_i) \frac{(X - a_1) \cdots (X - a_{i-1})(X - a_{i+1}) \cdots (X - a_r)}{(a_i - a_1) \cdots (a_i - a_{i-1})(a_i - a_{i+1}) \cdots (a_i - a_r)} \in V[X].$$

Der Hauptsatz über die Approximation differenzierbarer Funktionen durch Polynome ist der folgende Satz:

Satz 2.8.3 *Sei V ein $\mathbb{R}$-Banach-Raum. Ferner seien $I \subseteq \mathbb{R}$ ein Intervall, $a = (a_1, \ldots, a_r)$ ein Tupel paarweise verschiedener Stellen in I und $n = (n_1, \ldots, n_r)$ ein Tupel positiver natürlicher Zahlen mit $|n| = n_1 + \cdots + n_r$. Schließlich sei $f: I \to V$ eine $|n|$-mal differenzierbare Funktion. Ist $V = \mathbb{R}$, so gibt es zu jedem $x \in I$ ein $c \in I$ (das in dem kleinsten Teilintervall J von I liegt, das x und $a_1, \ldots, a_r$ enthält) mit*

$$f(x) = T_{a,n}(f|x) + \frac{f^{(|n|)}(c)}{|n|!}(x - a_1)^{n_1} \cdots (x - a_r)^{n_r}.$$

Im allgemeinen Fall gibt es ein $c \in J \subseteq I$ mit

$$\|f(x) - T_{a,n}(f|x)\| \le \frac{\|f^{(|n|)}(c)\|}{|n|!}|x - a_1|^{n_1} \cdots |x - a_r|^{n_r}.$$

Beweis Sei $x \in I$ fest gewählt. Wir können gleich $r \neq 0$ und $x \neq a_i$ für $i = 1, \ldots, r$ annehmen. Sei zunächst $V = \mathbb{R}$. Dann gibt es genau ein $\lambda \in \mathbb{R}$ mit

$$f(x) = T(x) + \lambda (x - a_1)^{n_1} \cdots (x - a_r)^{n_r},$$

wobei $T = T_{a,n}(f|X)$ gesetzt wurde. Wir betrachten nun auf J die Funktion

$$h: t \longmapsto f(t) - T(t) - \lambda (t - a_1)^{n_1} \cdots (t - a_r)^{n_r}.$$

Sie hat nach Definition des Interpolationspolynoms T in a_i eine Nullstellenordnung $\geq n_i$ für $i = 1, \ldots, r$. Außerdem hat h nach Definition von λ in x eine Nullstelle der Ordnung ≥ 1. Insgesamt hat h in J eine Nullstellenordnung $\geq |n| + 1$. Nach dem verallgemeinerten Satz von Rolle 2.8.2 hat $h^{(|n|)}$ deshalb in J noch eine Nullstelle c. Da der Grad von T kleiner als $|n|$ ist, folgt $T^{(|n|)} = 0$ und somit $0 = h^{(|n|)}(c) = f^{(|n|)}(c) - \lambda |n|!$, also $\lambda = f^{(|n|)}(c)/|n|!$, wie behauptet. – Den allgemeinen Fall führt man wie den Mittelwertsatz 2.3.7 auf den Fall $V = \mathbb{R}$ zurück. Die Einzelheiten können wir dem Leser überlassen. $\square$

Man beachte, dass die Funktion

$$x \mapsto \frac{f(x) - T_{a,n}(f|x)}{(x - a_1)^{n_1} \cdots (x - a_r)^{n_r}} \quad \left(= \frac{f^{(|n|)}(c(x))}{|n|!} \text{ bei } V = \mathbb{R} \right)$$

aus Satz 2.8.3 bei $r > 0$ in ganz I noch $(|n| - \text{Max}\,(n_1, \ldots, n_r))$-mal *stetig* differenzierbar ist, wie man mit Hilfe von Aufg. 2.3.15 einsieht. – Die oben erwähnten Spezialfälle (1) und (2) ergeben die folgenden Aussagen 2.8.4 bzw. 2.8.5.

Satz 2.8.4 (**Taylor-Formel**) *Seien $I \subseteq \mathbb{R}$ ein Intervall, $a \in I$ und $n \in \mathbb{N}^*$. Ferner sei $f: I \to V$ eine n-mal differenzierbare Funktion mit Werten im $\mathbb{R}$-Banach-Raum V. Ist $V = \mathbb{R}$, so gibt es zu jedem $x \in I$ ein c zwischen a und x mit*

$$f(x) = \sum_{k=0}^{n-1} \frac{f^{(k)}(a)}{k!} (x - a)^k + \frac{f^{(n)}(c)}{n!} (x - a)^n.$$

Ist V beliebig, so gibt es zu jedem $x \in I$ ein c zwischen a und x mit

$$\left\| f(x) - \sum_{k=0}^{n-1} \frac{f^{(k)}(a)}{k!} (x - a)^k \right\| \leq \frac{\| f^{(n)}(c) \|}{n!} |x - a|^n.$$

Das Polynom

$$T_{a,n} = \sum_{k=0}^{n-1} \frac{f^{(k)}(a)}{k!} (X - a)^k \in V[X]$$

in Satz 2.8.4 heißt das **Taylor-Polynom** von f des Grades $< n$ im Punkt a. Die Taylor-Formel gibt eine sehr viel genauere Auskunft über den Fehler $f(x) - T_{a,n}(x)$, als es die asymptotische Entwicklung der Ordnung $n - 1$

$$f(x) = T_{a,n}(x) + o\big((x-a)^{n-1}\big)$$

von f für $x \to a$ tut, die nach Beispiel 2.3.17 bereits dann gilt, wenn f in a nur $(n-1)$-mal differenzierbar ist. Den Ausdruck

$$\frac{1}{n!} f^{(n)}(c)(x-a)^n$$

in Satz 2.8.4 nennt man das **Lagrangesche Restglied**. Ist f in I beliebig oft differenzierbar, so heißt die (formale) Potenzreihe

$$T_a = \sum_{k=0}^{\infty} \frac{f^{(k)}(a)}{k!} (X-a)^k \in V[\![X-a]\!]$$

die **Taylor-Reihe** von f in a. Genau dann ist f in a analytisch, wenn die Taylor-Reihe von f in a eine konvergente Potenzreihe ist und f in einer Umgebung von a darstellt. Im Allgemeinen ist dies nicht der Fall, wie etwa diejenigen Funktionen zeigen, die in a platt sind, aber in keiner Umgebung von a identisch verschwinden. Vgl. auch Aufg. 2.8.19. Ferner bemerken wir, dass *jede* Potenzreihe $T \in V[\![X-a]\!]$ als Taylor-Reihe einer beliebig oft differenzierbaren Funktion $\mathbb{R} \to V$ in a auftritt (**Satz von Borel**, vgl. Satz 3.2.11).

Satz 2.8.5 (Newton-Interpolation) *Seien* $I \subseteq \mathbb{R}$ *ein Intervall,* $a_1, \dots, a_r \in I$ *paarweise verschiedene Stellen und* $f: I \to V$ *eine* r-*mal differenzierbare Funktion mit Werten im* $\mathbb{R}$-*Banach-Raum* V. *Ferner sei* $T \in V[X]$ *das Polynom vom Grad* $< r$, *das an den (Stütz-)Stellen* $a_1, \dots, a_r$ *dieselben Werte wie* f *hat. Ist* $V = \mathbb{R}$, *so gibt es zu jedem* $x \in I$ *ein* $c \in I$ *mit*

$$f(x) = T(x) + \frac{f^{(r)}(c)}{r!} (x-a_1) \cdots (x-a_r);$$

im allgemeinen Fall gibt es zu jedem $x \in I$ *ein* $c \in I$ *mit*

$$\|f(x) - T(x)\| \leq \frac{\|f^{(r)}(c)\|}{r!} |x-a_1| \cdots |x-a_r|.$$

Aus Satz 2.8.3 ergibt sich sofort die folgende Fehlerabschätzung:

Korollar 2.8.6 *Die generellen Voraussetzungen seien dieselben wie in* Satz 2.8.3. *Ferner sei* $\|f^{(|n|)}(x)\| \leq M$ *für alle* $x \in I$, *also* $\|f^{(|n|)}\| \leq M$. *Dann ist für alle* $x \in I$

$$\|f(x) - T_{a,n}(f|x)\| \leq \frac{M}{|n|!} |x-a_1|^{n_1} \cdots |x-a_r|^{n_r}.$$

Wir überlassen es dem Leser, die entsprechenden Fehlerabschätzungen für die Spezialfälle in den Sätzen 2.8.4 und 2.8.5 explizit zu formulieren.

Beispiel 2.8.7 (Tschebyschew-Knoten) Sei $m \in \mathbb{N}^*$. Ferner seien $I \subseteq \mathbb{R}$ ein kompaktes Intervall und $f : I \to V$ eine m-mal differenzierbare Funktion mit Werten im $\mathbb{R}$-Banach-Raum V. Für ein Tupel $a = (a_1, \ldots, a_r)$ paarweise verschiedener Stellen in I und ein Tupel $n = (n_1, \ldots, n_r)$ positiver natürlicher Zahlen mit $|n| = n_1 + \cdots + n_r = m$ ist dann nach Korollar 2.8.6

$$\| f - T_{a,n}(f|x) \| \leq \frac{\| f^{(m)} \|}{m!} N_{a,n},$$

wobei die nicht von f abhängende Konstante $N_{a,n}$ die Supremumsnorm der normierten reellen Polynomfunktion $(x-a_1)^{n_1} \cdots (x-a_r)^{n_r}$ vom Grad m auf I ist. Man wird daher zur Approximation von f durch das interpolierende Polynom $T_{a,n}(f|x)$ vom Grade $< m$ die Tupel a und n so wählen, dass $N_{a,n}$ möglichst klein ist. Diese a und n lassen sich explizit angeben (und sind überdies eindeutig bestimmt). Grundlage ist folgendes Lemma:

Lemma 2.8.8 *Sei $m \in \mathbb{N}^*$. Das m-te Tschebyschew-Polynom 1. Art T_m hat unter allen normierten reellen Polynomen vom Grad m minimale Supremumsnorm auf dem Intervall $[-1, 1]$ und ist durch diese Minimalitätseigenschaft eindeutig bestimmt. Es gilt*

$$\| T_m \| = \| T_m \|_{[-1,1]} = 2^{-m+1}.$$

Beweis Wir verwenden die Beschreibung der Tschebyschew-Polynome aus [14], Beispiel 3.5.8. Es ist $T_m(\cos \varphi) = 2^{-m+1} \cos(m\varphi)$, also

$$T_m(x) = 2^{-m+1} \cos(m \arccos x), \quad x \in [-1, 1],$$

und $\| T_m \| = 2^{-m+1}$ und $T_m(x_k) = (-1)^k 2^{-m+1}$ für $x_k := \cos(k\pi/m)$, $k = 0, \ldots, m$. Sei G ein weiteres normiertes Polynom vom Grad m mit $\| G \| \leq \| T_m \|$. Für $k = 0, \ldots, m$ gilt dann $(-1)^k (T_m - G)(x_k) \geq 0$. Da $\mathrm{Grad}(T_m - G) < m$ ist, ergibt eine leichte Überlegung $T_m - G = 0$, vgl. Aufg. 2.8.6. $\qquad \square$

Das Polynom T_m hat die m Nullstellen $a_k := \cos((2k-1)\pi/2m)$, $k = 1, \ldots, m$. Folglich ist $T_m = (X - a_1) \cdots (X - a_m)$, und die obige Konstante $N_{a,n}$ für das Intervall $[-1, 1]$ wird minimal, wenn man jeweils an den Stellen a_i, $i = 1, \ldots, m$, mit der Vielfachheit $n_i = 1$ interpoliert. Durch Transformation auf ein beliebiges Intervall $[\alpha, \beta]$, $\alpha < \beta$, ergibt sich, dass

$$T_m^{\alpha, \beta} := \left(\frac{\beta - \alpha}{2} \right)^m T_m \left(\frac{2}{\beta - \alpha} \left(X - \frac{\alpha + \beta}{2} \right) \right)$$

das normierte Polynom m-ten Grades ist, für das die Supremumsnorm auf $[\alpha, \beta]$ minimal ist, und zwar gleich

$$N_{a,n}^{\alpha, \beta} = 2 \left(\frac{\beta - \alpha}{4} \right)^m.$$

Die optimalen Stützstellen zum Interpolieren für das Intervall $[\alpha, \beta]$ sind daher

$$a_k := \frac{1}{2}\Big(1 - \cos\frac{2k-1}{2m}\pi\Big)\alpha + \frac{1}{2}\Big(1 + \cos\frac{2k-1}{2m}\pi\Big)\beta, \quad k = 1, \ldots, m.$$

Sie heißen die **Tschebyschew-Knoten der Ordnung** m des Intervalls $[\alpha, \beta]$. *Interpoliert man also die m-mal differenzierbare Funktion $f:[\alpha, \beta] \to V$ mit dem Polynom T vom Grad $< m$, das an diesen Tschebyschew-Knoten mit f übereinstimmt, so ist für $x \in [\alpha, \beta]$*

$$\|f(x) - T(x)\| \le 2\frac{\|f^{(m)}\|}{m!}\Big(\frac{\beta - \alpha}{4}\Big)^m.$$

Für das Taylor-Polynom von f vom Grade $< m$ im Mittelpunkt $a := (\alpha + \beta)/2$ des Intervalls $[\alpha, \beta]$ hat man hingegen bei $x \in [\alpha, \beta]$ generell nur

$$\Big\| f(x) - \sum_{k=0}^{m-1} \frac{f^{(k)}(a)}{k!}(x - a)^k \Big\| \le \frac{\|f^{(m)}\|}{m!}\Big(\frac{\beta - \alpha}{2}\Big)^m. \qquad \diamond$$

Beispiel 2.8.9 Sei $f: I \to V$ unendlich oft differenzierbar auf dem Intervall I. Für ein $a \in I$ stellt die Taylor-Reihe $T_a(x) = \sum_{n=0}^{\infty} f^{(n)}(a)(x - a)^n/n!$ nach Satz 2.8.4 sicherlich dann die Funktion f auf ganz I dar, wenn alle Ableitungen $f^{(n)}$ auf I durch eine gemeinsame Konstante M beschränkt sind: $\|f^{(n)}\|_I \le M$ für alle $n \in \mathbb{N}$. Nach einer Beobachtung von S. Bernstein lässt sich das Wesentliche dieser Aussage unter schwächeren Voraussetzungen behaupten, vgl. auch Aufg. 2.8.19.

Satz 2.8.10 (Satz von Bernstein) *Sei $f:[a, b] \to \mathbb{R}$, $a < b$, unendlich oft differenzierbar. Ferner gebe es ein $M \in \mathbb{R}$ mit $f^{(n)} \ge M$ für alle $n \in \mathbb{N}$ (oder mit $f^{(n)} \le M$ für alle $n \in \mathbb{N}$). Dann stellt die Taylor-Reihe $T_a(x)$ von f in a die Funktion f auf $[a, b]$ dar.*

Beweis Wir können $f^{(n)} \ge M$ für alle $n \in \mathbb{N}$ annehmen und nach Übergang zur Funktion $f(x) + |M|e^{x-a}$ sogar $f^{(n)} \ge 0$. Dann sind nach Satz 2.3.19 alle Ableitungen von f auf $[a, b]$ monoton wachsend. Wir zeigen zunächst, dass die Taylor-Reihe $T_a(x) = \sum_{k=0}^{\infty} f^{(k)}(a)(x - a)^k/k!$ für $x = b$ konvergiert und damit auf dem Intervall $[a, b]$ normal konvergent ist. Insbesondere definiert $T_a(x)$ dann eine stetige Funktion auf $[a, b]$, die in $[a, b[$ sogar analytisch ist. Die Konvergenz von $T_a(x)$ für $x = b$ ergibt sich aber mit Satz 2.8.4 aus folgenden Ungleichungen für $n \in \mathbb{N}$:

$$f(b) = \sum_{k=0}^{n-1} \frac{f^{(k)}(a)}{k!}(b - a)^k + \frac{f^{(n)}(c_n)}{n!}(b - a)^n \ge \sum_{k=0}^{n-1} \frac{f^{(k)}(a)}{k!}(b - a)^k.$$

Dabei ist c_n eine geeignete Stelle im Intervall $[a, b]$. Wenden wir dieses Ergebnis auf das Intervall $[(a + b)/2, b]$ an, so folgt, dass die Folge $f^{(n)}\big((a + b)/2\big)\big((b - a)/2\big)^n/n!$, $n \in \mathbb{N}$, und damit auch jede Folge $f^{(n)}(c_n)\big((b - a)/2\big)^n/n!$, $n \in \mathbb{N}$, eine Nullfolge ist, wobei hier die $c_n \in [a, (a+b)/2]$ beliebig sind. Mit der Taylor-Formel 2.8.4 erhält man jetzt $f(x) = T_a(x)$ für alle $x \in [a, (a+b)/2]$. Nach dem bislang Bewiesenen ist also f auf $[a, b[$ analytisch. Der Identitätssatz für analytische Funktionen impliziert dann $f(x) = T_a(x)$ für alle $x \in [a, b[$. Aus Stetigkeitsgründen gilt schließlich auch $f(b) = T_a(b)$. $\qquad\qquad\qquad\qquad\qquad\qquad\qquad\qquad\qquad\qquad\qquad\qquad\qquad\square$

Offenbar hätte es genügt, in Satz 2.8.10 vorauszusetzen, dass f auf $[a, b]$ stetig und in $[a, b[$ beliebig oft differenzierbar ist. Typische Beispiele sind im Intervall $[0, 1]$ die erzeugenden Funktionen $\sum_{n \in \mathbb{N}} a_n x^n$, $x \in [0, 1]$, zu den Folgen $(a_n) \in \mathbb{R}_+^{\mathbb{N}}$ mit $\sum_{n=0}^{\infty} a_n < \infty$, etwa eine Wahrscheinlichkeitsverteilung auf $\mathbb{N}$, für die definitionsgemäß $\sum_n a_n = 1$ ist. Diese Funktionen sind in 1 im Allgemeinen nicht differenzierbar. (Genau dann ist die Funktion $x \mapsto \sum_{n \in \mathbb{N}} a_n x^n$ auf $[0, 1]$ im Punkt 1 differenzierbar, wenn $\sum_{n \in \mathbb{N}} n a_n < \infty$ ist, vgl. Aufg. 2.3.19.) $\qquad\qquad\qquad\qquad\qquad\qquad\qquad\qquad\qquad\qquad\qquad\qquad\diamond$

Aufgaben

Aufgabe 2.8.1 Seien $f, g\colon I \to V$ Funktionen auf dem Intervall $I \subseteq \mathbb{R}$ mit Werten im $\mathbb{R}$-Banach-Raum V. Ferner seien $m, n \in \mathbb{N}$ und $a \in I$.

a) Ist f n-mal differenzierbar, so hat f in a genau dann eine Nullstelle der Ordnung $\geq n$, wenn $f(x) = (x-a)^n h(x)$ mit einer in a stetigen Funktion $h\colon I \to V$ ist.

b) Haben f und g in a Nullstellen der Ordnungen $\geq m$ bzw. $\geq n$, so hat $f + g$ in a eine Nullstelle der Ordnung $\geq \mathrm{Min}\,(m, n)$.

c) Ist fg $(m+n)$-mal differenzierbar und haben f und g in a Nullstellen der Ordnungen $\geq m$ bzw. $\geq n$, so hat fg in a eine Nullstelle der Ordnung $\geq m + n$.

d) Ist fg $(m+n)$-mal und g n-mal differenzierbar, so hat g in a eine Nullstelle der Ordnung $\geq n$, falls fg in a eine Nullstelle der Ordnung $\geq m + n$ und f in a eine Nullstelle der Ordnung m haben.

Aufgabe 2.8.2 Seien $m, n \in \mathbb{N}^*$, I, J Intervalle in $\mathbb{R}$ und $f\colon I \to \mathbb{R}$, $g\colon J \to V$ (mn)-mal differenzierbare Funktionen mit $f(I) \subseteq J$, wobei V ein $\mathbb{R}$-Banach-Raum ist. Ferner sei $a \in I$ mit $f(a) = 0$. Haben dann f in a und g in 0 jeweils Nullstellen der Ordnung $\geq m$ bzw. $\geq n$, so hat $g \circ f$ in a eine Nullstelle der Ordnung $\geq mn$.

Aufgabe 2.8.3 Sei $f\colon \mathbb{R} \to \mathbb{R}$ eine Polynomfunktion vom Grad $n \geq 0$. Dann hat die Funktion $f(x) + \mathrm{e}^x$ in $\mathbb{R}$ die Nullstellenordnung $\leq n + 1$. Ist der Leitkoeffizient von f positiv, so ist diese Nullstellenordnung sogar $\leq n$.

Aufgabe 2.8.4 Sei $n \in \mathbb{N}$, $n \geq 2$. Die Funktion $f\colon I \to \mathbb{R}$ auf dem Intervall I sei $(n-1)$-mal differenzierbar, habe dort eine Nullstellenordnung $\geq n$ und mindestens zwei verschiedene Nullstellen. Dann hat $f^{(n-1)}$ noch wenigstens eine Nullstelle *im Inneren* von I.

Aufgabe 2.8.5 Die Funktion $f : [a, b] \to \mathbb{R}$ sei n-mal differenzierbar, habe in a und b Nullstellen der Ordnung $\geq n$ und in $]a, b[$ weitere k *verschiedene* Nullstellen, $k \in \mathbb{N}$. Dann hat $f^{(n)}$ in $]a, b[$ wenigstens $n + k$ *verschiedene* Nullstellen.

Aufgabe 2.8.6 Die Funktion $f : [x_0, x_m] \to \mathbb{R}$ sei zweimal differenzierbar. Für die Punkte $x_0, \ldots, x_m$ mit $x_0 < x_1 < \cdots < x_m$ gelte $(-1)^k f(x_k) \geq 0, k = 0, \ldots, m$. Dann hat f in $[x_0, x_m]$ eine Nullstellenordnung $\geq m$. (Induktion über m.)

Aufgabe 2.8.7 Sei $f : \mathbb{R} \to \mathbb{R}$ eine Polynomfunktion. Hat f keine Nullstellen in $\mathbb{C} - \mathbb{R}$, so gilt dies auch für alle Ableitungen $f^{(k)}$, $k \leq$ Grad f, von f. (Man vgl. auch die allgemeine Aussage in Aufg. 1.2.15 a).)

Aufgabe 2.8.8 Seien $a, b > 0$ und $F \in \mathbb{R}[X]$ das Polynom $X^n + aX^{n-1} - b, n \geq 2$.

a) Ist n gerade, so hat F genau zwei verschiedene reelle Nullstellen, die beide die Ordnung 1 haben.

b) Sei n ungerade. Ist $a^n(n - 1)^{n-1} > bn^n$, so hat F genau drei verschiedene reelle Nullstellen, die alle die Ordnung 1 haben. Bei $a^n(n - 1)^{n-1} = bn^n$ hat F eine reelle Nullstelle der Ordnung 1 und eine reelle Nullstelle der Ordnung 2. Ist schließlich $a^n(n - 1)^{n-1} < bn^n$, so hat F genau eine reelle Nullstelle, und zwar der Ordnung 1.

Aufgabe 2.8.9 Seien $a, b > 0$. Man bestimme die Anzahl der verschiedenen reellen Nullstellen und ihre Ordnungen für die Polynome $X^n - aX^{n-1} + b$, $X^n + aX - b$, $X^n - aX + b$, $n \geq 2$.

Aufgabe 2.8.10 Das Polynom $F := X^3 + aX + b \in \mathbb{R}[X]$ hat im Fall $4a^3 + 27b^2 > 0$ genau eine und im Fall $4a^3 + 27b^2 < 0$ genau drei verschiedene reelle Nullstellen. Was gilt bei $4a^3 + 27b^2 = 0$? (**Bemerkung** $4a^3 + 27b^2$ heißt die **Diskriminante** von F.)

Aufgabe 2.8.11 Das Polynom $F \in \mathbb{R}[X]$ habe in $a, b \in \mathbb{R}$, $a < b$, Nullstellen, jedoch keine Nullstellen in $]a, b[$. Dann ist die Nullstellenordnung von F' in $]a, b[$ ungerade.

Aufgabe 2.8.12 Man gebe das Taylor-Polynom des Grades < 5 in a an für die Umkehrfunktionen der folgenden Funktionen auf $\mathbb{R}$: $x + e^x$, $a = 1$; $x + \varepsilon \sin 2x$, $a = 0$ ($|\varepsilon| < 1/2$).

Aufgabe 2.8.13 Man zeige, dass in Satz 2.8.3 die Zwischenstelle c stets im *Inneren* des kleinsten Intervalls gewählt werden kann, das die Punkte $x, a_1, \ldots, a_r$ enthält, falls dieses Intervall aus mehr als einem Punkt besteht. (Vgl. Aufg. 2.8.4.)

Aufgabe 2.8.14

a) Die Funktion $f : [a, a + h] \to \mathbb{R}$ sei n-mal differenzierbar, $n \geq 2$. Dann gibt es ein $c \in [a, a + h]$ mit

$$\frac{f(a + h) - f(a)}{h} - f'(a) = \sum_{k=2}^{n-1} \frac{f^{(k)}(a)}{k!} h^{k-1} + \frac{f^{(n)}(c)}{n!} h^{n-1}.$$

b) Die Funktionen $f : [a - h, a + h] \to \mathbb{R}$ sei $(2n + 1)$-mal differenzierbar, $n \geq 1$. Dann gibt es ein $c \in [a - h, a + h]$ mit

$$\frac{f(a + h) - f(a - h)}{2h} - f'(a) = \sum_{k=1}^{n-1} \frac{f^{(2k+1)}(a)}{(2k + 1)!} h^{2k} + \frac{f^{(2n+1)}(c)}{(2n + 1)!} h^{2n}.$$

(Man formuliere entsprechende Aussagen für V-wertige Funktionen, wo V ein $\mathbb{R}$-Banach-Raum ist.)

Aufgabe 2.8.15 Man beweise die Taylor-Formel 2.8.4 im Fall $\mathbb{K} = \mathbb{R}$, indem man auf $F(x) := f(x) - \sum_{k=0}^{n-1} f^{(k)}(a)(x - a)^k / k!$ und $G(x) := (x - a)^n$ den Zweiten Mittelwertsatz n-mal anwende und dabei beachte, dass die Funktionen F und G einschließlich ihrer ersten $n - 1$ Ableitungen an der Stelle a verschwinden. (Vgl. Beispiel 2.3.17.)

Aufgabe 2.8.16 Sei $f : I \to \mathbb{R}$ eine $(n - 1)$-mal differenzierbare Funktion, die im Punkt $a \in I$ sogar n-mal differenzierbar ist, $n \geq 2$. Nach der Taylor-Formel und Aufgabe 2.8.13 gibt zu jedem $x \in I$, $x \neq a$, ein $c(x) \neq a$ zwischen x und a mit

$$f(x) = \sum_{k=0}^{n-2} \frac{f^{(k)}(a)}{k!} (x - a)^k + \frac{f^{(n-1)}\big(c(x)\big)}{(n - 1)!} (x - a)^{n-1}.$$

Unter der Voraussetzung $f^{(n)}(a) \neq 0$ zeige man $\lim_{x \to a, x \neq a} \big(c(x) - a\big)/(x - a) = 1/n$.

Aufgabe 2.8.17 Seien $f : [a, b] \to \mathbb{R}$ eine Polynomfunktion vom Grade $n \geq 1$ mit dem Leitkoeffizienten a_n und $T_n^{a,b}(x)$ das (normierte) n-te Tschebyschew-Polynom 1. Art für das Intervall $[a, b]$, vgl. Beispiel 2.8.7. Dann ist $g := f - a_n T_n^{a,b}$ das (eindeutig bestimmte) Polynom vom Grad $< n$, für das $\| f - g \|_{[a,b]}$ minimal wird, und zwar ist

$$\| f - g \| = |a_n| \, \| T_n^{a,b} \| = |a_n| \, |b - a|^n / 2^{2n-1}.$$

(Man benutzt dieses Ergebnis, um den Grad approximierender Polynome f sukzessive (unter Inkaufnahme einer schlechteren Approximation) zu verringern, indem man zunächst f durch g ersetzt, dann das Verfahren auf g anwendet usw. Ist $f = \sum_{k=0}^{n} a_k T_k^{a,b}$

mit $a_k \in \mathbb{R}$, so erhält man sukzessive $g = g_{n-1} = \sum_{k=0}^{n-1} a_k T_k^{a,b}$, $g_{n-2} = \sum_{k=0}^{n-2} a_k T_k^{a,b}$ usw. Allerdings bekommt man so bei mehr als einem Schritt im Allgemeinen nicht mehr das optimale Polynom. Man wende dieses Verfahren an, um das Taylor-Polynom vom Grad < 12 von $\cos(\pi x/2)$ um 0 im Intervall $[-1, 1]$ durch ein approximierendes Polynom h vom Grad < 8 zu ersetzen. Man gebe eine Abschätzung für $\| \cos(\pi x/2) - h(x) \|_{[-1,1]}$ an.)

Aufgabe 2.8.18

a) Sei $n \in \mathbb{N}^*$, und seien $f: I \to \mathbb{K}$ und $g, h: I \to V$, V $\mathbb{K}$-Banach-Raum, $(n-1)$-mal differenzierbare Funktionen auf dem Intervall $I \subseteq \mathbb{R}$. Für die Taylor-Polynome in a gilt

$$ T_{a,n}(g + h) = T_{a,n}(g) + T_{a,n}(h), \quad T_{a,n}(fg) = T_{a,n}\big(T_{a,n}(f)T_{a,n}(g)\big). $$

Sind f, g, h beliebig oft differenzierbar, so gilt für die Taylor-Reihen

$$ T_a(g + h) = T_a(g) + T_a(h), \quad T_a(fg) = T_a(f)T_a(g). $$

b) Sei $n \in \mathbb{N}^*$. $f: I \to V$, V $\mathbb{R}$-Banach-Raum, und $g: J \to I$ seien $(n-1)$-mal differenzierbare Funktionen auf den Intervallen I bzw. J in $\mathbb{R}$. Für $b \in J$ und $a := g(b)$ gilt

$$ T_{b,n}(f \circ g) = T_{b,n}\big(T_{a,n}(f) \circ T_{b,n}(g)\big). $$

Sind f und g beliebig oft differenzierbar, so gilt $T_b(f \circ g) = T_a(f) \circ T_b(g)$. Als eine Anwendung gebe man eine explizite Formel, die die $(n-1)$-te Ableitung von $f \circ g$ durch $f^{(0)}, \ldots, f^{(n-1)}$ und $g^{(0)}, \ldots, g^{(n-1)}$ darstellt.

Aufgabe 2.8.19 Sei $f: I \to V$, V $\mathbb{R}$-Banach-Raum, auf dem Intervall $I \subseteq \mathbb{R}$ beliebig oft differenzierbar. Folgende Aussagen sind äquivalent: (i) f ist auf I analytisch. (ii) Zu jedem $a \in I$ gibt es ein $\delta > 0$ und eine Konstante $C > 0$ mit $\| f^n(x) \|/n! \le C/\delta^n$ für alle $x \in I$ mit $|x - a| \le \delta$. (Für (ii) $\Rightarrow$ (i) benutze man die Taylor-Formel 2.8.4, für (i) $\Rightarrow$ (ii) Aufg. 1.2.33. Um die Cauchyschen Ungleichungen anwenden zu können, bette man V in seine Komplexifizierung $V_{(\mathbb{C})}$ ein, vgl. Aufg. 1.1.25.)

Aufgabe 2.8.20 Sei $g: \mathbb{R} \to \mathbb{R}$ eine C^∞-Funktion mit der Periode 1, die in den Punkten $t \in \mathbb{Z}$ platt ist und in den Punkten $t \notin \mathbb{Z}$ analytisch und positiv (z. B. $g(t) = h(\sin \pi t)$, wobei h eine der Funktionen aus Aufg. 2.2.23 a) ist). Dann ist $t \mapsto \sum_{n=0}^\infty g(2^n t)/2^{n^2}$ eine C^∞-Funktion $f: \mathbb{R} \to \mathbb{R}$, die in keinem Punkt $t \in \mathbb{R}$ analytisch ist. (Es genügt zu zeigen, dass f in den Punkten $p/2^m$, $p \in \mathbb{Z}$ ungerade, $m \in \mathbb{N}$, nicht analytisch ist. In einem solchen Punkt stimmt aber die Taylor-Reihe von f mit der Taylor-Reihe der dort analytischen Funktion $\sum_{n=0}^{m-1} g(2^n t)/2^{n^2}$ überein. – Zu weiteren interessanten C^∞-Funktionen siehe Beispiel 3.2.9.)

Aufgabe 2.8.21 Man beweise die **Descartessche Vorzeichenregel**: Die Anzahl der positiven Nullstellen (mit Vielfachheiten gerechnet) eines über $\mathbb{R}$ in Linearfaktoren zerfallenden Polynoms $F = a_0 + a_1 X + \cdots + a_{n-1} X^{n-1} + X^n \in \mathbb{R}[X]$ ist gleich der Anzahl der Vorzeichenwechsel in der Folge $a_0, a_1, \ldots, a_{n-1}, 1$. Dabei liegt in einer Folge von 0 verschiedener reeller Zahlen $\ldots, b_i, b_{i+1}, \ldots$ an der Stelle i ein **Vorzeichenwechsel** vor, wenn $b_i b_{i+1} < 0$ ist. Die Vorzeichenwechsel in einer beliebigen Folge reeller Zahlen sind diejenigen in der Folge, die daraus durch Streichen der Nullen gewonnen wird. (Beim Beweis durch Induktion über n kann man $n \geq 1$ und $a_0 \neq 0$ annehmen. Ist $a_1 = F'(0) = 0$, so hat F' eine positive Nullstelle weniger als F und es ist $F(0)F''(0) < 0$. Mit der Induktionsvoraussetzung, angewandt auf F', ergibt sich die Behauptung. Bei $F(0)F'(0) < 0$ bzw. $F(0)F'(0) > 0$ hat F' eine positive Nullstelle weniger als F bzw. gleich viele positive Nullstellen wie F, und die Induktionsvoraussetzung für F' ergibt wieder die Behauptung.)

Aufgabe 2.8.22 Das Polynom $a_m X^m + \cdots + a_n X^n \in \mathbb{R}[X]$ mit $m \leq n$ und $a_m \neq 0 \neq a_n$ zerfalle über $\mathbb{R}$ in Linearfaktoren. Dann können in der Folge $a_m, \ldots, a_n$ nicht zwei benachbarte Glieder gleichzeitig verschwinden. (Induktion über $n - m$. – Vgl. auch Aufg. 2.8.21.)

Aufgabe 2.8.23 Ein Polynom der Gestalt $a_0 + a_s X^s + \cdots \in \mathbb{C}[X]$ mit $a_0 \neq 0 \neq a_s$, $s \geq 1$, hat wenigstens s paarweise verschiedene Nullstellen in $\mathbb{C}$.

2.9 Hermite-Interpolation

Wir wollen allgemein die Existenz der im vorigen Abschnitt benutzten interpolierenden Polynome $T := T_{a,n}(f \,|\, X)$ beweisen und Methoden zu ihrer Berechnung angeben. Dabei wissen wir schon, dass diese Polynome vom Grad $< |n|$, wenn sie existieren, durch die Stützstellen $a = (a_1, \ldots, a_r)$ mit den Vielfachheiten $n = (n_1, \ldots, n_r)$ und den vorgeschriebenen Ableitungen

$$T^{(\nu_i)}(a_i) = f^{(\nu_i)}(a_i) =: b_i^{(\nu_i)} \in V, \quad 0 \leq \nu_i < n_i, \; i = 1, \ldots, r,$$

eindeutig bestimmt sind. V sei zunächst ein beliebiger $\mathbb{R}$-Vektorraum oder allgemeiner ein Vektorraum über einem Körper K der Charakteristik 0 (oder über einem Körper K der Charakteristik $\geq \mathrm{Max}\,(n_1, \ldots, n_r)$). Den Raum $V[X]$ der Polynome über V fassen wir immer mit der natürlichen $K[X]$-Modulstruktur auf. Man beachte, dass $V[X]$ torsionsfrei über $K[X]$ ist (sogar frei, da V frei über K ist): Sind $F \in K[X]$ und $H \in V[X]$ beide $\neq 0$, so ist auch $FH \neq 0$. Die Ableitung eines Polynoms $H = \sum_n v_n X^n \in V[X]$ ist die formale Ableitung $H' = \sum_{n \geq 1} n v_n X^{n-1} \in V[X]$.

    Zum *Beweis der Existenz* von T ändern wir etwas die Bezeichnungen und ersetzen zur Kennzeichnung von T die Tupel $(a_1, \ldots, a_r) \in K^r$ und $(n_1, \ldots, n_r) \in (\mathbb{N}^*)^r$ durch ein einziges Tupel

$$x = (x_1, \ldots, x_m) \in K^m, \quad m := |n| = n_1 + \cdots + n_r,$$

in dem das Element a_i genau n_i-mal vorkommt. Dabei ist die Reihenfolge der Komponenten von x zunächst nicht wichtig. Das gesuchte Polynom T bezeichnen wir auch mit

$$T_x(f\,|\,X) = T_x.$$

Wir beweisen nun die Existenz von T durch Induktion über m. Der Fall $m = 1$ ist trivial: Es ist $T_{(x_1)} = f(x_1)$. Beim Schluss von $m-1$ auf $m \geq 2$ sei $x = x_m := (x_1, \ldots, x_m)$ und $x_{m-1} := (x_1, \ldots, x_{m-1})$. Ferner komme x_m in x genau μ-mal vor. Nach Induktionsvoraussetzung existiert das Polynom $T_{x_{m-1}}$ vom Grad $< m-1$. Für jede Konstante λ erfüllt dann das Polynom $H_\lambda := T_{x_{m-1}} + \lambda G$ vom Grad $< m$ mit $G := (X - x_1) \cdots (X - x_{m-1}) \in K[X]$ offenbar alle Bedingungen an T_x mit eventueller Ausnahme der Bedingung $H_\lambda^{(\mu-1)}(x_m) = f^{(\mu-1)}(x_m)$. Wählen wir

$$\lambda := \left(f^{(\mu-1)}(x_m) - T_{x_{m-1}}^{(\mu-1)}(x_m) \right) \big/ G^{(\mu-1)}(x_m) \in V,$$

so ist auch diese Bedingung noch erfüllt. Man beachte, dass $G^{(\mu-1)}(x_m) \neq 0$ ist, da x_m eine Nullstelle von G der Ordnung $\mu - 1$ ist. Wir haben damit gezeigt:

Satz 2.9.1 (Hermite-Interpolation) *Sei V ein Vektorraum über einem Körper der Charakteristik 0 und $a_1, \ldots, a_r$ paarweise verschiedene Elemente in K sowie $n_1, \ldots, n_r$ positive natürliche Zahlen. Zu beliebigen Elementen $b_i^{(\nu_i)} \in V$, $0 \leq \nu_i < n_i$, $i = 1, \ldots, r$, gibt es dann genau ein Polynom $T \in V[X]$ vom Grad $< m := n_1 + \cdots + n_r$ mit*

$$T^{(\nu_i)}(a_i) = b_i^{(\nu_i)}, \quad 0 \leq \nu_i < n_i, \ i = 1, \ldots, r.$$

Zur praktischen Bestimmung von T führt man zunächst zweckmäßigerweise die folgende Bezeichnung ein, wobei wir wieder wie beim Beweis zu Satz 2.9.1 ein Tupel $x = (x_1, \ldots, x_m)$ benutzen. Es sei

$$\Delta(x; f) = \Delta(x_1, \ldots, x_m; f) = \Delta(x) = \Delta(x_1, \ldots, x_m) \in V$$

definitionsgemäß der Koeffizient von X^{m-1} im interpolierenden Polynom $T_x = T_x(f\,|\,X)$. Dann ist $T_x = \Delta(x)X^{m-1} + R$ mit einem Polynom $R \in V[X]$ vom Grad $< m-1$. Genauer gilt:

Satz 2.9.2 *Für $x = x_m = (x_1, \ldots, x_m)$ und $x_k := (x_1, \ldots x_k)$, $k = 1, \ldots, m-1$, ist*

$$T_x(f\,|\,X) = \sum_{k=1}^{m} \Delta(x_k; f)(X - x_1) \cdots (X - x_{k-1}).$$

Beweis (durch Induktion über m) Der Fall $m = 1$ ist trivial. Beim Schluss von $m - 1$ auf $m \geq 2$ ist

$$T_x(f \mid X) - \Delta(x; f)(X - x_1) \cdots (X - x_{m-1})$$

ein Polynom vom Grad $< m - 1$, das die Interpolationsbedingungen für x_{m-1} erfüllt und daher gleich $T_{x_{m-1}}(f \mid X)$ ist. Die Induktionsvoraussetzung liefert nun die Behauptung. $\square$

Mit den Elementen $\Delta(x_k; f)$ ist also auch das Polynom $T_x(f \mid X)$ bekannt. Stimmen in $x = (x_1, \ldots, x_m) = (a, \ldots, a)$ alle Komponenten überein, so ist $T_x(f \mid X)$ das Taylor-Polynom $\sum_{k=0}^{m-1} f^{(k)}(a)(X - a)^k / k!$. Für $x_1 = \cdots = x_k = a$ ergibt sich somit die einfache Formel $\Delta(x_1, \ldots, x_k; f) = f^{(k-1)}(a)/(k - 1)!$. Andernfalls hilft zur Berechnung die folgende Rekursionsgleichung:

Satz 2.9.3 *Ist* $x_1 \neq x_{k+1}$, *so gilt*

$$\Delta(x_1, \ldots, x_{k+1}; f) = \frac{\Delta(x_2, \ldots, x_{k+1}; f) - \Delta(x_1, \ldots, x_k; f)}{x_{k+1} - x_1}.$$

Beweis Wir bemerken zunächst, dass die Koeffizienten $\Delta(x_1, \ldots, x_{k+1}; f) \in V$ unabhängig von der Reihenfolge der $x_1, \ldots, x_{k+1}$ sind. Nach Satz 2.9.2 sind nun die Polynome

$$\sum_{j=2}^{k} \Delta(x_2, \ldots, x_j)(X - x_2) \cdots (X - x_{j-1}) + \Delta(x_2, \ldots, x_k, x_{k+1})(X - x_2) \cdots (X - x_k)$$

$$+ \Delta(x_2, \ldots, x_k, x_{k+1}, x_1)(X - x_2) \cdots (X - x_k)(X - x_{k+1}) \quad \text{und}$$

$$\sum_{j=2}^{k} \Delta(x_2, \ldots, x_j)(X - x_2) \cdots (X - x_{j-1}) + \Delta(x_2, \ldots, x_k, x_1)(X - x_2) \cdots (X - x_k)$$

$$+ \Delta(x_2, \ldots, x_k, x_1, x_{k+1})(X - x_2) \cdots (X - x_k)(X - x_1)$$

beide gleich $T_{(x_1, \ldots, x_{k+1})}(f \mid X)$. Daher ist auch

$$\big(\Delta(x_2, \ldots, x_{k+1}) + \Delta(x_1, \ldots, x_{k+1})(X - x_{k+1})\big)(X - x_2) \cdots (X - x_k)$$
$$= \big(\Delta(x_1, \ldots, x_k) + \Delta(x_1, \ldots, x_{k+1})(X - x_1)\big)(X - x_2) \cdots (X - x_k).$$

Kürzt man in dieser Formel $(X - x_2) \cdots (X - x_k)$ und setzt dann für X den Wert x_{k+1} ein, so ergibt sich die Behauptung. $\square$

Die Rekursionsformel in Satz 2.9.3 *lässt sich nach eventuellem Umnummerieren der Komponenten* $x_1, \ldots, x_{k+1}$ *immer anwenden, wenn diese nicht alle gleich sind.*

Wir nehmen ab jetzt an, dass in dem Tupel $x = (x_1, \ldots, x_m)$ die Komponenten so nummeriert sind, dass $x_i = x_{i+1} = \cdots = x_j$ ist, falls $x_i = x_j$ für ein Paar (i, j) mit

$$
\begin{array}{llllll}
\Delta(x_1) & & & & & \\
 & \Delta(x_1,x_2) & & & & \\
\Delta(x_2) & & \Delta(x_1,x_2,x_3) & & & \\
 & \Delta(x_2,x_3) & & & & \\
\vdots & & & \cdots\cdots & & \\
\Delta(x_i) & \cdots\cdots & & & & \\
\vdots & & \Delta(x_i,\dots,x_{j-1}) & & & \\
 & & & \Delta(x_i,\dots,x_j) & \cdots\cdots & \Delta(x_1,\dots,x_m) \\
\vdots & & \Delta(x_{i+1},\dots,x_j) & & & \\
 & \cdots\cdots & & & & \\
\Delta(x_j) & & & & & \\
\vdots & & & & & \\
\Delta(x_{m-1}) & & & & & \\
 & \Delta(x_{m-1},x_m) & & & & \\
\Delta(x_m) & & & & &
\end{array}
$$

Abb. 2.42 Differenzenschema zur Hermite-Interpolation

$i < j$ gilt. Dann definieren wir die **Differenzenquotienten höherer Ordnung** durch $\Delta(x_i) = f(x_i)$ und allgemein bei $i \leq j$ durch

$$
\Delta(x_i,\dots,x_j) = \begin{cases} f^{(j-i)}(x_i)/(j-i)!, \text{ falls } x_i = x_j, \\ \big(\Delta(x_{i+1},\dots,x_j) - \Delta(x_i,\dots,x_{j-1})\big)/(x_j - x_i), \text{ falls } x_i \neq x_j. \end{cases}
$$

Nun berechnen sich die $\Delta(x_k) = \Delta(x_1,\dots,x_k)$ nach Satz 2.9.3 leicht gemäß dem in Abb. 2.42 dargestellten sogenannten **Differenzenschema**.

Beispiel 2.9.4 Bei $m = 1$ besteht das Differenzenschema aus der einzigen Zeile $\Delta(a) = f(a)$. Für $m = 2$ und $x_1 = x_2 = a$ bzw. $x_1 = a$, $x_2 = b \neq a$ sind die verschiedenen Möglichkeiten in Abb. 2.43, für $m = 3$ und $x_1 = x_2 = x_3 = a$ bzw. $x_1 = x_2 = a$, $x_2 = b \neq a$ bzw. $x_1 = a$, $x_2 = b \neq a$, $x_3 = c \neq a$, $c \neq b$, sind die verschiedenen Möglichkeiten in Abb. 2.44 dargestellt.

Bei $m = 2$ spricht man von **linearer** und bei $m = 3$ von **quadratischer Interpolation**. Wie lautet das interpolierende Polynom vom Grad < 4, wenn die vier Werte $f(a)$, $f'(a)$; $f(b)$, $f'(b)$, $a \neq b$, vorgegeben sind ? ◇

Beispiel 2.9.5 (Äquidistante Stützstellen) Wir betrachten den Spezialfall äquidistanter Stützstellen mit der **Schrittweite** $h \neq 0$: $x_k := x_1 + (k-1)h$, $k = 1,\dots,m$. Dann ist

$$
\Delta(x_{k+1}) = \Delta(x_1,\dots,x_{k+1}; f) = \frac{(-1)^k}{k!\,h^k} \sum_{\ell=0}^{k} (-1)^\ell \binom{k}{\ell} f(x_{\ell+1}), \quad k = 0,\dots m-1,
$$

Abb. 2.43 Fall $m = 2$ des Differenzenschemas

$$
\begin{array}{lll}
a & \Delta(a) = f(a) & \\
 & & \Delta(a,a) = f'(a) \\
a & \Delta(a) = f(a) &
\end{array}
$$

$$
\begin{array}{lll}
a & \Delta(a) = f(a) & \\
 & & \Delta(a,b) = \dfrac{\Delta(b)-\Delta(a)}{b-a} = \dfrac{f(b)-f(a)}{b-a} \\
b & \Delta(b) = f(b) &
\end{array}
$$

$f(a)$

$\qquad\qquad f'(a)$

$f(a)\qquad\qquad\qquad\qquad f''(a)/2!$

$\qquad\qquad f'(a)$

$f(a)$

$f(a)\qquad\qquad f'(a)$

$\qquad\qquad\qquad\qquad \dfrac{\frac{f(b)-f(a)}{b-a}-f'(a)}{b-a} = \dfrac{f(b)-f(a)-f'(a)(b-a)}{(b-a)^2}$

$f(a)\qquad\qquad \frac{f(b)-f(a)}{b-a}$

$f(b)$

$f(a)$

$\qquad\quad \frac{f(b)-f(a)}{b-a}$

$f(b)\qquad\qquad\qquad \dfrac{\frac{f(b)-f(a)}{b-a}-\frac{f(c)-f(b)}{c-b}}{c-a} = \dfrac{(f(c)-f(b))(b-a)-(f(b)-f(a))(c-b)}{(c-b)(c-a)(b-a)}$

$\qquad\quad \frac{f(c)-f(b)}{c-b}$

$f(c)$

Abb. 2.44 Fall $m = 3$ des Differenzenschemas

wie man leicht durch Induktion über k beweist. Ferner ergibt sich damit (oder direkt aus dem obigen Differenzenschema)

$$\Delta(x_{k+1}) = \Delta(x_1, \ldots, x_{k+1}; f) = \frac{(\Delta^k f)(1)}{k!\,h^k},$$

wobei die **höheren Differenzen** $(\Delta^j f)(k)$, $j = 0, \ldots, m-1$, rekursiv durch

$$(\Delta^0 f)(k) = f(x_k), \quad k = 1, \ldots, m,$$
$$(\Delta^j f)(k) = (\Delta^{j-1} f)(k+1) - (\Delta^{j-1} f)(k), \quad k = 1, \ldots, m-j,\ j = 1, \ldots, m-1,$$

definiert sind, vgl. auch Beispiel 1.2.21. Man erhält für das interpolierende Polynom $T_x(f \mid X)$ zum Knotentupel $x = (x_1, \ldots, x_m)$ mit $X' := (X - x_1)/h$ die Darstellung

$$T_x(f \mid X) = \sum_{k=1}^{m} \Delta(x_k)(X - x_1) \cdots (X - x_{k-1})$$

$$= \sum_{k=1}^{m} \frac{(\Delta^{k-1} f)(1)}{(k-1)!\,h^{k-1}} (X - x_1) \cdots (X - x_{k-1}) = \sum_{k=1}^{m} \binom{X'}{k-1} (\Delta^{k-1} f)(1). \ \diamond$$

Das allgemeine Differenzenschema für die Hermite-Interpolation liefert das interpolie-rende Polynom $T = T_x$ zum Knotentupel $x = (x_1, \ldots, x_m)$ in der Gestalt

$$T = \Delta(x_1) + \Delta(x_2)(X - x_1) + \cdots + \Delta(x_m)(X - x_1) \cdots (X - x_{m-1}).$$

Häufig ist es nötig, T mit einem anderen Knotentupel $y = (y_1, \ldots, y_m)$ darzustellen, d. h. die Koeffizienten $\Delta(y_k) = \Delta(y_1, \ldots, y_k) := \Delta(y_1, \ldots, y_k; T)$ für $k = 1, \ldots, m$ in der

$\Delta(x_m)$	$\Delta(x_{m-1})$	$\cdots$	$\Delta(x_{i+1})$	$\Delta(x_i)$	$\cdots$	$\Delta(x_2)$	$\Delta(x_1)$
$\Delta(y_1,x_{m-1})$	$\Delta(y_1,x_{m-2})$	$\cdots$	$\Delta(y_1,x_i)$	$\Delta(y_1,x_{i-1})$	$\cdots$	$\Delta(y_1,x_1)$	$\Delta(y_1)$
$\Delta(y_2,x_{m-2})$	$\Delta(y_2,x_{m-3})$	$\cdots$	$\Delta(y_2,x_{i-1})$	$\Delta(y_2,x_{i-2})$	$\cdots$	$\Delta(y_2)$	
$\vdots$	$\vdots$		$\vdots$	$\vdots$			
$\Delta(y_{i-1},x_{m-i+1})$	$\Delta(y_{i-1},x_{m-i})$	$\cdots$	$\Delta(y_{i-1},x_2)$	$\Delta(y_{i-1},x_1)$			
$\Delta(y_i,x_{m-i})$	$\Delta(y_i,x_{m-i-1})$	$\cdots$	$\Delta(y_i,x_1)$	$\Delta(y_i)$			
$\vdots$	$\vdots$						
$\Delta(y_{m-1},x_1)$	$\Delta(y_{m-1})$						
$\Delta(y_m)$							

Abb. 2.45 Vollständiges Horner-Schema

Darstellung

$$T = \Delta(y_1) + \Delta(y_2)(X - y_1) + \cdots + \Delta(y_m)(X - y_1)\cdots(X - y_{m-1})$$

zu bestimmen, wobei wir $y_k = (y_1,\dots,y_k)$ für $k = 1,\dots,m$ gesetzt haben. Zum Beispiel ergibt sich die gewöhnliche Darstellung von T in der Form $T = c_0 + c_1 X + \cdots + c_{m-1}X^{m-1}$, wenn in y alle Komponenten gleich 0 sind. Man beachte ferner, dass stets $\Delta(y_1) = T(y_1)$ ist. Für die Umrechnung von einem Knotentupel $x = (x_1,\dots,x_m)$ auf ein Knotentupel $y = (y_1,\dots,y_m)$ wie oben setzen wir $x_k = (x_1,\dots,x_k)$ für $k = 1,\dots,m$ und benutzen die **Austauschformel**

$$\Delta(y_i,x_{j-1}) = (y_i - x_j)\Delta(y_i,x_j) + \Delta(y_{i-1},x_j),$$

die für alle $i,j \in \mathbb{N}^*$ mit $i + j \le m$ gilt und sofort aus Satz 2.9.3 folgt. (Man beachte, dass sie für $y_i = x_j$ trivialerweise gilt.) Da ferner

$$\Delta(z) = \Delta(z_1,\dots,z_m) = \Delta(x_1,\dots,x_m) = \Delta(x)$$

für *beliebige* m-Tupel $z = (z_1,\dots,z_m)$ gilt, erhält man das sogenannte **(vollständige) Horner-Schema** aus Abb. 2.45 als Berechnungsschema.

Es kann für jeden Grundkörper K benutzt werden; die Charakteristik von K spielt hier keine Rolle. Die erste Spalte hat den konstanten Wert $\Delta(x) = \Delta(x_1,\dots,x_m)$. Bei $i + j < m$ berechnet man die höhere Differenz $\Delta(y_i,x_{j-1})$ rekursiv aus den schon bekannten Elementen $\Delta(y_i,x_j)$ und $\Delta(y_{i-1},x_j)$ mit Hilfe der Austauschformel. Will man lediglich den Funktionswert $T(y_1) = \Delta(y_1)$ bestimmen, so berechnet man natürlich nur die erste Zeile dieses Schemas (**unvollständiges Horner-Schema**). Das Horner-Schema für die Umrechnung vom Nulltupel $x = (0,\dots,0) \in K^m$ auf ein anderes konstantes Tupel $y = (a,\dots,a) \in K^m$ haben wir schon in [14], Beispiel 2.9.19 besprochen.

Abb. 2.46 Ort, Geschwindigkeit und Beschleunigung für eine Weg-Zeit-Funktion $f:[-2,2] \to \mathbb{R}$ in den Punkten $-1,0,1,2$

t	$f(t)$	$f'(t)$	$f''(t)$
-1	6	-10	10
0	-1	2	7
1	7	10	8
2	15	18	9

Aufgaben

Aufgabe 2.9.1 Von der zweimal differenzierbaren Funktion $f:[-2,2] \to \mathbb{R}$ und der zugehörigen Geschwindigkeit f' und Beschleunigung f'' sei die Wertetabelle in Abb. 2.46 bekannt: Wie lautet das interpolierende Polynom $T \in \mathbb{R}[X]$ vom Grad < 12 zu dieser Wertetabelle?

Aufgabe 2.9.2 Man interpoliere die Exponentialfunktion $f: x \mapsto e^x$, $x \in [0,1]$, an den Tschebyschew-Knoten der Ordnung 2, 4, 6 bzw. 8 des Intervalls $[0,1]$ (vgl. Beispiel 2.8.7) und gebe die interpolierenden Polynome jeweils in der Form $\sum a_n X^n$ an. Ferner berechne man mit den interpolierenden Polynomen die Werte an den Stellen $k/10$, $k = 0, \ldots, 10$, und vergleiche diese mit den „wahren" Werten von exp. Für die interpolierenden Polynome T gebe man eine Abschätzung des größten Fehlers $\| f - T(x) \|_{[0,1]}$ an.

Aufgabe 2.9.3 Als Dichte ρ des Wassers misst man in Abhängigkeit von der Temperatur t° die in Abb. 2.47 angegebenen Werte (bei 760 Torr) relativ zur Dichte bei $4\,°C$, die gleich 1 gesetzt ist. Man gebe die interpolierenden Polynomfunktionen in der Form $\sum a_n(t-4)^n$ an bei Benutzung folgender Stützstellen: (1) $t = 0,4,8$; (2) $t = 0,4,8,12$; (3) $t = 0,4,8,12,16$ und vergleiche die damit berechneten Dichten mit den angegebenen Messwerten. (Man interpoliere nicht die Dichte $\rho(t)$ selbst, sondern die Funktion $\sigma(t) := 1000(1 - \rho(t))$.)

Aufgabe 2.9.4 Man entwickle das Polynom $6X^7 - 0{,}75X^5 - 0{,}125X^4 + X^3 - 0{,}4X^2 + 1$ ($\in \mathbb{Q}[X]$) um die Punkte $-2{,}5$; 1; 1,75 unter Verwendung des Horner-Schemas.

Temperatur °C	Dichte	Temperatur °C	Dichte	Temperatur °C	Dichte
0	0,999868	6	0,999968	12	0,999525
1	0,999927	7	0,999929	13	0,999404
2	0,999967	8	0,999876	14	0,999272
3	0,999992	9	0,999809	15	0,999127
4	1,000000	10	0,999728	16	0,998971
5	0,999992	11	0,999633		

Abb. 2.47 Dichte des Wassers bei verschiedenen Temperaturen

Aufgabe 2.9.5 (Verallgemeinerter Mittelwertsatz) Die Funktion $f: I \rightarrow \mathbb{R}$ sei m-mal differenzierbar, $m \in \mathbb{N}^*$. Zu je $m + 1$ (nicht notwendig verschiedenen) Punkten $x_1, \ldots, x_{m+1}$ aus I gibt es ein $c \in I$ mit

$$\Delta(x_1, \ldots, x_{m+1}; f) = \frac{f^{(m)}(c)}{m!}.$$

Sind nicht alle $x_1, \ldots, x_{m+1}$ untereinander gleich, so kann c im Inneren des kleinsten Intervalls $[\operatorname{Min}(x_1, \ldots, x_{m+1}), \operatorname{Max}(x_1, \ldots, x_{m+1})]$ gewählt werden, das alle $x_1, \ldots, x_{m+1}$ enthält. (Für den Zusatz verwende man Aufg. 2.8.13. – Wählt man demnach $a \in I$ und Folgen $(x_{j,k})_{k \in \mathbb{N}}$, $j = 1, \ldots, m + 1$, mit $x_{j,k} \neq x_{i,k}$ für $j \neq i$ und $a = \lim_{k \to \infty} x_{j,k}$, so ist

$$\lim_{k \to \infty} \Delta(x_{1,k}, \ldots, x_{m+1,k}; f) = \frac{f^{(m)}(a)}{m!},$$

falls f m-mal stetig differenzierbar ist, und man kann die höheren Differenzenquotienten zur näherungsweisen Berechnung der m-ten Ableitung einer m-mal stetig differenzierbaren Funktion benutzen, ohne die Ableitungen $f^{(k)}, 0 < k < m$, zu kennen. Bei geeigneter Wahl der $x_{j,k}$, etwa bei $x_{j,k} = c + j h_k$, wo $\lim_{k \to \infty} h_k = 0$, $h_k \neq 0$, ist, kann man für obige Grenzwertformeln sogar auf die Stetigkeit von $f^{(m)}$ verzichten, was man mit der Regel von de l'Hôpital aus der expliziten Darstellung der $\Delta(x_1, \ldots, x_{m+1}; f)$ in Beispiel 2.9.5 gewinnt. – Soweit möglich, verallgemeinere man die Ergebnisse auf differenzierbare Funktionen $f: I \rightarrow V$ mit Werten in einem $\mathbb{R}$-Banach-Raum V.)

Das Integrieren hat zwei verschiedene Aspekte: Zum einen die Messung von Längen, Flächen und generell Volumina, zum anderen die Bestimmung von Stammfunktionen und allgemeiner das Lösen von Differenzialgleichungen. In diesem Kapitel beschäftigen wir uns nur mit den elementaren Fragen des zweiten Bereichs, wobei der Bezug zum ersten Aspekt durch den sogenannten Hauptsatz 3.3.1 der Differenzial- und Integralrechnung angedeutet wird.

3.1 Stammfunktionen

Wir verwenden wiederum $\mathbb{K}$ als gemeinsame Bezeichnung für die Körper $\mathbb{R}$ und $\mathbb{C}$; $D \subseteq \mathbb{K}$ sei im Fall $\mathbb{K} = \mathbb{C}$ eine offene Menge in $\mathbb{C}$ und bei $\mathbb{K} = \mathbb{R}$ ein beliebiges (nicht notwendig offenes) Intervall in $\mathbb{R}$. Ferner bezeichne V einen $\mathbb{K}$-Banach-Raum. Wir wiederholen die Definition einer Stammfunktion.

Definition 3.1.1 Sei $D \subseteq \mathbb{K}$ und $f : D \to V$ eine Funktion. Eine Funktion $F : D \to V$ heißt eine **Stammfunktion** oder ein **unbestimmtes Integral** zu f, wenn F differenzierbar in D ist und dort $F' = f$ gilt.

Wir bezeichnen eine solche Funktion F generell mit

$$\int f(x)\, dx \quad \text{oder kurz mit} \quad \int f.$$

Im ersten Ausdruck kann die Variable statt mit x auch mit einem anderen Symbol bezeichnet werden. f heißt der **Integrand**. Im Englischen ist die Bezeichnung „**primitive (function)**" für eine Stammfunktion üblich. Nach Korollar 2.3.9 gilt:

© Springer-Verlag GmbH Deutschland, ein Teil von Springer Nature 2018
U. Storch, H. Wiebe, *Analysis einer Veränderlichen*, Springer-Lehrbuch,
https://doi.org/10.1007/978-3-662-56573-5_3

Satz 3.1.2 *Ist D ein Intervall in $\mathbb{R}$ oder ein Gebiet in $\mathbb{C}$, so unterscheiden sich zwei Stammfunktionen zu einer Funktion $f: D \to V$ nur um eine Konstante $C \in V$.*

Die Konstante C, über die man bei der Wahl einer Stammfunktion frei verfügen kann, heißt auch **Integrationskonstante**. Im Fall einer offenen Menge $D \subseteq \mathbb{C}$ unterscheiden sich zwei Stammfunktionen auf den Zusammenhangskomponenten von D jeweils nur um eine Konstante. Gelegentlich betrachten wir auch Stammfunktionen auf beliebigen offenen Mengen in $\mathbb{R}$ (deren Zusammenhangskomponenten offene Intervalle sind).

Stammfunktionen auf reellen Intervallen lassen sich stückeln: Sei $D \subseteq \mathbb{R}$ ein Intervall. Für $c \in D$ sei $D_{\leq c} := \{t \in D \mid t \leq c\}$ und $D_{\geq c} := \{t \in D \mid t \geq c\}$. Sind dann F_1 und F_2 Stammfunktionen von $f|D_{\leq c}$ bzw. $f|D_{\geq c}$ und ist $F_1(c) = F_2(c)$ (was durch Addition von Konstanten immer erreicht werden kann), so ist die Funktion $F: D \to V$ mit $F|D_{\leq c} = F_1$ und $F|D_{\geq c} = F_2$ eine Stammfunktion zu $f: D \to V$.

Generell liefert jede Ableitungsregel durch Umkehrung eine Regel zum Auffinden von Stammfunktionen. Beispielsweise gilt: Sind F und G Stammfunktionen zu f und g, so sind $F + G$ und λF, $\lambda \in \mathbb{K}$, Stammfunktionen zu $f + g$ bzw. λf. Die folgenden Stammfunktionen sollte der Leser kennen:

$$\int t^n \, dt = \frac{x^{n+1}}{n+1} \text{ auf } \mathbb{C}, \, n \in \mathbb{Z} - \{-1\}, \quad \int t^\alpha \, dt = \frac{x^{\alpha+1}}{\alpha+1} \text{ auf } \mathbb{C}^\times, \, \alpha \in \mathbb{C} - \{-1\}.$$

$$\int \frac{dt}{t} = \ln x \text{ auf } \mathbb{C} - \mathbb{R}_-, \quad \int \frac{dt}{t} = \ln(-x) \text{ auf } \mathbb{C} - \mathbb{R}_+, \quad \text{insbesondere}$$

$$\int \frac{dt}{t} = \ln|x|; \text{ auf } \mathbb{R}^\times.$$

$$\int a^t \, dt = \frac{a^x}{\ln a} \text{ auf } \mathbb{C}, \, \mathrm{Arg}\, a \in \,]-\pi, \pi[, \quad \text{insbesondere} \int e^t \, dt = e^x.$$

$$\int \sin t \, dt = -\cos x, \quad \int \cos t \, dt = \sin x \quad \text{jeweils auf } \mathbb{C}.$$

$$\int \frac{dt}{\cos^2 t} = \tan x \text{ auf } \mathbb{C} - \left(\frac{\pi}{2} + \mathbb{Z}\pi\right), \quad \int \frac{dt}{\sin^2 t} = -\cot x \text{ auf } \mathbb{C} - \mathbb{Z}\pi.$$

$$\int \frac{dt}{1 + t^2} = \arctan x \text{ auf } \mathbb{C} - \{ri \mid r \in \mathbb{R}, \, |r| \geq 1\}.$$

$$\int \frac{dt}{1 - t^2} = \mathrm{Artanh}\, x = \frac{1}{2} \ln \frac{1+x}{1-x} \text{ auf } \mathbb{C} - \{r \in \mathbb{R} \mid |r| \geq 1\}.$$

$$\int \frac{dt}{\sqrt{1 - t^2}} = \arcsin x \text{ auf } \mathbb{C} - \{r \in \mathbb{R} \mid |r| \geq 1\}.$$

$$\int \frac{dt}{\sqrt{t^2 - 1}} = \mathrm{Arcosh}\, x = \ln(x + \sqrt{x^2 - 1}) \text{ auf } \mathbb{C} - \{r \in \mathbb{R} \mid r \leq 1\}.$$

$$\int \frac{dt}{\sqrt{t^2 - 1}} = -\mathrm{Arcosh}(-x) \text{ auf } \mathbb{C} - \{r \in \mathbb{R} \mid r \geq -1\}.$$

$$\int \frac{dt}{\sqrt{1 + t^2}} = \mathrm{Arsinh}\, x = \ln\left(x + \sqrt{1 + x^2}\right) \text{ auf } \mathbb{C} - \{ri \mid r \in \mathbb{R}, |r| \geq 1\}.$$

Das Aufsuchen einer Stammfunktion ist im Allgemeinen schwierig. Häufig muss man sich mit Existenzaussagen begnügen, vgl. z. B. Satz 3.1.6. Auf die grundlegenden Techniken gehen wir im nächsten Abschnitt ein. Für rationale Funktionen lassen sich leicht Stammfunktionen mit Hilfe der Partialbruchzerlegung aus [14], Satz 2.10.26 angeben. Danach genügt es nämlich, neben Polynomfunktionen nur Integranden der Form $1/(t-a)^n$, $n \in \mathbb{N}^*$, $a \in \mathbb{C}$, zu betrachten. Dafür gilt aber:

$$\int \frac{dt}{(t-a)^n} = -\frac{1}{(n-1)(x-a)^{n-1}} \text{ auf } \mathbb{C} - \{a\}, \ n > 1.$$

$$\int \frac{dt}{t-a} = \ln|x-a| \text{ auf } \mathbb{R} - \{a\}, \text{ falls } a \in \mathbb{R};$$

$$\int \frac{dt}{t-a} = \ln(x-a) \text{ auf der geschlitzten Ebene } \mathbb{C} - (a + \mathbb{R}_-) \quad \text{bzw.}$$

$$\int \frac{dt}{t-a} = \ln(a-x) \text{ auf der geschlitzten Ebene } \mathbb{C} - (a + \mathbb{R}_+).$$

Insbesondere ist bei $a = c + d\mathrm{i} \in \mathbb{C} - \mathbb{R}$, $c, d \in \mathbb{R}$, $d \neq 0$, die Funktion

$$\ln(x-a) = \frac{1}{2}\ln\left((x-c)^2 + d^2\right) + \mathrm{i}\arctan\frac{x-c}{d} - \mathrm{i}\frac{\pi}{2}\operatorname{Sign} d$$

eine Stammfunktion zu $1/(x-a)$ auf $\mathbb{R}$, wobei die Konstante $-(\mathrm{i}\pi/2)\operatorname{Sign} d$ natürlich weggelassen werden kann. Bei reellen rationalen Funktionen lassen sich die Stammfunktionen auch mit Hilfe der reellen Partialbruchzerlegung angeben. Man muss dann nur noch Stammfunktionen bestimmen zu $1/q^n$ und $(t+c)/q^n$ mit $q := t^2 + 2ct + d = (t+c)^2 - \Delta$, $\Delta := c^2 - d < 0$, $c, d \in \mathbb{R}$. Auf $\mathbb{R}$ gilt nun:

$$\int \frac{t+c}{q^n(t)}\, dt = \begin{cases} -1\big/\big(2(n-1)q^{n-1}\big), \text{ falls } n \neq 1, \\ \frac{1}{2}\ln q, \text{ falls } n = 1; \end{cases} \quad \text{und ferner}$$

$$\int \frac{dt}{q(t)} = \frac{1}{\sqrt{-\Delta}}\arctan\left(\frac{1}{\sqrt{-\Delta}}(x+c)\right),$$

$$\int \frac{dt}{q^{n+1}(t)} = \frac{1}{2n(-\Delta)}\left(\frac{x+c}{q^n} + (2n-1)\int \frac{dt}{q^n(t)}\right), \quad n \geq 1,$$

womit sich die Stammfunktionen zu $1/q^n$ rekursiv bestimmen lassen. Im Allgemeinen ist es aber bequemer, auch für reelle rationale Funktionen die komplexe Partialbruchzerlegung zu benutzen.

Beispiel 3.1.3 Wir betrachten die rationale Funktion

$$h(t) = \frac{t^6 + 1}{t^4 - t^2 - 2t + 2} = \frac{22/25}{t-1} + \frac{2/5}{(t-1)^2} + \frac{(28 + 29\mathrm{i})/50}{t - (-1 + \mathrm{i})} + \frac{(28 - 29\mathrm{i})/50}{t - (-1 - \mathrm{i})}$$

$$= \frac{22/25}{t-1} + \frac{2/5}{(t-1)^2} + \frac{(28/25)t - 1/25}{t^2 + 2t + 2},$$

vgl. [14], Beispiel 2.10.31. Man erhält als Stammfunktion auf $\mathbb{R} - \{1\}$ die Funktion

$$\frac{1}{3}x^3 + x + \frac{22}{25}\ln|x-1| - \frac{2}{5}\cdot\frac{1}{x-1} + 2\Re\left(\frac{1}{50}(28+29\mathrm{i})\ln\left(x-(-1+\mathrm{i})\right)\right)$$

$$= \frac{1}{3}x^3 + x + \frac{22}{25}\ln|x-1| - \frac{2}{5}\cdot\frac{1}{x-1}$$

$$+ 2\Re\left(\frac{1}{50}(28+29\mathrm{i})\left(\ln\sqrt{x^2+2x+2} + \mathrm{i}\left(\arctan(x+1) - \frac{\pi}{2}\right)\right)\right)$$

$$= \frac{1}{3}x^3 + x + \frac{22}{25}\ln|x-1| - \frac{2}{5}\cdot\frac{1}{x-1} + \frac{14}{25}\ln(x^2+2x+2) - \frac{29}{25}\arctan(x+1)$$

$$+ \frac{29}{50}\pi.$$

Mit der reellen Partialbruchzerlegung bekommt man

$$\frac{1}{3}x^3 + x + \frac{22}{25}\ln|x-1| - \frac{2}{5}\cdot\frac{1}{x-1} + \frac{1}{25}\int\frac{28(t+1)-29}{(t+1)^2+1}\,dt$$

$$= \frac{1}{3}x^3 + x + \frac{22}{25}\ln|x-1| - \frac{2}{5}\cdot\frac{1}{x-1} + \frac{14}{25}\ln\left((x+1)^2+1\right) - \frac{29}{25}\arctan(x+1). \quad \diamond$$

Funktionen, die sich aus den bislang besprochenen elementaren Funktionen bilden lassen, sind keineswegs immer **elementar integrierbar**, d. h. besitzen Stammfunktionen, die sich ebenfalls in dieser Weise ausdrücken lassen. Beispiele dafür sind etwa $\exp(-x^2)$ und $(\sin x)/x$. Für diese Funktionen lassen sich allerdings mit Hilfe ihrer Potenzreihenentwicklungen leicht Stammfunktionen angeben. Satz 2.1.13 lässt sich nämlich in folgender Weise lesen:

Satz 3.1.4 *Die Funktion* $g\colon \mathrm{B}_{\mathbb{K}}(a\,;r) \to V$ *(V $\mathbb{K}$-Banach-Raum) habe im Kreis* $\mathrm{B}_{\mathbb{K}}(a\,;r)$ *die Potenzreihenentwicklung* $g(x) = \sum_{n=0}^{\infty} b_n(x-a)^n$. *Dann besitzt* g *dort die Stammfunktionen*

$$\int g(t)\,dt = b + \sum_{n=0}^{\infty} b_n\frac{(x-a)^{n+1}}{n+1},$$

wobei $b \in V$ *eine beliebige Konstante ist. – Insbesondere ist eine Stammfunktion zu einer analytischen Funktion wieder analytisch.*

Nach Satz 3.1.4 sind also

$$\int \mathrm{e}^{-t^2/2}\,dt = \sum_{n=0}^{\infty}\frac{(-1)^n}{2^n n!}\cdot\frac{x^{2n+1}}{2n+1} \quad \text{bzw.} \quad \int\frac{\sin t}{t}\,dt = \sum_{n=0}^{\infty}\frac{(-1)^n}{(2n+1)!}\cdot\frac{x^{2n+1}}{2n+1}$$

die Stammfunktionen von $\mathrm{e}^{-x^2/2}$ bzw. $(\sin x)/x$ auf $\mathbb{C}$, die in 0 verschwinden. Die erste dieser Funktionen heißt **Gaußsches Wahrscheinlichkeitsintegral** und spielt eine fundamentale Rolle in der Stochastik (vgl. Band 9), die zweite ist der sogenannte **Integralsinus**

Si x. – Satz 3.1.4 ist ein Spezialfall der folgenden Aussage, die sich unmittelbar aus Satz 2.7.1 ergibt:

Satz 3.1.5 *Es seien D ein Gebiet in $\mathbb{C}$ oder ein Intervall in $\mathbb{R}$ und (f_n) eine lokal gleichmäßig konvergente Folge von Funktionen $f_n \colon D \to V$, die Stammfunktionen $F_n \colon D \to V$ besitzen (V $\mathbb{K}$-Banach-Raum). Im Punkt $x_0 \in D$ sei die Folge $(F_n(x_0))$ konvergent (was sich durch Addition von Konstanten zu den F_n stets erreichen lässt). Dann konvergiert (F_n) auf D lokal gleichmäßig gegen eine Stammfunktion von $\lim_{n \to \infty} f_n$.*

Damit lässt sich leicht der folgende fundamentale Existenzsatz beweisen:

Satz 3.1.6 *Jede stetige Funktion f auf einem Intervall $I \subseteq \mathbb{R}$ mit Werten in einem $\mathbb{R}$-Banach-Raum besitzt eine Stammfunktion.*

Beweis Sei $x_0 \in I$. Es genügt eine Stammfunktion F von f mit $F(x_0) = 0$ auf jedem kompakten Teilintervall J von I mit $x_0 \in J$ anzugeben. Zwei solche Stammfunktionen stimmen nach Satz 3.1.2 überall dort, wo beide definiert sind, überein. Durch diese Funktionen wird also insgesamt eine Stammfunktion zu f auf ganz I definiert. Auf dem kompakten Intervall J ist f aber Grenzfunktion einer gleichmäßig konvergenten Folge (f_n) von stetigen, stückweise linearen Funktionen f_n (vgl. etwa Aufg. 1.1.18, man benutzt hier die gleichmäßige Stetigkeit von f auf J), die trivialerweise Stammfunktionen F_n mit $F_n(x_0) = 0$ besitzen. Die Behauptung folgt nun aus Satz 3.1.5. □

Der Beweis von Satz 3.1.6 gibt explizite Approximationen für die gesuchte Stammfunktion. Wir gehen darauf im Abschn. 3.9 bei der allgemeinen numerischen Behandlung von Integralen näher ein.

Satz 3.1.6 hat kein Analogon im Komplexen. Nach Bemerkung 2.1.15 ist nämlich jede Funktion auf einer offenen Menge $D \subseteq \mathbb{C}$, die dort eine Stammfunktion besitzt, bereits analytisch. Aber auch analytische Funktionen besitzen nicht notwendigerweise eine Stammfunktion. Beispielsweise hat die Funktion $1/t$ auf $\mathbb{C}^\times$ dort keine Stammfunktion. Jede solche Funktion müsste auf $\mathbb{C} - \mathbb{R}_-$ bis auf eine Konstante mit der Logarithmusfunktion $\ln x$ übereinstimmen. $\ln x$ lässt sich jedoch in keinen Punkt von $\mathbb{R}_-$ stetig fortsetzen. *Nach Satz 3.1.4 hat aber jede analytische Funktion lokal eine Stammfunktion.* Wir besprechen solche Phänomene in Band 5 ausführlicher.

Aufgaben

Aufgabe 3.1.1 Die Heaviside-Funktion $H \colon \mathbb{R} \to \mathbb{R}$, $x \mapsto \begin{cases} 0 \text{ für } x \leq 0, \\ 1 \text{ für } x > 0, \end{cases}$ besitzt keine Stammfunktion.

Aufgabe 3.1.2 Auf ganz $\mathbb{R}$ besitzen die beiden Funktionen

$$x \mapsto \begin{cases} \sin(1/x), \text{ falls } x \neq 0, \\ 0, \text{ falls } x = 0, \end{cases} \quad \text{bzw.} \quad x \mapsto \begin{cases} x^{-1}\sin(1/x^2), \text{ falls } x \neq 0, \\ 0, \text{ falls } x = 0, \end{cases}$$

Stammfunktionen, sind aber nicht stetig. (Die zweite der Funktionen ist sogar in keiner Umgebung des Nullpunktes beschränkt. – Man betrachte die Ableitungen von $x^2 \cos(1/x)$ bzw. $x^2 \cos(1/x^2)$.)

Aufgabe 3.1.3 Man bestimme folgende Stammfunktionen auf möglichst großen offenen Teilmengen von $\mathbb{C}$ (oder $\mathbb{R}$):

$$\int \sinh t \, dt; \quad \int \cosh t \, dt; \quad \int \frac{dt}{\cosh^2 t}; \quad \int \frac{dt}{\sinh^2 t}; \quad \int \sqrt{1+t^2} \, dt.$$

Aufgabe 3.1.4 Man gebe die Potenzreihenentwicklungen um 0 für die folgenden unbestimmten Integrale an:

$$\int (1+t^n)^\alpha \, dt, \, n \in \mathbb{N}^*, \, \alpha \in \mathbb{C}; \quad \int \frac{e^t-1}{t} \, dt; \quad \int \frac{\ln(1+t)}{t} \, dt; \quad \int \frac{\cos t - 1}{t} \, dt;$$

$$\int \frac{t \, dt}{\sin t}; \quad \int \frac{t \, dt}{\sinh t}; \quad \int t \tan t \, dt; \quad \int t \cot t \, dt; \quad \int \frac{t \, dt}{\cos t};$$

$$\int \ln\left(\frac{\sin t}{t}\right) dt; \quad \int \ln(\cos t) \, dt; \quad \int \ln\left(\frac{\tan t}{t}\right) dt.$$

Aufgabe 3.1.5 Man gebe mit Hilfe der Partialbruchzerlegung Stammfunktionen zu folgenden rationalen Funktionen an, vgl. [14], Aufg. 3.5.10.

$$\frac{2t^3 - t^2 - 10t + 19}{t^2 + t - 6}; \quad \frac{t^3 - 17t^2 - 39t - 15}{(t-1)(t-2)((t+2)^2+1)}; \quad \frac{1}{t^4 - t^3 - t + 1};$$

$$\frac{3t^4 - 9t^3 + 4t^2 - 34t + 1}{(t-2)^2(t+3)^2}; \quad \frac{t}{(t-1)(t^2+4)}; \quad \frac{2t^2 + 2t + 3}{2t^3 - 11t^2 + 18t - 9};$$

$$\frac{1}{t^6 + 2t^4 + t^2}; \quad \frac{t^5 - t^4 + t + 1}{t^3 + 2}; \quad \frac{t^2 - 2 + 2}{(t^4-1)^2}; \quad \frac{1}{t^5 + 3t^4 + 4t^3 + 2t^2};$$

$$\frac{1}{t^3 + 1}; \quad \frac{1}{t^4 + 1}; \quad \frac{1}{t^n - 1}, \, n \in \mathbb{N}^*; \quad \frac{1}{t^n + 1}, \, n \in \mathbb{N}^*; \quad \frac{1}{(t^2+1)^n}, \, n \in \mathbb{N}^*;$$

$$\frac{1}{(t-\alpha_1)\cdots(t-\alpha_r)}, \, \alpha_1, \ldots, \alpha_r \in \mathbb{C} \text{ paarweise verschieden.}$$

Aufgabe 3.1.6 Für das reelle quadratische Polynom $q(t) := t^2 + 2ct + d = (t+c)^2 - \Delta$, $\Delta := c^2 - d < 0$, und $n \in \mathbb{N}$ ist

$$\frac{\sqrt{-\Delta}}{(-\Delta)^n} F_n\left(\frac{x+c}{\sqrt{-\Delta}}\right)$$

eine Stammfunktion zu $1/q^n$, falls F_n eine Stammfunktion zu $1/(t^2+1)^n$ ist.

3.2 Bestimmte Integrale

Auf einem Intervall $I \subseteq \mathbb{R}$ besitzt jede stetige Funktion $f: I \to V$, V $\mathbb{K}$-Banach-Raum, nach Satz 3.1.6 eine Stammfunktion $F: I \to V$, und je zwei solche Stammfunktionen unterscheiden sich nach Satz 3.1.2 nur um eine Konstante. Daher hängt für beliebige $a, b \in I$ die Differenz $F\big|_a^b := F(b) - F(a)$ nur von f, nicht jedoch von der speziellen Auswahl der Stammfunktion F ab. Dies motiviert die folgende Definition. V bezeichnet in diesem Abschnitt stets einen $\mathbb{K}$-Banach-Raum, falls nichts anderes gesagt wird.

Definition 3.2.1 Sei $I \subseteq \mathbb{R}$ ein Intervall. Für eine stetige Funktion $f: I \to V$ mit Stammfunktion $F: I \to V$ und $a, b \in I$ heißt

$$\int_a^b f(t)\, dt := F\Big|_a^b = F(b) - F(a)$$

das **bestimmte Integral** von f, erstreckt von a bis b.

Das Integral $\int_a^b f(t)\, dt$ hängt nur von der Beschränkung $f\,|[a, b]$ von f auf das Intervall $[a, b]$ ab. Man beachte, dass $a > b$ sein darf. Stimmen also zwei stetige Funktionen f_1 und f_2 auf einem Intervall überein, das a und b enthält, so ist $\int_a^b f_1(t)\, dt = \int_a^b f_2(t)\, dt$. Wählt man $a \in I$ fest, so ist

$$x \longmapsto \int_a^x f(t)\, dt, \quad x \in I,$$

die eindeutig bestimmte Stammfunktion F von f mit $F(a) = 0$. Der Integrand ist also die Ableitung des Integrals nach der oberen Grenze. Weitere triviale Eigenschaften des bestimmten Integrals, die sich unmittelbar aus der Definition ergeben, sind:

(1) $\displaystyle\int_a^b (f + g)(t)\, dt = \int_a^b f(t)\, dt + \int_a^b g(t)\, dt$, wo $g: I \to V$ ebenfalls stetig ist.

(2) $\displaystyle\int_a^b \lambda f(t)\, dt = \lambda \int_a^b f(t)\, dt, \lambda \in \mathbb{K}$.

(3) $\displaystyle\int_a^b f(t)\, dt + \int_b^c f(t)\, dt = \int_a^c f(t)\, dt$, insbesondere $\displaystyle\int_a^b f(t)\, dt = -\int_b^a f(t)\, dt$.

(4) Ist $L: V \to W$ eine stetige lineare Abbildung von $\mathbb{K}$-Banach-Räumen, so gilt

$$\int_a^b (L \circ f)(t)\, dt = L\Big(\int_a^b f(t)\, dt \Big).$$

(5) Ist V endlichdimensional mit $\mathbb{K}$-Basis v_j, $j \in J$, und ist $f(t) = \sum_{j \in J} v_j f_j(t)$ mit stetigen Funktionen $f_j \colon I \to \mathbb{K}$, $j \in J$, so gilt

$$\int_a^b f(t)\,dt = \sum_{j \in J} v_j \int_a^b f_j(t)\,dt.$$

Insbesondere hat man für $V = \mathbb{C}$ und beliebige $a, b, c \in I$

$$\int_a^b f(t)\,dt = \int_a^b \mathfrak{R}f(t)\,dt + \mathrm{i} \int_a^b \mathfrak{I}f(t)\,dt.$$

Ferner gilt für $V = \mathbb{R}$:

Satz 3.2.2 *Die Funktionen* $f \colon [a, b] \to \mathbb{R}$ *und* $g \colon [a, b] \to \mathbb{R}$ *seien stetig,* $a \leq b$.

(1) *Ist* $f \leq g$, *d. h.* $f(x) \leq g(x)$ *für alle* $x \in [a, b]$, *so gilt*

$$\int_a^b f(t)\,dt \leq \int_a^b g(t)\,dt. \quad \textbf{(Monotonie des Integrals)}$$

(2) *Es ist*

$$\left| \int_a^b f(t)\,dt \right| \leq \int_a^b |f(t)|\,dt.$$

(3) *Es gibt ein* $c \in [a, b]$ *mit*

$$\int_a^b f(t)\,dt = f(c)(b - a). \quad \textbf{(Mittelwertsatz)}$$

(4) *Ist* $0 \leq g$, *so gibt es ein* $c \in [a, b]$ *mit*

$$\int_a^b f(t)g(t)\,dt = f(c) \int_a^b g(t)\,dt. \quad \textbf{(Verallgemeinerter Mittelwertsatz)}$$

Beweis Seien F bzw. G Stammfunktionen zu f bzw. g.

(1) Es gilt $(G - F)' = g - f \geq 0$. Daher ist die Differenz $G - F$ monoton wachsend und somit $G(a) - F(a) \leq G(b) - F(b)$, d. h.

$$\int_a^b f(t)\,dt = F(b) - F(a) \leq G(b) - G(a) = \int_a^b g(t)\,dt.$$

(2) Wegen $f \leq |f|$ und $-f \leq |f|$ ist nach (1)

$$\int\limits_a^b f(t)\,dt \leq \int\limits_a^b |f(t)|\,dt, \quad -\int\limits_a^b f(t)\,dt \leq \int\limits_a^b |f(t)|\,dt.$$

Daraus ergibt sich die Behauptung. (Für eine Verallgemeinerung siehe Satz 3.2.3.)

(3) ist der Spezialfall $g = 1$ von (4).

(4) Da die Funktion f stetig ist, nimmt sie auf $[a,b]$ ihr globales Maximum M und ihr globales Minimum m an. Wegen $g \geq 0$ ist $mg \leq fg \leq Mg$, also

$$m \int\limits_a^b g(t)\,dt \leq \int\limits_a^b f(t)g(t)\,dt \leq M \int\limits_a^b g(t)\,dt.$$

Nach dem Zwischenwertsatz nimmt die stetige Funktion $x \mapsto f(x)\int_a^b g(t)\,dt$ in $[a,b]$ den Zwischenwert $\int_a^b f(t)g(t)\,dt$ an. Dies ist die Behauptung. $\qquad\square$

Häufig benutzt man den Begriff des bestimmten Integrals nicht nur für stetige Integranden sondern auch bei stückweise stetigen Integranden. Sei $a < b$. Eine Funktion $f\colon [a,b] \to V$ heißt **stückweise stetig**, wenn es eine Unterteilung $a = t_0 < t_1 < \cdots < t_m = b$ von $[a,b]$ gibt und stetige Funktionen $f_j\colon [t_j, t_{j+1}] \to V$, $j = 0,\ldots, m-1$, derart, dass $f\,]]t_j, t_{j+1}[\, = f_j\,]]t_j, t_{j+1}[$ ist für $j = 0,\ldots, m-1$. Man setzt dann

$$\int\limits_a^b f(t)\,dt := \sum_{j=0}^{m-1} \int\limits_{t_j}^{t_{j+1}} f_j(t)\,dt.$$

Dieses Integral ist offenbar unabhängig von der gewählten Unterteilung von $[a,b]$. Rechenregeln für Integrale über stückweise stetige Integranden führt man in der Regel unmittelbar zurück auf entsprechende Rechenregeln für Integrale über stetige Integranden. Eine Funktion $F\colon [a,b] \to V$ heißt **stückweise stetig differenzierbar**, wenn es eine Unterteilung $a = t_0 < t_1 < \cdots < t_m = b$ von $[a,b]$ gibt und stetig differenzierbare Funktionen $F_j\colon [t_j, t_{j+1}] \to V$, $j = 0,\ldots, m-1$, derart, dass $F\,]]t_j, t_{j+1}[\, = F_j\,]]t_j, t_{j+1}[$ ist für $j = 0,\ldots, m-1$. Die Ableitung F' einer stückweise stetig differenzierbaren Funktion F ist also als stückweise stetige Funktion definiert. *Ist F überdies stetig*, so gilt wieder

$$\int\limits_a^b F'(t)\,dt = F(b) - F(a).$$

Eine Funktion $I \to V$ auf einem beliebigen Intervall $I \subseteq \mathbb{R}$ heißt stückweise stetig bzw. stückweise stetig differenzierbar, wenn sie auf jedem kompakten Teilintervall von I stückweise stetig bzw. stückweise stetig differenzierbar ist.

Wie bereits angekündigt gilt die Abschätzung in Satz 3.2.2 (2) allgemeiner:

Satz 3.2.3 (Allgemeiner Mittelwertsatz) *Für eine stetige (oder auch nur stückweise stetige) Funktion* $f \colon [a,b] \to V$ *mit Werten im $\mathbb{K}$-Banach-Raum V gilt*

$$\left\| \int_a^b f(t)\,dt \right\| \le \int_a^b \| f(t) \|\,dt.$$

Beweis Wir verwenden die Beweisidee von Satz 2.3.7 und betrachten V als $\mathbb{R}$-Banach-Raum. Wir können offenbar annehmen, dass f stetig ist. Sei $v_0 := \int_a^b f(t)\,dt$. Nach dem Lemma 2.3.8 von Hahn-Banach gibt es eine stetige Linearform $L \colon V \to \mathbb{R}$ mit $L(v_0) = \|v_0\|$ und $|L(v)| \le \|v\|$ für alle $v \in V$. Es folgt

$$\|v_0\| = L(v_0) = L\left(\int_a^b f(t)\,dt \right) = \int_a^b (L \circ f)(t)\,dt \le \int_a^b |L(f(t))|\,dt \le \int_a^b \|f(t)\|\,dt.$$

Dabei nutzt das erste $\le$-Zeichen den Mittelwertsatz 3.2.2 (2) und das zweite $\le$-Zeichen die Monotonieaussage 3.2.2 (1) aus. $\qquad \square$

Zur Berechnung von bestimmten Integralen und damit auch von Stammfunktionen sind die beiden folgenden Integrationsregeln grundlegend:

Satz 3.2.4 (Partielle Integration) $f \colon [a,b] \to \mathbb{K}$ *und* $g \colon [a,b] \to V$ *seien stetig differenzierbar. Dann gilt*

$$\int_a^b f'g\,dt + \int_a^b fg'\,dt = fg \Big|_a^b.$$

Beweis Nach der Produktregel 2.1.6 (2) ist fg eine Stammfunktion zu $f'g + fg'$. Dies liefert sofort die Behauptung. $\qquad \square$

Mit der allgemeinen Produktregel 2.1.7 ergibt sich generell: *Ist* $\Phi \colon V_1 \times \cdots \times V_n \to W$ *eine stetige $\mathbb{R}$-multilineare Abbildung von $\mathbb{R}$-Banach-Räumen und sind $f_i \colon [a,b] \to V_i$, $i = 1, \dots, n$, stetig differenzierbare Funktionen, so ist*

$$\int_a^b \Phi(f_1', f_2, \dots, f_n)\,dt + \cdots + \int_a^b \Phi(f_1, \dots, f_{n-1}, f_n')\,dt = \Phi(f_1, \dots, f_n) \Big|_a^b.$$

Satz 3.2.5 (Substitutionsregel) *Die Funktion* $g \colon [a,b] \to \mathbb{R}$ *sei stetig differenzierbar, und die Funktion* $f \colon I \to V$ *sei stetig auf dem Intervall* $I \subseteq \mathbb{R}$. *Es sei* $g([a,b]) \subseteq I$. *Dann gilt*

$$\int_a^b f\big(g(t)\big)g'(t)\,dt = \int_{g(a)}^{g(b)} f(u)\,du.$$

Beweis Sei F eine Stammfunktion zu f. Nach der Kettenregel 2.1.9 ist $F \circ g$ eine Stamm-funktion zu $(f \circ g)g'$. Daher hat man

$$\int_a^b f\big(g(t)\big)g'(t)\,dt = F \circ g\Big|_a^b = F\Big|_{g(a)}^{g(b)} = \int_{g(a)}^{g(b)} f(u)\,du. \qquad \square$$

Beispiel 3.2.6 Wir erläutern diese Regeln an einigen Beispielen. Seien $a,b \in \mathbb{R}$.

$$(1)\ \int_a^b t\sin t\,dt = t(-\cos t)\Big|_a^b - \int_a^b (-\cos t)\,dt = (-t\cos t + \sin t)\Big|_a^b.$$

Hier wurde partiell integriert mit $f(x) = x$, $g(x) = -\cos x$. Generell achte man bei der Anwendung der partiellen Integration darauf, dass man den Integranden in ein Produkt zerlegt, dessen einer Faktor beim Differenzieren und dessen anderer Faktor beim Integrieren nicht komplizierter wird. Man vergleiche hierzu auch die folgenden Beispiele.

$$(2)\ \int_a^b \ln t\,dt = \int_a^b 1\cdot\ln t\,dt = t\ln t\Big|_a^b - \int_a^b t\frac{1}{t}\,dt = (t\ln t - t)\Big|_a^b, \quad a,b>0.$$

Hier ist bei der partiellen Integration $f(x) = \ln x$ und $g(x) = x$ gewählt worden.

$$(3)\ \int_a^b \sin^2 t\,dt = \int_a^b \sin t\sin t\,dt = \sin t(-\cos t)\Big|_a^b - \int_a^b \cos t(-\cos t)\,dt$$

$$= -\sin t\cos t\Big|_a^b + \int_a^b (1-\sin^2 t)\,dt, \quad \text{also}$$

$$2\int_a^b \sin^2 t\,dt = (-\sin t\cos t + t)\Big|_a^b = \Big(-\frac{1}{2}\sin 2t + t\Big)\Big|_a^b.$$

Natürlich kommt man bei diesem Beispiel auch auf folgende Weise zum Ziel:

$$2\int_a^b \sin^2 t\,dt = \int_a^b (1-\cos 2t)\,dt = \Big(t - \frac{1}{2}\sin 2t\Big)\Big|_a^b.$$

(4) In Verallgemeinerung von (3) betrachten wir für $n \in \mathbb{N}$ das Integral

$$C_n(x) := \int_0^x \sin^n t\,dt, \quad x \in \mathbb{R}.$$

Es ist $C_0(x) = x$ und $C_1(x) = 1 - \cos x$. Für $n \geq 1$ erhalten wir

$$C_{n+1}(x) = \int_0^x \sin^n t \sin t \, dt = \sin^n t \, (-\cos t)\Big|_0^x + n \int_0^x \sin^{n-1} t \cos^2 t \, dt$$

$$= -\cos x \sin^n x + n \int_0^x \sin^{n-1} t \, (1 - \sin^2 t) \, dt$$

$$= -\cos x \sin^n x + n \, C_{n-1}(x) - n \, C_{n+1}(x),$$

also die Rekursion $(n + 1)C_{n+1}(x) = -\cos x \sin^n x + n \, C_{n-1}(x)$, $n \in \mathbb{N}^*$. Für die Werte

$$c_n := C_n(\pi/2) = \int_0^{\pi/2} \sin^n t \, dt$$

ergeben sich daraus die expliziten Darstellungen

$$c_{2m} = \frac{\pi}{2} \cdot \frac{1 \cdot 3 \cdots (2m - 1)}{2 \cdot 4 \cdots (2m)} = \frac{\pi}{2} \cdot \frac{1}{4^m} \binom{2m}{m}, \quad m \in \mathbb{N},$$

$$c_{2m+1} = \frac{2 \cdot 4 \cdots (2m)}{3 \cdot 5 \cdots (2m + 1)} = \frac{4^m}{2m + 1} \Big/ \binom{2m}{m}, \quad m \in \mathbb{N}.$$

Mit Aufg. 3.2.12 sieht man sofort $\lim_{n \to \infty} c_n = 0$. Wegen

$$\frac{n}{n + 1} = \frac{c_{n+1} c_n}{c_n c_{n-1}} < \frac{c_{n+1}}{c_n} < 1, \quad n \geq 1,$$

gilt ferner

$$1 < \frac{c_{2m}}{c_{2m+1}} = \pi \left(m + \frac{1}{2}\right) \binom{2m}{m}^2 4^{-2m} < 1 + \frac{1}{2m}$$

und insbesondere

$$\sqrt{\pi} = \lim_{m \to \infty} \frac{4^m}{\sqrt{m} \binom{2m}{m}} = \lim_{m \to \infty} \frac{1}{\sqrt{m}} \cdot \frac{2 \cdot 4 \cdots (2m)}{1 \cdot 3 \cdots (2m - 1)}.$$

Man nennt diese Darstellung von $\sqrt{\pi}$ das **Wallissche Produkt**. Wir haben sie bereits am Ende von Beispiel 1.1.10 gewonnen.

$$(5) \int_a^b \frac{dt}{\sin t} = \int_a^b \frac{\sin t}{1 - \cos^2 t} \, dt = -\int_{\cos a}^{\cos b} \frac{du}{1 - u^2} = -\frac{1}{2} \ln \frac{1 + u}{1 - u} \Big|_{\cos a}^{\cos b}$$

$$= \frac{1}{2} \ln \frac{1 - \cos t}{1 + \cos t} \Big|_a^b = \ln \sqrt{\frac{1 - \cos t}{1 + \cos t}} \Big|_a^b = \ln \left| \tan \frac{t}{2} \right| \Big|_a^b,$$

wobei a und b in ein und demselben Intervall liegen, in dem der Sinus nicht verschwindet. Wir haben bei diesem Beispiel die Substitutionsregel mit $f(u) = -1/(1-u^2)$ und $g(x) = \cos x$ angewandt.

(6) Beim vorigen Beispiel ließ sich der Integrand direkt in der Form $(f \circ g)g'$ schreiben. Im Allgemeinen erkennt man bei der Anwendung der Substitutionsregel eine solche Darstellung nicht unmittelbar und wendet die Regel in folgender Form an:

$$\int_\alpha^\beta f(u)\, du = \int_{h(\alpha)}^{h(\beta)} f\big(h^{-1}(t)\big) \frac{dt}{h'\big(h^{-1}(t)\big)}.$$

Dabei ist h im Intervall $[\alpha, \beta]$ stetig differenzierbar mit nirgends verschwindender Ableitung. Die angegebene Formel erhält man dann aus der Substitutionsregel, angewandt mit der Umkehrfunktion $g := h^{-1} \colon [h(\alpha), h(\beta)] \to [\alpha, \beta]$ von h. Mnemotechnisch merkt man sich die Substitutionsregel in der folgenden Form: Ist die Substitution $u = g(t)$ bzw. $t = h(u)$ auszuführen, so ist $du/dt = g'(t)$ bzw. $dt/du = h'(u)$ und man hat zu setzen:

$$du = g'(t)\, dt = \frac{dt}{h'(u)} \quad \text{bzw.} \quad dt = h'(u)\, du = \frac{du}{g'(t)}.$$

Diese Schreibweise werden wir erst in Bd. 5 mit der Einführung der Differenzialformen inhaltlich begründen. Wir betonen noch einmal, *dass die zweite Form der Substitutionsregel nur bei bijektiven Substitutionen anwendbar ist.* Beispielsweise nimmt man zur Berechnung von $\int_a^b \sqrt{1-u^2}\, du$, $a,b \in\;]-1,1[$, die Substitution $u = g(t) = \cos t$, $du = -\sin t\, dt$ und erhält:

$$\int_a^b \sqrt{1-u^2}\, du = \int_{\arccos a}^{\arccos b} \sqrt{1-\cos^2 t}\,(-\sin t)\, dt - \int_{\arccos a}^{\arccos b} \sin^2 t\, dt$$

$$= -\frac{1}{2}\Big(t - \frac{1}{2}\sin 2t\Big)\Big|_{\arccos a}^{\arccos b}.$$

Aus Stetigkeitsgründen gilt diese Formel auch noch für $a,b \in [-1,1]$, insbesondere ist

$$\int_{-1}^1 \sqrt{1-u^2}\, du = -\frac{1}{2}\Big(t - \frac{1}{2}\sin 2t\Big)\Big|_\pi^0 = \frac{\pi}{2}.$$

Wie hier lässt sich eine Substitution auch dann anwenden, wenn sie an den Randpunkten nur noch stetig aber nicht notwendig zusammen mit der Umkehrfunktion differenzierbar ist. Dies werden wir im Folgenden häufig kommentarlos benutzen.

(7) Sei $f(x) := R(\cos x, \sin x)$ eine rationale Funktion in den trigonometrischen Funktionen $\cos x$ und $\sin x$, d.h. es gebe Polynome $P, Q \in \mathbb{C}[Y, Z]$ in zwei Unbestimmten

Y, Z mit $f(x) = P(\cos x, \sin x)/Q(\cos x, \sin x)$. Dann lässt sich f in jedem Intervall $I \subseteq]-\pi, \pi[$, in dem f definiert ist, elementar integrieren. Die Substitution

$$t = 2\arctan u, \quad u = \tan\frac{t}{2}, \quad dt = \frac{2du}{1+u^2},$$

$$\sin t = 2\tan\frac{t}{2}\cos^2\frac{t}{2} = \frac{2\tan(t/2)}{1+\tan^2(t/2)} = \frac{2u}{1+u^2}, \quad \cos t = \frac{1-u^2}{1+u^2}$$

führt das Integral $\int f(t)\,dt$ zurück auf das Integral

$$\int R\left(\frac{1-u^2}{1+u^2}, \frac{2u}{1+u^2}\right)\frac{2du}{1+u^2},$$

das mit Partialbruchzerlegung bestimmt werden kann. Auf diese Weise ergibt sich etwa (vgl. auch (5))

$$\int \frac{dt}{\sin t} = \int \frac{1+u^2}{2u}\frac{2du}{1+u^2} = \ln|u| = \ln|\tan\frac{t}{2}|.$$

Es gibt viele weitere systematische Verfahren zum Auffinden von Stammfunktionen für spezielle Funktionenklassen. Wir verweisen dazu auf die einschlägigen Integraltafeln. Der Leser sollte aber selbst Routine im Bestimmen von Stammfunktionen erwerben. $\diamond$

Beispiel 3.2.7 Seien $P, Q \in \mathbb{C}[X]^*$ und $Q(n) \neq 0$ für alle $n \in \mathbb{N}$. Bei $\operatorname{Grad}P \leq \operatorname{Grad}Q - 2$ konvergiert dann die Reihe $\sum_{n=0}^{\infty} P(n)/Q(n)$, und bei $\operatorname{Grad}P \leq \operatorname{Grad}Q - 1$ konvergiert $\sum_{n=0}^{\infty}(-1)^n P(n)/Q(n)$, vgl. Aufg. 1.2.3.

Sei $r := \operatorname{Grad}Q$. Wir wollen voraussetzen, dass die Nullstellen $\alpha_1, \ldots, \alpha_r$ von Q alle rational und einfach sind.[1] Wir zeigen dann, dass die angegebenen Summen Integraldarstellungen haben, die sich explizit berechnen lassen. Indem wir nur die Teilsummen

$$\sum_{n=n_0}^{\infty}\frac{P(n)}{Q(n)} = \sum_{n=0}^{\infty}\frac{P(n+n_0)}{Q(n+n_0)} \quad \text{bzw.} \quad \sum_{n=n_0}^{\infty}(-1)^n\frac{P(n)}{Q(n)} = (-1)^{n_0}\sum_{n=0}^{\infty}(-1)^n\frac{P(n+n_0)}{Q(n+n_0)}$$

berechnen, also $P(X+n_0)$ und $Q(X+n_0)$ statt P und Q betrachten, können wir uns auf den Fall beschränken, dass $\alpha_1, \ldots, \alpha_r \leq -1$ gilt. Die Partialbruchzerlegung von P/Q hat dann die Gestalt

$$\frac{P}{Q} = \sum_{i=1}^{r}\frac{\beta_i}{X-\alpha_i} \quad \text{mit} \quad -\alpha_i = p_i/q_i, \; p_i, q_i \in \mathbb{N}^*, \; p_i \geq q_i, \; \beta_i \in \mathbb{C}.$$

Im Fall $\operatorname{Grad}P \leq r - 2$ ist überdies $\sum_{i=1}^{r}\beta_i = 0$, wie man nach Multiplikation der Partialbruchzerlegung mit Q sieht. Unter diesen Voraussetzungen gilt:

[1] Für ganzzahlige einfache Nullstellen siehe auch [14], Aufg. 3.6.3.

Satz 3.2.8 *Es ist*

$$\sum_{n=0}^{\infty} \frac{P(n)}{Q(n)} = \sum_{i=1}^{r} \beta_i q_i \int_0^1 \frac{t^{p_i-1} - t^{q_i-1}}{1 - t^{q_i}} \, dt, \quad \text{falls Grad } P \leq r - 2,$$

$$\sum_{n=0}^{\infty} (-1)^n \frac{P(n)}{Q(n)} = \sum_{i=1}^{r} \beta_i q_i \int_0^1 \frac{t^{p_i-1}}{1 + t^{q_i}} \, dt, \quad \text{falls Grad } P \leq r - 1.$$

Beweis Für $0 < x < 1$ ist

$$\sum_{n=0}^{\infty} \frac{P(n)}{Q(n)} x^n = \sum_{i=1}^{r} \beta_i \sum_{n=0}^{\infty} \frac{x^n}{n - \alpha_i} = \sum_{i=1}^{r} \beta_i x^{\alpha_i} \sum_{n=0}^{\infty} \frac{x^{n-\alpha_i}}{n - \alpha_i} = \sum_{i=1}^{r} \beta_i x^{\alpha_i} \int_0^x \frac{t^{-(\alpha_i+1)}}{1 - t} \, dt$$

wegen

$$\left(\sum_{n=0}^{\infty} \frac{x^{n-\alpha_i}}{n - \alpha_i} \right)' = \sum_{n=0}^{\infty} x^{n-\alpha_i-1} = \frac{x^{-(\alpha_i+1)}}{1 - x}, \quad 0 \leq x < 1.$$

Analog ergibt sich

$$\sum_{n=0}^{\infty} (-1)^n \frac{P(n)}{Q(n)} x^n = \sum_{i=1}^{r} \beta_i x^{\alpha_i} \int_0^x \frac{t^{-(\alpha_i+1)}}{1 + t} \, dt, \quad 0 < x < 1.$$

Im Fall $\sum_i \beta_i = 0$ konvergiert nun für $x \to 1$, $x < 1$ die Summe

$$\sum_{i=1}^{r} \beta_i x^{\alpha_i} \int_0^x \frac{dt}{1 - t} = -\sum_{i=1}^{r} \beta_i x^{\alpha_i} \ln(1 - x) = \sum_{i=1}^{r} \beta_i (1 - x^{\alpha_i}) \ln(1 - x)$$

gegen 0, und der Abelsche Grenzwertsatz 1.2.10 liefert

$$\sum_{n=0}^{\infty} \frac{P(n)}{Q(n)} = \lim_{x \to 1} \sum_{i=1}^{r} \beta_i x^{\alpha_i} \int_0^x \frac{t^{-(\alpha_i+1)}}{1 - t} \, dt = \lim_{x \to 1} \sum_{i=1}^{r} \beta_i x^{\alpha_i} \int_0^x \frac{t^{-(\alpha_i+1)} - 1}{1 - t} \, dt$$

$$= \sum_{i=1}^{r} \beta_i \int_0^1 \frac{t^{-(\alpha_i+1)} - 1}{1 - t} \, dt = \sum_{i=1}^{r} \beta_i q_i \int_0^1 \frac{u^{p_i-1} - u^{q_i-1}}{1 - u^{q_i}} \, du,$$

wobei die letzte Gleichung mit der Substitution $t = u^{q_i}$, $dt = q_i u^{q_i-1} \, du$ folgt. – Die zweite Gleichung in Satz 3.2.8 ergibt sich direkt:

$$\sum_{n=0}^{\infty} (-1)^n \frac{P(n)}{Q(n)} = \sum_{i=1}^{r} \beta_i \int_0^1 \frac{t^{-(\alpha_i+1)}}{1 + t} \, dt = \sum_{i=1}^{r} \beta_i q_i \int_0^1 \frac{u^{p_i-1}}{1 + u^{q_i}} \, du. \qquad \square$$

Wir bemerken, dass Satz 3.2.8 auch bei $0 < p_i < q_i$ gilt. Beim Beweis wollten wir uneigentliche Integrale vermeiden, vgl. Abschn. 3.4. Um Satz 3.2.8 anwenden zu können, braucht man also nur die Integrale

$$I_1(p,q) := q \int_0^1 \frac{t^{p-1} - t^{q-1}}{1 - t^q}\, dt = \sum_{n=0}^{\infty} \left(\frac{1}{n + \frac{p}{q}} - \frac{1}{n+1} \right), \quad p, q \in \mathbb{N}^*,$$

und

$$I_2(p,q) := q \int_0^1 \frac{t^{p-1}}{1 + t^q}\, dt = \sum_{n=0}^{\infty} (-1)^n \frac{1}{n + \frac{p}{q}}, \quad p, q \in \mathbb{N}^*,$$

zu kennen, wobei die Reihendarstellungen mit Hilfe der geometrischen Reihe gewonnen wurden, aber hier nicht wirklich weiterhelfen. Wegen $I_1(p + q, q) = -q/p + I_1(p,q)$ bzw. $I_2(p + q, q) = q/p - I_2(p,q)$ (und $I_1(q,q) = 0$, $I_2(q,q) = \ln 2$) können wir $0 < p < q$ annehmen. Aus den Partialbruchzerlegungen

$$\frac{q}{1 - t^q} = -\sum_{k=0}^{q-1} \frac{\zeta_q^k}{t - \zeta_q^k}, \qquad \frac{q}{1 + t^q} = -\sum_{k=0}^{q-1} \frac{\zeta_{2q}^{2k+1}}{t - \zeta_{2q}^{2k+1}}$$

erhält man aber (vgl. auch Aufg. 3.2.4) die Werte

$$I_1(p,q) = \sum_{k=1}^{q-1} (1 - \zeta_q^{kp}) \ln(1 - \zeta_q^{-k}) + \sum_{k=0}^{q-1}\sum_{\nu=1}^{q-1} \frac{\zeta_q^{-k\nu}}{\nu} - \sum_{k=0}^{q-1} \zeta_q^{kp} \sum_{\nu=1}^{p-1} \frac{\zeta_q^{-k\nu}}{\nu}$$

$$= \sum_{k=1}^{q-1} (1 - \zeta_q^{kp}) \ln(1 - \zeta_q^{-k}),$$

$$I_2(p,q) = -\sum_{k=0}^{q-1} \zeta_{2q}^{(2k+1)p} \left(\ln(1 - \zeta_{2q}^{-(2k+1)}) + \sum_{\nu=1}^{p-1} \frac{\zeta_{2q}^{-(2k+1)\nu}}{\nu} \right)$$

$$= -\sum_{k=0}^{q-1} \zeta_{2q}^{(2k+1)p} \ln(1 - \zeta_{2q}^{-(2k+1)}).$$

Nach der Vorbemerkung zu Satz 2.2.6 ist $\ln(1 - e^{it}) = \ln 2 + \ln(\sin(t/2)) + i(t - \pi)/2$ für $t \in \,]0, 2\pi[$. Wegen $\zeta_q^n = e^{2\pi in/q}$ erhält man mit der letzten Formel in Aufg. 1.2.14

$$\sum_{k=1}^{q-1} \zeta_q^{kp} \ln(1 - \zeta_q^{-k}) = \sum_{k=1}^{q-1} \zeta_q^{-kp} \ln(1 - \zeta_q^{k})$$

$$= -\ln 2 + 2 \sum_{0<k<q/2} \cos \frac{2\pi kp}{q} \ln\left(\sin \frac{\pi k}{q} \right) + \frac{i\pi}{2} + \frac{i\pi}{\zeta_q^{-p} - 1},$$

$$\sum_{k=0}^{q-1} \zeta_{2q}^{(2k+1)p} \ln(1 - \zeta_{2q}^{-(2k+1)}) = \sum_{k=0}^{q-1} \zeta_{2q}^{-(2k+1)p} \ln(1 - \zeta_{2q}^{2k+1})$$

$$= 2 \sum_{0<k<(q-1)/2} \cos \frac{\pi(2k+1)p}{q} \ln\left(\sin \frac{\pi(2k+1)}{2q} \right) + \frac{i\pi}{\zeta_{2q}^{-p} - \zeta_{2q}^{p}}$$

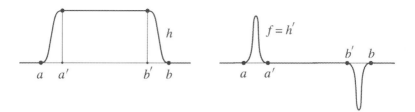

Abb. 3.1 Hutfunktion h und ihre Ableitung $f = h'$

und unter Berücksichtigung von $\sum_{k=1}^{q-1} \ln(1 - \zeta_q)^{-k}) = \ln q$ (vgl. [14], Aufg. 3.5.27 a))
schließlich (jeweils für $0 < p < q$)

$$I_1(p,q) = \ln 2q - 2 \sum_{0<k<q/2} \cos \frac{2\pi k p}{q} \ln \left(\sin \frac{\pi k}{q} \right) + \frac{\pi}{2} \cot \frac{\pi p}{q},$$

$$I_2(p,q) = -2 \sum_{0 \le k < (q-1)/2} \cos \frac{\pi(2k+1)p}{q} \ln \left(\sin \frac{\pi(2k+1)}{2q} \right) + \frac{\pi}{2} \operatorname{cosec} \frac{\pi p}{q}. \quad \diamond$$

Beispiel 3.2.9 (Hutfunktionen) Statt eine Funktion auf einem Intervall $I \subseteq \mathbb{R}$ direkt
anzugeben, ist es häufig einfacher, ihre Ableitung f zu bestimmen. Bei stetigem f ist
dann $\int_a^x f(t)\,dt$ (mit festem $a \in I$) bis auf eine additive Konstante die gesuchte Funktion.
Dieser Gedanke wird (in allgemeinerer Form) in der Theorie der Differenzialgleichungen
verfolgt und ist vielleicht der Grundgedanke der Analysis schlechthin. Hier zeigen wir mit
dem angegebenen Prinzip die folgende Aussage:

Satz 3.2.10 *Seien $a, a', b', b \in \mathbb{R}$ mit $a < a' < b' < b$. Dann gibt es eine unendlich oft
differenzierbare Funktion $h\colon \mathbb{R} \to \mathbb{R}$ mit $h(t) = 0$ für $t \notin [a,b]$, $h(t) = 1$ für $t \in [a',b']$
und $0 < h(t) < 1$ sonst, vgl. Abb. 3.1.*

Beweis Der Graph der Ableitung $f := h'$ der gesuchten Funktion hat die rechts in
Abb. 3.1 dargestellte Form. Ferner muss $\int_a^{a'} f(t)\,dt = -\int_{b'}^b f(t)\,dt = 1$ sein. Sei nun
$g\colon \mathbb{R} \to \mathbb{R}$ mit $g(t) = 0$ für $t \le 0$ und $g(t) = e^{-1/t}$ für $t > 0$ die in Beispiel 2.2.18
diskutierte beliebig oft differenzierbare Funktion. Eine Funktion f der gewünschten Art
ist dann

$$f(t) := \frac{g(t-a)g(a'-t)}{\int_a^{a'} g(t-a)g(a'-t)\,dt} - \frac{g(t-b')g(b-t)}{\int_{b'}^b g(t-b')g(b-t)\,dt},$$

und $h(x) := \int_a^x f(t)\,dt$ hat die geforderten Eigenschaften. $\square$

Funktionen h wie in Satz 3.2.10 heißen **Hutfunktionen**. Sie werden für viele Kon-
struktionen in der Analysis benutzt. Wir geben hier drei Beispiele.

Satz 3.2.11 (Satz von É. Borel) *Zu jeder Folge v_n, $n \in \mathbb{N}$, im $\mathbb{R}$-Banach-Raum V gibt
es eine C^∞-Funktion $f\colon \mathbb{R} \to V$ mit $f^{(n)}(0) = v_n$ für alle $n \in \mathbb{N}$.*

Beweis Sei $h\colon \mathbb{R} \to \mathbb{R}$ eine unendlich oft differenzierbare Hutfunktion mit $h(t) = 1$ für $|t| \leq 1$ und $h(t) = 0$ für alle $|t| \geq 2$, ferner sei $h_n(t) := t^n h(t)$, $n \in \mathbb{N}$. Es gelte $\|h_n^{(k)}\|_{\mathbb{R}} \leq M_n$ für alle $k \in \mathbb{N}$ mit $0 \leq k \leq n$. Mit $a_n := \|v_n\| M_n + 1$ und $f_n(t) := v_n h_n(a_n t)/n! a_n^n$ ist dann $f := \sum_{n=0}^{\infty} f_n$ eine Funktion der gesuchten Art. Wegen $\|f_n^{(k)}\|_{\mathbb{R}} \leq 1/n!$ für alle $n > k$ konvergiert nämlich für jedes $k \in \mathbb{N}$ die Reihe $\sum_n f_n^{(k)}$ der k-ten Ableitungen gleichmäßig. Nach Satz 2.7.1 ist daher $f^{(k)} = \sum_n f_n^{(k)}$ und speziell $f^{(k)}(0) = \sum_n f_n^{(k)}(0) = v_k$ für alle $k \in \mathbb{N}$, wie man mit Hilfe der Leibniz-Regel sieht.   □

Satz 3.2.12 *Zu jeder abgeschlossenen Teilmenge $A \subseteq \mathbb{R}$ von $\mathbb{R}$ gibt es eine C^∞-Funktion $f\colon \mathbb{R} \to [0,1]$ mit $A = f^{-1}(0) = \{t \in \mathbb{R} \mid f(t) = 0\}$.*

Beweis Ohne Einschränkung der Allgemeinheit sei A beschränkt, also kompakt. Den allgemeinen Fall führt man leicht auf diesen Spezialfall zurück, vgl. Aufg.3.2.30. Sei nun $h\colon \mathbb{R} \to \mathbb{R}$ eine beliebig oft differenzierbare Hutfunktion mit $h(t) = 1$ für $|t| \leq 1$, $h(t) = 0$ für $|t| \geq 2$ und $0 < h(t) < 1$ für $1 < |t| < 2$. Ferner sei ε_n, $n \in \mathbb{N}$, eine Nullfolge positiver reeller Zahlen. Zu $n \in \mathbb{N}$ gibt es offenbar endlich viele Punkte $t_0, \ldots, t_k \in A$ derart, dass die Intervalle $[t_i - \varepsilon_n, t_i + \varepsilon_n]$, $i = 0, \ldots, k$, ganz A überdecken.[2] Dann ist

$$g_n(t) := \prod_{i=0}^{k} \left(1 - h\left(\frac{t - t_i}{\varepsilon_n}\right)\right)$$

eine C^∞-Funktion, die auf A verschwindet und die für jedes t mit $\operatorname{Inf}\{|t - t'| \mid t' \in A\} > \varepsilon_n$ positiv ist. Ist $\|g_n^{(\nu)}\|_{\mathbb{R}} \leq M_n$ für alle $\nu \in \mathbb{N}$ mit $0 \leq \nu \leq n$, so ist

$$f(t) := \sum_{n=0}^{\infty} \frac{g_n(t)}{(1 + M_n) 2^{n+1}}$$

eine Funktion der gesuchten Art.   □

Satz 3.2.13 (Fundamentallemma der Variationsrechnung) *Sei $f\colon [a,b] \to V$ eine stetige Abbildung mit Werten in einem $\mathbb{R}$-Banach-Raum V. Gilt $\int_a^b f(t) h(t)\, dt = 0$ für jede C^∞-Funktion $h\colon [a,b] \to \mathbb{R}$, die außerhalb eines (von h abhängenden) kompakten Intervalls $[c,d] \subseteq\,]a,b[$ verschwindet, so ist bereits $f = 0$ auf ganz $[a,b]$.*

Beweis Sei $f(t_0) \neq 0$ für ein $t_0 \in [a,b]$. Nach Lemma 2.3.8 gibt es eine stetige Linearform $L\colon V \to \mathbb{R}$ mit $(L \circ f)(t_0) \neq 0$, und $L \circ f$ erfüllt mit $V = \mathbb{R}$ dieselben Voraussetzungen wie f. Wir können also überdies $V = \mathbb{R}$ annehmen. Dann gibt es ein $\varepsilon > 0$ derart, dass $[t_0 - \varepsilon, t_0 + \varepsilon] \subseteq\,]a,b[$ gilt und $f(t)$ für $|t - t_0| \leq \varepsilon$ konstantes Vorzeichen hat. Ist nun $h\colon \mathbb{R} \to \mathbb{R}$ eine beliebig oft differenzierbare Funktion, die für $|t - t_0| \geq \varepsilon$

---

[2] Andernfalls gäbe es eine Folge $t_0, t_1, t_2, \ldots$ von Punkten in A mit $|t_j - t_i| > \varepsilon_n$ für $i \neq j$.

Abb. 3.2 Integration und
Grenzwertbildung sind bei
der Folge (f_n) mit $f_n(x) =$
nxe^{-nx^2} nicht vertauschbar

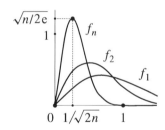

verschwindet und für $|t - t_0| < \varepsilon$ positiv ist, so ist $\int_a^b f(t)h(t)\,dt \neq 0$, da der Integrand
fh in $[a,b]$ überall ≤ 0 oder überall ≥ 0 ist, vgl. Aufg. 3.2.9 a). Widerspruch! $\qquad\square$

Das Fundamentallemma der Variationsrechnung dient zur Identifizierung von Funktionen: *Zwei stetige Funktionen $f, g\colon [a,b] \to V$ stimmen bereits dann überein, wenn für
alle Funktionen $h \in C_{\mathbb{R}}^{\infty}([a,b])$ (die überdies außerhalb eines (von h abhängenden) kompakten Intervalls $[c,d]$ im Inneren $]a,b[$ des Intervalls $[a,b]$ verschwinden dürfen) die
Gleichheit $\int_a^b f(t)h(t)\,dt = \int_a^b g(t)h(t)\,dt$ gilt.* Die Funktionen $h \in C_{\mathbb{R}}^{\infty}([a,b])$ heißen
in diesem Zusammenhang **Testfunktionen**. $\qquad\qquad\qquad\qquad\qquad\qquad\qquad\diamond$

Wir beschließen diesen Abschnitt mit einigen Konvergenzsätzen für Integrale, die vorläu-
figen Charakter haben und in den Bänden 6 und 7 im Rahmen der allgemeinen Integrationstheorie wesentlich verallgemeinert werden. Unmittelbar aus Satz 3.1.5 ergibt sich die
folgende Rechenregel:

Satz 3.2.14 *Sei (f_n) eine lokal gleichmäßig konvergente Folge von stetigen Funktionen
$f_n\colon I \to V$ auf dem Intervall $I \subseteq \mathbb{R}$ mit Werten im $\mathbb{R}$-Banach-Raum V und der (nach
Satz 1.1.4 stetigen) Grenzfunktion $f\colon I \to V$. Dann gilt für alle $a,b \in I$*

$$\lim_{n\to\infty} \int_a^b f_n(t)\,dt = \int_a^b f(t)\,dt.$$

Ist $\|f - f_n\|_{[ab]} \leq \varepsilon$ auf $[a,b]$, so ergibt sich mit den Sätzen 3.2.3 und 3.2.2 (1) die
explizite Abschätzung

$$\left\| \int_a^b f(t)\,dt - \int_a^b f_n(t)\,dt \right\| = \left\| \int_a^b (f(t) - f_n(t))\,dt \right\| \leq \int_a^b \|f(t) - f_n(t)\|\,dt \leq \varepsilon |b - a|.$$

Beispiel 3.2.15 Bei nur punktweiser Konvergenz gilt die Formel aus Satz 3.2.14 im Allgemeinen nicht, wie das folgende Beispiel zeigt, vgl. Abb. 3.2. Die Folge (f_n) mit $f_n(x) :=$

nxe^{-nx^2} konvergiert auf ganz $\mathbb{R}$ punktweise gegen 0. Es ist aber

$$\int_0^1 f_n(t)\,dt = -\frac{1}{2}e^{-nx^2}\Big|_0^1 = \frac{1}{2}\left(1 - e^{-n}\right)$$

und somit $\lim_{n\to\infty}\int_0^1 f_n(t)\,dt = 1/2 \neq 0 = \int_0^1 \lim_{n\to\infty} f_n(t)\,dt$. $\diamond$

Sei X ein beliebiger topologischer Raum, $[a,b] \subseteq \mathbb{R}$ ein (kompaktes) Intervall in $\mathbb{R}$ und $f\colon X \times [a,b] \to V$ eine stetige Abbildung mit Werten in einem $\mathbb{R}$-Banach-Raum V. Bei festem Parameter $x \in X$ ist dann insbesondere $t \mapsto f(x,t)$, $t \in [a,b]$, eine stetige Funktion auf $[a,b]$. Somit ist das **Parameterintegral**

$$F(x) := \int_a^b f(x,t)\,dt$$

für alle $x \in X$ wohldefiniert. Es gilt:

Satz 3.2.16 (Stetigkeit des Integrals) *Ist $f\colon X \times [a,b] \to V$ stetig, so ist auch die Abbildung $X \to V$, $x \mapsto F(x) = \int_a^b f(x,t)\,dt$ stetig.*

Beweis Sei $x_0 \in X$ und $\varepsilon > 0$. Die stetige Abbildung $(x,t) \mapsto f(x,t) - f(x_0,t)$ ist konstant 0 auf $\{x_0\} \times [a,b]$. Nach [14], Aufg. 4.4.7 gibt es eine Umgebung U von $x_0 \in X$ derart, dass $\|f(x,t) - f(x_0,t)\| \le \varepsilon$ für alle $(x,t) \in U \times [a,b]$ ist. Ist $x \in U$, so gilt dann nach dem Mittelwertsatz 3.2.3

$$\|F(x) - F(x_0)\| = \left\|\int_a^b (f(x,t) - f(x_0,t))\,dt\right\| \le \int_a^b \|f(x,t) - f(x_0,t)\|\,dt \le \varepsilon|b - a|. \quad \square$$

Sei nun D eine offene Menge in $\mathbb{C}$ oder ein Intervall in $\mathbb{R}$. Die Abbildung $f\colon D \times [a,b] \to V$ sei wieder stetig, und für jedes feste $t \in [a,b]$ sei die Funktion $D \to V$, $x \mapsto f(x,t)$, auf D differenzierbar. Die Ableitung dieser Funktion bezeichnen wir mit

$$\frac{\partial f}{\partial x}\colon D \times [a,b] \to V, \quad (x,t) \mapsto \frac{\partial f}{\partial x}(x,t).$$

Sie heißt die **partielle Ableitung** von f nach x und wird auch mit $\partial_x f = \mathrm{D}_x f$ bezeichnet.

Satz 3.2.17 (Differenzierbarkeit des Integrals) *Sei $D \subseteq \mathbb{K}$ im Fall $\mathbb{K} = \mathbb{C}$ eine offene Menge in $\mathbb{C}$ und im Fall $\mathbb{K} = \mathbb{R}$ ein Intervall in $\mathbb{R}$. Die Abbildung $f : D \times [a,b] \to V$ sei eine stetige Funktion mit Werten im $\mathbb{K}$-Banach-Raum V. Ferner existiere die partielle Ableitung $\partial f / \partial x$ und sei ebenfalls stetig. Dann ist die Funktion $x \mapsto F(x) = \int_a^b f(x,t)\,dt$ auf D differenzierbar mit der Ableitung*

$$F'(x) = \int_a^b \frac{\partial f}{\partial x}(x,t)\,dt.$$

Beweis Sei $x \in D$ fest. Für alle $(y,t) \in D \times [a,b]$ gilt

$$f(y,t) = f(x,t) + \frac{\partial f}{\partial x}(x,t)(y-x) + r(y,t)(y-x)$$

mit einer Abbildung $r(y,t)$, die für $y = x$ verschwindet. Wir zeigen, dass r auf ganz $D \times [a,b]$ stetig ist. In den Punkten (y,t) mit $y \neq x$ ist das selbstverständlich. Sei nun (y_n, t_n) eine Folge in $D \times [a,b]$ mit $\lim_{n \to \infty} y_n = x$ und $\lim_{n \to \infty} t_n = t$. Wegen $r(x,t_n) = 0$ können wir annehmen, dass $y_n \neq x$ ist für alle n. Dann gilt zu vorgegebenem $\varepsilon > 0$ für hinreichend großes n

$$\|r(y_n,t_n) - r(x,t)\| = \|r(y_n,t_n)\| = \left\| \frac{f(y_n,t_n) - f(x,t_n)}{y_n - x} - \frac{\partial f}{\partial x}(x,t_n) \right\|$$

$$\leq \left\| \frac{\partial f}{\partial x}(z_n,t_n) - \frac{\partial f}{\partial x}(x,t_n) \right\| \leq \varepsilon,$$

da $\partial f / \partial x$ im Punkt (x,t) stetig ist. Dabei ist z_n jeweils ein Punkt auf der Strecke $[x,\,y_n]$, der sich aus dem Mittelwertsatz 2.3.7 ergibt, angewandt auf die Hilfsfunktion $h(y) := f(y,t_n) - f(x,t_n) - (\partial f / \partial x)(x,t_n)(y-x)$ (vgl. Aufg. 2.3.24). Wegen $\lim_{n \to \infty} y_n = x$ ist auch $\lim_{n \to \infty} z_n = x$, und es folgt

$$\int_a^b f(y,t)\,dt = \int_a^b f(x,t)\,dt + (y-x)\int_a^b \frac{\partial f}{\partial x}(x,t)\,dt + (y-x)\int_a^b r(y,t)\,dt,$$

wobei die Funktion $R(y) := \int_a^b r(y,t)\,dt$ nach Satz 3.2.16 stetig mit $R(x) = 0$ ist. Dies liefert die Behauptung. $\qquad\square$

Komplex-differenzierbare Funktionen sind – wie schon mehrfach erwähnt – analytisch. Im komplexen Fall ist also Satz 3.2.17 eine Aussage über komplex-analytische Funktionen. Wir beweisen diese Aussage in leicht verschärfter Form direkt.

Satz 3.2.18 *Sei $D \subseteq \mathbb{C}$ eine offene Menge und $f : D \times [a, b] \to V$ eine stetige Abbildung mit Werten im $\mathbb{C}$-Banach-Raum V. Für jedes $t \in [a, b]$ sei die Funktion $x \mapsto f(x, t)$ analytisch auf D. Dann ist auch die partielle Ableitung $\partial f / \partial x$ stetig, und die Funktion $x \mapsto F(x) = \int_a^b f(x, t)\, dt$ ist analytisch auf D mit der Ableitung*

$$F'(x) = \int\limits_a^b \frac{\partial f}{\partial x}(x, t)\, dt.$$

Genauer gilt: Ist $x_0 \in D$ und $f(x, t) = \sum_n u_n(x_0, t)(x - x_0)^n$ die Potenzreihenentwicklung von $x \mapsto f(x, t)$ um x_0, so sind die Funktionen $t \mapsto u_n(x_0, t)$ stetig auf $[a, b]$ und

$$F(x) = \sum_{n=0}^{\infty} \left(\int\limits_a^b u_n(x_0, t)\, dt \right) (x - x_0)^n$$

ist die Potenzreihenentwicklung von F um x_0.

Beweis Wir zeigen zunächst. dass die Koeffizienten $n!\, u_n(x_0, t) = (\partial^n f / \partial x^n)(x_0, t)$ auf $[a, b]$ stetig von t abhängen. Sei dazu $t_0 \in [a, b]$ und (t_m) eine Folge in $[a, b]$, die gegen t_0 konvergiert. Dann konvergiert die Folge $f(x, t_m)$, $m \in \mathbb{N}$, holomorpher Funktionen auf D wegen der Stetigkeit von f lokal gleichmäßig gegen $f(x, t_0)$. Nach Satz 2.7.2 konvergieren auch die Ableitungen $(\partial^n f / \partial x^n)(x, t_m)$ (lokal gleichmäßig) gegen $(\partial^n f / \partial x^n)(x, t_0)$. Insbesondere konvergiert die Folge $u_n(x_0, t_m)$, $m \in \mathbb{N}$, gegen $u_n(x_0, t_0)$. Das Integral $\int_a^b (\partial f / \partial x)(x, t)\, dt$ ist also definiert.

Ist $r > 0$ und $\overline{B}_{\mathbb{C}}(x_0; r) \subseteq D$, so gibt es ein $M \in \mathbb{R}_+$ mit $\|f(x, t)\| \leq M$ für alle $(x, t) \in \overline{B}_{\mathbb{C}}(x_0; r) \times [a, b]$ und nach den Cauchyschen Ungleichungen aus Satz 1.2.9, vgl. auch Aufg. 1.2.33, gilt $\|u_n(x_0, t)\| \leq M/r^n$ für alle $n \in \mathbb{N}$ und alle $t \in [a, b]$. Der allgemeine Mittelwertsatz 3.2.3 liefert $\| \int_a^b u_n(x_0, t)\, dt \| \leq |b - a| M/r^n$. Die Potenzreihe $\sum_n \int_a^b u_n(x_0, t)\, dt\, (x - x_0)^n$ konvergiert also auf $B_{\mathbb{C}}(x_0; r)$, und $u_n(x_0, t)(x - x_0)^n$, $n \in \mathbb{N}$, ist lokal gleichmäßig summierbar auf $B_{\mathbb{C}}(x_0; r) \times [a, b]$ mit Summe $f(x, t)$. Satz 3.2.14 liefert nun auf $B_{\mathbb{C}}(x_0; r)$ die Potenzreihenentwicklung

$$\sum_{n=0}^{\infty} \left(\int\limits_a^b u_n(x_0, t)\, dt \right) (x - x_0)^n = \int\limits_a^b f(x, t)\, dt$$

von $F(x) = \int_a^b f(x, t)\, dt$. Überdies ist die Ableitung $F'(x)$ gleich

$$\sum_{n=1}^{\infty} \int\limits_a^b n u_n(x_0, t)(x - x_0)^{n-1}\, dt = \int\limits_a^b \left(\sum_{n=1}^{\infty} n u_n(x_0, t)(x - x_0)^{n-1} \right) dt = \int\limits_a^b \frac{\partial f}{\partial x}(x, t)\, dt. \quad \square$$

Sei $(s,t) \mapsto f(s,t)$ eine stetige V-wertige Funktion, V $\mathbb{R}$-Banach-Raum, auf dem Rechteck $[a,b] \times [c,d] \subseteq \mathbb{R} \times \mathbb{R}$. Nach Satz 3.2.16 sind die Funktionen

$$s \mapsto \int_c^d f(s,t)\, dt \quad \text{und} \quad t \mapsto \int_a^b f(s,t)\, ds$$

stetige Funktionen auf $[a,b]$ bzw. $[c,d]$. Daher sind die beiden **Doppelintegrale**

$$\int_a^b \left(\int_c^d f(s,t)\, dt \right) ds \quad \text{und} \quad \int_c^d \left(\int_a^b f(s,t)\, ds \right) dt$$

wohldefiniert. Sie stimmen überein:

Proposition 3.2.19 (Doppelintegrale) *Sei* $f:[a,b] \times [c,d] \to V$ *eine stetige Funktion mit Werten im* $\mathbb{R}$*-Banach-Raum* V*. Dann ist*

$$\int_a^b \left(\int_c^d f(s,t)\, dt \right) ds = \int_c^d \left(\int_a^b f(s,t)\, ds \right) dt.$$

Beweis Für $x \in [a,b]$ setzen wir

$$G(x) := \int_a^x \left(\int_c^d f(s,t)\, dt \right) ds \quad \text{und} \quad F(x) := \int_c^d \left(\int_a^x f(s,t)\, ds \right) dt.$$

Dann ist $G'(x) = \int_c^d f(x,t)\, dt$ und nach Satz 3.2.17 auch $F'(x) = \int_c^d f(x,t)\, dt$. Wegen $G(a) = F(a) = 0$ folgt $G(b) = F(b)$. Das ist die Behauptung. $\qquad \square$

Proposition 3.2.19 lässt sich sofort auf n-fache Integrale verallgemeinern. Weitere Verallgemeinerungen liefert der Satz von Fubini, vgl. Band 6, der die beiden Doppelintegrale auf ein einfaches Integral über das (2-dimensionale) Rechteck $[a,b] \times [c,d]$ zurückführt.

Beispiel 3.2.20 Wie schon mehrfach bemerkt, ist die Darstellung einer stetig differenzierbaren Funktion als Integral mit Hilfe ihrer Ableitung nützlich für das Studium dieser Funktion. Ist z. B. das Gebiet $G \subseteq \mathbb{C}$ sternförmig bzgl. des Punktes $z_0 \in G$ und ist $f: G \to V$ eine stetig differenzierbare Funktion mit Werten im $\mathbb{C}$-Banach-Raum V, so ist

$$F(z) := (z - z_0) \int_0^1 f\big(z_0 + t(z - z_0)\big)\, dt$$

die Stammfunktion zu f auf G mit $F(z_0) = 0$. Mit Satz 3.2.17 und partieller Integration erhält man nämlich

$$F'(z) = \int_0^1 f\big(z_0 + t(z - z_0)\big)\,dt + (z - z_0) \int_0^1 t f'\big(z_0 + t(z - z_0)\big)\,dt$$

$$= \int_0^1 f\big(z_0 + t(z - z_0)\big)\,dt + t f\big(z_0 + t(z - z_0)\big)\Big|_0^1 - \int_0^1 f\big(z_0 + t(z - z_0)\big)\,dt$$

$$= f(z).$$

Ist $f : I \to \mathbb{C}^\times$ eine stetig differenzierbare Funktion, so ist der Logarithmus $\log f$ von f ebenfalls differenzierbar mit Ableitung f'/f, vgl. Satz 2.4.1. Folglich ist

$$\log f(x) = \log f(a) + \int_a^x \frac{f'(t)}{f(t)}\,dt, \quad a, x \in I,$$

eine Integraldarstellung von $\log f$. Insbesondere ist für einen geschlossenen stetig differenzierbaren Weg $f : [a, b] \to \mathbb{C}$ und einen Punkt $z_0 \in \mathbb{C}$, der nicht zur Trajektorie Bild f von f gehört, die Windungszahl $\mathrm{W}(f; z_0)$ von f bzgl. z_0 gleich

$$\mathrm{W}(f; z_0) = \frac{1}{2\pi\mathrm{i}} \int_a^b \frac{f'(t)\,dt}{f(t) - z_0}, \quad z_0 \in \mathbb{C} - \text{Bild } f.$$

Da diese Windungszahl nach Satz 3.2.16 stetig von z_0 abhängt und nur ganzzahlige Werte annimmt, *ist sie konstant auf jeder Zusammenhangskomponente von* $\mathbb{C} - \text{Bild } f$ und insbesondere gleich 0 auf der unbeschränkten Zusammenhangskomponente von $\mathbb{C} - \text{Bild } f$ wegen $\lim_{z_0 \to \infty} \int_a^b f'(t)\,dt/(f(t) - z_0) = 0$. Ist ferner die sogenannte Homotopieabbildung $H : [a, b] \times [c, d] \to \mathbb{C}$, $(t, s) \mapsto H(t, s)$, stetig und stetig partiell differenzierbar nach t und sind die Wege $f_s : [a, b] \to \mathbb{C}$, $t \mapsto H(t, s)$, $s \in [c, d]$, geschlossen, so haben für jeden Punkt $z_0 \notin \text{Bild } H$ alle Wege f_s, wiederum nach Satz 3.2.16, bzgl. z_0 dieselbe Windungszahl

$$\mathrm{W}(f_s; z_0) = \frac{1}{2\pi\mathrm{i}} \int_a^b \frac{(\partial H/\partial t)(t, s)}{H(t, s) - z_0}\,dt = \text{const.}$$

Man nennt diese Eigenschaft die **Homotopieinvarianz der Windungszahl**. Sie gilt bereits dann, wenn H nur stetig ist, vgl. Band 5. Als ein Beispiel dazu geben wir den folgenden topologischen *Beweis* des **Fundamentalsatzes der Algebra**: Sei $F = X^n + G \in \mathbb{C}[X]$, Grad $G < n$, ein (normiertes) komplexes Polynom. Ferner sei $R \in \mathbb{R}_+^\times$ so groß gewählt, dass $R^n > |G(x)|$ ist für alle $x \in \mathrm{S}_{\mathbb{C}}(0; R)$. Dann zeigt die Homotopieabbildung

$$H_1 : [0, 2\pi] \times [0, 1] \to \mathbb{C}, \quad (t, s) \mapsto R^n \mathrm{e}^{\mathrm{i} n t} + s G(R \mathrm{e}^{\mathrm{i} t}),$$

dass $\mathrm{W}(F(R\mathrm{e}^{it});0) = \mathrm{W}(R^n\mathrm{e}^{int};0) = n$ ist. Hätte nun F in der Kreisscheibe $\overline{B}_{\mathbb{C}}(0;R)$ keine Nullstelle, so zeigte die Homotopieabbildung $H_2\colon[0,2\pi]\times[0,1]\to\mathbb{C}$, $(t,s)\mapsto$ $F(sR\mathrm{e}^{it})$, dass $\mathrm{W}(F(R\mathrm{e}^{it});0) = \mathrm{W}(F(0);0) = 0$ ist. Widerspruch! □

Der geschlossene stetig differenzierbare Weg $f\colon[a,b]\to\mathbb{C}$ heißt **differenzierbar geschlossen**, wenn (nicht nur $f(a) = f(b)$ sondern auch) $f'(a) = f'(b)$ ist. Ist solch ein Weg überdies **regulär**, d. h. gilt $f'(t)\neq 0$ für alle $t\in[a,b]$, so ist auch die Windungszahl des geschlossenen Weges $f'\colon[a,b]\to\mathbb{C}$ definiert. Auch sie heißt oft die **Windungszahl** von f. Ist f sogar zweimal stetig differenzierbar, so hat sie die Integraldarstellung

$$\frac{1}{2\pi\mathrm{i}}\int_a^b \frac{f''(t)}{f'(t)}\,dt,$$

siehe hierzu auch den Abschnitt über Krümmungen in Bd. 5. Interpretiert man f' als Geschwindigkeit eines Fahrzeug, so gibt sie offenbar an, wie oft sich das Fahrzeug um die eigene Achse gedreht hat. Die drei Wege in Abb. 2.17 haben in diesem Sinne die Windungszahlen 1, 1 bzw. -2. ◇

Aufgaben

Aufgabe 3.2.1 Man berechne Stammfunktionen zu den folgenden Funktionen: Dabei wähle man jeweils geeignete Definitionsbereiche in $\mathbb{R}$ bzw. in $\mathbb{C}$.

$x\sin x$; $x\sin x^2$; $\cos x\mathrm{e}^{\sin x}$; $1/x\ln x$; $\mathrm{e}^x\sin x$; $\tan x$; $\arctan x$; $\arcsin x$;

$x(1-x)^n$, $n\in\mathbb{N}$; $(\ln x)^2$; $\cos\sqrt{x}$; $\left(\sqrt{1-x^2}\right)^3$; $x\sqrt{1+x}$; $x^2\sqrt{1-x}$;

$\dfrac{1}{\sqrt{1+x^2}}$; $x\sqrt{1+x^2}$; $\dfrac{1}{\cos x}$; $\dfrac{1}{1+\sin x}$; $\dfrac{\cos x}{2-\cos x}$; $\dfrac{\ln(\ln x)}{x}$; $\dfrac{1}{x(1+\ln x)}$;

$\dfrac{1}{1+\cos^2 x}$; $\sqrt{\sin x}\cos^3 x$; $\dfrac{1}{\sin x+\cos x}$; $\dfrac{\sin x}{1-\cos^4 x}$; $\dfrac{1}{x^2\sqrt{1+x^2}}$;

$\dfrac{\sqrt{x^2+1}}{x^3}$; $\dfrac{\sqrt{x^2+1}}{x-\sqrt{x^2+1}}$; $\dfrac{1}{\cosh x}$; $\dfrac{1}{x\sqrt{x^2-1}}$; $\dfrac{x-\sqrt{x}}{x+\sqrt{x}}$; $\dfrac{\mathrm{e}^x-1}{\mathrm{e}^x+1}$;

$\dfrac{1}{x^2\sqrt{x^2+9}}$; $\dfrac{x}{\sqrt[4]{1+x}}$; $\dfrac{1}{\sqrt{9x-4x^2}}$; $\sqrt{x+\sqrt{x}}$; $\sqrt{\dfrac{x-a}{x-b}}$, $a,b\in\mathbb{R}$, $a\neq b$.

Aufgabe 3.2.2 Man gebe Rekursionsformeln für die Stammfunktionen folgender Funktionen an (mit $n,m\in\mathbb{N}$):

$x^n\mathrm{e}^x$; $(1-x^2)^n$; $x^n(\ln x)^m$; $(1+x^2)^{-n/2}$; $(1-x^2)^{-n/2}$; $x^n\cos x$.

Aufgabe 3.2.3 Sei V ein $\mathbb{K}$-Banach-Raum und $F := \sum_{k=0}^{n} u_k X^k \in V[X]$ ein Polynom vom Grad $\leq n$ mit Koeffizienten in V.

a) Es gilt

$$\int_0^x F(t) e^{\pm t}\, dt = \pm \sum_{k=0}^{n} (\mp 1)^k \big(F^{(k)}(x) e^{\pm x} - k!\, u_k \big).$$

b) Für $a, b \in \mathbb{R}$ gilt

$$\int_a^b F(t)\, dt = \begin{cases} \frac{1}{2}(b-a)\big(F(a) + F(b)\big), \text{ falls Grad } F \leq 1, \\ \frac{1}{6}(b-a)\big(F(a) + 4F(\frac{1}{2}(a+b)) + F(b)\big), \text{ falls Grad } F \leq 3. \end{cases}$$

(Es genügt, die Potenzen $1, X, X^2, X^3 \in \mathbb{R}[X]$ zu betrachten.)

Aufgabe 3.2.4

a) Für $r \in \mathbb{N}$ und $a \in \mathbb{C} - [0,1]$ gilt

$$\int_0^1 \frac{t^r\, dt}{t - a} = a^r \Big(\ln(1 - a^{-1}) + \sum_{\rho=1}^{r} \frac{a^{-\rho}}{\rho} \Big).$$

Man folgere noch einmal $\ln(1-z) = -\sum_{\rho=1}^{\infty} z^\rho/\rho$ für $z \in \mathbb{C}$, $|z| \leq 1$, $z \neq 1$. Die Konvergenz ist gleichmäßig auf jeder Menge $\overline{\mathrm{B}}_{\mathbb{C}}(0;1) - \mathrm{B}_{\mathbb{C}}(1;\varepsilon)$, $0 < \varepsilon < 1$.

b) Für $n \in \mathbb{N}^*$ und $k \in \mathbb{N}$ sei $I_{n,k} := \int_0^1 t^{nk}\, dt/(1 + t^n)$. Dann gilt

$$I_{n,k} + I_{n,k+1} = \int_0^1 t^{nk}\, dt = \frac{1}{nk+1} \quad \text{und} \quad I_{n,0} = \int_0^1 \frac{dt}{1+t^n} = \sum_{k=0}^{\infty} \frac{(-1)^k}{nk+1}$$

sowie $\lim_{k \to \infty} I_{n,k} = 0$. Speziell ist (vgl. auch Beispiel 3.2.7)

$$\sum_{k=0}^{\infty} \frac{(-1)^k}{k+1} = \ln 2, \quad \sum_{k=0}^{\infty} \frac{(-1)^k}{2k+1} = \frac{\pi}{4}, \quad \sum_{k=0}^{\infty} \frac{(-1)^k}{3k+1} = \frac{\ln 2}{3} + \frac{\pi}{3\sqrt{3}},$$

$$\sum_{k=0}^{\infty} \frac{(-1)^k}{4k+1} = \frac{\ln(1+\sqrt{2})}{2\sqrt{2}} + \frac{\pi}{4\sqrt{2}} \quad \text{usw.}$$

Aufgabe 3.2.5 Die Funktion $f : [-a, a] \to V$, V $\mathbb{R}$-Banach-Raum, $a \in \mathbb{R}_+$, sei stetig. Ist f ungerade (bzw. gerade), so ist $\int_{-a}^{a} f(t)\, dt = 0$ (bzw. $= 2\int_0^a f(t)\, dt$).

Aufgabe 3.2.6 Die Funktion $f\colon [a,b] \to V$, V $\mathbb{R}$-Banach-Raum, $a \le b$, sei stetig.

a) Es gilt $\int_a^b f(t)\,dt = \int_a^b f(a+b-t)\,dt$.
b) Ist $[a,b] = [0,1]$, so gilt

$$\int_0^{\pi/2} f(\sin t)\,dt = \int_0^{\pi/2} f(\cos t)\,dt = \int_{\pi/2}^{\pi} f(\sin t)\,dt.$$

Aufgabe 3.2.7 Für $a,b,\alpha,\beta \in \mathbb{R}$, $a \le b$, $\alpha,\beta \ge 0$, gilt

$$\int_a^b (t-a)^\alpha (b-t)^\beta\,dt = \int_a^b (t-a)^\beta (b-t)^\alpha\,dt.$$

Aufgabe 3.2.8 Sei $a,b \in \mathbb{R}$, $a < b$, $p \in \mathbb{N}^*$, und V ein $\mathbb{R}$-Banach-Raum. Ferner sei $F \in V[X]$ ein Polynom vom Grad $p+1$, das für $a + (b-a)i/p$, $i = 0,\dots,p$, verschwindet. Ist p gerade, so ist $\int_a^b F(t)\,dt = 0$; ist p ungerade, so ist $\int_a^b F(t)\,dt \ne 0$. Im zweiten Fall haben bei $V = \mathbb{R}$ das Integral und der Leitkoeffizient von F entgegengesetzte Vorzeichen.

Aufgabe 3.2.9 Sei $f\colon [a,b] \to \mathbb{R}$, $a < b$, stetig und ≥ 0, aber $\ne 0$.

a) Es ist $\int_a^b f(t)\,dt > 0$.
b) Mit $M := \|f\|_{[a,b]}$ gilt

$$\int_a^b (t-a)f(t)\,dt \ge \frac{1}{2M}\Big(\int_a^b f(t)\,dt\Big)^2,$$

wobei das Gleichheitszeichen nur gilt, wenn f konstant ist. (Man kann $M = 1$ annehmen.)
c) Sei f sogar > 0 auf ganz $[a,b]$. Dann ist

$$\Big(\int_a^b f(t)\,dt\Big)\Big(\int_a^b \frac{dt}{f(t)}\Big) \ge (b-a)^2,$$

mit dem Gleichheitszeichen wiederum nur bei konstantem f.

(In b) und c) betrachte man die Ableitungen der Integrale nach den oberen Grenzen.)

Aufgabe 3.2.10 Für die stetige Funktion $f\colon [a,b] \to \mathbb{R}$ gelte $\int_a^b f(t)\,dt = 0$. Dann hat f eine Nullstelle in $]a,b[$.

Aufgabe 3.2.11 Man beweise folgendes kontinuierliche Analogon zu [14], Aufg. 3.3.9 a): Ist $f\colon \mathbb{R}_+ \to V$, V $\mathbb{R}$-Banach-Raum, eine stetige Funktion mit $\lim_{t\to\infty} f(t) = u \in V$, so ist

$$\lim_{T\to\infty} \frac{1}{T} \int_0^T f(t)\,dt = u.$$

Ist $V = \mathbb{R}$, so darf u auch $\pm\infty$ sein.

Aufgabe 3.2.12 Sei A eine $\mathbb{R}$-Banach-Algebra und $f\colon [a,b] \to A$ eine stetige Funktion mit $\|f\|_{[a,b]} \le 1$, wobei $\|f(t)\| = 1$ nur an endlich vielen Stellen $t \in [a,b]$ gelte. Dann ist $\lim_{n\to\infty} \int_a^b f^n(t)\,dt = 0$. (Man kann f durch $t \mapsto \|f(t)\|$ ersetzen.)

Aufgabe 3.2.13 Sei $f\colon J \to V$, V $\mathbb{R}$-Banach-Raum, eine stetige Funktion auf dem Intervall $J \subseteq \mathbb{R}$. Ferner seien $g,h\colon I \to J$ differenzierbare Funktionen auf dem Intervall $I \subseteq \mathbb{R}$ mit $g(I), h(I) \subseteq J$. Dann ist die Funktion $I \to V$, $x \longmapsto \int_{g(x)}^{h(x)} f(t)\,dt$, auf I differenzierbar mit der Ableitung $h'(x)f\big(h(x)\big) - g'(x)f\big(g(x)\big)$.

Aufgabe 3.2.14 Sei $a \in \mathbb{R}_+$ und $f\colon [0,a] \to \mathbb{R}_+$ eine stetige Funktion. Für festes $\lambda \in \mathbb{R}_+$ und alle $t \in [0,a]$ sei $f(t) \le f(0) + \lambda \int_0^t f(\tau)\,d\tau$. Dann gilt $f(t) \le f(0)\mathrm{e}^{\lambda t}$ für alle $t \in [0,a]$. (Man betrachte bei $\lambda > 0$ auf dem Intervall $[0,a]$ die differenzierbare Funktion $G(t) := \lambda^{-1}f(0) + \int_0^t f(\tau)\,d\tau$. Wegen $G' \le \lambda G$ ist $G(t) \le G(0)\mathrm{e}^{\lambda t}$ für alle $t \in [0,a]$ nach Aufg. 2.3.12.)

Aufgabe 3.2.15 Man beweise das folgende allgemeine **Lemma von Grönwall**: Sei V ein $\mathbb{R}$-Banach-Raum und $f\colon [a,b] \to V$ eine differenzierbare Funktion mit $\|f'(t)\| \le \lambda\|f(t)\|$ für alle $t \in [a,b]$ und festes $\lambda \in \mathbb{R}_+$. Ist dann $t_0 \in [a,b]$, so ist $\|f(t)\| \le \|f(t_0)\|\mathrm{e}^{\lambda|t-t_0|}$ für alle $t \in [a,b]$. Insbesondere ist $f \equiv 0$, falls f eine Nullstelle in $[a,b]$ hat. (Ohne Einschränkung sei $t_0 = a = 0$ und $b \ge 0$. Für jede Unterteilung $0 = t_0 \le \cdots \le t_m = t$ des Intervalls $[0,t]$, $0 \le t \le b$, gilt dann

$$\|f(t)\| \le \|f(0)\| + \sum_{j=0}^{m-1} \|f(t_{j+1}) - f(t_j)\| \le \|f(0)\| + \sum_{j=0}^{m-1} \|f'(\tau_j)\|(t_{j+1} - t_j)$$

$$\le \|f(0)\| + \lambda \sum_{j=0}^{m-1} \|f(\tau_j)\|(t_{j+1} - t_j)$$

mit Zwischenstellen $\tau_j \in [t_j, t_{j+1}]$, $j = 0,\ldots,m-1$. Unter Verwendung von Beispiel 2.3.12 erhält man $\|f(t)\| \le \|f(0)\| + \lambda \int_0^t \|f(\tau)\|\,d\tau$. Nun benutzt man Aufg. 3.2.14.)

Aufgabe 3.2.16

a) Sei $f(x) = R(x^{\alpha_1}, \ldots, x^{\alpha_n})$, $R \in \mathbb{C}(U_1, \ldots, U_n)$, eine rationale Funktion in den Potenzfunktionen $x^{\alpha_1}, \ldots, x^{\alpha_n}$ mit $\alpha_1, \ldots, \alpha_n \in \mathbb{Q}$. Mit der Substitution $t = u^q$, wobei $q \in \mathbb{N}^*$ ein gemeinsamer Nenner der $\alpha_1, \ldots, \alpha_n$ ist, lässt sich das Integral $\int f(t)\, dt$ in ein Integral über eine rationale Funktion verwandeln.

b) Das Integral $\int S(\sinh t, \cosh t)\, dt$, $R \in \mathbb{C}(U, V)$, über eine rationale Funktion in sinh und cosh lässt sich durch die Substitution $t = 2\,\mathrm{Artanh}\,u$, $u = \tanh(t/2)$ in ein Integral über eine rationale Funktion verwandeln.

c) Jede rationale Funktion $S(\mathrm{e}^x)$, $S \in \mathbb{C}(U)$, in e^x lässt sich elementar integrieren.

Aufgabe 3.2.17 Seien $a, b, c \in \mathbb{R}$, $a \neq 0$, und $n \in \mathbb{N}$, $n \geq 2$.

a) Jede rationale Funktion in x und $\sqrt[n]{ax+b}$ ist elementar integrierbar.

b) Jede rationale Funktion in x und $\sqrt{ax^2 + bx + c}$ ist elementar integrierbar. (Man reduziere auf die Fälle $ax^2 + bx + c = 1 + x^2$, $1 - x^2$ bzw. $x^2 - 1$ und benutze dann die Substitutionen $x = \sinh u$, $x = \cos u$ bzw. $x = \cosh u$.)

Aufgabe 3.2.18 Mit den Bezeichnungen von Beispiel 3.2.6 (4) zeige man

$$\int_{-1}^{1} \sqrt{1 - t^2}^{\,n}\, dt = 2c_{n+1} = 2\int_{0}^{\pi/2} \sin^{n+1} t\, dt.$$

Aufgabe 3.2.19 Für $n \in \mathbb{N}$ sei

$$D_n(x) := \int_{0}^{x} \tan^n t\, dt, \quad |x| < \pi/2.$$

a) Es ist $D_0(x) = x$, $D_1(x) = -\ln\cos x$, $nD_{n+1}(x) = \tan^n x - nD_{n-1}(x)$, $n \geq 1$.

b) Für $d_n := D_n(\pi/4)$ ist $\lim_{n\to\infty} d_n = 0$. (Vgl. auch Aufg. 3.2.12.)

c) Für $m \in \mathbb{N}$ gilt

$$d_{2m} = (-1)^m \left(\frac{\pi}{4} - \sum_{k=0}^{m-1} \frac{(-1)^k}{2k+1} \right), \quad d_{2m+1} = (-1)^m \left(\ln\sqrt{2} + \sum_{k=1}^{m} \frac{(-1)^k}{2k} \right).$$

d) Aus b) und c) folgere man noch einmal

$$\sum_{k=0}^{\infty} \frac{(-1)^k}{2k+1} = \frac{\pi}{4} \quad \text{und} \quad \sum_{k=1}^{\infty} \frac{(-1)^{k-1}}{k} = \ln 2.$$

(Die übersichtlichste Herleitung dieser Gleichungen bleibt aber (vgl. auch Aufg. 3.2.4 b))

$$\frac{\pi}{4} = \int_0^1 \frac{dt}{1+t^2} = \int_0^1 \sum_{k=0}^n (-1)^k t^{2k}\, dt + (-1)^{n+1} \int_0^1 \frac{t^{2(n+1)}\, dt}{1+t^2}$$

$$= \sum_{k=0}^n \frac{(-1)^k}{2k+1} + \frac{(-1)^{n+1}}{2n+3}\theta_n,$$

$$\ln 2 = \int_0^1 \frac{dt}{1+t} = \int_0^1 \sum_{k=0}^n (-1)^k t^k\, dt + (-1)^{n+1} \int_0^1 \frac{t^{n+1}\, dt}{1+t}$$

$$= \sum_{k=0}^n \frac{(-1)^k}{k+1} + \frac{(-1)^{n+1}}{n+2}\vartheta_n \quad \text{mit } 0 < \theta_n,\ \vartheta_n < 1.)$$

Aufgabe 3.2.20 Für $\alpha > 0, n \in \mathbb{N}$ sei

$$L_{\alpha,n}(x) := \int_0^x t^\alpha (\ln t)^n\, dt, \quad x \in \mathbb{R}_+.$$

(Man beachte, dass der Integrand nach 0 stetig fortsetzbar ist.) Für $n \in \mathbb{N}$ gilt:

a) Es ist $L_{\alpha,0}(x) = x^{\alpha+1}/(\alpha+1)$ und

$$L_{\alpha,n+1}(x) = \frac{1}{\alpha+1} x^{\alpha+1}(\ln x)^{n+1} - \frac{n+1}{\alpha+1} L_{\alpha,n}(x).$$

b) Es ist $L_{\alpha,n}(1) = (-1)^n n!/(\alpha+1)^{n+1}$.

Aufgabe 3.2.21
a) Man begründe

$$\int_0^x t^{\pm t}\, dt = \frac{1}{n!} \sum_{n=0}^\infty \int_0^x (\pm t \ln t)^n\, dt, \quad x \in \mathbb{R}_+.$$

b) Mit Aufg. 3.2.20 b) folgere man

$$\int_0^1 t^t\, dt = \sum_{n=1}^\infty \frac{(-1)^{n-1}}{n^n} \quad \text{und} \quad \int_0^1 \frac{dt}{t^t} = \sum_{n=1}^\infty \frac{1}{n^n} \quad \text{(J. Bernoulli 1697)}.$$

Aufgabe 3.2.22 Man gebe die Potenzreihenentwicklungen um 0 an für die Funktionen $\int \ln(1 + t)\, dt/t$, $\int \ln(1 - t)\, dt/t$ und $\int (\arctan t)\, dt/t$ und gewinne damit

$$\int_0^1 \frac{\ln(1 + t)}{t}\, dt = \sum_{n=1}^{\infty} \frac{(-1)^{n-1}}{n^2} = \frac{\pi^2}{12}, \quad \int_0^1 \frac{\ln(1 - t)}{t}\, dt = -\sum_{n=1}^{\infty} \frac{1}{n^2} = -\frac{\pi^2}{6},$$

$$\int_0^1 \frac{\arctan t}{t}\, dt = \sum_{n=0}^{\infty} \frac{(-1)^n}{(2n+1)^2} = 1 - 16 \sum_{m=1}^{\infty} \frac{m}{(16m^2 - 1)^2} =: G.$$

(Der Wert G des dritten Integrals heißt die **Catalansche Konstante**. Man berechne sie bis auf einen Fehler $\leq 10^{-8}$ (mit Hilfe der Eulerschen Summenformel aus Beispiel 3.7.8).)

Aufgabe 3.2.23 Man gebe die Werte von $I_2(1, q)/q = \sum_{n=0}^{\infty}(-1)^n/(qn + 1)$ für $q = 1, \ldots, 6$ explizit an, vgl. Beispiel 3.2.7 und Aufg. 3.2.4 b).

Aufgabe 3.2.24 Die Folge a_n, $n \in \mathbb{N}^*$, entstehe aus der harmonischen Folge $1/n$, $n \in \mathbb{N}^*$, dadurch, dass jeweils p aufeinanderfolgende Glieder mit 1 und die nächsten p Glieder mit -1 multipliziert werden, $p \in \mathbb{N}^*$. Dann ist $\sum a_n$ nach [14], Aufg. 3.6.14 konvergent. Mit Beispiel 3.2.7 bestimme man die Summenwerte dieser Reihen.

Aufgabe 3.2.25 Mit Beispiel 3.2.7 berechne man

$$\sum_{n=0}^{\infty} \frac{(-1)^n}{(2n-1)(2n+1)}, \quad \sum_{n=0}^{\infty} \frac{1}{(3n-1)(3n+1)}, \quad \sum_{n=0}^{\infty} \frac{(-1)^n}{(3n-1)(3n+1)}.$$

Aufgabe 3.2.26 (Zweiter Mittelwertsatz der Integralrechnung) Seien $f, g: [a, b] \to \mathbb{R}$ stetige Funktionen, f sei monoton und es sei $g \geq 0$. Dann gibt es ein $c \in [a, b]$ mit

$$\int_a^b f(t)g(t)\, dt = f(a) \int_a^c g(t)\, dt + f(b) \int_c^b g(t)\, dt.$$

(Indem man zu f eine geeignete Konstante addiert, kann man sich auf den Fall $f \geq 0$ beschränken. Man wende nun den Zwischenwertsatz auf die rechte Seite der Gleichung, aufgefasst als Funktion von c, an. – Übrigens kann man auf die Voraussetzung $g \geq 0$ verzichten. Ist nämlich f stetig differenzierbar und $G(x) := \int_a^x g(t)\, dt$, so liefern partielle Integration und Satz 3.2.2 (4) die Existenz eines $c \in [a, b]$ mit

$$\int_a^b f(t)g(t)\, dt = fG \Big|_a^b - \int_a^b f'(t)G(t)\, dt = f(b)G(b) - G(c)\big(f(b) - f(a)\big)$$

Im allgemeinen Fall approximiert man f gleichmäßig durch monotone stetig differenzierbare Funktionen (vgl. auch Aufg. 1.1.22, was hier gebraucht wird, ist aber viel einfacher). Zu direkteren Beweisen des zweiten Mittelwertsatzes (bei denen die partielle Integration durch Abelsche partielle Summation ersetzt wird) verweisen wir auf die Literatur, etwa auf Strubecker, K., Einführung in die höhere Mathematik, Bd. III, München-Wien 1980.)

Aufgabe 3.2.27 Für positive Zahlen a, b und jede komplexe Zahl z mit $x := \Re z \neq 0$ gilt

$$|b^z - a^z| \leq \left|\frac{z}{x}\right| |b^x - a^x|.$$

(Auf $b^z - a^z = z \int_{\ln a}^{\ln b} e^{zt}\, dt$ wende man Satz 3.2.3 an. – Vgl. auch Aufg. 1.4.14 b).)

Aufgabe 3.2.28 Seien $a, z \in \mathbb{C}$ mit $|a| > |z|$.

a) Es ist

$$\left(1 + \frac{z}{a}\right)^a - e^z = e^z(e^w - 1) \quad \text{mit} \quad w := -z^2 \int_0^1 \frac{t\, dt}{a + zt}.$$

b) Für die Zahl w aus a) gilt $|w| \leq |z|^2/2(|a| - |z|)$.
c) Mit Aufg. 1.4.11 folgere man

$$\left|\left(1 + \frac{z}{a}\right)^a - e^z\right| \leq |e^z|\left(\exp\left(\frac{|z|^2}{2(|a| - |z|)}\right) - 1\right).$$

(Diese Abschätzung lässt sich nicht wesentlich verbessern. Sie zeigt unter anderem, dass $\left(1 + (z/n)\right)^n$, $n \in \mathbb{N}^*$, relativ schlecht gegen e^z konvergiert. – Man kann übrigens auch folgendermaßen zu einer Abschätzung gelangen: Für $z \neq 0$ und $t := z/a$ ist

$$\left(1 + \frac{z}{a}\right)^a - e^z = e^z\left(\exp\left(z\left(\frac{\ln(1 + t)}{t} - 1\right)\right) - 1\right)$$

Ist z/a reell, so gibt es nach dem Mittelwertsatz ein $t_0 = z_0/a$ zwischen 0 und t mit

$$\frac{\ln(1 + t)}{t} - 1 = \frac{1}{1 + t_0} - 1 = \frac{-z_0}{z_0 + a}.$$

Im Komplexen hat man nur die Abschätzung

$$\left|\frac{\ln(1 + t)}{t} - 1\right| \leq \left|\frac{1}{1 + t_0} - 1\right| = \frac{|z_0|}{|z_0 + a|},$$

wobei z_0 eine Zahl auf der Verbindungsstrecke von 0 nach z ist, vgl. Aufg. 2.3.24. – Siehe auch Aufg. 2.2.7 b).)

Aufgabe 3.2.29 Seien $f, g : [a, b] \to V$ stetige Funktionen mit Werten in einem $\mathbb{R}$-Banach-Raum V und $m \in \mathbb{N}$. Gilt $\int_a^b f(t) h(t) \, dt = \int_a^b g(t) h(t) \, dt$ für alle Polynomfunktionen $h \in \mathbb{R}[x]$, die in den Punkten a und b Nullstellen einer Ordnung $\geq m$ haben, so ist $f = g$. (Man verwende das Fundamentallemma der Variationsrechnung 3.2.13 und approximiere für eine C^∞-Funktion $h : [a, b] \to \mathbb{R}$, die in a und b platt ist, die (in a und b ebenfalls platte) C^∞-Funktion $h \big/ \big((x - a)(x - b)\big)^m$ mit dem Weierstraßschen Approximationssatz auf $[a, b]$ gleichmäßig durch Polynomfunktionen.)

Aufgabe 3.2.30 Man zeige, dass es genügt, Satz 3.2.12 für kompakte Mengen in $\mathbb{R}$ zu beweisen, indem man statt einer beliebigen abgeschlossenen Menge $A \subseteq \mathbb{R}$ die Menge $A' := \overline{f(A)}$ betrachtet. Dabei bezeichnet $f : \mathbb{R} \to \,]{-}1, 1[$ die analytische Funktion $x \mapsto x / \sqrt{1 + x^2}$ mit der analytischen Umkehrfunktion $y \mapsto y / \sqrt{1 - y^2}$ (oder eine ähnliche Funktion, z. B. $x \mapsto (2/\pi) \arctan x$).

3.3 Hauptsatz der Differenzial- und Integralrechnung

Eine wichtige und sehr anschauliche Interpretation des bestimmten Integrals reellwertiger Funktionen wird durch den Flächeninhalt von Teilmengen in $\mathbb{R}^2$ gegeben. Auf Flächeninhalte und allgemeiner Volumina gehen wir erst in Bd. 6 im Rahmen der Maßtheorie ausführlicher ein. Hier benutzen wir nur die folgenden einfachen und naheliegenden Eigenschaften von Volumina. Der $\mathbb{R}^n$ trage stets die natürliche Topologie, die durch jede Norm (deren Werte alle endlich sind) gegeben wird, z. B. durch die euklidische Norm $\|(x_1, \ldots, x_n)\| = \|(x_1, \ldots, x_n)\|_2 = (x_1^2 + \cdots + x_n^2)^{1/2}$.

(1) Jede kompakte Menge $A \subseteq \mathbb{R}^n$ besitzt ein Volumen $\lambda^n(A) \in \mathbb{R}_+$.

(2) Sind $A, B \subseteq \mathbb{R}^n$ kompakt mit $A \subseteq B$, so ist $\lambda^n(A) \leq \lambda^n(B)$.

(3) Sind $A, B \subseteq \mathbb{R}^n$ kompakt mit $\lambda^n(A \cap B) = 0$, so ist $\lambda^n(A \cup B) = \lambda^n(A) + \lambda^n(B)$.

(4) Sind $A \subseteq \mathbb{R}^n$ und $B \subseteq \mathbb{R}^m$ kompakt, so ist $\lambda^{n+m}(A \times B) = \lambda^n(A) \cdot \lambda^m(B)$.

(5) Für jedes Intervall $[a, b] \subseteq \mathbb{R}$, $a \leq b$, ist $\lambda^1\big([a, b]\big) = b - a$.

Außerdem ist λ^n **translationsinvariant** (was im Beweis von Satz 3.3.1 allerdings nicht verwandt wird):

(6) Für jede kompakte Menge $A \subseteq \mathbb{R}^n$ und jedes $x \in \mathbb{R}^n$ gilt $\lambda^n(x + A) = \lambda^n(A)$.

Diese Volumenfunktionen λ^n werden seit der Antike benutzt. Streng begründet wurden sie aber erst von É. Borel (1871–1956) und H. Lebesgue (1875–1941). In $\mathbb{R} = \mathbb{R}^1$ spricht man von Längen und im $\mathbb{R}^2$ von Flächen(inhalten). Die leere Menge hat stets den Inhalt 0 und $\mathbb{R}^0$ hat den Inhalt 1. Jeder Quader $[a_1, b_1] \times \cdots \times [a_n, b_n]$, $a_i \leq b_i$, $i = 1, \ldots, n$, hat (nach (4) und (5)) das Volumen $(b_1 - a_1) \cdots (b_n - a_n)$.

Abb. 3.3 Die Menge
$G(f;a,b)$

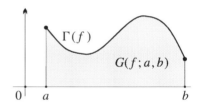

Sei nun $f:[a,b] \to \mathbb{R}$, $a \leq b$, eine stetige Funktion mit $f \geq 0$. *Dann ist die Menge*

$$G(f;a,b) := \{(x,y) \in \mathbb{R}^2 \mid a \leq x \leq b,\ 0 \leq y \leq f(x)\} \subseteq \mathbb{R}^2$$

kompakt (siehe Abb. 3.3). *Beweis* Da f beschränkt ist, ist auch $G(f;a,b)$ beschränkt. Um die Abgeschlossenheit von $G(f;a,b)$ zu zeigen, betrachten wir eine konvergente Folge (x_n, y_n), $n \in \mathbb{N}$, in $G(f;a,b)$. Dann ist $x := \lim x_n \in [a,b]$ und somit $0 \leq y := \lim y_n \leq \lim f(x_n) = f(x)$, also $\lim(x_n, y_n) = (x,y) \in G(f;a,b)$. $\square$

Wir setzen

$$\lambda^2(f;a,b) := \lambda^2(G(f;a,b)).$$

Da $G(f;a,b)$ im Rechteck $[a,b] \times [0, \|f\|_{[a,b]}]$ liegt, ist $\lambda^2(f;a,b) \leq (b-a)\|f\|_{[a,b]}$. Genauer gilt:

Satz 3.3.1 (Hauptsatz der Differenzial- und Integralrechnung) *Sei* $f:[a,b] \to \mathbb{R}$, $a \leq b$, *eine stetige Funktion mit* $f \geq 0$. *Dann ist*

$$\int_a^b f(t)\,dt = \lambda^2(f;a,b).$$

Beweis Es ist $G(f;a,a) = \{a\} \times [0, f(a)]$ und somit $\lambda^2(f;a,a) = 0$. Daher genügt es zu zeigen, dass $F(x) := \lambda^2(f;a,x)$ eine Stammfunktion zu f ist. Für x,y mit $a \leq x < y \leq b$ sei $m(x,y)$ das Minimum und $M(x,y)$ das Maximum von f auf $[x,y]$. Wegen

$$[x,y] \times [0, m(x,y)] \subseteq G(f;x,y) \subseteq [x,y] \times [0, M(x,y)]$$

ist $(y-x) \cdot m(x,y) \leq \lambda^2(f;x,y) \leq (y-x) \cdot M(x,y)$. Nach dem Zwischenwertsatz ist daher $\lambda^2(f;x,y) = (y-x)f(c)$ mit einem c zwischen x und y. Ferner folgt aus (3)

$$F(y) - F(x) = \lambda^2(f;a,y) - \lambda^2(f;a,x) = \lambda^2(f;x,y),$$

da $G(f;a,x) \cap G(f;x,y)$ den Flächeninhalt 0 hat. Für beliebige $x,y \in [a,b]$ mit $x \neq y$ gibt es insgesamt jeweils ein c zwischen x und y mit

$$\frac{F(y) - F(x)}{y - x} = \frac{F(x) - F(y)}{x - y} = f(c).$$

Es folgt $\lim_{y \to x}\big(F(y) - F(x)\big)/(y-x) = f(x)$ wegen der Stetigkeit von f. $\square$

Abb. 3.4 Integral über den positiven und den negativen Teil einer Funktion f

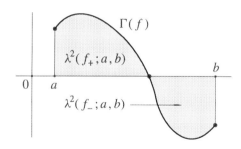

Für eine stetige Funktion $f : [a, b] \to \mathbb{R}$ mit $f \leq 0$ ist $-f \geq 0$ und somit

$$\int_a^b f(t)\, dt = -\int_a^b (-f)(t)\, dt = -\lambda^2(-f; a, b).$$

Analog zu Satz 3.3.1 zeigt man ferner, dass $-\int_a^b f(t)\, dt$ der Flächeninhalt von

$$\left\{ (x, y) \in \mathbb{R}^2 \mid a \leq x \leq b,\ f(x) \leq y \leq 0 \right\}$$

ist. Ist $f : [a, b] \to \mathbb{R}$ eine beliebige stetige Funktion, so setzen wir

$$f_+(x) := \mathrm{Max}\left(f(x), 0 \right), \quad f_-(x) := \mathrm{Max}\left(-f(x), 0 \right).$$

Dann sind f_+ und f_- ebenfalls stetig, und es gilt $f_+ \geq 0$, $f_- \geq 0$, $f = f_+ - f_-$. Es folgt

$$\int_a^b f(t)\, dt = \int_a^b f_+(t)\, dt - \int_a^b f_-(t)\, dt = \lambda^2(f_+; a, b) - \lambda^2(f_-; a, b),$$

vgl. Abb. 3.4. f_+ heißt der **positive Teil** und f_- der **negative Teil** von f.

Beispiel 3.3.2 Nach Beispiel 3.2.6 (6) und Satz 3.3.1 ist der Flächeninhalt des Halbkreises gleich $\lambda^2 F(\sqrt{1 - x^2}; -1, 1) = \int_{-1}^1 \sqrt{1 - t^2}\, dt = \pi/2$. Der Einheitskreis hat demnach, wie schon mehrfach benutzt, den Flächeninhalt π (was die antike Definition von π ist). $\diamond$

Wir wollen Satz 3.3.1 auf höhere Dimensionen erweitern. Es handelt sich um einen Spezialfall des sehr viel allgemeineren Satzes von Cavalieri, vgl. Bd. 6. Seien $I = [a, b]$, $a \leq b$, ein kompaktes Intervall und $M \subseteq I \times \mathbb{R}^n \subseteq \mathbb{R}^{n+1}$ eine kompakte Menge. Für jedes $t \in I$ ist dann auch die Menge

$$M(t) := \{ x \in \mathbb{R}^n \mid (t, x) \in M \} \subseteq \mathbb{R}^n$$

kompakt, vgl. Abb. 3.5.

Abb. 3.5 Situation des Prin-
zips von Cavalieri

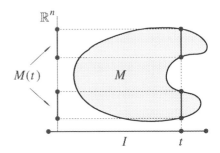

Folgende Bedingung sei erfüllt: Zu jedem $t_0 \in I$ und jedem $\varepsilon > 0$ gibt es ein $\delta > 0$ und
kompakte Mengen $M', M'' \subseteq \mathbb{R}^n$ mit $M' \subseteq M''$ und $\lambda^n(M'') \leq \lambda^n(M') + \varepsilon$ sowie mit
$M' \subseteq M(t) \subseteq M''$ für alle $t \in I$, $|t - t_0| \leq \delta$. Aus dieser Bedingung folgt sofort die
Stetigkeit der Funktion $t \mapsto \lambda^n\big(M(t)\big)$ auf I. Es gilt nun folgende Verallgemeinerung von
Satz 3.3.1:

Satz 3.3.3 *Unter den angegebenen Voraussetzungen an M ist*

$$\lambda^{n+1}(M) = \int\limits_a^b \lambda^n\big(M(t)\big)\, dt.$$

Beweis Wir gehen ähnlich vor wie beim Beweis von Satz 3.3.1. Für $t \in I$ sei $F(t) :=$
$\lambda^{n+1}\big(M \cap ([a, t] \times \mathbb{R}^n)\big) \in \mathbb{R}_+$. Wir haben zu zeigen, dass F eine Stammfunktion zu $t \mapsto$
$\lambda^n\big(M(t)\big)$ ist. Für $t_1, t_2 \in I$ mit $t_1 < t_2$ ist aber $F(t_2) = F(t_1) + \lambda^{n+1}\big(M \cap ([t_1, t_2] \times \mathbb{R}^n)\big)$.
Sind M' und M'' kompakte Mengen in $\mathbb{R}^n$ mit $M' \subseteq M(t) \subseteq M''$ für $t \in [t_1, t_2]$, so haben
wir $[t_1, t_2] \times M' \subseteq M \cap \big([t_1, t_2] \times \mathbb{R}^n\big) \subseteq [t_1, t_2] \times M''$, also

$$\lambda^n(M') \leq \frac{F(t_2) - F(t_1)}{t_2 - t_1} \leq \lambda^n(M'').$$

Daraus ergibt sich mit obiger Bedingung an M sofort, dass $F'(t) = \lambda^n\big(M(t)\big)$ für alle
$t \in I = [a, b]$ gilt. $\square$

Ist im soeben bewiesenen Satz 3.3.3 $h := b - a$ die Länge des Intervalls I und ist die
Funktion $\lambda^n\big(M(t)\big)$ eine Polynomfunktion vom Grad ≤ 3, so gilt nach Aufg. 3.2.3 b)

$$V := \lambda^{n+1}(M) = \frac{h}{6}\big(F_0 + 4F_{h/2} + F_h\big) \quad \text{mit}$$

$$F_0 := \lambda^n(M(a)), \quad F_{h/2} := \lambda^n\big(M\big(\tfrac{1}{2}(a + b)\big)\big), \quad F_h := \lambda^n(M(b)).$$

Man benutzt die rechte Seite dieser Gleichung auch in allgemeineren Situationen als Näherung für das Volumen $V = \lambda^{n+1}(M)$ und spricht dann von der **Keplerschen Fassregel**:

Abb. 3.6 Keplersche Fassregel

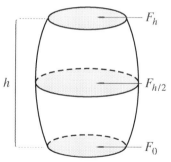

Abb. 3.7 Berechnung des Kugelvolumens

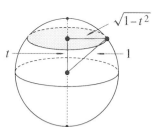

h ist die Höhe des Fasses, F_0 das Volumen des Bodens, $F_{h/2}$ das Volumen des mittleren Querschnitts und F_h das Volumen des Deckels, vgl. Abb. 3.6.[3]

Es ist eines der Hauptanliegen der Integrationstheorie, den Integralbegriff so zu erweitern, dass die Formel in Satz 3.3.3 ohne jede weitere Voraussetzung über die (messbare) Menge $M \subseteq I \times \mathbb{R}^n$ gilt.

Beispiel 3.3.4 (Kugelvolumen – Sphärenvolumen) Wir wollen Satz 3.3.3 benutzen, um die Volumina der Einheitskugeln $\overline{B}^n := \overline{B}(0; 1) = \{x \in \mathbb{R}^n \mid \|x\| \leq 1\}$ im $\mathbb{R}^n$ zu bestimmen ($\|-\| = \|-\|_2$ ist die euklidische Standardnorm). Wir setzen

$$\omega_n := \lambda^n(\overline{B}^n).$$

Das Volumen einer Kugel mit dem Radius r ist dann $\omega_n r^n$. Wir kennen schon $\omega_0 = 1$, $\omega_1 = 2$ und $\omega_2 = \pi$, vgl. Beispiel 3.3.2. Für $n = 3$ ergibt die Keplersche Fassregel die Formel

$$\omega_3 = \frac{2}{6}(0 + 4\omega_2 + 0) = \frac{4\pi}{3}$$

von Archimedes, da die Fläche $\lambda^2\big((\{t\} \times \mathbb{R}^2) \cap \overline{B}^3\big) = \pi(1 - t^2)$, $-1 \leq t \leq 1$, ein Polynom vom Grad 2 (≤ 3) in t ist, vgl. Abb. 3.7.

---

[3] Nach eigenem Bericht entwickelte J. Kepler (1571–1630) seine Fassregel, als es darum ging, anlässlich der Festlichkeiten zu seiner Wiedervermählung im Jahr 1613 in Linz an der Donau das Volumen der Weinfässer in seinem Keller zu bestimmen. Diese Geschichte mag den Praxisbezug der Mathematik illustrieren.

Entfernt man aus der Kugel $\overline{B}(0; r) \subseteq \mathbb{R}^3$ vom Radius r einen zentralen zylindrischen Kern vom Radius $\rho \le r$, so erhält man einen Armreif der Breite $b \ (= h) = 2\sqrt{r^2 - \rho^2}$. Sein Volumen ist, wiederum nach der Keplerschen Fassregel, $b \cdot (0 + 4\pi(r^2 - \rho^2) + 0)/6 = \pi b^3/6$, woran vielleicht bemerkenswert ist, dass es nur von b abhängt, also stets gleich dem Volumen einer Kugel mit Durchmesser b ist ($\rho = 0$).

Satz 3.3.3 liefert allgemein für $n \in \mathbb{N}$ die Rekursion

$$\omega_{n+1} = \int_{-1}^{1} \lambda^n \left(\overline{B}_{\mathbb{R}^n}\left(0; \sqrt{1 - t^2} \right) \right) dt = \omega_n \int_{-1}^{1} \left(\sqrt{1 - t^2} \right)^n dt, \text{ also } \omega_n = 2^n c_1 \cdots c_n \text{ mit}$$

$$c_k := \frac{1}{2} \int_{-1}^{1} \left(\sqrt{1 - t^2} \right)^{k-1} dt = \begin{cases} \dfrac{\pi}{2} \cdot \dfrac{1}{4^m} \dbinom{2m}{m}, & \text{falls } k = 2m \text{ gerade,} \\[3mm] \dfrac{4^m}{2m+1} \Big/ \dbinom{2m}{m}, & \text{falls } k = 2m+1 \text{ ungerade,} \end{cases}$$

vgl. Beispiel 3.2.6 (4). Es folgt

$$\omega_n = \begin{cases} 2^{m+1} \pi^m / 1 \cdot 3 \cdots (2m+1), & \text{falls } n = 2m+1 \text{ ungerade,} \\ \pi^m / m!, & \text{falls } n = 2m \text{ gerade.} \end{cases}$$

Mit der Γ-Funktion, vgl. Abschn. 3.5, erhält man die leicht merkbare Formel

$$\omega_n = \frac{\pi^{n/2}}{\Gamma(\frac{n}{2} + 1)} = \frac{\pi^{n/2}}{(n/2)!} \sim \frac{1}{\sqrt{\pi n}} \left(\frac{2\pi e}{n} \right)^{n/2}, \quad n \in \mathbb{N}.$$

(vgl. Satz 3.5.1), wobei zur asymptotischen Darstellung für $n \to \infty$ die Stirlingsche Formel aus Beispiel 3.8.2 benutzt wurde. ω_n konvergiert somit für $n \to \infty$ rapide gegen 0. Noch extremer gilt dies für den Quotienten $\omega_n / 2^n$ aus dem Volumen der Einheitskugel $\overline{B}^n = \overline{B}_{\mathbb{R}^n}(0; 1)$ und dem Volumen des umschließenden Würfels $[-1, 1]^n$. Mit wachsender Dimension füllen die Kugeln den Raum also immer schlechter aus.[4]

Akzeptiert man (oder betrachtet es als Definition), dass das Volumen $\omega_n((r + \Delta r)^n - r^n)$ der Kugelschale $\overline{B}(0; r + \Delta r) - B(0; r) \subseteq \mathbb{R}^n$, dividiert durch deren Dicke $\Delta r > 0$, für $\Delta r \to 0$ gegen das Volumen der $(n-1)$-dimensionalen euklidischen Sphäre $S_{\mathbb{R}^n}(0; r) \subseteq \mathbb{R}^n$ konvergiert, so erhält man für dieses die Formel

$$\lim_{\Delta r \to 0+} \frac{\omega_n((r + \Delta r)^n - r^n)}{\Delta r} = \Omega_{n-1} r^{n-1} \quad \text{mit} \quad \Omega_{n-1} := n\omega_n = \frac{2\pi^{n/2}}{\Gamma(n/2)}, \quad n \ge 1,$$

vgl. auch Bd. 7. Der Quotient $\Omega_n / \omega_n = (n+1)\omega_{n+1}/\omega_n = 2(n+1)c_{n+1} \sim \sqrt{2\pi n}$, der für $n = 1$ (wenn man will, definitionsgemäß) gleich π ist, wächst somit für $n \to \infty$

---

[4] Für welches $x_0 \in \mathbb{R}_+$ hat die Funktion $x \mapsto \pi^x / x!$ ihr Maximum und wie groß ist dieses? Vgl. Abschn. 3.5.

über alle Grenzen, was man so interpretieren kann, dass sich das Volumen einer Kugel mit wachsender Dimension immer mehr nach außen verlagert. Für gerades n ist $\Omega_n/\omega_n \in \mathbb{Q}_+^\times$, z. B. $\Omega_2 = 4\omega_2 \, (= 4\pi)$. $\diamond$

Auch die Berechnung von Kurvenlängen führt auf bestimmte Integrale. Wir erinnern an die Definition der Länge L eines Weges γ in einem $\mathbb{R}$-Banach-Raum V, d. h. einer *stetigen* Funktion $\gamma \colon [a,b] \to V$: Es ist $L(\gamma) = L_a^b(\gamma) \in \overline{\mathbb{R}}_+$ das Supremum der Längen $\sum_{j=0}^{m-1} \|\gamma(t_{j+1}) - \gamma(t_j)\|$ der Streckenzüge $[\gamma(t_0), \dots, \gamma(t_m)]$, wobei $a = t_0 \le t_1 \le \cdots \le t_m = b$ alle Unterteilungen des Intervalls $[a,b]$ durchläuft, vgl. [14], Beispiel 4.3.12. γ heißt rektifizierbar, wenn $L(\gamma) < \infty$ ist. Die Rektifizierbarkeit von γ ist unabhängig von der Wahl einer Norm aus einer Klasse äquivalenter Normen, die Länge von γ hängt aber von dieser Wahl ab. Insbesondere ist die Rektifizierbarkeit eines Weges in einem endlichdimensionalen Banach-Raum unabhängig von der Wahl der Norm. Die Länge eines Weges im $\mathbb{R}^n$, $n \in \mathbb{N}$, ist immer, falls nichts anderes gesagt wird, die Länge bzgl. der euklidischen Standardnorm des $\mathbb{R}^n$.

Zeigt der Tachometer eines Fahrzeugs die konstante Schnelligkeit s, so legt es in der Zeitspanne t einen Weg der Länge st zurück. Dies ist ein Spezialfall des folgenden Satzes:

Satz 3.3.5 *Sei $\gamma \colon [a,b] \to V$, $a \le b$, ein stetig (oder ein stückweise stetig) differenzierbarer Weg im Banach-Raum V. Dann ist*

$$L_a^b(\gamma) = \int_a^b \|\gamma'(t)\| \, dt.$$

Insbesondere ist γ rektifizierbar und $L_a^b(\gamma) \le \|\gamma'\|_{[a,b]}(b-a)$.

Beweis Wir zeigen zunächst, dass γ rektifizierbar ist, und gewinnen dabei auch die zuletzt angegebene Ungleichung. Für jede Unterteilung $a = t_0 \le t_1 \le \cdots \le t_m = b$ ist nämlich auf Grund des Mittelwertsatzes 2.3.7

$$\sum_{j=0}^{m-1} \|\gamma(t_{j+1}) - \gamma(t_j)\| \le \sum_{j=0}^{m-1} \|\gamma'(\tau_j)\|(t_{j+1} - t_i) \le \|\gamma'\|_{[a,b]}(b-a)$$

mit Zwischenstellen $\tau_j \in [t_j, t_{j+1}]$, $j = 0, \dots, n$. Wegen $L_a^a(\gamma) = 0$ genügt es zu zeigen, dass die Funktion $[a,b] \to V$, $x \mapsto L_a^x(\gamma)$, eine Stammfunktion zu $\|\gamma'(t)\|$ ist. Für $a \le x < y \le b$ gilt aber nach Definition der Länge bzw. wegen der gerade gewonnenen Abschätzung

$$\left\| \frac{\gamma(y) - \gamma(x)}{y - x} \right\| \le \frac{L_x^y(\gamma)}{y - x} = \frac{L_a^y(\gamma) - L_a^x(\gamma)}{y - x} \le \|\gamma'\|_{[x,y]}.$$

Für $y \to x$ konvergieren aber sowohl der Ausdruck ganz links als auch (wegen der Stetigkeit von γ') der Ausdruck ganz rechts gegen $\|\gamma'(x)\|$. $\qquad\square$

Der stetig differenzierbare Weg $\gamma : [a, b] \to V$ ist also genau dann bogenparametrisiert, vgl. [14], Beispiel 4.3.12, wenn seine Schnelligkeit $\|\gamma'\|$ konstant gleich 1 ist. Ist $\gamma : [a, b] \to V$ ein beliebiger stetig differenzierbarer Weg mit $\gamma'(t) \neq 0$ für alle $t \in [a, b]$,[5] so ist die Längenfunktion $[a, b] \to [0, L(\gamma)]$, $x \mapsto L_a^x(\gamma)$, bijektiv und stetig differenzierbar mit Ableitung $\|\gamma'\|$. Mit ihrer Umkehrabbildung $\varphi : [0, L(\gamma)] \to [a, b]$ erhält man die bogenparametrisierte stetig differenzierbare Kurve $\gamma \circ \varphi : [0, L(\gamma)] \to V$. – Für einen (stückweise) stetig differenzierbaren Weg $\gamma : [a, b] \to \mathbb{R}^n$, $t \mapsto (\gamma_1(t), \dots, \gamma_n(t))$, ist

$$L_a^b(\gamma) = \int_a^b \Big(\sum_{i=1}^n \gamma_i'(t)^2 \Big)^{1/2} dt.$$

Bei $n = 2$ ergibt sich nach Identifikation von $\mathbb{R}^2$ mit $\mathbb{C}$ die Gleichung $L_a^b(\gamma) = \int_a^b |\gamma'(t)|\, dt$. So ist $[0, 2\pi r] \to \mathbb{C}$, $t \mapsto re^{it/r}$, eine Bogenparametrisierung des Kreises $S_{\mathbb{C}}(0; r)$ um 0 mit Radius $r > 0$, der daher die Länge $2\pi r$ hat. Man bekommt diese Parametrisierung auch direkt: Sei $\gamma : [0, L] \to \mathbb{C}$ eine stetig differenzierbare Bogenparametrisierung von $S(0; r)$ mit $\gamma(0) = r$. Dann ist $\gamma \overline{\gamma} \equiv r^2$ und $\gamma' \overline{\gamma'} \equiv 1$. Aus der ersten Gleichung folgt $\gamma' \overline{\gamma} = -\gamma \overline{\gamma'}$, also $\gamma'/\gamma = -\overline{\gamma'}/\overline{\gamma} = -\overline{\gamma'/\gamma}$. Daher ist γ'/γ reinimaginär, $\gamma' = i\varphi\gamma$ mit stetigem $\varphi : [0, L] \to \mathbb{R}$. Aus $|\gamma| \equiv r$, $|\gamma'| \equiv 1$ folgt $|\varphi| \equiv 1/r$, d. h. $\varphi \equiv 1/r$ oder $\varphi \equiv -1/r$. Daher ist $\gamma(t) \equiv re^{it/r}$ oder $\gamma(t) \equiv re^{-it/r}$. $L = L(\gamma)$ ist somit die kleinste positive Zahl mit $e^{iL/r} = 1$ bzw. L/r das kleinste $\omega \in \mathbb{R}_+^\times$ mit $e^{i\omega} = 1$. Diese Zahl haben wir schon in Definition 1.4.9 mit 2π bezeichnet. Zu Bogenlängen von Ellipsen verweisen wir auf Abschn. 3.6.

Sind die γ_i, $i = 1, \dots, n$, Polynomfunktionen oder auch nur rationale Funktionen, so ist der Integrand in obigem Integral für $L_a^b(\gamma)$ eine Quadratwurzel aus einer rationalen Funktion. Solche Integrale heißen generell **hyperelliptische Integrale**. Die mit ihnen definierten Funktionen gehören zu den bestuntersuchten Funktionen der Mathematik, insbesondere auch im Fall komplexer Polynome und komplexer rationaler Funktionen. Einen Spezialfall bilden die in Abschn. 3.6 behandelten elliptischen Integrale und Funktionen.

Bemerkung 3.3.6 (Riemann-Integrierbarkeit) Sei $f : [a, b] \to V$, $a \leq b$, eine Funktion mit Werten in einem $\mathbb{R}$-Banach-Raum V. Wir erinnern daran, dass eine Summe der Form

$$\sum_{j=0}^{m-1} f(\tau_j)(t_{j+1} - t_j),$$

wobei $a = t_0 \leq t_1 \leq \dots \leq t_m = b$ eine Unterteilung des Intervalls $[a, b]$ ist und τ_j beliebige Punkte in $[t_j, t_{j+1}]$ sind, $j = 0, \dots, m - 1$, ist, eine Riemannsche Summe von f ist. Bereits in Beispiel 2.3.12 haben wir bemerkt, dass, *falls f stetig ist*, für jede Folge von Unterteilungen, deren Feinheiten Max $(t_{j+1} - t_j, j = 0, \dots, m - 1)$ gegen

---

[5] Man spricht dann von einer **regulären** C^1-**Kurve**.

Abb. 3.8 Untersumme und
Obersumme der Funktion
$f : [a,b] \to \mathbb{R}$

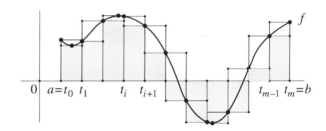

0 konvergieren, alle zugehörigen Riemannschen Summen gegen das Integral $\int_a^b f(t)\, dt$
konvergieren. Dies motiviert den folgenden allgemeineren Integrierbarkeitsbegriff: Eine
beliebige Funktion $f : [a,b] \to V$ heißt **Riemann-integrierbar**, wenn sie beschränkt ist
und für jede Folge von Unterteilungen, deren Feinheiten gegen 0 konvergieren, alle zugehörigen Riemannschen Summen konvergieren. Der Grenzwert ist dann immer derselbe,
nämlich definitionsgemäß das (bestimmte) Integral

$$\int\limits_a^b f(t)\, dt.$$

Man spricht auch vom **Riemann-Integral** von f über $[a,b]$, obwohl bereits Cauchy
und Gauß ähnliche Definitionen für ein bestimmtes Integral gegeben haben.[6] Nach einer Bemerkung von Darboux lässt sich die Riemann-Integrierbarkeit einer beschränkten
reell-wertigen Funktion $f : [a,b] \to \mathbb{R}$ folgendermaßen charakterisieren: Man betrachtet
zu den Unterteilungen $a = t_0 \le t_1 \le \cdots \le t_m = b$ von $[a,b]$ sogenannte **Untersummen**
bzw. **Obersummen**

$$\sum_{j=0}^{m-1} m_j (t_{j+1} - t_j) \quad \text{bzw.} \quad \sum_{j=0}^{m-1} M_j (t_{j+1} - t_j) \quad \text{mit } m_j \le f \le M_j \text{ auf } [t_j, t_{j+1}].$$

Abb. 3.8 skizziert die größte Untersumme bzw. die kleinste Obersumme zu der betrachteten Unterteilung. Das Supremum aller Untersummen von f heißt das **Unterintegral**
$\mathrm{U}_a^b(f)$ und das Infimum aller Obersummen das **Oberintegral** $\mathrm{O}_a^b(f)$. Stets gilt $\mathrm{U}_a^b(f) \le$
$\mathrm{O}_a^b(f)$, und offensichtlich *ist f genau dann Riemann-integrierbar, wenn $\mathrm{U}_a^b(f) = \mathrm{O}_a^b(f)$*
ist. Man spricht daher statt vom Riemann-Integral auch vom **Darboux-Integral**. Übri-
gens zeigt man leicht, dass bei *stetigem* $f : [a,b] \to \mathbb{R}$ sowohl $x \mapsto \mathrm{U}_a^x(f)$ als auch
$x \mapsto \mathrm{O}_a^x(f)$ Stammfunktionen von f sind und daher übereinstimmen. Dies beweist noch
einmal für reellwertige Funktionen den Hauptsatz 3.3.1.[7]

---

[6] Schon Newton hat 1686 (oder früher) bewiesen, dass jede monotone Funktion $[a,b] \to \mathbb{R}$
Riemann-integrierbar ist, vgl. 1. Buch, Abschnitt I, § 2 in Newton, I.: Philosophiae Naturalis Prin-
cipia Mathematica, London 1687 (Deutsche Ausgabe 1872, Nachdruck Darmstadt 1963).
[7] Bei beliebigem Riemann-integrierbaren f ist $x \mapsto \mathrm{U}_a^b(x)$ in der Regel keine Stammfunktion zu f.

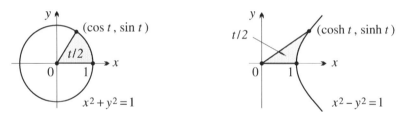

Abb. 3.9 Fläche des Einheitskreissektors und des Einheitshyperbelsektors zum Parameter t

Wir verfolgen das Riemann-Integral nicht weiter, da es sich als Sackgasse erwiesen hat. Statt dessen führen wir in Bd. 6 das **Lebesgue-Integral** ein, das sowohl technisch einfacher als auch umfassender ist.[8]   ◇

Aufgaben

Aufgabe 3.3.1 Seien $f, g: [a, b] \to \mathbb{R}$ stetige Funktionen, $a < b$. Es sei $f \le g$. Dann ist der Flächeninhalt der (kompakten) Menge $\{(x, y) \in \mathbb{R}^2 \mid a \le x \le b,\ f(x) \le y \le g(x)\}$ gleich dem Integral $\int_a^b \big(g(t) - f(t)\big)\, dt$.

Aufgabe 3.3.2 Man bestimme den Flächeninhalt der folgenden beiden Mengen im $\mathbb{R}^2$:

$$\{(x, y) \in \mathbb{R}^2 \mid 0 \le x \le 1,\ y^2 \le x^2(1 - x)\};$$
$$\{(x, y) \in \mathbb{R}^2 \mid 0 \le x \le b,\ |y| \le x\mathrm{e}^{-x}\},\ b \in \mathbb{R}_+.$$

Aufgabe 3.3.3
a) Der Flächeninhalt des links in Abb. 3.9 skizzierten Einheitskreissektors mit dem Öffnungswinkel t ist $t/2$, $0 \le t \le 2\pi$.
b) Der Flächeninhalt des rechts in Abb. 3.9 skizzierten Einheitshyperbelsektors zum Parameter t ist $t/2$, $0 \le t$.
c) Seien $a_1, \ldots, a_n \in \mathbb{R}_+^\times$, $n \in \mathbb{N}^*$. Das Volumen des **Ellipsoids**

$$\{(x_1, \ldots, x_n)) \in \mathbb{R}^n \mid (x_1/a_1)^2 + \cdots + (x_n/a_n)^2 \le 1\}$$

mit Halbachsenlängen $a_1, \ldots, a_n$ ist $\omega_n a_1 \cdots a_n$. (Vgl. Beispiel 3.3.4.)

Aufgabe 3.3.4 Man beweise die folgende Version der **(ersten) Guldinschen Regel**: Die Funktion $r: [a, b] \to \mathbb{R}_+$, $a \le b$, sei stetig und $M \subseteq [a, b] \times \mathbb{R}^n$ der (kompakte) Rotati-

---

[8] Diese Dinge gehen in der Mathematik oft Hand in Hand.

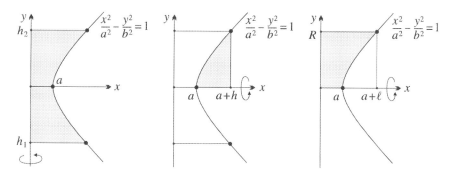

Abb. 3.10 Durch eine Hyperbel erzeugte Drehkörper

Abb. 3.11 Torus als Drehkörper

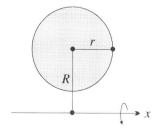

onskörper $M := \{(t, x) \mid \|x\|_2 \le r(t)\}$. Dann ist

$$\lambda^{n+1}(M) = \omega_n \int_a^b r^n(t)\, dt.$$

(Satz 3.3.3 und Beispiel 3.3.4 – Welches Volumen erhält man, wenn man die euklidische Norm $\|-\|_2$ durch die Summennorm $\|-\|_1$ bzw durch die Maximumsnorm $\|-\|_\infty$ ersetzt?)

Aufgabe 3.3.5 Bei der Berechnung der Volumina der im Folgenden beschriebenen Körper im $\mathbb{R}^3$ verwende man Aufg. 3.3.4.

a) Man berechne für $a, b, c \in \mathbb{R}_+^\times$, $a < b$, das Volumen von

$$M := \{(x, y, z) \in \mathbb{R}^3 \mid 0 \le x \le 6\pi c,\ (y^2 + z^2)^{1/2} \le b + a \cos(x/c)\}.$$

b) Man berechne die Volumina der drei, wie in Abb. 3.10 angedeutet, mit einer Hyperbel erzeugten Drehkörper.

c) Man berechne das Volumen des Torus mit den Radien r und R, $r \le R$, der, wie in Abb. 3.11 angedeutet, durch Rotation eines Kreises mit Radius r um die x-Achse entsteht.

Aufgabe 3.3.6 (Kurvenlängen in Polarkoordinaten)

a) Sei $\gamma\colon[a,b] \to \mathbb{R}^2$, $a \leq b$, folgende mit den stetig differenzierbaren Funktionen $r,\varphi\colon[a,b] \to \mathbb{R}$ in Polarkoordinaten gegebene Kurve $\gamma\colon t \mapsto r(t)(\cos\varphi(t),\sin\varphi(t))$. Dann ist

$$L_a^b(\gamma) = \int_a^b \sqrt{r'(t)^2 + r(t)^2\varphi'(t)^2}\,dt.$$

Insbesondere ist bei $\varphi(t) = t$, also $r(t) = r(\varphi)$, die Länge der Kurve zwischen den Winkeln φ_1 und φ_2 gleich

$$L_{\varphi_1}^{\varphi_2}(\gamma) = \int_{\varphi_1}^{\varphi_2} \sqrt{(dr/d\varphi)^2 + r(\varphi)^2}\,d\varphi.$$

b) Sei $\gamma\colon[a,b] \to \mathbb{R}^3$, $a \leq b$, folgende mit den stetig differenzierbaren Funktionen $r,\varphi,\lambda\colon[a,b] \to \mathbb{R}$ in (räumlichen) Polarkoordinaten gegebene Kurve:

$$\gamma\colon t \mapsto r(t)(\cos\varphi(t)\cos\lambda(t),\cos\varphi(t)\sin\lambda(t),\sin\varphi(t)).$$

Dann ist

$$L_a^b(\gamma) = \int_a^b \sqrt{r'(t)^2 + r(t)^2\varphi'(t)^2 + r(t)^2\lambda'(t)^2\cos^2\varphi(t)}\,dt.$$

Aufgabe 3.3.7 Man berechne die Länge der Peripherie des Einheitskreises im $\mathbb{R}^2$ bezüglich der Maximumsnorm und bezüglich der Summennorm von $\mathbb{R}^2$.

Aufgabe 3.3.8 Man berechne die Längen der folgenden Kurven:

a) $t \mapsto (t^n, ct^{n+1})$, $t \in [0,a]$, mit $n \in \mathbb{N}^*$ und $c > 0$ (**Parabelbogen**).

b) $t \mapsto (e^{-t}\cos ct, e^{-t}\sin ct)$, $t \in [0,\infty[$, mit $c > 0$ (**logarithmische Spirale**).

c) $t \mapsto (t, \alpha e^{ct})$, $t \in [a,b]$, mit $\alpha, c > 0$.

d) $t \mapsto \bigl(t, c\cosh(t/c)\bigr)$, $t \in [-a,a]$, mit $c > 0$ (**Kettenlinie**, vgl. Abb. 3.12).

e) $r = c\varphi$, $\varphi \in [0,a]$, mit $c > 0$ (**Archimedische Spirale** in Polarkoordinaten, vgl. Abb. 3.12).

f) $r = 2c(1 + \cos\varphi)$, $\varphi \in [0,2\pi]$, mit $c > 0$ (**Kardioide** in Polarkoordinaten).

g) $t \mapsto (a\cos t, a\sin t, ct)$, $t \in [0,2\pi]$, $a, c > 0$ (**Schraubenlinie**). (Wickelt man den Zylinder $S(0;a) \times \mathbb{R}$, auf dem die Schraubenlinie liegt, in die Ebene ab, so wird die Schraubenlinie eine Gerade.)

h) $t \mapsto (t, c\ln t)$, $0 \leq a \leq t \leq b$, $c > 0$ (**Logarithmusbogen**).

Kettenlinie Archimedische Spirale Astroide

Abb. 3.12 Spezielle Kurven

Aufgabe 3.3.9 Sei $R \in \mathbb{R}_+^\times$. Man berechne die Länge der **Astroide**

$$\{(x,y) \in \mathbb{R}^2 \mid |x|^{2/3} + |y|^{2/3} = R^{2/3}\},$$

vgl. Abb. 3.12, und den Inhalt der von ihr eingeschlossenen Fläche. (Siehe auch Aufg. 2.4.15. – Das Ergebnis für die Länge ist vielleicht überraschend.)

Aufgabe 3.3.10 (Charakterisierung des bestimmten Integrals) Jedem abgeschlossenen Intervall $[a,b]$, $a \le b$, und jeder stetigen reellwertigen Funktion $f\colon [a,b] \to \mathbb{R}$ werde eine reelle Zahl $J(f;a,b)$ derart zugeordnet, dass folgende Bedingungen erfüllt sind:

(1) Für alle $a,b,c \in \mathbb{R}$ mit $a \le b \le c$ und jede stetige Funktion $f\colon [a,c] \to \mathbb{R}$ ist

$$J(f;a,c) = J(f;a,b) + J(f;b,c). \quad \textbf{(Additivität)}$$

(2) Für alle stetigen Funktionen $f,g\colon [a,b] \to \mathbb{R}$ mit $f \le g$ ist auch

$$J(f;a,b) \le J(g;a,b). \quad \textbf{(Monotonie)}$$

(3) Für jede konstante Funktion $C \in \mathbb{R}$ ist $J(C;a,b) = C(b-a)$. (**Normierung**)

Dann gilt bereits $J(f;a,b) = \int_a^b f(t)\,dt$ für alle stetigen Funktionen $f\colon [a,b] \to \mathbb{R}$. (Man gehe ähnlich wie beim Beweis von Satz 3.3.1 vor.)

3.4 Uneigentliche Integrale

Häufig hat man auch bestimmte Integrale von stetigen Funktionen zu betrachten, deren Definitions- oder Wertebereiche nicht beschränkt sind. Dazu definiert man in nahe liegender Weise (V bezeichnet im Folgenden, wenn nichts anderes gesagt wird, wieder einen $\mathbb{R}$-Banach-Raum.):

Definition 3.4.1 Seien $I \subseteq \mathbb{R}$ ein Intervall, $a \in I$ und $b \in \overline{\mathbb{R}} = \mathbb{R} \cup \{-\infty, \infty\}$ ein Randpunkt von I. Die Funktion $f: I \rightarrow V$ sei stetig und es existiere $\lim_{x \rightarrow b} \int_a^x f(t) \, dt \in V$. Dann bezeichnet man diesen Grenzwert als das **uneigentliche Integral** und schreibt

$$\int_a^b f(t) \, dt := \lim_{x \rightarrow b} \int_a^x f(t) \, dt.$$

Ist in dieser Definition $b \in I$, so existiert wegen der Stetigkeit von Stammfunktionen das uneigentliche Integral $\int_a^b f(t) \, dt$ und stimmt mit dem gewöhnlichen Integral $\int_a^b f(t) \, dt$ überein. Ferner schreibt man wieder $\int_b^a f(t) \, dt$ für $- \int_a^b f(t) \, dt$ und hat damit insbesondere auch Integrale definiert, die an der unteren Grenze uneigentlich sind. Ist in der Situation von Definition 3.4.1 neben b auch c ein Randpunkt von I, so sagt man, das **uneigentliche Integral** $\int_b^c f(t) \, dt$ existiere, wenn für ein (und damit für jedes) $a \in I$ die uneigentlichen Integrale $\int_b^a f(t) \, dt$ und $\int_a^c f(t) \, dt$ existieren. Man setzt dann

$$\int_b^c f(t) \, dt := \int_b^a f(t) \, dt + \int_a^c f(t) \, dt.$$

Die üblichen Rechenregeln für Integrale gelten auch bei uneigentlichen Integralen. Man erhält dies sofort aus den Rechenregeln für Limiten. Insbesondere gelten bei sinngemäßer Interpretation die Substitutionsregel und die Regel über die partielle Integration weiter.

Beispiel 3.4.2 Standardbeispiele, die auch für Vergleichsregeln wichtig sind, sind die Integrale $\int_1^\infty t^\alpha \, dt$ und $\int_0^1 t^\alpha \, dt$, $\alpha \in \mathbb{C}$. Da für $x > 0$

$$\int_1^x t^\alpha \, dt = \begin{cases} (x^{\alpha+1} - 1)/(\alpha + 1), \text{ falls } \alpha \neq -1, \\ \ln x, \text{ falls } \alpha = -1, \end{cases}$$

gilt, existiert $\int_1^\infty t^\alpha \, dt = \lim_{x \rightarrow \infty} \int_1^x t^\alpha \, dt$ genau für $\Re \alpha < -1$, und es ist dann

$$\int_1^\infty t^\alpha \, dt = \lim_{x \rightarrow \infty} \frac{1}{\alpha + 1} (x^{\alpha+1} - 1) = -\frac{1}{\alpha + 1} + \frac{1}{\alpha + 1} \lim_{x \rightarrow \infty} e^{(\alpha+1) \ln x} = \frac{-1}{\alpha + 1}, \ \Re \alpha < -1.$$

Ferner folgt, dass $\int_0^1 t^\alpha \, dt = \lim_{x \rightarrow 0+} \int_x^1 t^\alpha \, dt$ genau für $\Re \alpha > -1$ existiert. In diesem Fall ist

$$\int_0^1 t^\alpha \, dt = \frac{1}{\alpha + 1}, \quad \Re \alpha > -1.$$

In *keinem* Falle existiert also das Integral $\int_0^\infty t^\alpha \, dt$. $\diamond$

Aus dem Cauchy-Kriterium für Grenzwerte, vgl. [14], 3.8.3 ergibt sich:

Satz 3.4.3 (Cauchy-Kriterium für uneigentliche Integrale) $f : I \to V$ *sei eine stetige Funktion, ferner seien* $a \in I$ *und* b *ein Randpunkt von* I. *Genau dann existiert das uneigentliche Integral* $\int_a^b f(t)\, dt$, *wenn für jedes* $\varepsilon > 0$ *die Abschätzung* $\| \int_x^{x'} f(t)\, dt \| \leq \varepsilon$ *für alle die* $x, x' \in I$ *gilt, die im Fall* $b \in \mathbb{R}$ *nahe genug an* b *liegen bzw. bei* $b = \infty$ *groß genug sind bzw. bei* $b = -\infty$ *klein genug sind.*

Wegen $\| \int_x^{x'} f(t)\, dt \| \leq \int_x^{x'} \| f(t) \|\, dt$ bei $x, x' \in I$, $x \leq x'$, vgl. Satz 2.3.7, erhält man mit Satz 3.4.3:

Korollar 3.4.4 *Die Voraussetzungen von Satz 3.4.3 seien erfüllt, ferner existiere das Integral* $\int_a^b \| f(t) \|\, dt$. *Dann existiert auch* $\int_a^b f(t)\, dt$, *und es gilt*

$$\left\| \int_a^b f(t)\, dt \right\| \leq \left| \int_a^b \| f(t) \|\, dt \right|.$$

Analog zu Reihen nennt man das uneigentliche Integral $\int_a^b f(t)\, dt$ **normal konvergent** und im Fall $V = \mathbb{R}$ **absolut konvergent**, wenn sogar $\int_a^b \| f(t) \|\, dt$ existiert. Existiert für $g : [a, b] \to \mathbb{R}_+$ das Integral $\int_a^b g(t)\, dt$ nicht, so schreiben wir auch $\int_a^b g(t)\, dt = \infty$. Ein triviales, aber wichtiges Kriterium für normale Konvergenz und damit für Konvergenz überhaupt ist das Majorantenkriterium:

Satz 3.4.5 (Majorantenkriterium) *Seien* $f, g : I \to V$ *stetige Funktionen auf dem Intervall* I, $a \in I$ *und* b *ein Randpunkt von* I. *Ist dann* $\int_a^b g(t)\, dt$ *normal konvergent und gilt* $\| f(t) \| \leq \| g(t) \|$ *für* $t \in I$, *so ist auch* $\int_a^b f(t)\, dt$ *normal konvergent.*

Beispiel 3.4.6 Das uneigentliche Integral $\int_0^\infty \sin t\, dt / t$ existiert, ist aber nicht absolut konvergent. Man berechnet nämlich mit partieller Integration für $x \geq \pi$

$$\int_\pi^x \frac{\sin t}{t}\, dt = -\frac{\cos t}{t}\Big|_\pi^x - \int_\pi^x \frac{\cos t}{t^2}\, dt = -\frac{1}{\pi} - \frac{\cos x}{x} - \int_\pi^x \frac{\cos t}{t^2}\, dt.$$

Da nach dem Majorantenkriterium 3.4.5 und Beispiel 3.4.2 das uneigentliche Integral $\int_\pi^\infty \cos t\, dt / t^2$ existiert und $\lim_{x \to \infty} (\cos x)/x = 0$ ist, existiert auch das Integral $\int_\pi^\infty \sin t\, dt / t$ und damit das gesuchte Integral. Nach der Bemerkung im Anschluss an Satz 3.5.12 ist übrigens $\int_0^\infty \sin t\, dt / t = \pi/2$.

Das Integral $\int_0^\infty |(\sin t)/t|\, dt$ existiert aber nicht: Im Intervall $[n\pi, (n+1)\pi]$, $n \in \mathbb{N}$, ist nämlich $|\sin t|/t \geq |\sin t|/(n+1)\pi$ und daher

$$\int\limits_{n\pi}^{(n+1)\pi} \frac{|\sin t|}{t}\, dt \geq \int\limits_{n\pi}^{(n+1)\pi} \frac{|\sin t|}{(n+1)\pi}\, dt = \frac{2}{(n+1)\pi}.$$

Da $\sum 1/(n+1)$ divergiert, ist die Folge $\int_0^{n\pi} |\sin t|\, dt/t$, $n \in \mathbb{N}$, unbeschränkt. $\diamondsuit$

Die Konvergenzsätze für eigentliche Integrale aus Abschn. 3.2 übertragen sich nur mit gewissen Einschränkungen auf uneigentliche Integrale. Im Folgenden bezeichnen wir für ein Intervall $I \subseteq \mathbb{R}$ mit $\overline{I}$ die abgeschlossene Hülle von I in $\overline{\mathbb{R}} = \mathbb{R} \uplus \{\pm\infty\}$, also die Vereinigung von I mit der Menge der Randpunkte von I.

Satz 3.4.7 *Sei (f_n) eine Folge stetiger Funktionen $f_n\colon I \to V$, die auf jedem kompakten Teilintervall von I gleichmäßig gegen $f\colon I \to V$ konvergiert, und seien $a, b \in \overline{I}$. Ferner gebe es eine stetige Funktion $g\colon I \to \mathbb{R}_+$ mit $\|f_n(t)\| \leq g(t)$ für alle $n \in \mathbb{N}$ und alle $t \in I$, für die darüber hinaus $\int_a^b g(t)\, dt$ existiert. Dann existiert auch $\int_a^b f(t)\, dt$, und es gilt*

$$\lim_{n\to\infty} \int\limits_a^b f_n(t)\, dt = \int\limits_a^b f(t)\, dt.$$

Beweis Wegen $\|f(t)\| \leq g(t)$, $t \in I$, existiert $\int_a^b f(t)\, dt$ nach dem Majorantenkriterium 3.4.5. Sei nun $\varepsilon > 0$ vorgegeben und sei (ohne Einschränkung) $a < b$. Es gibt dann (unter Verwendung von Satz 3.2.14) Intervallgrenzen $a', b' \in I$ mit $a \leq a' \leq b' \leq b$ und ein $n_0 \in \mathbb{N}$ mit $\int_a^{a'} g(t)\, dt \leq \varepsilon/5$, $\left\| \int_{a'}^{b'} (f - f_n)(t)\, dt \right\| \leq \varepsilon/5$, $\int_{b'}^b g(t) \leq \varepsilon/5$ für $n \geq n_0$. Für diese n gilt dann

$$\left\| \int\limits_a^b (f - f_n)(t)\, dt \right\| \leq 2 \int\limits_a^{a'} g(t)\, dt + \left\| \int\limits_{a'}^{b'} (f - f_n)(t)\, dt \right\| + 2 \int\limits_{b'}^b g(t)\, dt \leq \varepsilon. \qquad \square$$

Die Sätze 3.2.16 und 3.2.17 übertragen sich wie folgt, wobei man bei den Beweisen Satz 3.4.7 statt Satz 3.2.14 benutzt. Die Einzelheiten überlassen wir dem Leser.

Satz 3.4.8 (Stetigkeit des uneigentlichen Integrals) *Seien $I \subseteq \mathbb{R}$ ein Intervall, X ein topologischer Raum, $a, b \in \overline{I}$ und $f\colon X \times I \to V$ eine stetige Abbildung. Ferner gebe es eine stetige Funktion $g\colon I \to \mathbb{R}_+$ mit $\|f(x,t)\| \leq g(t)$ für alle $(x,t) \in X \times I$ und $\int_a^b g(t)\, dt < \infty$. Dann existiert auch die Abbildung $x \mapsto F(x) := \int_a^b f(x,t)\, dt$ auf X und ist dort stetig.*

Satz 3.4.9 (Differenzierbarkeit des uneigentlichen Integrals) *Seien $I \subseteq \mathbb{R}$ ein Intervall, $D \subseteq \mathbb{K}$ im Fall $\mathbb{K} = \mathbb{C}$ eine offene Menge in $\mathbb{C}$ und im Fall $\mathbb{K} = \mathbb{R}$ ein Intervall in $\mathbb{R}$ sowie $a, b \in \overline{I}$. Die Abbildung $f : D \times I \to V$, $(x, t) \mapsto f(x, t)$, mit Werten im $\mathbb{K}$-Banach-Raum V sei stetig. Die partielle Ableitung $\partial f / \partial x : D \times I \to V$ möge existieren und ebenfalls stetig sein. Ferner existiere für jedes $x \in D$ das Integral $F(x) := \int_a^b f(x, t)\, dt$, und es gebe eine stetige Funktion $g : I \to \mathbb{R}_+$ mit $\|(\partial f / \partial x)(x, t)\| \leq g(t)$ für alle $(x, t) \in D \times I$ und mit $\int_a^b g(t)\, dt < \infty$. Dann ist die Funktion $x \mapsto F(x)$ auf D differenzierbar mit der Ableitung*

$$F'(x) = \int_a^b \frac{\partial f}{\partial x}(x, t)\, dt.$$

Wir bemerken, dass die simultane Majorante g in den Sätzen 3.4.8 und 3.4.9 nur lokal bzgl. X bzw. D zu existieren braucht, d. h. es genügt, dass zu jedem Punkt $x \in X$ bzw $\in D$ eine Umgebung U von x existiert und ein (von U abhängendes) $g : I \to \mathbb{R}_+$, das die Bedingungen für $f \,|(U \times I)$ statt f erfüllt.

Schließlich sei darauf hingewiesen, dass für eine stetige Funktion $f : I \to \mathbb{R}_+$ auch das uneigentliche Integral $\int_a^b f(t)\, dt$ bei $a < b$, $a, b \in \overline{I}$, der Flächeninhalt der Menge $G(f; a, b) := \{(t, x) \mid t \in I \cap [a, b], \ 0 \leq x \leq f(t)\}$ ist. Dies ergibt sich mit Satz 3.3.1 aus dem folgenden Ausschöpfungssatz für Volumina: *Ist die Menge $A \subseteq \mathbb{R}^n$ die Vereinigung der aufsteigenden Folge $A_0 \subseteq A_1 \subseteq A_2 \subseteq \cdots$ kompakter Mengen $A_k \subseteq A$, so existiert $\lambda^n(A)$ und ist gleich $\lim_{k \to \infty} \lambda^n(A_k) \in \overline{\mathbb{R}}_+$.* Wir verweisen dazu auf Band 6.

Beispiel 3.4.10 Für $x > 0$ existiert das Integral

$$F(x) := \int_{-\infty}^{\infty} \frac{dt}{t^2 + x} = \frac{1}{\sqrt{x}} \arctan \frac{t}{\sqrt{x}} \Big|_{-\infty}^{\infty} = \frac{\pi}{\sqrt{x}}.$$

Unter dem Integralzeichen nach x differenziert, ergibt sich für $x > 0$

$$\int_{-\infty}^{\infty} \frac{(-1)^n n!}{(t^2 + x)^{n+1}}\, dt = F^{(n)}(x) = (-1)^n \frac{1 \cdot 3 \cdots (2n - 1)}{2^n x^n \sqrt{x}} \pi = (-1)^n \binom{2n}{n} \frac{n! \pi}{4^n x^n \sqrt{x}}.$$

Dabei konnte Satz 3.4.9 mit der simultanen Majorante $g_n(t) = n! / (t^2 + \varepsilon)^{n+1}$ für alle $x \in [\varepsilon, \infty[$ angewandt werden, $\varepsilon > 0$. Es folgt speziell für $x = n + 1$

$$\int_{-\infty}^{\infty} \frac{dt}{(\frac{t^2}{n+1} + 1)^{n+1}} = \binom{2n}{n} \frac{\pi \sqrt{n+1}}{4^n}.$$

Abb. 3.13 Integralkriterium
für Reihen

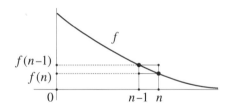

Da die Funktionenfolge $\left((t^2/(n+1))+1\right)^{n+1}$, $n \in \mathbb{N}$, monoton und auf jedem kompakten
Intervall gleichmäßig gegen e^{t^2} konvergiert, vgl. Satz 1.4.3, erhält man mit Satz 3.4.7 und
Beispiel 3.2.6 (4)

$$\int_{-\infty}^{\infty} e^{-t^2}\,dt = \lim_{n\to\infty} \binom{2n}{n} \frac{\pi\sqrt{n+1}}{4^n} = \sqrt{\pi}.$$

Die Substitution $\tau = \sqrt{2}t$ liefert das folgende wichtige Ergebnis:

Satz 3.4.11 (Fehlerintegral) *Es ist*

$$\int_{-\infty}^{\infty} e^{-t^2/2}\,dt = \sqrt{2\pi}.$$

Die Bezeichnung „Fehlerintegral" hat ihren Ursprung in der Stochastik.   ◇

Beispiel 3.4.12 Häufig lassen sich Partialsummen von Reihen durch Integrale abschätzen.
Auf diese Weise erhält man etwa das folgende Konvergenzkriterium:

Satz 3.4.13 (Integralkriterium für Reihen) *Sei* $f\colon \mathbb{R}_+ \to \mathbb{R}$ *eine monotone stetige
Funktion. Genau dann konvergiert die Reihe* $\sum_{n=0}^{\infty} f(n)$, *wenn das Integral* $\int_0^{\infty} f(t)\,dt$
konvergiert.

Beweis Ist f etwa monoton fallend, so gilt offenbar, vgl. Abb. 3.13

$$\int_1^{k+1} f(t)\,dt \le \sum_{n=1}^{k} f(n) \le \int_0^{k} f(t)\,dt \le \sum_{n=0}^{k-1} f(n).$$

Daraus folgt die Behauptung.   □

In der Situation von Satz 3.4.13 sei f monoton fallend und $\lim_{t\to\infty} f(t) = 0$. Dann ist

$$f(k+1) \le \int_k^{k+1} f(t)\,dt \le f(k)$$

für alle $k \in \mathbb{N}$. Deshalb definieren die Folgen

$$a_n := \sum_{k=0}^{n-1} f(k) - \int_0^n f(t)\,dt, \quad b_n := \sum_{k=0}^{n-1} f(k) - \int_0^{n-1} f(t)\,dt,$$

eine Intervallschachtelung $[a_n, b_n]$, $n \in \mathbb{N}^*$. Insbesondere existiert

$$c := \lim a_n = \lim b_n, \quad \text{und es ist} \quad 0 \le c - a_n \le b_n - a_n = \int_{n-1}^n f(t)\,dt \le f(n-1).$$

Für $f(x) := 1/(x+1)$ erhält man so die Intervallschachtelung der Eulersche Konstante γ aus [14], Beispiel 3.3.8. – Satz 3.4.13 und die zuletzt angegebenen Abschätzungen lassen sich erheblich verschärfen, wenn f genügend oft differenzierbar ist, vgl. Aufg. 3.8.5. ◇

Mit Hilfe der partiellen Integration lassen sich Konvergenzkriterien für uneigentliche Integrale beweisen, die analog sind zu den Konvergenzkriterien für Reihen, die mit Abelscher partieller Summation gewonnen werden. Im Folgenden seien $I \subseteq \mathbb{R}$ ein Intervall, $a, b \in \overline{I} \subseteq \overline{\mathbb{R}}$ und $f: I \to V$ stetig.

Satz 3.4.14 (Abelsches Konvergenzkriterium) *Das Integral $\int_a^b f\,dt$ existiere, und die stetig differenzierbare Funktion $g \in I \to \mathbb{R}$ sei monoton und beschränkt. Dann existiert auch $\int_a^b gf\,dt$.*

Satz 3.4.15 (Dirichletsches Konvergenzkriterium) *Sei $a \in I$ und die Stammfunktion $F(x) = \int_a^x f(t)\,dt$ beschränkt auf I. Ist dann die stetig differenzierbare Funktion $g: I \to \mathbb{R}$ monoton mit $\lim_{t \to b} g(t) = 0$, so existiert $\int_a^b fg\,dt$.*

Satz 3.4.16 (Kriterium von Dubois-Reymond) *Sei $\Phi: V \times U \to W$ eine stetige $\mathbb{R}$-bilineare Abbildung von $\mathbb{R}$-Banach-Räumen. Überdies sei $g: I \to U$ stetig differenzierbar. Existieren dann die Integrale $\int_a^b f\,dt$ und $\int_a^b \|g'\|\,dt$, so existiert auch $\int_a^b \Phi(f, g)\,dt$.*

Beispiel 3.4.17 (Abelsche partielle Summation als partielle Integration) Wie bereits erwähnt ist die Abelsche partielle Summation mit der partiellen Integration verwandt, siehe [14], Satz 3.6.21. Wir geben ihr hier eine Form, wie sie insbesondere in der Analytischen Zahlentheorie verwandt wird. Sei $f: I \to V$ eine auf dem Intervall $I \subseteq \mathbb{R}$ stetige und stückweise stetig differenzierbare Funktion mit Werten im $\mathbb{K}$-Banach-Raum V. Ferner sei $x_1, x_2, \ldots$ eine endliche oder unendliche streng monoton wachsende Folge in I mit $\xi := \lim x_n \notin I$, falls die Folge unendlich ist. ($\xi \in \mathbb{R} \uplus \{\infty\}$ ist also ein Randpunkt von I.) Schließlich sei $a_1, a_2, \ldots$ eine beliebige Folge in $\mathbb{K}$, die mindestens so viele Glieder hat wie die Folge $x_1, x_2, \ldots$, und es sei $A(x) := \sum_{n, x_n \le x} a_n$, $x \in I$. Ist $x_m \le x < x_{m+1}$, so ist also $A(x) = A(x_m) = \sum_{n=1}^m a_n$, und Abelsche partielle Summation liefert

$$\sum_{n, x_n \le x} a_n f(x_n) = \sum_{n=1}^m a_n f(x_n) = \sum_{n=1}^{m-1} A(x_n)\big(f(x_n) - f(x_{n+1})\big) + A(x) f(x_m).$$

Weiter ist

$$A(x_n)\big(f(x_n) - f(x_{n+1})\big) = -\int_{x_n}^{x_{n+1}} A(t)\, f'(t)\, dt,$$

$$A(x)\, f(x_m) = -\int_{x_m}^{x} A(t)\, f'(t)\, dt + A(x)\, f(x).$$

Für $x \in I$, $x \geq x_1$ ergibt sich so die Formel

$$\sum_{n,\, x_n \leq x} a_n\, f(x_n) = A(x)\, f(x) - \int_{x_1}^{x} A(t)\, f'(t)\, dt.$$

Ist die Folge (x_n) unendlich, so erhält man damit Kriterien für die Konvergenz der Reihe $\sum_{n=1}^{\infty} a_n\, f(x_n)$ und die Berechnung ihres Werts. Beispielsweise ist

$$\sum_{n=1}^{\infty} a_n\, f(x_n) = \lim_{x \in I,\, x \to \xi}\left(A(x)\, f(x)\right) - \int_{x_1}^{\xi} A(t)\, f'(t)\, dt$$

falls beide Limiten auf der rechten Seite existieren.

Als Beispiel geben wir eine Integraldarstellung für die Summe $\sum_{n \in N} n^{-s} = \zeta(s)\, P_s(N)$, wo $\sigma = \Re s > 1$ ist und $N \subseteq \mathbb{N}^*$, vgl. das Ende von Beispiel 2.7.17. Wir wählen dazu das Intervall $I = [1, \infty[$, $x_n = n \in \mathbb{N}^*$ und a_n, $n \in \mathbb{N}^*$, als Indikatorfunktion von N. Dann ist $A(x) = A_N(x) = |N \cap \mathbb{N}^*_{\leq x}| \leq [x]$, und mit der Funktion $f : I \to \mathbb{C}$, $x := x^{-s}$, $\sigma > 1$, bekommt man

$$\sum_{n \in N} \frac{1}{n^s} = \lim_{x \to \infty} \frac{A(x)}{x^s} + s \int_{1}^{\infty} \frac{A(t)\, dt}{t^{s+1}} = s \int_{1}^{\infty} \frac{A(t)\, dt}{t^{s+1}},$$

da $\lim_{x \to \infty} A(x)/x^s = 0$ ist wegen $0 \leq A(x) \leq x$, und das Integral existiert. Es ist also

$$P_1(N) = \lim_{\sigma \to 1+} P_\sigma(N) = \lim_{\sigma \to 1+} (\sigma - 1) \int_{1}^{\infty} \frac{A_N(t)\, dt}{t^{\sigma+1}},$$

wobei die linke Seite genau dann existiert, wenn dies für die rechte Seite gilt. Für $N = \mathbb{N}^*$ ergibt sich insbesondere

$$\zeta(s) = s \int_{1}^{\infty} \frac{[t]\, dt}{t^{s+1}} = s \int_{1}^{\infty} \frac{dt}{t^s} + s \int_{1}^{\infty} \frac{([t] - t)\, dt}{t^{s+1}} = \frac{s}{s-1} - s \int_{1}^{\infty} \frac{\{t\}\, dt}{t^{s+1}},$$

woraus noch einmal $\lim_{s \to 1,\, \sigma > 1} (s - 1)\zeta(s) = 1$ folgt wegen $|\int_{1}^{\infty} \{t\}\, dt/t^{s+1}| \leq \int_{1}^{\infty} dt/t^2 = 1$ für $\sigma \geq 1$. Besitzt die Teilmenge $N \subseteq \mathbb{N}^*$ eine natürliche Dichte,

d. h. ist $\lim_{x \to \infty} A(x)/x = \mu$ mit einem $\mu \in [0, 1]$ (vgl. loc. cit), so erhalten wir

$$(\sigma - 1) \sum_{n \in N} \frac{1}{n^\sigma} = (\sigma - 1)\sigma \int_1^\infty \frac{A(t)\, dt}{t^{\sigma+1}}$$

$$= (\sigma - 1)\sigma \mu \int_1^\infty \frac{dt}{t^\sigma} + (\sigma - 1)\sigma \int_1^\infty \frac{A(t) - \mu t}{t^{\sigma+1}}\, dt \xrightarrow{\sigma \to 1+} \mu$$

wegen $\lim_{\sigma \to 1+} (\sigma - 1) \int_1^\infty (A(t) - \mu t)\, dt/t^{\sigma+1} = 0$. Zu vorgegebenem $\varepsilon > 0$ gibt es nämlich nach Voraussetzung ein $t_0 \geq 1$ mit $|A(t) - \mu t| \leq \varepsilon t$ für alle $t \geq t_0$. Folglich ist

$$(\sigma - 1)\left| \int_1^\infty \frac{A(t) - \mu t}{t^{\sigma+1}}\, dt \right| \leq (\sigma - 1) \int_1^{t_0} \frac{|A(t) - \mu t|}{t^{\sigma+1}}\, dt + \varepsilon(\sigma - 1) \int_{t_0}^\infty \frac{dt}{t^\sigma}$$

und $\varepsilon(\sigma-1) \int_{t_0}^\infty dt/t^\sigma = \varepsilon/t_0^{\sigma-1} \leq \varepsilon$. *Besitzt $N \subseteq \mathbb{N}^*$ eine natürliche Dichte, so existiert auch $P_1(N) = \lim_{\sigma \to 1+} (\sigma - 1) \sum_{n \geq 1} n^{-\sigma}$ und ist gleich der natürlichen Dichte von N.* ◇

Aufgaben

Aufgabe 3.4.1 Man zeige, dass die folgenden uneigentlichen Integrale existieren und die angegebenen Werte haben:

$$\int_0^\infty \frac{dt}{1 + t^2} = \frac{\pi}{2}; \quad \int_0^\infty \frac{dt}{1 + t^3} = \frac{2\pi}{3\sqrt{3}}; \quad \int_0^\infty \frac{dt}{1 + t^4} = \frac{\pi}{2\sqrt{2}} = \int_0^\infty \frac{t^2}{1 + t^4}\, dt;$$

$$\int_0^1 \frac{dt}{\sqrt{1 - t}} = 2; \quad \int_0^1 \frac{t\, dt}{\sqrt{1 - t^2}} = 1; \quad \int_0^{\pi/2} \sqrt{\tan t}\, dt = \frac{\pi}{\sqrt{2}} = \int_0^{\pi/2} \frac{dt}{\sqrt{\tan t}};$$

$$\int_{-1}^1 \sqrt{\frac{1 - t}{1 + t}}\, dt = \pi; \quad \int_{-1}^1 \frac{dt}{(a - t)\sqrt{1 - t^2}} = \frac{\pi}{\sqrt{a^2 - 1}}, \text{ falls } a > 1;$$

$$\int_{-\infty}^\infty e^{-|t|}\, dt = 2; \quad \int_0^1 \ln t\, dt = -1; \quad \int_{-\infty}^\infty \frac{dt}{e^t + e^{-t}} = \frac{\pi}{2}; \quad \int_0^\infty \frac{e^{2t}\, dt}{(e^{2t} + 1)^2} = \frac{1}{4};$$

$$\int_0^\infty e^{-zt}\, dt = \frac{1}{z}, \text{ falls } z \in \mathbb{C}, \ \Re z > 0;$$

$$\int_0^\infty e^{-at} \cos bt\, dt = \frac{a}{a^2 + b^2}, \quad \int_0^\infty e^{-at} \sin bt\, dt = \frac{b}{a^2 + b^2}, \text{ falls } a, b \in \mathbb{R}, \ a > 0.$$

Aufgabe 3.4.2 Man entscheide, ob die folgenden uneigentlichen Integrale existieren:

$$\int\limits_0^\infty \frac{t\,dt}{1+t^3}; \quad \int\limits_0^\infty \frac{t^2+1}{2t^3+1}\,dt; \quad \int\limits_0^\infty \frac{dt}{\sqrt[3]{t+t^6}}; \quad \int\limits_0^\infty \frac{t^2+1}{t^4+3t+1}\,dt; \quad \int\limits_0^{\pi/2} \tan t\,dt;$$

$$\int\limits_0^\infty \frac{1-\cos t}{t^2}\,dt; \quad \int\limits_0^1 \frac{dt}{\ln t}; \quad \int\limits_0^1 \frac{1}{t}\sin\frac{1}{t}\,dt; \quad \int\limits_2^\infty \frac{dt}{t\ln^2 t}; \quad \int\limits_0^1 \frac{\ln t}{\sqrt{t}}\,dt;$$

$$\int\limits_0^1 \frac{\sin t}{t^2}\,dt; \quad \int\limits_0^\infty \sin t^n\,dt, \; n > 1.$$

Aufgabe 3.4.3 $R(x) = P(x)/Q(x)$ sei eine rationale Funktion mit Polynomen $P, Q \in \mathbb{C}[X]$, wobei Q auf $\mathbb{R}_+$ nicht verschwinde. Genau dann existiert das Integral $\int_0^\infty R(t)\,dt$, wenn Grad $Q \geq 2 + $ Grad P ist.

Aufgabe 3.4.4
a) Man gebe eine nicht beschränkte stetige Funktion $f: \mathbb{R}_+ \to \mathbb{R}_+$ an, für die das uneigentliche Integral $\int_0^\infty f(t)\,dt$ existiert.
b) Sei (a_n) eine beliebige Folge in $\mathbb{R}_+$. Man gebe eine gleichmäßig konvergente Folge stetiger Funktionen $f_n: \mathbb{R}_+ \to \mathbb{R}_+$ an mit $\lim_{n\to\infty} f_n = 0$ und $a_n = \int_0^\infty f_n\,dt$. (Satz 3.2.14 hat also kein direktes Analogon für uneigentliche Integrale, vgl. aber Satz 3.4.7.)
c) Für jede beschränkte stetige Funktion $f : \,]a,b[\to V$, $a < b$, V $\mathbb{K}$-Banach-Raum, und beliebige $\alpha, \beta \in \mathbb{C}$ mit $\Re\alpha, \Re\beta > 0$, existiert $\int_a^b f(t)(t-a)^{\alpha-1}(b-t)^{\beta-1}\,dt$.

Aufgabe 3.4.5 Die Funktionen $f: \mathbb{R}_+ \to V$, $g: \mathbb{R}_+ \to \mathbb{K}$, V $\mathbb{K}$-Banach-Raum, seien stetig. Der Grenzwert $\lim_{x\to\infty} \|f(x)/g(x)\|$ existiere und sei $\neq 0$. Genau dann konvergiert $\int_0^\infty f(t)\,dt$ normal, wenn $\int_0^\infty g(t)\,dt$ absolut konvergiert.

Aufgabe 3.4.6 Die Funktion $f: \mathbb{R}_+ \to \mathbb{R}$ sei stetig und monoton. Existiert $\int_0^\infty f(t)\,dt$, so ist $\lim_{x\to\infty} f(x) = 0$.

Aufgabe 3.4.7 Die stetige Funktion $f: [a,b] \to \mathbb{R}$ sei in $]a,b]$ positiv und in a differenzierbar oder auch nur Lipschitz-stetig. Ist $f(a) = 0$, so ist $\int_a^b dt/f(t) = \infty$.

Aufgabe 3.4.8 $f, g: \,]a,b[\to \mathbb{K}$, $-\infty \leq a < b \leq \infty$, seien stetige Funktionen, für die die uneigentlichen Integrale $\int_a^b |f(t)|^2\,dt$ und $\int_a^b |g(t)|^2\,dt$ existieren. Dann existieren auch $\int_a^b |f(t)g(t)|\,dt$ und $\int_a^b |f(t)+g(t)|^2\,dt$. (Es ist $|zw| \leq (|z|^2 + |w|^2)/2$ für $z, w \in \mathbb{K}$.)

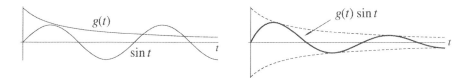

Abb. 3.14 Gedämpfte Sinuskurve

Aufgabe 3.4.9 Mit Satz 3.4.13 teste man die folgenden Reihen auf Konvergenz bzw. Divergenz ($s \in \mathbb{R}_+$):

$$\sum_{n=1}^{\infty} \frac{1}{n^s}; \quad \sum_{n=2}^{\infty} \frac{1}{n(\ln n)^s}; \quad \sum_{n=3}^{\infty} \frac{1}{n \ln n \ln(\ln n)}; \quad \sum_{n=3}^{\infty} \frac{1}{(\ln n)^{\ln n}};$$

$$\sum_{n=3}^{\infty} \frac{1}{(\ln n)^{\ln(\ln n)}}; \quad \sum_{n=3}^{\infty} \frac{\ln(\ln n)}{n(\ln n)^2}.$$

Aufgabe 3.4.10 Für $n \in \mathbb{N}^*$ berechne man $\int_0^1 (\ln t)^n \, dt$.

Aufgabe 3.4.11 $\int_0^\infty g(t) \sin t \, dt$, vgl. Abb. 3.14, (und auch $\int_0^\infty g(t) \cos t \, dt$) existieren für jede stetige und monotone Funktion $g \colon \mathbb{R}_+ \to \mathbb{R}$ mit $\lim_{t \to \infty} g(t) = 0$. Es ist

$$\left| \int_0^\infty g(t) \sin t \, dt \right| \leq \int_0^\pi |g(t)| \sin t \, dt \leq 2|g(0)|.$$

Aufgabe 3.4.12 Für alle $z \in \mathbb{C}$ hat $G(z) := \int_{-\infty}^\infty e^{-(t+z)^2} \, dt$ den Wert $\sqrt{\pi}$. (Beispiel 3.4.10. Es ist $G' \equiv 0$.) Für $z = -a\mathrm{i}/2$, $a \in \mathbb{R}$, ergibt sich $\int_{-\infty}^\infty e^{-t^2} \cos at \, dt = e^{-a^2/4} \sqrt{\pi}$.

Aufgabe 3.4.13 Ist in Satz 3.4.9 die Menge D ein Gebiet in $\mathbb{C}$, so genügt es (bei Gültigkeit der übrigen Voraussetzungen) anzunehmen, dass $F(x_0) = \int_a^b f(x_0, t) \, dt$ für ein einziges $x_0 \in D$ existiert. Dann ist $F(x)$ auf ganz D definiert.

3.5 Die Γ-Funktion

Viele wichtige Funktionen werden durch Integrale definiert. Für die Funktion $L(x) := \int_1^x dt/t$ auf $\mathbb{R}_+^\times$ etwa beweist man sehr einfach direkt die folgenden charakteristischen Eigenschaften der Logarithmusfunktion $\ln \colon \mathbb{R}_+^\times \to \mathbb{R}$: Es ist $L'(x) = 1/x$; $L(1) = 0$;

$L(xy) = L(x) + L(y)$ für $x, y \in \mathbb{R}_+^\times$, und $L \colon \mathbb{R}_+^\times \to \mathbb{R}$ ist bijektiv. Man könnte also auf diese Weise den Logarithmus und als Umkehrfunktion die Exponentialfunktion $\exp \colon \mathbb{R} \to \mathbb{R}_+^\times$ einführen. In ähnlicher Weise ließe sich die Arkustangensfunktion auf $\mathbb{R}$ durch das Integral $A(x) := \int_0^x dt/(1 + t^2)$ definieren, womit man alle trigonometrischen Funktionen und ihre Umkehrfunktionen gewinnen kann. Dann ist $\pi/2$ als $\int_0^\infty dt/(1 + t^2) = \lim_{x\to\infty} A(x)$ zu definieren. Man beachte, dass $\int dt/t$ und $\int dt/(1 + t^2)$ Grundintegrale sind, die bei der Integration rationaler Funktionen auftreten.

Wir diskutieren in diesem und dem nächsten Abschnitt einige weitere Funktionen, die sich bequem durch Integrale definieren lassen und besonders in den Anwendungen sehr häufig auftreten, und zwar die Gamma-Funktion und die elliptischen Integrale und Funktionen.

Hier behandeln wir die Γ-Funktion. Das Integral $\int_0^\infty t^{x-1}e^{-t}\, dt$ existiert für alle $x \in \mathbb{C}$ mit $\Re x > 0$: Nach dem Majorantenkriterium 3.4.5 und Beispiel 3.4.2 existiert nämlich $\int_0^1 t^{x-1}e^{-t}\, dt$ wegen $|t^{x-1}| = t^{\Re x - 1}$ für alle $x \in \mathbb{C}$ mit $\Re x > 0$, und $\int_1^\infty t^{x-1}e^{-t}\, dt$ existiert für alle $x \in \mathbb{C}$, da der Integrand ab einem t_0 dem Betrage nach etwa durch $e^{-t/2}$ beschränkt ist und $\int_1^\infty e^{-t/2}\, dt = 2e^{-1/2}$ endlich ist. Die Funktion

$$\Gamma(x) := \int_0^\infty t^{x-1}e^{-t}\, dt, \quad \Re x > 0,$$

auf der rechten Halbebene $\Re x > 0$ heißt die **Gammafunktion**. Das sie definierende Integral konvergiert absolut. Wir notieren die folgenden Rechenregeln, die insbesondere zeigen, dass *die Funktion* $\Gamma(x + 1)$ *die Fakultäten* $n!$, $n \in \mathbb{N}$, *interpoliert*:

Satz 3.5.1
(1) *Es ist* $\Gamma(x + 1) = x\Gamma(x)$ *für alle* $x \in \mathbb{C}$ *mit* $\Re x > 0$.
(2) *Es ist* $\Gamma(n + 1) = n!$ *für alle* $n \in \mathbb{N}$.
(3) *Es ist* $\Gamma\left(\frac{1}{2}(2n + 1)\right) = 1 \cdot 3 \cdots (2n - 1)\sqrt{\pi}/2^n$ *für alle* $n \in \mathbb{N}$.

Beweis (1) Mit partieller Integration ergibt sich

$$\Gamma(x + 1) = \int_0^\infty t^x e^{-t}\, dt = -t^x e^{-t}\Big|_0^\infty + \int_0^\infty x t^{x-1}e^{-t}\, dt = x\int_0^\infty t^{x-1}e^{-t}\, dt = x\Gamma(x).$$

(2) Mit $\Gamma(1) = \int_0^\infty e^{-t}\, dt = 1$ folgt (2) aus (1) durch Induktion.
(3) Wegen (1) genügt es $\Gamma(1/2) = \sqrt{\pi}$ zu zeigen. Die Substitution $t = \tau^2$ liefert aber mit Satz 3.4.11

$$\Gamma(1/2) = \int_0^\infty t^{-1/2}e^{-t}\, dt = 2\int_0^\infty e^{-\tau^2}\, d\tau = \int_{-\infty}^\infty e^{-\tau^2}\, d\tau = \sqrt{\pi}. \qquad \square$$

Die Gleichung $\Gamma(x + 1) = x\Gamma(x)$ heißt die **Funktionalgleichung** der Γ-Funktion. Man definiert die Γ-Funktion für alle $x \in \mathbb{C}$ mit $-x \notin \mathbb{N}$, indem man für $\Re x > -k$, $k \in \mathbb{N}$,

$$\Gamma(x) := \frac{\Gamma(x + k)}{x(x + 1) \cdots (x + k - 1)}$$

setzt. Die Funktionalgleichung gilt dann für alle x, für die $\Gamma(x)$ definiert ist. Wegen Satz 3.5.1 (2) heißt die Funktion

$$x! := \Gamma(x + 1)$$

generell die **Fakultät(sfunktion)**. Sie ist also für alle $x \in \mathbb{C}$ mit $-x \notin \mathbb{N}^*$ definiert. Die n-te Ableitung des Integranden $t^{x-1}e^{-t}$ von $\Gamma(x)$ nach x ist $t^{x-1}(\ln t)^n e^{-t}$. Diese Funktion hat auf einem Streifen der Form $0 < x_0 \leq \Re x \leq x_1$ die auf $]0, \infty[$ integrierbare Majorante

$$g_n(t) := \begin{cases} t^{x_0-1}|\ln t|^n e^{-t}, & 0 < t \leq 1, \\ t^{x_1-1}(\ln t)^n e^{-t}, & t > 1. \end{cases}$$

Aus Satz 3.4.9 folgt somit:

Satz 3.5.2 *Die Γ-Funktion ist beliebig oft differenzierbar. Für $\Re x > 0$ ist*

$$\Gamma^{(n)}(x) = \int_0^\infty t^{x-1}(\ln t)^n e^{-t}\, dt.$$

Benutzen wir Bemerkung 2.1.15, so folgt aus Satz 3.5.2, dass *die Γ-Funktion auf dem Gebiet $\mathbb{C} - \{0, -1, -2, \ldots\}$ analytisch ist und wegen der Funktionalgleichung in den Punkten $-n$, $n \in \mathbb{N}$, noch meromorph mit einem Pol der Ordnung 1 und Residuum $(-1)^n/n!$.* Wir werden dies im Folgenden aber auch direkt zeigen.

Zunächst leiten wir einige Produktdarstellungen der Γ-Funktion her. Sei $\Re x > 0$. Auf jedem kompakten Teilintervall von $]0, \infty[$ konvergiert die Funktionenfolge $f_n, n \in \mathbb{N}^*$, mit

$$f_n(t) := \begin{cases} t^{x-1}\big(1 - (t/n)\big)^n, & 0 < t \leq n, \\ 0, & t > n, \end{cases}$$

gleichmäßig gegen $t^{x-1}e^{-t}$ (vgl. Satz 1.4.3) und besitzt auf $]0, \infty[$ die integrierbare Majorante $t^{\Re x-1}e^{-t}$. Mit Satz 3.4.7 folgt nun

$$\Gamma(x) = \int_0^\infty t^{x-1}e^{-t}\, dt = \lim_{n \to \infty} \int_0^n f_n(t)\, dt = \lim_{n \to \infty} n^x \int_0^1 t^{x-1}(1 - t)^n\, dt.$$

Durch wiederholte partielle Integration ergibt sich unmittelbar

$$\int\limits_0^1 t^{x-1}(1-t)^n \, dt = \frac{n!}{x(x+1)\cdots(x+n)}.$$

Wir erhalten, wenn wir noch die Definition von $\Gamma(x)$ bei $\Re x \leq 0$ berücksichtigen:

Satz 3.5.3 (Gaußsche Produktdarstellung der Γ-Funktion) *Für $x \in \mathbb{C}$ mit $-x \notin \mathbb{N}$ ist*

$$\Gamma(x) = \lim_{n\to\infty} \frac{n^x n!}{x(x+1)\cdots(x+n)} = \frac{1}{x} \prod_{k=1}^{\infty} \frac{(1+(1/k))^x}{1+(x/k)}.$$

Insbesondere hat die Γ-Funktion keine Nullstellen. Wegen

$$\frac{n^x n!}{x(x+1)\cdots(x+n)} = \frac{1}{x} \exp\big(x\big(\ln n - (1+\cdots+(1/n))\big)\big) \prod_{k=1}^{n} \frac{\mathrm{e}^{x/k}}{1+(x/k)}$$

und $\lim_{n\to\infty}\big(\ln n - (1+\cdots+\frac{1}{n})\big) = -\gamma$, vgl. [14], Beispiel 3.3.8, ergibt sich überdies:

Satz 3.5.4 (Weierstraßsche Produktdarstellung der Γ-Funktion) *Für alle $x \in \mathbb{C}$ mit $-x \notin \mathbb{N}$ ist*

$$\Gamma(x) = \frac{\mathrm{e}^{-\gamma x}}{x} \prod_{k=1}^{\infty} \frac{\mathrm{e}^{x/k}}{1+(x/k)} \quad und \quad x! = \Gamma(x+1) = x\Gamma(x) = \mathrm{e}^{-\gamma x} \prod_{k=1}^{\infty} \frac{\mathrm{e}^{x/k}}{1+(x/k)}.$$

Aus der Gaußschen Produktdarstellung folgt ferner:

Satz 3.5.5 (Legendresche Verdoppelungsformel) *Für $x \in \mathbb{C}$ mit $-2x \notin \mathbb{N}$ gilt*

$$\Gamma(2x) = \frac{2^{2x-1}}{\sqrt{\pi}} \Gamma(x)\Gamma(x+(1/2)).$$

Zum *Beweis* benutzt man für $\Gamma(x)$, $\Gamma(x+(1/2))$ und $\Gamma(2x)$ die Gaußsche Produktdarstellung und überdies das Wallissche Produkt, das einfach die Gaußsche Produktdarstellung von $\Gamma(1/2)$ ist. □

Zu einer Verallgemeinerung der Legendreschen Verdoppelungsformel siehe Aufg. 3.5.3. Mit der Eulerschen Produktdarstellung des Sinus aus Beispiel 1.1.10 erhält man für $x \notin \mathbb{Z}$

$$\Gamma(x)\Gamma(-x) = -\frac{1}{x^2} \prod_{k=1}^{\infty} \frac{1}{(1-(x^2/k^2))} = -\frac{\pi}{x \sin \pi x}$$

und wegen $-x\Gamma(-x) = \Gamma(1-x)$ das folgende wichtige Resultat:

Abb. 3.15 Die Γ-Funktion im
Reellen

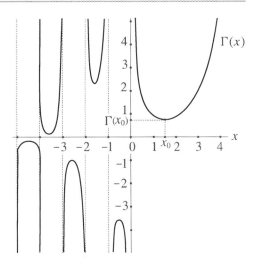

Satz 3.5.6 (Ergänzungsformel für die Γ-Funktion) *Für $x \in \mathbb{C} - \mathbb{Z}$ ist*

$$\Gamma(x)\Gamma(1-x) = \frac{\pi}{\sin \pi x}.$$

Setzt man hierin $x = 1/2$, so folgt noch einmal $\Gamma(1/2) = \sqrt{\pi}$, vgl. Satz 3.5.1 (3). Der
Graph der Γ-Funktion im Reellen ist in Abb. 3.15 dargestellt. $\Gamma(x_0) = 0{,}88560\,31944\,1\ldots$
ist das Minimum von $\Gamma(x)$ auf $\mathbb{R}_+^\times$, das für $x_0 = 1{,}46163\,21449\,6\ldots$ angenommen wird.

Die Gamma-Funktion besitzt auf der geschlitzten Ebene $\mathbb{C} - \mathbb{R}_-$ einen natürlichen Logarithmus log Γ, der durch log $\Gamma(1) = \ln(\Gamma(1)) = 0$ festgelegt ist und den man mit ln Γ
bezeichnet, vgl. Abschn. 2.4. Es ist also

$$e^{\ln \Gamma(x)} = \Gamma(x).$$

Die Funktion

$$\ln \Gamma(x) := -\ln x - \gamma x + \sum_{k=1}^{\infty} \left(\frac{x}{k} - \ln\left(1 + \frac{x}{k}\right) \right)$$

ist nämlich auf $\mathbb{C} - \mathbb{R}_-$ wohldefiniert, da dies für die Funktionen $\ln\left(1 + (x/k)\right), k \in \mathbb{N}^*$,
gilt und $\ln\left(1 + (x/k)\right) = x/k + O(1/k^2)$ ist für $k \to \infty$. Es ist $\ln \Gamma(1) = 0$. Die
Weierstraßsche Produktdarstellung 3.5.4 liefert $e^{\ln \Gamma(x)} = \Gamma(x)$ für $x \in \mathbb{C} - \mathbb{R}_-$. Sie
ergibt überdies

$$(\ln \Gamma)(x+1) = -\gamma x + \sum_{k=1}^{\infty} \left(\frac{x}{k} - \ln\left(1 + \frac{x}{k}\right) \right), \quad x \in \mathbb{C} - \,]-\infty, -1[.$$

Da die Reihe für $\ln \Gamma$ auf jeder kompakten Teilmenge von $\mathbb{C} - \mathbb{R}_-$ gleichmäßig konvergiert, *erhält man mit Satz 2.7.2 die Analytizität von* $\ln \Gamma$ *und damit auch die von* Γ. Ferner ergibt sich für die logarithmische Ableitung von Γ (wiederum nach Satz 2.7.2)

$$\frac{\Gamma'(x)}{\Gamma(x)} = (\ln \Gamma)'(x) = -\frac{1}{x} - \gamma + \sum_{k=1}^{\infty} \left(\frac{1}{k} - \frac{1}{x+k} \right) = -\frac{1}{x} - \gamma + x \sum_{k=1}^{\infty} \frac{1}{k(x+k)}$$

und

$$\frac{\Gamma'(x+1)}{\Gamma(x+1)} = (\ln \Gamma)'(x+1) = -\gamma + \sum_{k=1}^{\infty} \left(\frac{1}{k} - \frac{1}{x+k} \right) = -\gamma + x \sum_{k=1}^{\infty} \frac{1}{k(x+k)}.$$

Man setzt

$$\Psi := \Gamma' / \Gamma$$

und erhält für $n \in \mathbb{N}^*$ durch gliedweises Differenzieren der Reihendarstellung von $\ln \Gamma$

$$(\ln \Gamma)^{(n+1)}(x+1) = \Psi^{(n)}(x+1) = (-1)^{n-1} n! \sum_{k=1}^{\infty} \frac{1}{(x+k)^{n+1}},$$

was sogar für alle $x \in \mathbb{C}$, $-x \notin \mathbb{N}^*$, gilt. Benutzt man die für $|x| < 1$ und alle $k \in \mathbb{N}^*$ gültige Entwicklung

$$\frac{x}{k} - \ln(1 + \frac{x}{k}) = \frac{x}{k} - \sum_{\nu=1}^{\infty} \frac{(-1)^{\nu-1}}{\nu} \cdot \frac{x^\nu}{k^\nu} = \sum_{\nu=2}^{\infty} \frac{(-1)^\nu}{\nu} \frac{x^\nu}{k^\nu},$$

so gewinnt man aus der oben angegebenen Reihenentwicklung von $\ln \Gamma(x+1)$ mit dem Großen Umordnungssatz die folgende Potenzreihenentwicklung von $\ln \Gamma(x+1)$:

Satz 3.5.7 *Für* $|x| < 1$ *ist*

$$(\ln \Gamma)(x+1) = -\gamma x + \sum_{\nu=2}^{\infty} (-1)^\nu \frac{\zeta(\nu)}{\nu} x^\nu = -\ln(x+1) + (1-\gamma) x + \sum_{\nu=2}^{\infty} (-1)^\nu \frac{\zeta(\nu) - 1}{\nu} x^\nu.$$

Die letzte Potenzreihe konvergiert sogar gleichmäßig für $|x| \leq 1$. Insbesondere folgt aus $\ln \Gamma(2) = 0$ und $\ln 2 = 1 - \sum_{\nu=2}^{\infty} (-1)^\nu / \nu$ die Gleichung

$$\gamma = \sum_{\nu=2}^{\infty} \frac{(-1)^\nu}{\nu} \zeta(\nu).$$

Satz 3.5.7 liefert die Potenzreihenentwicklung von $\Gamma(x+1) = \exp((\ln \Gamma)(x+1))$ um 0 und damit die von Γ um 1 (vgl. Aufg. 2.2.15 für den Kalkül). Mit Satz 3.5.2 folgt z. B.

$$\int_0^\infty (\ln t)\mathrm{e}^{-t}\, dt = \Gamma'(1) = \Gamma'(1)/\Gamma(1) = (\ln \Gamma)'(1) = -\gamma,$$

$$\int_0^\infty (\ln t)^2 \mathrm{e}^{-t}\, dt = \Gamma''(1) = \Gamma'(1)^2 + (\ln \Gamma)''(1) = \gamma^2 + \zeta(2) = \gamma^2 + \frac{\pi^2}{6} \quad \text{usw.}$$

Neben $\Gamma(x)$ benutzt man häufig die sogenannten **unvollständigen** Γ**-Funktionen**

$$\Gamma_y(x) := \int_y^\infty t^{x-1}\mathrm{e}^{-t}\, dt = \int_0^\infty (y+t)^{x-1}\mathrm{e}^{-(y+t)}\, dt$$

$$= y^{x-1}\mathrm{e}^{-y}\int_0^\infty \left(1+\frac{t}{y}\right)^{x-1}\mathrm{e}^{-t}\, dt = y^x \mathrm{e}^{-y}\int_0^\infty (1+t)^{x-1}\mathrm{e}^{-yt}\, dt.$$

Hier ist $y > 0$ und $x \in \mathbb{C}$ beliebig.[9] Partielle Integration liefert die Funktionalgleichung

$$\Gamma_y(x+1) = y^x \mathrm{e}^{-y} + x\Gamma_y(x) \quad \text{oder} \quad \Gamma_y(x) = y^{x-1}\mathrm{e}^{-y} + (x-1)\Gamma_y(x-1)$$

für $y > 0$ und $x \in \mathbb{C}$. Man gewinnt daraus durch Iteration

$$\Gamma_y(x) = y^{x-1}\mathrm{e}^{-y}\left(\sum_{k=0}^{n-1}(x-1)\cdots(x-k)y^{-k}\right) + (x-1)\cdots(x-n)\Gamma_y(x-n)$$

für alle $n \in \mathbb{N}$ mit der (für große Werte von y günstigen) Abschätzung

$$|\Gamma_y(x-n)| \le \int_y^\infty t^{\Re x - n - 1}e^{-t}\, dt \le y^{\Re x - n - 1}\mathrm{e}^{-y}, \quad \text{falls } \Re x \le n+1.$$

---

[9] Einige Autoren definieren die unvollständigen Γ-Funktionen durch

$$\int_0^y t^{x-1}\mathrm{e}^{-t}\, dt = \Gamma(x) - \Gamma_y(x), \quad y > 0,\ \Re x > 0.$$

Beispiel 3.5.8 (Integrallogarithmus und Integralexponentialfunktion) Mittels obiger Funktionalgleichung lassen sich die Werte $\Gamma_y(-m)$ für $m \in \mathbb{N}^*$ auf $\Gamma_y(0)$ zurückführen. Mit der Substitution $\tau = \mathrm{e}^{-t}$ erhält man

$$\Gamma_y(0) = \int_y^\infty t^{-1}\mathrm{e}^{-t}\,dt = -\int_0^{\mathrm{e}^{-y}} \frac{d\tau}{\ln\tau} = -\mathrm{Li}(\mathrm{e}^{-y}),$$

wobei

$$\mathrm{Li}\,s := \int_0^s \frac{d\tau}{\ln\tau}, \quad 0 \le s < 1,$$

der sogenannte **Integrallogarithmus** ist. Die Funktion

$$\mathrm{Ei}\,y := \Gamma_y(0) = \int_y^\infty \frac{\mathrm{e}^{-t}}{t}\,dt$$

selbst heißt auch die **Integralexponentielle** oder die **Integralexponentialfunktion**. Für $y > 0$ ist

$$\mathrm{Ei}\,y = \int_y^\infty \frac{\mathrm{e}^{-t}}{t}\,dt = \int_1^\infty \frac{\mathrm{e}^{-t}}{t}\,dt - \int_1^y \frac{\mathrm{e}^{-t}}{t}\,dt = \mathrm{Ei}\,1 - \ln y + \int_1^y \frac{1-\mathrm{e}^{-t}}{t}\,dt$$

$$= \mathrm{Ei}\,1 - \int_0^1 \frac{1-\mathrm{e}^{-t}}{t}\,dt - \ln y + \int_0^y \frac{1-\mathrm{e}^{-t}}{t}\,dt = C - \ln y + \sum_{n=1}^\infty (-1)^{n-1}\frac{y^n}{n\cdot n!}$$

wegen $(1-\mathrm{e}^{-t})/t = \sum_{n\ge1}(-1)^{n-1}t^{n-1}/n!$, wobei $C := \mathrm{Ei}\,1 - \int_0^1 (1-\mathrm{e}^{-t})\,dt/t$ eine Konstante ist. Durch partielle Integration erhält man andererseits

$$\mathrm{Ei}\,y = \int_y^\infty \frac{\mathrm{e}^{-t}}{t}\,dt = -\mathrm{e}^{-y}\ln y + \int_y^\infty (\ln t)\mathrm{e}^{-t}\,dt,$$

woraus für $y \to 0$ wegen $\lim_{y\to0}(1-\mathrm{e}^{-y})\ln y = 0$ durch Vergleich mit obiger Formel

$$C = \mathrm{Ei}\,1 - \int_0^1 \frac{1-\mathrm{e}^{-t}}{t}\,dt = \int_0^\infty (\ln t)\mathrm{e}^{-t}\,dt = \Gamma'(1) = -\gamma$$

folgt. Insgesamt ergibt sich:

Satz 3.5.9 *Für $y > 0$ gilt mit der Eulerschen Konstanten γ*

$$\mathrm{Ei}\, y = -\mathrm{Li}(\mathrm{e}^{-y}) = \int\limits_{y}^{\infty} \frac{\mathrm{e}^{-t}}{t}\, dt = -\gamma - \ln y + \sum_{n=1}^{\infty} (-1)^{n-1} \frac{y^n}{n \cdot n!}.$$

Diese Darstellung von $\mathrm{Ei}\, y$ eignet sich für nicht zu große y. Für große y wählt man die vor diesem Beispiel angegebene asymptotische Darstellung

$$\mathrm{Ei}\, y = \frac{\mathrm{e}^{-y}}{y} \sum_{k=0}^{n-1} \frac{(-1)^k k!}{y^k} + \theta \frac{(-1)^n n!}{y^{n+1}} \mathrm{e}^{-y}, \quad 0 \le \theta = \theta(n, y) \le 1,$$

die für alle $n \in \mathbb{N}$ gilt. Für $s > 1$ definiert man den Integrallogarithmus durch

$$\mathrm{Li}\, s := \mathrm{PV} \int\limits_{0}^{s} \frac{d\tau}{\ln \tau},$$

wobei $\mathrm{PV} \int_0^s d\tau / \ln \tau$ der sogenannte **(Cauchysche) Hauptwert**[10]

$$\mathrm{PV} \int\limits_{0}^{s} \frac{d\tau}{\ln \tau} = \lim_{\substack{\varepsilon \to 0 \\ \varepsilon > 0}} \left(\int\limits_{0}^{1-\varepsilon} \frac{d\tau}{\ln \tau} + \int\limits_{1+\varepsilon}^{s} \frac{d\tau}{\ln \tau} \right)$$

$$= \lim_{\substack{\varepsilon \to 0 \\ \varepsilon > 0}} \left(\int\limits_{0}^{1-\varepsilon} \frac{d\tau}{\tau - 1} + \int\limits_{0}^{1-\varepsilon} \left(\frac{1}{\ln \tau} - \frac{1}{\tau - 1} \right) d\tau + \int\limits_{1+\varepsilon}^{s} \frac{d\tau}{\tau - 1} + \int\limits_{1+\varepsilon}^{s} \left(\frac{1}{\ln \tau} - \frac{1}{\tau - 1} \right) d\tau \right)$$

$$= \ln(s - 1) + \int\limits_{0}^{s} \left(\frac{1}{\ln \tau} - \frac{1}{\tau - 1} \right) d\tau$$

des nicht konvergenten Integrals $\int_0^s d\tau / \ln \tau$ ist. Dabei beachte man, dass die Funktion auf $\mathbb{R}_+$, die durch $0 \mapsto 1$ und $\tau \mapsto (1/\ln \tau) - 1/(\tau - 1)$ für $\tau > 0$ definiert wird, stetig ist. Da diese Funktion auf $\mathbb{R}_+^\times$ sogar analytisch ist, gilt dies auch für das Integral

$$F(s) := \int\limits_{0}^{s} \left(\frac{1}{\ln \tau} - \frac{1}{\tau - 1} \right) d\tau,$$

vgl. Satz 3.1.4. Für $0 < s < 1$ erhält man mit Satz 3.5.9

$$F(s) = \mathrm{Li}\, s - \ln|s - 1| = \gamma + \ln|\ln s| - \ln|s - 1| + \sum_{n=1}^{\infty} \frac{(\ln s)^n}{n \cdot n!}.$$

---

[10] Im Englischen **principal value** (PV).

Wegen des Identitätssatzes 1.3.3 für analytische Funktionen ist somit

$$F(s) = \operatorname{Li} s - \ln|s - 1| = \gamma + \ln\left(\frac{\ln s}{s - 1}\right) + \sum_{n=1}^{\infty} \frac{(\ln s)^n}{n \cdot n!}$$

für alle $s \in \mathbb{R}_+^{\times}$. Insbesondere ist

$$F(1) = \int_0^1 \left(\frac{1}{\ln \tau} - \frac{1}{\tau - 1}\right) d\tau = \gamma$$

und

$$F(2) = \operatorname{Li} 2 = \gamma + \ln\ln 2 + \sum_{n=1}^{\infty} \frac{(\ln 2)^n}{n \cdot n!} = 1{,}045\,163\,785\,65\ldots.$$

Ferner ist

$$\operatorname{Li} s \sim s / \ln s \quad \text{für } s \to \infty.$$

Zum Beweis beachte man, dass $(t / \ln t)' = (1 / \ln t) - (1 / \ln^2 t)$ ist und folglich bei $s \geq 4$

$$\frac{\int_2^s dt / \ln t}{s / \ln s} = 1 - \frac{2 / \ln 2}{s / \ln s} + \frac{\int_2^s dt / \ln^2 t}{s / \ln s} \quad \text{sowie}$$

$$\frac{\ln s}{s} \int_2^s \frac{dt}{\ln^2 t} = \frac{\ln s}{s} \int_2^{\sqrt{s}} \frac{dt}{\ln^2 t} + \frac{\ln s}{s} \int_{\sqrt{s}}^s \frac{dt}{\ln^2 t} \leq \frac{\ln s}{s} \frac{\sqrt{s} - 2}{\ln^2 2} + 4 \frac{\ln s}{s} \frac{s - \sqrt{s}}{\ln^2 s} \xrightarrow{s \to \infty} 0.$$

Der Primzahlsatz $\pi(x) \sim x / \ln x$ lässt sich daher auch in folgender Form schreiben:[11]

$$\pi(x) \sim \operatorname{Li} x, \quad \text{für } x \to \infty. \qquad \Diamond$$

Beispiel 3.5.10 Die Substitution $\tau = zt$, $d\tau = z\,dt$ liefert zunächst für $z > 0$ und $\Re x > 0$

$$\int_0^{\infty} t^{x-1} e^{-tz}\, dt = z^{-x} \int_0^{\infty} \tau^{x-1} e^{-\tau}\, d\tau = z^{-x} \Gamma(x).$$

Diese Gleichung gilt sogar für alle $z \in \mathbb{C}$ mit $\Re z > 0$. Denn bei festem x existiert für diese z das Integral $g(z) := \int_0^{\infty} t^{x-1} e^{-tz}\, dt$ und ist nach Satz 3.4.9 differenzierbar mit

$$g'(z) = -\int_0^{\infty} t^x e^{-tz}\, dt = \frac{1}{z} t^x e^{-tz} \Big|_0^{\infty} - \frac{x}{z} \int_0^{\infty} t^{x-1} e^{-tz}\, dt = -\frac{x}{z} g(z),$$

---

[11] Der Integrallogarithmus $\operatorname{Li} x$ approximiert die Primzahlfunktion $\pi(x)$ für großes x besser als die Funktion $x / \ln x$. – Man definiert den Integrallogarithmus gelegentlich auch durch PV $\int_2^s d\tau / \ln \tau = \operatorname{Li} s - \operatorname{Li} 2$, um für $s > 1$ die Singularität des Integranden an der Stelle $\tau = 1$ zu vermeiden. Es ist $\lim_{s \to 1, s \neq 1} \operatorname{Li} s = -\infty$.

so dass die Funktion $z \mapsto z^x g(z)$ wegen $(z^x g)' = z^x (g' + xz^{-1}g) = 0$ konstant ist.[12]

Setzt man $z = a + ib = re^{i\varphi}, a, b, r, \varphi \in \mathbb{R}, a, r > 0, |\varphi| < \pi/2$, so erhält man, indem man die obige Formel für z und $\overline{z}$ anwendet, die Gleichungen

$$\int_0^\infty e^{-at} t^{x-1} \cos bt \, dt - i \int_0^\infty e^{-at} t^{x-1} \sin bt \, dt = r^{-x} e^{-i\varphi x} \Gamma(x),$$

$$\int_0^\infty e^{-at} t^{x-1} \cos bt \, dt + i \int_0^\infty e^{-at} t^{x-1} \sin bt \, dt = r^{-x} e^{i\varphi x} \Gamma(x)$$

und schließlich:

Satz 3.5.11 *Sind $a, b \in \mathbb{R}$, $a > 0$, mit $r := (a^2 + b^2)^{1/2}$ und $\varphi := \arctan(b/a)$, so gilt für $x \in \mathbb{C}$, $\Re x > 0$:*

$$\int_0^\infty e^{-at} t^{x-1} \cos bt \, dt = \frac{\Gamma(x)}{r^x} \cos \varphi x, \qquad \int_0^\infty e^{-at} t^{x-1} \sin bt \, dt = \frac{\Gamma(x)}{r^x} \sin \varphi x.$$

Die zweite dieser Gleichungen gilt sogar für alle $x \in \mathbb{C}$ mit $\Re x > -1$, wobei darin im Fall $x = 0$ die rechte Seite durch $\arctan(b/a)$ zu ersetzen ist.

Zum *Beweis* des Zusatzes sei $\Re x > -1$ und $x \neq 0$. Partielle Integration ergibt

$$\int_0^\infty e^{-at} t^{x-1} \sin bt \, dt = x^{-1} e^{-at} t^x \sin bt \Big|_0^\infty - x^{-1} \int_0^\infty e^{-at} t^x (b \cos bt - a \sin bt) \, dt$$

$$= -x^{-1} r^{-(x+1)} \Gamma(x+1) \big(b \cos(\varphi(x+1)) - a \sin(\varphi(x+1))\big) = r^{-x} \Gamma(x) \sin \varphi x,$$

da $b \cos \varphi(x+1) - a \sin \varphi(x+1) = r \sin \varphi \cos \varphi(x+1) - r \cos \varphi \sin \varphi(x+1) = -r \sin \varphi x$ ist. Der Fall $x = 0$ ergibt sich schließlich mit Satz 3.4.8 durch eine Stetigkeitsüberlegung aus

$$\lim_{x \to 0} r^{-x} \Gamma(x) \sin \varphi x = \lim_{x \to 0} r^{-x} x^{-1} \Gamma(x+1) \sin \varphi x = \varphi. \qquad \Box$$

Wir wollen nun überlegen, dass die Formeln in Satz 3.5.11 in gewissen Fällen auch noch für $a = 0$ gelten. Dabei können wir $b = 1$ annehmen und erhalten:

---

[12] Da $g(z)$ komplex-differenzierbar und damit analytisch ist, folgt die Gleichheit $g(z) = z^{-x} \Gamma(x)$ für alle z mit $\operatorname{Re} z > 0$ auch aus dem Identitätssatz für analytische Funktionen.

Satz 3.5.12 *Sei* $\mu \in \mathbb{C}$. *Dann gilt*

$$\int\limits_0^\infty \frac{\cos t}{t^\mu}\, dt = \Gamma(1-\mu)\sin\frac{\pi}{2}\mu = \frac{\pi}{2\Gamma(\mu)\cos(\pi\mu/2)} \quad bei\ 0 < \Re\mu < 1,$$

$$\int\limits_0^\infty \frac{\sin t}{t^\mu}\, dt = \Gamma(1-\mu)\cos\frac{\pi}{2}\mu = \frac{\pi}{2\Gamma(\mu)\sin(\pi\mu/2)} \quad bei\ 0 < \Re\mu < 2,$$

wobei für das zweite Integral im Fall $\mu = 1$ *nur der letzte Ausdruck zu nehmen ist.*

Bevor wir Satz 3.5.12 beweisen, erwähnen wir folgende Spezialfälle: Es ist

$$\lim_{\substack{x\to\infty \\ x\in\mathbb{R}}} \operatorname{Si} x = \int\limits_0^\infty \frac{\sin t}{t}\, dt = \frac{\pi}{2}$$

und (wegen $\Gamma(1/2) = \sqrt{\pi}$)

$$\int\limits_0^\infty \frac{\cos t}{\sqrt{t}}\, dt = 2\int\limits_0^\infty \cos t^2\, dt = \sqrt{\frac{\pi}{2}}, \quad \int\limits_0^\infty \frac{\sin t}{\sqrt{t}}\, dt = 2\int\limits_0^\infty \sin t^2\, dt = \sqrt{\frac{\pi}{2}}.$$

Das erste Integral heißt das **Dirichlet-Integral**, die beiden letzten Integrale sind die sogenannten **Fresnel-Integrale**.

Beweis von Satz 3.5.12 Wegen Satz 3.5.11 haben wir nur zu zeigen, dass die Funktionen $a \mapsto \int_0^\infty e^{-at} t^{-\mu}\cos t\, dt,\ a \geq 0$, und $a \mapsto \int_0^\infty e^{-at} t^{-\mu}\sin t\, dt,\ a \geq 0$, durch $\int_0^\infty t^{-\mu}\cos t\, dt$ bzw. $\int_0^\infty t^{-\mu}\sin t\, dt$ stetig nach $a = 0$ fortgesetzt werden.

Betrachten wir die Kosinusintegrale. Die Funktion $e^{-at}(\sin t - a\cos t)/(1+a^2)$ ist für alle $a \geq 0$ eine Stammfunktion zu $e^{-at}\cos t$. Folglich gilt für $0 < u \leq v < \infty$ und $a \geq 0$

$$\int\limits_u^v e^{-at} t^{-\mu}\cos t\, dt = \frac{e^{-at}(\sin t - a\cos t)}{(1+a^2)t^\mu}\bigg|_u^v + \frac{\mu}{1+a^2}\int\limits_u^v \frac{e^{-at}(\sin t - a\cos t)}{t^{\mu+1}}\, dt.$$

Sei $\varepsilon > 0$ vorgegeben. Wegen $\Re(\mu+1) > 1$ gibt es ein $u_0 > 0$ mit $|\int_{u_0}^\infty e^{-at} t^{-\mu}\cos t\, dt| \leq \varepsilon/3$ für alle $a \geq 0$. Da die Funktion $a \mapsto \int_0^{u_0} e^{-at} t^{-\mu}\cos t\, dt$ nach Satz 3.4.8 im Nullpunkt stetig ist, gibt es ein $\delta > 0$, für das

$$\bigg|\int\limits_0^{u_0} (e^{-at} - 1)t^{-\mu}\cos t\, dt\bigg| \leq \frac{\varepsilon}{3}$$

ist, falls nur $0 \leq a \leq \delta$ ist. Für diese a ist dann

$$\left| \int_0^\infty (\mathrm{e}^{-at} - 1) t^{-\mu} \cos t \, dt \right|$$

$$\leq \left| \int_0^{u_0} (\mathrm{e}^{-at} - 1) t^{-\mu} \cos t \, dt \right| + \left| \int_{u_0}^\infty \mathrm{e}^{-at} t^{-\mu} \cos t \, dt \right| + \left| \int_{u_0}^\infty t^{-\mu} \cos t \, dt \right|$$

$$\leq \frac{\varepsilon}{3} + \frac{\varepsilon}{3} + \frac{\varepsilon}{3} = \varepsilon.$$

Die Sinusintegrale behandelt man analog. □ ◇

Beispiel 3.5.13 Die Γ-Funktion ist generell zur Behandlung von Integralen der Form

$$\int_0^\infty f(t) \mathrm{e}^{-t} \, dt$$

nützlich, die unter anderem bei der Laplace-Transformation auftreten (vgl. Aufg. 3.5.12). Als ein Beispiel beweisen wir hier die asymptotische Entwicklung

$$\left(\frac{\mathrm{e}}{x} \right)^x \Gamma_x(x+1) = \int_0^\infty \left(1 + \frac{t}{x} \right)^x \mathrm{e}^{-t} \, dt = \sqrt{\frac{\pi}{2}} x^{1/2} + \frac{2}{3} + O(x^{-1/2}), \ x \in \mathbb{R}_+^\times, \ x \to \infty.$$

Mit der Substitution $s(t) = t - \ln(1 + t)$, $ds/dt = t/(1 + t)$, erhält man

$$\int_0^\infty \left(1 + \frac{t}{x} \right)^x \mathrm{e}^{-t} \, dt = x \int_0^\infty (1 + t)^x \mathrm{e}^{-xt} \, dt = x \int_0^\infty \mathrm{e}^{-x\left(t - \ln(1+t)\right)} \, dt$$

$$= x \int_0^\infty \frac{\mathrm{e}^{-xs} \, ds}{ds/dt} = x \int_0^\infty \mathrm{e}^{-xs} \left(1 + \frac{1}{t(s)} \right) ds = \int_0^\infty \mathrm{e}^{-s} \left(1 + \frac{1}{t(s/x)} \right) ds = 1 + \int_0^\infty \frac{\mathrm{e}^{-s} \, ds}{t(s/x)}.$$

Für $0 < t < 1$ ist $2s(t) = t^2(1 + \varphi(t))$ mit der Reihe $\varphi(t) := \sum_{n=1}^\infty (-1)^n 2t^n/(n+2)$ und folglich $\sqrt{2s} = t\sqrt{1 + \varphi(t)}$. Für genügend kleine $s > 0$ folgt $t(s) = \sqrt{2s}\psi(\sqrt{2s})$, wobei $\sigma\psi(\sigma)$ die Umkehrreihe zu $t\sqrt{1 + \varphi(t)}$ ist, und schließlich $1/t(s) = \sum_{n=0}^\infty b_n(2s)^{(n-1)/2}$ mit $1/\psi(\sigma) = \sum_{n=0}^\infty b_n \sigma^n$. Somit gilt für jedes $n \in \mathbb{N}$

$$\frac{1}{t(s)} = \sum_{k=0}^n b_k (2s)^{(k-1)/2} + h_n(s) s^{n/2}$$

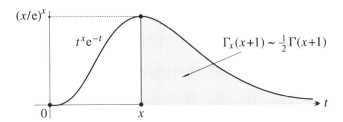

Abb. 3.16 Das Integral $\Gamma_x(x+1) = \int_x^\infty t^x e^{-t} dt \sim \frac{1}{2}\Gamma(x+1)$

mit einer beschränkten Funktion $h_n : \mathbb{R}_+^\times \to \mathbb{R}$. Es folgt

$$\int_0^\infty \left(1 + \frac{t}{x}\right)^x e^{-t}\, dt = 1 + \int_0^\infty \frac{e^{-s} ds}{t(s/x)} = 1 + \sum_{k=0}^{n} b_k \left(\frac{2}{x}\right)^{(k-1)/2} \Gamma\left(\frac{k+1}{2}\right) + O(1/x^{n/2})$$

für $x \to \infty$ (vgl. Aufg. 3.5.12 für eine allgemeinere Überlegung dieser Art). Die Koeffizienten $b_k, k \in \mathbb{N}$, bestimmt man rekursiv aus der Gleichung $t = t\sqrt{1 + \varphi(t)}\,\psi\left(t\sqrt{1+\varphi(t)}\right)$, d. h. aus

$$\sum_{n=0}^{\infty} b_n t^n \left(\sqrt{1+\varphi(t)}\right)^n = \sqrt{1+\varphi(t)}.$$

Es ergibt sich mit $\sqrt{1+\varphi(t)} = 1 - t/3 + 7t^2/36 - 73t^3/540 + \cdots$

$$b_0 = 1, \quad b_1 = -\frac{1}{3}, \quad b_2 = \frac{1}{12}, \quad b_3 = -\frac{2}{135}, \quad \cdots, \quad \text{also}$$

$$\int_0^\infty \left(1 + \frac{t}{x}\right)^x e^{-t} dt = \sqrt{\frac{\pi x}{2}} + \frac{2}{3} + \frac{1}{12}\sqrt{\frac{\pi}{2x}} - \frac{4}{135x} + O(1/\sqrt{x^3}).$$

Mit der Stirlingschen Formel $x! = \Gamma(x+1) \sim \sqrt{2\pi x}(x/e)^x$ für $x \in \mathbb{R}_+^\times$, $x \to \infty$ aus Beispiel 3.8.2 erhalten wir noch

$$\Gamma_x(x+1) \sim \sqrt{\frac{\pi x}{2}}\left(\frac{x}{e}\right)^x \sim \frac{1}{2}\Gamma(x+1).$$

Man beachte, dass der Integrand $t^x e^{-t}$ im Γ-Integral $\Gamma(x+1) = \int_0^\infty t^x e^{-t} dt$ für $t = x$ sein Maximum $(x/e)^x$ annimmt, vgl. Abb. 3.16. $\diamond$

Aufgaben

Aufgabe 3.5.1 Seien $x \in \mathbb{C}$ und $y \in \mathbb{R}_+^\times$. Dann gilt

$$\Gamma(x) = \int_0^1 (-\ln t)^{x-1} dt, \text{ falls } \Re x > 0, \quad \text{und} \quad \Gamma_y(x) = \int_0^{e^{-y}} (-\ln t)^{x-1} dt.$$

Aufgabe 3.5.2 Seien $x, z \in \mathbb{C}$, $z \neq 0$, und $\mu, \lambda, y \in \mathbb{R}_+^\times$. Dann gilt

$$\int_0^\infty t^{x-1} e^{-zt^\mu} dt = \frac{\Gamma(x/\mu)}{\mu z^{x/\mu}} \text{ und, falls } \Re x, \Re z > 0, \int_y^\infty t^{x-1} e^{-\lambda t^\mu} dt = \frac{\Gamma_{\lambda y^\mu}(x/\mu)}{\mu \lambda^{x/\mu}}.$$

Aufgabe 3.5.3 Sei $p \in \mathbb{N}^*$. Für alle $x \in \mathbb{C}$ mit $-px \notin \mathbb{N}$ gilt

$$(2\pi)^{(p-1)/2} \Gamma(px) = p^{(2px-1)/2} \Gamma(x) \Gamma\big(x + (1/p)\big) \cdots \Gamma\big(x + ((p-1)/p)\big).$$

(Man beweist diese Formel wie den Spezialfall $p = 2$ in der Legendreschen Verdopplungsformel 3.5.5, indem man zeigt, dass der Quotient beider Seiten konstant ist. Die Konstante bestimmt man etwa, $x = 1/p$ setzend, mit Hilfe der Ergänzungsformel 3.5.6 und [14], Aufg. 3.5.40 oder mit Hilfe der Stirlingschen Formel $n! \sim \sqrt{2\pi n}(n/e)^n$.)

Aufgabe 3.5.4 Für $z \in \mathbb{C}$ mit $z + \frac{1}{2} \notin \mathbb{Z}$ gilt $\Gamma\big(\frac{1}{2} + z\big)\Gamma\big(\frac{1}{2} - z\big) = \pi / \cos \pi z$. (Man verwende Satz 3.5.6.)

Aufgabe 3.5.5 Die Funktion $\ln \Gamma$ ist auf $\mathbb{R}_+^\times$ streng konvex, die Γ-Funktion ist also auf $\mathbb{R}_+^\times$ logarithmisch konvex. (Vgl. Aufg. 2.5.5 a).)

Aufgabe 3.5.6 Man schreibe (bei entsprechenden Programmierkenntnissen) ein Computer-Programm, das $\Gamma(x)$ für alle $x \in [1,2]$ bis auf einen Fehler $\leq 10^{-4}$ berechnet. (Man orientiere sich an Satz 3.5.7 und verwende die Funktionalgleichung der Γ-Funktion. Zum Abschätzen des Lagrangeschen Restgliedes kann man die Formeln für die Ableitungen $(\ln \Gamma)^{(n+1)}(x+1) = \Psi^{(n)}(x+1)$ vor Satz 3.5.7 benutzen.)

Aufgabe 3.5.7 Für alle $a, b \in \mathbb{R}$, $a > 0$, gilt (wegen $\int_0^\infty e^{-(a-ib)t} dt = \Gamma(1)/(a - ib)$)

$$\int_0^\infty e^{-at} \cos bt \, dt = \frac{a}{a^2 + b^2} \text{ und } \int_0^\infty e^{-at} \sin bt \, dt = \frac{b}{a^2 + b^2}. \text{ (Vgl. auch Aufg. 3.4.1.)}$$

Aufgabe 3.5.8 Für alle $\mu \in \mathbb{R}$ mit $\mu > 1$ (bzw. mit $|\mu| > 1$) gilt

$$\int_0^\infty \cos t^\mu \, dt = \Gamma\Big(1 + \frac{1}{\mu}\Big) \cos \frac{\pi}{2\mu} \quad \text{(bzw. } \int_0^\infty \sin t^\mu \, dt = \Gamma\Big(1 + \frac{1}{\mu}\Big) \sin \frac{\pi}{2\mu}\text{).}$$

Aufgabe 3.5.9 Für alle $\mu \in \mathbb{C}$ mit $0 < \Re \mu < 1$ ist

$$\int_0^\infty t^{-\mu} e^{it} \, dt = i\Gamma(1 - \mu) e^{-i\pi\mu/2} \quad \text{und} \quad \int_0^\infty t^{-\mu} e^{-it} \, dt = -i\Gamma(1 - \mu) e^{i\pi\mu/2}.$$

Aufgabe 3.5.10 Für alle $\mu \in \mathbb{C}$ mit $1 < \Re\mu < 3$ ist

$$\int_0^\infty t^{-\mu} \sin^2 t \, dt = -\frac{2^{\mu-3}\pi}{\Gamma(\mu)\cos(\pi\mu/2)}.$$

(Man verwende partielle Integration.) Insbesondere ist $\int_0^\infty t^{-2} \sin^2 t \, dt = \pi/2$.

Aufgabe 3.5.11
a) Für $a, b, c > 0$ und $r := \sqrt{a^2 + b^2}$, $\varphi := \arctan(b/a)$, $s := \sqrt{a^2 + c^2}$, $\psi := \arctan(c/a)$ sowie alle $x \in \mathbb{C}$ mit $\Re x > -2$ gilt

$$\int_0^\infty e^{-at} t^{x-1}(\cos bt - \cos ct)\,dt = \Gamma(x)\left(\frac{\cos\varphi x}{r^x} - \frac{\cos\psi x}{s^x}\right),$$

wobei für $x = 0$ und $x = -1$ auf der rechten Seite die stetigen Ergänzungen $\ln(s/r)$ bzw. $a\ln(r/s) - \varphi b + \psi c$ zu nehmen sind. (Man beweist dies analog zu Satz 3.5.11.)
b) Aus a) folgere man (analog wie Satz 3.5.12 aus Satz 3.5.11): Für alle $\mu \in \mathbb{C}$ mit $0 < \Re\mu < 3$ und alle $b, c > 0$ ist

$$\int_0^\infty t^{-\mu}(\cos bt - \cos ct)\,dt = \Gamma(1-\mu)(b^{\mu-1} - c^{\mu-1})\sin\frac{\pi\mu}{2} = \frac{\pi(b^{\mu-1} - c^{\mu-1})}{2\Gamma(\mu)\cos(\pi\mu/2)},$$

wobei für $\mu = 2$ auf der rechten Seite nur der zweite Ausdruck zu nehmen ist und für $\mu = 1$ seine stetige Ergänzung

$$\int_0^\infty \frac{\cos bt - \cos ct}{t}\,dt = \ln\frac{c}{b}.$$

c) Für $c > 0$ und alle $\mu \in \mathbb{C}$ mit $1 < \Re\mu < 3$ gilt

$$\int_0^\infty t^{-\mu}(1 - \cos ct)\,dt = -\Gamma(1-\mu)c^{\mu-1}\sin\frac{\pi\mu}{2} = -\frac{\pi c^{\mu-1}}{2\Gamma(\mu)\cos(\pi\mu/2)}.$$

Aufgabe 3.5.12 Seien $\alpha \in \mathbb{R}$ und $\alpha_0, \ldots, \alpha_n \in \mathbb{K}$ mit $-1 < \Re\alpha_k < \alpha$. Die stetige Funktion $f : \mathbb{R}_+^\times \to \mathbb{K}$ besitze die asymptotische Entwicklung $f(t) = \sum_{k=0}^n b_k t^{\alpha_k} + O(t^\alpha)$ für $t \to 0$ mit Konstanten $b_0, \ldots, b_n \in \mathbb{K}$ und $f(t) = O(t^\alpha)$ für $t \to \infty$. Bei $x \in \mathbb{R}_+^\times$ ist dann

$$\int_0^\infty f(t/x)e^{-t}\,dt = x\int_0^\infty f(t)e^{-xt}\,dt = \sum_{k=0}^n b_k x^{-\alpha_k}\Gamma(\alpha_k + 1) + O(x^{-\alpha}),$$

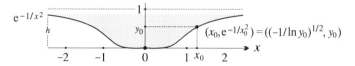

Abb. 3.17 Querschnitt $z = 0$ der Schale

wobei hier $O(x^{-\alpha})$ eine Funktion $\mathbb{R}^{\times}_{+} \to \mathbb{K}$ ist, die nach Division durch $x^{-\alpha}$ auf ganz $\mathbb{R}^{\times}_{+}$ beschränkt bleibt.[13] Die Voraussetzungen über f sind insbesondere dann erfüllt, wenn f beschränkt und im Nullpunkt $(n + 1)$-mal differenzierbar ist. Für $t \to 0$ ist dann $f(t) = \sum_{k=0}^{n} f^{(k)}(0) t^k / k! + O(t^{n+1})$, also

$$\int_{0}^{\infty} f(t) e^{-xt} dt = \sum_{k=0}^{n} \frac{f^{(k)}(0)}{x^{k+1}} + O\left(\frac{1}{x^{n+2}}\right).$$

Aufgabe 3.5.13 Für die folgende Aufgabe verweisen wir auf Abb. 3.17.

a) Man berechne den Flächeninhalt von $\{(x, y) \in \mathbb{R}^2 \mid e^{-1/x^2} \leq y < 1\} \subseteq \mathbb{R}^2$.
b) Für $h \in {]}0, 1{[}$ bestimme man den Inhalt der Schale

$$M_h := \{(x, y, z) \in \mathbb{R}^3 \mid 0 \leq y \leq h, \ x^2 + z^2 \leq -1/\ln y\}.$$

Welchen Grenzwert hat dieser Inhalt für $h \to 1-$? (Vgl. Beispiel 3.5.8.)

Aufgabe 3.5.14 Für $s \in \mathbb{C}$ mit $\Re s > 1$ ist

$$\int_{0}^{\infty} \frac{t^{s-1} dt}{e^t - 1} = \int_{0}^{\infty} t^{s-1} \left(\sum_{n=1}^{\infty} e^{-nt}\right) dt = \sum_{n=1}^{\infty} \int_{0}^{\infty} t^{s-1} e^{-nt} dt = \Gamma(s) \zeta(s)$$

und für $s \in \mathbb{C}$ mit $\Re s > 0$ (vgl. [14], Aufg. 3.6.11 a))

$$\int_{0}^{\infty} \frac{t^{s-1} dt}{e^t + 1} = (1 - 2^{1-s}) \Gamma(s) \zeta(s).$$

3.6   Elliptische Integrale und Funktionen

Funktionen, die Quadratwurzeln aus Polynomfunktionen enthalten, sind in der Regel nicht elementar integrierbar. Eine Ausnahme bilden die Funktionen, die durch rationale Ausdrücke der Form $R(t, \sqrt{at + b})$ bzw. $R(t, \sqrt{at^2 + bt + c})$ mit Konstanten $a, b, c \in \mathbb{R}$,

---

[13] $x \mapsto \int_{0}^{\infty} f(t) e^{-xt} dt$ ist die **Laplace-Transformierte von** f, vgl. Bd. 6.

$a \neq 0$, beschrieben werden, vgl. Aufg. 3.2.17. Integrale der Form $\int R\bigl(t, \sqrt{P(t)}\bigr)\,dt$ mit einem Polynom $P \in \mathbb{C}[X]$ vom Grad 3 oder 4 ohne mehrfache Nullstellen heißen **elliptische Integrale**. Umfassend (und angemessen) können solche Integrale erst behandelt werden, wenn die Integranden als Differenziale auf den elliptischen Riemannschen Flächen (die nichts mit Ellipsen zu tun haben) zu den quadratischen Funktionenkörpern $\mathbb{C}(X)[Y]/(Y^2 - P)$ über dem rationalen Funktionenkörper $\mathbb{C}(X)$ (vgl. [14], Beispiel 2.9.36) betrachtet werden. Wir tun dies in Bd. 11 über Funktionentheorie. Hier beschäftigen wir uns nur mit den reellen elliptischen Normalintegralen erster, zweiter und dritter Gattung, die im Anschluss an A.-M. Legendre (1752–1831) folgendermaßen definiert sind.

Definition 3.6.1 Seien $0 \leq k < 1$ und $x, c \in \mathbb{R}$, $|x| \leq 1$. Dann heißen

$$u(x,k) := \int_0^x \frac{dt}{\sqrt{(1-t^2)(1-k^2t^2)}}, \quad v(x,k) := \int_0^x \frac{\sqrt{1-k^2t^2}}{\sqrt{1-t^2}}\,dt,$$

$$w(x,k) := \int_0^x \frac{dt}{(1+ct^2)\sqrt{(1-t^2)(1-k^2t^2)}} \quad \text{(für } |x| < 1/\sqrt{|c|} \text{ bei } c < 0)$$

die **elliptischen Normalintegrale erster** bzw. **zweiter** bzw. **dritter Gattung**. Für $x = 1$ erhält man die zugehörigen **vollständigen elliptischen Normalintegrale**

$$K(k) := u(1,k) = \int_0^1 \frac{dt}{\sqrt{(1-t^2)(1-k^2t^2)}}, \quad E(k) := v(1,k) = \int_0^1 \frac{\sqrt{1-k^2t^2}}{\sqrt{1-t^2}}\,dt$$

erster bzw. **zweiter Gattung**. Dabei heißt k jeweils der **Modul** des Normalintegrals und, bei den Integralen dritter Gattung, c der **Parameter**. Schließlich nennt man $k' := \sqrt{1-k^2}$ den zu k **komplementären Modul**.

Man beachte, dass es sich bei den vollständigen Normalintegralen um uneigentliche Integrale handelt. Offenbar ist (das $1/k'$-fache von) $\int_0^1 dt/\sqrt{1-t^2} = \arcsin t\big|_0^1 = \pi/2$ eine konvergente Majorante zu diesen Integralen.

Durch die Substitution $t = \sin\psi$, also $d\psi = dt/\sqrt{1-t^2}$, erhält man folgende Darstellung der elliptischen Normalintegrale u, v, w (mit $k \in [0,1[$, $\varphi, c \in \mathbb{R}$):

$$F(\varphi,k) := \int_0^\varphi d\psi \big/ \sqrt{1-k^2\sin^2\psi}, \quad E(\varphi,k) := \int_0^\varphi \sqrt{1-k^2\sin^2\psi}\,d\psi;$$

$$\Pi(\varphi,c,k) := \int_0^\varphi \frac{d\psi}{(1+c\sin^2\psi)\sqrt{1-k^2\sin^2\psi}}, \quad |\varphi| < \arcsin\bigl(1/\sqrt{|c|}\bigr) \text{ bei } c \leq -1,$$

Für $k \in [0, 1[$ gilt also

$$u(\sin \varphi, k) = F(\varphi, k), \quad v(\sin \varphi, k) = E(\varphi, k), \quad |\varphi| \le \pi/2;$$
$$w(\sin \varphi, k) = \Pi(\varphi, c, k), \quad |\varphi| \le \pi/2 \text{ bzw. } |\varphi| < \arcsin\left(|c|^{-1/2}\right) \text{ bei } c \le -1.$$

Die vollständigen elliptischen Normalintegrale gehen dabei in

$$K(k) = F(\pi/2, k) \quad \text{und} \quad E(k) = E(\pi/2, k)$$

über. Die Substitution $\vartheta = -\psi$ liefert

$$F(-\varphi, k) = -F(\varphi, k), \quad E(-\varphi, k) = -E(\varphi, k), \quad \Pi(-\varphi, c, k) = -\Pi(\varphi, c, k).$$

Die Substitution $\vartheta = \pi - \psi$ führt zu

$$\int\limits_{\varphi}^{\pi} d\psi \Big/ \sqrt{1 - k^2 \sin^2 \psi} = F(\pi - \varphi, k), \quad \varphi \in \mathbb{R}.$$

Für $\varphi = \pi/2$ ergibt sich $F(\pi, k) = 2K(k)$. Da $\sin^2 \psi$ die Periode π hat, folgt

$$F(\varphi + \pi, k) = 2K(k) + F(\varphi, k) \quad \text{und} \quad E(\varphi + \pi, k) = 2E(k) + E(\varphi, k).$$

Offensichtlich gilt für alle x mit $|x| \le 1$ bzw. für alle $\varphi \in \mathbb{R}$:

$$u(x, 0) = v(x, 0) = \int\limits_0^x \frac{dt}{\sqrt{1 - t^2}} = \arcsin x,$$

$$F(\varphi, 0) = E(\varphi, 0) = \varphi, \quad K(0) = E(0) = \pi/2;$$

$$u(x, 1) = \int\limits_0^x \frac{dt}{1 - t^2} = \frac{1}{2} \ln \frac{1 + x}{1 - x} = \operatorname{Artanh} x, \quad v(x, 1) = x,$$

$$F(\varphi, 1) = \operatorname{Artanh}(\sin \varphi), \quad K(1) = \infty, \quad E(\varphi, 1) = \sin \varphi, \quad E(1) = 1.$$

Bei festem $k \in [0, 1[$ konvergiert die folgende Reihe gleichmäßig in $\varphi \in \mathbb{R}$:

$$\frac{d}{d\varphi} F(\varphi, k) = (1 - k^2 \sin^2 \varphi)^{-\frac{1}{2}} = \sum_{n=0}^{\infty} \binom{2n}{n} \left(\frac{k}{2}\right)^{2n} \sin^{2n} \varphi.$$

Sie lässt sich also gliedweise integrieren und liefert wegen $F(0, k) = 0$ unter Verwendung von $C_{2n}(\varphi) := \int_0^\varphi \sin^{2n} t \, dt$ und $c_{2n} := C_{2n}(\pi/2) = \binom{2n}{n}\pi/2^{2n+1}$, vgl. Beispiel 3.2.6 (4), die folgenden Reihenentwicklungen von F, K und E:

Satz 3.6.2 *Für alle $\varphi \in \mathbb{R}$ und alle k mit $0 \leq k < 1$ gilt*

$$F(\varphi,k) = \sum_{n=0}^{\infty} \binom{2n}{n} \left(\frac{k}{2}\right)^{2n} C_{2n}(\varphi), \qquad K(k) = \frac{\pi}{2} \sum_{n=0}^{\infty} \binom{2n}{n}^2 \left(\frac{k}{4}\right)^{2n};$$

$$E(\varphi,k) = \sum_{n=0}^{\infty} \frac{-1}{2n-1} \binom{2n}{n} \left(\frac{k}{2}\right)^{2n} C_{2n}(\varphi), \quad E(k) = \frac{\pi}{2} \sum_{n=0}^{\infty} \frac{-1}{2n-1} \binom{2n}{n}^2 \left(\frac{k}{4}\right)^{2n}.$$

Die in Satz 3.6.2 angegebenen Potenzreihen für K und E lassen sich auch mit den hypergeometrischen Reihen $F(a,b;c;z)$ aus Beispiel 2.2.14 interpretieren. Durch Koeffizientenvergleich sieht man

$$K(k) = \frac{\pi}{2} F\left(\frac{1}{2},\frac{1}{2};1;k^2\right), \quad E(k) = \frac{\pi}{2} F\left(-\frac{1}{2},\frac{1}{2};1;k^2\right).$$

Insbesondere erfüllen K und E spezielle hypergeometrische Differenzialgleichungen. Da für $F(z) := F(1/2, 1/2; 1; z)$ nach Beispiel 2.2.14 die Differenzialgleichung

$$z(1-z)\frac{d^2 F}{dz^2} + (1-2z)\frac{dF}{dz} - \frac{1}{4}F = 0$$

gilt, genügt K wegen

$$\frac{dK}{dk} = \pi k \frac{dF}{dz}(k^2), \quad \frac{d^2 K}{dk^2} = 2\pi k^2 \frac{d^2 F}{dz^2}(k^2) + \pi \frac{dF}{dz}(k^2)$$

der Differenzialgleichung

$$k(1-k^2)\frac{d^2 K}{dk^2} + (1-3k^2)\frac{dK}{dk} - kK = 0.$$

Analog erhält man für E die Differenzialgleichung

$$k(1-k^2)\frac{d^2 E}{dk^2} + (1-k^2)\frac{dE}{dk} + kE = 0.$$

Die Abb. 3.18 und 3.19 geben eine Eindruck davon, wie $F(\varphi,k)$ und $E(\varphi,k)$ von φ und k abhängen:

Allgemeine elliptische Integrale lassen sich mit Hilfe der in Definition 3.6.1 eingeführten elliptischen Normalintegrale bestimmen. Als Beispiele dazu notieren wir hier nur (vgl. auch Aufg. 3.6.1 und Aufg. 3.6.2):

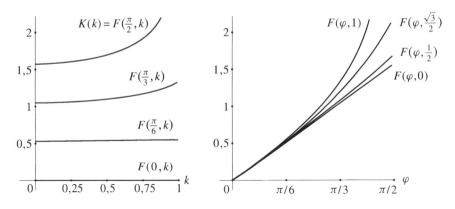

Abb. 3.18 Elliptische Normalintegrale erster Gattung

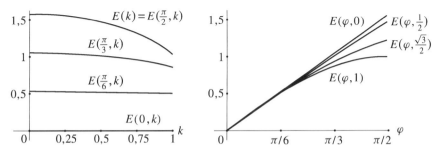

Abb. 3.19 Elliptische Normalintegrale zweiter Gattung

Satz 3.6.3 *Für* $0 < k < 1$ *und* $|x| \leq 1$ *gilt*

$$\int_0^x \frac{t^2\,dt}{\sqrt{(1-t^2)(1-k^2t^2)}} = \frac{1}{k^2}\big(u(x,k) - v(x,k)\big),$$

$$\int_0^x \frac{dt}{\sqrt{1-t^2}\sqrt{1-k^2t^2}^3} = \frac{1}{1-k^2}\left(v(x,k) - k^2x\,\frac{\sqrt{1-x^2}}{\sqrt{1-k^2x^2}}\right).$$

Man prüft diese Formeln für $|x| < 1$ direkt durch Differenzieren der rechten Seiten nach x. Als Folgerung erhalten wir für die Ableitungen nach k:

Satz 3.6.4 *Für* $0 < k < 1$ *und festes* $x \in [-1, 1]$ *gilt*

$$\frac{\partial u}{\partial k}(x,k) = \frac{1}{k}\left(\frac{1}{1-k^2}v(x,k) - u(x,k)\right) - \frac{kx}{1-k^2}\frac{\sqrt{1-x^2}}{\sqrt{1-k^2x^2}},$$

$$\frac{\partial v}{\partial k}(x,k) = \frac{1}{k}\big(v(x,k) - u(x,k)\big).$$

Beweis Wir differenzieren gemäß Satz 3.2.17 bzw. 3.4.9 unter dem Integralzeichen:

$$\frac{\partial u}{\partial k}(x,k) = \int_0^x \frac{\partial}{\partial k}\Big(\frac{1}{\sqrt{1-t^2}\sqrt{1-k^2t^2}}\Big)\,dt = \int_0^x \frac{kt^2}{\sqrt{1-t^2}\sqrt{1-k^2t^2}^{\,3}}\,dt$$

$$= \frac{1}{k}\int_0^x \frac{1-(1-k^2t^2)}{\sqrt{1-t^2}\sqrt{1-k^2t^2}^{\,3}}\,dt = \frac{1}{k}\Big(\int_0^x \frac{dt}{\sqrt{1-t^2}\sqrt{1-k^2t^2}^{\,3}} - u(x,k)\Big).$$

Mit der zweiten Formel aus Satz 3.6.3 folgt daraus die Behauptung. Ebenso sieht man mit der ersten Formel dieses Satzes:

$$\frac{\partial v}{\partial k}(x,k) = \int_0^x \frac{\partial}{\partial k}\sqrt{\frac{1-k^2t^2}{1-t^2}}\,dt = \int_0^x \frac{-kt^2\,dt}{\sqrt{1-t^2}\sqrt{1-k^2t^2}} = \frac{1}{k}\big(v(x,k)-u(x,k)\big).\ \square$$

Speziell für $x=1$ liefern diese Formeln mit $k' = \sqrt{1-k^2}$, $dk'/dk = -k/k'$:

$$\frac{dK}{dk}(k) = \frac{1}{k}\Big(\frac{1}{k'^2}E(k) - K(k)\Big),\quad \frac{dE}{dk}(k) = \frac{1}{k}\big(E(k) - K(k)\big),$$

$$\frac{d(K-E)}{dk}(k) = \frac{k}{k'^2}E(k),\quad \frac{d}{dk}K(k') = \frac{k}{k'^2}\Big(K(k') - \frac{1}{k^2}E(k')\Big),$$

$$\frac{d}{dk}E(k') = \frac{k}{k'^2}\big(K(k') - E(k')\big).$$

Diese Ableitungsformeln bestätigt man auch mit Hilfe der Reihen aus Satz 3.6.2. Wir können nun beweisen:

Satz 3.6.5 (Legendresche Relation) *Für* $0 < k < 1$ *und* $k' = \sqrt{1-k^2}$ *gilt*

$$E(k)K(k') + E(k')K(k) - K(k)K(k') = \frac{\pi}{2}.$$

Beweis Unter Verwendung der vorstehenden Formeln erhält man für die Ableitung der linken Seite $E(k')K(k) - (K(k) - E(k))K(k')$ nach k:

$$\frac{k}{k'^2}\big(K(k') - E(k')\big)K(k) + \frac{1}{k}E(k')\Big(\frac{1}{k'^2}E(k) - K(k)\Big)$$

$$- \frac{k}{k'^2}E(k)K(k') - \frac{k}{k'}\big(K(k) - E(k)\big)\Big(K(k') - \frac{1}{k^2}E(k')\Big) = 0.$$

Die linke Seite ist also konstant, und es genügt zu zeigen, dass sie für $k \to 0$ den Grenzwert $\pi/2$ hat. Das Wallissche Produkt (vgl. Beispiel 3.2.6 (4)) liefert

$$\frac{\pi}{4^{2n}}\binom{2n}{n}^2 < \frac{1}{n},\quad n \in \mathbb{N}^*.$$

Mit den Potenzreihenentwicklungen von K und E folgt

$$K(k) = \frac{\pi}{2} + \frac{1}{2}\sum_{n=1}^{\infty}\frac{\pi}{4^{2n}}\binom{2n}{n}^2 k^{2n} \leq \frac{\pi}{2} + \frac{1}{2}\sum_{n=1}^{\infty}\frac{1}{n}(k^2)^n = \frac{\pi}{2} - \frac{1}{2}\ln(1-k^2),$$

$$K(k) - E(k) = \frac{\pi}{2}\sum_{n=1}^{\infty}\frac{2n}{2n-1}\binom{2n}{n}^2\left(\frac{k}{4}\right)^{2n}.$$

Wegen $\lim_{x\to 0} x \ln x = 0$ und $0 \leq k^2 K(k') \leq (\pi k^2 - k^2 \ln k^2)/2$ ist also $\lim_{k\to 0} k^2 K(k') = 0$ und somit $\lim_{k\to 0}\big(K(k) - E(k)\big)K(k') = 0$. Schließlich ist

$$\lim_{k\to 0}\big(E(k')K(k) - (K(k) - E(k))K(k')\big) = E(1)K(0) = \pi/2. \qquad \square$$

Für $k = k' = 1/\sqrt{2}$ erhält man den folgenden Spezialfall der Legendreschen Relation, der schon von Euler mit Hilfe von Beta-Integralen hergeleitet wurde. Wir bringen diesen Beweis (und damit einen unabhängigen Beweis für den Wert der Konstanten in Satz 3.6.5) in Bd. 6.

Korollar 3.6.6 *Es gilt* $2E\big(1/\sqrt{2}\big)K\big(1/\sqrt{2}\big) - \big(K(1/\sqrt{2})\big)^2 = \pi/2$.

Bei den folgenden Überlegungen ist es zweckmäßig, im Anschluss an Gauß die vollständigen elliptischen Normalintegrale erster und zweiter Gattung etwas zu verallgemeinern.

Definition 3.6.7 Für $a, b > 0$ setzen wir

$$I(a,b) := \int_0^1 \frac{dt}{\sqrt{(1-t^2)(a^2 + (b^2-a^2)t^2)}}, \quad J(a,b) := \int_0^1 \frac{\sqrt{a^2 + (b^2-a^2)t^2}}{\sqrt{1-t^2}}\,dt.$$

Es ist $K(k) = I(1,k')$ und $E(k) = J(1,k')$ mit $k' = \sqrt{1-k^2}$. Für alle $\lambda > 0$ gilt $I(\lambda a, \lambda b) = I(a,b)/\lambda$ und $J(\lambda a, \lambda b) = \lambda J(a,b)$. Die Substitutionen $t = \sin\psi$ und dann $\psi = \arctan t$ liefern

$$I(a,b) = \int_0^{\pi/2}\frac{d\psi}{\sqrt{a^2\cos^2\psi + b^2\sin^2\psi}} = \int_0^{\infty}\frac{dt}{\sqrt{(1+t^2)(a^2+b^2t^2)}},$$

$$J(a,b) = \int_0^{\pi/2}\sqrt{a^2\cos^2\psi + b^2\sin^2\psi}\,d\psi = \int_0^{\infty}\frac{\sqrt{a^2 + b^2t^2}}{(1+t^2)^{3/2}}\,dt.$$

Es ergibt sich $I(a,b) = I(b,a)$ und $J(a,b) = J(b,a)$. Die folgende Aussage ist ein nützliches Hilfsmittel zur schnellen Berechnung der vollständigen elliptischen Normalintegrale.

Satz 3.6.8 *Für $a, b > 0$ gilt:*

(1) *Es ist $I(a,b) = I\left(\frac{1}{2}(a+b), \sqrt{ab}\right)$.*
(2) *Es ist $J(a,b) = 2J\left(\frac{1}{2}(a+b), \sqrt{ab}\right) - ab\,I(a,b)$.*

Beweis (1) Zum Nachweis der ersten Identität verwenden wir die sogenannte **Landensche Transformation** (nach J. Landen (1719–1790))

$$t := \Lambda(s) := \frac{2as}{(a+b) + (a-b)s^2}.$$

Es ist $\Lambda(0) = 0$, $\Lambda(1) = 1$. Außerdem ist Λ auf $[0,1]$ streng monoton wachsend wegen

$$\frac{dt}{ds} = \Lambda'(s) = \frac{2a(a+b - (a-b)s^2)}{((a+b)+(a-b)s^2)^2} \geq \mathrm{Min}\left(\frac{a}{b}, \frac{b}{a}\right) > 0.$$

Wir setzen $A = A(s) := (a+b) + (a-b)s^2$, $B = B(s) := (a+b) + (b-a)s^2$ sowie $C = C(s) := (a+b)^2 - (a-b)^2 s^2 = 4((a+b)/2)^2 + 4\big(ab - ((a+b)/2)^2\big)s^2$. Dann gilt

$$1 - t^2 = (1-s^2)C/A^2, \quad a^2 + (b^2 - a^2)t^2 = a^2 B^2/A^2, \quad dt/ds = 2aB/A^2$$

und somit

$$I(a,b) = \int_0^1 \frac{dt}{\sqrt{(1-t^2)(a^2 + (b^2-a^2)t^2)}} = \int_0^1 \frac{2\,ds}{\sqrt{(1-s^2)C}} = I\left(\frac{a+b}{2}, \sqrt{ab}\right).$$

(2) Zum Beweis der zweiten Identität benutzen wir eine Variante der Landenschen Transformation. Für $s \in \mathbb{R}_+$, $s \neq c := \sqrt{a/b}$, setzen wir

$$t := L(s) := \frac{(a+b)s}{a - bs^2}.$$

Dann ist $L(0) = 0$, $\lim_{s \to c-} L(s) = \infty = \lim_{s \to c+}(-L)(s)$ und $\lim_{s \to \infty}(-L)(s) = 0$. Außerdem ist L auf $[0,c[$ streng monoton wachsend und $-L$ auf $]c, \infty[$ streng monoton fallend wegen

$$\frac{dt}{ds} = L'(s) = \frac{(a+b)(a+bs^2)}{(a-bs^2)^2} > 0, \quad s \in \mathbb{R}_+.$$

Wir definieren jetzt $A := a - bs^2$, $B := a + bs^2$ und $C := a^2 - b^2 s^4$, $D := a^2 + b^2 s^2$. Dann sieht man leicht

$$1 + t^2 = (1+s^2)D/A^2, \ (a+b)^2 + 4abt^2 = (a+b)^2 B^2/A^2, \ dt/ds = (a+b)B/A^2.$$

Somit gilt

$$J\left(\frac{a+b}{2}, \sqrt{ab}\right) = \frac{1}{2}\int_0^\infty \frac{\sqrt{(a+b)^2 + 4abt^2}}{(1+t^2)^{3/2}}\, dt$$

$$= \frac{1}{2}\int_0^c \frac{\big((a+b)B/A\big)\big((a+b)B/A^2\big)}{(1+s^2)^{3/2}D^{3/2}/A^3}\, ds$$

$$= \frac{(a+b)^2}{2}\int_0^c \frac{B^2 ds}{\big((1+s^2)D\big)^{3/2}}$$

$$= \int_\infty^c \frac{\big((a+b)B/2A\big)\big(-(a+b)B/A^2\big)}{(1+s^2)^{3/2}D^{3/2}A^3}\, ds$$

$$= \frac{(a+b)^2}{2}\int_c^\infty \frac{B^2 ds}{\big((1+s^2)D\big)^{3/2}},$$

also

$$2J\left(\frac{a+b}{2}, \sqrt{ab}\right) = \frac{(a+b)^2}{2}\int_0^\infty \frac{B^2 ds}{\big((1+s^2)D\big)^{3/2}},$$

$$I(a,b) = \int_0^\infty \frac{ds}{\sqrt{(1+s^2)(a^2+b^2 s^2)}} = \int_0^\infty \frac{ds}{\big((1+s^2)D\big)^{1/2}},$$

$$J(a,b) = \int_0^\infty \frac{\sqrt{a^2+b^2 s^2}}{(1+s^2)^{3/2}}\, ds = \int_0^\infty \frac{D^{1/2}}{(1+s^2)^{3/2}}\, ds.$$

Wegen $\frac{1}{2}(a+b)^2 B^2 - ab(1+s^2)D = D^2 - \frac{1}{2}(a^2-b^2)C$ folgt schließlich

$$2J\left(\frac{a+b}{2}, \sqrt{ab}\right) - ab\, I(a,b) = \frac{(a+b)^2}{2}\int_0^\infty \frac{B^2 ds}{((1+s^2)D)^{3/2}} - ab\int_0^\infty \frac{(1+s^2)D\, ds}{((1+s^2)D)^{3/2}}$$

$$= \int_0^\infty \frac{D^2\, ds}{((1+s^2)D)^{3/2}} - \frac{a^2-b^2}{2}\int_0^\infty \frac{C\, ds}{((1+s^2)D)^{3/2}}$$

$$= J(a,b).$$

Das letzte dieser Integrale ist nämlich gleich 0 ist, da sein Integrand die Stammfunktion $s/((1+s^2)D)^{1/2}$ besitzt, die bei $s=0$ und für $s \to \infty$ verschwindet. $\qquad\square$

Satz 3.6.8 liefert eine gute Methode zur Berechnung der vollständigen elliptischen Normalintegrale, die schon auf Gauß zurückgeht. Zu $a, b > 0$ definieren wir gemäß [14], Aufg. 3.3.18 rekursiv die Folgen (a_n), (b_n), die für $n \geq 1$ eine Intervallschachtelung für das **arithmetisch-geometrische Mittel** $M(a, b)$ von a und b bilden, nämlich

$$a_0 = a, \ b_0 = b, \quad a_{n+1} = (a_n + b_n)/2, \ b_{n+1} = \sqrt{a_n b_n}, \ n \in \mathbb{N}.$$

Die Konvergenz dieser Intervallschachtelung ist sogar quadratisch, vgl. loc. cit. Ferner sei (c_n) die Folge mit

$$c_{n+1} := (a_n - b_n)/2 = a_n - a_{n+1}, \quad n \geq 0.$$

Es gilt $c_{n+1} \geq 0$ für $n \geq 1$ und

$$c_{n+1}^2 = (a_n - b_n)^2/4 = \big((a_n + b_n)^2/4\big) - a_n b_n = a_{n+1}^2 - b_{n+1}^2, \quad n \in \mathbb{N}.$$

Daraus ergibt sich

$$\left(\frac{c_n}{2}\right)^2 = \frac{a_n^2 - b_n^2}{4} = \frac{a_n + b_n}{2} \cdot \frac{a_n - b_n}{2} = a_{n+1} c_{n+1}, \quad n \geq 1,$$

also $c_n/2 \geq c_{n+1}$ für $n \geq 2$ wegen $a_{n+1} \geq c_{n+1}$. Außerdem ist $2^n c_n^2 \leq (a^2 + b^2)/2^n$, $n \geq 1$. Für $n = 1$ und $n = 2$ prüft man dies direkt. Den Schluss von $n \geq 2$ auf $n+1$ erhält man aus der Induktionsvoraussetzung $2^n c_n^2 \leq (a^2 + b^2)/2^n$ und $2^{n+1} c_{n+1}^2 \leq 2^n c_n^2/2$. Es ergibt sich $\sum_{n=1}^{\infty} 2^n c_n^2 \leq (a^2 + b^2) \sum_{n=1}^{\infty} 1/2^n = a^2 + b^2$ und somit $\lim_{n\to\infty} 2^n c_n^2 = 0$. Wir definieren

$$Q(a, b) := a^2 + b^2 - \sum_{n=1}^{\infty} 2^n c_n^2 \quad (\geq 0).$$

Nun können wir beweisen:

Satz 3.6.9 *Seien $a, b > 0$. Mit den soeben eingeführten Bezeichnungen gilt:*

(1) *Es ist* $I(a, b) = \pi/(2M(a, b))$ *(Gauß).*
(2) *Es ist* $J(a, b) = \pi Q(a, b)/(4M(a, b)) \ (= Q(a, b) I(a, b)/2)$.

Beweis (1) Nach Satz 3.6.8 (1) ist $I(a, b) = I(a_n, b_n)$ für alle n. Mit Satz 3.2.14 folgt also $I(a, b) = \lim_{n\to\infty} I(a_n, b_n) = I(M(a, b), M(a, b)) = I(1, 1)/M(a, b) = \pi/2M(a, b)$.

(2) Setzen wir $I := I(a, b)$, $J_n := J(a_n, b_n)$, so haben wir nach Satz 3.6.8 (2) $J_n = 2J_{n+1} - a_n b_n I$, also mit $2a_{n+1} c_{n+1} + 2a_{n+1}^2 = (a_n^2 - b_n^2)/2 + (a_n + b_n)^2/2 = a_n^2 + a_n b_n$

$$J_n - a_n^2 I = 2J_{n+1} - (a_n^2 + a_n b_n)I = 2(J_{n+1} - a_{n+1}^2 I) - 2a_{n+1} c_{n+1} I, \quad n \geq 0.$$

Durch Iteration erhält man daraus

$$J(a,b) - a^2 I = J_0 - a_0^2 I = 2^n (J_n - a_n^2 I) - I \sum_{j=1}^{n} 2^j a_j c_j.$$

Mit dem Mittelwertsatz der Integralrechnung folgt für $n \geq 1$

$$|J_n - a_n^2 I| = \left| \int_0^{\pi/2} \frac{(a_n^2 \cos^2 \psi + b_n^2 \sin^2 \psi - a_n^2)\, d\psi}{\sqrt{a_n^2 \cos^2 \psi + b_n^2 \sin^2 \psi}} \right|$$

$$= |b_n^2 - a_n^2| \left| \int_0^{\pi/2} \frac{\sin^2 \psi\, d\psi}{\sqrt{a_n^2 \cos^2 \psi + b_n^2 \sin^2 \psi}} \right| \leq \frac{c_n^2 \pi}{4 b_n}$$

wegen $|b_n^2 - a_n^2| = a_n^2 - b_n^2 = c_n^2$ und $a_n^2 \cos^2 \psi + b_n^2 \sin^2 \psi \geq b_n^2 (\cos^2 \psi + \sin^2 \psi) = b_n^2$ sowie $\int_0^{\pi/2} \sin^2 \psi\, d\psi = \pi/4$. Mit $\lim_{n\to\infty} 2^n c_n^2 = 0$ ergibt sich $\lim_{n\to\infty} 2^n (J_n - a_n^2 I) = 0$, und aus $c_n^2 = 4 a_{n+1} c_{n+1}$ für $n \geq 1$ sowie $\frac{1}{2} a^2 - b^2 = 2 a_1 c_1$ folgt schließlich

$$J(a,b) = a^2 I - \left(\sum_{n=1}^{\infty} 2^n a_n c_n \right) I = \left(a^2 - 2 a_1 c_1 - \sum_{n=2}^{\infty} 2^{n-2} c_{n-1}^2 \right) I$$

$$= \frac{1}{2} \left(a^2 + b^2 - \sum_{n=1}^{\infty} 2^n c_n^2 \right) I = \frac{1}{2} Q(a,b) I = \frac{\pi Q(a,b)}{4 M(a,b)}. \qquad \square$$

Speziell für die Normalintegrale $K(k)$ und $E(k)$, $0 < k < 1$, erhält man mit $k' = \sqrt{1 - k^2}$

$$K(k) = I(1,k') = \pi/2 M(1,k'), \quad E(k) = J(1,k') = \pi Q(1,k')/4 M(1,k').$$

Beispiel 3.6.10 Zusammen mit der Legendreschen Relation 3.6.5 liefert Satz 3.6.9 ein sehr schnelles Verfahren zur Berechnung von π, auf das zuerst E. Salamin[14] und R. Brent[15] aufmerksam gemacht haben. Wie beim arithmetisch-geometrischen Mittel liegt quadratische Konvergenz vor, vgl. auch Aufg. 3.6.8. Mit Hilfe dieses Verfahrens (und Modifikationen davon, aber auch mit ganz anderen Verfahren) ist π inzwischen auf mehrere Milliarden Stellen berechnet worden.

Satz 3.6.11 (Schnelle Berechnung von π) *Die Folgen* (a_n) *und* (b_n) *seien durch*

$$a_0 = 1, \ b_0 = \frac{1}{\sqrt{2}}; \quad a_{n+1} = \frac{1}{2}(a_n + b_n), \ b_{n+1} = \sqrt{a_n b_n}, \quad n \in \mathbb{N},$$

---

[14] Vgl. Math. Comp. **30**, 565–570 (1976).
[15] Vgl. Proc. Symp. Analytic Comp. Complexity, 151–176 (1976).

rekursiv definiert. Dann ist $\lim_{n\to\infty} \pi_n = \pi$ *für*

$$\pi_n := \frac{4a_n^2}{1 - \sum_{j=1}^{n} 2^{j+1}(a_{j-1}-a_j)^2}, \quad n \in \mathbb{N}.$$

Beweis Nach der Bemerkung im Anschluss an Satz 3.6.9 und der Legendreschen Relation 3.6.5 gilt mit $M := M(1, 1/\sqrt{2})$ und $Q := Q(1, 1/\sqrt{2})$

$$\pi = 4E\left(\frac{1}{\sqrt{2}}\right)K\left(\frac{1}{\sqrt{2}}\right) - 2K\left(\frac{1}{\sqrt{2}}\right)^2 = \frac{4\pi^2 Q}{8M^2} - \frac{2\pi^2}{4M^2} = \frac{(Q-1)\pi^2}{2M^2},$$

d. h.

$$\pi = \frac{2M^2}{Q-1} = \frac{2M^2}{\frac{1}{2} - \sum_{j=1}^{\infty} 2^j c_j^2} = \frac{4M^2}{1 - \sum_{j=1}^{\infty} 2^{j+1}(a_{j-1}-a_j)^2}.$$

Wegen $\lim a_n = M$ folgt daraus die Behauptung.   □

Der Wert

$$M = \lim a_n = \pi/2K(1/\sqrt{2}) = 0{,}84721\,30847\,93979\,08660\,6\ldots$$

($a_4 = 0, \ldots 08660\,7\ldots$, $b_4 = 0, \ldots 08660\,5\ldots$) wurde bereits von Gauß im Zusammenhang mit dem Studium der Lemniskate eingehend betrachtet, vgl. Aufg. 3.6.11 e). Satz 3.6.11 liefert neben $\pi_0 = 4$ die Werte

$$\pi_1 = 3{,}18767\,26427\,12108\,62720\,1\ldots \quad \pi_2 = 3{,}14168\,02932\,97653\,293918\ldots$$
$$\pi_3 = 3{,}14159\,26538\,95446\,49600\,2\ldots \quad \pi_4 = 3{,}14159\,26535\,89793\,238466\ldots.$$

Für π selbst ist die in π_4 angegebene letzte Ziffer (= 6) durch 2 zu ersetzen. Für weitere Informationen zu den hier angesprochenen Problemen empfehlen wir das Buch „Pi and the AGM" von J. M. Borwein und P. B. Borwein, New York 1987.   ◇

Beispiel 3.6.12 (Länge eines Ellipsenbogens) Der Name „elliptische Integrale" rührt daher, dass solche Integrale erstmals bei der Berechnung der Länge von Ellipsenbögen auftraten. Bei gegebenen $a, b \in R_+^\times$, $0 < b \le a$, durchläuft der Weg

$$f : \mathbb{R} \to \mathbb{R}^2, \quad t \mapsto (a\cos t, \, b\sin t),$$

periodisch mit der Periode 2π eine Ellipse mit den Halbachsenlängen a, b, wobei während einer Periode die Weglänge gleich dem Umfang $U(a, b)$ der Ellipse ist. Der Parameter t ist in astronomischem Zusammenhang die exzentrische Anomalie des Planeten auf seiner Ellipsenbahn, vgl. Abb. 3.20 und [14], Abb. 3.24. Die **Exzentrizität** der Ellipse ist $\varepsilon := \sqrt{1 - (b/a)^2}$.

Abb. 3.20 Ellipse

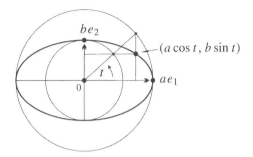

Nach Satz 3.3.5 ist die Länge $s(t) := L_0^t(f)$ des zurückgelegten Ellipsenbogens zwischen den Zeitpunkten 0 und $t \geq 0$ gleich

$$\int\limits_0^t \sqrt{b^2 \cos^2 \tau + a^2 \sin^2 \tau}\, d\tau = a \int\limits_0^t \sqrt{1 - \varepsilon^2 \cos^2 \tau}\, d\tau = a\,E(\varepsilon) - a\,E(\pi/2 - t, \varepsilon),$$

wobei wir die Substitution $\tau = \frac{1}{2}\pi - \tau'$ verwandt haben. Der gesamte Ellipsenumfang ist also

$$U(a,b) = 4a \int\limits_0^{\pi/2} \sqrt{b^2 \cos^2 \tau + a^2 \sin^2 \tau}\, d\tau = 4a\,E(\varepsilon) = 4J(a,b)$$

mit dem vollständigen elliptischen Integral zweiter Gattung $E(\varepsilon) = J\bigl(1, b/a\bigr)$. Satz 3.6.9 liefert noch $U(a,b) = \pi Q(a,b)/M(a,b)$, womit sich der Umfang schnell berechnen lässt. Für kleine Exzentrizitäten ε empfiehlt sich auch die Potenzreihenentwicklung $E(\varepsilon) = \frac{\pi}{2}(1 - \varepsilon^2/4 - 3\varepsilon^4/64 - 5\varepsilon^6/256 - \cdots)$ aus Satz 3.6.2. $\diamond$

Zum Abschluss wollen wir noch kurz auf die sogenannten **elliptischen Funktionen** eingehen. Dies sind die Umkehrfunktionen der elliptischen Normalintegrale (erster Gattung). Sei $0 \leq k < 1$. Wegen der Abschätzung

$$\frac{d}{d\varphi}\bigl(F(\varphi, k)\bigr) = (1 - k^2 \sin^2 \varphi)^{-1/2} > 0$$

ist $\varphi \mapsto F(\varphi, k)$ eine streng monoton wachsende Funktion von $\mathbb{R}$ in sich, die wegen

$$\lim_{\varphi \to \infty} F(\varphi, k) = \infty, \qquad \lim_{\varphi \to -\infty} F(\varphi, k) = -\infty$$

auch bijektiv ist. Die zugehörige Umkehrfunktion wird mit

$$\mathrm{am}(y, k)$$

bezeichnet und heißt die **Amplitude** zum Modul k. Für alle $\varphi, y \in \mathbb{R}$ gilt also definitionsgemäß am $\big(F(\varphi, k), k\big) = \varphi$ und $F\big(\mathrm{am}(y, k), k\big) = y$. Aus der Gleichung $F(\varphi + \pi, k) = 2K(k) + F(\varphi, k)$ folgt

$$\mathrm{am}\big(y + 2K(k), k\big) = \mathrm{am}(y, k) + \pi, \quad y \in \mathbb{R}.$$

Die Funktion $\mathrm{sn} \colon \mathbb{R} \to [-1, 1]$ mit

$$\mathrm{sn}\, y := \mathrm{sn}(y, k) := \sin\big(\mathrm{am}(y, k)\big)$$

heißt der **Sinus der Amplitude**. Wegen $F(\varphi, k) = u(\sin \varphi, k)$ ist $\mathrm{sn} \mid [-K(k), K(k)]$ also die Umkehrfunktion zur Funktion $x \mapsto u(x, k)$ von $[-1, 1]$ in $[-K(k), K(k)]$. Es ist also $u(\mathrm{sn}\, y, k) = y$, d.h.

$$\int_0^{\mathrm{sn}\, y} dt \Big/ \sqrt{(1 - t^2)(1 - k^2 t^2)} = y, \quad |y| \leq K(k), \; |\mathrm{sn}\, y| \leq 1.$$

Differenzieren ergibt $1 = \mathrm{sn}'\, y \Big/ \sqrt{(1 - \mathrm{sn}^2 y)(1 - k^2 \mathrm{sn}^2 y)}$, also für $\mathrm{sn}\, y$ die Differenzialgleichung

$$(\mathrm{sn}'\, y)^2 = (1 - \mathrm{sn}^2 y)(1 - k^2 \mathrm{sn}^2 y).$$

Aus der obigen Gleichung für am folgt sofort, dass sn periodisch ist mit der Periode

$$4K(k) = 2 \int_{-1}^{1} dt \Big/ \sqrt{(t^2 - 1)(1 - k^2 t^2)}.$$

Sei nun $0 < k < 1$. Dann lässt sich $\mathrm{sn}\, y$ zu einer meromorphen Funktion auf ganz $\mathbb{C}$ fortsetzen[16] und hat dort, wie zuerst Gauß und dann unabhängig voneinander Abel und Jacobi (1804–1851) beobachteten, die weitere Periode

$$2 \int_{1}^{1/k} dt \Big/ \sqrt{(1 - t^2)(1 - k^2 t^2)} = \frac{2}{i} \int_{1}^{1/k} dt \Big/ \sqrt{(t^2 - 1)(1 - k^2 t^2)} = -2iK(k'),$$

$k' = \sqrt{1 - k^2}$, vgl. Aufg. 3.6.5.[17] *sn y ist also wie die Weierstraßsche $\wp$-Funktion $\wp_\Gamma$ doppelt-periodisch mit dem Rechteckgitter*

$$\Gamma := \mathbb{Z} 4K(k) + \mathbb{Z} 2iK(k')$$

---

[16] Die Polstellen von $\mathrm{sn}\, y$ liegen also nicht im Reellen.

[17] Man beachte, dass ± 1 und $\pm 1/k$ die Nullstellen der Polynomfunktion $(1 - t^2)(1 - k^2 t^2)$ sind.

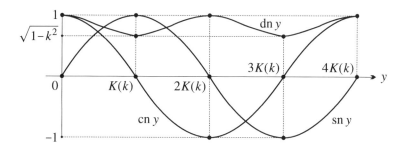

Abb. 3.21 Die elliptischen Funktionen cn, dn und sn

als Periodengitter. Vgl. auch Aufg. 3.6.2 e). Wieder einmal zeigt die Erweiterung ins Komplexe den wahren Charakter einer Funktion.

Ferner werden häufig der **Kosinus der Amplitude**

$$\operatorname{cn} y := \operatorname{cn}(y,k) := \cos\big(\operatorname{am}(y,k)\big), \quad y \in \mathbb{R},$$

und das **Delta der Amplitude**

$$\operatorname{dn} y := \operatorname{dn}(y,k) := \sqrt{1 - k^2 \operatorname{sn}^2(y,k)}, \quad y \in \mathbb{R},$$

betrachtet. *Neben* $4K(k)$ *bzw.* $2K(k)$ *haben sie die Perioden* $2K(k) + 2\mathrm{i}K(k')$ *bzw.* $4\mathrm{i}K(k')$. Die Graphen der elliptischen Funktionen sn, cn und dn im Reellen sind in Abb. 3.21 skizziert. Offenbar gilt

$$\operatorname{cn}^2 y + \operatorname{sn}^2 y = 1 = \operatorname{dn}^2 y + k^2 \operatorname{sn}^2 y.$$

Die elliptischen Funktionen sind auf $\mathbb{R}$ analytisch. Für ihre Ableitungen erhält man

$$\operatorname{am}' y = 1/F'(\operatorname{am} y, k) = \sqrt{1 - k^2 \sin^2(\operatorname{am} y)} = \operatorname{dn} y,$$
$$\operatorname{sn}' y = \operatorname{cn} y \operatorname{dn} y, \quad \operatorname{cn}' y = -\operatorname{sn} y \operatorname{dn} y, \quad \operatorname{dn}' y = -k^2 \operatorname{sn} y \operatorname{cn} y.$$

Daneben gibt es eine Fülle weiterer Bezeichnungen für die Quotienten und Reziproken der Funktionen sn, cn, dn. Die elliptischen Funktionen wurden von C. Jacobi (nach Vorarbeiten von N. H. Abel) eingeführt. Die hier benutzten Bezeichnungen stammen von Ch. Gudermann (1798–1852), dem Lehrer von K. Weierstraß. Elliptische Integrale und Funktionen treten bei einer Vielzahl von Problemen auf. Wie bereits eingangs erwähnt werden wir sie noch einmal ausführlich in Bd. 11 im Abschnitt über elliptische Riemannsche Flächen diskutieren.

Aufgaben

Aufgabe 3.6.1 Man bestätige folgende Darstellungen elliptischer Integrale durch u und v. Dabei sei stets $0 < k < 1$, $k^2 + k'^2 = 1$ und $x \in [-1, 1]$.

$$\int_0^x \frac{\sqrt{1-t^2}}{\sqrt{1-k^2t^2}}\, dt = \frac{1}{k^2} v(x,k) - \frac{1-k^2}{k^2} u(x,k).$$

$$\int_0^x \frac{t^2\, dt}{\sqrt{1-t^2}\sqrt{1-k^2t^2}^3} = \frac{1}{k^2(1-k^2)} v(x,k) - \frac{1}{k^2} u(x,k) - \frac{1}{1-k^2}\frac{x\sqrt{1-x^2}}{\sqrt{1-k^2x^2}}.$$

$$\int_0^x \frac{\sqrt{1-t^2}}{\sqrt{1-k^2t^2}^3}\, dt = \frac{1}{k^2} u(x,k) - \frac{1}{k^2} v(x,k) + \frac{x\sqrt{1-x^2}}{\sqrt{1-k^2x^2}}.$$

$$\int_0^x \frac{dt}{(1-t^2)^{3/2}\sqrt{1-k^2t^2}} = u(x,k) - \frac{1}{1-k^2}\left(v(x,k) - x\frac{\sqrt{1-k^2x^2}}{\sqrt{1-x^2}}\right)$$

$$= \frac{1}{k'}\int_0^{k'x/\sqrt{1-x^2}} \frac{\sqrt{1+\tau^2/k'^2}}{\sqrt{1+\tau^2}}\, d\tau.$$

$$\int_0^x \frac{t^2\, dt}{(1-t^2)^{3/2}\sqrt{1-k^2t^2}} = \frac{1}{1-k^2}\left(-v(x,k) + x\frac{\sqrt{1-k^2x^2}}{\sqrt{1-x^2}}\right).$$

$$\int_0^x \frac{\sqrt{1-k^2t^2}}{(1-t^2)^{3/2}}\, dt = \int_0^x \frac{dt}{(1-t^2)^{3/2}\sqrt{1-k^2t^2}} - k^2\int_0^x \frac{t^2\, dt}{(1-t^2)^{3/2}\sqrt{1-k^2t^2}}$$

$$= u(x,k) - v(x,k) + x\frac{\sqrt{1-k^2x^2}}{\sqrt{1-x^2}} = \frac{1}{k'}\int_0^{k'x/\sqrt{1-x^2}} \frac{\sqrt{1+\tau^2}}{\sqrt{1+(\tau/k')^2}}\, d\tau.$$

Aufgabe 3.6.2 Man bestätige folgende Identitäten:

$$\int_1^x \frac{dt}{\sqrt{t^4-1}} = \frac{1}{\sqrt{2}} u\left(\frac{\sqrt{x^2-1}}{x}, \frac{1}{\sqrt{2}}\right) \text{ für } x \geq 1 \quad \left(\text{setze } t^2 = \frac{1}{1-\tau^2}\right),$$

$$\int_0^x \frac{dt}{\sqrt{1-t^4}} = \frac{1}{\sqrt{2}}\left(K\left(\frac{1}{\sqrt{2}}\right) - u\left(\sqrt{1-x^2}, \frac{1}{\sqrt{2}}\right)\right) \text{ für } 0 \leq x \leq 1 \quad (\text{setze } t^2 = 1-\tau^2),$$

$$\int_x^\infty \frac{dt}{\sqrt{t^4+1}} = \frac{1}{2} u\left(\frac{2x}{x^2+1}, \frac{1}{\sqrt{2}}\right) \text{ für } x \geq 1 \quad \left(\text{setze } \tau = \frac{2t}{\tau^2+1}\right),$$

$$\int\limits_0^x \frac{dt}{\sqrt{t^4+1}} = \frac{1}{2} u\left(\frac{2x}{x^2+1}, \frac{1}{\sqrt{2}}\right) \text{ für } 0 \le x \le 1 \quad \left(\text{setze } \tau = \frac{2t}{\tau^2+1}\right).$$

Man folgere $\displaystyle\int\limits_0^\infty \frac{dt}{\sqrt{t^4+1}} = K(1/\sqrt{2}).$

Aufgabe 3.6.3   Für $a, b \in \mathbb{R}$ gilt

$$\int\limits_a^b \sqrt{t^4+1}\, dt = \frac{2}{3}\int\limits_a^b \frac{dt}{\sqrt{t^4+1}} + \frac{t}{3}\sqrt{t^4+1}\Big|_a^b.$$

Aufgabe 3.6.4   Seien a, b, c reelle Zahlen mit $a > b > c$. Für alle $x \ge a$ ist dann

$$\int\limits_x^\infty \frac{dt}{\sqrt{(t-a)(t-b)(t-c)}} = \frac{2}{\sqrt{a-c}} K\left(\sqrt{\frac{b-c}{a-c}}\right) - \frac{2}{\sqrt{a-c}} u\left(\sqrt{\frac{x-a}{x-b}}, \sqrt{\frac{b-c}{a-c}}\right).$$

(Man setze $\tau^2 = (t-a)/(t-b)$.)[18] Man folgere (Substitution $t = 1/\cos\psi$):

$$\int\limits_0^{\pi/2} \frac{d\psi}{\sqrt{\cos\psi}} = \int\limits_0^{\pi/2} \frac{d\psi}{\sqrt{\sin\psi}} = \sqrt{2}\,K(1/\sqrt{2}).$$

Aufgabe 3.6.5   Für $0 < k < 1$ ist

$$\int\limits_1^{1/k} \frac{dt}{\sqrt{(t^2-1)(1-k^2t^2)}} = K\left(\sqrt{1-k^2}\right), \quad \int\limits_{1/k}^\infty \frac{dt}{\sqrt{(t^2-1)(k^2t^2-1)}} = K(k).$$

Aufgabe 3.6.6   Für $0 \le \varphi \le \pi/2$ und $0 \le k < 1$ zeige man:

$$\int\limits_0^\varphi \frac{d\psi}{\sqrt{1-k^2\cos^2\psi}} = K(k) - F\left(\frac{\pi}{2} - \varphi, k\right),$$

$$\int\limits_0^\varphi \sqrt{1-k^2\cos^2\psi}\, d\psi = E(k) - E\left(\frac{\pi}{2} - \varphi, k\right).$$

Aufgabe 3.6.7   Für festes k mit $0 \le k < 1$ bestimme man die Potenzreihenentwicklungen der folgenden Funktionen um 0 bis zur Ordnung 5:

$$u(x,k), \quad v(x,k), \quad \text{sn}(y,k), \quad \text{cn}(y,k), \quad \text{dn}(y,k).$$

---

[18] Für Tausende weiterer solcher Formeln siehe P. F. Byrd, M. D. Friedman: Handbook of Elliptic Integrals for Engineers and Scientists, Berlin 1971.

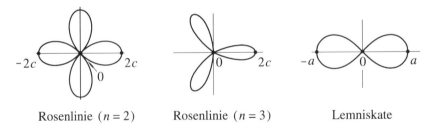

Rosenlinie $(n = 2)$ Rosenlinie $(n = 3)$ Lemniskate

Abb. 3.22 Ebene Kurven, deren Längenberechnung auf elliptische Integrale führt

Aufgabe 3.6.8 Sei $n \geq 1$. Für das Verfahren aus Satz 3.6.9 zur Berechnung elliptischer Integrale beweise man mit den dortigen Bezeichnungen folgende Fehlerabschätzungen:

$$0 \leq \frac{\pi}{2b_n} - I(a,b) \leq \frac{\pi c_{n+1}}{2b_n^2} \leq \frac{\pi}{2ab}c_{n+1},$$

$$0 \leq \frac{\pi}{4b_n}\Big(a^2 + b^2 - \sum_{j=1}^{n} 2^j c_j^2\Big) - J(a,b) \leq \frac{\pi c_{n+1}a_1^2}{b_n^2} + \frac{2^{n-1}c_{n+1}^2\pi}{b_{n+1}} \leq \frac{a}{b}\pi c_{n+1}.$$

(Bei der Abschätzung für $J(a,b)$ benutze man

$$J(a,b) - \frac{1}{2}\Big(a^2 + b^2 - \sum_{j=1}^{n} 2^j c_j^2\Big)I(a,b) = 2^{n+1}\big(J_{n+1} - a_{n+1}^2 I(a,b)\big).$$

Man überlege auch, dass in beiden Fällen quadratische Konvergenz vorliegt.)

Aufgabe 3.6.9 Man schreibe, soweit entsprechende Programmierkenntnisse vorhanden sind, Computerprogramme, die für $a,b > 0$ die Gaußschen Integrale $I(a,b)$ und $J(a,b)$ mit Hilfe von Satz 3.6.9 berechnen. (Für die Fehlerabschätzung verwende man Aufg. 3.6.8.)

Aufgabe 3.6.10 Man berechne die elliptischen Integrale $K(k)$ und $E(k)$ für $k = \sin\alpha$ mit $\alpha = \frac{\pi}{3}, \frac{\pi}{4}, \frac{\pi}{6}, \frac{\pi}{8}, \frac{\pi}{12}$ bis auf einen Fehler $\leq 10^{-8}$.

Aufgabe 3.6.11 Man berechne die Längen der folgenden ebenen Kurven (unter Benutzung elliptischer Integrale):

a) $t \mapsto (t, ct^3), t \in [0,a]$, mit $c > 0$ (**kubische Parabel**).

b) $t \mapsto (t, \sin t), t \in [0,\pi]$ (**Sinusbogen**).

c) $t \mapsto (a\cosh t, b\sinh t), t \in [0,c]$, mit $a,b > 0$ (**Hyperbelbogen**).

d) $r = 2c\cos n\varphi, \varphi \in [0,2\pi]$, mit $c > 0, n \in \mathbb{N}^*$ (**Rosenlinien** in Polarkoordinaten, vgl. Abb. 3.22. Bei ungeradem n wird die Rosenlinie zweimal durchlaufen.).

e) $r = a\sqrt{\cos 2\varphi}$, $\varphi \in [-\pi/4, \pi/4]$, $a > 0$ (rechter **Lemniskatenbogen** in Polarko- ordinaten, vgl. Abb. 3.22. Der linke Lemniskatenbogen wird für $\varphi \in [3\pi/4, 5\pi/4]$ gewonnen.).

3.7 Integralrestglieder

Wir beweisen in diesem Abschnitt einige Approximationsformeln, wobei wir für die Feh- ler eine Integraldarstellung angeben, und beginnen mit einem allgemeinen Resultat, das dann spezialisiert wird.

Proposition 3.7.1 *Sei $P_k \in \mathbb{K}[X]$, $k \in \mathbb{N}$, eine Folge normierter Polynome derart, dass Grad $P_k = k$ und $P'_{k+1} = (k+1)P_k$ für jedes $k \in \mathbb{N}$ gilt (also $P_0 = 1$). Ferner sei $f: I \to V$ eine n-mal stetig differenzierbare Funktion auf dem Intervall $I \subseteq \mathbb{R}$, $n \in \mathbb{N}^*$, mit Werten im $\mathbb{K}$-Banach-Raum V. Für beliebige $a, x \in I$ gilt dann*

$$f(x) = f(a) + \sum_{k=1}^{n-1} \frac{(-1)^{k-1}}{k!}(f^{(k)}P_k)\Big|_a^x + \frac{(-1)^{n-1}}{(n-1)!} \int_a^x f^{(n)}(t)P_{n-1}(t)\,dt.$$

Beweis (durch Induktion über n) Der Fall $n = 1$ ist die Definition des bestimmten Inte- grals. Beim Schluss von n auf $n+1$ ergibt die durch partielle Integration, vgl. Satz 3.2.4, gewonnene Gleichung

$$\int_a^x f^{(n)}(t)P_{n-1}(t)\,dt = f^{(n)}\frac{P_n}{n}\Big|_a^x - \frac{1}{n}\int_a^x f^{(n+1)}(t)P_n(t)\,dt$$

nach Einsetzen in die Induktionsvoraussetzung die Behauptung. $\qquad\square$

Wenden wir Proposition 3.7.1 auf die Polynome $P_k := (X-x)^k$ an, so erhalten wir:

Satz 3.7.2 (Taylor-Formel mit Integralrestglied) *Sei $f: I \to V$ eine n-mal stetig dif- ferenzierbare Funktion auf dem Intervall $I \subseteq \mathbb{R}$, $n \in \mathbb{N}^*$, mit Werten im $\mathbb{R}$-Banach-Raum V. Für beliebige $a, x \in I$ gilt dann*

$$f(x) = \sum_{k=0}^{n-1} \frac{f^{(k)}(a)}{k!}(x-a)^k + \frac{1}{(n-1)!} \int_a^x f^{(n)}(t)(x-t)^{n-1}\,dt.$$

Die Taylor-Formel 3.7.2 kann auch folgendermaßen interpretiert werden: Ist $g: I \to V$ eine stetige Funktion auf dem Intervall $I \subseteq \mathbb{R}$ mit Werten im $\mathbb{R}$-Banach-Raum V und ist

$n \in \mathbb{N}^*$, so ist die Funktion

$$f(x) = \sum_{k=0}^{n-1} \frac{c_k}{k!}(x-a)^k + \frac{1}{(n-1)!} \int_a^x g(t)(x-t)^{n-1}\, dt$$

diejenige eindeutig bestimmte Lösung $y(x) = f(x)$ der Differenzialgleichung $y^{(n)} = g$, die den Anfangsbedingungen $y^{(k)}(a) = c_k \in V$, $k = 0,\dots,n-1$, genügt. *Die n-fache sukzessive Integration lässt sich also durch eine einfache Integration ersetzen.*

Als nächstes wenden wir Proposition 3.7.1 auf die sogenannten **Bernoulli-Polynome** B_k an. Diese sind definiert durch $\mathrm{B}_0 = 1$ und

$$\mathrm{B}'_{k+1} = (k+1)\mathrm{B}_k, \quad \int_0^1 \mathrm{B}_{k+1}(t)\, dt = 0,\ k \in \mathbb{N},$$

Die Integralbedingung legt dabei jeweils die Integrationskonstante für B_{k+1} fest. Sie ist äquivalent mit $\mathrm{B}_{k+2}(0) = \mathrm{B}_{k+2}(1)$ für alle $k \geq 0$. Wie wir gleich sehen werden, stimmen die konstanten Terme

$$B_k := \mathrm{B}_k(0), \quad k \in \mathbb{N},$$

mit den **Bernoullischen Zahlen** aus Beispiel 1.4.14 überein. Für $k \neq 1$ ist auch $B_k = \mathrm{B}_k(1)$.[19] Zunächst beweisen wir:

Proposition 3.7.3 *Für* $k \in \mathbb{N}$ *ist*

$$\mathrm{B}_k = \sum_{m=0}^k \binom{k}{m} B_m X^{k-m}.$$

Beweis Wir verwenden Induktion über k, der Fall $k = 0$ ist trivial. Beim Schluss von $k-1$ auf k bemerken wir zunächst, dass beide Seiten der Formel denselben konstanten Term B_k haben. Die Behauptung folgt daher mit der Induktionsvoraussetzung aus

$$\left(\sum_{m=0}^k \binom{k}{m} B_m X^{k-m}\right)' = \sum_{m=0}^{k-1} \binom{k}{m}(k-m) B_m X^{k-1-m}$$

$$= k\sum_{m=0}^{k-1} \binom{k-1}{m} B_m X^{k-1-m} = k\mathrm{B}_{k-1} = \mathrm{B}'_k. \qquad \square$$

Nun ergibt sich die angekündigte Übereinstimmung der B_k mit den Bernoullischen Zahlen aus Beispiel 1.4.14 mit folgender Proposition:

---

[19] Man achte auf den Unterschied zwischen Bernoulli-Zahlen und Bernoulli-Polynomen in der Bezeichnung.

Proposition 3.7.4 *Die Zahlen* B_k, $k \in \mathbb{N}$, *erfüllen die Rekursion*

$$B_0 = 1, \quad \sum_{m=0}^{k} \binom{k+1}{m} B_m = 0, \ k \in \mathbb{N}^*.$$

Beweis Nach Proposition 3.7.3 gilt für $k \in \mathbb{N}^*$

$$B_{k+1} = \mathrm{B}_{k+1}(0) = \mathrm{B}_{k+1}(1) = \sum_{m=0}^{k+1} \binom{k+1}{m} B_m.$$

Subtrahiert man auf beiden Seiten B_{k+1}, so erhält man die Behauptung. $\qquad\square$

Die ersten sechs Bernoulli-Polynome sind also

$$\mathrm{B}_0 = 1, \ \mathrm{B}_1 = X - \frac{1}{2}, \ \mathrm{B}_2 = X^2 - X + \frac{1}{6}, \ \mathrm{B}_3 = X^3 - \frac{3}{2}X^2 + \frac{1}{2}X,$$

$$\mathrm{B}_4 = X^4 - 2X^3 + X^2 - \frac{1}{30}, \ \mathrm{B}_5 = X^5 - \frac{5}{2}X^4 + \frac{5}{3}X^3 - \frac{1}{6}X.$$

Proposition 3.7.5 *Für alle* $k \in \mathbb{N}$ *gilt die Symmetrie*

$$\mathrm{B}_k(1 - X) = (-1)^k \mathrm{B}_k(X).$$

Beweis Man prüft sofort, dass die Polynome $(-1)^k \mathrm{B}_k(1 - X)$ ebenfalls der Rekursion der Bernoulli-Polynome genügen. $\qquad\square$

Für $m \geq 1$ folgt aus Proposition 3.7.5

$$B_{2m+1} = \mathrm{B}_{2m+1}(0) = \mathrm{B}_{2m+1}(1) = (-1)^{2m+1} \mathrm{B}_{2m+1}(0) = -B_{2m+1}$$

und somit noch einmal das Verschwinden der Bernoulli-Zahlen B_n für ungerade Indizes $n > 1$.

Beispiel 3.7.6 (Kurvendiskussion der Bernoulli-Polynome) Aus der Rekursion für die Bernoulli-Polynome und den angegebenen Beziehungen ergeben sich offenbar die folgenden Eigenschaften der Bernoulli-Polynome B_k, $k \geq 2$:

(1) Die Bernoulli-Polynomfunktionen $\mathrm{B}_{2m+1}(t)$, $m \geq 1$, besitzen im Intervall $[0, 1]$ genau die Nullstellen $0, \frac{1}{2}, 1$ und sind im Intervall $[0, \frac{1}{2}]$ bei ungeradem m streng konkav und bei geradem m streng konvex, sowie im Intervall $[\frac{1}{2}, 1]$ bei ungeradem m streng konvex und bei geradem m streng konkav, vgl. Abb. 3.23 links.

(2) Die Bernoulli-Polynomfunktionen $\mathrm{B}_{2m}(t)$, $m \geq 1$, besitzen im Intervall $[0, 1]$ genau zwei Nullstellen x_{2m} und x'_{2m} mit $x_{2m} + x'_{2m} = 1$. Im Intervall $[0, \frac{1}{2}]$ ist $\mathrm{B}_{2m}(t)$ bei ungeradem m streng monoton fallend, bei geradem m streng monoton wachsend; im Intervall $[\frac{1}{2}, 1]$ ist $\mathrm{B}_{2m}(t)$ bei ungeradem m streng monoton wachsend und bei geradem m streng monoton fallend, vgl. Abb. 3.23 rechts. $\qquad\diamond$

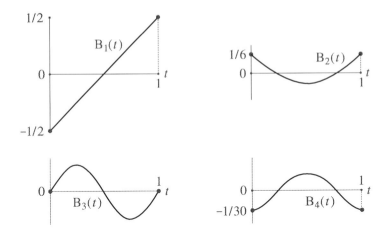

Abb. 3.23 Graphen der Bernoulli-Polynomfunktionen $B_1(t)$, $B_2(t)$, $B_3(t)$, $B_4(t)$

Beispiel 3.7.7 In Satz 2.2.6 haben wir bewiesen, dass für alle $t \in \,]0, 2\pi[$

$$\frac{\pi - t}{2} = \sum_{n=1}^{\infty} \frac{\sin nt}{n}$$

gilt und dass diese Reihe gleichmäßig in jedem Intervall $[\varepsilon, 2\pi - \varepsilon]$, $0 < \varepsilon < \pi$, konvergiert. Es ist also

$$B_1(t) = t - \frac{1}{2} = -\frac{1}{\pi} \sum_{n=1}^{\infty} \frac{\sin 2\pi nt}{n}, \quad t \in \,]0, 1[,$$

wobei die Konvergenz in jedem Intervall $[\varepsilon, 1 - \varepsilon]$, $0 < \varepsilon < \frac{1}{2}$, ebenfalls gleichmäßig ist. Nach Satz 3.1.5 ist dann

$$\frac{1}{\pi^2} \sum_{n=1}^{\infty} \frac{\cos 2\pi nt}{n^2}$$

eine Stammfunktion zu $2B_1(t)$ in $]0, 1[$ und damit aus Stetigkeitsgründen auch in $[0, 1]$. Generell gilt in $]0, 1[$

$$B_{2m}(t) = 2 \frac{(-1)^{m-1}(2m)!}{(2\pi)^{2m}} \sum_{n=1}^{\infty} \frac{\cos 2\pi nt}{n^{2m}}, \quad m > 0,$$

$$B_{2m+1}(t) = 2 \frac{(-1)^{m-1}(2m+1)!}{(2\pi)^{2m+1}} \sum_{n=1}^{\infty} \frac{\sin 2\pi nt}{n^{2m+1}}, \quad m \geq 0.$$

Bezeichnen wir nämlich die rechten Seiten dieser Gleichungen mit $C_{2m}(t)$ bzw. $C_{2m+1}(t)$, so gelten die Beziehungen $C_1(t) = B_1(t)$, $C'_{k+1}(t) = (k+1)C_k(t)$. Wegen $C_{k+1}(0) =$

$C_{k+1}(1)$ für alle $k \geq 1$ ist überdies $\int_0^1 C_k(t)\,dt = 0$. Damit erfüllen die Funktionen $C_k(t)$, $k \geq 1$, dieselbe Rekursion wie die Funktionen $B_k(t)$, $k \geq 1$, und stimmen folglich für $k > 1$ auf dem Intervall $[0,1]$ und für $k = 1$ auf $]0,1[$ mit $B_k(t)$ überein.

Wir haben auf diese Weise die sogenannten **Fourier-Entwicklungen der Bernoulli-Polynome** auf $[0,1]$ erhalten. Da jedes Polynom aus $\mathbb{C}[X]$ vom Grad k eine Darstellung der Form $c_0 B_0 + \cdots + c_k B_k$ mit (eindeutig bestimmten) Koeffizienten $c_0, \ldots, c_k \in \mathbb{C}$ hat, erhält man damit die Fourier-Entwicklungen sämtlicher Polynomfunktionen auf dem Intervall $[0,1]$, vgl. Bd. 4.

Setzen wir $t = 0$ bei $k = 2m > 0$, so gewinnen wir aus den obigen Darstellungen noch einmal die **Eulerschen Formeln**

$$B_{2m} = B_{2m}(0) = (-1)^{m-1} \frac{2 \cdot (2m)!}{(2\pi)^{2m}} \sum_{n=1}^{\infty} \frac{1}{n^{2m}}, \quad m \in \mathbb{N}^*,$$

d. h.

$$\zeta(2m) = \sum_{n=1}^{\infty} \frac{1}{n^{2m}} = (-1)^{m-1} \frac{(2\pi)^{2m} B_{2m}}{2(2m)!}, \quad m \in \mathbb{N}^*,$$

vgl. dazu bereits das Ende von Beispiel 2.2.12. Man beachte, dass über die Newtonschen Formeln diese Eulerschen Formeln äquivalent sind mit der Produktdarstellung

$$\frac{\sin x}{x} = \prod_{k=1}^{\infty} \left(1 - \frac{x^2}{k^2 \pi^2}\right),$$

vgl. loc. cit. *Wir bekommen so einen neuen Beweis dieser Produktdarstellung.*

Ferner erhalten wir direkt Sign $B_{2m} = (-1)^{m-1}, m \in \mathbb{N}^*$, und wegen $\lim_{m \to \infty} \zeta(2m) = 1$ für $m \to \infty$ die asymptotischen Darstellungen

$$|B_{2m}| \sim 2 \frac{(2m)!}{(2\pi)^{2m}} \sim 4\sqrt{\pi m} \left(\frac{m}{\pi e}\right)^{2m}.$$

Für die zweite Darstellung haben wir die Stirlingsche Formel (aus Beispiel 3.8.2) benutzt. Auch hieraus folgt, dass der Konvergenzradius der Potenzreihe

$$\frac{x}{e^x - 1} = \sum_{m=0}^{\infty} \frac{B_m x^m}{m!}$$

gleich 2π ist, vgl. Beispiel 1.4.14.

Setzen wir $t = 1/4$ in $B_{2m+1}(t), m \in \mathbb{N}$, so ergibt sich

$$B_{2m+1}\left(\frac{1}{4}\right) = (-1)^{m-1} 2 \frac{(2m+1)!}{(2\pi)^{2m+1}} \sum_{n=0}^{\infty} \frac{(-1)^n}{(2n+1)^{2m+1}}, \quad m \in \mathbb{N},$$

oder

$$\sum_{n=0}^{\infty} (-1)^n \frac{1}{(2n+1)^{2m+1}} = (-1)^{m-1} \frac{(2\pi)^{2m+1}}{2(2m+1)!} \mathrm{B}_{2m+1}\left(\frac{1}{4}\right), \quad m \in \mathbb{N}.$$

Mit den Gleichungen

$$\mathrm{B}_{2m+1}\left(\frac{1}{4}\right) = \frac{1}{4^{2m+1}} \sum_{k=0}^{2m+1} \binom{2m+1}{k} 4^k B_k = (-1)^{m+1} \frac{2m+1}{4^{2m+1}} E_{2m}, \quad m \in \mathbb{N}$$

gemäß Proposition 3.7.3 und Beispiel 1.4.15 (wobei E_{2m} die Eulerschen Zahlen sind) bekommen diese Formeln die etwas handlichere Gestalt

$$\sum_{n=0}^{\infty} \frac{(-1)^n}{(2n+1)^{2m+1}} = \frac{\pi^{2m+1} E_{2m}}{4^{m+1}(2m)!}, \quad m \in \mathbb{N},$$

woraus übrigens noch einmal $E_{2m} > 0$ folgt. Für $m = 0$ ist dies die Summenformel der Leibniz-Reihe:

$$\sum_{n=0}^{\infty} \frac{(-1)^n}{2n+1} = -\pi \mathrm{B}_1\left(\frac{1}{4}\right) = \frac{\pi}{4} E_0 = \frac{\pi}{4}.$$

Schließlich ergibt sich eine Abschätzung für die Tschebyschew-Norm $\|\mathrm{B}_k(t)\|_{[0,1]}$: *Für* $m \in \mathbb{N}$ *ist* $\|\mathrm{B}_{2m}(t)\|_{[0,1]} = |B_{2m}|$ *und für* $m \in \mathbb{N}^*$ *ist*

$$\|\mathrm{B}_{2m+1}(t)\|_{[0,1]} \le 2 \frac{(2m+1)!}{(2\pi)^{2m+1}} \zeta(2m+1) < 2 \frac{(2m+1)!}{(2\pi)^{2m+1}} \zeta(2m) = \frac{2m+1}{2\pi} |B_{2m}|. \quad \diamond$$

Wir kommen nun zu einer weiteren wichtigen Anwendung von Proposition 3.7.1.

Satz 3.7.8 (Eulersche Summenformel) *Seien* $m, n \in \mathbb{N}$ *und* $f : [0,n] \to V$ *eine stetige Funktion mit Werten im* $\mathbb{R}$-*Banach-Raum* V. *Dann gilt*

$$f(0) + \cdots + f(n) = \frac{f(0) + f(n)}{2} + \int_0^n f(t)\, dt$$

$$+ \sum_{k=1}^{m} \frac{B_{2k}}{(2k)!} \left(f^{(2k-1)}(n) - f^{(2k-1)}(0) \right) + R$$

mit dem Restglied

$$R = \frac{1}{(2m+1)!} \int_0^n f^{(2m+1)}(t) \mathrm{B}_{2m+1}(t - [t])\, dt,$$

falls f (2m + 1)-mal stetig differenzierbar ist, und mit

$$R = -\frac{1}{(2m)!} \int_0^n f^{(2m)}(t) B_{2m}(t - [t]) \, dt,$$

falls m > 0 und f (2m)-mal stetig differenzierbar ist. Ist f (2m + 2)-mal stetig differenzierbar, so gilt für R auch die Darstellung

$$R = \frac{1}{(2m+2)!} \int_0^n f^{(2m+2)}(t) \big(B_{2m+2} - B_{2m+2}(t - [t]) \big) \, dt.$$

Beweis Man beachte, dass $B_N(t - [t])$ bei $N \neq 1$ wegen $B_N(0) = B_N(1)$ auf ganz $\mathbb{R}$ stetig ist. Im Fall $N = 1$ hat $B_N(t - [t])$ für $t \in \mathbb{Z}$ Sprungstellen und ist nur stückweise stetig. Wie bereits vereinbart, lesen wir das Restglied dann als die Summe

$$R = \sum_{j=0}^{n-1} \int_j^{j+1} f'(t) B_1(t - j) \, dt.$$

Zum Beweis von Satz 3.7.8 betrachten wir eine Stammfunktion F von f und wenden Proposition 3.7.1 auf die N-mal stetig differenzierbare Funktion $F(j + t)$ und die Bernoulli-Polynome im Intervall $[0, 1]$ an, $N := 2m + 2$ bzw. $N := 2m + 1$, haben also

$$F(j + 1) = F(j) + \sum_{k=1}^{N-1} \frac{(-1)^{k-1}}{k!} \big(f^{(k-1)}(j + 1) B_k(1) - f^{(k-1)}(j) B_k(0) \big)$$

$$+ \frac{(-1)^{N-1}}{(N-1)!} \int_0^1 f^{(N-1)}(j + t) B_{N-1}(t) \, dt.$$

Wegen $B_1(0) = -\frac{1}{2}$, $B_1(1) = \frac{1}{2}$, $B_k(0) = B_k(1) = B_k$ für $k \neq 1$ und $B_k = 0$ für ungerades $k > 1$ ergibt sich

$$\frac{1}{2}\big(f(j + 1) + f(j) \big) = \int_j^{j+1} f(t) \, dt + \sum_{k=1}^{m} \frac{B_{2k}}{(2k)!} \big(f^{(2k-1)}(j + 1) - f^{(2k-1)}(j) \big)$$

$$+ \frac{(-1)^N}{(N-1)!} \int_j^{j+1} f^{(N-1)}(t) B_{N-1}(t - j) \, dt.$$

Addition dieser Formeln für $j = 0, \ldots, n - 1$ sowie Addition von $(f(0) + f(n))/2$ auf beiden Seiten liefert nun die Behauptung. – Die dritte Darstellung von R folgt aus der zweiten, wenn man m durch $m + 1$ ersetzt. □

Im Allgemeinen benutzt man natürlich das erste oder das dritte Restglied in der Eulerschen Summenformel. Gelegentlich ist es vorteilhaft, in den Integranden dieser Restglieder die Funktionen $B_j(t - [t])$ durch ihre Fourier-Entwicklungen aus Beispiel 3.7.7 zu ersetzen. Auf Summen der Form $f(p) + f(p + 1) + \cdots + f(q)$ mit beliebigen ganzen Zahlen p, q, $p \leq q$, überträgt sich die Eulersche Summenformel einfach durch Verschieben. Wir werden davon kommentarlos Gebrauch machen. Für Beispiele verweisen wir auf den nächsten und übernächsten Abschnitt.

Aufgaben

Aufgabe 3.7.1 Die Funktion $f\colon [0, 1] \to \mathbb{R}$ sei stetig und monoton fallend. Für alle $m \in \mathbb{N}$ gilt dann $(-1)^{m+1} \int_0^1 f(t) B_{2m+1}(t)\, dt \geq 0$. (Man benutze Beispiel 3.7.6 (1).)

Aufgabe 3.7.2 Die stetige Funktion $f\colon \mathbb{R}_+ \to \mathbb{R}$ sei monoton mit $\lim_{t \to \infty} f(t) = 0$. Dann existiert $\int_0^\infty f(t) B_{2m+1}(t - [t])\, dt$ für alle $m \in \mathbb{N}$. Für jedes $n \in \mathbb{N}$ liegt der Wert des Integrals zwischen $\int_0^{n/2} f(t) B_{2m+1}(t - [t])\, dt$ und $\int_0^{(n+1)/2} f(t) B_{2m+1}(t - [t])\, dt$.

Aufgabe 3.7.3 Sei $m \geq 1$. Das Polynom $B_{2m} - B_{2m}(t)$ hat auf dem Intervall $]0, 1[$ das konstante Vorzeichen Sign $B_{2m} = (-1)^{m-1}$. Auf dem Intervall $[0, 1]$ gilt ferner die Abschätzung $\|B_{2m} - B_{2m}(t)\| = (4^m - 1)|B_{2m}|/2^{2m-1} < 2|B_{2m}|$.

Aufgabe 3.7.4 Die Funktion $f\colon [0, n] \to \mathbb{R}$ sei $(2m + 3)$-mal stetig differenzierbar, die Ableitungen $f^{(2m+1)}$ und $f^{(2m+3)}$ seien beide monoton auf $[0, n]$ vom gleichen Monotonietyp. Dann gilt für den Rest R in der Eulerschen Summenformel die Darstellung

$$R = \theta \frac{B_{2m+2}}{(2m + 2)!}\left(f^{(2m+1)}(n) - f^{(2m+1)}(0) \right)$$

mit $0 \leq \theta \leq 1$, d. h. der Fehler R liegt zwischen 0 und dem nächsten Glied, das nicht berücksichtigt wurde. (Vgl. [14], Aufg. 3.1.12.) Dieselbe Abschätzung für R gilt auch, wenn $f^{(2m+2)}$ und $f^{(2m+4)}$ existieren und beide nichtpositiv oder beide nichtnegativ sind.

Aufgabe 3.7.5 Seien $I \subseteq \mathbb{R}$ ein Intervall, $a \in I$ und $f\colon I \to \mathbb{R}$ eine n-mal stetig differenzierbare Funktion. Für jedes $p \in \mathbb{N}$ mit $1 \leq p \leq n$ und jedes $x \in I$ gibt es dann ein c zwischen a und x mit

$$f(x) = \sum_{k=0}^{n-1} \frac{f^{(k)(a)}}{k!}(x - a)^k + \frac{f^{(n)}(c)}{(n - 1)!\, p}(x - c)^{n-p}(x - a)^p.$$

Diese Formel ist die Taylor-Formel 2.8.4 mit einem neuen Restglied, dem sogenannten **Schlömilchschen Restglied**. Der Spezialfall $p = n$ liefert das Lagrangesche Restglied.

Bei $p = 1$ spricht man auch vom **Cauchyschen Restglied**. – Das Cauchysche Restglied liefert häufig günstigere Abschätzungen als das Lagrangesche Restglied. – Zum Beweis wendet man den Verallgemeinerten Mittelwertsatz der Integralrechnung 3.2.2 (4) auf das Integralrestglied

$$\frac{1}{(n-1)!} \int\limits_a^x \left(f^{(n)}(t)(x-t)^{n-p} \right)(x-t)^{p-1}\, dt$$

aus Satz 3.7.2 an. Liegen allgemeiner die Werte von f in einem $\mathbb{R}$-Banach-Raum, so lässt sich dieses Restglied nur der Norm nach durch $\| f^{(n)}(c)(x-c)^{n-p}(x-a)^p \| / (n-1)! p$ mit einem c zwischen a und x abschätzen, vgl. Satz 3.2.3.

Aufgabe 3.7.6 Es ist $B_{2m}\left(\frac{1}{2}\right) = -(1-2^{1-2m})B_{2m}$ und $B_{2m}\left(\frac{1}{4}\right) = -2^{-2m}(1-2^{1-2m})B_{2m}$. (Man beachte Beispiel 3.7.7 und [14], Aufg. 3.6.11 a).)

Aufgabe 3.7.7 Man berechne die Nullstellen der Polynome B_{2m} für $m = 1,\ldots,5$ in $[0,1]$ mit einem Fehler $\leq 10^{-6}$.

Aufgabe 3.7.8 Für $t \in \mathbb{C}$ ist

$$\frac{X \exp tX}{\exp X - 1} = \sum_{n=0}^{\infty} \frac{B_n(t)}{n!} X^n.$$

(Man benutze Proposition 3.7.3 und Aufg. 1.2.11. – Diese Gleichung lässt sich auch als Identität von Potenzreihen in den beiden Unbestimmten t und X lesen.)

3.8 Beispiele

Wir illustrieren die vielfältigen Anwendungsmöglichkeiten der Eulerschen Summenformel 3.7.8 an einigen Beispielen.

Beispiel 3.8.1 Wenden wir Satz 3.7.8 mit $m := [r/2]$ und $n+1$ statt n auf die Potenzfunktion $f(\iota) = t^r$, $r \in \mathbb{N}$, an, so erhalten wir

$$0^r + \cdots + (n+1)^r = \frac{(n+1)^r}{2} + \frac{(n+1)^{r+1}}{r+1} + \sum_{j=1}^{[r/2]} (n+1)^{r+1} \frac{B_{2j}}{(2j)!} [r]_{2j-1} (n+1)^{r-2j+1}$$

bzw. nach trivialen Umformungen die bereits am Ende von Beispiel 1.4.14 bewiesene Formel

$$\sum_{k=0}^{n} k^r = \frac{1}{r+1} \sum_{j=0}^{r} \binom{r+1}{j} B_j \cdot (n+1)^{r+1-j}. \qquad \diamond$$

Beispiel 3.8.2 (Stirlingsche Formeln) Für die Funktion $f(t) = \ln(1+t)$ auf $\mathbb{C} - \,]-\infty, -1]$ ist $f^{(k)}(t) = (-1)^{k-1}(k-1)!/(1+t)^k$, $k \in \mathbb{N}^*$, und

$$\int f(t)\,dt = (1+x)\ln(1+x) - x.$$

Wenden wir Satz 3.7.8 auf f mit $n-1$ statt n an, so folgt für alle $m \in \mathbb{N}$

$$\ln 1 + \cdots + \ln n = \frac{1}{2}\ln n + n\ln n - (n-1) + \sum_{k=1}^{m} \frac{B_{2k}}{(2k)!}\Big(\frac{(2k-2)!}{n^{2k-1}} - (2k-2)!\Big)$$

$$+ \frac{(2m)!}{(2m+1)!}\int_0^{n-1} \frac{B_{2m+1}(t-[t])}{(1+t)^{2m+1}}\,dt,$$

$$\ln n! = \Big(\frac{1}{2}+n\Big)\ln n - n + 1 + \sum_{k=1}^{m} \frac{B_{2k}\cdot(1-n^{2k+1})}{2k(2k-1)n^{2k+1}} + \frac{1}{2m+1}\int_1^n \frac{B_{2m+1}(t-[t])}{t^{2m+1}}\,dt.$$

Für alle $m \in \mathbb{N}$ existiert $\int_1^\infty B_{2m+1}(t-[t])\,dt/t^{2m+1}$ (bei $m=0$ vgl. auch Aufg. 3.7.2). Daher konvergiert die Folge $\ln n! - ((1/2)+n)\ln n + n$, und zwar gegen

$$s := 1 - \sum_{k=1}^{m} \frac{B_{2k}}{2k(2k-1)} + \frac{1}{2m+1}\int_1^\infty \frac{B_{2m+1}(t-[t])}{t^{2m+1}}\,dt.$$

Wir erhalten

$$\ln n! = \Big(\frac{1}{2}+n\Big)\ln n - n + s + \sum_{k=1}^{m} \frac{B_{2k}}{2k(2k-1)}\frac{1}{n^{2k-1}} - \frac{1}{2m+1}\int_n^\infty \frac{B_{2m+1}(t-[t])}{t^{2m+1}}\,dt.$$

Nach Aufg. 3.7.4 ist das Restglied gleich $\theta B_{2m+2}/(2m+2)(2m+1)n^{2m+1}$ mit einem $\theta \in [0,1]$. Es folgt

$$n! = e^s \sqrt{n}\Big(\frac{n}{e}\Big)^n \exp\Big(\sum_{k=1}^{m} \frac{B_{2k}}{2k(2k-1)}\frac{1}{n^{2k-1}} + \theta\frac{B_{2m+2}}{(2m+2)(2m+1)}\frac{1}{n^{2m+1}}\Big).$$

Es folgt $n! \sim e^s \sqrt{n}(n/e)^n$ für $n \to \infty$. Mit dem Wallisschen Produkt $(2n)!\sqrt{\pi n} \sim 4^n (n!)^2$ für $n \to \infty$ aus Beispiel 3.2.6(4) ergibt sich $e^s = \sqrt{2\pi}$, $s = \frac{1}{2}\ln(2\pi)$ und schließlich

$$n! \sim \sqrt{2\pi n}\Big(\frac{n}{e}\Big)^n \quad \text{für } n \to \infty.$$

Setzt man $s_n := \sqrt{2\pi n}(n/e)^n$ und der Reihe nach $m = 0,1,2,3$, so bekommt man genauer die folgende Schachtelung für $n!$:

$$s_n < s_n \exp\Big(\frac{1}{12n} - \frac{1}{360n^3}\Big) < n! < s_n \exp\Big(\frac{1}{12n} - \frac{1}{360n^3} + \frac{1}{1260n^5}\Big) < s_n \exp\Big(\frac{1}{12n}\Big),$$

die insbesondere $s_n < n!$ und $\lim_n (n! - s_n) = \infty$ zeigt.

Diese sogenannten **Stirlingschen Formeln** lassen sich direkt auf die Fakultätsfunktion $x! = \Gamma(x + 1) = x\Gamma(x)$ verallgemeinern. Zunächst ergeben sich aus der Eulerschen Summenformel mit der Funktion $f(t) = \ln(x + t)$ auf $\mathbb{R}_+$, $x \in \mathbb{C} - \mathbb{R}_-$ fest, die Gleichungen

$$\sum_{\nu=0}^{n-1} \ln(x + \nu) = \left(x - \frac{1}{2} + n\right)\ln(x - 1 + n) - n + 1 - \left(x - \frac{1}{2}\right)\ln x$$

$$+ \sum_{k=1}^{m} \frac{B_{2k}}{2k(2k-1)}\left(\frac{1}{(x-1+n)^{2k-1}} - \frac{1}{x^{2k-1}}\right)$$

$$- \frac{1}{2m+2}\int_1^n \frac{\left(B_{2m+2} - B_{2m+2}(t - [t])\right)}{(x - 1 + t)^{2m+2}}\,dt,$$

wobei wir dieses Mal die dritte Gestalt des Restgliedes in Satz 3.7.8 gewählt haben. Insbesondere folgt für $m = 0$ und $\Re x > 0$ und $\Re x \to \infty$

$$\sum_{\nu=0}^{n-1} \ln(x + \nu) = \left(x - \frac{1}{2} + n\right)\ln(x - 1 + n) - n + 1 - \left(x - \frac{1}{2}\right)\ln x + O(1/\Re x).$$

Die Konstante in $O(1/\Re x)$ ist unabhängig von n. Man kann dafür etwa $1/8$ wählen, bei $x \in \mathbb{R}_+^\times$ sogar $B_2/2 = 1/12$, vgl. Aufg. 3.7.4. Mit der Gaußschen Produktdarstellung 3.5.3 der Γ-Funktion und der obigen Darstellung von $\ln n!$ erhält man

$$\ln \Gamma(x) = \lim_{n\to\infty}\left(x\ln n + \ln n! - \sum_{\nu=0}^{n}\ln(x + \nu)\right) = -x + \left(x - \frac{1}{2}\right)\ln x + \frac{1}{2}\ln(2\pi)$$

$$+ \sum_{k=1}^{m}\frac{B_{2k}}{2k(2k-1)}\frac{1}{x^{2k-1}} + \frac{1}{2m+2}\int_0^\infty \frac{B_{2m+2} - B_{2m+2}(t - [t])}{(x + t)^{2m+2}}\,dt$$

(unter Berücksichtigung von $\lim_{n\to\infty}(x + \frac{1}{2} + n)(\ln n - \ln(x + n)) = -x$). Schließlich folgt für $\Re x > 0$

$$x! = x\Gamma(x) = \sqrt{2\pi x}\left(\frac{x}{e}\right)^x \exp\left(\sum_{k=1}^{m}\frac{B_{2k}}{2k(2k-1)}\frac{1}{x^{2k-1}} + O\left(1/(\Re x)^{2m+1}\right)\right),$$

wobei $|O(1/(\Re x)^{2m+1})| \le 2|B_{2m+2}|/(2m+2)(2m+1)(\Re x)^{2m+1}$ ist (vgl. Aufg. 3.7.3). Für $x \in \mathbb{R}_+^\times$ ist $O(1/x^{2m+1}) = \theta B_{2m+2}/(2m+2)(2m+1)x^{2m+1}$ mit $0 \le \theta \le 1$ (vgl. Aufg. 3.7.4). Auch hier spricht man von den **Stirlingschen Formeln**. $\diamond$

Beispiel 3.8.3 Sei $f \colon [n_0, \infty[\;\to\; \mathbb{K}, n_0 \in \mathbb{N}$, eine r-mal stetig differenzierbare Funktion. Für ein $\sigma > 1$ gelte $f^{(\nu)}(t) = O(1/t^{\sigma+\nu})$ für $t \to \infty$ und alle $\nu = 0, \ldots, r$. Dann existieren $\sum_{k=n_0}^{\infty} f(k)$ und $\int_{n_0}^{\infty} f(t)\,dt$. Die Eulersche Summenformel 3.7.8 liefert:

Satz 3.8.4 *Es ist*

$$\sum_{k=n_0}^{\infty} f(k) = \sum_{k=n_0}^{n-1} f(k) + \sum_{k=n}^{\infty} f(k)$$

$$= \sum_{k=n_0}^{n-1} f(k) + \frac{1}{2} f(n) + \int_{n}^{\infty} f(t)\,dt - \sum_{j=1}^{m} \frac{B_{2j}}{(2j)!} f^{(2j-1)}(n) + R \quad mit$$

$$R = \frac{1}{(2m+1)!} \int_{n}^{\infty} f^{(2m+1)}(t)\,B_{2m+1}(t-[t])\,dt = O(1/n^{\sigma+2m}) \quad bei \; r \geq 2m+1,$$

$$R = \frac{1}{(2m+2)!} \int_{n}^{\infty} f^{(2m+2)}(t)\big(B_{2m+2} - B_{2m+2}(t-[t])\big)\,dt = O(1/n^{\sigma+2m+1}), \quad r \geq 2m+2.$$

Damit lässt sich der Summenwert $\sum_{k=n_0}^{\infty} f(k)$ häufig sehr gut approximieren. Ist zum Beispiel $g \colon [0, 1/n_0] \to \mathbb{K}$ eine analytische Funktion, die im Nullpunkt mit einer Ordnung $\sigma \geq 2$ verschwindet und dort die Potenzreihenentwicklung $g(t) = \sum_{k=\sigma}^{\infty} a_k t^k$ hat, so erfüllt $f(t) := g(1/t)$ auf $[n_0, \infty[$ wegen

$$f^{(\nu)}(t) = (-1)^{\nu} \sum_{k=\sigma}^{\infty} \frac{[k+\nu-1]_\nu a_k}{t^{k+\nu}} \quad \text{(für große } t\text{)}$$

die obigen Voraussetzungen für σ und alle r. Dabei ist noch die Entwicklung

$$\int_{n}^{\infty} f(t)\,dt = \int_{0}^{1/n} \frac{g(t)}{t^2}\,dt = \sum_{k=\sigma-1}^{\infty} \frac{a_{k+1}}{k\,n^k} = \sum_{k=\sigma-1}^{\sigma+2m} \frac{a_{k+1}}{k\,n^k} + O(1/n^{\sigma+2m+1})$$

nützlich (n hinreichend groß), falls $\int_{n}^{\infty} f(t)\,dt$ schwer zugänglich ist. Ähnlich kann man die Ableitungen $f^{(2j-1)}(n)$, $j \geq 1$, approximieren:

$$f^{(2j-1)}(n) = - \sum_{k=\sigma}^{\sigma+2(m-j)+1} [k+2j-2]_{2j-1} \frac{a_k}{n^{k+2j-1}} + O(1/n^{\sigma+2m+1}).$$

Durch Einsetzen erhält man schließlich:

Korollar 3.8.5 *Unter den obigen Voraussetzungen gilt für $n \to \infty$*

$$\sum_{k=n_0}^{\infty} f(k) = \sum_{k=n_0}^{n-1} f(k) + \frac{1}{2} f(n) + \sum_{k=\sigma-1}^{\sigma+2m} \frac{b_k}{n^k} + O(1/n^{\sigma+2m+1}) \quad mit$$

$$b_k := \frac{a_{k+1}}{k} + \sum_{j=1}^{m} [k-1]_{2j-1} \frac{B_{2j}}{(2j)!} a_{k-2j+1} = \frac{1}{k} \sum_{j=0}^{m} \binom{k}{2j} B_{2j} a_{k+1-2j}.$$

Als explizites Beispiel zu Korollar 3.8.5 sei das folgende Problem betrachtet: Einem Kreis mit dem Radius $r_2 := 1$ werde ein regelmäßiges Dreieck umbeschrieben, diesem ein Kreis mit dem Radius r_3, diesem ein Quadrat mit einem Umkreis vom Radius r_4, diesem Umkreis ein Fünfeck mit einem Umkreisradius r_5. So fortfahrend, erhält man eine Folge von Radien r_n, $n \geq 2$, die der Rekursion $r_n = r_{n-1}/\cos(\pi/n)$, $n \geq 3$, genügen. Die Folge

$$r_n = \prod_{k=3}^{n} \frac{1}{\cos(\pi/k)}, \quad n \geq 2,$$

konvergiert gegen einen Grenzradius

$$r_\infty = \prod_{k=3}^{\infty} \frac{1}{\cos(\pi/k)} \quad mit \quad \ln r_\infty = -\sum_{k=3}^{\infty} \ln \cos(\pi/k).$$

Wir wenden die obige Bemerkung auf $g(t) = -\ln\cos(\pi t)$, $f(t) = -\ln\cos(\pi/t)$ an. Wegen

$$g'(t) = \pi \tan \pi t = \sum_{k=1}^{\infty} (-1)^{k-1} \frac{B_{2k}}{(2k)!} (2\pi)^{2k} (2^{2k}-1) t^{2k-1}$$

(vgl. Beispiel 1.4.14) ist

$$g(t) = \sum_{k=1}^{\infty} \frac{(-1)^{k-1}}{2k} \frac{B_{2k}}{(2k)!} (2\pi)^{2k} (2^{2k}-1) t^{2k}.$$

Es ist also $\sigma = 2$, und für $m = 4$ ergibt sich

$$\ln r_\infty = \sum_{k=3}^{n-1} f(k) + \frac{1}{2} f(n) + \frac{\pi^2}{2n} + \frac{\pi^2}{12n^3}\left(\frac{\pi^2}{3}+1\right) + \frac{\pi^2}{3n^5}\left(\frac{\pi^4}{75} + \frac{\pi^2}{12} - \frac{1}{20}\right)$$

$$+ \frac{\pi^2}{6n^7}\left(\frac{17\pi^6}{2940} + \frac{\pi^4}{15} - \frac{\pi^2}{12} + \frac{1}{14}\right)$$

$$+ \frac{\pi^2}{3n^9}\left(\frac{31\pi^8}{42.525} + \frac{17\pi^6}{1260} - \frac{7\pi^4}{225} + \frac{\pi^2}{18} - \frac{1}{20}\right) + O(1/n^{11}).$$

Wertet man diese Formel (ohne das Fehlerglied) für $n = 3, 4, \ldots, 10$ aus, so erhält man
der Reihe nach die folgenden Näherungen für r_∞:

$$8{,}685 26\,48, \qquad 8{,}699 54\,55, \qquad 8{,}699 99\,82, \qquad 8{,}700 03\,17,$$

$$8{,}700 03\,57, \qquad 8{,}700 03\,64, \qquad 8{,}700 03\,66, \qquad 8{,}700 03\,66. \qquad \diamond$$

**Beispiel 3.8.6 (Riemannsche Zeta-Funktion – Eulersche Konstante – Riemannsche
Vermutung)** Wir setzen die Diskussion der Riemannschen Zeta-Funktion am Ende von
Beispiel 2.7.8 (und auch in Beispiel 2.7.17) fort. Sei dazu $s \in \mathbb{C}$ mit $\sigma = \Re s > 1$.
Wir wenden Satz 3.8.4 auf $f : t \mapsto 1/t^s$, $t \geq 1$, an und erhalten wegen $f^{(v)}(t) = [-s]_v / t^{s+v} = (-1)^v [s + v - 1]_v / t^{s+v}$ für $\zeta(s)$ die Darstellungen

$$\zeta(s) = \sum_{k=1}^\infty \frac{1}{k^s} = \sum_{k=1}^{n-1} \frac{1}{k^s} + \frac{1}{2n^s} + \frac{1}{(s-1)n^{s-1}} + \sum_{j=1}^m \frac{B_{2j}}{2j} \binom{s+2j-2}{2j-1} \frac{1}{n^{s+2j-1}} + R$$

$$\text{mit} \quad R = -\binom{s+2m}{2m+1} \int_n^\infty \frac{B_{2m+1}(t - [t])}{t^{s+2m+1}}\, dt$$

$$= \binom{s+2m+1}{2m+2} \int_n^\infty \frac{B_{2m+2} - B_{2m+2}(t - [t])}{t^{s+2m+2}}\, dt,$$

die für alle $m \in \mathbb{N}$ und $n \in \mathbb{N}^*$ gelten. Insbesondere ist

$$R = \theta \binom{s+2m}{2m+1} \frac{B_{2m+2}}{(2m+2)n^{s+2m+1}} \quad \text{mit} \quad 0 \leq \theta \leq 1,\ s \in \mathbb{R},\ s > 1.$$

Diese Formeln erlauben es, $\zeta(s)$ mit wenigen Gliedern der definierenden Reihe $\sum_k 1/k^s$
sehr genau zu berechnen.

Das Integral

$$\int_n^\infty \frac{B_{2m+2} - B_{2m+2}(t - [t])}{t^{s+2m+2}}\, dt = \int_n^\infty \frac{B_{2m+2}\, dt}{t^{s+2m+2}} - \sum_{\ell=n}^\infty \int_\ell^{\ell+1} \frac{B_{2m+2}(t - [t])}{t^{s+2m+2}}\, dt$$

definiert eine analytische Funktion in der Halbebene $\Re s + 2m + 1 > 0$, da jeder Summand

$$\int_\ell^{\ell+1} \frac{B_{2m+2}(t - [t])}{t^{s+2m+2}}\, dt = \int_0^1 \frac{B_{2m+2}(t)}{(t+\ell)^{s+2m+2}}\, dt$$

trivialerweise analytisch ist und die Reihe wegen

$$\left| \int_a^\infty \frac{B_{2m+2}(t - [t])}{t^{s+2m+2}}\, dt \right| \leq \int_a^\infty \frac{\|B_{2m+2}(t)\|_{[0,1]}\, dt}{t^{\Re s + 2m+2}} = \frac{\|B_{2m+2}(t)\|_{[0,1]}}{(\Re s + 2m + 1)a^{\Re s + 2m+1}},\ a > 0,$$

Abb. 3.24 Graph der Zeta-funktion

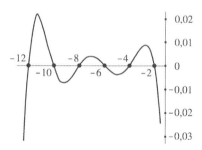

dort lokal gleichmäßig konvergiert, vgl. Satz 1.3.10. Da $m \in \mathbb{N}^*$ beliebig war und da die Funktion $1/(s-1)n^{s-1}$ auf ganz $\mathbb{C}$ meromorph ist mit einem einzigen Pol, und zwar in $s = 1$ mit der Ordnung 1 und dem Residuum 1, erhalten wir insgesamt:

Satz 3.8.7 *Die Riemannsche Zeta-Funktion $\zeta(s)$ lässt sich zu einer meromorphen Funktion auf ganz $\mathbb{C}$ fortsetzen. Sie hat in $s = 1$ ihren einzigen Pol, und zwar von der Ordnung 1 mit Residuum 1.*

Eine andere Beweismöglichkeit für Satz 3.8.7 findet man in Aufg. 3.8.9. Für $p \in \mathbb{N}^*$, $2m > p$ und $n = 1$ ergibt sich mit $\frac{1}{2j}\binom{-p+2j-2}{2j-1} = -\frac{1}{p+1}\binom{p+1}{2j}$

$$\zeta(-p) = \frac{1}{2} - \frac{1}{p+1} - \sum_{j=1}^{m} \frac{B_{2j}}{p+1}\binom{p+1}{2j} = -\frac{1}{p+1}\sum_{\nu=0}^{2m} B_\nu \binom{p+1}{\nu} = -\frac{B_{p+1}}{p+1},$$

da $\sum_{\nu=0}^{p} B_\nu \binom{p+1}{\nu} = 0$ ist (vgl. Proposition 3.7.4. Damit sieht man

$$\zeta(0) = -\frac{1}{2}, \ \zeta(1-q) = -\frac{B_q}{q}, \ q \geq 2, \ \text{speziell} \ \zeta(-2p) = 0, \ p \geq 1, \ \zeta(-1) = -\frac{1}{12}.$$

Abb. 3.24 zeigt den Graphen der Zeta-Funktion auf dem reellen Intervall $]-12{,}5, -1{,}5[$ (mit gestreckter Ordinate).

Die Funktion $\eta(s) := \zeta(s) - 1/(s-1)$ ist nach Satz 3.8.7 auf ganz $\mathbb{C}$ analytisch, d. h. eine ganze Funktion. Wegen $\lim_{s \to 1}(n^{1-s}-1)/(s-1) = -\ln n$ hat man für alle $m \in \mathbb{N}$ und alle $n \in \mathbb{N}^*$

$$\eta(1) = \sum_{k=1}^{n-1} \frac{1}{k} + \frac{1}{2n} - \ln n + \sum_{j=1}^{m} \frac{B_{2j}}{2j}\frac{1}{n^{2j}} + R_{m,n} \quad \text{mit}$$

$$R_{m,n} = -\int_{n}^{\infty} \frac{B_{2m+1}(t-[t])}{t^{2m+2}}\,dt = \int_{n}^{\infty} \frac{B_{2m+2} - B_{2m+2}(t-[t])}{t^{2m+3}}\,dt.$$

Insbesondere ist $R_{m,n} = \theta_{m,n} B_{2m+2}/(2m+2)n^{2m+2}$ mit $0 \le \theta_{m,n} \le 1$ (vgl. Aufg. 3.7.4). Ferner folgt, *dass*

$$\eta(1) = \lim_{n \to \infty} \left(\sum_{k=1}^{n} \frac{1}{k} - \ln n \right) = \gamma$$

die Eulersche Konstante ist, vgl. [14], Beispiel 3.3.8. *Somit gilt*

$$\zeta(s) = \frac{1}{s-1} + \eta(s) = \frac{1}{s-1} + \gamma + O(s-1) \quad \text{für} \quad s \to 1$$

mit der Eulerschen Konstanten

$$\gamma = \sum_{k=1}^{n-1} \frac{1}{k} + \frac{1}{2n} - \ln n + \frac{1}{12n^2} - \frac{1}{120n^4} + \frac{1}{252n^6} - \frac{1}{240n^8} + \theta_{4,n} \frac{1}{132n^{10}}.$$

Bei $m = 0, n = 1$ erhalten wir für $\zeta(s)$ folgende Darstellung im Bereich $-1 < \Re s < 0$:

$$\zeta(s) = \frac{1}{2} + \frac{1}{s-1} + \binom{s+1}{2} \int_1^{\infty} \frac{B_2 - B_2(t - [t])}{t^{s+2}}\, dt$$

$$= \frac{1}{2} + \frac{1}{s-1} + \binom{s+1}{2} \int_0^{\infty} \frac{B_2 - B_2(t - [t])}{t^{s+2}}\, dt - \binom{s+1}{2} \int_0^1 \frac{1-t}{t^{s+1}}\, dt$$

$$= \binom{s+1}{2} \int_0^{\infty} \frac{B_2 - B_2(t - [t])}{t^{s+2}}\, dt.$$

(Es ist $B_2(t) = t^2 - t + \frac{1}{6}$.) Beachten wir die Gleichungen

$$B_2 - B_2(t - [t]) = \frac{1}{\pi^2} \sum_{n=1}^{\infty} \frac{1 - \cos 2\pi nt}{n^2}$$

und

$$\frac{1}{\pi^2 n^2} \int_0^{\infty} \frac{1 - \cos 2\pi nt}{t^{s+2}}\, dt = \frac{2^{s+1} \pi^s n^{s-1}}{2\Gamma(s+2)\cos(\pi s/2)}$$

(vgl. Beispiel 3.7.7 bzw. Aufg. 3.5.11 c)), so ergibt sich für die angegebenen s die folgende **Funktionalgleichung der ζ–Funktion**

$$\zeta(s) = \binom{s+1}{2} \frac{2^{s+1} \pi^s}{2\Gamma(s+2)\cos(\pi s/2)} \sum_{n=1}^{\infty} \frac{1}{n^{1-s}} = \frac{2^{s-1} \pi^s}{\Gamma(s)\cos(\pi s/2)} \zeta(1-s),$$

denn Summation und Integration sind nach Satz 3.4.7 offensichtlich vertauschbar. Da alle in dieser Gleichung auftretenden Funktionen auf $\mathbb{C}$ meromorph sind, gilt sie wegen des

Identitätssatzes auf ganz $\mathbb{C}$. Mit der Verdoppelungsformel aus Satz 3.5.5 und der Ergänzungsformel aus Aufg. 3.5.4, also mit

$$\Gamma(s) = \frac{2^{s-1}\Gamma(s/2)\Gamma(s+1)/2)}{\sqrt{\pi}} \quad \text{bzw.} \quad \Gamma((1+s)/2)\Gamma((1-s)/2) = \frac{\pi}{\cos(\pi s/2)}$$

erhält sie die folgende symmetrische Gestalt (die aber für Anwendungen nicht immer die günstigste ist):

Satz 3.8.8 (Funktionalgleichung der Zeta-Funktion) *Die Riemannsche Zeta-Funktion $\zeta(s)$ erfüllt die Funktionalgleichung*

$$\pi^{-s/2}\Gamma(s/2)\zeta(s) = \pi^{-(1-s)/2}\Gamma((1-s/2)\zeta(1-s).$$

Man setzt

$$\xi(s) := \pi^{-s/2}\Gamma(s/2)\zeta(s).$$

Dann hat die Funktionalgleichung der Zeta-Funktion die einfache Gestalt

$$\xi(s) = \xi(1-s).$$

Auf Grund dieser Funktionalgleichung *sind die Gleichungen $\zeta(1-2q) = -B_{2q}/2q$ und die Eulerschen Gleichungen $\zeta(2q) = (-1)^{q-1}(2\pi)^{2q}B_{2q}/2(2q)!$ für $q \in \mathbb{N}^*$ äquivalent.*

Satz 3.8.8 gestattet ferner die folgenden Aussagen über die **Nullstellen der ζ-Funktion**: Da $\zeta(s)$ wegen der Produktdarstellung $\zeta(s) = \prod_{p\in\mathbb{P}}(1-p^{-s})^{-1}$ für $\mathfrak{R}s > 1$ keine Nullstelle besitzt und $\Gamma(s)$ nirgendwo verschwindet, kann $\zeta(s)$ für $\mathfrak{R}s < 0$ nur dort verschwinden, wo $\Gamma(s/2)$ einen Pol hat. Dies ergibt die schon berechneten Nullstellen $s = -2p$, $p \in \mathbb{N}^*$, von $\zeta(s)$. Sie heißen die **trivialen Nullstellen** der ζ-Funktion. Alle anderen Nullstellen (von denen es ebenfalls unendlich viele gibt) liegen notwendigerweise im „**kritischen**" **Streifen** $0 \leq \mathfrak{R}s \leq 1$. Sie sind dort wegen $\zeta(\overline{s}) = \overline{\zeta(s)}$ symmetrisch zur reellen Achse und wegen der Funktionalgleichung 3.8.8 symmetrisch zur „**kritischen**" **Geraden** $\mathfrak{R}s = 1/2$. Die wohl berühmteste Vermutung der Mathematik, die sogenannte **Riemannsche Vermutung** besagt, *dass alle nichttrivialen Nullstellen von $\zeta(s)$ auf der kritischen Geraden $\mathfrak{R}s = 1/2$ selbst liegen.*

Die Nullstellen auf der kritischen Geraden sind numerisch nicht allzu schwer zu bestimmen. Sie stimmen mit den Nullstellen der oben eingeführten Funktion $\xi(s) = \pi^{-s/2}\Gamma(s/2)\zeta(s)$ überein. Außerdem ist $\xi(s) = \xi(1-s) = \overline{\xi(\overline{s})}$ wegen $\xi\left(\frac{1}{2}+it\right) = \xi\left(\frac{1}{2}-it\right) = \overline{\xi\left(\frac{1}{2}+it\right)}$ für $t \in \mathbb{R}$ auf der kritischen Geraden reellwertig. Jeder Vorzeichenwechsel der Funktion $t \mapsto \xi\left(\frac{1}{2}+it\right)$ auf $\mathbb{R}$ liefert also eine Nullstelle von $\xi(s)$ auf der kritischen Geraden.[20] Bei gegebenem (nicht zu großen) $T > 0$ lässt sich nun

---

[20] Umgekehrt verursacht jede Nullstelle *ungerader* Ordnung von $\zeta(s)$ auf der kritischen Geraden einen solchen Vorzeichenwechsel. Man erweitert die Riemannsche Vermutung häufig dahingehend,

die Riemannsche Vermutung für $|\Im s| \leq T$ prüfen, da die Gesamtzahl der Nullstellen von $\zeta(s)$ (unter Berücksichtigung ihrer Vielfachheiten) in einem Rechteck $0 \leq \Re s \leq 1$, $0 \leq \Im s \leq T$ mit relativ einfachen Mitteln der Funktionentheorie genau genug abgeschätzt werden kann. In diesem Sinne ist die Riemannsche Vermutung für die ersten 10^{13} Nullstellen mit positivem Imaginärteil im kritischen Streifen bestätigt worden, wobei alle bislang gefundenen Nullstellen einfach sind. Die Nullstellen ρ von $\zeta(s)$ mit $|\Im \rho| \leq 30$ von $\zeta(s)$ im kritischen Streifen sind

$$\frac{1}{2} \pm i \cdot 14{,}134725\ldots, \quad \frac{1}{2} \pm i \cdot 21{,}022040\ldots, \quad \frac{1}{2} \pm i \cdot 25{,}010856\ldots.$$

Allgemein weiß man bis heute nur: *Die nichttrivialen Nullstellen der Riemannschen ζ-Funktion liegen im Inneren des kritischen Streifens $0 \leq \Re s \leq 1$*, d. h. es gilt:

Satz 3.8.9 *Die Riemannsche Zeta-Funktion $\zeta(s)$ hat keine Nullstelle auf der Geraden $\Re s = 1$ (und folglich auch keine Nullstelle auf der imaginären Achse $\mathbb{R}i$).*

Beweis Gemäß Aufg. 2.2.32 lässt sich die Nullstellenordnung einer analytischen Funktion in einem Punkt ihres Definitionsbereichs mit dem Logarithmus berechnen. Nach dem Ende von Beispiel 2.7.8 stellt die Dirichlet-Reihe

$$\log \zeta(s) := \sum_{n>1} \frac{\Lambda(n)}{\ln n} \cdot \frac{1}{n^s}$$

mit der von Mangoldtschen Funktion $\Lambda \colon \mathbb{N}^* \to \mathbb{R}$ für $\Re s > 1$ den Logarithmus $\log \zeta(s)$ von $\zeta(s)$ dar, für den $\lim_{\Re s \to \infty} \log \zeta(s) = 0$ gilt. Für $s \in \mathbb{R}$, $s > 1$, ist also $\log \zeta(s) = \ln \zeta(s)$, d. h. es handelt sich dann um den gewöhnlichen Logarithmus. Nach Aufg. 2.2.32 hat $\zeta(s)$ im Punkt $1 + i\tau$ die Nullstellenordnung

$$\nu(1 + i\tau) = \Re \left(\lim_{\varepsilon \to 0+} \frac{\log \zeta(1 + \varepsilon + i\tau)}{\ln \varepsilon} \right), \quad \text{falls } \tau \in \mathbb{R}^\times,$$

und bei $\tau = 0$ gilt

$$\lim_{\varepsilon \to 0+} \frac{\log \zeta(1 + \varepsilon)}{\ln \varepsilon} = \lim_{\varepsilon \to 0+} \frac{\ln \big((1 + O(\varepsilon))/\varepsilon\big)}{\ln \varepsilon} = -1,$$

vgl. loc. cit. Für beliebiges $\tau \in \mathbb{R}$ und $\varepsilon \in \mathbb{R}_+^\times$ ist nun

$$\Re \big(\log \zeta(1 + \varepsilon + i\tau) \big) = \sum_{n=2}^\infty \frac{\Lambda(n)}{\ln n} \Re \left(\frac{1}{n^{1+\varepsilon+i\tau}} \right) = \sum_{n=2}^\infty \frac{\Lambda(n)}{n^{1+\varepsilon} \ln n} \cos(\tau \ln n).$$

---

dass die nichttrivialen Nullstellen der Zeta-Funktion nicht nur auf der kritischen Geraden liegen, sondern auch alle einfach sind. Mehrfache Nullstellen könnten bei numerischer Verifikation zu großen Schwierigkeiten führen, die von gerader positiver Ordnung beispielsweise könnten ganz übersehen werden.

Wegen $0 \leq (1 + \sqrt{2}\cos\alpha)^2 = 1 + 2\sqrt{2}\cos\alpha + 2\cos^2\alpha = 2 + 2\sqrt{2}\cos\alpha + \cos 2\alpha$ für $\alpha \in \mathbb{R}$ und $\Lambda(n)/n^{1+\varepsilon}\ln n \geq 0$ für alle $n > 1$ gilt demnach

$$0 \leq 2\log\zeta(1+\varepsilon) + 2\sqrt{2}\,\Re\big(\log\zeta(1+\varepsilon+i\tau)\big) + \Re\big(\log\zeta(1+\varepsilon+2i\tau)\big).$$

Dividieren wir durch $\ln\varepsilon$ (man beachte $\ln\varepsilon < 0$ für $0 < \varepsilon < 1$) und lassen ε gegen 0 gehen, so erhalten wir $0 \geq -2 + 2\sqrt{2}\nu(1+i\tau) + \nu(1+2i\tau)$. Dies ist bei $\tau \neq 0$ wegen $\nu(1+i\tau), \nu(1+2i\tau) \in \mathbb{N}$ und $2\sqrt{2} > 2$ nur möglich, wenn $\nu(1+i\tau) = 0$ ist. $\qquad\square$

Aus Satz 3.8.9 lässt sich ohne weitere Abschätzungen für die Werte der Zeta-Funktion mit einfachen funktionentheoretischen Mitteln der Primzahlsatz

$$\pi(x) \sim x/\ln x \quad \text{für} \quad x \in \mathbb{R}, \; x \to \infty,$$

folgern. Wir verweisen dazu dazu auf Bd. 5. Einen anderen funktionentheoretischen Beweis, der allerdings präzisere Abschätzungen für die Werte der ζ-Funktion auf der Geraden $\Re s = 1$ erfordert, findet man in dem (auch generell empfehlenswerten) Lehrbuch von E. Freitag und R. Busam: Funktionentheorie, Berlin ^{4}2006.

Auf Grund ihrer großen Bedeutung für die Zahlentheorie und insbesondere für die Primzahlverteilung ist die Riemannsche Zeta-Funktion eine der bestuntersuchten nichtelementaren Funktionen.[21] Die Zeta-Funktion ist ferner bei vielen numerischen Problemen wichtig, unter anderem wegen des Zusammenhangs mit den Integralen $\int_n^\infty B_m(t - [t])\,dt/t^s$, $m, n \in \mathbb{N}^*$, $\Re s > 1$, die häufig in den Restgliedern zur Eulerschen Summenformel auftreten. $\qquad\diamond$

Aufgaben

Aufgabe 3.8.1 Wie viele Stellen hat $10^6!$? Wie lauten die ersten sechs Stellen? (Wie viele Nullen hat $10^6!$ am Ende, vgl. [14], Aufg. 1.7.16 a).)

Aufgabe 3.8.2 Man berechne $\zeta(s)$ für $s = \frac{7}{2}, 3, \frac{5}{2}, 2, \frac{3}{2}, \frac{1}{2}, -\frac{1}{2}$ bis auf einen Fehler $\leq 10^{-8}$.

Aufgabe 3.8.3 Man berechne die Eulersche Konstante γ und damit $\sum_{k=1}^n 1/k$ für $n = 10^3$ und $n = 10^6$ jeweils bis auf einen Fehler $\leq 10^{-8}$.

---

[21] Siehe etwa H. M. Edwards: Riemann's Zeta Function, New York 1974 oder S. J. Patterson: An Introduction to the Theory of the Riemann-Zeta-Function, Cambridge 1988.

Aufgabe 3.8.4 Man berechne $\prod_{k=2}^{\infty}(1 \pm k^{-s})$ für $s = 3, 4, 5$ bis auf einen Fehler $\leq 10^{-8}$. (Für $s = 4$ vgl. man mit (siehe Beispiel 1.1.10)

$$\prod_{k=2}^{\infty}\left(1 - \frac{x^4}{k^4}\right) = \prod_{k=2}^{\infty}\left(1 - \frac{x^2}{k^2}\right)\prod_{k=2}^{\infty}\left(1 + \frac{x^2}{k^2}\right) = \frac{(\sin \pi x)(\sinh \pi x)}{\pi^2 x^2(1 - x^4)}.)$$

Aufgabe 3.8.5 Sei $m \in \mathbb{N}$. Die Funktion $f : \mathbb{R}_+ \to V$ mit Werten im $\mathbb{R}$-Banach-Raum V sei $(2m + 1)$-mal (bzw. $(2m + 2)$-mal) stetig differenzierbar mit $\lim_{t \to \infty} f^{(k)}(t) = 0$ für $k = 1, 3, \ldots, 2m - 1$. Das Integral $\int_0^{\infty} f^{(2m+1)}(t)B_{2m+1}(t - [t])\,dt$ (bzw. das Integral $\int_0^{\infty} f^{(2m+2)}(t)\big(B_{2m+2} - B_{2m+2}(t - [t])\big)\,dt$) möge existieren. Dann existiert auch

$$c := \lim_{n \to \infty}\left(\sum_{k=0}^{n} f(k) - \int_0^{n} f(t)\,dt\right),$$

und es gilt (vgl. auch Satz 3.4.13)

$$c = \sum_{k=0}^{n-1} f(k) + \frac{1}{2}f(n) - \int_0^{n} f(t)\,dt - \sum_{j=1}^{m} \frac{B_{2j}}{(2j)!}f^{(2j-1)}(n) + R_{m,n} \quad \text{mit}$$

$$R_{m,n} = \frac{1}{(2m+1)!}\int_n^{\infty} f^{(2m+1)}(t)B_{2m+1}(t - [t])\,dt \quad \text{(bzw. mit}$$

$$R_{m,n} = \frac{1}{(2m+2)!}\int_n^{\infty} f^{(2m+2)}(t)\big(B_{2m+2} - B_{2m+2}(t - [t])\big)\,dt.$$

Aufgabe 3.8.6 Für die Koeffizienten γ_{ν} in der Laurent-Reihenentwicklung

$$\zeta(s) - \frac{1}{s-1} = \sum_{\nu=0}^{\infty}(-1)^{\nu}\frac{\gamma_{\nu}}{\nu!}(s-1)^{\nu} \quad \text{gilt} \quad \gamma_{\nu} = \lim_{n \to \infty}\left(\sum_{k=1}^{n}\frac{(\ln k)^{\nu}}{k} - \frac{(\ln n)^{\nu+1}}{\nu+1}\right).$$

Ist ferner $(-1)^j j! g_j(\ln t)/t^{j+1}$ die j-te Ableitung von $(\ln t)^{\nu}/t$, so ist g_j ein normiertes Polynom vom Grade ν, das in 0 eine Max $(\nu - j, 0)$-fache Nullstelle hat und darüber hinaus Min (j, ν) positive einfache Nullstellen besitzt, und es gibt ein θ, $0 \leq \theta \leq 1$, mit

$$\gamma_{\nu} = \sum_{k=1}^{n-1}\frac{(\ln k)^{\nu}}{k} + \frac{(\ln n)^{\nu}}{2n} - \frac{(\ln n)^{\nu+1}}{\nu+1} + \sum_{j=1}^{m}\frac{B_{2j}}{2j}\frac{g_{2j-1}(\ln n)}{n^{2j}} + \theta\frac{B_{2m+2}}{2m+2}\frac{g_{2m+1}(\ln n)}{n^{2m+2}},$$

falls n so groß ist, dass g_{2m+4} (und damit auch g_{2m+2}) keine Nullstelle $> \ln n$ hat. Man berechne $\gamma_0 = \gamma$, γ_1, γ_2, γ_3 bis auf einen Fehler $\leq 10^{-8}$. (**Bemerkung** Mit

$$\zeta(s) = \frac{(2\pi)^s s \zeta(1-s)}{2\Gamma(1+s)\cos(\pi s/2)} \quad \text{und} \quad s\zeta(1-s) = -1 + \sum_{\nu=0}^{\infty}\frac{\gamma_{\nu}}{\nu!}s^{\nu+1}$$

sowie den bekannten Potenzreihenentwicklungen von $\Gamma(1 + s)$ (Satz 3.5.7) und $(2\pi)^s$
bzw. $\cos(\pi s/2)$ um $s = 0$ lässt sich die Potenzreihenentwicklung von ζ um 0 gewinnen.
Beispielsweise erhält man neben $\zeta(0) = -\frac{1}{2}$ sofort $\zeta'(0)/\zeta(0) = \ln 2\pi$, also $\zeta'(0) = -\frac{1}{2}\ln 2\pi$.)

Aufgabe 3.8.7

a) Für $a \in \mathbb{R}_+^\times$ und $m \in \mathbb{N}$ ist

$$\prod_{k=1}^{n} a^{1/k} = K a^{\ln n} a^{(1/2n)-\sum_{j=1}^{m}(B_{2j}/2jn^{2j})-\theta B_{2m+2}/(2m+2)n^{2m+2}}$$

  mit $0 \le \theta \le 1$ und $K := a^\gamma$. Insbesondere ist $\prod_{k=1}^{n} a^{1/k} \sim K a^{\ln n}$ für $n \to \infty$.

b) Für $m \in \mathbb{N}$ ist $\prod_{k=1}^{n} k^{1/k}$ gleich

$$L n^{(\ln n)/2} n^{(1/2n)-\sum_{j=1}^{m}(B_{2j}/2jn^{2j})-\theta B_{2m+2}/(2m+2)n^{2m+2}}$$

$$\times \exp\Big(\sum_{j=1}^{m} \frac{B_{2j} H_{2j-1}}{2jn^{2j}} + \theta\frac{B_{2m+2} H_{2m+1}}{(2m+2)n^{2m+2}} \Big)$$

  mit $0 \le \theta \le 1$ und $L := e^{\gamma_1}$, falls $H_{2m+4} \le \ln n$ ist. Dabei hat γ_1 dieselbe Bedeutung
  wie in Aufg. 3.8.6, und $H_j = \sum_{k=1}^{j} 1/k$ ist die j-te harmonische Zahl. Insbesondere
  ist $\prod_{k=1}^{n} k^{1/k} \sim L n^{(\ln n)/2}$ für $n \to \infty$.

Aufgabe 3.8.8 Für $m \in \mathbb{N}^*$ ist $\prod_{k=1}^{n} k^k$ gleich

$$M n^{\frac{n^2}{2}+\frac{n}{2}+\frac{1}{12}} \exp\Big(-\frac{n^2}{4} - \sum_{j=2}^{m} \frac{B_{2j}}{(2j-2)(2j-1)2jn^{2j-2}} - \theta\frac{B_{2m+2}}{2m(2m+1)(2m+2)n^{2m}} \Big)$$

mit $0 \le \theta \le 1$ und $M := e^\alpha$, wobei

$$\alpha := \frac{1}{4} - \int_{1}^{\infty} \frac{B_3(t - [t])}{6t^2}\, dt = \frac{1}{12} - \zeta'(-1)$$

ist. Insbesondere gilt $\prod_{k=1}^{n} k^k \sim M n^{n^2/2+n/2+1/12} e^{-n^2/4}$ für $n \to \infty$. Man berechne α
mit einem Fehler $\le 10^{-8}$, drücke $\zeta'(-1)$ mit Hilfe von $\zeta'(2)$ aus (und weiteren bekannten
Konstanten, vgl. Satz 3.8.8) und berechne $\zeta'(2)$ unabhängig von α mit einem Fehler $\le$
10^{-8}. (**Bemerkung** Die obige Konstante M heißt die **Konstante von Glaisher-Kinkelin**
(nach J. Glaisher (1848–1928) und H. Kinkelin (1832–1913)). Ihr Wert ist

$$M = e^\alpha = 1{,}2824271291006\ldots,$$

vgl. [12], 18.B, Bemerkung zu Aufg. 2.)

Aufgabe 3.8.9

a) Für $\Re s > 1$ gilt

$$\frac{s}{s-1} - \zeta(s) = \sum_{k=1}^{\infty} \frac{(s)_k}{(k+1)!}(\zeta(s+k) - 1),$$

wobei die Reihe auf der rechten Seite der Gleichung auf der rechten Halbebene $\Re s > 0$ lokal gleichmäßig konvergiert und damit dort eine analytische Funktion definiert, vgl. Satz 1.3.10. (Man benutze die definierenden Dirichlet-Reihen für die Funktionen $\zeta(s+k)$, $k \in \mathbb{N}+$, und wende den Großen Umordnungssatz an.)

b) Mit Hilfe von a) zeige man, dass die Funktion $s/(s-1) - \zeta(s)$ sich auf ganz $\mathbb{C}$ analytisch fortsetzen lässt.

3.9 Numerische Integration

Da viele (auch elementare) Funktionen nicht elementar integrierbar sind, ist es wichtig, gute Verfahren zur numerischen Berechnung bestimmter Integrale $\int_a^b f(t)\,dt$ zur Verfügung zu haben. Die Grundidee dabei ist, den Integranden hinreichend genau durch Funktionen zu approximieren, die sich leicht elementar integrieren lassen. Wenn nichts anderes gesagt wird, ist V im Folgenden ein $\mathbb{R}$-Banach-Raum.

Die einfachste Methode ist die Approximation des Integranden durch einen Streckenzug. Seien $f : [a, b] \to V$ stetig und $n \in \mathbb{N}^*$. Das Intervall $[a, b] \subseteq \mathbb{R}$, $a < b$, teilen wir in n gleich große Teile durch die Teilpunkte

$$t_k := a + kh \quad \text{mit} \quad h := (b-a)/n, \ k = 0, \dots, n.$$

Im Intervall $[t_k, t_{k+1}]$ approximieren wir f durch die lineare Funktion

$$t \mapsto f(t_k) + \frac{1}{h}\big(f(t_{k+1}) - f(t_k)\big)(t - t_k),$$

die an den Endpunkten t_k und t_{k+1} dieselben Werte wie f hat, $k = 0, \dots, n-1$, Den gesamten Streckenzug bezeichnen wir mit $g_n : [a, b] \to V$. Aus der gleichmäßigen Stetigkeit von f folgt unmittelbar die gleichmäßige Konvergenz der Folge g_n, $n \in \mathbb{N}^*$, gegen f. Überdies gilt nach Satz 3.2.14

$$\int_a^b f(t)\,dt = \lim_{n \to \infty} T_n$$

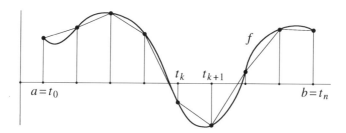

Abb. 3.25 Approximation von $\int_a^b f(t)\,dt$ mit der Trapezregel

mit

$$
T_n := T_n(f;a,b) := \int\limits_a^b g_n(t)\,dt = \sum_{k=0}^{n-1} \int\limits_{t_k}^{t_{k+1}} g_n(t)\,dt = h \sum_{k=0}^{n-1} \frac{1}{2}\big(f(t_k) + f(t_{k+1})\big)
$$

$$
= h\Big(\frac{1}{2} f(t_0) + f(t_1) + \cdots + f(t_{n-1}) + \frac{1}{2} f(t_n)\Big),
$$

vgl. den Beweis von Satz 3.1.6. Man ersetzt also im Fall $V = \mathbb{R}$ für jedes Intervall $[t_k, t_{k+1}]$ die Fläche für das Integral $\int_{t_k}^{t_{k+1}} f(t)\,dt$ durch die Fläche eines Trapezes, vgl. Abb. 3.25. Daher spricht man auch von der **Trapezregel**. T_n ist eine Riemannsche Summe von f zur Unterteilung $t_k = a + kh$, $k = 0, \dots, n$, von $[a,b]$. Auch unter diesem Gesichtspunkt ist die Konvergenz $T_n \to \int_a^b f(t)\,dt$ selbstverständlich, vgl. Beispiel 2.3.12.[22] Die folgende Aussage liefert eine Abschätzung des Fehlers.

Satz 3.9.1 (Trapezregel) *Die Funktion $f\colon [a,b] \to V$ sei zweimal differenzierbar, und es sei $n \in \mathbb{N}^*$. Dann gilt*

$$
\Big\| \int\limits_a^b f(t)\,dt - T_n(f;a,b) \Big\| \leq \| f'' \|_{[a,b]} \frac{(b-a)^3}{12n^2}.
$$

Beweis Es genügt, die Formel für $n = 1$ zu beweisen. Den allgemeinen Fall gewinnt man dann durch Aufaddieren der Fehler in den einzelnen Teilintervallen. Nach Satz 2.8.5 gilt

$$
\| f(t) - g_1(t) \| \leq \frac{\| f''(c) \|}{2}(t-a)(b-t) \leq \frac{1}{2}\| f'' \|(t-a)(b-t)
$$

---

[22] Man bezeichnet die Approximation von $\int_a^b f(t)\,dt$ durch die Riemannschen Summen $R_n := h\sum_{k=0}^{n-1} f\big(\frac{1}{2}(t_k + t_{k+1})\big)$, $n \in \mathbb{N}^*$, als **Rechteckregel**.

mit einem (von t abhängenden) c zwischen a und b. Daher ist

$$\left\| \int_a^b f(t)\,dt - T_1 \right\| = \left\| \int_a^b \big(f(t) - g_1(t)\big)\,dt \right\| \leq \int_a^b \| f(t) - g_1(t) \|\,dt$$

$$\leq \frac{1}{2}\| f'' \| \int_a^b (t-a)(b-t)\,dt = \frac{1}{12}\| f'' \|(b-a)^3. \qquad \square$$

Ein im Allgemeinen wesentlich schnelleres Berechnungsverfahren für bestimmte Integrale erhält man, wenn man den gegebenen Integranden stückweise durch quadratische statt durch lineare Polynome approximiert. Man teilt dazu das Intervall $[a,b]$ in $2n$ gleich große Teile durch die Teilpunkte

$$t_m := a + mh \quad \text{mit} \quad h := (b-a)/2n, \ m = 0,\dots,2n.$$

Im Intervall $[t_{2k}, t_{2k+2}]$, $k = 0,\dots,n-1$, approximieren wir f durch die quadratische Funktion

$$q : t \mapsto f(t_{2k+1}) + \frac{1}{2h}\big(f(t_{2k+2}) - f(t_{2k})\big)(t - t_{2k+1})$$

$$+ \frac{1}{2h^2}\big(f(t_{2k+2}) - 2f(t_{2k+1}) + f(t_{2k})\big)(t - t_{2k+1})^2,$$

die an den Intervallenden und in der Intervallmitte dieselben Werte wie f annimmt. Dann ist

$$\int_{t_{2k}}^{t_{2k+2}} q(t)\,dt = \frac{h}{3}\big(f(t_{2k}) + 4f(t_{2k+1}) + f(t_{2k+2})\big).$$

Für die Summe $S_{2n} := S_{2n}(f;a,b)$ dieser n Teilintegrale ergibt sich somit

$$S_{2n} = \frac{h}{3}\big(f(t_0) + 4f(t_1) + 2f(t_2) + 4f(t_3) + \cdots + 2f(t_{2n-2}) + 4f(t_{2n-1}) + f(t_{2n})\big).$$

Auch hier handelt es sich um eine Riemannsche Summe von f, und zwar zur Unterteilung $a = t_0 < t_2 < t_4 < \cdots < t_{2n} = b$ des Intervalls $[a,b]$. Offenbar ist (vgl. Aufg. 3.9.2) mit den oben bei der Trapezregel benutzten Bezeichnungen

$$S_{2n} = \frac{1}{3}(4T_{2n} - T_n).$$

Dieser Ausdruck ist im Allgemeinen bereits eine sehr gute Näherung für das gesuchte Integral, wie die folgende Simpson-Regel (nach Th. Simpson (1710–1761)) zeigt:

Satz 3.9.2 (Simpson-Regel) *Die Funktion* $f : [a, b] \to V$ *sei viermal differenzierbar, und es sei* $n \in \mathbb{N}^*$. *Dann gilt*

$$\left\| \int_a^b f(t)\, dt - S_{2n}(f; a, b) \right\| \leq \| f^{(4)} \|_{[a,b]} \frac{(b - a)^5}{2880 n^4}.$$

Beweis Wie bei der Trapezregel können wir uns auf den Fall $n = 1$ beschränken. Nach Konstruktion von S_{2n} ist die abzuschätzende Differenz gleich 0, wenn f ein Polynom vom Grad ≤ 2 ist. Wir zeigen zunächst, dass dies auch noch richtig ist, wenn f den Grad 3 hat. Offenbar genügt es, dies für ein einziges Polynom vom Grad 3, etwa für $f_0(t) := c(t - (a + b)/2)^3$, $c \in V$, zu zeigen. Es ist aber $\int_a^b f_0(t)\, dt = 0$ und auch $S_2(f_0; a, b) = 0$. Daher gilt $S_2 = \int_a^b P(t)\, dt$, wobei $P(t)$ das Polynom vom Grad ≤ 3 ist, dessen Werte in den Punkten a, $\frac{1}{2}(a + b)$ und b mit denen von f übereinstimmt, und für das darüber hinaus $P'((a + b)/2) = f'((a + b)/2)$ ist. Nach Satz 2.8.3 ist nun

$$\| f(t) - P(t) \| \leq \frac{\| f^{(4)} \|}{4!} (t - a) \left(t - \frac{1}{2}(a + b) \right)^2 (b - t).$$

Es folgt

$$\left\| \int_a^b f(t)\, dt - S_2 \right\| = \left\| \int_a^b \big(f(t) - P(t) \big)\, dt \right\|$$

$$\leq \frac{\| f^{(4)} \|}{4!} \int_a^b (t - a) \left(t - \frac{1}{2}(a + b) \right)^2 (b - t)\, dt = \frac{\| f^{(4)} \|}{4!} \frac{(b - a)^5}{120} = \frac{\| f^{(4)} \|}{2880} (b - a)^5. \quad \square$$

Die Approximation von $\int_a^b f(t)\, dt$ durch S_2, nämlich

$$\int_a^b f(t)\, dt \approx \frac{b - a}{6} \left(f(a) + 4 f \left(\frac{1}{2}(a + b) \right) + f(b) \right),$$

liegt auch der **Keplersche Fassregel** zu Grunde, vgl. das Ende von Beispiel 3.3.2.

Generell könnte man $\int_a^b f(t)\, dt$ auch berechnen, indem man f durch Polynome vom Grad $\leq p$ stückweise interpoliert. Für die sich daraus ergebenden **Regeln von Newton-Cotes** verweisen wir auf Aufg. 3.9.5 c). Im Allgemeinen ist es aber günstiger, zur Erhöhung der Genauigkeit bei der numerischen Bestimmung von Integralen die Trapez- oder Simpson-Regel mit einer größeren Anzahl von Teilpunkten zu benutzen. Bei der Verdoppelung der Anzahl der Teilintervalle ergibt sich für die Näherungswerte T_n und T_{2n} der

Trapezregel die Beziehung

$$T_{2n} = \frac{1}{2} T_n + h \sum_{k=1}^{n} f\big(a + (2k-1)h\big), \quad h := \frac{b-a}{2n}.$$

Für den Wert T_{2n} brauchen also nur die Funktionswerte an den neuen Stützstellen berechnet zu werden. Durch Iteration gewinnt man die Werte

$$T_{2^m n}, \quad m \geq 0,$$

deren Konvergenz gegen das Integral $\int_a^b f(t)\,dt$ mit Hilfe des sogenannten Romberg-Verfahrens noch wesentlich beschleunigt werden kann. Grundlage dafür ist die folgende Aussage, die sich sofort aus der Eulerschen Summenformel 3.7.8 ergibt.

Satz 3.9.3 *Die Funktion $f : [a,b] \to V$ sei $(2r+1)$-mal stetig differenzierbar. Dann gilt*

$$T_n(f;a,b) = \int_a^b f(t)\,dt + \sum_{k=1}^{r} \frac{(b-a)^{2k} B_{2k}}{(2k)!} \big(f^{(2k-1)}(b) - f^{(2k-1)}(a)\big)\frac{1}{n^{2k}}$$

$$+ \frac{(b-a)^{2r+1}}{(2r+1)!\,n^{2r+1}} \int_a^b f^{(2r+1)}(t) B_{2r+1}\Big(\frac{t-a}{b-a}n - \Big[\frac{t-a}{b-a}n\Big]\Big)\,dt.$$

Ist f sogar $(2r+2)$-mal stetig differenzierbar, so kann man das Fehlerglied auch in der folgenden Form schreiben:

$$\frac{(b-a)^{2r+2}}{(2r+2)!\,n^{2r+2}} \int_a^b f^{(2r+2)}(t)\Big(B_{2r+2} - B_{2r+2}\Big(\frac{t-a}{b-a}n - \Big[\frac{t-a}{b-a}n\Big]\Big)\Big)\,dt.$$

Beweis Mit $g : t \mapsto \frac{1}{n}(b-a)f\big(a + \frac{1}{n}(b-a)t\big)$ gilt

$$T_n(f;a,b) = \frac{b-a}{n}\Big(-\frac{1}{2}f(a) - \frac{1}{2}f(b) + \sum_{j=0}^{n} f\big(a + \frac{j}{n}(b-a)\big)\Big)$$

$$= -\frac{1}{2}g(0) - \frac{1}{2}g(n) + \sum_{j=0}^{n} g(j) = \int_0^n g(t)\,dt + \sum_{k=1}^{r} \frac{B_{2k}}{(2k)!}\big(g^{(2k-1)}(n) - g^{(2k-1)}(0)\big)$$

$$+ \frac{1}{(2r+1)!} \int_0^n g^{(2r+1)}(t) B_{2r+1}\big(t - [t]\big)\,dt.$$

Bei der letzten Gleichheit wurde die Eulersche Summenformel benutzt. Wendet man nun die Substitution $\tau = a + t(b - a)/n$ an, so erhält man die Behauptung. Der Zusatz folgt aus dem Zusatz in Satz 3.7.8. $\qquad\square$

Sind die höheren Ableitungen von f in den Endpunkten a und b des Intervalls leicht zugänglich, so kann man Satz 3.9.3 zur näherungsweisen Berechnung von $\int_a^b f(t)\,dt$ direkt benutzen, wobei das Integralrestglied nicht berücksichtigt wird. Ohne Kenntnis der höheren Ableitung von f geht man folgendermaßen vor: Wir setzen $T_{n,0} := T_n$. Nach 18.C.3 hat dann $T_{n,0}$ bei $(2r + 2)$-maliger Differenzierbarkeit von f die Gestalt

$$T_{n,0} = \int_a^b f(t)\,dt + \frac{c_{1,0}}{n^2} + \cdots + \frac{c_{r,0}}{n^{2r}} + O\Big(\frac{1}{n^{2r+2}}\Big),$$

wobei $c_{1,0}, \ldots, c_{r,0} \in V$ von n unabhängige Konstanten sind. Es ergibt sich

$$T_{2n,0} = \int_a^b f(t)\,dt + \frac{c_{1,0}}{4n^2} + \cdots + \frac{c_{r,0}}{4^r n^{2r}} + O\Big(\frac{1}{n^{2r+2}}\Big).$$

Aus den resultierenden Gleichungen für $\int_a^b f(t)\,dt$ eliminieren wir $c_{1,0}$ und erhalten

$$T_{n,1} := \frac{1}{3}(4T_{2n,0} - T_{n,0}) = \int_a^b f(t)\,dt + \frac{c_{2,1}}{n^4} + \cdots + \frac{c_{r,1}}{n^{2r}} + O\Big(\frac{1}{n^{2r+2}}\Big)$$

mit neuen Konstanten $c_{2,1}, \ldots, c_{r,1} \in V$. Nun eliminiert man mit Hilfe von $T_{2n,1}$ die Konstante $c_{2,1}$ und geht über zu $T_{n,2} := \frac{1}{4^2-1}(4^2 T_{2n,1} - T_{n,1})$. In dieser Weise fährt man fort und erhält für $k \le r$

$$T_{n,k} = \int_a^b f(t)\,dt + \frac{c_{k+1,k}}{n^{2k+2}} + \cdots + \frac{c_{r,k}}{n^{2r}} + O\Big(\frac{1}{n^{2r+2}}\Big)$$

mit Konstanten $c_{k+1,k}, \ldots, c_{r,k} \in V$. Dabei lassen sich die $T_{n,k}$ rekursiv bestimmen aus $T_{2^m n,0} = T_{2^m n}$ und der Rekursionsgleichung

$$T_{2^m n,k} = \frac{1}{4^k - 1}(4^k T_{2^{m+1} n,k-1} - T_{2^m n,k-1}) = T_{2^{m+1} n,k-1} + \frac{T_{2^{m+1} n,k-1} - T_{2^m n,k-1}}{4^k - 1},$$

$k = 1, \ldots, r$, $m \in \mathbb{N}$, $n \in \mathbb{N}^*$. Die Folge $T_{2^m n,k}$, $m \in \mathbb{N}$, konvergiert dann gegen $\int_a^b f(t)\,dt$. Da der Fehler der Norm nach $\le C_k/(2^m n)^{2k+2}$ mit einer Konstanten C_k ist,

$$
\begin{array}{llllll}
T_{n,0} & & & & & \\
T_{2n,0} & T_{n,1} & & & & \\
T_{4n,0} & T_{2n,1} & T_{n,2} & \cdots & & \\
\vdots & \vdots & \vdots & \cdots & \cdots & \\
\vdots & \vdots & \vdots & \cdots & \vdots & \cdots \\
T_{2^{m+k-1}n,0} & T_{2^{m+k-2}n,1} & T_{2^{m+k-3}n,2} & \cdots & T_{2^m n,k-1} & \cdots & \cdots \\
T_{2^{m+k}n,0} & T_{2^{m+k-1}n,1} & T_{2^{m+k-2}n,2} & \cdots & T_{2^{m+1}n,k-1} & T_{2^m n,k} & \cdots \\
\vdots & \vdots & \vdots & \vdots & \vdots & \vdots & \cdots
\end{array}
$$

Abb. 3.26 Romberg-Schema

wird die Konvergenz umso besser, je größer k ist. Zur Berechnung der $T_{2^m n,k}$ verwendet man zweckmäßigerweise das in Abb. 3.26 dargestellte sogenannte **Romberg-Schema** (nach W. Romberg (1909–2003)). Um $T_{2^m n,k}$ zu bestimmen, benötigt man die Funktionswerte von f an $2^{m+k}n + 1$ Stellen. Im Allgemeinen beginnt man mit $n = 1$ und wählt k nicht größer als etwa 5 oder 6, da sonst Rundungsfehler zu stark ins Gewicht fallen. Übrigens ist $T_{n,1}$ – wie bereits oben bemerkt – gleich dem Wert S_{2n}, der bei der Simpson-Regel mit den gleichen Teilpunkten entsteht, vgl. Aufg. 3.9.2.

Für Polynome $f \in V[T]$ vom Grad $\leq 2k + 1$ ist die Gleichung $T_{n,k} = \int_a^b f(t)\, dt$ exakt gültig, was man unmittelbar der zweiten Darstellung des Integralrestgliedes in Satz 3.9.3 mit $r = k$ entnimmt. Daraus ergibt sich auch eine Methode zur Fehlerabschätzung für das Romberg-Verfahren, die auf dem folgenden **Lemma von Peano** beruht.

Lemma 3.9.4 *Sei V hier ein $\mathbb{K}$-Banach-Raum. Für Polynome $f \in V[T]$ vom Grade $\leq s$ gelte $\int_a^b f(t)\, dt = \sum_{j=0}^m a_j f(x_j)$ mit festen Koeffizienten $a_j \in \mathbb{K}$ und Stützstellen $x_j \in [a,b]$, $j = 0, \ldots, m$. Dann gilt für beliebige $(s + 1)$-mal stetig differenzierbare Funktionen $f: [a,b] \to V$ die Darstellung*

$$
\int_a^b f(t)\, dt = \sum_{j=0}^m a_j f(x_j) + \int_a^b f^{(s+1)}(t) K(t)\, dt
$$

mit $K(t) := (b-t)^{s+1}/(s+1)! - \frac{1}{s!} \sum_{j=0}^m a_j \big((x_j - t)_+\big)^s$. Es gibt ein $c \in [a,b]$ mit

$$
\left\| \int_a^b f(t)\, dt - \sum_{j=0}^m a_j f(x_j) \right\| \leq \frac{L \, \| f^{(s+1)}(c) \|}{(s+1)!},
$$

wo $L := (s+1)! \int_a^b |K(t)|\, dt$ ist. Ist $\mathbb{K} = \mathbb{R}$ und ist $K(t)$ in $[a,b]$ überall nichtnegativ oder überall nichtpositiv, so ist der Fehler für $f(t) = v t^{s+1}$, $v \in V$, der Norm nach gleich

$$
\|v\| L = (s+1)! \|v\| \left| \int_a^b K(t)\, dt \right| = \|v\| \left| \int_a^b t^{s+1}\, dt - \sum_{j=0}^m a_j x_j^{s+1} \right|.
$$

Beweis Wir erinnern daran, dass $(x_j - t)_+$ der positive Teil der Funktion $t \mapsto (x_j - t)$ ist. Bezeichnet P das Taylor-Polynom von f um a vom Grad $\leq s$, so gilt nach Satz 3.7.2

$$f(x) = P(x) + \frac{1}{s!} \int_a^b f^{(s+1)}(t)\big((x-t)_+\big)^s \, dt,$$

also nach Voraussetzung und Satz 3.2.19

$$\int_a^b f(x)\, dx = \int_a^b P(x)\, dx + \frac{1}{s!} \int_a^b \left(\int_a^b f^{(s+1)}(t)\big((x-t)_+\big)^s \, dt \right) dx$$

$$= \sum_{j=0}^m a_j P(x_j) + \frac{1}{s!} \int_a^b \left(f^{(s+1)}(t) \int_a^b \big((x-t)_+\big)^s \, dx \right) dt.$$

Es ergibt sich

$$\int_a^b f(t)\, dt - \sum_{j=0}^m a_j f(x_j) = \sum_{j=0}^m a_j \big(P(x_j) - f(x_j)\big) + \frac{1}{(s+1)!} \int_a^b f^{(s+1)}(t)(b-t)^{s+1} \, dt.$$

Ersetzt man darin noch $P(x_j) - f(x_j)$ durch $-(1/s!) \int_a^b f^{(s+1)}(t)((x_j - t)_+)^s dt$, so ergibt sich die Behauptung. Die Ergänzung folgt aus der zusätzlichen Voraussetzung über K. $\square$

Die stetige Funktion $K(t)$ in Lemma 3.9.4 ist nach Lemma 3.2.13 eindeutig bestimmt. Wir wenden nun Lemma 3.9.4 auf die Näherungswerte $T_{n,k}$ im Romberg-Schema an und zeigen zunächst, *dass die Funktion $K(t)$ dabei stets ≤ 0 ist.* Ohne Einschränkung sei $[a,b] = [0,1]$. Dann beweisen wir durch Induktion über k, dass für $(2k + 2)$-mal stetig differenzierbares $f : [0,1] \to V$ die Darstellung

$$T_{n,k} = \int_0^1 f(t)\, dt + \frac{1}{n^{2k+2}} \int_0^1 f^{(2k+2)}(t) b_k(nt)\, dt$$

gilt, wobei $b_k : \mathbb{R} \to \mathbb{R}$ eine von f unabhängige Funktion mit folgenden Eigenschaften ist:[23]

(1) b_k ist $(2k)$-mal stetig differenzierbar.
(2) b_k ist periodisch mit der Periode 1, d. h. es gilt $b_k(t + 1) = b_k(t)$ für alle $t \in \mathbb{R}$.
(3) b_k ist eine gerade Funktion mit $b_k(0) = 0$.
(4) b_k ist in $[0, \frac{1}{2}]$ streng monoton wachsend und in $[\frac{1}{2}, 1]$ streng monoton fallend.

---

[23] Vgl. dazu F. L. Bauer, H. Rutishauser, E. Stiefel: New aspects in numerical quadrature, Proc. of Symp. in Appl. Math. **15**, 199–218 (1963).

Abb. 3.27 Konstanten L_k für die Fehlerabschätzung beim Romberg-Verfahren

k	L_k	
0	$1/12$	(Trapezregel)
1	$1/2880$	(Simpsonregel)
2	$1/1935360$	$\approx 5{,}17 \cdot 10^{-7}$
3	$1/4954521600$	$\approx 2{,}02 \cdot 10^{-10}$
4	$5/(69206016 \cdot 10!)$	$\approx \quad 2 \cdot 10^{-14}$
5	$691/(2931315179520 \cdot 12!) \approx$	$\quad 5 \cdot 10^{-19}$
6		$\approx \quad 3{,}1 \cdot 10^{-24}$

Wegen $K(t) = -b_k(nt)/n^{2k+2}$ ist die Aussage über $K(t)$ damit bewiesen.

Für $k = 0$ ist $b_0(t)$ die periodische Funktion mit der Periode 1, die auf dem Intervall $[0, 1]$ mit $(B_2 - B_2(t))/2 = (t - t^2)/2$ übereinstimmt, wie sich aus Satz 3.9.3 für $r = 0$ ergibt. Beim Schluss von k auf $k + 1$ erhält man aus

$$T_{n,k+1} = \frac{4^{k+1} T_{2n,k} - T_{n,k}}{4^{k+1} - 1} = \int_0^1 f(t)\,dt + \int_0^1 \frac{f^{(2k+2)}(t)\big(b_k(2nt) - b_k(nt)\big)}{n^{2k+2}(4^{k+1} - 1)}\,dt$$

nach zweimaliger partieller Integration für b_{k+1} die Darstellung

$$b_{k+1}(t) = \frac{1}{4^{k+1} - 1} \int_0^t \left(\frac{1}{2} c(2\tau) - c(\tau)\right) d\tau \quad \text{mit} \quad c(\tau) := \int_0^\tau b_k(x)\,dx.$$

Man beachte nun, dass $\frac{1}{2} c(2\tau) - c(\tau)$ eine ungerade Funktion mit Periode 1 ist und daher über $[0, 1]$ integriert den Wert 0 liefert. Daraus folgt die Behauptung. $\square$

Mit dem Peano-Lemma 3.9.4 und Aufg. 3.9.3 ergibt sich jetzt:

Satz 3.9.5 (Romberg-Verfahren) *Seien* $k, n \in \mathbb{N}$, $n > 0$. *Die Funktion* $f: [a, b] \to V$ *sei* $(2k + 2)$-*mal stetig differenzierbar. Dann gilt für den Näherungswert* $T_{n,k} = T_{n,k}(f; a, b)$ *beim Romberg-Verfahren für das Integral* $\int_a^b f(t)\,dt$ *die Abschätzung*

$$\left\| \int_a^b f(t)\,dt - T_{n,k} \right\| \le \| f^{(2k+2)} \|_{[a,b]} \frac{(b - a)^{2k+3}}{n^{2k+2}} L_k \quad \text{mit} \quad L_k := \frac{|B_{2k+2}|}{2^{k(k+1)}(2k + 2)!}.$$

Für kleine k haben die Konstanten L_k die in Abb. 3.27 wiedergegebenen Werte.

Beispiel 3.9.6 Wir illustrieren die Konvergenz der beschriebenen Integrationsverfahren an zwei einfachen Beispielen.

3,00000000

3,10000000   3,13333334

3,13117647   3,14156863   3,14211765

3,13898850   3,14159250   3,14159409   3,14158578

3,14094161   3,14159265   3,14159266   3,14159264   3,14159267

3,14142989   3,14159266   3,14159266   3,14159266   3,14159266   3,14159266

3,14155196   3,14159265   3,14159265   3,14159265   3,14159265   3,14159265

Abb. 3.28 Romberg-Schema zur Berechnung von $\int_0^1 4\,dt/(1 + t^2) = \pi$

(1) Das Romberg-Schema für $\int_0^1 4\,dt/(1 + t^2) = \pi = 3,14159\,26535\,89793\ldots$ hat, wenn man mit einem Teilintervall startet (also $n = 1$ setzt), die Werte aus Abb. 3.28. Dabei liefert die Trapezregel mit 2^m Teilintervallen die Werte T_{2^m}, $0 \le m \le 6$, in der ersten und die Simpson-Regel die Werte $S_{2(2^{m-1})}$, $1 \le m \le 6$, in der zweiten Spalte.

(2) Entsprechend hat beim Startwert $n = 1$ das Romberg-Schema für $\int_1^2 (1/t)\,dt = \ln 2 = 0,693147180559945\ldots$ die Werte aus Abb. 3.29. Da die Ableitungen des Integranden sich hier leicht berechnen lassen, kann man auch die Eulersche Summenformel 3.7.8 direkt unter Vernachlässigung des Integralrestgliedes verwenden. Die j-te Zeile des Schemas in Abb. 3.30 enthält dabei die Näherungswerte mit $n = 2^j$, $j = 0, \ldots, 6$, und $r = 0, \ldots, 5$.

0,750000000

0,708333333   0,694444445

0,697023810   0,693253968   0,693174603

0,694121850   0,693154531   0,693147901   0,693147478

0,693391202   0,693147653   0,693147194   0,693147183   0,693147182

0,693208209   0,693147211   0,693147181   0,693147181   0,693147181   0,693147181

0,693162439   0,693147182   0,693147181   0,693147181   0,693147181   0,693147181

Abb. 3.29 Romberg-Schema zur Berechnung von $\int_1^2 dt/t = \ln 2$

0,750000000	0,687500000	0,695312500	0,691406250	0,695556640	0,687988281
0,708333333	0,692708333	0,693196615	0,693135580	0,693151792	0,693144401
0,697023810	0,693117560	0,693148077	0,693147124	0,693147187	0,693147180
0,694121850	0,693145288	0,693147195	0,693147180	0,693147181	0,693147181
0,693391202	0,693147062	0,693147181	0,693147181	0,693147181	0,693147181
0,693208209	0,693147173	0,693147181	0,693147181	0,693147181	0,693147181
0,693162439	0,693147180	0,693147181	0,693147181	0,693147181	0,693147181

Abb. 3.30 Näherunswerte zur Berechnung von $\int_1^2 dt/t = \ln 2$ mit der Eulerschen Summenformel

Die Eulersche Summenformel und das daraus abgeleitete Romberg-Verfahren sind beson-
ders effektiv, wenn die Ableitungen des Integranden monoton sind, vgl. auch Aufg. 3.7.4.
Bei stark schwankenden Ableitungen wähle man die Anzahl der Spalten im Romberg-
Schema nicht zu groß.   ◇

Aufgaben

Aufgabe 3.9.1 Man berechne numerisch die folgenden Integrale:

$$\mathrm{Ei}\,1 - \mathrm{Ei}\,2 = \int_1^2 e^{-t} t^{-1}\,dt; \quad \mathrm{Si}\,k\pi = \int_0^{k\pi} \frac{\sin t}{t}\,dt,\ 1 \le k \le 5;$$

$$\Phi(k) := \frac{1}{\sqrt{2\pi}} \int_{-\infty}^k e^{-t^2/2}\,dt = \frac{1}{2} + \frac{1}{\sqrt{2\pi}} \int_0^k e^{-t^2/2}\,dt,\ 1 \le k \le 5 \quad \text{(vgl. Satz 3.4.11)};$$

$$\int_0^k \left(\frac{1}{\ln t} - \frac{1}{t-1} \right) dt,\ k = 1, 2 \quad \text{(vgl. Beispiel 3.5.8)}.$$

(Für die Integrale $\mathrm{Si}\,k\pi$ berechne man $(\sin t)/t$ bei kleinen t mit der Potenzreihenentwicklung $1 - t^2/6 + \cdots$ oder benutze gleich die Potenzreihenentwicklung von $\mathrm{Si}\,x$.)

Aufgabe 3.9.2 Man zeige, dass der Wert $S_{2n} = S_{2n}(f;a,b)$ gemäß der Simpsonregel
und der Wert $T_{n,1} = T_{n,1}(f;a,b)$ im Romberg-Schema übereinstimmen.

Aufgabe 3.9.3 Für $f(t) := t^{2k+2}$ gilt

$$T_{n,k}(f;a,b) - \int_a^b f(t)\,dt = |B_{2k+2}| \frac{(b-a)^{2k+3}}{2^{k(k+1)} n^{2k+2}}.$$

Aufgabe 3.9.4 In der vorliegenden Aufgabe sei V ein $\mathbb{K}$-Banach-Raum.

a) Das Romberg-Verfahren ist ein **Konvergenzbeschleunigungsverfahren**, angewandt
   auf die Folge (a_p) im $\mathbb{R}$-Banach-Raum V mit $a_p := T_{2^p n} = T_{2^p n,0}$. Dabei gilt für (a_p)
   das asymptotische Verhalten

$$a_p = a + \frac{c_1}{4^p} + \cdots + \frac{c_r}{4^{pr}} + o\left(\frac{1}{4^{pr}} \right)$$

   mit einem $r \in \mathbb{N}$ und Konstanten $a, c_1, \ldots, c_r \in V$. Es ist dann $a = \lim_{p\to\infty} a_p$.
   Sei nun (a_p) eine beliebige Folge in V mit einem solchen asymptotischen Verhalten.

Definiert man dann (analog zu den $T_{2^p n, k}$) die Elemente $a_{p,k}$ rekursiv durch

$$a_{p,0} = a_p, \quad a_{p,k} = \frac{1}{4^k - 1}(4^k a_{p+1,k-1} - a_{p,k-1}), \ 1 \leq k \leq r,$$

so konvergiert für $k = 0, \ldots, r$ jede der Folgen $(a_{p,k})_{p \in \mathbb{N}}$ gegen a mit dem asymptotischen Verhalten

$$a_{p,k} = a + \frac{c_{k+1,k}}{4^{p(k+1)}} + \cdots + \frac{c_{r,k}}{4^{pr}} + o\left(\frac{1}{4^{pr}}\right),$$

konvergiert also mit wachsendem k immer besser gegen a.

b) Als einfache Beispiele zu a) betrachte man die Folgen

$$f_p = \pi \cdot \frac{\sin(2\pi/2^{p+1})}{2\pi/2^{p+1}} = \pi - \frac{\pi^3}{6 \cdot 4^p} \pm \cdots,$$

$$F_p = \pi \cdot \frac{\tan(\pi/2^{p+1})}{\pi/2^{p+1}} = \pi + \frac{\pi^3}{12 \cdot 4^p} + \cdots,$$

$p \in \mathbb{N}^*$, der Flächeninhalte der ein- bzw. umbeschriebenen regelmäßigen 2^{p+1}-Ecke des Einheitskreises in [14], Beispiel 3.3.9. Dann liefert $f_{12} = 3,1415923\ldots$ die Kreiszahl π mit 6 korrekten Ziffern hinter dem Komma. Das Romberg-Verfahren gibt mit den Werten $f_8, \ldots, f_{12}$ die Näherung

$$f_{8,4} = 3,14159\,26535\,89793\,23846\,26433\,83279\,497\ldots,$$

die bereits 30 korrekte Ziffern hinter dem Komma besitzt (und gerundet sogar 32 Stellen: $3,14\ldots79\,50$). (Diese Genauigkeit wird ohne Konvergenzbeschleunigung erst wieder mit f_{55} erreicht. Ähnliche Konvergenzbeschleunigungen zur Berechnung von π wurden bereits 1654 von Christian Huygens ersonnen.) Man betrachte auch die Folge der gewichteten Mittel $(f_p + 2F_p)/3 = \pi + \pi^5/120 \cdot 4^{2p} + \cdots, \ p \in \mathbb{N}^*$.

$$(f_{12} + 2F_{12})/3 = 3,14159\,26535\,8980\ldots$$

liefert bereits π mit 12 korrekten Ziffern hinter dem Komma, gerundet sogar 13 Stellen.

c) In ähnlicher Weise wende man das Romberg-Verfahren auf die komplexe Folge

$$d_p = \ln a \cdot \frac{\sinh((\ln a)/2^p)}{(\ln a)/2^p}, \quad p \in \mathbb{N},$$

aus Aufg. 2.2.9 zur Approximation von $\ln a$, $a \in \mathbb{C} - \mathbb{R}_-$, an.

d) Analog zum Romberg-Verfahren gewinne man aus einer Folge (a_p) in V des Typs

$$a_p = a + c_1 q_1^p + \cdots + c_r q_r^p + o(q_r^p), \quad 1 > |q_1| > \cdots > |q_r| > 0,$$

mit Konstanten $a, c_1, \ldots, c_r \in V$, $q_1, \ldots, q_r \in \mathbb{K}$, rekursiv für $k = 0, \ldots, r$ die Folgen

$$a_{p,0} = a_p, \ a_{p,k} = (a_{p+1,k-1} - a_{p,k-1} q_k)/(1 - q_k), \ 1 \leq k \leq r,$$

mit

$$a_{p,k} = a + c_{k+1,k} q_{k+1}^p + \cdots + c_{r,k} q_r^p + o(q_r^p).$$

Man behandele auf diese Weise die Folge $a_p := (f_p + 2F_p)/3$, $p \in \mathbb{N}^*$, aus b).

e) Sind in der Situation von d) neben den $c_1, \ldots, c_r$ auch die Konstanten $q_1, \ldots, q_r$ unbekannt, so versucht man diese mit Hilfe weiterer Folgenglieder ebenfalls zu eliminieren. Im einfachsten Fall $r = 1$ und $c_1 \neq 0$ ist

$$\frac{a_p a_{p+2} - a_{p+1}^2}{a_p + a_{p+2} - 2a_{p+1}} = a + \frac{(c_1 q_1^p + o(q_1^p))(c_1 q_1^{p+2} + o(q_1^p)) - (c_1 q_1^{p+1} + o(q_1^p))^2}{c_1 q_1^p (1-q_1)^2 + o(q_1^p)}$$

$$= a + \frac{c_1 q_1^p \cdot o(q_1^p)}{c_1 q_1^p ((1-q_1)^2 + o(1))} = a + o(q_1^p)$$

(**Konvergenzbeschleunigung nach Aitken** (nach A. Aitken (1895–1967))).

Aufgabe 3.9.5 $g_0 = 1, g_1, \ldots, g_p$ seien $p + 1$ stetige $\mathbb{K}$-wertige Funktionen auf dem Intervall $[a, b]$. Ferner seien $t_0, \ldots, t_p \in [a, b]$ verschiedene Punkte mit folgender Eigenschaft: Zu beliebigen $a_0, \ldots, a_p \in \mathbb{K}$ gibt es eindeutig bestimmte Konstanten $c_0, \ldots, c_p \in \mathbb{K}$ derart, dass die Funktion $g = c_0 g_0 + \cdots + c_p g_p$ an den Stellen t_ν die vorgeschriebenen Werte a_ν hat, $\nu = 0, \ldots, p$. Sind $f_0, \ldots, f_p$ die sogenannten **Fundamentallösungen** dieses Interpolationsproblems mit $f_\mu(t_\nu) = \delta_{\mu,\nu}$, $\mu, \nu = 0, \ldots, p$, so ist $g = a_0 f_0 + \cdots + a_p f_p$ und insbesondere $1 = f_0 + \cdots + f_p$. Ist zum Beispiel $g_\mu = t^\mu$, $\mu = 0, \ldots, p$, so ist

$$f_\mu = \frac{(t - t_0) \cdots (t - t_{\mu-1})(t - t_{\mu+1}) \cdots (t - t_p)}{(t_\mu - t_0) \cdots (t_\mu - t_{\mu-1})(t_\mu - t_{\mu+1}) \cdots (t_\mu - t_p)}.$$

Sei nun $f : [a, b] \to \mathbb{K}$ eine beliebige stetige Funktion. Dann lässt sich $\int_a^b f(t)\, dt$ approximieren durch das Integral $\int_a^b g(t)\, dt$, wobei $g = c_0 g_0 + \cdots + c_p g_p$ die interpolierende Funktion ist, die an den Stellen $t_0, \ldots, t_p$ die Werte $f(t_0), \ldots, f(t_p)$ hat, also

$$\int_a^b f(t)\, dt \approx \int_a^b \big(f(t_0) f_0(t) + \cdots + f(t_p) f_p(t) \big)\, dt = (b - a) \sum_{k=0}^p w_k f(t_k).$$

Man nennt die Koeffizienten

$$w_k := \frac{1}{b-a} \int_a^b f_k(t)\, dt, \quad k = 0, \dots, p,$$

die **Gewichte** der Quadraturformel. Eine stetige Funktion $f : [\alpha, \beta] \to \mathbb{K}$ auf dem beliebigen Intervall $[\alpha, \beta] \subseteq \mathbb{R}$, $\alpha < \beta$, betrachtet man an den Stützstellen

$$\tau_k := \alpha + (t_k - a)(\beta - \alpha)/(b-a), \quad k = 0, \dots, p.$$

Nach einer linearen Transformation erhält man die **Quadraturformel**

$$\int_\alpha^\beta f(\tau)\, d\tau \approx (\beta - \alpha) \sum_{k=0}^p w_k f(\tau_k).$$

a) Es gibt eine Konstante $C \geq 0$ mit

$$\left| \int_\alpha^\beta f(\tau)\, d\tau - (\beta - \alpha) \sum_{k=0}^p w_k f(\tau_k) \right| \leq C(\beta - \alpha) \mathrm{S}\big(f ; [\alpha, \beta]\big)$$

für jede stetige Funktion $f : [\alpha, \beta] \to \mathbb{K}$, wobei $\mathrm{S}(f ; [\alpha, \beta])$ die Schwankung von f auf $[\alpha, \beta]$ ist, vgl. [14], Beispiel 3.8.17. (Man beachte $g_0 = 1$.)

b) Zur genaueren Berechnung von $\int_\alpha^\beta f(\tau)\, d\tau$, wobei $f : [\alpha, \beta] \to \mathbb{K}$ wieder eine stetige Funktion ist, teilt man das gegebene Intervall $[\alpha, \beta]$ in n gleich große Teilintervalle und wendet die obige Quadraturformel auf jedes dieser Teilintervalle an. Man zeige, dass die so gewonnenen Näherungswerte von $\int_\alpha^\beta f(\tau)\, d\tau$ für $n \to \infty$ gegen dieses Integral konvergieren. (Es genügt, eine Folge von Unterteilungen des Intervalls $[\alpha, \beta]$ zu wählen, für die die zugehörige Folge der maximalen Teilintervalllängen gegen 0 konvergiert.)

c) Man bestätige die Tabelle in Abb. 3.31 für die Gewichte $w_{k,p} = W_{k,p}/N_p$ zu den Polynomfunktionen $1, t, \dots, t^p$ auf dem Intervall $[0, p]$ mit den äquidistanten Stützstellen $0, 1, \dots, p$. (Für $p = 8$ ergeben sich auch negative Gewichte.[24] – Man nennt die zugehörigen Quadraturformeln die Formeln von **Newton-Cotes**. $p = 1$ bzw. $p = 2$ ergeben die Trapez- bzw. Simpson-Regel, bei $p = 3$ spricht man auch von der 3/8-**Regel**. Die Darstellung

$$\sum_{k=0}^p \binom{\tau'}{k} (\Delta^k f)(0) \quad \text{mit} \quad \tau' = \frac{(\tau - \alpha)p}{\beta - \alpha}$$

---

[24] Dies bedeutet, dass die Näherungswerte für das Integral $\int_a^b f(t)\, dt$ dann in der Regel keine Riemannschen Summen von f sind.

p	N_p	$W_{0,p}$	$W_{1,p}$	$W_{2,p}$	$W_{3,p}$	$W_{4,p}$	$W_{5,p}$	$W_{6,p}$	$W_{7,p}$
1	2	1	1						
2	6	1	4	1					
3	8	1	3	3	1				
4	90	7	32	12	32	7			
5	288	19	75	50	50	75	19		
6	840	41	216	27	272	27	216	41	
7	17280	751	3577	1323	2989	2989	1323	3577	751

Abb. 3.31 Tabelle der Gewichte $W_{k,p}/N_p$ bei den Formeln von Newton-Cotes

für das interpolierende Polynom zur Funktion f nach Beispiel 2.9.5 gibt den Quadraturformeln von Newton-Cotes die Gestalt

$$\int_\alpha^\beta f(\tau)\,d\tau \approx (\beta-\alpha)\sum_{k=0}^{p} v(\Delta^k f)(0),$$

$$v_k := \frac{1}{p}\int_0^p \binom{t}{k}\,dt = \frac{1}{k!}\sum_{n=0}^{k}(-1)^{k-n}s(k,n)\frac{p^n}{n+1},$$

wobei $(\Delta^k f)(0)$, $k = 0,\ldots,p$, die höheren Differenzen sind und die $s(k,n)$ die Stirlingschen Zahlen 1. Art, vgl. das Ende von Beispiel 1.2.21 (2).) – Sei p gerade und $f = f(\tau)$ das Polynom $\binom{\tau'}{p+1}$ vom Grade $p+1$, das an den Stützstellen $\tau_0,\ldots,\tau_p$ verschwindet und bzgl. des Mittelpunkts $(\alpha+\beta)/2$ des Intervalls $[\alpha,\beta]$ ungerade ist. Dann verschwinden sowohl das Integral $\int_\alpha^\beta f(\tau)\,d\tau$ als auch seine Näherung

$$(\beta-\alpha)\sum_{k=0}^{p} w_k f(\tau_k).$$

Folglich ist die Quadraturformel von Newton-Cotes exakt für alle Polynome vom Grade $\leq p+1$ (und nicht nur für alle Polynome vom Grad $\leq p$). Bei ungeradem p ist das nicht so, vgl. Aufg. 3.2.6 d). Daher empfiehlt es sich, die Formeln von Newton-Cotes für gerade p, d.h. eine ungerade Anzahl von Stützstellen zu verwenden. Zu weiteren Varianten dieser Formeln und zu Fehlerabschätzungen (mit Hilfe von Satz 2.8.5 bei ungeradem p und Satz 3.2.6 bei geradem p) verweisen wir auf die Literatur. Die sogenannten Gaußschen Quadraturformeln behandeln wir in Bd. 6.)

Literatur

1. Amann, H., Escher, J.: Analysis 1, 3. Aufl. Birkhäuser, Basel (2006)
2. Dieudonné, J.: Grundzüge der modernen Analysis, 3. Aufl. Vieweg, Braunschweig (1986)
3. Forster, O.: Analysis 1, 3. Aufl. Birkhäuser, Basel (2006)
4. Heuser, H.: Lehrbuch der Analysis, Teil 1, 17. Aufl. Vieweg + Teubner, Wiesbaden (2009)
5. Hildebrand, S.: Analysis 1, 2. Aufl. Springer, Berlin Heidelberg New York (2005)
6. Königsberger, K.: Analysis 1, 6. Aufl. Springer, Berlin Heidelberg New York (2013)
7. Schafmeister, W.; Wiebe, H.: Grundzüge der Algebra. B. G. Teubner, Stuttgart (1978)
8. Scheja, G., Storch, U.: Lehrbuch der Algebra, Teil 1, 2. Aufl. B. G. Teubner, Stuttgart (1994)
9. Scheja, G., Storch, U.: Lehrbuch der Algebra, Teil 2. B. G. Teubner, Stuttgart (1988)
10. Storch, U., Wiebe, H.: Lehrbuch der Mathematik, Bd. 1, 3. Aufl. Spektrum Akademischer Verlag, Heidelberg (2010)
11. Storch, U., Wiebe, H.: Lehrbuch der Mathematik, Bd. 3. Spektrum Akademischer Verlag, Heidelberg (2010)
12. Storch, U., Wiebe, H.: Arbeitsbuch zur Analysis einer Veränderlichen. Springer Spektrum, Heidelberg (2014)
13. Storch, U., Wiebe, H.: Arbeitsbuch zur Linearen Algebra. Springer Spektrum, Heidelberg (2015)
14. Storch, U., Wiebe, H.: Lehrbuch der Mathematik 1, Grundkonzepte der Mathematik. Spektrum Akademischer Verlag, Heidelberg (2017)
15. Walter, W.: Analysis 1, 7. Aufl. Springer, Heidelberg (2009)
16. Zeidler, E. (Hrsg.): Springer-Taschenbuch der Mathematik, 3. Aufl. Springer Spektrum, Heidelberg (2016)

© Springer-Verlag GmbH Deutschland, ein Teil von Springer Nature 2018
U. Storch, H. Wiebe, *Analysis einer Veränderlichen*, Springer-Lehrbuch,
https://doi.org/10.1007/978-3-662-56573-5

Symbolverzeichnis

$\Gamma^+(f) = \Gamma_f^+,\ \Gamma^-(f) = \Gamma_f^-,\ 163$

$f'(a-)$ bzw. $f'(a+),\ 171$

$\wp(z),\ 185$

$\wp_\Gamma(z),\ 186$

$\sigma = \Re s,\ 188$

$f * g,\ 190$

$\mathbb{P},\ 191$

$\mu(n),\ \omega(n),\ 193$

$S(f) = \zeta f,\ M(s) = \sum_{n=1}^\infty \mu(n)n^{-s},\ 193$

$f_p,\ 195$

$\Lambda(n),\ 197$

$M_{ab},\ 198$

$\widehat{G} = \widehat{G}_K = \mathrm{Hom}(G, K^\times),\ 198$

$P_\sigma(n),\ P_\sigma(N),\ 202$

$Z_G(n),\ \zeta_G(s),\ 208$

$T_{a,n}(f|x) = T(a; n; f|X) = T(X),\ 213$

$T_x(f|x) = T_x,\ 224$

$\Delta(x; f),\ 224$

$\int f(x)\,dx,\ 231$

Si, 235

$\int_a^b f(t)\,dt,\ 237$

$c_n := C_n(\pi/2),\ 242$

$\frac{\partial f}{\partial x}(x,t) = \partial_x f = D_x,\ 250$

$\mathcal{F}(A),\ G(f; a, b),\ 264$

$f_+,\ f_-,\ 265$

$\omega_n = \lambda^n(\overline{B^n}),\ 267$

$\Omega_{n-1} = n\omega_n,\ 268$

$\Gamma(x) = \int_0^\infty t^{x-1}e^{-t}\,dt,\ 286$

$\ln\Gamma,\ 289$

$\Psi,\ 290$

$\Gamma_y(x),\ 291$

$\mathrm{Li}\,s,\ \mathrm{Ei}\,y,\ 292$

$\mathrm{PV}\int_0^s d\tau/\ln\tau,\ 293$

$u(x,k),\ v(x,k),\ w(x,k),\ 302$

$K(k),\ E(k),\ 302$

$F(\varphi,k),\ E(\varphi,k),\ \Pi(\varphi,k),\ 302$

$I(a,b),\ I(a,b),\ 307$

$\Lambda(s),\ L(s),\ 308$

$\mathrm{am}(y,k),\ \mathrm{sn}(y,k),\ \mathrm{cn}(y,k),\ \mathrm{dn}(y,k),\ 314$

$B_k(t),\ 320$

$\zeta(s),\ \xi(s),\ 188,\ 332$

$T_n := T_n(f; a, b),\ 341$

Sachverzeichnis

Uwe Storch, Hartmut Wiebe
Grundkonzepte der Mathematik
Mengentheoretische, algebraische,
topologische Grundlagen sowie reelle und
komplexe Zahlen
1. Aufl. 2017, XII, 635 S., 101 Abb., Softcover
*39,99 € (D) | 41,11 € (A) | CHF 41,50
ISBN 978-3-662-54215-6

LEHRBUCH

Uwe Storch
Hartmut Wiebe

Grundkonzepte der Mathematik

Mengentheoretische, algebraische,
topologische Grundlagen sowie reelle
und komplexe Zahlen

Springer Spektrum

Lesbar und verständlich trotz einzigartigem Tiefgang

- Fördert das Verstehen von Konzepten und Zusammenhängen
- Enthält zahlreiche außergewöhnliche Aufgaben und Beispiele

1. Auflage

Dieses Buch vermittelt wesentliche Grundlagen der Mathematik, und zwar aus der
Mengenlehre, der Algebra, der Theorie der reellen und komplexen Zahlen sowie der
Topologie. Es ist damit die Basis für eine weiterführende Beschäftigung mit der
Mathematik. Nicht nur die nötigen Begriffe werden eingeführt, sondern bereits
wesentliche – auch tieferliegende – Aussagen darüber bewiesen. Der Stoff wird
durch ungewöhnliche Beispiele und vielfältige Aufgaben illustriert und ergänzt. Das
Buch ist zum Selbststudium geeignet, aber vor allem konzipiert als Begleitlektüre
von Anfang an für ein Studium der Mathematik, Physik und Informatik. Die
stringente Herangehensweise macht es gut lesbar und vergleichsweise leicht
verständlich.

Jetzt bestellen: springer.com/shop

Printed in the United States
By Bookmasters